R. H. Gallagher

Finite-Element-Analysis

Grundlagen

Aus dem Englischen übertragen von

K. Hutter

Springer-Verlag
Berlin · Heidelberg · New York 1976

Dr. Richard H. Gallagher
Professor, Vorstand des Department of Structural Engineering,
Cornell University, Ithaca, N.Y.

Dr. Kolumban Hutter
Wissenschaftlicher Mitarbeiter an der Versuchsanstalt für Wasserbau,
Hydrologie und Glaziologie der Eidg. Technischen Hochschule Zürich

Original English language edition published by
Prentice-Hall, Inc., Englewood Cliffs, New Jersey, USA

Mit 205 Abbildungen

ISBN 3-540-07740-5 Springer-Verlag Berlin Heidelberg New York
ISBN 0-387-07740-5 Springer-Verlag New York Heidelberg Berlin

Library of Congress Cataloging in Publication Data
Gallagher, Richard H. Finite-Element-Analysis. Includes bibliographies and index.
1. Finite element method. 2. Structures, Theory of. I. Title. TA646.G3315 624'.171 76-11815

Satz: R. u. J. Blank, München

Druck und Bindung: Graphischer Betrieb Konrad Triltsch, Würzburg

Meiner Frau Terry gewidmet

Vorwort des Verfassers

Neue wissenschaftliche Entwicklungen durchlaufen im allgemeinen drei Phasen. Die Anfänge einer Entwicklung sind zunächst in Beiträgen in Fachzeitschriften festzustellen, die durch gelegentliche zusammenfassende Arbeiten gesammelt werden. Praktische Anwendungen sind in diesem Stadium noch selten. In einer zweiten Phase erscheinen Monographien, die eine umfassende Darstellung des neuen Gebietes für alle geben, die an der weiteren Entwicklung aktiv teilnehmen. In dieser Phase werden die ersten Anwendungen verzeichnet durch führende technologische Arbeitsgruppen innerhalb großer Organisationen mit den entsprechenden finanziellen Möglichkeiten. Schließlich werden die Anwendungsmöglichkeiten auf allen Ebenen praktischer Tätigkeit genutzt, und das neue Fachgebiet wird zu einem festen Bestandteil der akademischen Ausbildung.

Die Methode der finiten Elemente hat sich neuerdings aus der zweiten der oben beschriebenen Entwicklungsstufen herausgearbeitet. Eine ganze Anzahl hervorragender Monographien ist auf dem Markt erschienen, doch besteht Bedarf für ein Lehrbuch, das sich sowohl an den Studenten richtet als auch an den Fachmann, der sich mit dem neuen Gebiet vertraut machen will. Das vorliegende Buch soll diesem Zweck dienen. Es richtet sich an den fortgeschrittenen Studenten des Maschinenbaus, der Luftfahrttechnik, des Schiffbaus und des Bauingenieurwesens. In dem Ausmaß, in dem eine gewisse Einschränkung notwendig war, wurde das Gebiet der Statik des Bauingenieurwesens besonders berücksichtigt.

Der Autor hofft, daß das Buch auch den praktisch tätigen Ingenieuren zusagt, sowohl demjenigen, der in die neue Technologie eingeführt werden möchte, als auch all jenen, die mit der Methode der finiten Elemente berufsmäßig zu tun haben und ein Nachschlagewerk für grundsätzliche Fragen wünschen. Ein großer Teil des hier gebotenen Materials wurde im Zusammenhang mit zahlreichen Weiterbildungskursen ausgearbeitet, die der Autor für praktizierende Ingenieure an der Cornell Universität gehalten hat.

Das Thema dieses Buches erfordert gewisse Vorkenntnisse über die Elastizitätstheorie und die Matrizenmethoden in der Baustatik und setzt damit auch voraus, daß der Leser mit partiellen Differentialgleichungen und mit der Algebra linearer Gleichungssysteme einigermaßen vertraut ist. Obwohl in den einleitenden Kapiteln auf Ableitungen von Grundprinzipien Wert gelegt wird, läßt der Umfang einer Darstellung der Methode finiter Elemente (FEM) naturgemäß wenig Raum für eine erstmalige Aneignung der Theorie verwandter Fachbereiche. Ein abgeschlossener Vorlesungszyklus in technischer Mechanik, Elastizitätstheorie und angewandter Mathematik, wie er im allgemeinen in den unteren Semestern geboten wird, sollte jedoch als Voraussetzung genügen.

Der Ausdruck Matrizenmethoden der Baustatik benötigt eine Klarstellung, da es bisher üblich war, unter dieser Überschrift beinahe alle computerbezogenen Verfahren zur Berechnung von Tragwerken zusammenzufassen. Es läßt sich jedoch ein Trend feststellen, die Verfahren zur Aufstellung und Lösung der Gleichungssysteme, die durch Verbindung einfacher Elemente zur Gesamtstruktur entstehen, von der theoretischen Betrachtung des Einzelelements zu trennen. Die erstgenannten Verfahren sind im wesentlichen immer dieselben wie beim Fachwerk oder Rahmen, deren Teilelemente keiner besonderen Überlegungen bedürfen, und darauf sollte sich der Ausdruck Matrizenmethoden der Baustatik beschränken.

Bei der theoretischen Darstellung der FEM nimmt die Variationsrechnung immer einen wichtigen Platz ein. Dieses Buch setzt jedoch keine Vorkenntnisse auf diesem Gebiet voraus, da nach der Ansicht des Autors Studenten, die sonst alle Voraussetzungen zum Verständnis der FEM mitbringen, meistens noch keine ausreichenden Kenntnisse in der Variationsrechnung haben.

Der Inhalt dieses Buches ist fast ausschließlich der Darstellung der grundlegenden Gedankengänge gewidmet, und mit Ausnahme von Kapitel 1 wird der praktischen Anwendung der FEM nur geringe Aufmerksamkeit geschenkt. Hierüber gibt es eine Fülle von Informationen in der Fachliteratur, die zum großen Teil den Quellenangaben entnommen werden können, die am Ende des Buches verzeichnet sind. In Kapitel 1 werden einige repräsentative Anwendungsmöglichkeiten aufgezeigt, die geschichtliche Entwicklung wird umrissen, die Vielfalt der möglichen Elemente, die im einzelnen in späteren Kapiteln ausgewertet werden, wird kurz angedeutet, und ein wichtiger Teilaspekt der Methode der finiten Elemente, das allgemeine Rechenprogramm, wird beschrieben.

Kapitel 2 behandelt die wesentlichen Definitionen, führt Terminologie und Koordinatensysteme ein und erläutert Eigenschaften, die allen finiten Elementen unabhängig von ihren mathematischen Beschreibungen gemein sind.

Kapitel 3 geht auf eines der möglichen Verfahren ein, mit welchem das Gleichungssystem eines vollständigen Tragwerks aus den Gleichungen der einzelnen Elemente hergeleitet werden kann. Es ist dies die Deformations- oder Steifigkeitsmethode. Weitere Methoden zu diesem Zweck werden in späteren Kapiteln umrissen oder erwähnt. Es ist jedoch Absicht dieses Buches, vor allem auf die Wahl und Beschreibung des Elementes einzugehen.

Obgleich eindimensionale Tragglieder (z.B. Stäbe und Balkensegmente) von unseren Betrachtungen nicht ausgeschlossen werden sollen – sie werden sogar häufig zur Erläuterung der Grundgedanken herangezogen –, liegt die Bedeutung der FEM dennoch hauptsächlich in der Berechnung zwei- und dreidimensionaler Kontinua. Das Verständnis der grundlegenden Beziehungen der Elastizitätstheorie ist deshalb beim Studium der Methode eine wichtige Voraussetzung. Diese Beziehungen werden im Kapitel 4 hergeleitet.

Entsprechend einer weitgefaßten Klassifizierung werden in diesem Buch zwei allgemeine Verfahren zur Formulierung der Elementgleichungen behandelt. Die direkten Methoden, wie sie in Kapitel 5 beschrieben sind, haben ihre Anziehungskraft in einer einfachen Gedankenführung. Der Prozeß dieser Formulierung zeigt besonders deutlich, welche Bedingungen durch die Elementgleichungen erfüllt sind und welche nicht. Die Variationsmethoden (Kapitel 6) sind jedoch gegenwärtig bei der Elementbeschreibung häufiger verbreitet. Der Vorzug dieser Methoden liegt darin, daß unter wohldefinierten Voraussetzungen eindeutige Konvergenzkriterien für die numerische Lösung aufgestellt und für gewisse Formulierungen bei entsprechender Rechenverfeinerung obere und untere Schranken angegeben werden können. In Kapitel 6 werden die Variationsmethoden auf die Elementbeschreibung angewandt. In Kapitel 7 werden dieselben Gedankengänge auf die Beschreibung der Gesamtstruktur ausgedehnt. Dadurch wird nicht nur eine Alternative zur Systemanalyse des Kapitels 3 angegeben, sondern es wird auch eine breitere Gesamtschau vermittelt.

An dieser Stelle soll auf einen nach Ansicht des Autors besonderen Gesichtspunkt dieses Buches aufmerksam gemacht werden. Zur Zeit seiner Vorbereitung befaßte sich die gesamte einschlägige Praxis und der größte Teil der Theorie mit Elementbeschreibungen nach der Verschiebungsmethode (Steifigkeitsmethode, Methode des Minimums der potentiellen Energie). Andere Beschreibungen, die von einem Spannungsansatz oder sogar von einem gemischten Spannungs- und Verschiebungsansatz ausgehen, sind jedoch vielversprechend, und der Autor sieht die Möglichkeit voraus, daß alle Alternativen letzten Endes in der Praxis gleichermaßen bedeutend werden. Deshalb wird in den Kapiteln 5 bis 7 diesen Alternativen besondere Aufmerksamkeit geschenkt.

Mit Kapitel 8 endet der Teil des Buches, in dem die theoretischen Grundlagen dargelegt werden. In diesem Kapitel werden verschiedene Funktionsansätze zur Beschreibung des Elementverhaltens kritisch betrachtet, wobei auch die geometrische Beschreibung des Elements miteinbezogen wird. Die Betrachtungsweisen und Formulierungsmöglichkeiten, die in diesem Kapitel behandelt werden, sind von allgemeinerer Natur als die zuvor beschriebenen. Sie haben auch in Anwendungsbereichen der FEM Gültigkeit, die außerhalb der Festigkeitsmechanik liegen.

Besondere Elementtypen werden in den Kapiteln 9 bis 12 eingehend untersucht. Diese umfassen Elemente des ebenen Spannungszustandes (Kapitel 9), dreidimensionale Elemente allgemeiner und besonderer Art (Kapitel 10 und 11) und Elemente für dünne Platten (Kapitel 12). Dabei treten Literaturhinweise stärker in den Vordergrund als in den vorangehenden vier Kapiteln.

Kapitel 13 behandelt eine besondere Art des Verhaltens, die elastische Instabilität. Die theoretischen Ableitungen in diesem Kapitel sind für alle Elementtypen gültig. Es ist deshalb möglich, die Gedankengänge anhand der einfachsten Elemente – wie etwa Stab und Rahmen – zu entwickeln.

Die Übungsaufgaben dieses Buches können in drei verschiedene Kategorien unterteilt werden. Zur ersten Kategorie zählen die Übungen zu den theoretischen Grundlagen. Es sind dies Aufgaben, wie sie üblicherweise in Vorlesungen der herkömmlichen Baustatik gestellt werden. Zur zweiten Kategorie gehören diejenigen Aufgaben, die sich auf die besondere Problemstellung der finiten Elemente beziehen, jedoch auf Handrechnung abgestimmt sind. Dazu gehören die Aufstellung neuer Elementgleichungen oder die Berechnung eines Tragwerks mit höchstens drei algebraischen Gleichungen. Schließlich werden Aufgaben gestellt, die auf Gleichungssysteme höherer Ordnung führen, für welche aber die mit der FEM berechneten Lösungen mit klassischen Lösungen verglichen werden können. Diese Übungen können auf verschiedene Weise gehandhabt werden. Der Autor hat sich jedoch mit gutem Erfolg der Methode bedient, jedem Studenten eine andere Elementaufteilung zuzuweisen. Das bringt den Vorteil, daß bei einem Vergleich der Ergebnisse Genauigkeit und Konvergenzverhalten der FEM-Lösungen demonstriert werden können.

Die FEM ist der digitalen Computertechnologie besonders gut angepaßt; es mag aus diesem Grund erstaunlich sein, daß hier keine kodierten Algorithmen gezeigt werden. Der Autor glaubt, daß wenige Dozenten oder unabhängige Benützer dieses Buches, wenn überhaupt, Schwierigkeiten mit der Benützung allgemeiner FE-Programme (z.B. Strudl II) haben werden, die zur Durchführung der oben erwähnten Aufgabenstellung benötigt werden. Umgekehrt können einfachere FE-Programme in zahlreichen Veröffentlichungen gefunden werden.

Es ist denkbar, daß der Stoff, der in diesem Buch behandelt wird, in einer konventionellen Vorlesungsreihe mit 3 Lektionen pro Woche und 15 Wochen pro Semester behandelt werden könnte. Nach der Erfahrung des Autors würde dies allerdings beim Studenten eine profundere Kenntnis der Grundlagen (Elastizitätstheorie, Matrizenmethoden der Baustatik) und der Variationsrechnung voraussetzen, als dies beim Durchschnittsstudenten der Fall ist. Der Dozent kann daher aus einem oder mehreren der vier letzten Kapitel Stoff auslassen. Für übliche Verhältnisse ist es jedoch von Vorteil, wenn der Stoff dieses Buches in einer zweisemestrigen Vorlesung behandelt wird. Im ersten Semester könnten die Grundlagen der Matrizenmethoden und die theoretischen Aspekte der FEM behandelt werden. Im zweiten Semester wäre dann Raum zur Erweiterung der Kenntnisse und für fortgeschrittene Themen, wie etwa die FE-Analysis von Problemen der Bodenmechanik, der Wärmeleitung, von Strömungsproblemen usw. Ebenso könnte auf nichtlineare Probleme und die Behandlung transzendenter Vorgänge eingegangen werden.

Es ist dem Autor ein Bedürfnis, vielen seiner früheren Studenten und Kollegen der Industrie zu danken, die Teile des Manuskripts gelesen haben und durch ihre Kritik und ihre hilfreichen Empfehlungen zum guten Gelingen dieses Werkes beigetragen haben. Ein besonderer Dank geht an Professor J. T. Oden von der University of Texas, an G. McNeice von der Waterloo University für Beiträge zum Kapitel 9 und an Professor K. Washizu von der Universität Tokyo für seine Bemerkungen zu den Kapiteln 6 und 7. Ganz spezieller Dank geht an Professor Sidney Kelsey von der University of Notre Dame für seine detaillierte Durchsicht fast aller Kapitel sowie für seine sorgfältigen und stets zutreffenden Bemerkungen, an Herrn James Bacci, Production Editor von Prentice Hall (Anmerkung des Übersetzers: Verlag der amerikanischen Originalausgabe) und an alle anderen Mitarbeiter dieses Verlages einschließlich Barbara Cassel für unendliche Geduld in einer Sache, die sich als ein weltweites Unterfangen herausstellte, sowie an Frau Helen Wheeler für ihre Geduld bei der Niederschrift des Manuskripts und für ihre stete Aufmerksamkeit beim Auffinden von unvollständigen Sätzen und grammatikalischen Fehlern.

Richard H. Gallagher

Vorwort des Übersetzers

Mit der wachsenden Bedeutung elektronischer Berechnungen im konstruktiven Ingenieurbau hat sich im letzten Jahrzehnt die Methode der finiten Elemente (FEM) nicht nur in der Forschung, sondern ebenso sehr in der fortschrittlichen Ingenieurpraxis aller Sparten ausgebreitet. Es besteht heute das eindeutige Bedürfnis der Praxis, daß der die Hochschule verlassende junge Diplomingenieur die Grundlagen der finiten Elemente in einem im normalen Lehrplan eingebauten Vorlesungszyklus hat erlernen können. Zwar sind die FEM heute an vielen Hochschulen deutscher Sprache nicht zum selbstverständlichen Lehrobjekt geworden, sie werden dies in nächster Zukunft aber sicher noch werden.

Das vorliegende Buch – eine Übersetzung der ersten Auflage (1975) seiner amerikanischen Vorlage – soll ein Schritt in dieser Richtung sein. Es ist aus Vorlesungen entstanden, die der Autor für junge „Graduate Students" hauptsächlich der Bauingenieurrichtung und anläßlich von Fortbildungskursen für praktisch tätige Ingenieure gehalten hat. Wenn die Ausbildungsziele deutschsprachiger Hochschulen und Universitäten auch etwas anders geartet sind als die der amerikanischen und die Einrichtung des Nachdiplomstudiums noch weitgehend fehlt, so glaubt der Übersetzer doch, daß Gallaghers Buch sich ausgezeichnet als Vorlage für Vorlesungen an Ingenieurfakultäten eignet. Am angemessensten wird die Einordnung vom 5. Semester an aufwärts sein, und mit einer zweisemestrigen Vorlesung von ca. 3 Stunden wöchentlich mag der beste Wirkungsgrad erreicht werden.

Das Buch von Gallagher richtet sich aber nicht nur an Studenten und Dozenten. Seine Form ist ebenso geeignet, dem praktisch tätigen Ingenieur zum Grundlagenstudium zu dienen, wenn er sich in die Methode ein- oder wieder einarbeiten muß. Hierzu enthält das Buch eine Fülle von Informationen, die gerade auch für den praktisch tätigen Ingenieur von Interesse sind.

Aus dem eben Dargelegten geht hervor, warum wir eine Übersetzung in Angriff genommen haben. Rein technisch ergaben sich hierbei an mehreren Stellen Schwierigkeiten, die zum Teil eine nur sinngemäße Übersetzung verlangten. Da die Entwicklung der FEM hauptsächlich im englischen Sprachgebiet erfolgte, war es auch nötig, für die Ausdrücke der englischen Fachsprache deutsche Wortbildungen zu finden. So sind z.B. im Vorwort des Verfassers (mit seinem Einverständnis) dort leichte Änderungen vorgenommen worden, wo allzusehr ins Detail der amerikanischen Universitätsstruktur eingegangen wurde. Ein Beispiel aus der zweiten Klasse ist die Übersetzung von „condensation" mit „Raffung". Wir haben diese Stellen im Text nicht speziell bezeichnet, hoffen jedoch, daß sich die deutsche Version verschiedener Wortbildungen bewähren wird. Eine besondere Schwierigkeit ergab sich mit der Übersetzung des Originalbuchtitels „Finite Element Analysis". Soll dies mit „Berechnung mit endlichen Elementen",

„Berechnung endlicher Elemente“, „Analysis endlicher Elemente“, „Analysis finiter Elemente“ oder „Finite-Element-Analysis“ übersetzt werden? Eine vollständige Verdeutschung wäre problematisch. Wir haben uns daher innerhalb des Textes nicht an eine starre Übertragung ins Deutsche gehalten, sondern je nach Maßgabe des Textzusammenhangs für die eine oder andere Version entschieden, meist jedoch die Abkürzung FEM gewählt.

Soweit es möglich war, sind in dieser deutschen Ausgabe gegenüber dem Original Druckfehler beseitigt worden. Es handelt sich hierbei meistens um Satzfehler in Formeln und um die Abänderung respektive Ergänzung von Figuren. Satztechnisch lehnt sich die deutsche Ausgabe sehr stark an die englischsprachige Vorlage an. Insbesondere sind, um Satzkosten zu sparen, die im Englischen gebräuchlichen Formelzeichen nicht abgeändert worden. „Querschnittsfläche“ wird dabei z.B. nicht mit F, sondern mit A bezeichnet. Wir sehen in dieser Wahl keinen eigentlichen Nachteil.

Es ist mir ein Anliegen, all jenen, die zum guten Gelingen dieser Übersetzung beigetragen haben, zu danken, allen voran Herrn Dr. H.P. Reck, Frankfurt. Mit ihm zusammen war geplant, die Übertragung dieses Buches ins Deutsche vorzunehmen. Herr Dr. Reck hat nach kurzer Mitarbeit – der Entwurf zum Vorwort, zum Kapitel 1 und zu Teilen des Kapitels 10 stammen aus seiner Hand – auf die Weiterführung der Arbeiten wegen seiner beruflichen Inanspruchnahme verzichtet. Zu danken ist ferner Frl. Dr. K. Schramm und Frl. B. Friedrich für die Durchsicht des Manuskriptes, Frau B. Stier für die Erstellung der druckreifen Form der Arbeit.

Dank gebührt vor allem auch Herrn Professor Dr. D. Vischer von der Versuchsanstalt für Wasserbau, Hydrologie und Glaziologie an der ETH für seine Bereitschaft, zur Niederschrift des Manuskripts das Sekretariat seiner Versuchsanstalt benützen zu dürfen. Meiner Frau danke ich für ihre Geduld, auf endlose Stunden gemeinsamer Freizeit zu verzichten, und schließlich dem Springer-Verlag für die ansprechende Ausstattung des Buches.

Zürich, im Frühjahr 1976 *K. Hutter*

Inhaltsverzeichnis

Verzeichnis der Formelzeichen

Im folgenden wird ein Verzeichnis der wichtigsten in diesem Buche verwendeten Formelzeichen gegeben. Verschiedene, hier nicht aufgeführte Symbole werden definiert, wenn sie zum ersten Male auftreten. Dies ist oft der Fall für Symbole, welche Matrizen bezeichnen (speziell im Kapitel 6), dann aber auch für Signaturen von Figuren und Tabellen. Formelzeichen, die zwei verschiedene Bedeutungen haben können, werden mit Indices voneinander unterschieden (z.B. bedeutet L eine Länge, wohingegen L_i Flächen- oder Volumenkoordinaten bezeichnen). Sub- und Superskripts, welche in Verbindung mit Symbolen, denen nur eine einzige Bedeutung zukommt, angewendet werden, werden in der untenstehenden Liste nicht gegeben, sondern im Text entsprechend definiert.

Matrizen sind halbfett gedruckt und werden zudem durch die Symbole [·] (für eine Rechteckmatrix), { · } (für einen Kolonnenvektor) und ⌊ · ⌋ (für einen Zeilenvektor) charakterisiert. Erscheint ein für eine Matrix halbfett gedrucktes Formelzeichen im Normaldruck mit einem Index, so bedeutet das eine Komponente dieser Matrix. Zum Beispiel wird das für einen $(n \times 1)$-Vektor verwendete Symbol {**a**} in der Form $a_1, \ldots, a_i, \ldots, a_n$ auf seine Komponenten angewendet. Oft wird jedoch auch das für die Kennzeichnung einer Matrix verwendete unterstrichene Symbol in Normaldruck und ohne Indexierung für einen Skalar mit völlig anderer Bedeutung verwendet.

Überstrichene Größen sind gegeben und als bekannt anzusehen, Akzente bedeuten in der Regel Differentiation.

A	Fläche
[**A**]	Matrix, die die Spannungen mit den Knotenkräften verknüpft
[$\mathfrak{A}$]	Kinematische Matrix. Koeffizienten von Beziehungen zwischen Elementknoten und globalen Knotenverschiebungen
a	Dimension
{**a**}	Vektor von Parametern des angenommenen Verschiebungsfeldes.
[**B**]	Matrix, welche die Parameter des angenommenen Verschiebungsfeldes mit den Knotenverschiebungen verknüpft
[$\mathfrak{B}$]	Statische Matrix. Koeffizienten von Beziehungen zwischen Elementknoten und globalen Knotenkräften
$b_{0_i}, b_{1_i}, b_{2_i}$	(i = 1, 2, 3) Koeffizienten der Gleichungen für die Flächenkoordinaten
C	Konstante in der Poissongleichung.
[**C**]	Matrix, welche die Parameter des angenommenen Verschiebungsfeldes mit dem Verzerrungsfeld verknüpft.

$c_{0_i}, \ldots, c_{3_i}$	(i = 1, 2, 3, 4) Koeffizienten in der Gleichung für die Volumenkoordinaten
D	Plattensteifigkeit
[D]	Matrix, welche die Knotenverschiebungen mit dem Verzerrungsfeld verknüpft.
{**d**}	Eigenvektor
E	Elastizitätsmodul
[E]	Matrix der elastischen Konstanten
e	Multiplikator einer Variation
{**F**}	Vektor der Knotenkräfte eines Elementes
[$\mathfrak{F}$]	Globale Flexibilitätsmatrix
{**f**}	Flexibilitätsmatrix des Elementes
G	Schubmodul
[G]	Matrix der Zwangsbedingungen
I	Trägheitsmoment
[I]	Einheitsmatrix
$\mathcal{I}$	Wert eines Integrals.
i, j, k	Indices und stumme Indices
J	St. Venantsche Torsionskonstante
[J]	Jakobische Matrix
[K]	Globale Steifigkeitsmatrix
[k]	Steifigkeitsmatrix des Elementes
L	Länge
L_i	Flächen- (i = 1, 2, 3) oder Volumen- (i = 1, 2, 3, 4) koordinate.
ℓ_x, ℓ_y, ℓ_z	Richtungskosinus
{**M**}	Vektor der Biegemomente
$\mathfrak{M}, \mathfrak{M}_x\ \mathfrak{M}_y\ \mathfrak{M}_{xy}$	Allgemeiner innerer Momentvektor bei Plattenbiegung (Linienmomente) und Komponenten
m	Grad einer Polynomreihe
[m]	Massenmatrix eines Elementes
$\mathfrak{N}$	Zahl der Seiten eines Polygons
[N], ⌊**N**⌋	Matrix der Formfunktionen
n	Zahl der Freiheitsgrade
[O], {**O**}	Nullmatrix und Nullvektor
{**P**}	Vektor der globalen Knotenkräfte
p	Zahl der Elemente
⌊**p**⌋	Matrix der Koeffizienten für eine Polynomreihe
Q_x, Q_y	Querkräfte (pro Längeneinheit) bei Plattenbiegung
q	Verteilte Last
R	Residuum
[R]	Statische Gleichgewichtsmatrix, welche die Kräfte des Elementes untereinander verknüpft
[$\mathfrak{R}$]	Zentrale Matrix bei der Verallgemeinerung einer eindimensionalen Interpolationsfunktion auf zwei Dimensionen
r	Radiale Koordinate; Zahl der Zwangsbedingungen

S, S_u, S_σ	Allgemeine Oberflächen sowie Oberflächen, auf denen Verschiebungen und Spannungen vorgeschrieben sind
[S]	Spannungsmatrix, welche Knotenverschiebungen und Komponenten des Spannungsfeldes verknüpft
$[\mathbf{S}]$	Spannungsmatrix, welche Knotenverschiebungen und Spannungen in speziellen Punkten verknüpft
s	Koordinate
$\{\mathbf{s}\}$	Vektor von Konstanten in den Zwangsbedingungen
$\mathbf{T}, T_x, T_y, T_z$	Vektor und Komponenten von Oberflächen- und Randkräften
t	Dicke
U, U^*	Verzerrungsenergie und komplementäre Verzerrungsenergie
$\mathbf{u}$	Vektor der Oberflächen-(Rand-)Verschiebungen
u, v, w	Verschiebungskomponenten (im Innern und auf Randpunkten)
V, V^*	Potential und komplementäres Potential der aufgebrachten Lasten
vol	Volumen
W	Arbeit
$\mathcal{W}$	Größe zur Beschreibung der Variation des Verschiebungsfeldes
$\mathbf{X}, X, Y, Z$	Vektor und Komponenten der Raumkraft
x, y, z	kartesische Koordinaten

Griechische Buchstaben

α	Koeffizient der Wärmeausdehnung
β	Betafunktion (Abschnitt 8.3.1)
$\{\boldsymbol{\beta}\}$	Vektor für Parameter zur Charakterisierung der Ansatzfunktion für das Spannungsfeld
Γ	Gamma-Funktion (Abschnitt 8.3.1); Wölbkonstante (Abschnitt 13.3.2)
Γ_i	Verschiebungsparameter für gemischte Ableitungen [Gleichung (12.31)]
$[\boldsymbol{\Gamma}]$	Transformationsmatrix
$\{\boldsymbol{\Delta}\}$	Vektor der Knotenpunktsverschiebungen
δ	Variationsoperator, infinitesimale Änderung
$\boldsymbol{\epsilon}$	Allgemeiner Vektor der Verzerrungen (schließt Dehnungen und Schiebungen aus)
$\epsilon_x, \epsilon_y, \epsilon_z$	Dehnungen
ξ, η, ζ	dimensionsfreie Koordinaten
θ	Verdrehung (azimutale Koordinate, Kapitel 11)
$\boldsymbol{\kappa}, \kappa_x, \kappa_y, \kappa_{xy}$	Vektor und Komponenten der Krümmungen bei Plattenbiegung.
$[\boldsymbol{\kappa}]$	Hessische Matrix
$\{\boldsymbol{\lambda}\}$	Vektor von Lagrange-Multiplikatoren
μ	Poissonzahl
$\lfloor \mathbf{X}_i \rfloor$	Vektor für die Formfunktionen der Spannungen
Π	Allgemeines Funktional
$\Pi_p, \Pi_p^{m_1}, \Pi_c,$	Energiefunktional (Indices bezeichnen einen speziellen Typ)

π	3,14159 . . .
$[\boldsymbol{\rho}]$	Matrix der Massendichte
$\boldsymbol{\sigma}$	Vektor des allgemeinen Spannungsfeldes (schließt Normal- und Schubspannungen ein)
$\sigma_x, \sigma_y, \sigma_z$	Normalspannungen
$\{\boldsymbol{\sigma}\}$	Vektor der Knotenpunktsspannungen
$\tau_{xy}, \tau_{yz}, \tau_{xz}$	Schub-, Scherspannungen
Υ	Temperaturerhöhung über den spannungsfreien Zustand
υ	Wärmeleitkoeffizient
$\boldsymbol{\Phi}$	Spannungsfunktion
$\{\boldsymbol{\Phi}\}$	Vektor der Werte der Spannungsfunktion in Knotenpunkten
ϕ	Winkel der azimutalen Koordinate, Gewichtsfaktor beim Integral des gewogenen Residuums
Ω	Belastungsfunktion bei Plattenbiegung
$[\boldsymbol{\Omega}]$	Matrix für die Kräfte- und Verschiebungsgleichungen beim gemischten Format
$\{\boldsymbol{\omega}\}$	Vektor von Eigenwerten

1 Einleitung

Beim Entwurf und bei der Bemessung eines allgemeinen Tragwerks wird man vor allem die Spannungsverteilung (das Spannungsfeld) zu bestimmen suchen. Gelegentlich wird es auch notwendig sein, in bestimmten Punkten des Tragwerks die Verschiebungen zu berechnen, um abzuschätzen, ob vorgegebene Höchstwerte nicht überschritten werden. In manchen Fällen, besonders wenn Belastung und Tragwerkverhalten zeitabhängig sind, muß auch der gesamte Verschiebungszustand, also das Verschiebungsfeld, bekannt sein. Eine berechnete Spannungsverteilung sollte der Bedingung des Gleichgewichts zwischen inneren und äußeren Kräften genügen. Gleichzeitig sollten die Verschiebungen stetig sein (Verträglichkeitsbedingung).

Um für eine gegebene Bemessungsaufgabe ein System von Spannungen und Verformungen zu erhalten, müssen zunächst die Grundgleichungen des Problems aufgestellt werden, die den Gleichgewichts- und Verträglichkeitsbedingungen in gewisser Weise genügen. Ganz abgesehen von der Lösbarkeit der fraglichen Gleichungen wird es in der Regel schwierig sein, die Gleichungen den besonderen Gegebenheiten der Geometrie, Belastung und Materialeigenschaften anzupassen.

Der entwerfende Ingenieur wird daher gewisse Ungenauigkeiten in Kauf nehmen müssen, bevor er überhaupt mit der Prozedur der Auflösung der Gleichungen beginnt. Zur Beschreibung von zwei- oder dreidimensionalen Spannungs- und Verschiebungszuständen werden partielle Differentialgleichungen erhalten, für welche exakte Lösungen nur in Sonderfällen gefunden werden. Auch wird es nur in wenigen Fällen möglich sein, brauchbare Annäherungen mit wenigen Gliedern eines Reihenansatzes zu finden.

Die Entwicklung der elektronischen Rechenanlage hat die Möglichkeit der Lösung partieller Differentialgleichungen von Grund auf geändert. So sind numerische Lösungen heute dem praktischen Ingenieur im allgemeinen zugänglich. Reihenentwicklungen zur Darstellung von Spannungs- und Verschiebungszuständen können bis zu einer beliebigen Zahl von Gliedern eingesetzt werden. Ebenso kann mit der Differenzenrechnung gearbeitet werden, bei der eine Differentialgleichung schrittweise angenähert wird durch Einführung diskreter Werte der Veränderlichen in ausgewählten Punkten. Diese Methoden haben den Vorteil einer langen geschichtlichen Entwicklung, die vor allem Klarheit hinsichtlich der Konvergenzeigenschaften gebracht hat. Zudem führen sie oft zu algebraischen Gleichungen von speziell einfacher Form.

Die Methode der finiten Elemente (FEM) ist ein Rechenverfahren, dessen aktive Entwicklung erst vor relativ kurzer Zeit eingesetzt hat. Der grundsätzliche Gedanke dieser Methode, wenn auf Probleme der Festigkeitsmechanik angewandt, basiert auf der Modellvorstellung eines Kontinuums (der Gesamtkonstruktion) als einer Zusammensetzung von Teilbereichen (finite Elemente). In jedem Teilbereich wird das Verhalten durch einen Satz von Ansatzfunktionen beschrieben, die die Spannungen und Verschiebungen in diesem Teilbereich wiedergeben. Diese Ansatzfunktionen werden oft in einer Form gewählt, welche die Kontinuität des genannten Verhaltens über das gesamte Kontinuum gewährleistet. In anderen Fällen wird durch die gewählten Felder der Teilbereiche keine Kontinuität in der Gesamtkonstruktion erzielt, und dennoch können die Lösungen befriedigend ausfallen. Dabei ist jedoch das Konvergenzverhalten nicht mit Sicherheit vorauszusagen wie bei den kontinuierlichen Ansätzen. Wenn das Verhalten eines Bauteils durch eine einzige Differentialgleichung beschrieben werden kann, dann bietet die FEM wie auch die Differenzenrechnung und der Reihenansatz ein Werkzeug zur angenäherten Berechnung der Lösung dieser Differentialgleichung. Die FEM kann darüber hinaus ohne zusätzliche Erschwernisse bei heterogenen Strukturen angewendet werden, die sich aus Teilbereichen zusammensetzen, für welche gesonderte Differentialgleichungen gelten.

Wie alle numerischen Verfahren von praktischen Problemen der theoretischen Mechanik erfordert die FEM die Aufstellung und Lösung algebraischer Gleichungssysteme. Der besondere Vorteil der Methode liegt in ihrer Eignung für die Automation der Gleichungsaufstellung und in der Möglichkeit, unregelmäßige und komplizierte Strukturen und Belastungsfälle einfach zu erfassen.

Die rasche Verbreitung der FEM ist bereits erwähnt worden. Aus beinahe unbedeutenden Anfängen im Jahre 1955 entstand einer der aktivsten Betätigungsbereiche der numerischen Berechnung von Problemen der mathematischen Physik. Wir verwenden diesen Ausdruck zur Bezeichnung eines breiten Spektrums von analytischen Aufgaben im Zusammenhang mit Festigkeitslehre, Wärmeausdehnung, Strömungsmechanik, elektromagnetischer Wellenfortpflanzung, ohne dabei weniger vordergründige Gebiete überhaupt zu erwähnen. Das Interesse an der Methode und ihre Beliebtheit sind wie erwähnt auf ihre Anpassungsfähigkeit an die komplizierten Verhältnisse praktischer Aufgaben zurückzuführen.

Die Entwicklung der FEM ist ein Ergebnis des technologischen Fortschritts der fünfziger Jahre. Grundlegende Voraussetzung für ihre Anwendbarkeit war, wie die voranstehenden Bemerkungen nahelegen, daß algebraische Gleichungssysteme hoher Ordnung automatisch aufgestellt und wirkungsvoll gelöst werden konnten. Das wurde mit der Einführung des elektronischen Rechenautomaten während der fünfziger Jahre erreicht. Im selben Zeitraum haben sich dann die Begriffe der FEM herauskristallisiert. Dieser Entwicklungsprozeß soll im folgenden aufgezeigt werden.

1.1 Historischer Rückblick*

Obgleich die Zeit der großen französischen Schule der Elastizitätslehre mit Gelehrten wie Navier und St. Venant unmittelbar vorausging, kann als logischer Anfangspunkt unseres historischen Rückblicks die Periode von 1850 bis 1875 angesehen werden. In dieser Zeit tauchten die Begriffe der Rahmenberechnung auf, die unter anderem den Arbeiten von Maxwell [1.1], Castigliano [1.2] und Mohr [1.3] zu verdanken sind. Die von diesen Forschern eingeführten Begriffe bilden die Eckpfeiler der Matrizenberechnungsverfahren, die dann erst 80 Jahre später Gestalt annahmen und die wiederum der FEM zugrundeliegen.

Für die Zeit zwischen 1875 und 1920 ist kein nennenswerter Fortschritt zu verzeichnen. Daran waren in hohem Maße die praktischen Beschränkungen bei der Auflösung von algebraischen Gleichungssystemen höherer Ordnung schuld. Nebenbei be-

* Zur Bezeichnung von Abschnitten, Literaturstellen, Bildern und Gleichungen: Die erste Ziffer gibt das Kapitel, die zweite die Reihenfolge innerhalb dieses Kapitels an.

merkt war für die Tragwerke, denen damals das Hauptinteresse galt (Fachwerke und Rahmen), die Berechnung nach dem Kraftgrößenverfahren allgemein gebräuchlich.

Um das Jahr 1920 kamen aufgrund der Arbeiten von Maney [1.4] in den Vereinigten Staaten und Ostenfeld [1.5] in Dänemark die Verfahren auf, bei denen die Verschiebungen als Unbekannte gewählt wurden. Diese Verfahren stellen die Vorläufer der heute gebräuchlichen Matrizenberechnungsmethoden dar. Dennoch war der Umfang der Aufgaben, die entweder mit Kraftgrößen oder Verschiebungsgrößen berechnet werden konnten, weiterhin entscheidend eingeschränkt, bis Hardy Cross im Jahre 1932 sein Verfahren der Momentenverteilung [1.6] einführte. Diese Methode erlaubte die Lösung von Aufgaben, die um eine Größenordnung komplizierter waren als alles was bis dahin behandelt werden konnte. Für die folgenden 25 Jahre war die Momentenverteilung das wichtigste Werkzeug in der praktischen Berechnung von Tragwerken.

Elektronische Rechenautomaten erschienen erstmals in den frühen fünfziger Jahren, aber ihre wirkliche Bedeutung für die Theorie und die Praxis war vorerst nicht allgemein ersichtlich. Einige weitblickende Wissenschaftler sahen jedoch einen Umschwung voraus und begannen damit, die herkömmlichen Berechnungsmethoden in ein Format umzuschreiben, das dem Computer angepaßt war. Es war dies das Matrizenformat. Beiträge dieser Art, auf die hier nicht näher eingegangen werden kann, stammen von Argyris und Patton [1.7]. Zwei bemerkenswerte Entwicklungen wurden durch die Veröffentlichungen von Argyris und Kelsey [1.8] sowie Turner, Clough, Martin und Topp [1.9] eingeleitet. Diese Veröffentlichungen faßten die Begriffe der Rahmenberechnung und der Festkörpermechanik zusammen und benützen für die sich ergebenden Verfahren das Matrizenformat. Durch sie wurde die Entwicklung der FEM in den folgenden Jahren maßgeblich beeinflußt. Es wäre jedoch irreführend, die Einführung aller wesentlichen Aspekte der FEM diesen Arbeiten zuzuschreiben, da Pionierleistungen sogar vor 1950 in Arbeiten von Courant [1.10], McHenry [1.11] und Hrenikoff [1.12] erbracht wurden. Die Arbeit von Courant ist besonders bemerkenswert, da sie ebenso auf Probleme zutrifft, die durch Gleichungen bestimmt sind, welche nicht der Festigkeitslehre angehören. Wiederum können wir solche Aspekte der FEM nur flüchtig anschneiden, da unser Interesse hauptsächlich dem Tragwerkverhalten gilt.

Die Technologie der FEM durchlief seit Mitte der fünfziger Jahre verschiedene nicht genau abgrenzbare Phasen. Eine eingehende Beschreibung dieser Entwicklung gibt Zienkiewicz [1.13]. Ausgelöst durch bestimmte Elementdarstellungen für den ebenen Spannungszustand wurden Elementformulierungen für räumliche Körper, Platten, dünne Schalen und andere Tragwerksformen entworfen. Als diese Beschreibungen für den statischen, linear elastischen Fall festlagen, verlagerte sich die Aufmerksamkeit auf besondere Verhaltensformen. Zu diesen zählen etwa die dynamische Beanspruchung, die Instabilität, das nichtlineare Material- und das nichtlineare geometrische Verhalten. Es wurde notwendig, nicht nur die Elementbeschreibungen zu erweitern, sondern auch den allgemeinen Rahmen der Berechnungsverfahren weiter zu stecken. Auf diese Entwicklungen folgte eine Periode der intensiven Arbeit an allgemeinen Computer-Programmen, durch welche die Möglichkeiten der Methode in die Hände der Praktiker gelegt werden sollten.

Allgemeine Programme für FE-Berechnungen sind heute in der Praxis weit verbreitet. Es ist der leichten Zugänglichkeit solcher Programme und den geringen Anschaffungskosten zuzuschreiben, daß die FEM bei einer großen Zahl praktischer Probleme bereits Anwendung gefunden hat. In der theoretischen Weiterentwicklung sind viele Forscher weiterhin mit der Formulierung von neuen Elementen sowie der Weiterentwicklung von verbesserten Formulierungen und Algorithmen für spezielle Phänomene und nicht zuletzt auch mit der Erstellung neuer Programme beschäftigt. Die FE-Darstellung von interdisziplinären Phänomenen und von Problemen, die außerhalb der Festigkeitsmechanik liegen, stößt heute auf großes Interesse. Geläufige Beispiele dafür sind auf dem Gebiete der Wärmespannungen zu finden, wo die Berechnung der Temperaturspannungen am besten in einem Zuge mit der Bestimmung des zeitlichen Temperaturverlaufes durchgeführt wird. Ein anderes Beispiel ist die Interaktion von Flüssigkeitsströmungen und Tragwerkverhalten im Fall der Hydroelastizität.

Obgleich wir mit besonderem Nachdruck auf unterschiedliche Gesichtspunkte und besondere Vorteile der finiten Elemente in der Tragwerkmechanik eingegangen sind, ist es unwahrscheinlich, daß mit der FEM in ihrer gegenwärtigen Form das letzte Wort gesprochen ist. Sie sollte im besten Fall als eine Phase in einer fortlaufenden Entwicklung betrachtet werden. Bücher, wie Timoshenkos lesenswerte „History of Strength of Materials" [1.14], sind ein wertvoller Bestandteil der Ausbildung des praktischen Ingenieurs, und neue Bücher dieser Art oder technische Bücher mit Betonung der geschichtlichen Entwicklung (z.B. [1.15]) werden weiterhin veröffentlicht werden und verdienen Aufmerksamkeit.

1.2 Elementtypen

Die Elemente, die in der Praxis gebräuchlich sind und in diesem Buch ausführlich behandelt werden, sind in **Bild 1.1** dargestellt.

Das einfache Rahmenelement in Bild 1.1 a gliedert sich in die gesamte Familie der finiten Elemente ein. Durch eine Kombination von Elementen dieses Typs werden Fachwerk- und Rahmenkonstruktionen beschrieben. Im Verbund mit Elementen eines anderen Typs, besonders mit Plattenelementen, wird es gewöhnlich als Aussteifung benutzt. Wir werden der mathematischen Formulierung dieses Elementes in diesem Buch keinen besonderen Abschnitt widmen, wie wir es mit anderen Elementen tun werden, da seine theoretischen Beziehungen wohlbekannt sind. Vielmehr werden wir es in den ersten Kapiteln zur Erläuterung der Grundzüge der Elementbeschreibungen heranziehen.

Das Grundelement der FE-Analysis ist das Scheibenelement, das den ebenen Spannungszustand erfaßt. Dreieckige und rechteckige Scheibenelemente werden in Bild 1.1 b gezeigt. Viele andere geometrische Formen können innerhalb dieser Elementenklasse gewählt werden, doch geschieht dies im allgemeinen nur für ganz besondere Zwecke. Das Scheibenelement wird nicht nur wegen seiner vielseitigen Verwendbarkeit bei praktischen Bemessungsaufgaben als Grundelement bezeichnet, sondern ebensosehr auch wegen seines Platzes in der geschichtlichen Entwicklung der finiten Elemente. In den ersten Jahren wurden bei theoretischen Herleitungen hauptsächlich diese Elemente betrachtet.

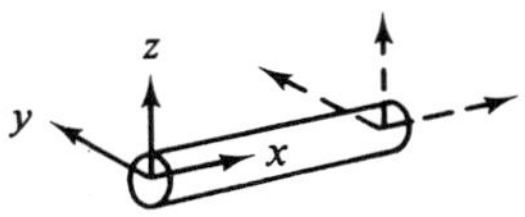

(a) Rahmenelement

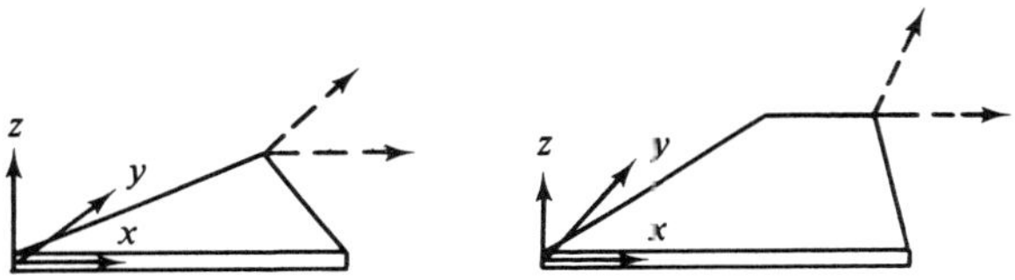

(b) Ebener Spannungszustand

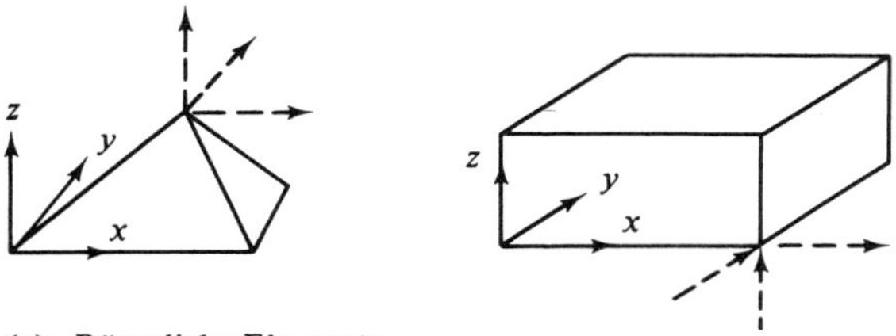

(c) Räumliche Elemente

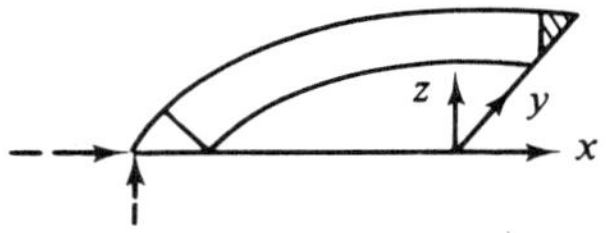

(d) Axialsymmetrisches räumliches Element

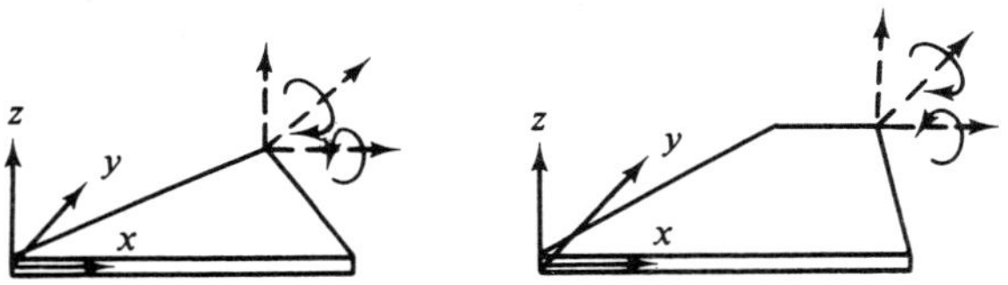

(e) Biegeelement für Platten

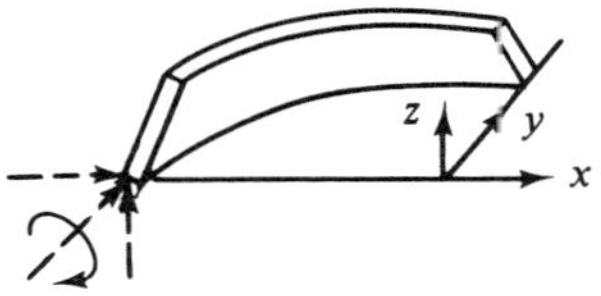

(f) Axialsymmetrisches dünnes Schalenelement

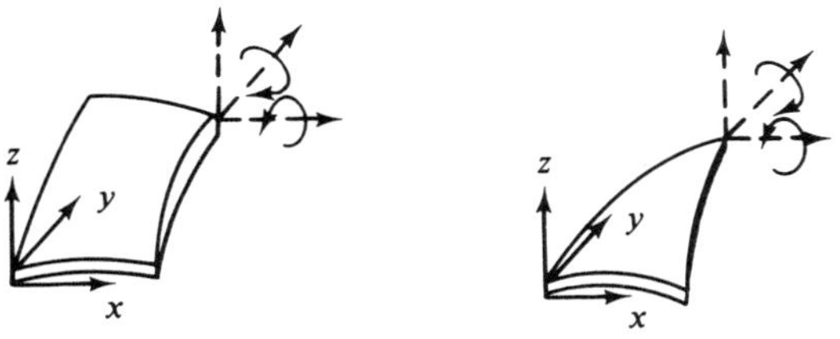

(g) Gekrümmte Elemente dünner Schalen

Bild 1.1

Die räumlichen Elemente in Bild 1.1 c stellen die dreidimensionale Verallgemeinerung der Scheibenelemente dar. Das Tetraeder und das Hexaeder sind die gebräuchlichsten Formen dreidimensionaler Elemente. Sie werden für die analytischen Modelle in der Boden- und Felsmechanik und bei Kernkraftwerken verwendet. In diesem Zusammenhang sei bemerkt, daß praktische Bemessungsaufgaben dieser Art erst durch solche Elemente lösbar geworden sind.

Zu den wichtigsten Anwendungsmöglichkeiten der finiten Elemente gehören axialsymmetrische Körper (Bild 1.1 d). Eine Vielzahl von Ingenieuraufgaben fällt in diese Kategorie. Zu ihnen gehören etwa die Beton- und Stahlbehälter, die Kernreaktoren, Rotoren, Kolben, Getriebeachsen und die Raketenköpfe. Gewöhnlich ist bei solchen Aufgaben sowohl die Beanspruchung als auch die Geometrie axialsymmetrisch. Wir zeigen hier nur das dreieckige Element, obwohl auch das rechteckige Element, ähnlich wie in Bild 1.1 e, gebräuchlich ist.

Dünne ebene Plattenelemente werden nicht nur in Verbindung mit der Biegeberechnung von Platten benützt, sondern auch für die facettenartige Annäherung von Schalen und dünnwandigen Querschnitten. Die Wahl der Elementgeometrie läuft mit derjenigen der Scheibenelemente parallel, jedoch mit größerer Betonung auf Dreieck- und Rechteckelemente (Bild 1.1 e).

Axialsymmetrische dünne Schalenelemente (Bild 1.1 f) haben dieselben Anwendungsmöglichkeiten wie axialsymmetrische Elemente räumlicher Körper, ihren Gleichungen liegen jedoch die vereinfachenden Annahmen der Theorie dünner Schalen zugrunde. Die Gleichungen der axialsymmetrischen dünnen Schalenelemente überbrücken die Lücke zwischen dünnen Platten und Scheiben einerseits und dem allgemeinen dünnen Schalenelement andererseits, und sie klären Schlüsselprobleme, die im Zusammenhang mit dem letzteren auftreten.

Da eine dünne Schale in Wirklichkeit gekrümmt ist, scheint es vorteilhaft, für das rechnerische Modell gekrümmte dünne Schalenelemente zu verwenden. Zu den Vorteilen gehört die Möglichkeit, die gekrümmte Schalengeometrie und die Abhängigkeit von Biege- und Membranzuständen genauer zu beschreiben. Typische zweifach gekrümmte dünne Schalenelemente sind im Bild 1.1 g skizziert. Für diesen Elementtyp ist eine große Auswahl von verschiedenen Elementdarstellungen im Gebrauch.

1.3 Einige Anwendungsmöglichkeiten der finiten Elemente

Um die Art, in der die oben beschriebenen Elemente eingesetzt werden, zu erläutern und um die Größenordnung und Komplexität der Bemessungsaufgaben im Bereich der FEM aufzuzeigen, wollen wir jetzt einige repräsentative Anwendungsmöglichkeiten der FEM untersuchen.

Die Entwicklung der FEM hat dem Pioniergeist einiger weniger Forscher auf dem Gebiet des Flugzeugbaus viel zu verdanken, und es ist nicht verwunderlich, daß gerade dieses Gebiet in der praktischen Anwendung der Methode führend ist. **Bild 1.2** zeigt viele Besonderheiten der FE-Berechnung eines Teils eines Flugzeugs des Typs Boeing 747 [1.16]. Die Tragkonstruktion des Flugzeugrumpfes besteht aus dünnen Metallplatten (der Haut), die ein Skelett einhüllen, dessen Tragglieder Rahmen und Steifen sind. Die Tragglieder des Flügelskeletts sind die Sparren und Rippen.

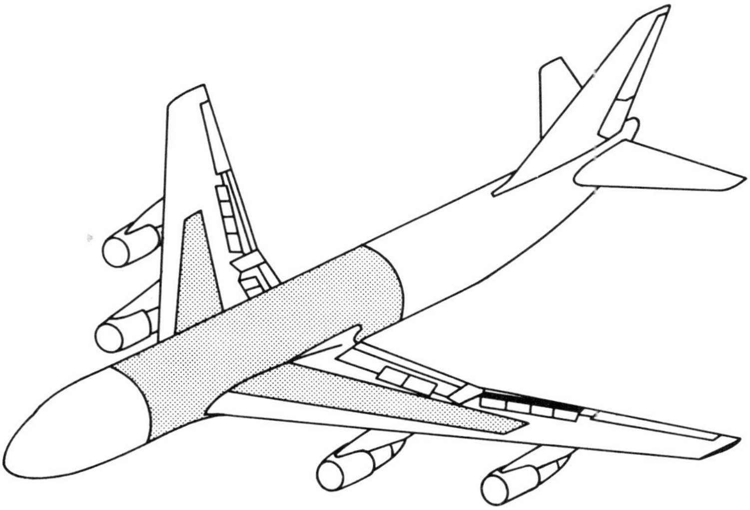

(a) Boeing 747. Die punktierte Fläche stellt den mit der FEM analysierten Teil des Flugzeuges dar.

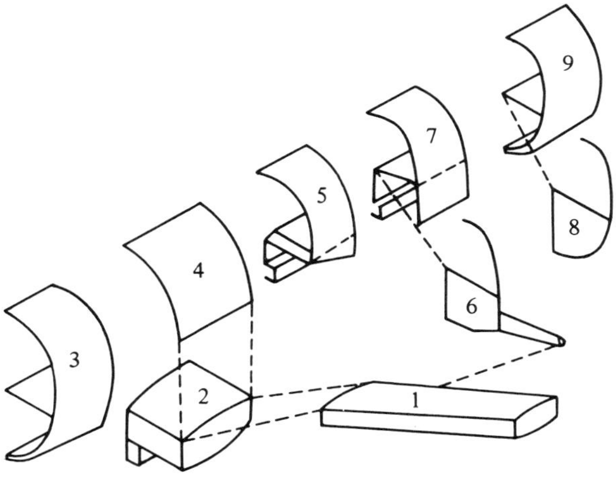

(b) Aufteilung der punktierten Zone in Subkonstruktionen.

Bild 1.2

Die Erfahrung hat gezeigt, daß bei der Bestimmung des Spannungszustandes die örtliche Biegebeanspruchung in der mathematischen Beschreibung der Flugzeughaut vernachlässigbar ist. So kann die Haut durch Elemente des ebenen Spannungszustandes beschrieben werden, zum Beispiel durch die Dreieck- und Rechteckelemente des Bildes 1.1 b. Die Berechnung des in Bild 1.2b hervorgehobenen Flügel-Rumpf-Bereiches der Boeing 747 ergab über 7000 Unbekannte. Eine so große Zahl von Unbekannten ist im Hinblick auf die Datenverarbeitung und die Lokalisierung von Fehlern bei der Berechnung schwierig unter Kontrolle zu halten. Es ist deshalb üblich, die Konstruktion in Bereiche, die sogenannten Substrukturen, aufzuteilen, die in der FEM dann so behandelt werden, daß ein Superelement entsteht. Die verschiedenen Superelemente werden in einem abschließenden Rechnungsgang nach einem konventionellen FE-Verfahren zusammengekoppelt. Das Schema der Substrukturierung einer Boeing 747 ist im Bild 1.2b gezeigt. Einzelheiten sind in Tabelle 1.1 angegeben.

Tabelle 1.1 Zusammenfassung der FE-Idealisierung der Boeing 747 [1.16]

Subkonstruktion	Beschreibung	Knoten	Einheitslastfälle a)	Balken	Platten	Interaktionsfreiheitsgrade b)	Totale Zahl Freiheitsgrade
1	Flügel	262	14	355	363	104	796
2	Flügel Zentrum	267	8	414	295	198	880
3	Rumpf	291	7	502	223	91	1,026
4	Rumpf	213	5	377	185	145	820
5	Rumpf	292	7	415	241	200	936
6	Spant	170	10	221	103	126	686
7	Rumpf	285	6	392	249	233	909
8	Spant	129	10	201	93	148	503
9	Rumpf	286	7	497	227	92	1,038
Total		2,195	63	3,374	1,979	555	7,594

a) Einige Einheitslastfälle enthalten mehr als eine Subkonstruktion.
b) Mehrere Parameter auf einem inneren Rand der Subkonstruktion entsprechen einem einzigen Interaktionsfreiheitsgrad.

Wie es beim Entwurf von großen Flugzeugen üblich ist, wurden mit der Boeing 747 Versuche durchgeführt. **Bild 1.3** zeigt einige Ergebnisse dieser Versuche im Vergleich mit der FE-Lösung. Man darf wohl behaupten, daß kein herkömmliches Lösungsverfahren diese Ergebnisse so genau hätte voraussagen können.

Man sollte hinzufügen, daß das dynamische Verhalten eines Flugzeuges wichtig ist sowohl vom Standpunkt der Beschädigung der Konstruktion als auch von dem der Flugeigenschaften und daß elastische Instabilität ein wichtiges Kriterium für Versagen darstellt. Keines dieser Phänomene kann durch vereinfachte Berechnungsmethoden zufriedenstellend analysiert werden, aber ihre Behandlung mit der FEM liegt durchaus im Bereich des Möglichen.

Einer praktischen Bemessungsaufgabe ähnlicher Art begegnet man im Schiffsbau. **Bild 1.4** zeigt einen Teil des Mittschiffs einer modernen Schiffskonstruktion [1.17]. Der Trend zu immer größeren Tankschiffen hat einige Bedenken hinsichtlich eines Versagens der Konstruktion und des Entwurfsaufwandes hervorgerufen. Supertanker haben in der Tat im Einsatz erhebliche Schäden gezeigt.

Die FE-Idealisierung ist im Schiffsbau ähnlich wie im Flugzeugbau. Die Hülle wird durch Elemente des ebenen Spannungszustandes dargestellt. Rahmenelemente werden für die tragende Gitterkonstruktion verwendet. In der Hauptkonstruktion eines Schiffes können sich bis zu 50000 Unbekannte ergeben, und wiederum ist es gebräuchlich, eine

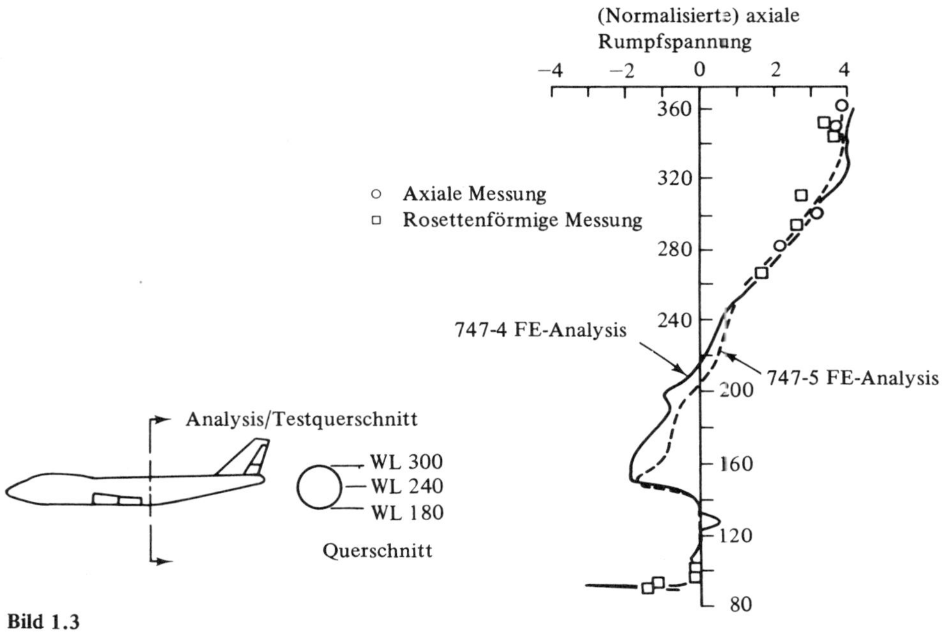

Bild 1.3

Aufteilung in viele Unterbereiche mit weniger Unbekannten, sogenannte Substrukturen, vorzunehmen.

Sicherheitserfordernisse in der baulichen Bemessung von Kernreaktoren haben diese Industrie veranlaßt, Berechnungsverfahren aufgrund der FEM besonders stark einzusetzen. **Bild 1.5** bringt dafür ein Beispiel. Von einem vorgespannten Reaktor-Druckbehälter (Bild 1.5a) [1.18] braucht aufgrund der Symmetrie nur ein Zwölftel berechnet zu werden (Bild 1.5b). Dieser Körper wird als ein System von Tetraeder- und Hexaederelementen betrachtet (Bild 1.1c). Bei Aufgaben dieser Art ergeben sich bis zu 20000 Unbekannte, und es ist üblich, bei der Berechnung inelastisches Verhalten mitzuberücksichtigen.

Nicht alle Probleme, bei denen die FEM eingesetzt wird, haben solche monumentalen Proportionen. Die **Bilder 1.6** und **1.7** zeigen Anwendungen auf einige allgemeine Probleme im Ingenieurbau. Eine Möglichkeit, die Wirtschaftlichkeit bei der Bemessung von Walzprofilen zu erhöhen, besteht darin, den Steg durchzuschneiden, zahnartig auszuschneiden gemäß Bild 1.6a und dann die beiden Teile wieder in der Art zusammenzuschweißen wie in Bild 1.6b dargestellt. Man erhält dann einen wabenartigen Balken, für dessen Berechnung es genäherte Lösungsverfahren gibt. Bild 1.6c zeigt eine Aufteilung in finite Elemente, wobei Dreieck- und Rechteckelemente benützt wurden. Damit soll die Gültigkeit eines Näherungsverfahrens [1.19] überprüft werden. Die Ergebnisse (Bild 1.6d) zeigen, daß die Näherungstheorie tatsächlich gute Ergebnisse hinsichtlich der Spannung in der äußeren Faser liefert und die teurere FE-Berechnung oder andere verfeinerte Methoden für die routinemäßige Bemessung in diesem Falle nicht notwendig ist.

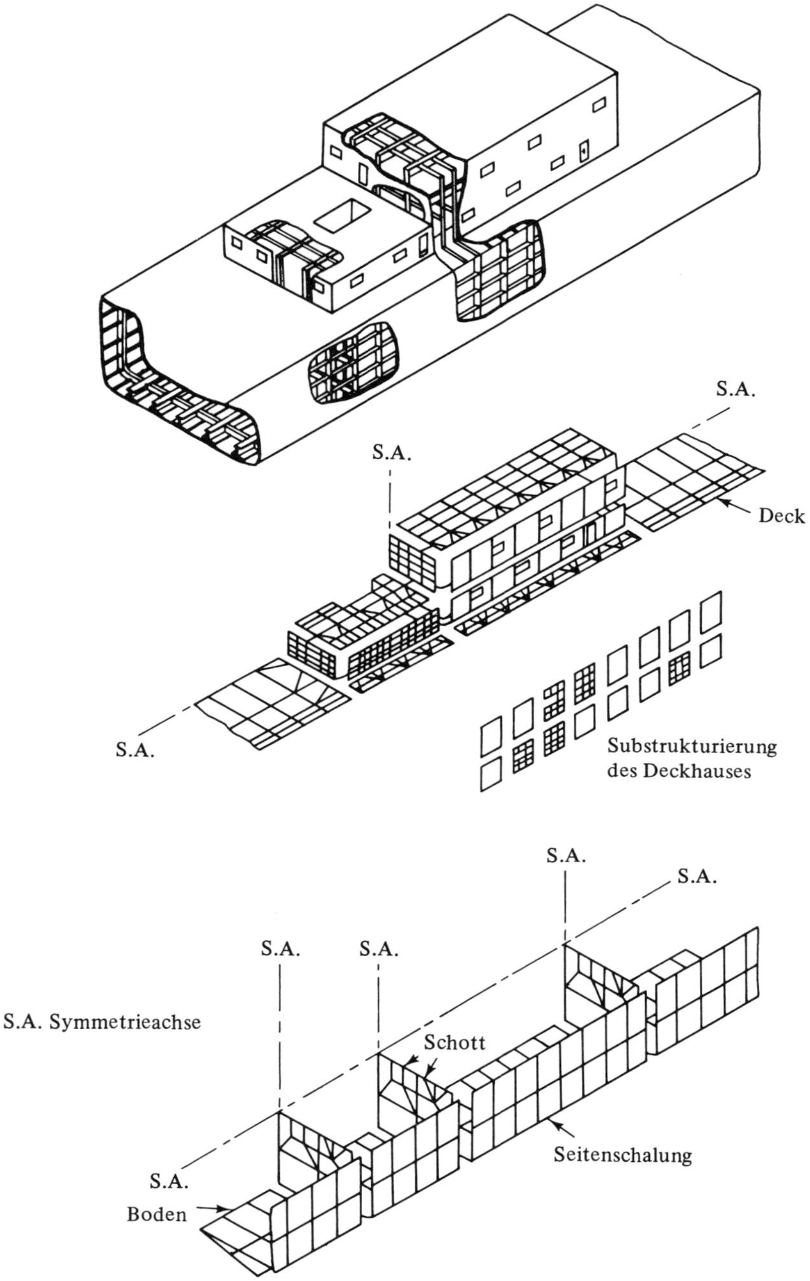
S.A.
S.A.
Deck
Substrukturierung
des Deckhauses
S.A.
S.A.
S.A.
S.A.
S.A.
S.A. Symmetrieachse
Schott
Seitenschalung
S.A.
Boden

Bild 1.4

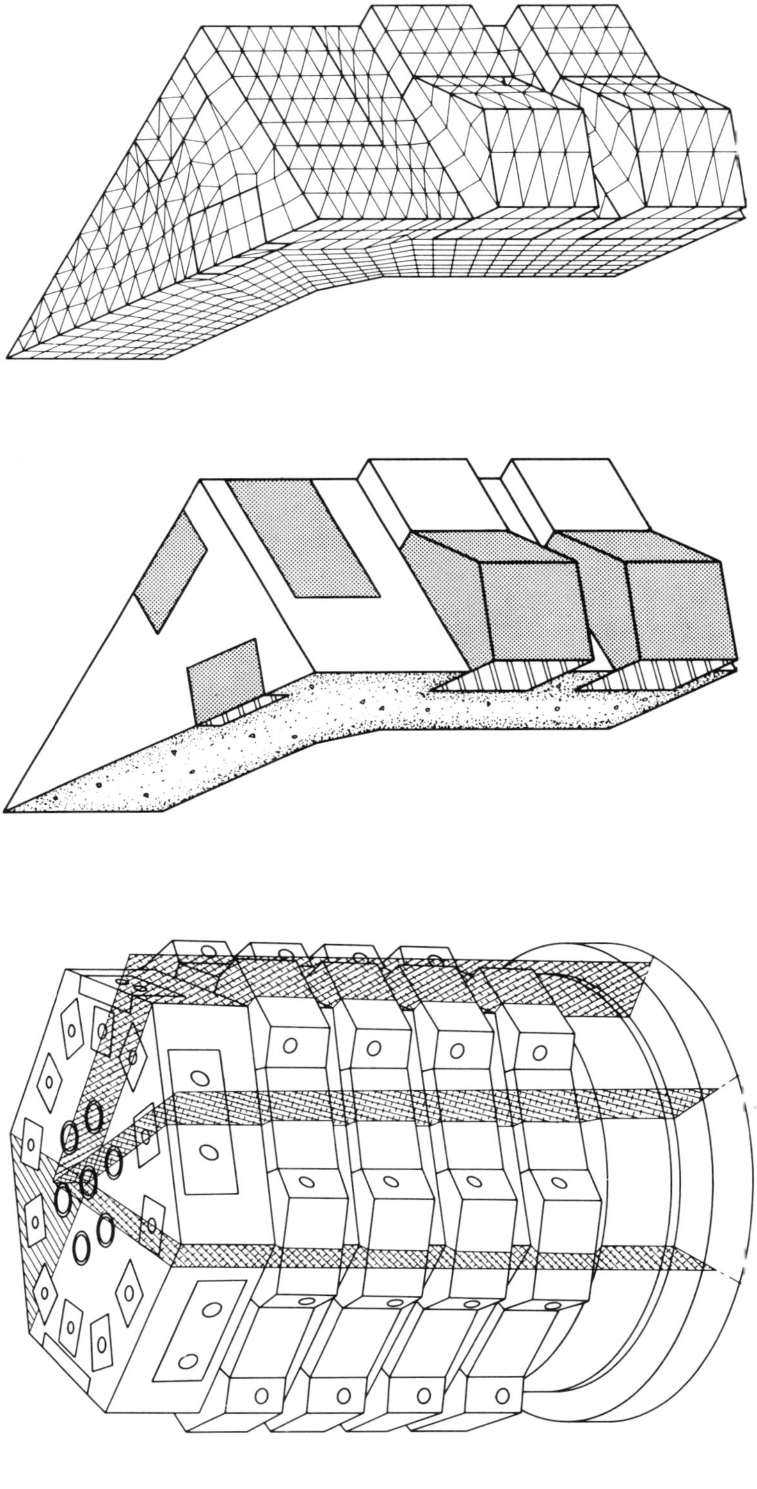

(a) Realisierte Konstruktion

(b) Dodekant der realisierten Konstruktion

(c) FE-Idealisierung (Tetraederelemente)

Bild 1.5

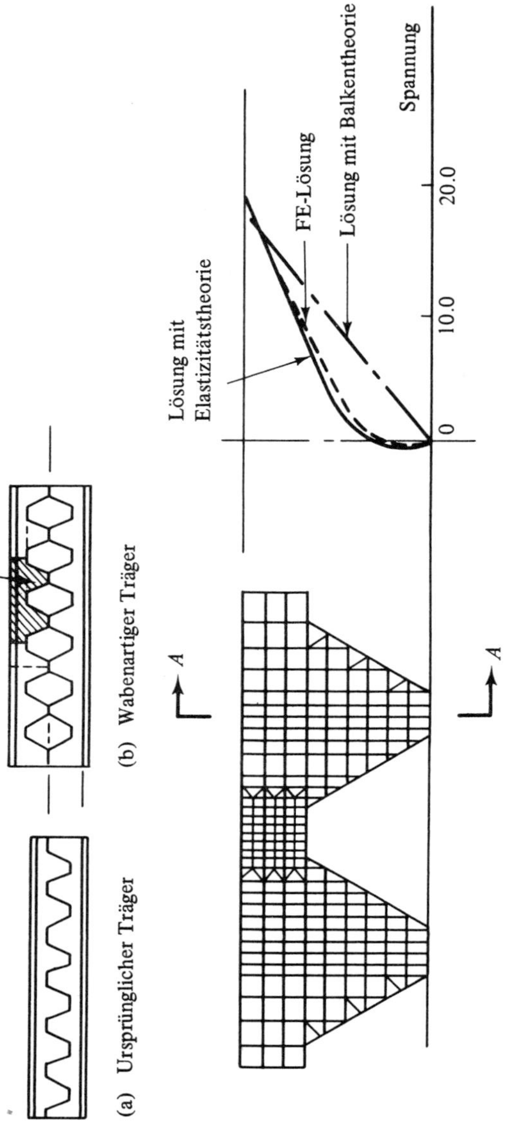

(a) Ursprünglicher Träger (b) Wabenartiger Träger

(c) FE-Idealisierung der Fläche *B* (d) Spannungen im Querschnitt *A* – *A* (infolge Biegemoment)

Bild 1.6

Ein noch häufigeres Problem ist der bewehrte Betonbalken (Bild 1.7), bei dem noch Unklarheiten bestehen nicht nur hinsichtlich des Verbundverhaltens zwischen Beton und Bewehrung, sondern auch bezüglich Risseausbreitung und -verteilung unter anwachsender Belastung. Dies sind wichtige Forschungsprobleme im Bauingenieurwesen. Bild 1.7a gibt die Elementaufteilung und den rechnerisch angenommenen Rißverlauf wieder, wie diese in einer Arbeit von Ngo und Scordelis [1.20] verwendet wurden. Die Spannungsbilder hierzu sind im Bild 1.7b gezeigt.

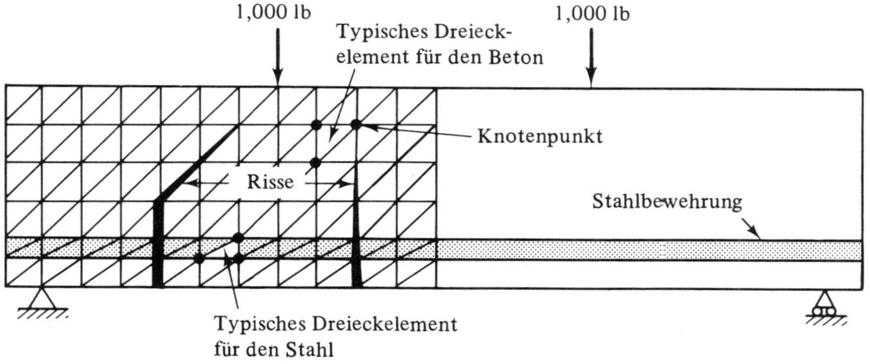

(a) FE-Darstellung von Beton und Bewehrung

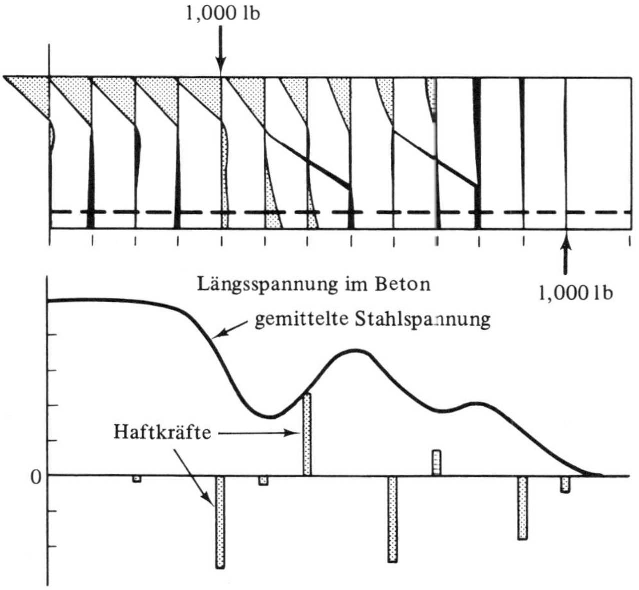

Bild 1.7 (b) Berechnete Spannungsverteilung (englische Maße)

Insgesamt zeigen die wenigen Beispiele, daß die FEM für alle Situationen geeignet ist, bei denen Spannungs- und Verzerrungszustände, Verschiebungen, Schwingungs- und Beulzustände sowie eine Reihe anderer Parameter bestimmt werden sollen. Diese Fälle treten in verschiedenen Bereichen auf, die traditionell als getrennte Ingenieurdisziplinen betrachtet werden. Es sind dies z.B. das Bauingenieurwesen, der Maschinenbau, die Luftfahrttechnik und der Schiffsbau.

Das Ziel dieses Buches ist, theoretische Grundlagen zu entwickeln. Wir werden deshalb keine weiteren speziellen Anwendungsbeispiele der Praxis diskutieren. Eine

Zusammenstellung solcher Beispiele würde viele Bände füllen. Der Leser sollte für die Beschreibungen einer großen Zahl und Vielfalt solcher Anwendungsbeispiele die Berichte der FE-Konferenzen zu Rate ziehen.

1.4 Das allgemeine Rechenprogramm

Es wurde schon angedeutet, daß die finiten Elemente so allgemein anwendbar sind, daß es theoretisch möglich ist, in einem einzigen Computerprogramm nicht nur alle zuvor erwähnten Probleme zusammenzufassen, sondern ebenso auch eine beinahe unbegrenzte Vielfalt anderer Probleme der technischen Mechanik zu lösen. Computerprogramme, die dieses Ziel – selbst in einem beschränkten Rahmen – anstreben, werden allgemeine Programme genannt (general purpose programs). Der Vorteil des allgemeinen Programms liegt nicht allein in dieser Möglichkeit, sondern auch in der Einheitlichkeit der Gebrauchsanweisungen für den Benützer, der Interpretation der Ein- und Ausgabedaten und der Dokumentation.

Die Herstellungskosten eines allgemeinen Programms sind gewöhnlich sehr hoch, so daß die Amortisation der Investitionen erheblich ist. Manche Großprogramme sind in einer genügend allgemeinen Programmiersprache abgefaßt, die ihre Verwendung durch viele weitverstreute Organisationen erlaubt. Andere Programme sind nur für den Gebrauch von Spezialabteilungen einer einzigen Regierungs- oder Industrieorganisation entworfen worden und nur wegen ihrer beschränkten Anwendbarkeit wirtschaftlich. Nicht jedes Programm hat deshalb den gleichen Grad von Allgemeingültigkeit. Übersichten von Großprogrammen wurden veröffentlicht [1.21, 1.22], jedoch sollte man sich darüber klar sein, daß auf diesem schnellwachsenden Gebiet laufend Veränderungen stattfinden.

Praktisch alle FE-Großprogramme haben die vier Phasen, die im Flußdiagramm von **Bild 1.8** gezeigt sind, gemein. Die Inputphase sollte vom Benützer nur Informationen verlangen, die sich auf die Materialeigenschaften, die geometrische Beschreibung des Elementsystems (einschließlich Auflagerbedingungen) und die Belastungsbedingungen beziehen. Die höher entwickelten Großprogramme erleichtern diesen Inputvorgang durch Einrichtungen wie etwa vorgespeicherte Abläufe für verschiedene Materialien und Verfahren für die automatische Erzeugung von FE-Idealisierungen, so daß Fehler im Input vor der eigentlichen Durchrechnung entdeckt werden können.

Der Phase, die als „Elementbibliothek" bezeichnet ist, wird in diesem Buch besonderes Interesse gewidmet. In ihr ist der programmierte Prozeß der Elementformulierungen enthalten. Viele Großprogramme enthalten nicht nur alle in Bild 1.1 dargestellten Bestandteile, sondern auch manche andere, wie z.B. gewisse einem gegebenen Elementtyp besonders angepaßte Alternativformulierungen. Im Idealfall sollte die Elementbibliothek hinsichtlich neuer Elemente beliebiger Komplexität erweiterungsfähig sein.

Der Elementbibliothek werden die gespeicherten Inputdaten zugeführt; sie stellt dann die algebraischen Beziehungen eines Elementes auf, indem der zuständige programmierte Formulierungsprozeß angewendet wird. Diese Phase des Großprogramms enthält auch alle Prozeduren, die notwendig sind, um die algebraischen Beziehungen des Einzelelementes mit den Nachbarelementen zu verknüpfen. Dabei wird der gesamte Satz algebraischer Gleichungen für das FE-System des ganzen Tragwerks erzeugt.

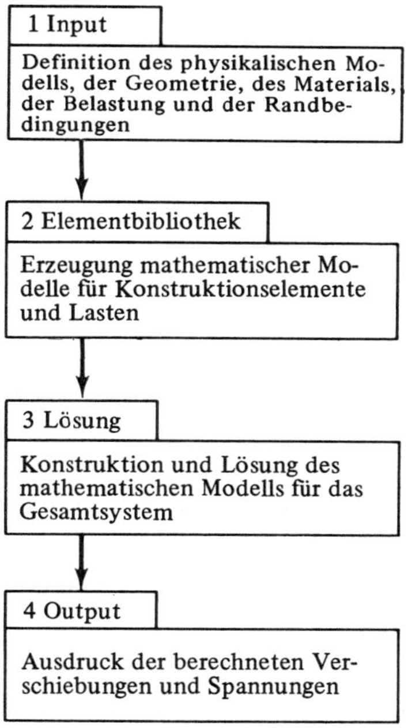
1 Input
Definition des physikalischen Modells, der Geometrie, des Materials, der Belastung und der Randbedingungen
2 Elementbibliothek
Erzeugung mathematischer Modelle für Konstruktionselemente und Lasten
3 Lösung
Konstruktion und Lösung des mathematischen Modells für das Gesamtsystem
4 Output
Ausdruck der berechneten Verschiebungen und Spannungen

Bild 1.8

Die Lösungsphase des Großprogramms arbeitet an der Auflösung der Gleichungen, die in der vorherigen Phase aufgestellt wurden. Im Fall einer statischen Untersuchung wird das möglicherweise nur die Auflösung eines Satzes linearer algebraischer Gleichungen für bekannte Werte auf der rechten Seite bedeuten. Lösungen dynamischer Probleme werden viele Rechenschritte über den zeitlichen Ablauf der Belastungsgeschichte hinweg erfordern. In anderen Fällen ist es notwendig, das gesamte Tragwerk in Teilbereiche aufzuteilen, wie für die Berechnung der Boeing 747 im Abschnitt 1.3 angedeutet wurde, oder aber besondere Operationen an den ursprünglichen Gleichungssystemen vorzunehmen. Zu dieser Phase gehören Rückwärtssubstitutionen, die der Vollständigkeit der Lösung wegen oft notwendig sind.

Die Outputphase liefert den Ausdruck der Informationen, die einerseits zur Bemessung des Tragwerks führen, andererseits aber auch spezielle Entwurfsfragen zu beantworten gestatten. Das „Printing" ist im allgemeinen eine in Form einer Liste präsentierte Zusammenstellung von Spannungen in ausgewählten Punkten oder von Verschiebungen innerhalb des Elementes oder anderer gewünschter Angaben. Wie bei der Inputphase ist dabei ein starker Trend zur graphischen Darstellung der Daten zu verzeichnen. Erwähnt seien graphische Darstellungen von Hauptspannungstrajektorien oder von Beul- und Schwingungsfiguren.

An dieser Stelle muß betont werden, daß sich der Inhalt dieses Buches ausschließlich mit analytischen Methoden befaßt. Mit anderen Worten: Es wird angenommen, daß alle Inputdaten, wie etwa Materialeigenschaften, Geometrie und Abmessungen, bekannt sind. Moderne Entwicklungen auf dem Gebiet des mathematischen Programmierens und ähnlicher Disziplinen [1.23] haben es ermöglicht, Entwurfsparameter hinsichtlich Gewichts- oder Kostenminimum zu optimieren. Diese Entwicklungen gehen über den Rahmen dieses Buches hinaus.

Den Phasen eines Großprogrammes ist das Baukastensystem ihrer Komponenten gemein. Ein wohl angelegtes Programm sollte die Möglichkeit bieten, wenn nötig neue Teiloperationen einzubauen, wenn z.B. wirkungsvollere Verfahren für Teiloperationen gefunden werden. Diese Operationen betreffen zum Beispiel neue Elemente, verbesserte Methoden zur Lösung der algebraischen Gleichungen und verschiedene Arten von Computergraphik und Output. Einige Programme ermöglichen es, solche Veränderungen anhand von schriftlichen Anweisungen auszuführen, ohne daß der Autor des Programms zu Rate gezogen werden muß.

Soweit möglich sind die Verfahren in diesem Buch in einer Form abgefaßt, die den weitverbreiteten Großprogrammen entspricht.

Literatur

1.1 Maxwell, J.C.: On the calculations of the equilibrium and stiffness of frames. Phil. Mag. 27 (1864) 294–299.

1.2 Castigliano, A.: Théorie de l'équilibre des systèmes élastiques. Turin 1879 (engl. Übersetzung durch Dover Publications).

1.3 Mohr, O.: Beitrag zur Theorie der Holz- und Eisen-Konstruktionen. Z. d. Architekten- u. Ingenieur-Vereins, Hannover 1868.

1.4 Maney, G.B.: Studies in engineering. Univ. Minnesota, Minneapolis, Minn. 1915.

1.5 Ostenfeld, A.: Die Deformationsmethode. Berlin: Springer 1926.

1.6 Cross, H.: Analysis of continous frames by distributing fixed-end moments. Trans. ASCE 96 (1932) 1–10.

1.7 Argyris, J.H.; Patton, P.C.: Computer oriented research in a university milieu. Appl. Mech. Rev. 19 (1966) 1029–1039.

1.8 Argyris, J.H.; Kesley, S.: Energy theorems and structural analysis. London: Butterworth 1960.

1.9 Turner, M.; Clough, R.; Martin, H.; Topp, L.: Stiffness and deflection analysis of complex structures. J. Aer. Sci. 23 (1956) 805–823.

1.10 Courant, R.: Variational methods for the solution of problems of equilibrium and vibration. Bull. Am. Math. Soc. 49 (1943) 1–43.

1.11 McHenry, C.: A lattice analogy for the solution of plane stress problems. J. Inst. Civil Eng. 21 (1943) 59–82.

1.12 Hrenikoff, A.: Solution of problems in elasticity by the framework method. J. Appl. Mech. 8 (1941) 169–175.

1.13 Zienkiewicz, O.C.: The finite element method – From intuition to generality. Appl. Mech. Rev. 23 (1970) 249–256.

1.14 Timoshenko, S.: History of strength of materials. New York, N.Y.: McGraw-Hill 1953.

1.15 Volterra, E.; Gaines, J.E.: Advanced strength of materials. Englewood Cliffs, N.J.: Prentice Hall 1974.

1.16 Miller, R.E.; Hansen, S.D.: Large scale analysis of current aircraft. In: P.V. Marcal (Hrsg.), On general purpose finite element computer programs. ASME Special Publ., New York, N.Y. 1970.

1.17 Smith, C.S.; Mitchell, G.: Practical considerations in the application of finite element techniques to ship structures. Proc. of Symposium on Finite Element Techniques. Univ. Stuttgart 1969.

1.18 Corum, J.M.; Smith, J.E.: Use of small models in design and analysis of prestressed-concrete reactor vessels. Report ORNL-4346. Oak Ridge Nat. Lab., Oak Ridge, Tenn. 1970.

1.19 Cheng, W. K.; Hosain, M. U.; Neis, V. V.: Analysis of castellated beams by the finite element method. Proc. of Conf. on Finite Element Method in Civil Eng. McGill Univ. Montreal, Kanada 1972, S. 1105–1140.

1.20 Ngo, D.; Scordelis, A. C.: Finite element analysis of reinforced concrete beams. J. Am. Concr. Inst. 64 (1967) 152–163.

1.21 Gallagher, R. H.: Large-scale computer programs for structural analysis. In: P. V. Marcal (Hrsg.), On general purpose finite element computer programs. ASME Speciel Publ., New York, N. Y. 1970, S. 3–34.

1.22 Marcal, P. V.: Survey of general purpose programs for finite element analysis. In: J. T. Oden et al. (Hrsg.), Advances in computational methods in structural mechanics and design. Univ. of Alabama 1972.

1.23 Gallagher, R. H.; Zienkiewicz, O. C.: Optimum structural design. New York, N. Y.: John Wiley 1973.

2 Definitionen und grundlegende Elementoperationen

Das vorliegende Kapitel wie auch die Kapitel 3 und 4 dienen zur Hauptsache der Vorbereitung der Grundlagen der FEM sowie ihrer Analysis. Hier und in Kapitel 3 werden Definitionen, Schreibweise und Vorgehen behandelt, was gewöhnlich zum Thema von Büchern über Matrizenrechnung und Rahmentragwerken gehört, deren Beherrschung im übrigen beim Leser vorausgesetzt wird. (Es wird ebenfalls angenommen, daß der Leser mit der Schreibweise und den grundlegenden Operationen des Matrizenkalküls vertraut ist.) Trotzdem wird in diesem und auch im 3. Kapitel auf alle wesentlichen Aspekte der Matrixanalysis der Festigkeitsmechanik eingegangen, jedoch nur soweit als es für die innere Entwicklung der FEM von Wichtigkeit ist und ohne die ausführlichen numerischen Beispiele, welche man in der Literatur, z.B. in [2.1–2.4], erwartet. Außerdem werden die verschiedenen Symbole und Operationen der Matrizenrechnung überall dort definiert, wo sie zum ersten Male auftreten.

Wir beginnen dieses Kapitel mit der Beschreibung des am häufigsten verwendeten Koordinatensystems und der Vorzeichenkonvention, an der wir dann im ganzen Buch festhalten wollen. Es wird auf den Zusammenhang eingegangen, der zwischen der eigentlichen Konstruktion eines Bauwerkes und ihrer durch die FE-Abbildung erzeugten Vereinfachung besteht. Wir fahren danach fort mit der Definition von Einflußkoeffizienten von Elementen, deren Last-Verschiebungszusammenhang an diskreten Punkten bekannt ist. Dies führt in natürlicher Weise auf Definition und Begriff von Arbeit und Energie, wie sie mit Hilfe von Einflußkoeffizienten ausdrückbar sind, sowie zum Beweis der Symmetrieeigenschaften dieser Koeffizienten im Falle linearer Elastizität.

Ein ziemlich ausgedehnter Teil dieses Kapitels wird den Transformationen gewidmet, welche einen Satz von Einflußfunktionen des einen Formats mit denjenigen des zugeordneten Formats verknüpfen. So lassen sich z.B. die Einflußkoeffizienten der Verschiebungen in jene der Kräfte transformieren: Solche Operationen, in der Fachwerkanalyse von untergeordneter Bedeutung, sind bei der FEM von großer Wichtigkeit. Sie werden in den beiden folgenden Abschnitten im Matrizenformat behandelt; es zeigt sich dabei, daß sie weit über den üblichen Anwendungsbereich der Koordinatentransformationen hinausgehen und z.B. auch ein Verfahren zur Reduktion von Variablen liefern. Schließlich wird auch eine Methode beschrieben, die es gestattet, an einer Steifigkeitsmatrix eines finiten Elementes Operationen vorzunehmen, um damit die Zahl der in ihm enthaltenen Starrkörperfreiheitsgrade zu bestimmen.

2.1 Das Koordinatensystem

In diesem Buch werden wir am häufigsten mit einem Satz von orthogonalen Koordinatenachsen arbeiten, welche wie in **Bild 2.1** mit den Symbolen x, y, und z bezeichnet werden.

In einem verformbaren Körper verursachen äußere Lasten nicht nur Verschiebungen der einzelnen materiellen Punkte, sondern auch Verschiebungen dieser Punkte relativ zueinander. Das vorliegende Kapitel beschäftigt sich nur mit dem Verhalten von Tragwerkselementen im Großen. Danach interessiert man sich nur um die Verschiebungen von einzelnen materiellen Punkten, die selbst durch ein System von Kräften belastet sind. Die ausführliche Behandlung der Bestimmung der Verschiebungen beliebiger Punkte relativ zueinander (Verzerrung) und die Verteilung von Kräften pro Einheitsfläche (Spannungen) ist Sache späterer Kapitel, insbesondere der Kapitel 4 bis 6.

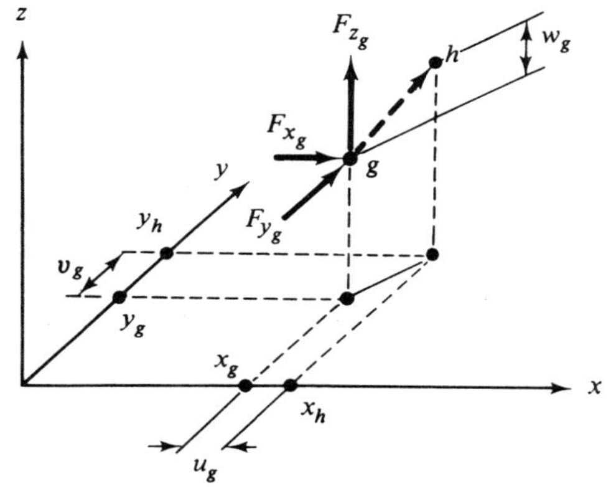

(a) Verschiebung einer Partikel vom Punkt g in den Punkt h

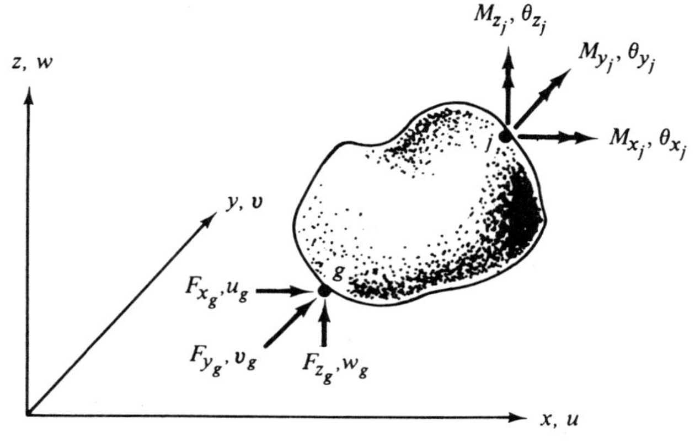

(b) Kräfte, Momente und zugehörige Verschiebungen

Bild 2.1

Dasselbe trifft auch zu für verteilte äußere Kräfte und für Vorspannung infolge thermischer Belastung.

Ein Koordinatensystem, bestehend aus einem Satz von drei Achsen, wird für einen verformbaren Körper in dessen unverformter Konfiguration definiert, und zwar in der in Bild 2.1 angedeuteten Weise. Diese Achsen bleiben während der Deformation des Körpers erhalten, und die Verschiebungen der materiellen Punkte werden auf diese Achsen bezogen. Konkret: Betrachte einen materiellen Punkt – kurz eine Partikel oder ein Teilchen genannt –, welcher im unbelasteten, unverformten Zustand der Konstruktion (Bild 2.1 a) den Raumpunkt g einnimmt. Ein Kraftvektor mit den Komponenten F_x , F_y , F_z greife in diesem Punkte an. Unter dem Einfluß dieser Kraft verschiebt sich die Partikel zu einem Raumpunkt, welcher mit dem Symbol h bezeichnet sei. Die translatorischen Verschiebungen der Partikel sind dann durch $u_g = x_h - x_g$, $v_g = y_h - y_g$, $w_g = z_h - z_g$ gegeben. Zusammen mit den Komponenten des Kraftvektors sind diese Vektorkomponenten mit Angriffspunkt am entsprechenden Knoten des unverformten Körpers aufgetragen. Positive Werte der Kraft- und Verschiebungskomponenten entsprechen dem Sinne positiver Koordinatenachsen.

Dieses Buch beschränkt sich mit Ausnahme der letzten Kapitel auf lineares Verhalten. Soweit es die oben beschriebenen Kräfte und Verschiebungen betrifft, heißt dies, daß die Komponenten des Kraftvektors unverändert bleiben, wenn die Partikel sich von g nach h bewegt. Auch ist das mechanische Verhalten in der Regel so, daß die Arbeit der Kräfte F_{x_g}, F_{y_g}, F_{z_g} , welche auf den Verschiebungen u_g, v_g, w_g geleistet wird, nicht vom Weg abhängt, den die Partikel vom Punkt g nach dem Punkt h beschreitet.

Translatorische Verschiebungen an sich können zur vollständigen Beschreibung der Verformungen eines Bauwerkes unter Umständen nicht genügen. Bei Stab- und Rahmenkonstruktionen, dünnen Platten und dünnen Schalen wird oft die vereinfachende Annahme getroffen, daß Linien, welche senkrecht zur materiellen Mittellinie (für den Balken und den Stab) oder zur materiellen Mittelfläche (für Platten und Schalen) des unverformten Körpers stehen, auch senkrecht auf der Mittellinie oder Mittelfläche stehen bleiben, nachdem der Körper sich verformt hat. Ein Maß für die Verformung von Punkten solcher Konstruktionen ist die Verdrehung oder Rotation θ der Normalen bezüglich ihres unverdrehten Zustandes. Diese Rotation wird häufig der Neigung der Mittelfläche gleichgesetzt. Diese Verdrehungen, wenn im Koordinatensystem von Bild 2.1 b für den Punkt j dargestellt, können mit

$$\theta_{x_j} = \left.\frac{\partial w}{\partial y}\right|_j, \qquad \theta_{y_j} = -\left.\frac{\partial w}{\partial x}\right|_j, \qquad \theta_{z_j} = \left.\frac{\partial v}{\partial x}\right|_j$$

angeschrieben werden. (Der Einfachheit der Darstellung wegen haben wir auf die Einzeichnung der Kräfte verzichtet.) Beachte, daß wir eine positive Verdrehung mit der Schraubenregel definieren. Das will heißen: Falls die rechte Hand eine Achse umfaßt, mit dem Daumen dabei in positiver Richtung weisend, dann umfassen die Finger die Achse im Sinne positiver Umdrehung. Dies ist der Grund für das negative Vorzeichen in der Definition von θ_y, wo eine positive Rotation eine negative Verschiebung w erzeugt. Die (verallgemeinerten) Kräfte für Verdrehungen sind die Momente M_{x_j}, M_{y_j}, und M_{z_j}.

Es sollte betont werden, daß in einzelnen Punkten auch Verschiebungsableitungen als Maß für das Verformungsverhalten definiert werden können, ohne daß solchen Größen auch physikalische Bedeutung zuzuweisen wäre. In der Tat können in dieser Weise höhere Ableitungen (z.B. $\partial^2 w/\partial x^2$) Verwendung finden und sind auch tatsächlich verwendet worden. Die physikalische Bedeutung solcher Größen ist oft unklar, und es bestehen ähnliche Schwierigkeiten in der Definition der zugeordneten Kraftgrößen, doch können diese Nachteile oft durch einen erhöhten Wirkungsgrad der numerischen Methode wettgemacht werden.

Wie bereits erwähnt, erfolgt die globale Beschreibung des Verhaltens eines Bauteils – in unserem Falle eines einzelnen finiten Elementes – durch die Begriffe von Kraft- und Verschiebungskomponenten an speziell bezeichneten materiellen Punkten. Diese speziellen Punkte werden gewöhnlich Knotenpunkte genannt. Man verwendet gelegentlich auch den Ausdruck Verbindungspunkte, weil sie in vielen Fällen der praktischen Anwendung der FEM die Verknüpfungspunkte der einzelnen Elemente darstellen, die zusammen das gesamte oder globale analytische Modell des ganzen Bauwerkes bilden. Es gibt viele Fälle, bei denen die Punkte diese physikalische Interpretation nicht zulassen; trotzdem werden wir die Bezeichnungen Knoten, Knotenpunkt (und Verbindungspunkt) in diesem Buche als gleichwertige Synonyme verwenden.

Die Herleitungen dieses Kapitels und des ganzen Buches werden um Wesentliches vereinfacht, wenn zur Bezeichnung von Kräften und Verschiebungen an den Knotenpunkten eines vorgegebenen Konstruktionselementes eine gedrängte Form gewählt wird. Kräfte und Verschiebungen werden durch Kolonnenmatrizen $\{\mathbf{F}\}$ und $\{\mathbf{\Delta}\}$ dargestellt (geschweifte Klammern bezeichnen Kolonnenvektoren). Z.B. kann man für das Element des Bildes 2.1 b mit Kräften im Punkt g und Momenten im Punkt j, schreiben:

$$\{\mathbf{F}\} = \begin{Bmatrix} F_{x_g} \\ F_{y_g} \\ F_{z_g} \\ M_{x_j} \\ M_{y_j} \\ M_{z_j} \end{Bmatrix}, \qquad \{\mathbf{\Delta}\} = \begin{Bmatrix} u_g \\ v_g \\ w_g \\ \theta_{x_j} \\ \theta_{y_j} \\ \theta_{z_j} \end{Bmatrix}.$$

Es ist klar, daß das Zusammenfassen der Komponenten eines Vektors in Kolonnen vom typographischen Standpunkt aus unwirtschaftlich ist; das ist denn auch der Grund, warum man in diesen Fällen gewöhnlich den Zeilenvektor verwendet. Die Transponierte einer Matrix wird als jene Matrix definiert, die aus der ursprünglichen Matrix durch Vertauschen von Kolonnen und Zeilen entsteht; in Übereinstimmung mit dieser Definition entsteht aus einem Kolonnenvektor durch Transponierung ein Zeilenvektor und umgekehrt. Demgemäß kann man die oben angegebenen Vektoren also auch in der Form

$$\{\mathbf{F}\} = \lfloor F_{x_g}\ F_{y_g}\ F_{z_g}\ M_{x_j}\ M_{y_j}\ M_{z_j} \rfloor^{\mathrm{T}},$$
$$\{\mathbf{\Delta}\} = \lfloor u_g\ \ v_g\ \ w_g\ \ \theta_{x_j}\ \ \theta_{y_j}\ \ \theta_{z_j} \rfloor^{\mathrm{T}}$$

schreiben, wobei der Superskript T Transponierung bedeutet.

Eine Komponente eines typischen Vektors mit n Knotenpunktsverschiebungen $\{\mathbf{\Delta}\} = \lfloor \Delta_1, \ldots, \Delta_i, \ldots, \Delta_n \rfloor^T$, etwa Δ_i, wird als Element des i-ten Freiheitsgrades oder besser als i-ter Verschiebungsparameter bezeichnet.

Der erste Schritt in der Aufstellung von Kraft- und Verschiebungsvektoren ist die Festlegung von Knotenpunkten und ihre räumliche Fixierung im gewählten Koordinatensystem. In der FE-Analysis muß man zwischen globalen, lokalen und Knotenpunktsachsen unterscheiden. Die globalen Achsen legen das gesamte, in viele finite Elemente aufgeteilte Bauwerk koordinatenmäßig fest. Die lokalen (oder Element-) Achsen sind fest mit dem entsprechenden Element verbunden, und da die Elemente in der Regel innerhalb eines Körpers unterschiedlich orientiert sind (eine Situation, welche aus den Darstellungen von Flugzeug, Schiff und Nuklearreaktor in Kapitel 1 ersichtlich ist), werden diese Achsen im allgemeinen von Element zu Element unterschiedlich orientiert sein. In **Bild 2.2a** sind die Elementachsen durch rechts oben angefügte Akzente gekennzeichnet. Letztlich werden in den Elementverbindungspunkten Knotenachsen definiert, und diese sind im allgemeinen entweder teilweise oder aber vollständig anders orientiert als die Achsen der in diesen Knoten verbundenen Elemente. Diese Achsen werden mit Doppelstrichen bezeichnet. Die Bezeichnungen Strich und Doppelstrich

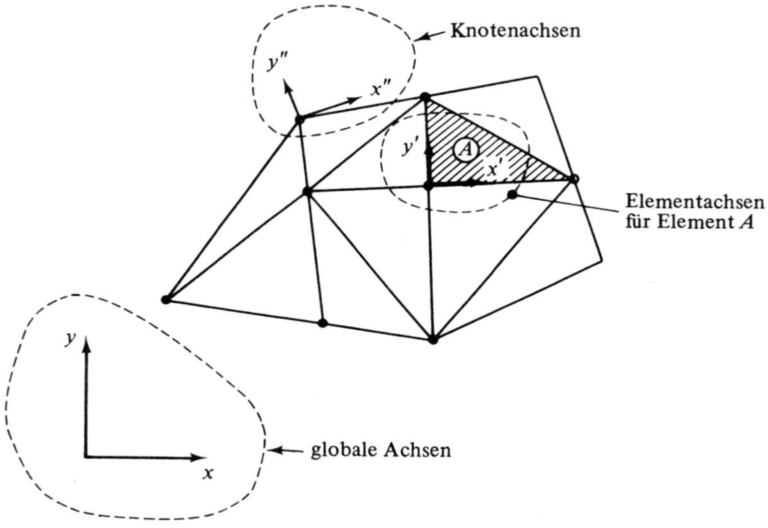

(a) Verschiedene Arten von Koordinatenachsen

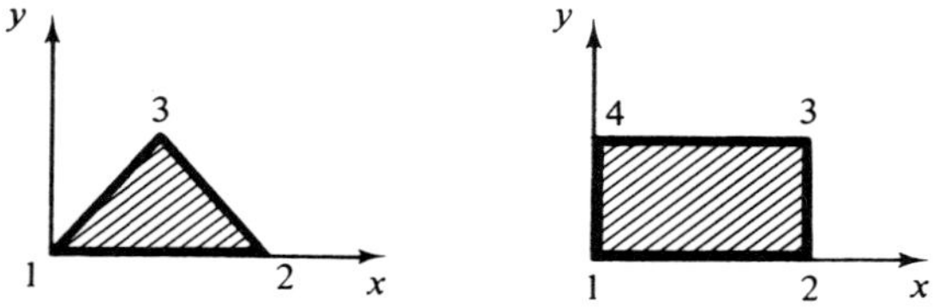

(b) Knotennumerierungsschema in den Elementachsen

Bild 2.2

werden nur gebraucht, wenn die verschiedenen Achstypen verglichen werden oder wenn beide im gleichen Textteil auftreten. Wenn eines dieser Koordinatensysteme allein auftritt, wird auf die Verwendung der Akzente verzichtet.

In fast allen der folgenden Formulierungen von Elementgleichungen werden Elementachsen benutzt. Nachstehend wird beschrieben, wie den Elementen ihre Achsen zugewiesen werden und wie die Numerierung der Knoten der Elemente vorgenommen wird. Die globalen Achsen werden hauptsächlich in Kapitel 3 bei der Entwicklung der Gleichungen der Gesamtkonstruktion und in den Abschnitten 3.1 und 3.2 benötigt. Auf die Behandlung der Knotenachsen und ihre Bedeutung wird dann in Abschnitt 3.5.3 eingegangen.

Allgemeinem Brauch folgend definieren wir Elementachsen und Knotennumerierung für ebene finite Elemente wie in Bild 2.2b gezeigt. Der Knoten im Ursprung oder aber der Knoten, welcher dem Ursprung des Koordinatensystems am nächsten liegt, wird mit 1 bezeichnet. In der positiven x-Richtung der (x,y)-Ebene weiterschreitend wird der nächstfolgende Knoten mit 2 bezeichnet. Die Bezeichnung erfolgt dann weiter im Gegenuhrzeigersinn. Man beschreibt, wie dies ja schon stillschweigend geschehen ist, ebene Elemente (Scheiben, Platten, ebener Spannungs- und Verschiebungszustand) in der (x,y)-Ebene. Ausnahmen dieser Konvention sind Querschnitte von axialsymmetrischen räumlichen Elementen. Regeln für die Bezeichnung der Knoten dreidimensionaler Elemente verlaufen zur obigen Konvention parallel.

Unter der Annahme, daß die grundlegenden elastischen Eigenschaften eines finiten Elementes oder eines Bauteils in Funktion der lokalen Koordinaten bekannt sind, können Kräfte und Verschiebungen von diesen Koordinatenrichtungen leicht in jene des globalen Systems umgerechnet werden. Das Vorgehen wird nachstehend beschrieben. Vorerst sei aber noch auf verschiedene grundsätzliche, die finiten Elemente betreffende Betrachtungen eingegangen.

2.2 Die grundlegende Idealisierung durch Elemente

Um die Bedeutung der vielen unterschiedlichen Verfahren der Formulierung von FE-Beziehungen richtig abzuschätzen, ist es nützlich, die Zusammenhänge zu untersuchen, die zwischen einem einfachen FE-Modell und dem Bauwerk bestehen. Das hier dargelegte Modell stellt eine mögliche Form des Elementverhaltens dar, obwohl es auch andere ebenso geeignete Wege gibt, um die grundlegenden Merkmale finiter Elemente zu charakterisieren. In der Tat, das Vorgehen, die FE-Analysis auf der Basis von Energie- und Variationsprinzipien (Kapitel 6) anzugehen, ist denn vielleicht auch am häufigsten vertreten; die grundlegenden Ideen der FEM werden dabei aber von einer anderen Seite angegangen als in diesem Abschnitt.

Im vorliegenden einfachen Modell wird die tatsächliche Konstruktion in eine Anzahl finiter Elemente unterteilt, deren jedes einem kontinuierlichen Spannungszustand unterworfen ist. Um jedoch ein mathematisches Modell zu bilden, wird der Spannungszustand durch Knotenkräfte approximiert. Diese Kräfte sind die sogenannten verallgemeinerten Kräfte, die in den Verbindungspunkten der Elemente angreifen. Dementsprechend sind es auch die Verschiebungen dieser Punkte – die Verschiebungsparameter –, die zur Beschreibung des verformten Zustands eines Elementes dienen.

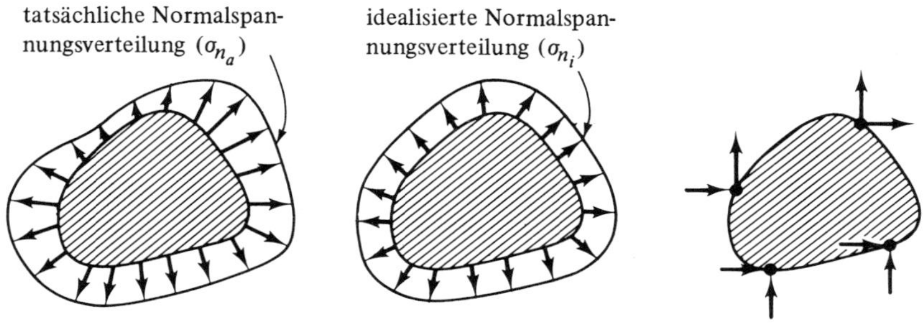

(a) tatsächliches Verhalten (b) grundlegende Idealisierung (c) letzte Idealisierung

Bild 2.3

Das tatsächliche und das idealisierte Verhalten eines typischen Elementes werden in **Bild 2.3** verglichen. Der tatsächliche Verlauf der Randspannungen ist in Bild 2.3a dargestellt; der tatsächliche Verlauf der Verschiebungen variiert in einer ähnlichen Weise. Bild 2.3b zeigt die grundlegende Idealisierung; sie besteht in der Abbildung des angenommenen Elementverhaltens. Spannungs-, Verzerrungs- und Verschiebungszustände werden in einer vereinfachten Form angenommen. Schließlich zeigt Bild 2.3c die letzte durch den Aufbau der Analysis verlangte Idealisierung, in welcher die verteilten Randspannungen durch verallgemeinerte Kräfte in den Knotenpunkten ersetzt worden sind. Der formelmäßige Aufbau der FEM beginnt also mit der Definition des Zustandes in Bild 2.3b und schreitet dann mittels algebraischer Manipulationen zum mathematischen Modell, wie es in Bild 2.3c reproduziert ist. Die fundamentale Idealisierung muß so gewählt sein, daß mit der Verfeinerung der Elemente das tatsächliche Verhalten des Körpers schrittweise besser angenähert wird.

Um die einzelnen Schritte, derer man sich bei der Bildung der Elementidealisierung wie in Bild 2.3c bedient, besser zu motivieren, sei das aus der Konstruktionspraxis bekannte Problem von **Bild 2.4** betrachtet. Die in Bild 2.4a dargestellte Fachwerkkonstruktion wird rechnerisch am besten mit den Matrizenmethoden der Baustatik behandelt, mit welchen der Leser ja, wie erwähnt, vertraut sein soll. Das einzelne Fachwerkelement wird, wie etwa der Zugstab von Bild 2.4b, isoliert, und es werden Beziehungen aufgestellt zwischen den Knotenkräften und den Verschiebungen. Schließlich wird das Fachwerk analytisch rekonstruiert, indem man die Gleichgewichtsbedingungen der Stabkräfte an jedem Knoten untersucht.

Man nehme nun an, daß die Strecke AB mit einer dünnen Plattenkonstruktion überspannt werden soll (Bild 2.4c). Das oben beschriebene prinzipielle Vorgehen ist auch auf diese Situation anwendbar. Danach wird, wie in Bild 2.4d gezeigt, das Bauwerk durch ein System von dreieckigen Elementen des Typs von Bild 2.4e idealisiert. In diesem Element sind die Knotenkräfte und -verschiebungen ebenfalls angedeutet. Die analytische Rekonstruierung des ganzen Bauwerks folgt dann genau dem Vorgehen für das Fachwerk. Kapitel 3 ist einem Überblick dieser Rechnungsschritte gewidmet.

Es gibt bemerkenswerte Unterschiede zwischen der FE-Abbildung eines Fachwerkes und jener einer Platte. Bei Fachwerken genügt das Aufsummieren der Elementkräfte an einem Knoten eines Fachwerkes in jeder Koordinatenrichtung und Gleichsetzen der Resultierenden mit den entsprechenden äußeren Kräften, um die Gleichgewichtsbedingungen zu erschöpfen. Die Verbindung der Fachwerkstäbe an einem Knotenpunkt garantiert auch, daß sich das Fachwerk als eine Konstruktionseinheit ohne jegliche Diskontinuität im Verschiebungsverlauf verformt. Die FE-Lösung für das Fachwerk ist innerhalb der vereinfachenden Annahmen, daß Knoten gelenkig gelagert sind und kein Biegeverhalten auftritt, exakt. Würden die einzelnen Fachwerkglieder unterteilt, so würde diese Unterteilung in kleinere Elemente zusammen mit der Berechnung dieser verfeinerten Abbildung keine Verbesserung der Lösung bedeuten.

Für einen kontinuierlichen Bauteil, wie etwa für die dünne Scheibe in Bild 2.4e, Festkörper, Platten unter Biegebeanspruchung und Schalen, ist die FE-Lösung jedoch nicht exakt. Dies soll anhand des **Bildes 2.5** verdeutlicht werden. Wir wollen dazu annehmen, daß das Dreieckelement von Bild 2.4d auf der Basis eines Verschiebungsfeldes formuliert wurde, welches quadratisch über die Fläche des Elementes variiert. Bild 2.5a zeigt den verformten Zustand zweier repräsentativer Elemente. Wenn die Elemente in der oben beschriebenen Weise verbunden werden, so entsteht in der Randverschiebung auf dem gemeinsamen Rand im allgemeinen eine Diskontinuität (Bild 2.5b). Werden die Dreiecke an den Ecken verbunden, so erzwingt man dadurch zwar die Kontinuität des Verschiebungsfeldes in diesen Punkten. Eine quadratische Funktion ist aber durch drei Punkte festgelegt, und da auf dem gemeinsamen Rand nur die beiden Endpunkte zur Definition der Form des Verschiebungsfeldes beitragen, werden sich die Elementverschiebungen entlang dieses gemeinsamen Randes im allgemeinen unterscheiden. Mit der Vergrößerung der Elementzahl (Bild 2.5c) werden die Verschiebungsdifferenz benachbarter Elemente und der Fehler in der Lösung, welcher auf diese Sachlage zurückgeht, reduziert. Der Fehler bleibt endlich für jedes endliche Netz von Elementen, und die Lösung ist approximativ.

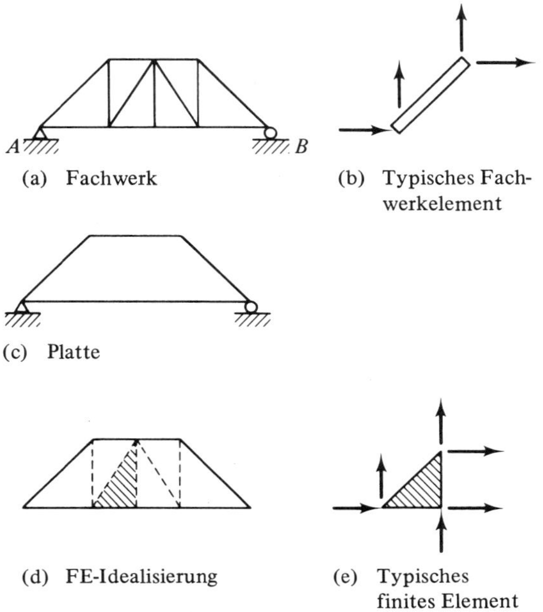

(a) Fachwerk (b) Typisches Fachwerkelement

(c) Platte

(d) FE-Idealisierung (e) Typisches finites Element

Bild 2.4

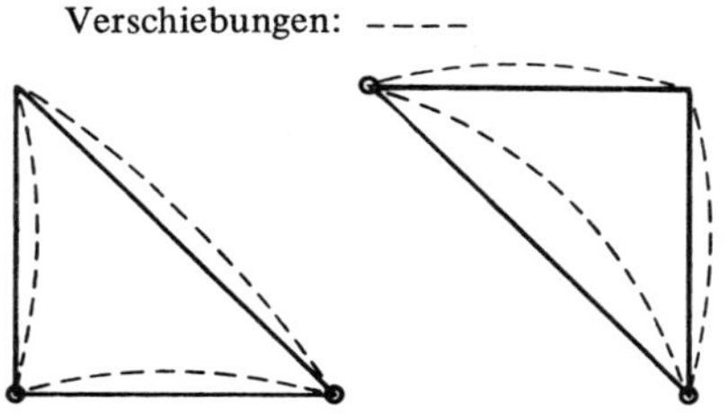

(a) Verformungen einzelner Elemente

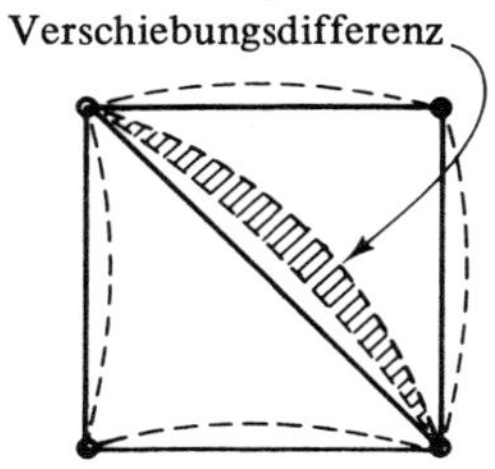

(b) Verschiebungsdifferenz entlang der Verbindungslinie zweier Elemente

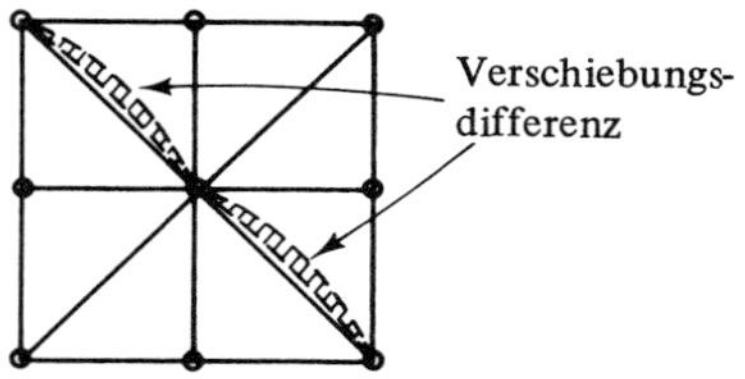

(c) Reduktion der Verschiebungsdifferenz durch Verfeinerung des Netzwerkes

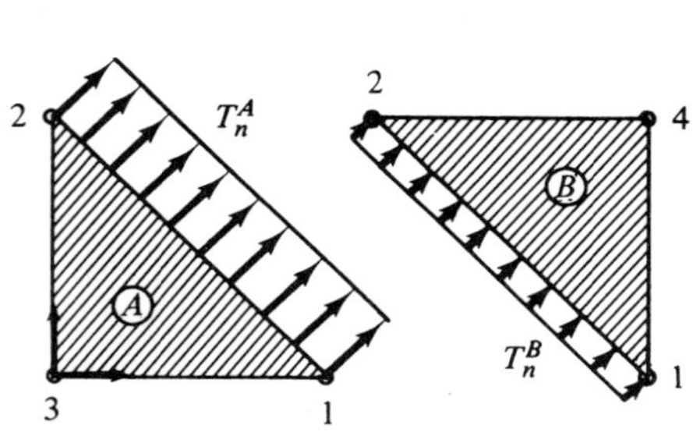

(d) Normalspannungen am Rande einzelner Elemente

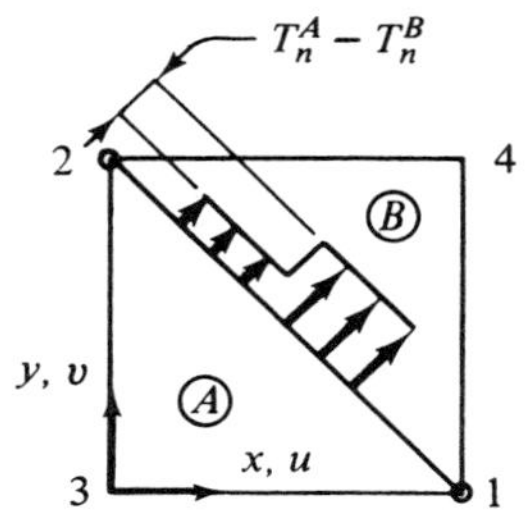

(e) Unstetigkeit in der Randspannung entlang der Verbindungslinie zweier Elemente

Bild 2.5

Ein ähnliches Argument gilt auch für die Gleichgewichtsbedingungen. Die Knotenkräfte sind den Randkräften statisch äquivalent. Im ebenen Fall des Bildes 2.5d gibt es zwei Komponenten für diese Randkräfte: T_n, eine Kraft, welche normal zum Rande steht, und T_s, eine Kraft, die tangential zum Rande verläuft. Man nehme nun an, wie in Bild 2.5d, daß die Randkräfte T_n^A und T_n^B der benachbarten Elemente A und B entlang ihrer gemeinsamen Berandung konstant sind und daß jede dieser Kräfteverteilungen durch Parameter an den Ecken des zugeordneten Elementes beschrieben ist. Demgemäß werden sich die Randspannungen benachbarter Elemente im allgemeinen unterscheiden, und die Gleichgewichtsbedingungen werden entlang des gemeinsamen Randes nicht erfüllt sein. Dieselbe Situation kann auch für die Schubkräfte vorliegen. Wir sehen also, daß die Knotenkräfte die Gleichgewichtsbedingungen diskreter Punkte nur approximativ erfüllen. Man befindet sich wiederum in der Situation, in der man einen analytischen Fehler durch Verfeinerung des Netzwerkes zu reduzieren versucht.

Man sollte beachten, daß eine schrittweise Verfeinerung eines Elementnetzes bei sonst gleichbleibenden Annahmen betreffend Spannungen und Dehnungen nicht den einzigen Weg zur Erreichung konvergenter FE-Lösungen darstellt. Es ist auch möglich, die Größe der Elemente konstant zu halten und schrittweise die in einem Element getroffenen Annahmen zu verfeinern. Formulierungen, welche in ihrer Verfeinerung über die einfachst mögliche Elementdarstellung hinausgehen, sind als solche höherer Ordnung bekannt.

Die Gleichgewichtsbedingungen und die Kontinuität der Verschiebungen charakterisieren die Quellen von möglichen Fehlern der FEM. Die meisten gebräuchlichen Formulierungen versuchen die Kontinuitätsbedingung für das Verschiebungsfeld zu erfüllen. Bei diesem Verfahren müssen die Fehler der Analysis der Unvollständigkeit der Gleichgewichtsbedingungen zugeschrieben werden. Die Fülle von FE-Technologien erstreckt sich jedoch über alle Kombinationen dieser zwei möglichen Fehlerquellen. Wie wir sehen werden, beschäftigt man sich in theoretischen Studien der FEM meistens mit der Bestimmung, welche dieser zwei Bedingungen erfüllt und welche verletzt werden.

2.3 Der Kraft-Verschiebungszusammenhang eines Elementes

Wir behandeln jetzt Beziehungen, die zwischen den Knotenkräften und Knotenverschiebungen eines finiten Elementes bestehen. Es sind das die sogenannten Kraft-Verschiebungsgleichungen, die in einer der drei Formen angeschrieben werden:

1. Steifigkeitsgleichungen,
2. Flexibilitätsgleichungen und
3. gemischte Kraft-Verschiebungsgleichungen.

Die Steifigkeitsgleichungen eines Elementes sind lineare algebraische Gleichungen der Form

$$\{\mathbf{F}\} = [\mathbf{k}]\{\mathbf{\Delta}\}\,. \tag{2.1}$$

Die Matrix $[\mathbf{k}]$ heißt Steifigkeitsmatrix des Elementes, und $\{\mathbf{F}\}$ und $\{\mathbf{\Delta}\}$ sind der Kraft- und Verschiebungsvektor. Beachte, daß wir eine Rechteckmatrix mit dem Symbol $[\,\cdot\,]$ bezeichnen. Ein einzelnes Glied der Matrix $[\mathbf{k}]$, k_{ij}, wird Steifigkeitskoeffizient des Elementes genannt. Wenn eine Einheitsverschiebung Δ_j aufgebracht wird und alle anderen Verschiebungsparameter festgehalten werden (Verschiebung $\Delta_k = 0,\ k \neq j$), dann ist die Kraft F_i gleich dem Werte von k_{ij}.

Bild 2.6 zeigt eine solche Einheitsverschiebung des Parameters 1 (dh, $\Delta_1 = 1$) bei einem Dreieckelement, in welchem alle anderen Parameter festgehalten werden ($\Delta_2 = \Delta_3 = \ldots = \Delta_6 = 0$). Dementsprechend ist die Kolonne der Knotenkräfte in diesem Falle gleich der Kolonne der Steifigkeitskoeffizienten, welche zu Δ_1 gehört, und man erhält

$$\{\mathbf{F}\} = \{\mathbf{k}_{i1}\} \qquad (i = 1, \ldots, 6),$$

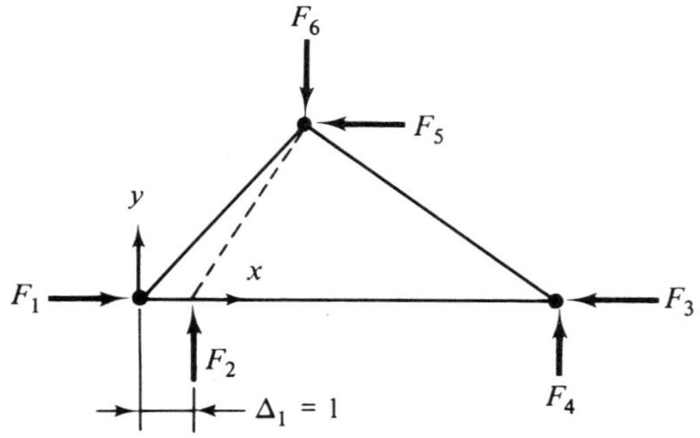

Bild 2.6

wobei

$$\{\mathbf{F}\} = \lfloor F_1 \ldots F_6 \rfloor^{\mathrm{T}},$$
$$\{\mathbf{k}_{i1}\} = \lfloor k_{11} \ldots k_{61} \rfloor^{\mathrm{T}}.$$

Selbstverständlich ist $F_1 = k_{11}$ die Kraft, welche benötigt wird, um eine Einheitsverschiebung Δ_1 aufzubringen, und $F_2 = k_{21}, = \ldots = F_6 = k_{61}$ sind die dazugehörigen Reaktionen. Die Kolonnen der Steifigkeitskoeffizienten $\mathbf{k}_{i1}$ repräsentieren für das Element also ein System von Gleichgewichtskräften. Eine ähnliche Interpretation ist auch für alle andern Kolonnen der Steifigkeitsmatrix möglich.

Als ein Beispiel von Element-Steifigkeitsmatrizen wollen wir die bekannten Elastizitätsgleichungen für einen Zug-Druckstab anschreiben (**Bild 2.7**). Die in Betracht kommende Gleichgewichtsbedingung ist hier $\Sigma F_x \doteq 0$ und es ist leicht ersichtlich, daß diese Gleichung das Verschwinden der Summe aller Glieder einer Kolonne der Matrix

$$\begin{Bmatrix} F_1 \\ F_2 \end{Bmatrix} = \frac{AE}{L} \begin{bmatrix} 1 & -1 \\ -1 & 1 \end{bmatrix} \begin{Bmatrix} u_1 \\ u_2 \end{Bmatrix}.$$

verlangt.

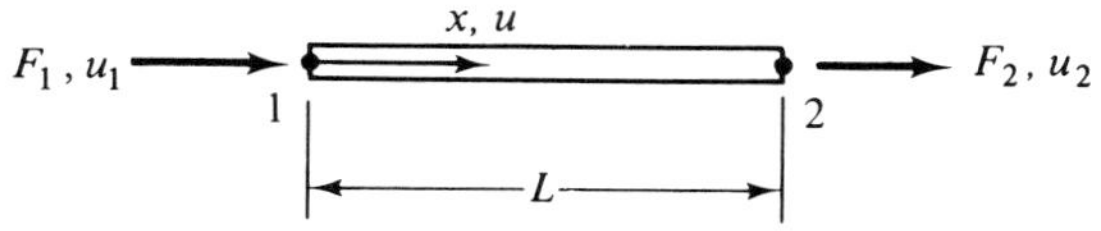

Bild 2.7

Ein anderes Element ist das einfache Balkenelement in **Bild 2.8**, für welches die Steifigkeitsmatrix als

$$\begin{Bmatrix} F_1 \\ M_1 \\ F_2 \\ M_2 \end{Bmatrix} = \frac{2EI}{L^3} \begin{bmatrix} 6 & -3L & -6 & -3L \\ -3L & 2L^2 & 3L & L^2 \\ -6 & 3L & 6 & 3L \\ -3L & L^2 & 3L & 2L^2 \end{bmatrix} \begin{Bmatrix} w_1 \\ \theta_1 \\ w_2 \\ \theta_2 \end{Bmatrix}$$

angeschrieben werden kann (betreffend detaillierte Herleitung dieser Matrix vgl. Abschnitt 5.1) und wo die Verdrehungen durch

$$\theta_1 = -\frac{dw}{dx}\bigg|_1, \qquad \theta_2 = -\frac{dw}{dx}\bigg|_2$$

gegeben sind. Wie wir bereits in Abschnitt 2.2 erwähnt haben, rührt das negative Vorzeichen von der Tatsache her, daß positive Verdrehungen θ_1 und θ_2 der Endquerschnitte (im Uhrzeigersinn) eine negative Verschiebung erzeugen.

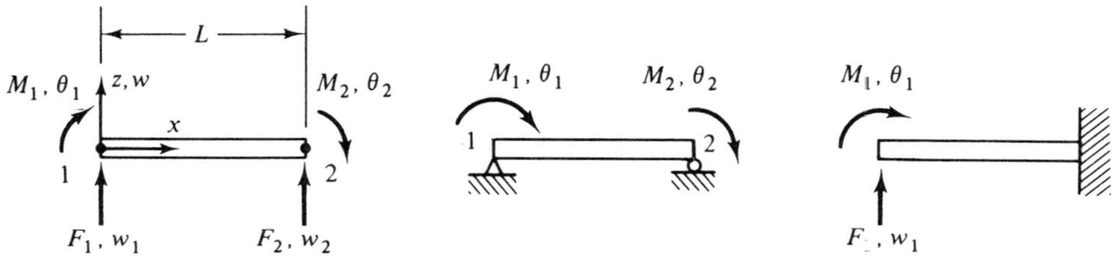

(a) allgemeines Element (b) einfach gelagert (c) Kragarm

Bild 2.8

In der obigen algebraischen Darstellung gilt es, verschiedene Besonderheiten zu beachten. Erstens sind die angreifenden Kräfte an diesem Element nicht nur eigentliche Kräfte (F_1, F_2), sondern auch Momente (M_1, M_2). Die Verschiebungsparameter sind entsprechend translatorisch (w_1, w_2) und rotatorisch (θ_1, θ_2). Wenn wir daher die allgemeinen Bezeichnungen Kraft und Verschiebung anwenden, so bezeichnen diese nicht nur Kräfte und Verschiebungen, sondern können ebensosehr Momente und Verdrehungen, höhere Ableitungen der Verschiebungen (z.B. d^2w/dx^2) und zugeordnete Kraftgrößen, ja sogar verallgemeinerte Verschiebungen und Kraftgrößen ohne direkte physikalische Deutung bezeichnen.

Ein zweiter bemerkenswerter Punkt betrifft die Tatsache, daß zur Erfüllung der Gleichgewichtsbedingungen der Kräfte nicht notwendigerweise in jeder Kolonne der Steifigkeitsmatrix die Summe der einzelnen Glieder Null ergeben muß. Die Steifigkeitskoeffizienten für die Kräfte in der z-Richtung, F_1, F_2 summieren sich zwar in der Tat zu Null auf, wie es durch die Gleichgewichtsbedingung $\Sigma F_z = 0$ ja auch gefordert wird; für die restlichen Koeffizienten muß aber das Gleichgewicht der Momente herangezogen werden. Für Kolonne 1 z.B. ergibt eine Momentenbedingung bezüglich Punkt 2

$$\Sigma M_2 = (6L - 3L - 3L) = 0 .$$

Drittens ist die Anordnung der Komponenten der Kraft- und Verschiebungsvektoren so, daß alle Größen am Knoten 1 jenen beim Knoten 2 voranstehen. Man könnte diese Vektoren natürlich auch so anordnen, daß Kräfte in z-Richtung zuerst erscheinen, gefolgt von allen Momentengrößen, d.h. in der Form $\lfloor F_1, F_2, M_1, M_2 \rfloor$. Entsprechendes gilt auch für die Verschiebungen. Das eine oder andere kann vom Standpunkte der Computeroperationen oder wegen der Einfachheit der Darstellung von Vorteil sein. Beide Formate werden in diesem Buch verwendet.

Vergleicht man die Steifigkeitsmatrix mit jener des reinen Zug-Druckelementes, so zeigt sich, daß alle Koeffizienten der letzteren reine Zahlen sind, während die der ersten sich sowohl aus reinen Zahlen als auch aus dimensionsbehafteten Größen zusammensetzen, z.B. 6, $3L$, $2L^2$. Das Verhältnis dieser Terme kann sehr groß sein, was die Genauigkeit der numerischen Lösung des auf eben diesen Steifigkeitskoeffizienten beruhenden Gleichungssystems schwerwiegend beeinflussen kann. Ganz abgesehen von der numerischen Genauigkeit ist es klar, daß große Vorteile besonders bezüglich der rechnerischen Wirtschaftlichkeit bestehen, wenn die Koeffizienten der Steifigkeitsmatrix des Elementes in ihrer algebraischen Form von den spezifischen Dimensionen des Elementes unabhängig sind und in dimensionsloser Form erscheinen.

Für den Biegestab ist die dimensionslose Form leicht gefunden, wenn man die Knotenkräfte und Verschiebungsparameter wie folgt neu definiert. Die Verdrehungen werden durch die linearen Verschiebungen $\theta_1 L$ bzw. $\theta_2 L$ und die Momente durch die Kräfte M_1/L bzw. M_2/L ersetzt. In dieser Weise wird die Größe L aus der zweiten und vierten Kolonne und Zeile herausgezogen; der Satz der verbleibenden Steifigkeitskoeffizienten ist dimensionslos. Trotzdem bleibt der skalare Faktor der Matrix eine Funktion der Dimensionen und mechanischen Eigenschaften des Elementes. Die meisten Steifigkeitsmatrizen in diesem Text werden mit dimensionsbehafteten Koeffizienten präsentiert, doch kann die dimensionslose Form im allgemeinen entweder durch Neudefinierung der Verschiebungsparameter oder aber durch Faktorisierung gefunden werden. Auf die Faktorisierung des Dreieckelementes werden wir in Abschnitt 5.2 eingehen.

Schließlich verknüpft ein vollständiger Satz von Steifigkeitsgleichungen eines Elementes all seine Knotenkräfte und Verschiebungsparameter. Dabei schließen die verwendeten Verschiebungsparameter die Starrkörperbewegung im allgemeinen in sich ein. Beim Balkenelement sind gewisse Verschiebungen jedoch unterdrückt; diese entsprechen z.B. den in Bild 2.8b und c dargestellten Auflagerbedingungen und stellen Verschiebungssätze dar, die zur Starrkörperbewegung gehören. Solche Verschiebungsparameter ermöglichen, wenn zusammen mit ihren Kräften extrahiert, eine gedrängtere Darstellung der Steifigkeitsmatrix des Elementes, verlangen aber auch ein spezielles Vorgehen beim Aufbau des vollständigen analytischen Modells. Dies wird in Kapitel 7 beschrieben.

Flexibilitätsgleichungen drücken für ein in stabiler Weise gelagertes Element die Knotenverschiebungen $\{\boldsymbol{\Delta}_f\}$ als Funktionen der Knotenkräfte $\{\mathbf{F}_f\}$ aus, d.h.

$$\{\boldsymbol{\Delta}_f\} = [\mathbf{f}]\{\mathbf{F}_f\}\,, \tag{2.2}$$

wobei $[\mathbf{f}]$ die Flexibilitätsmatrix des Elementes bezeichnet. Ein einzelner Flexibilitätskoeffizient ist der Wert der Verschiebung Δ_i, welcher durch eine Einheitskraft F_j hervorgerufen wird. Der Subskript f am Kraft- und Verschiebungsvektor bedeutet, daß die Kraft- und Verschiebungsvektoren Komponenten ausschließen, welche zu den Auflagerbedingungen gehören. Der Einfachheit halber wird auf den Suffix ff bei der Matrix $[\mathbf{f}]$ verzichtet.

Flexibilitätsbeziehungen können nur für Elemente angeschrieben werden, welche stabil gelagert sind, weil sonst beim Aufbringen von äußeren Kräften Starrkörperbewegungen von undefinierter (unendlicher) Amplitude resultieren würden. Daher treten in (2.2) gewisse Knotenverschiebungen des Elementes nicht auf. Flexibilitätsbeziehungen können natürlich auch für statisch unbestimmt gelagerte Elemente formuliert werden, aber diese sind bei der FEM nicht von allgemeinem Interesse, weil sie, von gewissen Ausnahmen abgesehen, nicht mit anderen Elementen zur Abbildung einer komplexeren Konstruktion kombiniert werden können.

Flexibilitätsgleichungen können für ein Element auf so viele Weisen beschrieben werden, wie statisch bestimmte, stabile Auflagerbedingungen bestehen. Zwei der möglichen Formen für das Balkenelement sind wie folgt:

Einfaches Auflager (Bild 2.8b)

$$\begin{Bmatrix}\theta_1\\ \theta_2\end{Bmatrix} = \frac{L}{6EI}\begin{bmatrix}2 & -1\\ -1 & 2\end{bmatrix}\begin{Bmatrix}M_1\\ M_2\end{Bmatrix},$$

Kragarm (Bild 2.8c)

$$\begin{Bmatrix}w_1\\ \theta_1\end{Bmatrix} = \frac{L}{6EI}\begin{bmatrix}2L^2 & 3L\\ 3L & 6\end{bmatrix}\begin{Bmatrix}F_1\\ M_1\end{Bmatrix}.$$

Obwohl die Koeffizienten dieser Flexibilitätsmatrizen nicht die gleichen sind, werden wir im nächsten Abschnitt sehen, daß die fundamentalste Eigenschaft all dieser Formen – die Komplementärenergie – identisch ist.

Das gemischte Kraft-Verschiebungsformat definiert eine Beziehung zwischen Vektoren, die neben Kräften auch Verschiebungen enthalten. Wenn die Kräfte und die zugehörigen Verschiebungsparameter eines Elementes aufgeteilt werden in zwei Gruppen, eine jede durch die Subskripte s und f gekennzeichnet, dann kann die allgemeine Form der gemischten Darstellung als

$$\begin{Bmatrix}\mathbf{F}_f\\ \boldsymbol{\Delta}_f\end{Bmatrix} = [\boldsymbol{\Omega}]\begin{Bmatrix}\mathbf{F}_s\\ \boldsymbol{\Delta}_s\end{Bmatrix} \tag{2.3}$$

geschrieben werden. Eine Form der gemischten Kraft-Verschiebungs-Darstellung ist die sogenannte Übertragungsmatrix, in welcher die Kräfte und Verschiebungen an einem Ende des Elementes $\lfloor \mathbf{F}_f, \boldsymbol{\Delta}_f \rfloor$ auf jene des gegenüberliegenden Endes $\lfloor \mathbf{F}_s, \boldsymbol{\Delta}_s \rfloor$ mittels der Matrix $[\boldsymbol{\Omega}]$ übertragen werden. Für den Kragarm in Bild 2.8 c ist z.B. $\lfloor \mathbf{F}_f, \boldsymbol{\Delta}_f \rfloor = \lfloor F_1, M_1, w_1, \theta_1 \rfloor$ und $\lfloor \mathbf{F}_s, \boldsymbol{\Delta}_s \rfloor = \lfloor F_2, M_2, w_2, \theta_2 \rfloor$. In diesem Fall können die Koeffizienten der Matrix $[\boldsymbol{\Omega}]$ mittels der Gleichgewichtsbedingungen für das statische Gleichgewicht des Elementes und mittels der Flexibilitätsmatrix $[\mathbf{f}]$ bestimmt werden. Wir werden die zugehörige Herleitung im Abschnitt 2.6 vornehmen. Andere Formen von gemischten Kraft-Verschiebungsgleichungen können durch die Anwendung grundsätzlicher Überlegungen an den Elementen auch direkt hergeleitet werden. Diese werden in Kapitel 6 beschrieben.

2.4 Energie und Arbeit

Die Arbeit W einer Kraft auf dem Verschiebungsweg ist das Integral des Produkts dieser Kraft mit dem Verschiebungsinkrement ihres Angriffspunktes in der Richtung der Kraft. Für einen Kraftvektor $\{\mathbf{F}\}$ und den zugehörigen Verschiebungsvektor $\{\mathbf{\Delta}\}$ ergibt sich so das Produkt

$$W = \tfrac{1}{2}\lfloor \mathbf{\Delta} \rfloor\{\mathbf{F}\} = \tfrac{1}{2}\lfloor \mathbf{F} \rfloor\{\mathbf{\Delta}\} \;, \tag{2.4}$$

vorausgesetzt, daß linear elastisches Verhalten angenommen wird. Von dieser Annahme rührt auch der Faktor $\frac{1}{2}$ her, der eine Belastungsweise bezeichnet, in welcher die Lasten allmählich von Null auf ihren vollen Wert ansteigen. Man erkennt, daß in der Beziehung zwischen der Einzelkraft F_i und ihrer zugehörigen Verschiebung Δ_i **(Bild 2.9)** die Arbeit durch die schraffierte Fläche dargestellt wird.

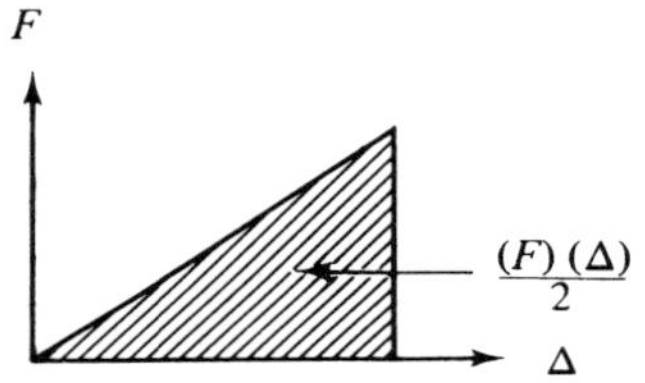

Bild 2.9

(2.4) kann transformiert werden in einen Ausdruck, der entweder nur Kräfte oder aber nur Verschiebungen enthält, indem man die Steifigkeitsgleichung (2.1) oder die Flexibilitätsgleichung (2.2) substituiert. Man erhält so

$$W = \tfrac{1}{2}\lfloor \mathbf{\Delta} \rfloor[\mathbf{k}]\{\mathbf{\Delta}\} = U \tag{2.4a}$$

oder

$$W = \tfrac{1}{2}\lfloor \mathbf{F}_f \rfloor[\mathbf{f}]\{\mathbf{F}_f\} = U^* \,. \tag{2.4b}$$

Wie wir in den folgenden Kapiteln zeigen werden, stellen solche Größen die Verzerrungsenergie U oder aber die Komplementärenergie U^* dar. Es kann den Formeln entnommen werden, daß beide Größen U und U^* quadratische Funktionen der Parameter $\{\mathbf{\Delta}\}$ und $\{\mathbf{F}_f\}$ sind.

Wir haben bereits in Abschnitt 2.3 angedeutet, daß die verschiedenen Alternativformen der Flexibilitätsmatrix für ein gegebenes Element denselben Wert der Komplementärenergie darstellen. Zur Untermauerung dieser Behauptung betrachte man wieder das Balkenelement. Wenn der Balken einfach gelagert ist (vgl. Bild 2.8b), ergibt sich

$$U^* = \frac{\lfloor M_1 \; M_2 \rfloor}{2}\left(\frac{L}{6EI}\right)\begin{bmatrix} 2 & -1 \\ -1 & 2 \end{bmatrix}\begin{Bmatrix} M_1 \\ M_2 \end{Bmatrix}$$
$$= \frac{L}{6EI}(M_1^2 + M_2^2 - M_1 M_2).$$

Um diesen Ausdruck mit demjenigen des Kragarms zu vergleichen, ist es nötig, vorerst die Querkräfte in Abhängigkeit der Momente M_1 und M_2 auszudrücken. Aus einer Momentenbedingung im Punkte 2 erhält man

$$F_1 = -\frac{(M_1 + M_2)}{L} .$$

Nun ist die Komplementärenergie beim Kragarm durch

$$U^* = \frac{\lfloor F_1 \ M_1 \rfloor}{2} \left(\frac{L}{6EI}\right) \begin{bmatrix} 2L^2 & 3L \\ 3L & 6 \end{bmatrix} \begin{Bmatrix} F_1 \\ M_1 \end{Bmatrix}$$

gegeben. Substitution des Ausdrucks für F_1 in die obige Formel sowie Ausführen der angedeuteten Operationen führt zu einem Ausdruck für U^* in Funktion von M_1 und M_2, der mit dem vorangehenden übereinstimmt.

2.5 Reziprozität

Die Flexibilitäts- und Steifigkeitskoeffizienten erfüllen beim linear elastischen Körper die Bedingungen der Reziprozität ($f_{ij} = f_{ji}$ und $k_{ij} = k_{ji}$). Die Kenntnis dieser Eigenschaften ist vom Standpunkt der rechnerischen Wirtschaftlichkeit aus wichtig und kann zur Kontrolle von gerechneten Koeffizienten recht nützlich sein. Um die Reziprozitätsbeziehungen zu beweisen und gleichzeitig ihre Bedeutung bzw. ihre Grenzen zu erkennen, wollen wir die Arbeit berechnen, welche an dem gemäß **Bild 2.10** gelagerten

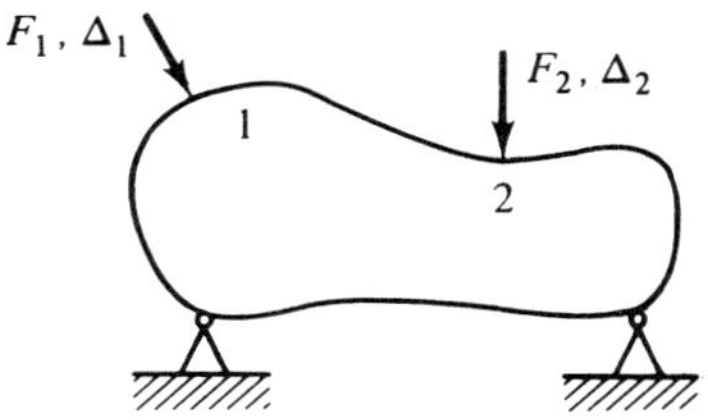

Bild 2.10

Körper geleistet wird, wenn die Belastung F_2 erst nach vollem Erreichen der Last F_1 angebracht wird. Wir bezeichnen die zugehörige Arbeit mit W_{I}. Für allmähliches Anbringen der Last F_1 gilt

$$W_{\mathrm{I}_1} = \tfrac{1}{2}(\Delta_1)_1 F_1 = \tfrac{1}{2}(f_{11}F_1)F_1 , \tag{2.5}$$

wobei der Subskript bei W_{I} und in der Klammer von Δ_1 andeutet, daß der entsprechende Term allein von der Kraft F_1 herrührt. Anbringen der Kraft F_2 unter gleichzeitigem Konstanthalten von F_1 ergibt

$$W_{\mathrm{I}_2} = \tfrac{1}{2}(\Delta_2)_2 F_2 + (\Delta_1)_2 F_1 = \tfrac{1}{2}(f_{22}F_2)F_2 + (f_{12}F_2)F_1 , \tag{2.6}$$

wobei die Schreibweise jetzt evident ist. Die Gesamtarbeit ist also durch

$$W_{\mathrm{I}} = W_{\mathrm{I}_1} + W_{\mathrm{I}_2} = \tfrac{1}{2} f_{11}(F_1)^2 + \tfrac{1}{2} f_{22}(F_2)^2 + f_{12} F_2 F_1 \tag{2.7}$$

gegeben.

Wenn man jetzt die Folge, in der die Lasten angebracht werden, umkehrt und die beiden Anteile der geleisteten Arbeit berechnet, so erhält man bei anfänglichem Anbringen der Last F_2 (die Arbeit in dieser zweiten Reihenfolge sei mit W_{II} bezeichnet)

$$W_{\mathrm{II}_2} = \tfrac{1}{2}(\Delta_2)_2 F_2 = \tfrac{1}{2} f_{22}(F_2)^2 \tag{2.5a}$$

und nach Aufbringen der Last F_1

$$W_{\mathrm{II}_1} = \tfrac{1}{2}(\Delta_1)_1 F_1 + (\Delta_2)_1 F_2 = \tfrac{1}{2} f_{11}(F_1)^2 + f_{21} F_1 F_2 \,, \tag{2.6a}$$

so daß

$$W_{\mathrm{II}} = W_{\mathrm{II}_1} + W_{\mathrm{II}_2} = \tfrac{1}{2} f_{22}(F_2)^2 + \tfrac{1}{2} f_{11}(F_1)^2 + f_{21} F_1 F_2 \tag{2.7a}$$

gilt.

Da in einem linearen System die Lastfolge keinen Einfluß auf den Wert der dabei geleisteten Arbeit haben darf, kann man die beiden Ausdrücke für W einander gleichsetzen, wobei nach Herauskürzen von irrelevanten Gliedern

$$f_{21} = f_{12} \tag{2.8}$$

entsteht oder aber durch Verallgemeinerung

$$f_{ij} = f_{ji} \,. \tag{2.9}$$

Diese Gleichungen sind als Maxwellsches Reziprozitätsgesetz bekannt.

Da die Invertierte einer symmetrischen Matrix wieder symmetrisch ist und die Steifigkeitsmatrix die Invertierte der Flexibilitätsmatrix ist, folgt auch

$$k_{ij} = k_{ji} \,. \tag{2.10}$$

Maxwells Reziprozitätstheorem wird gewöhnlich als Spezialfall aus dem Bettischen Gesetz hergeleitet. Dieses sagt aus, daß die Arbeit eines Systems von Kräften $\{\mathbf{P}_1\}$, welche auf den durch das System $\{\mathbf{P}_2\}$ hervorgerufenen Verschiebungen $\{\boldsymbol{\Delta}_2\}$ geleistet wird, gleich jener ist, die entsteht, wenn die Kräfte $\{\mathbf{P}_2\}$ einem durch das Lastsystem $\{\mathbf{P}_1\}$ verursachten Verschiebungssatz $\{\boldsymbol{\Delta}_1\}$ unterworfen sind.

2.6 Steifigkeits-Flexibilitätstransformationen

Mittels einfacher Operationen ist es möglich, die Kraft-Verschiebungsgleichungen in andere Formen zu bringen. Man betrachte hierzu vorerst die Transformation von Stei-

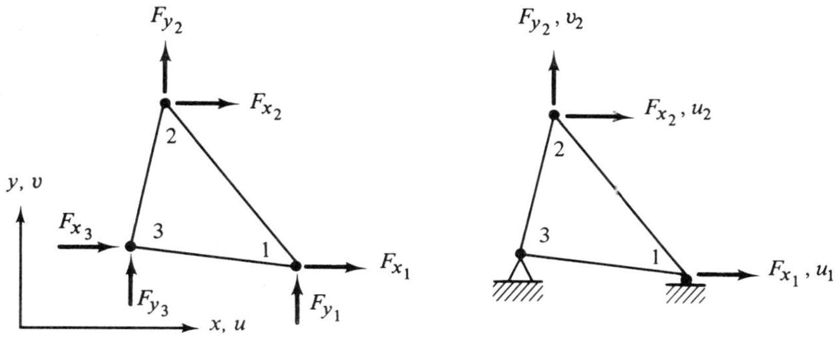

(a) Element ohne Lagerung (b) gelagertes Element

Bild 2.11

figkeits- in Flexibilitätsmatrizen. Wir erläutern diesen Fall anhand des in **Bild 2.11** dargestellten ebenen Elementes. Wie in Abschnitt 2.3 bemerkt, muß ein Element, wenn Flexibilitätsbeziehungen hergeleitet werden sollen, in stabiler, statisch bestimmter Weise gelagert sein. Solche Auflagerbedingungen sind für das Element von Bild 2.11 a in Bild 2.11 b festgehalten.

Größen, die zum Auflager gehören, tragen den Suffix s, jene, welche zu den übrigen Knoten gehören, den Index f. Wir teilen die Steifigkeitsmatrix also wie folgt auf:

$$\left\{\begin{array}{c}\mathbf{F}_f \\ \hdashline \mathbf{F}_s\end{array}\right\} = \left[\begin{array}{c:c}\mathbf{k}_{ff} & \mathbf{k}_{fs} \\ \hdashline \mathbf{k}_{sf} & \mathbf{k}_{ss}\end{array}\right]\left\{\begin{array}{c}\boldsymbol{\Delta}_f \\ \hdashline \boldsymbol{\Delta}_s\end{array}\right\}. \tag{2.11}$$

Für die Bedingungen von Bild 2.11 b stellt jede der Submatrizen ($[\mathbf{k}_{ff}]$ usw.) eine 3×3 Matrix dar, und es gilt

$$\begin{aligned} \{\mathbf{F}_f\} &= \lfloor F_{x_1}\, F_{x_2}\, F_{y_2} \rfloor^{\mathrm{T}}, \quad & \{\mathbf{F}_s\} &= \lfloor F_{x_3}\, F_{y_1}\, F_{y_3} \rfloor^{\mathrm{T}}, \\ \{\boldsymbol{\Delta}_f\} &= \lfloor u_1\, u_2\, v_2 \rfloor^{\mathrm{T}}, \quad & \{\boldsymbol{\Delta}_s\} &= \lfloor u_3\, v_1\, v_3 \rfloor^{\mathrm{T}}. \end{aligned} \tag{2.12}$$

Da nun wegen der Auflagerbedingungen $\{\boldsymbol{\Delta}_s\} = \mathbf{0}$ gilt, erhält man

$$\left\{\begin{array}{c}\mathbf{F}_f \\ \hdashline \mathbf{F}_s\end{array}\right\} = \left[\begin{array}{c}\mathbf{k}_{ff} \\ \hdashline \mathbf{k}_{sf}\end{array}\right]\{\boldsymbol{\Delta}_f\}. \tag{2.13}$$

Die Gleichungen oberhalb der Separationslinie dieser Matrix bilden einen linear unabhängigen Satz; sie verknüpfen die äußeren Lasten $\{\mathbf{F}_f\}$ mit den entsprechenden Knotenpunktsverschiebungen. Auflösen dieser Gleichungen durch Inversion von $[\mathbf{k}_{ff}]$ ergibt

$$\{\boldsymbol{\Delta}_f\} = [\mathbf{f}]\{\mathbf{F}_f\}, \tag{2.14}$$

wobei

$$[\mathbf{f}] = [\mathbf{k}_{ff}]^{-1}. \tag{2.15}$$

(Beachte, daß wir die Operation der Inversion einer Matrix mit dem Index -1 bezeichnet haben.) Die Matrix $[\mathbf{f}]$ ist definitionsgemäß der gewünschte Satz von Element-Flexibilitätskoeffizienten. Aus der Steifigkeitsmatrix ist also die Flexibilitätsmatrix hergeleitet worden, indem allein stabile, statisch bestimmte Auflagerbedingungen geschaffen wurden; es sind dabei jene Zeilen und jene Kolonnen der Steifigkeitsmatrix entfernt worden, die zu den Freiheitsgraden des Auflagers gehören; der Rest der Matrix wurde dann einfach invertiert.

Um diesen Prozeß umzukehren, d.h. die ganze Steifigkeitsmatrix aus der gegebenen Flexibilitätsmatrix zu bestimmen, wollen wir mit der Inversion der Flexibilitätsmatrix beginnen und also

$$\{\mathbf{F}_f\} = [\mathbf{f}]^{-1}\{\mathbf{\Delta}_f\} = [\mathbf{k}_{ff}]\{\mathbf{\Delta}_f\} \tag{2.16}$$

schreiben. In Anbetracht der stabilen, statisch bestimmten Lagerbedingungen, welche ja in der Flexibilitätsmatrix implizite enthalten sind, kann leicht eine Beziehung zwischen den äußeren Lasten und den Reaktionen aufgestellt werden. Man braucht dazu nur die Bedingungen des statischen Gleichgewichts zu formulieren. Diese können durch

$$\{\mathbf{F}_s\} = [\mathbf{R}]\{\mathbf{F}_f\} \tag{2.17}$$

ausgedrückt werden, und indem man $\{\mathbf{F}_f\}$ aus (2.16) einsetzt, erhält man hieraus den Ausdruck

$$\{\mathbf{F}_s\} = [\mathbf{R}][\mathbf{f}]^{-1}\{\mathbf{\Delta}_f\} = [\mathbf{k}_{sf}]\{\mathbf{\Delta}_f\}\,, \tag{2.18}$$

so daß

$$[\mathbf{k}_{sf}] = [\mathbf{R}][\mathbf{f}]^{-1} \tag{2.19}$$

gilt.

Zur Weiterentwicklung der anderen Glieder der Steifigkeitsmatrix wollen wir auf die ursprünglichen Gleichungen (2.11) zurückgreifen. Die Arbeit der äußeren Lasten $\{\mathbf{F}_f\}$ auf ihren Verschiebungen $\{\mathbf{\Delta}_f\}$ muß gleich sein der Arbeit der Reaktionen $\{\mathbf{F}_s\}$ auf den Verschiebungen $\{\mathbf{\Delta}_s\}$, wobei $\{\mathbf{\Delta}_s\}$ durch Umkehr der Auflagerbedingungen entsteht (d.h. die Kräfte $\{\mathbf{F}_f\}$ werden Reaktionen). In Matrizenschreibweise heißt das

$$\tfrac{1}{2}\lfloor\mathbf{F}_s\rfloor\{\mathbf{\Delta}_s\} = \tfrac{1}{2}\lfloor\mathbf{\Delta}_f\rfloor\{\mathbf{F}_f\}\,. \tag{2.20}$$

Da die Transponierte von (2.18) $\lfloor\mathbf{F}_s\rfloor = \lfloor\mathbf{\Delta}_f\rfloor\,[\mathbf{k}_{sf}]^{\mathrm{T}}$ ist, kann man (2.20) als

$$\tfrac{1}{2}\lfloor\mathbf{\Delta}_f\rfloor[\mathbf{k}_{sf}]^{\mathrm{T}}\{\mathbf{\Delta}_s\} = \tfrac{1}{2}\lfloor\mathbf{\Delta}_f\rfloor\{\mathbf{F}_f\} \tag{2.20a}$$

schreiben. Es folgt

$$\{\mathbf{F}_f\} = [\mathbf{k}_{sf}]^{\mathrm{T}}\{\mathbf{\Delta}_s\} = [\mathbf{k}_{fs}]\{\mathbf{\Delta}_s\} \tag{2.21}$$

oder wegen (2.19)

$$[\mathbf{k}_{fs}] = [\mathbf{f}]^{-1}[\mathbf{R}]^{\mathrm{T}}\,. \tag{2.22}$$

Wiederum in Anlehnung an die herzuleitende resultierende Steifigkeitsmatrix (2.11) können jetzt unter Zuhilfenahme des Gleichgewichts Beziehungen der Form (2.17) angeschrieben werden. Einsetzen von (2.21) in (2.17) und Verwendung des Resultats (2.22) ergibt

$$\{\mathbf{F}_s\} = [\mathbf{R}][\mathbf{f}]^{-1}[\mathbf{R}]^{\mathrm{T}}\{\boldsymbol{\Delta}_s\} = [\mathbf{k}_{ss}]\{\boldsymbol{\Delta}_s\} . \tag{2.23}$$

Die Steifigkeitsmatrix nimmt also die Form

$$[\mathbf{k}] = \left[\begin{array}{c:c} [\mathbf{f}]^{-1} & [\mathbf{f}]^{-1}[\mathbf{R}]^{\mathrm{T}} \\ \hdashline [\mathbf{R}][\mathbf{f}]^{-1} & [\mathbf{R}][\mathbf{f}]^{-1}[\mathbf{R}]^{\mathrm{T}} \end{array}\right] \tag{2.24}$$

an.

Zusammenfassend kann also festgehalten werden, daß die Steifigkeitsmatrix aus der Inversen der Flexibilitätsmatrix und der Matrix [**R**], welche man aus den Gleichgewichtsbedingungen erhält, bestimmt wird. Die Matrix [**f**] ist definitionsgemäß symmetrisch. Da $[\mathbf{k}_{fs}]$ die Transponierte von $[\mathbf{k}_{sf}]$ ist, sind die Symmetrieeigenschaften dieser Teile der Steifigkeitsmatrix ebenfalls garantiert. Schließlich erkennt man, daß die Submatrix $[\mathbf{k}_{ss}]$ der resultierenden Steifigkeitsmatrix durch ein Trippelprodukt gegeben ist, in welchem der linke Multiplikator der mittleren Matrix gleich der Transponierten des rechten Multiplikators ist. Dieses Trippelprodukt, bekannt als kongruente Transformation, erzeugt eine symmetrische Matrix, wenn nur die mittlere Matrix symmetrisch ist. In unserem Fall ist [**f**] tatsächlich symmetrisch, und demgemäß ist also auch die Symmetrie der Matrix $[\mathbf{k}_{ss}]$ sichergestellt. (2.24) stellt eine allgemeine Formel für die Transformation der Flexibilitätsmatrix auf die Steifigkeitsmatrix dar, welche die Freiheitsgrade der Starrkörperbewegung mit einschließt. Die Zahl s der Auflagerkräfte ist hierbei durch die Forderung der stabilen, statisch bestimmten Lagerung bestimmt. Die Zahl f der äußeren Lasten ist jedoch nicht eingeschränkt; sie beeinflußt die Größe der Flexibilitätsmatrix.

Um die eben dargelegten Prinzipien zu erläutern, betrachten wir den Kragarm in Bild 2.8c. Die Flexibilitätsmatrix [**f**] ist bereits früher behandelt worden, und die Gleichungen des Gleichgewichts lauten in diesem Falle

$$\begin{Bmatrix} F_2 \\ M_2 \end{Bmatrix} = \begin{bmatrix} -1 & 0 \\ -L & -1 \end{bmatrix} \begin{Bmatrix} F_1 \\ M_1 \end{Bmatrix} .$$

Die (2×2)-Matrix auf der rechten Seite dieser Gleichung ist die Matrix [**R**]. Der Leser kann für sich bestätigen, daß unter Benützung von [**f**] und [**R**] aus (2.24) die Steifigkeitsmatrix des Balkenelements entsteht, wie sie bereits früher angegeben wurde.

Es sind nun alle Bestandteile der Kraft-Verschiebungsgleichungen aufgestellt, und damit ist es im Prinzip auch möglich, gemischte Formen für die Last-Verschiebungsgleichungen, wie sie z.B. in Abschnitt 2.3 definiert wurden, herzuleiten. Jene Darstellung versuchte, $\lfloor \mathbf{F}_f, \boldsymbol{\Delta}_f \rfloor$ in Abhängigkeit von $\lfloor \mathbf{F}_s, \boldsymbol{\Delta}_s \rfloor$ auszudrücken. Dies ist auch hier möglich. In der Tat gilt wegen (2.17)

$$\{\mathbf{F}_f\} = [\mathbf{R}]^{-1}\{\mathbf{F}_s\} . \tag{2.17a}$$

Dann kann man den oberen Teil von (2.11) unter Benützung von (2.24) (oberer Teil) auf die Form

$$\{\mathbf{F}_f\} = [\mathbf{f}]^{-1}\{\mathbf{\Delta}_f\} + [\mathbf{f}]^{-1}[\mathbf{R}]^{\mathrm{T}}\{\mathbf{\Delta}_s\} \tag{2.24a}$$

bringen. Auflösen für $\{\mathbf{\Delta}_f\}$ ergibt

$$\{\mathbf{\Delta}_f\} = [\mathbf{f}]\{\mathbf{F}_f\} - [\mathbf{R}]^{\mathrm{T}}\{\mathbf{\Delta}_s\} \tag{2.24b}$$

und durch Einsetzen für $\{\mathbf{F}_f\}$ aus (2.17a)

$$\{\mathbf{\Delta}_f\} = [\mathbf{f}][\mathbf{R}]^{-1}\{\mathbf{F}_s\} - [\mathbf{R}]^{\mathrm{T}}\{\mathbf{\Delta}_s\}\,. \tag{2.24c}$$

Faßt man (2.17a) und (2.24c) jetzt in einem Schema zusammen, so folgt

$$\begin{Bmatrix} \mathbf{F}_f \\ \hline \mathbf{\Delta}_f \end{Bmatrix} = \left[\begin{array}{c:c} \mathbf{R}^{-1} & \mathbf{0} \\ \hdashline [\mathbf{f}][\mathbf{R}]^{-1} & -\mathbf{R}^{\mathrm{T}} \end{array}\right] \begin{Bmatrix} \mathbf{F}_s \\ \hline \mathbf{\Delta}_s \end{Bmatrix}. \tag{2.3a}$$

Die quadratische Matrix auf der rechten Seite hat die Form der Matrix $[\mathbf{\Omega}]$ in (2.3). Das Symbol $\mathbf{0}$ in der rechten oberen Ecke von (2.3a) bezeichnet eine Nullmatrix, d.h. eine Matrix, die mit lauter Nullelementen besetzt ist.

2.7 Transformation der Verschiebungsparameter

Oft wird ein System von Gleichungen in Abhängigkeit gewisser Verschiebungsgrößen $\{\mathbf{\Delta}'\}$ angeschrieben, bei dem dann nachträglich die Forderung auftritt, andere Verschiebungsparameter einzuführen. Der weitaus häufigste Fall tritt dann auf, wenn die ursprünglichen Verschiebungsparameter auf einen Satz von Achsen bezogen sind, das Problem aber besser auf Verschiebungsgrößen eines andern Achsensystems bezogen werden sollte; mit anderen Worten, man sucht eine Koordinatentransformation. Im allgemeinen sind die transformierten Verschiebungsparameter keiner physikalischen Interpretation zugänglich, und es ist nicht einmal notwendig, daß sie zahlenmäßig den ursprünglichen Verschiebungsparametern gleich sind. Die Beziehungen, welche die beiden Sätze der Verschiebungsparameter verknüpfen, können in der Form

$$\{\mathbf{\Delta}'\} = [\mathbf{\Gamma}]\{\mathbf{\Delta}\} \tag{2.25}$$

angeschrieben werden.

Man nehme nun an, die zu transformierenden Gleichungen seien von der Gestalt

$$[\mathbf{k}']\{\mathbf{\Delta}'\} = \{\mathbf{F}'\}\,. \tag{2.26}$$

Man nehme weiter an, daß jede Kraftkomponente F_i' des Vektors $\{\mathbf{F}'\}$ unter der Verschiebung Δ_i' die Arbeit $\frac{1}{2}F_i'\,\Delta_i'$ leiste und daß keine Arbeit von anderen Verschiebungskomponenten von $\{\mathbf{\Delta}'\}$ herrühre. Solche Kraft- und Verschiebungsvektoren werden konjugierte Vektoren genannt; sie treten z.B. dann auf, wenn die Kraft- und Verschiebungskomponenten entlang orthogonaler Achsen wirken. Es sei vorausgesetzt, daß beide Sätze, $\{\mathbf{\Delta}'\}$, $\{\mathbf{F}'\}$ und $\{\mathbf{\Delta}\}$, $\{\mathbf{F}\}$, konjugierte Vektoren sind. Damit die Arbeit unter der vorgegebenen Transformation invariant ist, muß also

$$\lfloor \mathbf{F}' \rfloor \{\mathbf{\Delta}'\} = \lfloor \mathbf{F} \rfloor \{\mathbf{\Delta}\}$$

und wegen (2.25)

$$\lfloor \mathbf{F}' \rfloor [\mathbf{\Gamma}] \{\mathbf{\Delta}\} = \lfloor \mathbf{F} \rfloor \{\mathbf{\Delta}\}$$

gelten. Also ist

$$\lfloor \mathbf{F}' \rfloor [\mathbf{\Gamma}] = \lfloor \mathbf{F} \rfloor$$

oder durch Transponierung

$$[\mathbf{\Gamma}]^{\mathrm{T}} \{\mathbf{F}'\} = \{\hat{\mathbf{F}}\}, \tag{2.27}$$

wobei der Hut (ˆ) jenen Kraftvektor bezeichnet, der durch die Transformation von $\{\mathbf{F}'\}$ erhalten wird.

Wir sehen also, daß Transformationen der Verschiebungen gemäß (2.25) Transformationen der Kräfte gemäß (2.27) nach sich ziehen. Die Kraft- und Verschiebungstransformationen werden unter der vorausgesetzten Bedingung der Konjugiertheit kontragradient genannt. Sollte andererseits die Transformation der Kräfte gegeben sein, so folgt, daß die Transformationsmatrix für die Verschiebungen durch die Transponierte der Transformationsmatrix der Kräfte gegeben ist. Das Prinzip der Kontragradienz ist von erheblicher Bedeutung, wenn die Verschiebungs- (oder Kraft-)transformation verhältnismäßig leicht aus dem physikalischen Zusammenhang heraus konstruiert werden kann, der dazugehörige konjugierte Vektor aber nicht leicht zugänglich ist. Dies trifft z.B. dann zu, wenn eine Raffung von Verschiebungsparametern mittels eines Transformationsprozesses vorgenommen wird, wie er in Abschnitt 2.8 noch diskutiert werden wird.

Die Auswirkung solcher Transformationen auf die Steifigkeitsgleichungen finiter Elemente wird am besten anhand der Verzerrungsenergie und der äußeren Arbeit untersucht, Größen, welche in Abschnitt 2.4 eingeführt wurden. Wir verlangen wiederum, daß die Arbeit unter der fraglichen Transformation invariant bleibt, und erhalten dann durch Substitution von (2.25) in (2.4a) und (2.4)

$$U = \frac{\lfloor \mathbf{\Delta}' \rfloor}{2} [\mathbf{k}'] \{\mathbf{\Delta}'\} = \frac{\lfloor \mathbf{\Delta} \rfloor}{2} [\mathbf{\Gamma}]^{\mathrm{T}} [\mathbf{k}'] [\mathbf{\Gamma}] \{\mathbf{\Delta}\} = \frac{\lfloor \mathbf{\Delta} \rfloor}{2} [\hat{\mathbf{k}}] \{\mathbf{\Delta}\}, \tag{2.4c}$$

$$W = \frac{\lfloor \mathbf{\Delta}' \rfloor}{2} \{\mathbf{F}'\} = \frac{\lfloor \mathbf{\Delta} \rfloor}{2} [\mathbf{\Gamma}]^{\mathrm{T}} \{\mathbf{F}'\} = \frac{\lfloor \mathbf{\Delta} \rfloor}{2} \{\mathbf{F}\}. \tag{2.4d}$$

Die transformierte Steifigkeitsmatrix, durch einen Hut (ˆ) gekennzeichnet, ist also durch

$$[\hat{\mathbf{k}}] = [\mathbf{\Gamma}]^{\mathrm{T}} [\mathbf{k}'] [\mathbf{\Gamma}] \tag{2.28}$$

gegeben. Der Kraftvektor wird natürlich gemäß (2.27) transformiert. Die Abbildung (2.28) von $[\mathbf{k}']$ auf $[\hat{\mathbf{k}}]$ hat die Gestalt einer kongruenten Transformation, so daß $[\hat{\mathbf{k}}]$ eine symmetrische Matrix ist, da $[\mathbf{k}']$ selbst symmetrisch ist. Im Falle der Transformationen orthogonaler Koordinaten können diese Formeln in einer direkten, wenn auch etwas längeren Rechnung hergeleitet werden. Dazu sei angenommen, daß die Transformation der Verschiebungskomponenten durch direkte Umformung der Beziehungen, die zwischen den Verschiebungsvektoren $\{\mathbf{\Delta}'\}$ und $\{\mathbf{\Delta}\}$ bestehen, hergeleitet werden kann. Anstatt (2.27) als Transformationsgesetz für die Kraftvektoren zu akzeptieren, sei jetzt vielmehr angenommen, daß diese Transformation unabhängig gebildet sei. Sie stellt eine Beziehung zwischen den Vektoren $\{\mathbf{F}'\}$ und $\{\mathbf{F}\}$ her und kann als

$$\{\mathbf{F}'\} = [\mathbf{\Gamma}]\{\mathbf{F}\} \tag{2.29}$$

geschrieben werden. Durch Einsetzen von (2.25) und (2.29) in (2.26) erhält man daher

$$[\mathbf{k}'][\mathbf{\Gamma}]\{\mathbf{\Delta}\} = [\mathbf{\Gamma}]\{\mathbf{F}\}$$

oder

$$[\mathbf{\Gamma}]^{-1}[\mathbf{k}'][\mathbf{\Gamma}]\{\mathbf{\Delta}\} = \{\mathbf{F}\}\,. \tag{2.30}$$

Orthogonale Koordinatentransformationen besitzen die Eigenschaft

$$[\mathbf{\Gamma}][\mathbf{\Gamma}]^{\mathrm{T}} = [\mathbf{I}]\,.$$

Hier ist $[\mathbf{I}]$ die Einheitsmatrix, eine Diagonalmatrix, deren Glieder alle den Wert 1 haben. Da definitionsgemäß $[\mathbf{\Gamma}]\,[\mathbf{\Gamma}]^{-1} = [\mathbf{I}]$, folgt

$$[\mathbf{\Gamma}]^{\mathrm{T}} = [\mathbf{\Gamma}]^{-1}\,. \tag{2.31}$$

Eine Matrix mit der Eigenschaft, daß ihre Transponierte gleich der Inversen ist, wie in (2.31), heißt orthogonale Matrix. Einsetzen von (2.31) in (2.30) führt auf eine Gleichung für $[\hat{\mathbf{k}}]$, wie sie in (2.28) bereits festgehalten ist.

Um ein Beispiel zu geben, nehme man an, daß die Steifigkeitsmatrix eines auf die x'- und y'-Achsen bezogenen ebenen Elementes (**Bild 2.12**) auf einen Ausdruck in den x- und y-Achsen zu transformieren sei. In jedem Punkte p des Elementes gilt dann für Vektoren die Transformation

$$\begin{Bmatrix} u'_p \\ v'_p \end{Bmatrix} = \begin{bmatrix} \cos\phi & \sin\phi \\ -\sin\phi & \cos\phi \end{bmatrix} \begin{Bmatrix} u_p \\ v_p \end{Bmatrix} = [\mathbf{\Gamma}_p] \begin{Bmatrix} u_p \\ v_p \end{Bmatrix}$$

und somit auch

$$[\mathbf{\Gamma}_p]^{-1} = \begin{bmatrix} \cos\phi & -\sin\phi \\ \sin\phi & \cos\phi \end{bmatrix} = [\mathbf{\Gamma}_p]^{\mathrm{T}}\,.$$

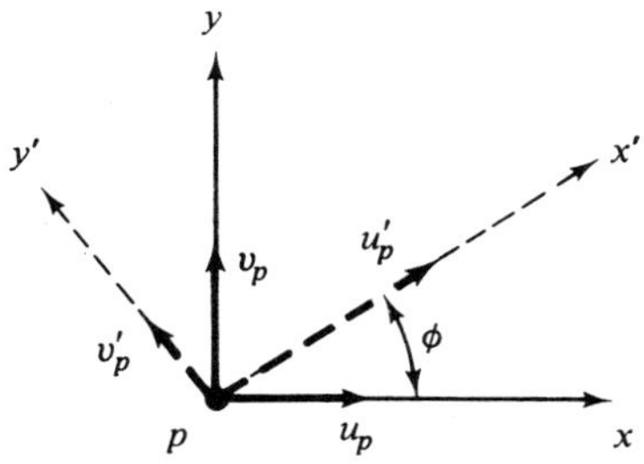

Bild 2.12

Wenn das ganze Element also aus $n/2$ Knoten besteht (n ist in diesem Fall die Zahl der Verschiebungsparameter), so nimmt die resultierende Transformationsmatrix des Elementes die Gestalt

$$[\mathbf{\Gamma}] = \begin{bmatrix} [\mathbf{\Gamma}_1] & & & & \\ & \ddots & & & \\ & & [\mathbf{\Gamma}_2] & & \\ & & & \ddots & \\ & & & & [\mathbf{\Gamma}_{n/2}] \end{bmatrix}$$

an. ($\lceil \cdot \rfloor$ bezeichnet in diesem Text eine diagonalartige Anordnung von Matrizen oder eine Diagonalmatrix.)

Da man die Invertierte dieser Transformationsmatrix nicht benötigt, sondern nur ihre Transponierte, stellt die Beschränkung der Transformationsmatrizen auf kartesische Koordinaten nicht notwendigerweise einen Vorteil dar. Man darf auch schiefwinklige Systeme verwenden. Der Zug- und Druckstab (Abschnitt 2.3) wird durch zwei axiale Verschiebungen beschrieben. In globalen Koordinaten sind für dieses Element 6 Verschiebungskomponenten nötig (**Bild 2.13**). Bezeichnet man den Richtungskosi-

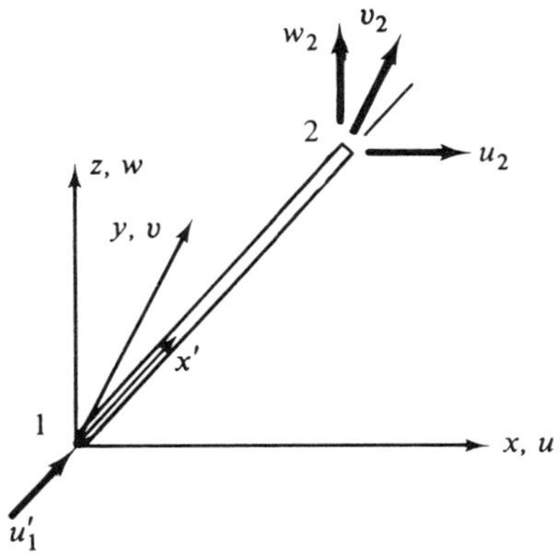

Bild 2.13

nus der Stabachse bezüglich der x-, y- oder z-Achse mit $l_{x'x}$, $l_{x'y}$ usw., so lautet die Transformation für die Achsen

$$\begin{Bmatrix} u_1' \\ u_2' \end{Bmatrix} = \begin{bmatrix} l_{x'x} & l_{y'y} & l_{x'z} & 0 & 0 & 0 \\ 0 & 0 & 0 & l_{x'x} & l_{x'y} & l_{x'z} \end{bmatrix} \begin{Bmatrix} u_1 \\ v_1 \\ w_1 \\ u_2 \\ v_2 \\ w_2 \end{Bmatrix}.$$

(Der Einfachheit halber sind nur globale (ungestrichene) Komponenten im Punkt 2 gezeigt und nur die Komponente in Richtung der Stabachse u_1'.)

2.8 Raffung

Der Ausdruck Raffung möge in diesem Buch die Verkleinerung der Größe eines Systems von Gleichungen durch Elimination von Verschiebungsparametern bezeichnen. Die gerafften Gleichungen enthalten als Unbekannte die speziell ausgewählten Verschiebungsparameter $\{\mathbf{\Delta}_c\}$. Die Verschiebungsgrößen $\{\mathbf{\Delta}_c\}$, die in den Gleichungen zu belassen sind, und die überzähligen Verschiebungsparameter $\{\mathbf{\Delta}_b\}$ bilden zusammen den ursprünglichen Satz der Unbekannten, d.h. $\lfloor \mathbf{\Delta} \rfloor = \lfloor \lfloor \mathbf{\Delta}_b \rfloor, \lfloor \mathbf{\Delta}_c \rfloor \rfloor$. Ausgehend von den Beziehungen

$$\left[\begin{array}{c:c} \mathbf{k}_{bb} & \mathbf{k}_{bc} \\ \hdashline \mathbf{k}_{cb} & \mathbf{k}_{cc} \end{array}\right] \begin{Bmatrix} \mathbf{\Delta}_b \\ \mathbf{\Delta}_c \end{Bmatrix} = \begin{Bmatrix} \mathbf{F}_b \\ \hdashline \mathbf{F}_c \end{Bmatrix} \tag{2.32}$$

soll also die geraffte Gleichung

$$[\hat{\mathbf{k}}_{cc}]\{\mathbf{\Delta}_c\} = \{\hat{\mathbf{F}}_c\} \tag{2.33}$$

hergeleitet werden. Zu diesem Zwecke benützen wir ein Verfahren, welches die Raffung dem Konzept der Koordinatentransformation zugrundelegt. Unsere Absicht ist es also, eine Beziehung der Form

$$\begin{Bmatrix} \mathbf{\Delta}_b \\ \mathbf{\Delta}_c \end{Bmatrix} = [\mathbf{\Gamma}_0]\{\mathbf{\Delta}_c\} \tag{2.34}$$

zu konstruieren, wobei $[\mathbf{\Gamma}_0]$ die gewünschte Transformationsmatrix darstellt. Um dies zu erreichen, bringen wir zuerst den oberen Teil von (2.32) auf die Form

$$\{\mathbf{\Delta}_b\} = -[\mathbf{k}_{bb}]^{-1}[\mathbf{k}_{bc}]\{\mathbf{\Delta}_c\} + [\mathbf{k}_{bb}]^{-1}\{\mathbf{F}_b\}\,. \tag{2.35}$$

Da das zweite Glied auf der rechten Seite bei gegebener Belastung konstant ist, ist die Steifigkeitsbeziehung zwischen den Verschiebungen $\{\mathbf{\Delta}_c\}$ und $\{\mathbf{\Delta}_b\}$ durch $[\mathbf{k}_{bb}]^{-1}\,[\mathbf{k}_{bc}]$

gegeben. Mit $\{\mathbf{\Delta}_b\} = [\mathbf{I}]\,\{\mathbf{\Delta}_b\}$ kann man daher die folgende Koordinatentransformation anschreiben*:

$$\begin{Bmatrix} \mathbf{\Delta}_b \\ \mathbf{\Delta}_c \end{Bmatrix} = \begin{bmatrix} -[\mathbf{k}_{bb}]^{-1}\,[\mathbf{k}_{bc}] \\ \hdashline \mathbf{I} \end{bmatrix} \{\mathbf{\Delta}_c\} = [\mathbf{\Gamma}_0]\{\mathbf{\Delta}_c\}\,. \tag{2.36}$$

Einführen dieses Resultates in (2.32) führt zu (2.33) mit

$$[\hat{\mathbf{k}}_{cc}] = [[\mathbf{k}_{cc}] - [\mathbf{k}_{cb}][\mathbf{k}_{bb}]^{-1}[\mathbf{k}_{bc}]]\,, \tag{2.37}$$

$$\{\hat{\mathbf{F}}_c\} = [\mathbf{\Gamma}_0]^{\mathrm{T}} \begin{Bmatrix} \mathbf{F}_b \\ \hline \mathbf{F}_c \end{Bmatrix} = \{\mathbf{F}_c\} - [\mathbf{k}_{cb}][\mathbf{k}_{bb}]^{-1}\{\mathbf{F}_b\}\,. \tag{2.38}$$

Man beachte, daß diese Transformation, welcher ausschließlich Gleichungen zugrundeliegen, die die Verschiebungsparameter verknüpfen, auch dazu dient, den Belastungsvektor umzuformen.

Diese Resultate hätte man natürlich auch direkt erhalten können, wenn (2.35) in die untere Hälfte von (2.32) eingesetzt worden wäre, aber der Begriff der Raffung mittels der Transformation von Verschiebungsparametern ($[\mathbf{\Gamma}_0]$) erweist sich in der dynamischen und elastischen Stabilitätstheorie als äußerst nützlich und kann vom Standpunkt des Programmierens aus selbst in der linearen Statik von Vorteil sein.

Um dies zu erläutern, sei wiederum auf den Kragarm in Bild 2.8c verwiesen. Durch Raffung sei die Rotation θ_1 entfernt. Die Steifigkeitsmatrix wird erhalten, indem aus derjenigen des Abschnitts 2.3 die 3. und 4. Zeilen und Kolonnen entfernt werden. Man erhält so

$$\frac{2EI}{L^3}\begin{bmatrix} 2L^2 & -3L \\ -3L & 6 \end{bmatrix}\begin{Bmatrix} \theta_1 \\ w_1 \end{Bmatrix} = \begin{Bmatrix} M_1 \\ F_1 \end{Bmatrix},$$

---

* Es mag auf den ersten Blick als notwendig erscheinen, in (2.36) den konstanten Vektor aus (2.35), $\{\mathbf{\Delta}'_b\} = [\mathbf{k}_{bb}]^{-1}\{\mathbf{F}_b\}$ mitzuberücksichtigen und (2.36) durch

$$\begin{Bmatrix} \mathbf{\Delta}_b \\ \mathbf{\Delta}_c \end{Bmatrix} = \begin{bmatrix} -[\mathbf{k}_{bb}]^{-1}\,[\mathbf{k}_{bc}] \\ \hdashline \mathbf{I} \end{bmatrix} \{\mathbf{\Delta}_c\} + \begin{Bmatrix} \mathbf{\Delta}'_b \\ \hdashline \mathbf{0} \end{Bmatrix} \tag{2.36a}$$

zu ersetzen. Es kann jedoch bewiesen werden, daß der Vektor $\lfloor \mathbf{\Delta}'_b\,\mathbf{0} \rfloor$ keinen Einfluß auf die Transformation hat. Der Vektor $\lfloor \mathbf{\Delta}'_b\,\mathbf{0} \rfloor$ stellt eine starre Bewegung dar. Obwohl eine Transformation, welche eine Starrkörperbewegung einschließt, die Gesamtenergie eines Körpers verändert, werden die algebraischen Ausdrücke, welche das Verhalten eines Tragwerkes beschreiben (z.B. die Steifigkeitsgleichungen (2.1)), aus der Bedingung hergeleitet, daß die Energie einen stationären Wert annehme; diese Bedingung wird durch eine starre Bewegung nicht beeinflußt. Man kann diese Aussagen überprüfen, indem man (2.36a) in den Ausdruck für die potentielle Energie

$$\Pi_p = \frac{\lfloor \mathbf{\Delta}_b\,\mathbf{\Delta}_c \rfloor}{2}\begin{bmatrix} \mathbf{k}_{bb} & \mathbf{k}_{bc} \\ \mathbf{k}_{cb} & \mathbf{k}_{cc} \end{bmatrix}\begin{Bmatrix} \mathbf{\Delta}_b \\ \mathbf{\Delta}_c \end{Bmatrix} - \lfloor \mathbf{\Delta}_b\,\mathbf{\Delta}_c \rfloor \begin{Bmatrix} \mathbf{F}_b \\ \mathbf{F}_c \end{Bmatrix}$$

einsetzt. Substitution von (2.36a), gefolgt von einer Differentiation bezüglich $\{\mathbf{\Delta}_c\}$, ergibt für die Transformation $[\mathbf{\Gamma}_0]$) dann das Resultat (2.36). Konzepte, welche diese Folge von Operationen erklären, werden in den Kapiteln 6 und 7 wieder aufgegriffen.

und somit gilt, da wir die oberste Zeile entfernen, $k_{bb} = 4EI/L$ und $k_{bc} = -6EI/L^2$. Die Transformationsmatrix für Raffung ist daher

$$[\mathbf{\Gamma}_0] = \left[\begin{array}{c} -\dfrac{L}{4EI}\cdot\dfrac{-6EI}{L^2} \\ \hdashline 1 \end{array}\right] = \left[\begin{array}{c} \dfrac{3}{2L} \\ \hdashline 1 \end{array}\right],$$

und ihre Anwendung auf die Steifigkeitsmatrix vermöge $[\mathbf{\Gamma}_0]^T [\mathbf{k}][\mathbf{\Gamma}_0]$ und auf den Lastvektor mittels $[\mathbf{\Gamma}_0]^T\{\mathbf{F}\}$ gibt

$$\frac{3EI}{L^3} w_1 = F_1 + \frac{3}{2L} M_1$$

oder aber

$$w_1 = \frac{F_1 L^3}{3EL} + \frac{M_1 L^2}{2EI},$$

also die korrekte Flexibilitätsgleichung für diesen Stab.

Es ist interessant festzustellen, daß Raffen der Steifigkeitsmatrix Erfüllen der Gleichgewichtsbedingungen bedeutet, welche zu den eliminierten Elementen gehören.

Wir werden noch Gelegenheit haben, das Verfahren der Raffung anzuwenden; für den oben aufgeführten Fall geschieht dies in Abschnitt 3.5 und für eine Zahl anderer Fälle durch den ganzen Text hindurch.

2.9 Bestimmung der Starrkörperbewegung

Bei den konventionellen Verfahren gewisser FE-Formulierungen, insbesondere aber bei gekrümmten Elementen ist es oft schwierig, die Zahl und Art der Starrkörperbewegungen, welche in der Steifigkeitsmatrix enthalten sind, festzustellen. In diesem Abschnitt werden die Operationen definiert, welche an einer Steifigkeitsmatrix eines finiten Elementes ausgeführt werden müssen, um zu dieser Information zu gelangen.

Der Einschluß der Starrkörperfreiheitsgrade wird in einem Satz von Steifigkeitsgleichungen eines Elementes dadurch festgestellt, daß man die lineare Abhängigkeit aller Gleichungen des Systems bestimmt. Eine lineare Abhängigkeit in einem Satz von Gleichungen liegt dann vor, wenn eine dieser Gleichungen als Linearkombination aller anderen Gleichungen geschrieben werden kann. Auch eine geometrische Interpretation der linearen Abhängigkeit ist möglich: Ein System von n Gleichungen kann als ein Satz von n Vektoren betrachtet werden, deren Komponenten auf die n orthogonalen Achsen des n dimensionalen Vektorraumes bezogen sind; wenn zwei der Vektoren, in diesem Fall die Koeffizienten der beiden Gleichungen, kollinear sind, dann liegt lineare Abhängigkeit vor.

Die Koeffizienten eines Satzes von Steifigkeitsgleichungen eines Elementes sind im allgemeinen gekoppelt, d.h. die Elemente, welche nicht in der Diagonalen liegen, sind von Null verschieden. Jede Zeile dieser Matrix ist also ein Vektor mit Komponenten in mehr als nur einer der n Hauptrichtungen der Matrix. Diese Zeilen können so transformiert werden, daß die resultierenden Vektoren den Hauptrichtungen entsprechen; die resultierende Matrix hat dann nichtverschwindende Elemente nur in der Hauptdiagonalen, stellt also eine Diagonalmatrix dar. Wenn ein Paar der ursprünglichen Vektoren bereits kollinear war, so wird eines der Diagonalelemente Null sein (es gibt also eine Hauptrichtung weniger als durch die Zahl der ursprünglichen Gleichungen angedeutet war). Wenn es andererseits s kollineare Vektoren gibt, wird es auch s Elemente der auf die Hauptrichtungen bezogenen Matrix geben, welche den Wert Null haben.

In Anbetracht dieses Sachverhaltes kann die Zahl der Starrkörperbewegungen, welche in der Steifigkeitsmatrix eines Elementes enthalten sind, durch Transformation auf Diagonalform (die Hauptrichtungen) bestimmt werden; die Zahl der in der Diagonalen auftretenden Nullen wird gleich der Zahl dieser Starrkörper-Freiheitsgrade sein. Um diese Transformationen auszuführen, beginnt man mit dem Aufstellen der Eigenwerte der Steifigkeitsmatrix und der zugehörigen Eigenvektoren. Um diese Größen definieren zu können, ist es notwendig, vorerst die charakteristische Gleichung der Matrix $[\mathbf{k}]$ zu definieren. Dies ist eine Gleichung in der Gestalt eines Polynoms, welches entsteht, wenn die Determinante $[\mathbf{k} - \omega\mathbf{I}]$ Null gesetzt wird. Wenn $[\mathbf{k}]$ von der Ordnung $n \times n$ ist, so ist die charakteristische Gleichung vom Grade n in ω, und die Wurzeln der Gleichung $\omega_1, \ldots, \omega_i, \ldots, \omega_n$ sind die Eigenwerte von $[\mathbf{k}]$. Der Eigenvektor, der dem Eigenwert ω_i entspricht, ist dann der vom Nullvektor verschiedene Vektor $\{\mathbf{d}_i\}$, welcher die Gleichung $[\mathbf{k}]\{\mathbf{d}_i\} = \omega_i \{\mathbf{d}_i\}$ erfüllt.

Unter den in der linearen Analysis der Festkörpermechanik herrschenden Voraussetzungen besitzen diese Eigenvektoren die Eigenschaft, bezüglich der Matrix $[\mathbf{k}]$ orthogonal zu sein. Mit anderen Worten, für zwei beliebige Eigenvektoren $\{\mathbf{d}_i\}$ und $\{\mathbf{d}_j\}$ $(i \neq j)$ gilt

$$\lfloor \mathbf{d}_i \rfloor [\mathbf{k}] \{\mathbf{d}_j\} = 0 \tag{2.39a}$$

und zudem, wenn $\{\mathbf{d}_i\}$ so normiert ist, daß $\lfloor \mathbf{d}_i \rfloor \{\mathbf{d}_i\} = 1$,

$$\lfloor \mathbf{d}_i \rfloor [\mathbf{k}] \{\mathbf{d}_i\} = \omega_i \,. \tag{2.39b}$$

Man betrachte nun eine $n \times n$ Matrix $[\mathbf{\Gamma}_d]$, deren Kolonnen aus den Eigenvektoren von $[\mathbf{k}]$ bestehen, d.h. die Form

$$[\mathbf{\Gamma}_d] = [\{\mathbf{d}_1\} \ldots \{\mathbf{d}_i\} \ldots \{\mathbf{d}_n\}] \tag{2.40}$$

haben. Wenn man mit $[\mathbf{k}]$ eine kongruente Transformation mit $[\mathbf{\Gamma}]$ als Transformationsmatrix durchführt, dann garantieren die in (2.39) festgehaltenen Eigenschaften, daß eine diagonale Steifigkeitsmatrix entsteht, welche als modale Steifigkeitsmatrix bezeichnet sei. Daher ist

$$\lceil \mathbf{k}_m \rfloor = [\mathbf{\Gamma}_d]^{\mathrm{T}} [\mathbf{k}] [\mathbf{\Gamma}_d] \,. \tag{2.41}$$

Die Zahl unabhängiger Gleichungen in $\{\mathbf{F}\} = [\mathbf{k}]\{\mathbf{\Delta}\}$ ist aus der Zahl nichtverschwindender Terme in der modalen Steifigkeitsmatrix $\lceil \mathbf{k}_m \rfloor$ ersichtlich. Die Zahl der Nullelemente in der Hauptdiagonalen ergibt dann auch die Zahl der enthaltenen Starrkörperfreiheitsgrade. Die diesen Zeilen entsprechenden Eigenvektoren beschreiben geometrisch die Art des zugeordneten Starrkörperfreiheitsgrades.

Da die Glieder in der Hauptdiagonalen Eigenwerte sind, kann man das Aufsuchen der Starrkörperbewegung auch als Aufsuchen verschwindender Eigenwerte bezeichnen.

Um dies zu bestätigen, betrachte man die Steifigkeitsmatrix des Zug- und Druckstabes von Bild 2.7. In diesem Fall kann das entsprechende Eigenwertproblem als

$$\begin{vmatrix} \left(\frac{AE}{L} - \omega\right) & -\frac{AE}{L} \\ -\frac{AE}{L} & \left(\frac{AE}{L} - \omega\right) \end{vmatrix} = 0$$

geschrieben werden; durch Entwicklung der Determinante erhält man

$$\omega^2 - \frac{2AE}{L}\omega = 0 .$$

Es ist also $\omega = 0, 2AE/L$ und die normalisierten Eigenvektoren sind

$$[\hat{\mathbf{\Gamma}}_d] = \frac{1}{\sqrt{2}}\begin{bmatrix} 1 & 1 \\ 1 & -1 \end{bmatrix}.$$

Schließlich führt die Transformation (2.41) auf

$$\lceil \mathbf{k}_m \rfloor = \frac{AE}{L}\begin{bmatrix} 0 & 0 \\ 0 & 2 \end{bmatrix}.$$

Der Zug-Druckstab besitzt also einen einzigen Starrkörperfreiheitsgrad. Diesem entspricht denn auch ein verschwindender Eigenwert, und der zugehörige Eigenvektor stellt eine starre Verschiebung des Elementes als Ganzes dar.

Es gibt auch eine andere Interpretation, welcher das obige Vorgehen unterworfen werden kann. Eine Starrkörperbewegung sollte keine Verzerrungsenergie erzeugen, da ja dabei keine Deformationen entstehen. In den Hauptrichtungen ausgedrückt ist die Verzerrungsenergie durch $\frac{1}{2}\lfloor \mathbf{d}_i \rfloor \lceil \mathbf{k}_m \rfloor \{\mathbf{d}_i\}$ gegeben. Die Anteile der der Starrkörperbewegung zugeordneten Eigenvektoren müssen verschwinden, und dies ist ja nur der Fall, wenn die entsprechenden Eigenwerte verschwinden.

Literatur

2.1 Beaufait, F.; Rowan, W. H.; Hoadley, P. G.; Hackett, R. M.: Computer methods of structural analysis. Englewood Cliffs, N. J.: Prentice Hall 1970.

2.2 Meek, J. L.: Matrix Structural analysis. New York, N. Y.: McGraw-Hill 1971.

2.3 Wang, C. K.: Matrix methods of structural analysis. 2. Aufl. Scranton, Pa.: International Textbook 1970.

2.4 Willems, N.; Lucas, W.: Matrix analysis for structural engineers. Englewood Cliffs, N. J.: Prentice Hall 1970.

Aufgaben

2.1 Bilde für das Balkenelement die gemischte Form der Kraft-Verschiebungs-Gleichung (2.3).

2.2 Verifiziere, daß für den Balken von **Bild A.2.2** mit der unten angegebenen Flexibilitätsmatrix die Komplementärenergie derjenigen des einfachen Balkens entspricht.

$$\begin{Bmatrix} F_2 \\ M_1 \end{Bmatrix} = \frac{L}{6EI}\begin{bmatrix} 2L^2 & -3L \\ -3L & 6 \end{bmatrix}\begin{Bmatrix} w_2 \\ \theta_1 \end{Bmatrix}.$$

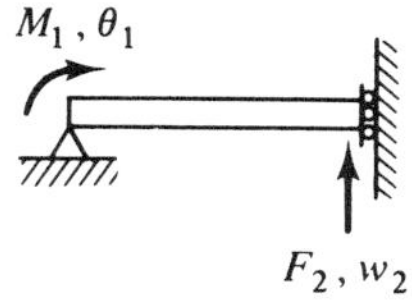

Bild A.2.2

2.3 Die Flexibilitätsmatrix eines dreieckigen Scheibenelementes ist für den ebenen Spannungszustand durch (**Bild A.2.3**)

$$\begin{Bmatrix} u_2 \\ u_3 \\ v_3 \end{Bmatrix} = \frac{2}{Etx_2y_3}\begin{bmatrix} x_2^2 & x_2x_3 & -\mu x_2y_3 \\ x_2x_3 & 2(1+\mu)y_3^2 + x_3^2 & -\mu x_3y_3 \\ -\mu x_2y_3 & -\mu x_3y_3 & y_3^2 \end{bmatrix}\begin{Bmatrix} F_{x_2} \\ F_{x_3} \\ F_{y_3} \end{Bmatrix}$$

gegeben. Berechne die Steifigkeitsmatrix des Elementes und verifiziere das Resultat durch Vergleich mit der in Bild 5.4 gegebenen Steifigkeitsmatrix.

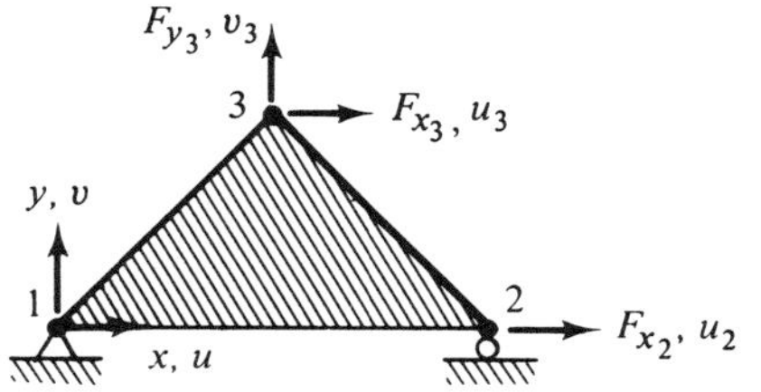

Bild A.2.3

2.4 Die Flexibilitätsmatrix für das Dreieck

$$\begin{Bmatrix} u_1 \\ v_1 \\ u_3 \end{Bmatrix} = \frac{2}{Etx_2y_3}\begin{bmatrix} (x_2)^2 & & (SYM) \\ \dfrac{\mu x_2^2 y_3}{x_{3-2}} & \dfrac{y_3^2x_2^2}{(x_{3-2})^2} & \\ \dfrac{\mu x_2 y_3^2}{x_{3-2}} - x_2x_{3-2} & -\mu x_2y_3 + \dfrac{y_3^3x_2}{(x_{3-2})^2} & 2y_3^2 + \dfrac{x_{3-2}^4 + y_3^4}{(x_{3-2})^2} \end{bmatrix}\begin{Bmatrix} F_{x_1} \\ F_{y_1} \\ F_{x_3} \end{Bmatrix}$$

$$(x_{3-2}) = (x_3 - x_2)$$

ist für die Bedingungen $u_2 = v_2 = v_3 = 0$ hergeleitet. Beweise, daß die komplementäre Verzerrungsenergie denselben Wert hat wie für die Flexibilitätsmatrix des Problems 2.3.

2.5 Die Flexibilitätsmatrix des Kragarms (Bild 2.8a) kann, um Schubverformungen in Rechnung zu stellen, modifiziert werden, indem man das Glied, welches in der Flexibilitätsmatrix w_1 mit F_{z_1} verknüpft, um $L/(A_sG)$ erweitert, (d.h. $\delta_{11} = (L^3/3EI + L/(A_sG))$. A_s bezeichnet den Schubquerschnitt der Querschnittsfläche und G den Schubmodul (der Schubquerschnitt ist jene Fläche, welche bei konstant angenommener Schubspannung τ dieselbe Querkraft ergibt, wie die tatsächliche, im Balkenquerschnitt gemäß der Biegetheorie errechnete Schubspannung). Berechne die entsprechende Steifigkeitsmatrix des Elementes.

2.6 Die Flexibilitätsmatrix eines gekrümmten Balkens, der in seiner eigenen Ebene belastet sei, ist in **Bild A.2.6** gegeben. Konstruiere die Steifigkeitsmatrix des Elementes.

$$\begin{Bmatrix} u_1 \\ v_1 \\ \theta_1 \end{Bmatrix} = \frac{R^2}{EI} \left[\begin{array}{c:c:c} \frac{3\beta}{2} - 2\sin\beta + \frac{\sin 2\beta}{4} & (SYM) & \\ \hdashline \cos\beta + \frac{\sin^2\beta}{2} - 1 & \frac{\beta}{2} - \frac{\sin 2\beta}{4} & \\ \hdashline \beta - \sin\beta & \cos\beta - 1 & \beta \end{array}\right] \begin{Bmatrix} F_1 R \\ Q_1 R \\ M_1 \end{Bmatrix}$$

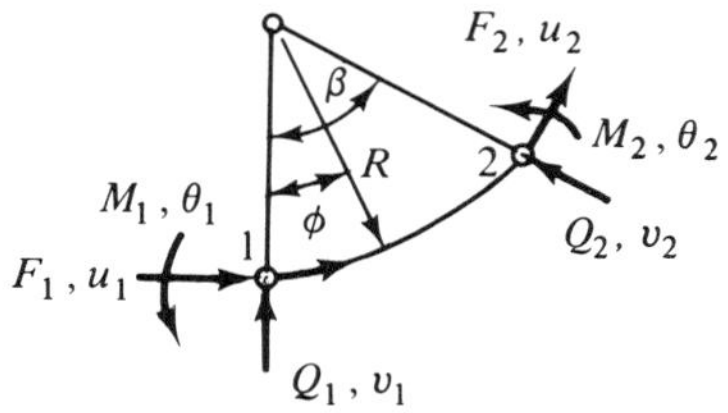

Bild A.2.6

2.7 Leite die Gleichgewichtsmatrix **R** für das gekrümmte, in der (x, y)-Ebene gelegene Balkenelement her. (Vgl. **Bild A.2.7**).

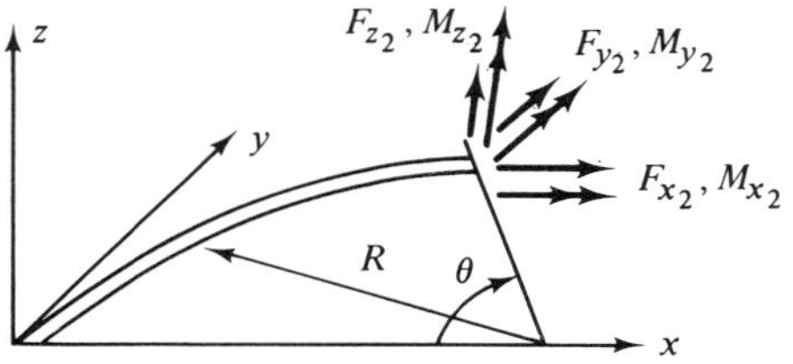

Bild A.2.7

2.8 Überprüfe die Gleichgewichtsbedingungen für die dritte und vierte Kolonne der Steifigkeitsmatrix des Dreieckelementes unter ebenem Spannungszustand (Bild 5.4).

2.9 Überprüfe die Gleichgewichtsbedingungen für die erste und sechste Kolonne der in Bild 9.13 gegebenen Steifigkeitsmatrix des Rechtecks unter ebenem Spannungszustand.

2.10 Überprüfe die Gleichgewichtsbedingungen für die ersten beiden Kolonnen des 12-gliedrigen, in Tafel 12.1 gegebenen Rechteckelements für Plattenbiegung.

2.11 Die Steifigkeitsmatrix für den 3-knotigen Zug-Druckstab ist in **Bild A.2.11** gegeben. Man raffe diese Darstellung zu einem Satz von Steifigkeitsgleichungen in u_1 und u_3 allein.

$$\begin{Bmatrix} F_{x_1} \\ F_{x_2} \\ F_{x_3} \end{Bmatrix} = \frac{AE}{6L} \left[\begin{array}{c:c:c} 7 & 1 & -8 \\ \hdashline 1 & 7 & -8 \\ \hdashline -8 & -8 & 16 \end{array}\right] \begin{Bmatrix} u_1 \\ u_2 \\ u_3 \end{Bmatrix}$$

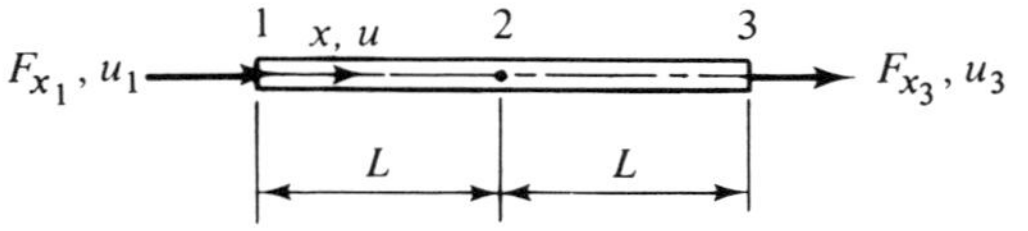

Bild A.2.11

2.12 Die Steifigkeitsmatrix für das dreieckige Scheibenelement unter ebenem Spannungszustand lautet in Elementkoordinaten (x', y'), $\{\mathbf{F}\} = [\mathbf{k}]\{\mathbf{\Delta}\}$, wo

$$\lfloor \mathbf{\Delta} \rfloor = \lfloor u_1' \; u_2' \; u_3' \; v_1' \; v_2' \; v_3' \rfloor .$$

Für das in Bild **A.2.12** gezeigte Element berechne man die Transformationsmatrix auf die angedeuteten globalen Achsen (x', y', z').

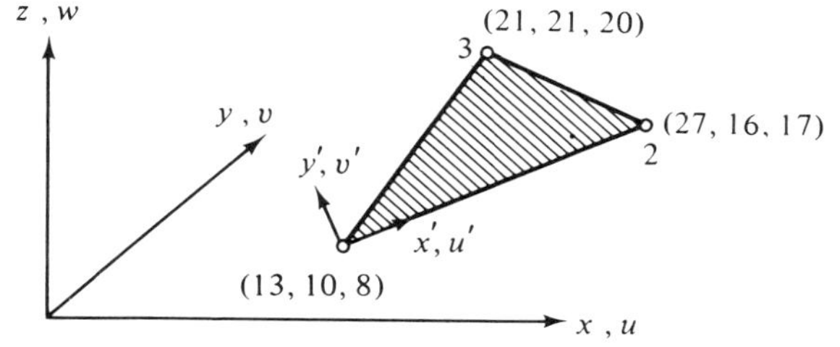

Bild A.2.12

2.13 Berechne die Eigenwerte und Eigenvektoren der Steifigkeitsmatrix für das einfache Biegeelement und interpretiere die Resultate im Zusammenhang mit den Starrkörperfreiheitsgraden.

2.14 Durch Aufteilung der Flexibilitätsmatrix und durch Einführen des Reziprozitätstheorems beweise man Bettis Gesetz.

2.15 Es ist in Abschnitt 2.15 gezeigt worden, daß Raffen der Steifigkeitsmatrix Erfüllen der den eliminierten Verschiebungen zugeordneten Gleichgewichtsbedingungen bedeutet. Diskutiere die Bedeutung der Raffung der Flexibilitätsmatrix.

2.16 Die Steifigkeitsmatrix für den Zug-Druckstab, **[k]** sei auf orthogonale Achsen x und y bezogen und sei auf ein auf die schiefen Achsen (x', y') bezogenes System zu transformieren (**Bild A.2.16**). Leite die transformierte Steifigkeitsmatrix her. (Man beachte, daß hier eine kontra- und kovariante Formulierung möglich ist. Der Übersetzer.)

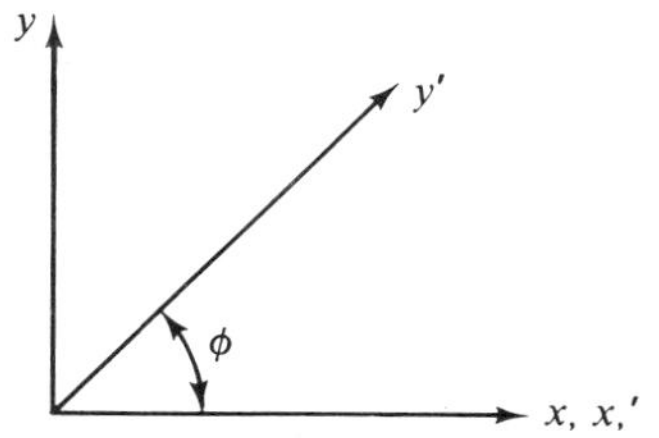

Bild A.2.16

3 Methoden der globalen Analysis

Zur Herleitung der algebraischen Gleichungen der globalen FE-Darstellung stehen im wesentlichen drei verschiedene Methoden zur Verfügung. Es sind dies die Steifigkeitsmethode (Deformationsmethode), die Flexibilitätsmethode (Kraftmethode) und die gemischten Methoden. Die Form der jeweiligen Gleichungen entspricht dabei dem in Abschnitt 2.3 behandelten Format der Elementgleichungen. Die drei Gleichungskategorien können auch aus entsprechenden Energieprinzipien hergeleitet werden. In späteren Kapiteln werden wir auf die Vorteile eingehen, die aus der Anwendung solcher Überlegungen resultieren. In diesem Kapitel werden zwei verschiedene Verfahren untersucht, die beide zur Konstruktion einer einzigen Form globaler Gleichungen geeignet sind; es ist dies die Steifigkeits- oder die Deformationsmethode, in welcher die Knotenpunktsverschiebungen die Rolle der Unbekannten spielen. Um die beiden soeben erwähnten Verfahren zu verstehen, genügt es, Form und algebraische Darstellung der Steifigkeitsmatrix eines einzelnen finiten Elementes des Abschnittes 2.3 als bekannt vorauszusetzen. Das Berechnungsverfahren selbst verlangt an sich nur die Anwendung der Gleichgewichtsbedingungen und der Kontinuitätsbedingung für die Knotenverschiebungen des zusammengefügten analytischen Modells.

Es ist unser Ziel, den Leser zu befähigen, globale Gleichungen unter Zuhilfenahme der Elementgleichungen herleiten zu können. Die Elementgleichungen werden erst in den folgenden Kapiteln im Detail behandelt. Es geht uns weniger darum, eine vollständige Übersicht darüber zu geben, was in der FEM mögliche Wege der Gleichungsbildung sind. Wir beschränken uns daher auf eine einzige Methode und wählen hierzu die Deformationsmethode, weil sie nach unserer Ansicht die einfachste und wirtschaftlichste aller möglichen Darstellungen ist. Es sei diesbezüglich auch gleich angemerkt, daß daraus praktisch keine Einschränkung in der Art der Formulierung der einzelnen FE-Gleichungen resultiert, denn es ist ja bereits in Abschnitt 2.6 gezeigt worden, daß die in einem speziellen Format konstruierten Gleichungen (z.B. die Flexibilitätsgleichungen) in ein anderes Format transformiert werden können (in diesem Falle jenes der Steifigkeitsgleichungen).

Zur ausführlichen Konstruktion der globalen Steifigkeitsgleichungen stehen mehrere Varianten zur Verfügung. Die Herleitungen, welche in diesem Kapitel behandelt werden, sind die direkte Steifigkeitsmethode und die kongruente Transformationsmethode. Nach der Darstellung dieser Entwicklungen werden wir in Abschnitt 3.4 etwas innehalten, um die Vorteile (und auch einige Einschränkungen) der FEM als allgemeines Verfahren zur Berechnung von Tragwerken zu diskutieren. In Abschnitt 3.5 werden wir dann zur Behandlung einiger spezieller Operationen an globalen Steifigkeitsgleichungen übergehen, die sich entweder als nützlich oder aber als notwendig erweisen. Diese schließen die Substrukturierung von Bauteilen, die Behandlung von Nebenbedingungen und die Verwendung von Knotenpunktskoordinaten ein.

Wir werden auch in Kapitel 7 wieder zu Fragen der globalen Analysis zurückkehren; dort werden die globalen Steifigkeitsgleichungen aber einer anderen Perspektive untergeordnet, und es werden einige Eigenschaften der Lösungen erklärt, welche beim gegenwärtigen Stand der Entwicklung nicht verstanden werden können. Auch werden dort Alternativformen der globalen Gleichungen (z.B. die globalen Flexibilitätsgleichungen) studiert. Da das vorliegende Buch vorwiegend Fragen der Elementformulierung gewidmet ist, wird ausführlichen Beispielen der globalen Formulierung keine spezielle Aufmerksamkeit geschenkt. Der an solchen Details interessierte Leser sollte irgendeines der vielen Lehrbücher über Matrizenmethoden in der Baustatik konsultieren (z.B. [3.1–3.4]).

3.1 Die Steifigkeitsmethode, grundlegendes Konzept

Ein vollständiger Satz von Kraft-Verschiebungsgleichungen eines Elementes mit n Freiheitsgraden ist durch

$$\begin{array}{lllllll}
F_1 = k_{11}\Delta_1 & + \; k_{12}\Delta_2 & + \cdots + & k_{1j}\Delta_j & + \cdots + & k_{1n}\Delta_n \, , & \\
\cdot & \cdot & \cdot & \cdot & & \cdot & \\
\cdot & \cdot & \cdot & \cdot & & \cdot & \\
\cdot & \cdot & \cdot & \cdot & & \cdot & \\
F_i = k_{i1}\Delta_1 & + \; k_{i2}\Delta_2 & + \cdots + & k_{ij}\Delta_j & + \cdots + & k_{in}\Delta_n \, , & \qquad (3.1) \\
\cdot & \cdot & \cdot & \cdot & & \cdot & \\
\cdot & \cdot & \cdot & \cdot & & \cdot & \\
\cdot & \cdot & \cdot & \cdot & & \cdot & \\
F_n = k_{n1}\Delta_1 & + \; k_{n2}\Delta_2 & + \cdots + & k_{nj}\Delta_j & + \cdots + & k_{nn}\Delta_n &
\end{array}$$

gegeben (vgl. (2.1)). Wir nehmen an, daß in diesen Gleichungen die notwendigen Knotentransformationen bereits durchgeführt wurden, so daß die Verschiebungen auf die globalen Achsen der Konstruktion bezogen sind.

Die Ziffern $1, \ldots, i, \ldots, n$ bezeichnen die Verschiebungsparameter an den Elementknoten. In diesem Fall entsprechen sie dem globalen Numerierungssystem dieser Knoten. Ferner treten in jeder Zeile des Systems (3.1) alle Verschiebungsparameter auf; das Element erfüllt keine speziellen Auflagerbedingungen.

Wenn die Kraft-Verschiebungsgleichungen für jedes Element einer Konstruktion bestimmt sind, besteht die Anwendung der direkten Steifigkeitsmethode darin, diese algebraischen Gleichungen derart zu kombinieren, daß die Gleichgewichtsbedingungen und die Verträglichkeitsbedingungen an den Knotenpunkten erfüllt sind. Diese Operationen führen zu einem Satz von Kraft-Verschiebungsgleichungen für die Verbindungspunkte der Elemente des zusammengesetzten analytischen Modells.

Um das Prinzip darzulegen, möge die Kraft-Verschiebungsgleichung des Punktes q in der globalen x-Richtung hergeleitet werden (**Bild 3.1**). Wir bezeichnen am Knoten q die auf die x-Richtung bezogenen Größen mit dem Index i. Die dargestellten Elemente, drei Dreiecke und ein Viereck, liegen alle in der $x-y$-Ebene. In Bild 3.1 ist zur Vereinfachung nur eine einzige Last P_i eingetragen, die am Knoten q angreift und in x-Richtung weist, obwohl bezüglich Verschiebungen alle Verschiebungsparameter eingetragen sind.

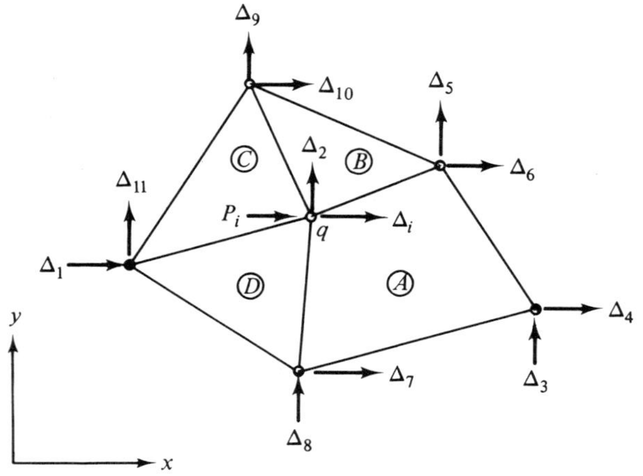

Bild 3.1

Wegen der Bedingung des Knotengleichgewichts muß die aufgebrachte Last P_i gleich der Summe der inneren Kräfte sein, welche an den entsprechenden, dem Knoten q anliegenden Elementen angreifen.* Um diesen Schritt zu erklären, sind in **Bild 3.2** die Elemente getrennt aufgezeichnet. Anwendung der Gleichgewichtsbedingung in x-Richtung ergibt

$$P_i = F_i^A + F_i^B + F_i^C + F_i^D \;, \tag{3.2}$$

wobei F_i^A die in die x-Richtung weisende (innere) Kraft bezeichnet, die am Element A angreift, usw. Die Kraft-Verschiebungsgleichungen sind für jedes Element von der Form (3.1) und ergeben Ausdrücke für $F_i^A, \ldots, F_i^D$ in Funktion der entsprechenden

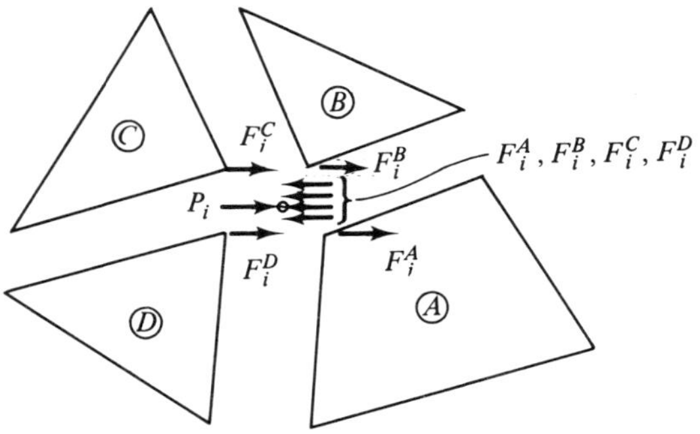

Bild 3.2

* In diesem Knoten sollte eine wichtige Bezeichnungsweise beachtet werden. Innere (oder Element-)Kräfte werden mit dem Symbol F bezeichnet, äußere Knotenkräfte hingegen mit dem Symbol P; Sub- und Superskripts werden in jedem Fall entsprechend beigefügt. Für die Elementmomente und äußeren Knotenmomente werden jedoch keine getrennten Symbole eingeführt, da keine Gelegenheit auftritt, bei der beide Größen im gleichen Problem auftreten.

Verschiebungsparameter $\Delta_1^A, \ldots, \Delta_{11}^A$ des zugehörigen Elementes; Einsetzen solcher Ausdrücke in (3.2) ergibt

$$\begin{aligned} P_i = {} & (k_{ii}^A \Delta_i^A + k_{i2}^A \Delta_2^A + \cdots + k_{i8}^A \Delta_8^A) + (k_{ii}^B \Delta_i^B + k_{i2}^B \Delta_2^B \\ & + \cdots + k_{i10}^B \Delta_{10}^B) + (k_{ii}^C \Delta_i^C + k_{i1}^C \Delta_1^C + \cdots \\ & + k_{i11}^C \Delta_{11}^C) + (k_{ii}^D \Delta_i^D + k_{i1}^D \Delta_1^D + \cdots + k_{i11}^D \Delta_{11}^D), \end{aligned} \tag{3.3}$$

und da in der Kompatibilitätsbedingung die Verschiebungskomponente Δ_i für alle Elemente A, B, C und D dieselbe ist ($\Delta_i^A = \Delta_i^B = \Delta_i^C = \Delta_i^D = \Delta_i$), führt dies auf

$$\begin{aligned} P_i = {} & (k_{ii}^A + k_{ii}^B + k_{ii}^C + k_{ii}^D)\,\Delta_i + (k_{i1}^C + k_{i1}^D)\,\Delta_1 + (k_{i2}^A + k_{i2}^B \\ & + k_{i2}^C + k_{i2}^D)\,\Delta_2 + \cdots + (k_{i11}^C + k_{i11}^D)\,\Delta_{11} \end{aligned} \tag{3.4}$$

oder

$$P_i = K_{ii}\,\Delta_i + K_{i1}\,\Delta_1 + K_{i2}\,\Delta_2 + \cdots + K_{i11}\,\Delta_{11}\,.$$

Das ist die gewünschte Form der Kraft-Verschiebungsgleichung. Die Koeffizienten $K_{ii}, K_{i1}, \ldots, K_{i11}$ sind die globalen Steifigkeitskoeffizienten, und (3.4) ist eine globale Steifigkeitsgleichung.

Es ist wichtig zu beachten, daß jedes der vier dem bezeichneten Knotenpunkt anliegenden Elemente Steifigkeitskoeffizienten mit gemeinsamem Subskript (z.B. k_{ii}^A, k_{ii}^B, k_{ii}^C, k_{ii}^D) besitzt. Wenn die Indices der Koeffizienten zweier oder mehrerer verschiedener Elemente identisch sind, dann haben die Elemente einen gemeinsamen Verschiebungsparameter, welcher durch den zweiten Subskript gekennzeichnet ist; solche Koeffizienten werden addiert und bilden so den Koeffizienten der Steifigkeitsgleichung für die Kraft, welche durch den ersten Subskript dargestellt wird.

3.2 Die direkte Steifigkeitsmethode, allgemeines Vorgehen

In Anbetracht der soeben dargelegten Argumentation wird das folgende schematische Vorgehen zur Berechnung der Last-Verschiebungsgleichungen der Gesamtkonstruktion nahegelegt:

a) Jeder Steifigkeitskoeffizient eines Elementes wird nach seiner Berechnung mit einem zweifachen Subskript k_{ij} versehen. Der erste Subskript i bezeichnet die Kraft, für welche die Gleichung angeschrieben wird, während der zweite Index j den zugehörigen Verschiebungsparameter bezeichnet.

b) Es wird ein Schema (eine quadratische Matrix) eingeführt, dessen Größe gleich der Zahl der Freiheitsgrade des ganzen Systems ist, mit der Möglichkeit, daß jede Kraft mit jeder Verschiebung im System in Beziehung gesetzt werden kann. Jeder Term im Schema wird durch zwei Indices gekennzeichnet. Der erste Index (Zeile) gehört zur Kraftgleichung, der zweite (Kolonne) gibt den fraglichen Verschiebungsparameter an. Das Schema ist in **Bild 3.3** für ein zweidimensionales Bauwerk mit n Freiheitsgraden illustriert. Damit werden die verschiedenen Koeffizienten der Elemente auf ihre Position untersucht. Ist das Element mit Bezeichnung 1 gefunden, so wird dessen Steifigkeitskoeffizient in einer Position der Zeile 1 plaziert, und zwar in der Ko-

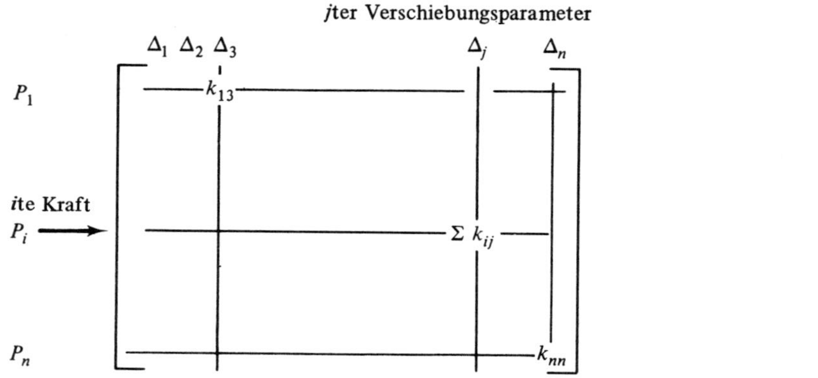

(a) Bestimmung des globalen Steifigkeitskoeffizienten k_{ij} und Positionierung von k_{13}

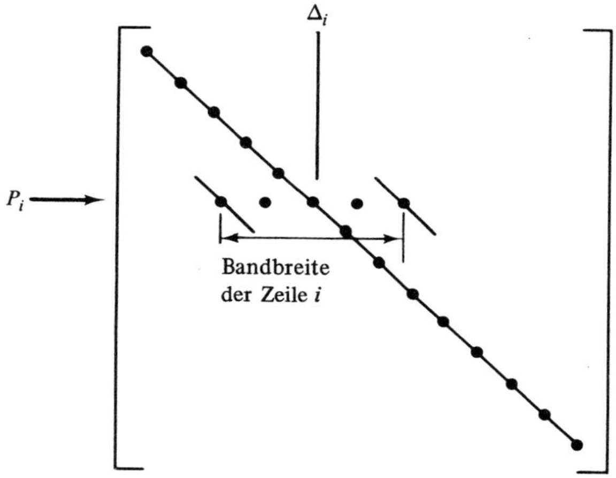

(b) Typische Endform der Zeilen einer globalen Matrix **Bild 3.3**

lonne, welche durch den zweiten Subskript gekennzeichnet ist. Z.B. wird k_{13} im Schema eingetragen, wie es in Bild 3.3a dargestellt ist.

c) Das Vorgehen unter Schritt b wird für den Verschiebungsparameter 1 wiederholt bis alle Elemente erfaßt sind. Dabei kommt es vor, daß ein Koeffizient dort einzuordnen ist, wo bereits ein Wert vorliegt. In solchen Fällen wird der neue Koeffizient zum alten Wert hinzuaddiert. Nach Beendigung dieses Schrittes haben alle Terme in der ersten Zeile ihren endgültigen Wert erreicht. Daher gilt für die i-ten Verschiebungsparameter

$$K_{1i} = \Sigma\, k_{1i}\,,$$

wobei die Summation sich über alle Elemente mit gemeinsamem Verschiebungsparameter i erstreckt.

d) Das Vorgehen von Schritt b und c wird für alle anderen Verschiebungsgrößen wiederholt. Das Resultat ist der vollständige Koeffizientensatz der Steifigkeitsgleichungen für die Gesamtkonstruktion (die globalen Steifigkeitsgleichungen), jedoch ohne Berücksichtigung der Auflagerbedingungen.
e) Die Auflagerbedingungen werden nun dadurch berücksichtigt, daß beachtet wird, welche Verschiebungen vorgegeben sind; sind sie Null, dann werden diejenigen Steifigkeitskoeffizienten von den Gleichungen entfernt, welche Faktor dieser Verschiebungen sind.* Das Resultat präsentiert sich als „mehr Gleichungen als Unbekannte". Die überzähligen Gleichungen sind jene, welche zu den äußeren Lasten dieser Auflagerpunkte, d.h. zu den Auflagerreaktionen, gehören. Diese Gleichungen werden von den anderen getrennt und für die spätere Berechnung aufbewahrt.
f) Der Gleichungssatz, welcher nach Schritt e verblieben ist, wird nach den Verschiebungsparametern aufgelöst. Die inneren Kräfte, welche an den Knoten der Elemente angreifen, werden bestimmt, indem man die nun bekannten Verschiebungsparameter in die Kraft-Verschiebungsgleichungen der Elemente einsetzt. Diese Größen können unter Umständen eine Rücktransformation von globalen zu lokalen Koordinaten und eine anschließende Transformation auf Spannungen verlangen.

Das aus dem vorangehend beschriebenen Verfahren resultierende Berechnungsschema sei nun in Matrizenschreibweise zusammengefaßt. Dabei wird vorausgesetzt, daß die Schritte a bis d ausgeführt sind und daß die globalen Steifigkeitsgleichungen die Form

$$\{\mathbf{P}\} = [\mathbf{K}]\{\mathbf{\Delta}\} \tag{3.5}$$

haben. Wir nehmen an, daß die Verschiebungsparameter der Auflager $\{\mathbf{\Delta}_s\}$ gruppiert werden können, und wir teilen (3.5) gemäß dieser Gruppierung auf (in der Praxis ist dieser Schritt weder nötig noch bequem, aber er wird hier der Klarheit der Präsentation wegen durchgeführt). Man erhält so

$$\begin{Bmatrix} \mathbf{P}_f \\ \mathbf{P}_s \end{Bmatrix} = \left[\begin{array}{c:c} \mathbf{K}_{ff} & \mathbf{K}_{fs} \\ \hdashline \mathbf{K}_{sf} & \mathbf{K}_{ss} \end{array}\right] \begin{Bmatrix} \mathbf{\Delta}_f \\ \mathbf{\Delta}_s \end{Bmatrix}. \tag{3.6}$$

Beachte, daß die Subskripte die gleichen wie in Abschnitt 2.6 sind. Mit der Annahme $\{\mathbf{\Delta}_s\} = \mathbf{0}$ gilt demnach

$$\{\mathbf{P}_f\} = [\mathbf{K}_{ff}]\{\mathbf{\Delta}_f\}, \tag{3.7a}$$

$$\{\mathbf{P}_s\} = [\mathbf{K}_{sf}]\{\mathbf{\Delta}_f\}. \tag{3.7b}$$

Die allgemeine Lösung von (3.7a) lautet, symbolisch geschrieben,

$$\{\mathbf{\Delta}_f\} = [\mathbf{K}_{ff}]^{-1}\{\mathbf{P}_f\} = [\mathfrak{F}]\{\mathbf{P}_f\}. \tag{3.8}$$

---

* Eine beliebte Alternative besteht darin, die Auflagerbedingungen von Anfang an zu berücksichtigen, z.B. dadurch, daß die Steifigkeitsmatrizen der Elemente bezüglich der nichtgelagerten Konstruktion formuliert werden. Die Schritte b bis d führen dann direkt zur reduzierten Steifigkeitsmatrix, und Schritt e ist gegenstandslos.

Die Matrix $[\mathfrak{F}]$ ist der Satz von globalen Verschiebungseinflußkoeffizienten. Wir betonen, daß die Operation der Matrixinversion symbolisch ist. In der Praxis, wo relativ wenig verschiedene Belastungsbedingungen $\{\mathbf{P}_f\}$ untersucht werden, ist es in der Regel am wirtschaftlichsten, diesen Prozeß als „Auflösen eines Gleichungssystems mit bekannter rechter Seite" zu betrachten.

Die Auflagerreaktionen $\{\mathbf{P}_s\}$ findet man durch Substitution von (3.8) in (3.7b). Man erhält so

$$\{\mathbf{P}_s\} = [\mathbf{K}_{sf}][\mathfrak{F}]\{\mathbf{P}_f\}. \tag{3.7c}$$

Um die inneren Kräfte im i-ten Element zu erhalten, setzt man die berechneten Verschiebungsparameter dieses Elementes, welche hier mit $\{\boldsymbol{\Delta}^i\}$ bezeichnet seien, in die Steifigkeitsmatrix (des Elementes) $[\mathbf{k}^i]$ ein; dies führt auf die Knotenkräfte $\{\mathbf{F}^i\}$ (des Elementes). Um aus den Verschiebungen statt der Knotenkräfte die Spannungen zu erhalten, geht man meistens derart vor, daß schon zu Beginn der Analysis direkte Beziehungen zwischen den Elementspannungen und den zugeordneten Knotenpunktsverschiebungen hergeleitet werden. Solche Beziehungen haben die Gestalt

$$\{\boldsymbol{\sigma}^i\} = [\mathbf{S}^i]\{\boldsymbol{\Delta}^i\}. \tag{3.9}$$

Hier stellt $\{\boldsymbol{\sigma}^i\}$ Spannungswerte dar, die den Spannungszustand innerhalb des i-ten Elementes beschreiben, und $[\mathbf{S}^i]$ ist die zugeordnete Spannungsmatrix des Elementes. $\{\boldsymbol{\sigma}^i\}$ ist ein Vektor, welcher die Werte der Spannungen an speziellen Punkten des Elementes angibt; er wird in diesem Verfahren gemäß (3.9) durch Linksmultiplikation des Verschiebungsvektors des Elementes mit der Spannungsmatrix erhalten.

Gewisse wichtige Tatsachen der zusammengesetzten Steifigkeitsgleichungen haben in den obigen Entwicklungen nicht die nötige Aufmerksamkeit erfahren. Dazu gehört erstens, daß die Symmetrieeigenschaften der Steifigkeitskoeffizienten der Elemente auf die globalen Steifigkeitsgleichungen übertragen werden, so daß nur die Hauptdiagonale und Terme auf einer Seite dieser Hauptdiagonalen berechnet und gespeichert werden müssen.

Zweitens sei bemerkt, daß die Steifigkeits-Gleichgewichtsgleichung für einen gegebenen Verschiebungsparameter durch jene Verschiebungsgrößen beeinflußt wird, welche zu Elementen gehören, die durch einen Knoten mit dem erstgenannten Verschiebungsparameter verbunden sind. Die Elemente von Bild 3.1 können ein kleines Gebiet darstellen aus einer in Tat und Wahrheit sehr großen FE-Idealisierung. Elemente, welche in einem Gebiet außerhalb der Elemente A, B, C und D liegen, haben keinen Einfluß auf (3.4). Mit anderen Worten, die nicht verschwindenden Glieder in einer gegebenen Zeile einer Steifigkeitsmatrix bestehen nur aus dem Glied der Hauptdiagonalen und aus den Termen, die zur Verschiebungsgröße an jenem Knoten sowie zu Knoten unmittelbar benachbarter Elemente gehören. Alle anderen Glieder dieser Zeile verschwinden. Obwohl es bei einer FE-Idealisierung viele Freiheitsgrade geben kann, ist die zugehörige Steifigkeitsmatrix doch mit relativ wenigen nichtverschwindenden Gliedern besetzt. Eine solche Matrix wird als dünn oder schwach besetzt bezeichnet.

Es ist klar, daß es zur Auflösung großer Gleichungssysteme vorteilhaft ist, wenn alle nichtverschwindenden Terme so nah wie möglich an der Hauptdiagonalen angeordnet werden können (Bild 3.3b). Dadurch werden die Nullen isoliert, und die Elimination im Auflösungsprozeß des Gleichungssystems wird vereinfacht. Dies kann dadurch erreicht werden, daß die Verschiebungsgrößen so numeriert werden, daß der Kolonnenabstand der Glieder mit dem größten Abstand von der Hauptdiagonalen in jeder Zeile minimalisiert wird, d.h. indem die Bandbreite minimalisiert wird.

Bandbreitenminimalisierung ist nur eine Methode, um Effizienz in der Auflösung von Gleichungen zu erreichen. Was auch immer das Vorgehen sei, es ist für die Wirtschaftlichkeit des Auflösungsprozesses wesentlich, daß bei ausgedehnten Berechnungen die Symmetrie und die schwache Besetzung der Steifigkeitsmatrix berücksichtigt wird. Eine Diskussion von Algorithmen zur Auflösung von Gleichungssystemen geht über den Rahmen dieses Buches hinaus; der an einer ausführlichen Darstellung dieser Fragen interessierte Leser sei angewiesen, die Literatur [3.5] zu konsultieren.

Alle Details der obigen direkten Steifigkeitsmethode sind in **Bild 3.4** dargestellt; in ihm wird der Fall eines versteiften dreieckigen Plattenelementes studiert.

Bild 3.4
Erläuterndes Beispiel: direkte Steifigkeitsmethode, auf versteiftes Dreieck angewendet

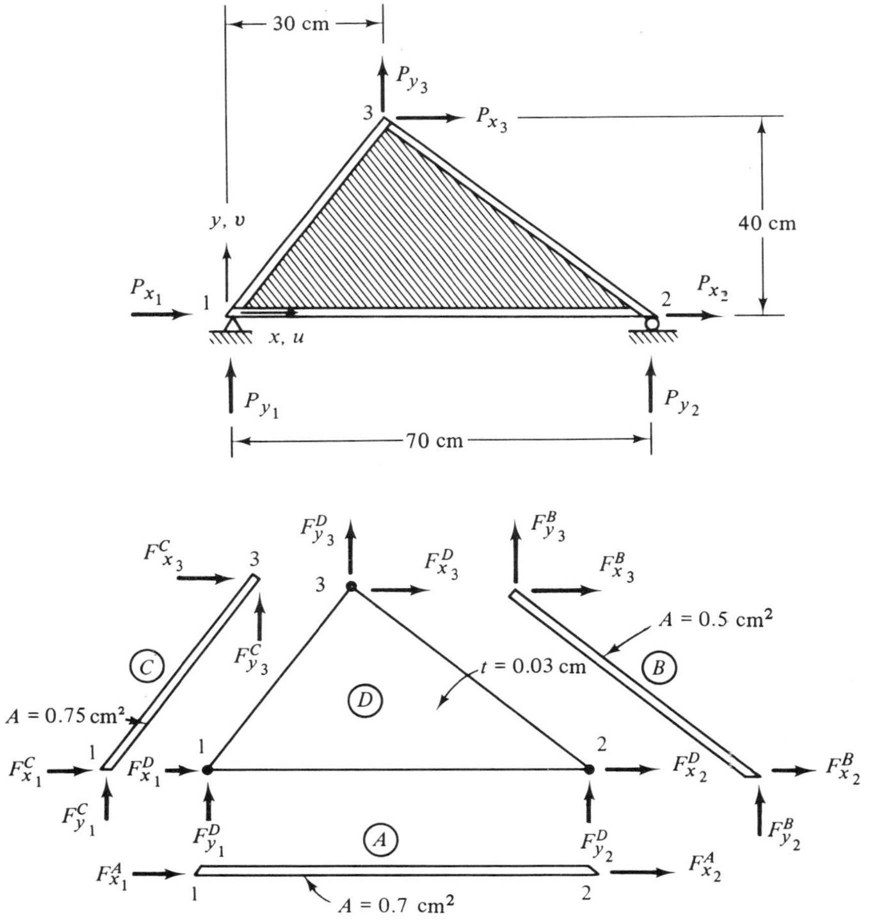

Bild 3.4 (Fortsetzung)

Steifigkeitsgleichungen für das Element

$E = 10^7$ N/cm², $\mu = 0.3$. Alle Werte sind von Hand berechnet. Element A (Stab 1–2): $A/L = 0.7/70$. Für die Steifigkeit siehe Abschnitt 2.3. Zur Transformation wird das Verfahren von Abschnitt 2.7 verwendet mit $\cos\phi = 1$ und $\sin\phi = 0$.

$$\begin{Bmatrix} F^A_{x_1} \\ F^A_{x_2} \end{Bmatrix} = 10^5 \begin{bmatrix} 1.000 & -1.000 \\ -1.000 & 1.000 \end{bmatrix} \begin{Bmatrix} u_1 \\ u_2 \end{Bmatrix}.$$

Element B (Stab 2–3): $A/L = 0.5/56.56$, $\cos\phi = -0.707$, $\sin\phi = 0.707$

$$\begin{Bmatrix} F^B_{x_2} \\ F^B_{x_3} \\ F^B_{y_2} \\ F^B_{y_3} \end{Bmatrix} = 10^5 \begin{bmatrix} 0.442 & & \text{symmetrisch} & \\ -0.442 & 0.442 & & \\ -0.442 & 0.442 & 0.442 & \\ 0.442 & -0.442 & -0.442 & 0.442 \end{bmatrix} \begin{Bmatrix} u_2 \\ u_3 \\ v_2 \\ v_3 \end{Bmatrix}.$$

Element C (Stab 1–3): $A/L = 0.75/50$, $\cos\phi = 0.6$, $\sin\phi = 0.8$

$$\begin{Bmatrix} F^C_{x_1} \\ F^C_{x_3} \\ F^C_{y_1} \\ F^C_{y_3} \end{Bmatrix} = 10^5 \begin{bmatrix} 0.540 & & \text{symmetrisch} & \\ -0.540 & 0.540 & & \\ 0.720 & -0.720 & 0.960 & \\ -0.720 & 0.720 & -0.960 & 0.960 \end{bmatrix} \begin{Bmatrix} u_1 \\ u_3 \\ v_1 \\ v_3 \end{Bmatrix}.$$

Element D (Dreieck 1–2–3) (Für die algebraische Form der Steifigkeitsmatrix, siehe Bild 5.4):

$$\begin{Bmatrix} F_{x_1} \\ F_{x_2} \\ F_{x_3} \\ F_{y_1} \\ F_{y_2} \\ F_{y_3} \end{Bmatrix} = 10^5 \begin{bmatrix} 1.272 & & & & & \\ -0.695 & 1.127 & & \text{symmetrisch} & & \\ -0.577 & -0.433 & 1.010 & & & \\ 0.613 & -0.035 & -0.577 & 1.272 & & \\ -0.118 & -0.459 & 0.577 & 0.377 & 0.860 & \\ -0.495 & 0.495 & 0 & -1.649 & -1.237 & 2.886 \end{bmatrix} \begin{Bmatrix} u_1 \\ u_2 \\ u_3 \\ v_1 \\ v_2 \\ v_3 \end{Bmatrix}.$$

Bildung der globalen Steifigkeitsmatrix:

Durch Summation der obigen Gleichungen erhält man

$$\begin{Bmatrix} P_{x_1} \\ P_{x_2} \\ P_{x_3} \\ P_{y_1} \\ P_{y_2} \\ P_{y_3} \end{Bmatrix} = 10^5 \begin{bmatrix} 2.812 & & & & & \\ -1.695 & 2.569 & & \text{symmetrisch} & & \\ -1.117 & -0.875 & 1.992 & & & \\ 1.333 & -0.035 & -1.297 & 2.232 & & \\ -0.118 & -0.901 & 1.019 & 0.377 & 1.302 & \\ -1.215 & 0.936 & 0.278 & -2.609 & -1.678 & 4.288 \end{bmatrix} \begin{Bmatrix} u_1 \\ u_2 \\ u_3 \\ v_1 \\ v_2 \\ v_3 \end{Bmatrix}.$$

Anwendung der Verschiebungsrandbedingungen:

$u_1 = v_1 = v_2 = 0$. Entferne die erste, vierte und die fünfte Kolonne sowie die entsprechenden Zeilen:

$$\begin{Bmatrix} P_{x_2} \\ P_{x_3} \\ P_{y_3} \end{Bmatrix} = 10^5 \begin{bmatrix} 2.569 & -0.875 & 0.936 \\ -0.875 & 1.992 & 0.278 \\ 0.936 & 0.278 & 4.288 \end{bmatrix} \begin{Bmatrix} u_2 \\ u_3 \\ v_3 \end{Bmatrix}.$$

Bild 3.4 (Fortsetzung)

Inversion der Steifigkeitsmatrix und Berechnung der Verschiebungen und zwar mit $P_{x_2} = 4000$ N, $P_{x_3} = 10000$ N, $P_{y_3} = 2000$ N

$$\begin{Bmatrix} u_2 \\ u_3 \\ v_3 \end{Bmatrix} = 10^{-6} \begin{bmatrix} 5.203 & 2.466 & -1.296 \\ 2.466 & 6.235 & -0.943 \\ -1.296 & -0.943 & 2.677 \end{bmatrix} \begin{Bmatrix} P_{x_2} \\ P_{x_3} \\ P_{y_3} \end{Bmatrix} = \begin{Bmatrix} 0.04288 \text{ cm} \\ 0.07033 \text{ cm} \\ -0.00926 \text{ cm} \end{Bmatrix}.$$

Berechnung der Auflagerreaktionen:

Aus der ersten, vierten und fünften Zeile der Steifigkeitsmatrix (mit entsprechend entfernten Kolonnen) erhält man

$$\begin{Bmatrix} P_{x_1} \\ P_{y_1} \\ P_{y_2} \end{Bmatrix} = 10^5 \begin{bmatrix} -1.695 & -1.117 & -1.215 \\ -0.035 & -1.297 & -2.609 \\ -0.901 & 1.019 & -1.678 \end{bmatrix} \begin{Bmatrix} 0.04288 \\ 0.07033 \\ -0.00926 \end{Bmatrix} = \begin{Bmatrix} -14{,}000 \\ -6{,}857 \\ 4{,}857 \end{Bmatrix}$$

(die berechneten Kräfte sind in N). Diese Werte stimmen mit jenen der direkten Auflagerberechnung überein.

Berechnung der Axialkräfte in den Axialstäben:

Stab A – aus der Steifigkeitsmatrix des Elementes folgt mit $u_1 = 0$

$$F^A_{x_1} (= -F^A_{x_2}) = -10^5 \times u_2 = -10^5 \times 0.04288 = -4{,}288 \text{ N}$$

Für Stab B (mit der zu v_1 gehörigen Kolonne entfernt)

$$\begin{Bmatrix} F^B_{x_2} \\ F^B_{y_2} \end{Bmatrix} = 0.442 \times 10^5 \begin{bmatrix} 1 & -1 & 1 \\ -1 & 1 & -1 \end{bmatrix} \begin{Bmatrix} 0.04288 \\ 0.07033 \\ -0.00926 \end{Bmatrix} = \begin{Bmatrix} -1{,}623 \text{ N} \\ 1{,}623 \text{ N} \end{Bmatrix}.$$

Resultierende Axialkraft $= \sqrt{(-1{,}623)^2 + (1{,}623)^2} = 2{,}294$ N

Stab C – (u_1, v_1-Kolonnen entfernt)

$$\begin{Bmatrix} F^C_{x_1} \\ F^C_{y_1} \end{Bmatrix} = -10^5 \begin{bmatrix} 0.540 & 0.720 \\ 0.720 & 0.960 \end{bmatrix} \begin{Bmatrix} 0.07033 \\ 0.00926 \end{Bmatrix} = -\begin{Bmatrix} 3{,}131 \\ 4{,}175 \end{Bmatrix}.$$

Resultierende Axialkraft $= \sqrt{(3{,}131)^2 + (4{,}175)^2} = 5{,}218$ N.

Berechnung der Spannungen im Element D:

Unter Benützung der Spannungsmatrix von 5.5 (mit den Kolonnen u_1, v_1 und v_2 entfernt) folgt

$$\begin{Bmatrix} \sigma_x \\ \sigma_y \\ \tau_{xy} \end{Bmatrix} = 3.925 \times 10^3 \begin{bmatrix} 40 & 0 & 21 \\ 12 & 0 & 70 \\ -10.5 & 24.5 & 0 \end{bmatrix} \begin{Bmatrix} 0.04288 \text{ cm} \\ 0.07033 \text{ cm} \\ -0.00926 \text{ cm} \end{Bmatrix} = \begin{Bmatrix} 5{,}969 \text{ N} \\ -525 \text{ N} \\ 4{,}996 \text{ N} \end{Bmatrix}.$$

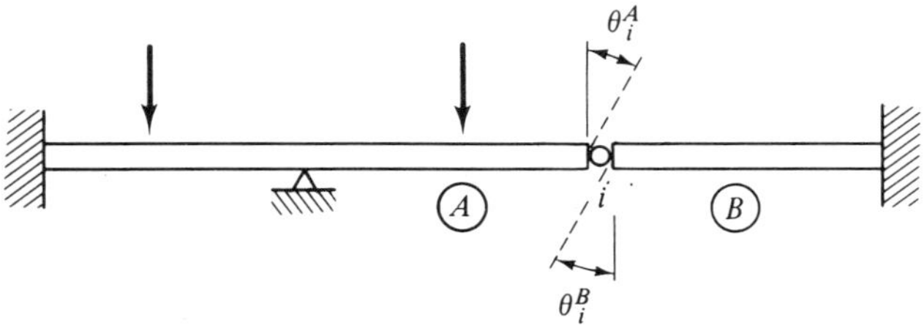

Bild 3.5

Schließlich sei noch auf die Tatsache aufmerksam gemacht, daß nicht alle in (3.1) auftretenden Verschiebungsparameter eines Elementes mit dem entsprechenden Parameter des Nachbarelementes verknüpft sind. Ein einfaches Beispiel wird in **Bild 3.5** gegeben, wo ein Balken mit innerem Gelenk im Punkt i dargestellt ist. Die Verdrehungen der Stabteile A und B, θ_i^A und θ_i^B sind unabhängig und können nicht verknüpft werden. Diese besetzen denn auch verschiedene Kolonnen der Steifigkeitsmatrix. Es wird in Kapitel 6 gezeigt, daß bei der FEM grundlegende theoretische Forderungen zu beachten sind, welche als Verträglichkeitsbedingungen die gemeinsamen Verschiebungsparameter benachbarter Elemente beeinflussen. Trotzdem besitzen einige Elemente ohne wesentliche Nachteile mehr Verschiebungsparameter als durch diese Verträglichkeitsbedingungen zulässig wäre. In anderen Fällen, vorwiegend für gewisse Platten- und Schalenelemente, ist dies jedoch nicht statthaft. Diese Frage wird in Kapitel 12 nochmals aufgegriffen.

3.3 Steifigkeitsanalysis bei Verwendung von kongruenten Transformationen

Man ist in der Formulierung globaler Steifigkeitsmatrizen nicht auf das Vorgehen des Abschnittes 3.2 beschränkt. Eine Alternative besteht darin, mit den Steifigkeitsmatrizen der Elemente ein unzusammenhängendes Schema zu bilden und dann ihren Zusammenhang mittels Konstruktion und Anwendung von Transformationen von Koordinaten herzuleiten, in welchen die Verschiebungsparameter der Elemente und Knotenpunkte die zu transformierenden Vektoren bilden. Wir nennen diese Methode die Methode kongruenter Transformationen.

Betrachte zur Illustration eine durch p finite Elemente beschriebene Konstruktion, deren Steifigkeitsgleichungen in der Form (3.1) geschrieben sind. Wir schreiben diese Element-Steifigkeitsgleichungen wie folgt:

$$\{\mathbf{F}^e\} = \lceil \mathbf{k}^e \rfloor \{\boldsymbol{\Delta}^e\}. \tag{3.10}$$

Hier sind $\{\mathbf{F}^e\}$ und $\{\boldsymbol{\Delta}^e\}$ Vektoren, die die Kraft- und Verschiebungsparameter aller Elemente enthalten, d.h.

$$\{\mathbf{F}^e\} = \lfloor \lfloor \mathbf{F}^1 \rfloor \lfloor \mathbf{F}^2 \rfloor \ldots \lfloor \mathbf{F}^i \rfloor \ldots \lfloor \mathbf{F}^p \rfloor \rfloor^{\mathrm{T}}, \tag{3.11}$$

$$\{\boldsymbol{\Delta}^e\} = \lfloor \lfloor \boldsymbol{\Delta}^1 \rfloor \lfloor \boldsymbol{\Delta}^2 \rfloor \ldots \lfloor \boldsymbol{\Delta}^i \rfloor \ldots \lfloor \boldsymbol{\Delta}^p \rfloor \rfloor^{\mathrm{T}}. \tag{3.12}$$

$[\mathbf{k}^e]$ ist dementsprechend ein Diagonalschema von Submatrizen, deren jede eine der Steifigkeitsmatrizen der Elemente darstellt.

$$\lceil \mathbf{k}^e \rfloor = \begin{bmatrix} [\mathbf{k}^1] & & & & \\ & \ddots & & & \\ & & [\mathbf{k}^i] & & \\ & & & \ddots & \\ & & & & [\mathbf{k}^p] \end{bmatrix}. \tag{3.13}$$

$\lceil \mathbf{k}^e \rfloor$ wird unzusammenhängende globale Steifigkeitsmatrix genannt.

Es gilt jetzt, den Zusammenhang der Elemente herzustellen. Dazu genügt es, Kontinuität der Verschiebungen an den Verbindungspunkten der Elemente zu fordern. Algebraisch geschieht dies durch eine Gleichung der Form

$$\{\mathbf{\Delta}^e\} = [\mathfrak{A}]\{\mathbf{\Delta}\}, \tag{3.14}$$

worin $\{\mathbf{\Delta}\}$ die globalen Knotenpunktsverschiebungen bezeichnet. $[\mathfrak{A}]$ wird globale kinematische Matrix oder auch globale Zusammenhangsmatrix genannt (im folgenden werden wir $[\mathfrak{A}]$ für ein einfaches Beispiel angeben). Mit Hilfe von Energiebetrachtungen (Abschnitt 3.4) gelingt auch die entsprechende Krafttransformation, welche symbolisch als

$$\{\mathbf{P}\} = [\mathfrak{B}]\{\mathbf{F}^e\} \tag{3.15}$$

geschrieben sei. $[\mathfrak{B}]$ heißt globale statische Matrix; denn es ist offensichtlich, daß sie die Gleichgewichtsbedingungen zwischen äußeren Lasten $\{\mathbf{P}\}$ und inneren Kräften $\{\mathbf{F}^e\}$ darstellt. Dabei hat jede Zeile die Form (3.2).

Wird die Definition der Arbeit verwendet, wie sie in Abschnitt 2.4 gegeben wurde, so lautet der Ausdruck für die äußere Arbeit

$$W_{\text{ext}} = \tfrac{1}{2}\lfloor \mathbf{P} \rfloor\{\mathbf{\Delta}\} \tag{3.16}$$

oder mit Hilfe von (3.5)

$$W_{\text{ext}} = \tfrac{1}{2}\lfloor \mathbf{F}^e \rfloor[\mathfrak{B}]^{\mathrm{T}}\{\mathbf{\Delta}\}. \tag{3.16a}$$

Andererseits ist die innere Arbeit durch

$$W_{\text{int}} = \tfrac{1}{2}\lfloor \mathbf{F}^e \rfloor\{\mathbf{\Delta}^e\} \tag{3.17}$$

gegeben oder, wenn (3.4) benutzt wird,

$$W_{\text{int}} = \tfrac{1}{2}\lfloor \mathbf{F}^e \rfloor[\mathfrak{A}]\{\mathbf{\Delta}\}. \tag{3.17a}$$

Unter Beachtung der Gleichheit von äußerer und innerer Arbeit erhält man durch Vergleich von (3.16a) mit (3.17a)

$$[\mathfrak{B}]^{\mathrm{T}} = [\mathfrak{A}]. \tag{3.18}$$

Wir wenden diese Überlegungen nun direkt auf die Transformation von (3.10) an. Unser Ziel ist es, auf der Basis der Transformationsregeln des Abschnittes 2.7 die globalen Steifigkeitsgleichungen in der konventionellen Form (3.5) zu konstruieren. Das ist jetzt aber einfach und man erhält

$$[\mathbf{K}] = [\mathfrak{A}]^{\mathrm{T}} \lceil \mathbf{k}^e \rfloor [\mathfrak{A}] \,. \tag{3.19}$$

Es mag wohl so erscheinen, als ob das Verfahren der kongruenten Transformationen weniger effizient sei als die direkte Steifigkeitsmethode. Dem ist aus den nachstehenden Gründen nicht so. Einmal müssen beim Transformationsverfahren die Matrizen $[\mathbf{k}^e]$ und $[\mathfrak{A}]$ formuliert werden. Beide sind größer als die Steifigkeitsmatrix $[\mathbf{K}]$. Weiter benötigt man dazu das Matrizenprodukt (3.19). Andererseits gelingt die Konstruktion der unzusammenhängenden Steifigkeitsmatrix mit minimalem Aufwand. Denn die Elementmatrizen brauchen die Starrkörperbewegung nicht miteinzuschließen; die Verschiebungsparameter, welche statisch bestimmten, stabilen Auflagerbedingungen entsprechen, können also ausgeschlossen werden. Zudem ist der Teil der Steifigkeitsmatrix, der in $\lceil \mathbf{k}^e \rfloor$ eingesetzt werden muß, in (2.11) durch $[\mathbf{k}_{ff}]$ gegeben. Eine stichhaltigere Begründung dieser Argumente wird in Abschnitt 7.1 gegeben; für den Moment genügt es festzustellen, daß der durch (3.19) gegebene Transformationsprozeß die Wirkung hat, die einzelnen Elemente von ihren entsprechenden Auflagern zu befreien.

Die durch (3.19) dargestellten Operationen sind wegen der speziellen Form der Matrix $[\mathfrak{A}]$ auch sehr einfach. Um dies zu verdeutlichen, sei der Aufbau dieser Matrix näher betrachtet. Wenn z.B. die Elemente A, B, C und D beim Knoten mit dem Verschiebungsparameter Δ_i verbunden sind, dann verlangt die Stetigkeit der Verschiebungen, daß

$$\Delta_i = \Delta_i^A = \Delta_i^B = \Delta_i^C = \Delta_i^D \,.$$

Diese Gleichung erzeugt in der Matrix $[\mathfrak{A}]$ eine Kolonne, in der bei jeder den Δ_i^A, ..., Δ_i^D zugeordneten Stelle eine Eins erscheint und Nullen an den anderen Stellen dieser Kolonne.

Man sollte weiter anmerken, daß die Matrix $[\mathfrak{A}]$ bei Benützung von in globalen Koordinaten ausgedrückten Elementsteifigkeitsmatrizen nur mit Einsen und Nullen besetzt ist. Eine in dieser Weise besetzte Matrix heißt Boolesche Matrix, und es ist klar, daß diese bei der Durchführung des Matrizenprodukts (3.19) zu äußerst prägnanten Algorithmen führt. Falls die Steifigkeitsmatrix des Elements nur in Elementkoordinaten gegeben ist, muß (3.14) ergänzt werden, um der Transformation der Elementkoordinaten auf globale Koordinaten Rechnung zu tragen. In diesem Fall sind die Koeffizienten der Matrix $[\mathfrak{A}]$ nicht mehr ausschließlich Einsen und $[\mathfrak{A}]$ daher auch nicht mehr eine Boolesche Matrix. Im schlimmsten Fall wird $[\mathfrak{A}]$ jedoch eine spärlich besetzte Matrix sein, besetzt mit Einsen, Richtungscosinus und Längen. Weiter muß (3.19), wie in Abschnitt 7.1 gezeigt wird, nicht notwendigerweise aus einem Matrizenprodukt gebildet sein.

Um die Berechnungsmethode zu erläutern, untersuchen wir wiederum die Steifigkeitsmatrix des dreieckigen Scheibenelementes von Bild 3.4. Die Matrizen $\lceil \mathbf{k}^e \rfloor$ und $[\mathcal{A}]$ sind in **Bild 3.6** dargestellt. Die Steifigkeitssubmatrizen des Elementes schließen Terme, welche der Starrkörperbewegung entsprechen, aus. Wegen der in Bild 3.4 erfolgten vorbereitenden Berechnungen sind die Knotenvektoren des Elementes in den globalen Richtungen dargestellt; die Matrix $[\mathcal{A}]$ enthält konsequenterweise nur Einsen.

Die hier anhand einer direkten Argumentation entwickelte kongruente Transformation kann auch mit Hilfe des Energieprinzips bestimmt werden. Diese Möglichkeit wird in Abschnitt 7.2 untersucht. Es wird dort gezeigt, daß diese zweite Betrachtungsweise die Möglichkeit bietet, die Eigenschaften der globalen Analysis zu erfassen, ohne dabei die globalen Matrizen auch wirklich konstruieren zu müssen. Das Vorgehen ist als direkte Minimalisierung der Energie bekannt [3.6].

Anwendung des Verfahrens der kongruenten Transformation auf die Konstruktion der Steifigkeitsgleichungen des besprochenen Beispieles

Unzusammenhängende Steifigkeitsgleichungen: $\{\mathbf{F}^e\} = \lceil \mathbf{k}^e \rfloor \{\boldsymbol{\Delta}^e\}$.
Bei jedem Element sind statisch bestimmte Auflagerbedingungen angewendet.

$$\begin{Bmatrix} F_{x_2}^A \\ F_{x_2}^B \\ F_{x_3}^B \\ F_{y_3}^B \\ F_{x_3}^C \\ F_{y_3}^C \\ F_{x_2}^D \\ F_{x_3}^D \\ F_{y_3}^D \end{Bmatrix} = 10^5 \begin{bmatrix} 1.000 & & & & & & & & \\ 0 & 0.442 & & & & \text{symmetrisch} & & & \\ 0 & -0.442 & 0.442 & & & & & & \\ 0 & 0.442 & -0.442 & 0.442 & & & & & \\ 0 & 0 & 0 & 0 & 0.540 & & & & \\ 0 & 0 & 0 & 0 & 0.720 & 0.960 & & & \\ 0 & 0 & 0 & 0 & 0 & 0 & 1.127 & & \\ 0 & 0 & 0 & 0 & 0 & 0 & -0.433 & 1.010 & \\ 0 & 0 & 0 & 0 & 0 & 0 & 0.495 & 0 & 2.886 \end{bmatrix} \begin{Bmatrix} u_2^A \\ u_2^B \\ u_3^B \\ v_3^B \\ u_3^C \\ v_3^C \\ u_2^D \\ u_3^D \\ v_3^D \end{Bmatrix}.$$

Verknüpfungsbeziehungen: $\{\boldsymbol{\Delta}^e\} = [\mathcal{A}]\{\boldsymbol{\Delta}\}$.

$$\begin{Bmatrix} u_2^A \\ u_2^B \\ u_3^B \\ v_3^B \\ u_3^C \\ v_3^C \\ u_2^D \\ u_3^D \\ v_3^D \end{Bmatrix} = \begin{bmatrix} 1 & 0 & 0 \\ 1 & 0 & 0 \\ 0 & 1 & 0 \\ 0 & 0 & 1 \\ 0 & 1 & 0 \\ 0 & 0 & 1 \\ 1 & 0 & 0 \\ 0 & 1 & 0 \\ 0 & 0 & 1 \end{bmatrix} \begin{Bmatrix} u_2 \\ u_3 \\ v_3 \end{Bmatrix}.$$

Bildung des Produktes $[\mathcal{A}]^T \lceil \mathbf{k}^e \rfloor [\mathcal{A}]$ erzeugt die in Bild 3.4 konstruierte Steifigkeitsmatrix (wobei die Auflagerbedingungen berücksichtigt sind).

Bild 3.6

Bevor wir diesen Abschnitt abschließen, wollen wir noch einige wichtige Eigenschaften der statischen Matrix $[\mathfrak{B}]$ (und selbstverständlich auch ihrer Transponierten, der kinematischen Matrix $[\mathfrak{A}]$) untersuchen. Diese beiden Matrizen gestatten, jede mögliche kinematische Instabilität der Konstruktion zu identifizieren und die statisch überzähligen Kräfte zu definieren. Eine Konstruktion ist kinematisch instabil, wenn sie unter aufgebrachten Lasten Starrkörperbewegungen oder Bewegungen einer kinematischen Kette zuläßt. Statisch überzählige Größen sind solche, welche über die minimale Zahl der zur Aufrechterhaltung des statischen Gleichgewichts notwendigen Kräfte hinaus vorhanden sind.

Um aufzuzeigen, wie an den statischen Gleichungen operiert werden soll, damit die oben erwähnten Faktoren erkannt werden, sei ein ebenes Fachwerk mit n Verschiebungskomponenten (zwei für jeden Knoten, daher sind $n/2$ Knotenpunkte vorhanden), p Stäben und t Auflagerreaktionen betrachtet. Die Erweiterung auf einen allgemeinen Fall bietet keine Schwierigkeit.

Zuerst bildet man den Kraftvektor $\{\mathbf{F}^e\}$ und zwar so, daß er die unabhängigen inneren Kräfte der Elemente und die Auflagerreaktionen der Gesamtkonstruktion enthält (d.h. Terme der Starrkörperbewegung sind ausgeschlossen). Wenn ein einziger Satz von äußeren Kräften aufgebracht wird, genügen diese Kräfte zur Beschreibung der Gleichgewichtsbedingungen. Zur Beschreibung dieser Bedingung kann man dann wiederum (3.15) anschreiben. Wir geben sie in der Form

$$[\mathfrak{B} \mid -\mathbf{I}]\begin{Bmatrix}\mathbf{F}^e\\ \mathbf{P}\end{Bmatrix} = \mathbf{0}. \tag{3.15a}$$

Die Matrix $[\mathfrak{B} \mid -\mathbf{I}]$ heißt erweiterte statische Matrix. Diese Matrix, entstanden durch zwei Gleichgewichtsbedingungen an jedem der $n/2$ Knoten des Fachwerks, besitzt n Zeilen. Mit p Stäben und t Auflagerreaktionen enthält der Vektor $\{\mathbf{F}^e\}$ $(p + t)$ Komponenten, und für eine statisch unbestimmte Konstruktion muß diese Zahl größer sein als n. Andererseits bestimmt $r = (p + t) - n$ die Zahl der statisch überzähligen Größen. Zur Identifizierung statisch unbestimmter Kräfte oder kinematischer Instabilitäten oder beider werden im Vektor $\{\mathbf{F}^e\}$ r Komponenten isoliert. Diese Komponenten sind die statisch überzähligen Größen $\{\mathbf{F}^r\}$. Dann wird das System für die statisch bestimmten Größen $\{\mathbf{F}^0\}$ gelöst. Sie werden dadurch in Abhängigkeit der statisch unbestimmten Größen $\{\mathbf{F}^r\}$ und der äußeren Lasten $\{\mathbf{P}\}$ dargestellt. Dieser Schritt kann mit dem Gauß-Jordan-Verfahren ausgeführt werden.

Das Gauß-Jordan-Verfahren wird folgendermaßen auf die Matrix $[\mathfrak{B} \mid -\mathbf{I}]$ angewendet:

a) Alle Glieder der ersten Kolonne der erweiterten Matrix werden dividiert durch den Wert des Koeffizienten in der ersten Kolonne (diesem Schritt geht ein Austausch von Kolonnen voraus, falls das Glied in der ersten Kolonne und der ersten Zeile eine Null sein sollte).
b) Die modifizierte erste Zeile wird mit dem Koeffizienten der ersten Kolonne und der zweiten Zeile multipliziert, und die so erhaltene Zeile von der zweiten Zeile subtrahiert. Dies erzeugt eine zweite modifizierte Zeile mit einer Null beim Glied der ersten Kolonne. Das gleiche Verfahren wird dann auf alle anderen Zeilen angewendet, um Nullen an allen anderen Positionen der ersten Kolonne zu erzeugen.

c) Die Schritte a und b werden für die zweite Kolonne wiederholt, und zwar so, daß eine Eins im Glied der Hauptdiagonalen entsteht und Nullen an allen anderen Stellen. Dieses Verfahren wird auf n Kolonnen angewendet und führt auf eine Einheitsmatrix [I] der Ordnung $n \times n$.

Als Folgerung dieser Rechnung erscheint (3.15a) jetzt in der Form

$$[\mathbf{I} \mid \mathfrak{C}_2 \mid \mathfrak{C}_1]\begin{Bmatrix} \mathbf{F}^0 \\ \hline \mathbf{F}^r \\ \hline \mathbf{P} \end{Bmatrix} = \mathbf{0}, \tag{3.15b}$$

oder

$$\{\mathbf{F}^0\} = -[\mathfrak{C}_1]\{\mathbf{P}\} - [\mathfrak{C}_2]\{\mathbf{F}^r\}. \tag{3.15c}$$

Schließlich wird diese so umgeformt, daß $\{\mathbf{F}^e\}$ auf der linken Seite erscheint ($\{\mathbf{F}^e\} = \lfloor \mathbf{F}^0 \; \mathbf{F}^r \rfloor^T$), wodurch

$$\{\mathbf{F}^e\} = [\mathfrak{D}_1]\{\mathbf{P}\} + [\mathfrak{D}_2]\{\mathbf{F}^r\} \tag{3.15d}$$

entsteht mit

$$[\mathfrak{D}_1] = \begin{bmatrix} -\mathfrak{C}_1 \\ \hline \mathbf{0} \end{bmatrix}, \qquad [\mathfrak{D}_2] = \begin{bmatrix} -\mathfrak{C}_2 \\ \hline \mathbf{I} \end{bmatrix}.$$

Hinsichtlich des gerade durchgeführten Rechnungsganges stellen wir fest, daß die Kolonnen, welche zu $\{\mathbf{F}^0\}$ gehören, nicht notwendigerweise durch die n ersten Kolonnen der ursprünglich definierten Matrix $[\mathfrak{B} \mid -\mathbf{I}]$ gegeben sind. Dies würde ja bedeuten, daß die statisch überzähligen Größen durch die ziemlich willkürliche anfängliche Kolonnenwahl identifiziert wären. Man untersucht daher vorzugsweise vor Beginn der Normalisierung eines Hauptdiagonalgliedes einer Kolonne, ob die verfügbare Kolonne in der entsprechenden Zeile auch wirklich den „besten" Koeffizienten aufweist. Trifft dies nicht zu, so wird diese Kolonne mit einer rechts von ihr gelegenen Kolonne ausgetauscht und erst dann die Normalisierung usw. (Schritt b) durchgeführt. Es gibt eine Reihe von Kriterien, den besten Koeffizienten einer Zeile zu finden. Beim einfachsten wählt man die Kolonne mit dem absolut größten Koeffizienten.

Weiter sollte beim erwähnten Verfahren beachtet werden, daß kinematische Instabilitäten des analytischen Modells leicht festgestellt werden können. Die im Eliminationsprozeß erzeugten Nullzeilen entsprechen den der Instabilität zugeordneten Freiheitsgraden. Das Gauß-Jordan-Verfahren erzeugt eine Diagonal-Matrix. Es ist ferner aus Abschnitt 2.4 bekannt, daß die Starrkörperfreiheitsgrade in der Steifigkeitsmatrix eines Elementes bestimmt werden, indem die Steifigkeitsmatrix auf Diagonalform gebracht wird. Jede Null in der Diagonalen entspricht einem Starrkörperfreiheitsgrad. Die nicht verschwindenden Elemente der Diagonalmatrix geben dementsprechend im vorliegenden Falle die Zahl der unabhängigen Gleichungen an.

Bild 3.7 illustriert, wie die kinematischen Instabilitäten eines einfachen Rahmenstabwerkes mit Hilfe des eben dargelegten Verfahrens festgestellt werden können. Um die Rechnung zu vereinfachen, haben wir die Auflagerpunkte 1 und 4 von der Berechnung ausgeschlossen.

Bild 3.7

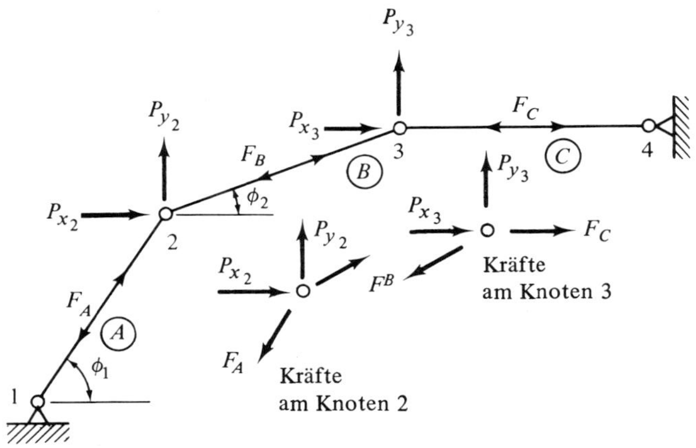

Die Gleichgewichtsgleichungen an den Knoten 2 und 3 lauten wie folgt ($c_2 = \cos\phi_2$, $s_2 = \sin\phi_2$):

$$
\begin{array}{l}
 \\
\sum F_{x_2} \\
\sum F_{y_2} \\
\sum F_{x_3} \\
\sum F_{y_3}
\end{array}
\begin{array}{ccc|cccc}
F^A & F^B & F^C & P_{x_2} & P_{y_2} & P_{x_3} & P_{y_3} \\
-c_1 & c_2 & 0 & 1 & 0 & 0 & 0 \\
-s_1 & s_2 & 0 & 0 & 1 & 0 & 0 \\
0 & -c_2 & 1 & 0 & 0 & 1 & 0 \\
0 & -s_2 & 0 & 0 & 0 & 0 & 1
\end{array}
$$

Wird der erste Koeffizient der ersten Zeile als Pivot gewählt, (d.h. dividiert man die erste Zeile durch $-c_1$), so erhält man

$$
\left[\begin{array}{ccc|cccc}
1 & -\frac{c_2}{c_1} & 0 & -\frac{1}{c_1} & 0 & 0 & 0 \\
-s_1 & s_2 & 0 & 0 & 1 & 0 & 0 \\
0 & -c_2 & 1 & 0 & 0 & 1 & 0 \\
0 & -s_2 & 0 & 0 & 0 & 0 & 1
\end{array}\right]
$$

Elimination der Glieder in der ersten Kolonne unterhalb der ersten Zeile erfolgt durch Multiplizieren der ersten Zeile mit s_1 und Addieren der resultierenden Zeile zur zweiten Zeile. Weiter dividiert man die resultierende zweite und vierte Zeile mit s_1 und die dritte Zeile mit c_1; so erhält man

$$
\left[\begin{array}{ccc|cccc}
1 & -\frac{c_2}{c_1} & 0 & -\frac{1}{c_1} & 0 & 0 & 0 \\
0 & \left(\frac{s_2}{s_1} - \frac{c_2}{c_1}\right) & 0 & -\frac{1}{c_1} & \frac{1}{s_1} & 0 & 0 \\
0 & -\frac{c_2}{c_1} & 1 & 0 & 0 & \frac{1}{c_1} & 0 \\
0 & -\frac{s_2}{s_1} & 0 & 0 & 0 & 0 & \frac{1}{s_1}
\end{array}\right]
$$

Bild 3.7 (Fortsetzung)

Jetzt eliminieren wir das Glied im Schnittpunkt der zweiten Zeile und zweiten Kolonne, indem wir die vierte Zeile zur zweiten hinzuaddieren und die dritte Zeile von der zweiten subtrahieren. Als Pivot wählen wir das zweite Glied der vierten Zeile und erhalten so

$$\left[\begin{array}{ccc|cccc} 1 & 0 & -1 & -\frac{1}{c_1} & 0 & -\frac{1}{c_1} & 0 \\ 0 & 0 & -1 & -\frac{1}{c_1} & \frac{1}{s_2} & -\frac{1}{c_1} & \frac{1}{s_1} \\ 0 & 1 & -\frac{c_1}{c_2} & 0 & 0 & -\frac{1}{c_2} & 0 \\ 0 & 1 & 0 & 0 & 0 & 0 & -\frac{1}{s_2} \end{array}\right]$$

Im nächsten Schritt werden alle anderen Glieder der zweiten Kolonne eliminiert. Nur die dritte Zeile wird dadurch beeinflußt. Multipliziert man die vierte Zeile mit -1 und addiert das Resultat zur dritten Zeile, so erhält man

$$\left[\begin{array}{ccc|cccc} 1 & 0 & -1 & -\frac{1}{c_1} & 0 & -\frac{1}{c_1} & 0 \\ 0 & 0 & -1 & -\frac{1}{c_1} & \frac{1}{s_2} & -\frac{1}{c_1} & \frac{1}{s_1} \\ 0 & 0 & -\frac{c_1}{c_2} & 0 & 0 & -\frac{1}{c_2} & \frac{1}{s_2} \\ 0 & 1 & 0 & 0 & 0 & 0 & -\frac{1}{s_2} \end{array}\right]$$

Wird das Glied im Schnittpunkt der dritten Zeile und dritten Kolonne als Pivot gewählt, so erhält man

$$\left[\begin{array}{ccc|cccc} 1 & 0 & -1 & -\frac{1}{c_1} & 0 & -\frac{1}{c_1} & 0 \\ 0 & 0 & -1 & -\frac{1}{c_1} & \frac{1}{s_2} & -\frac{1}{c_1} & \frac{1}{s_1} \\ 0 & 0 & 1 & 0 & 0 & -\frac{1}{c_1} & -\frac{c_2}{c_1 s_2} \\ 0 & 1 & 0 & 0 & 0 & 0 & -\frac{1}{s_2} \end{array}\right]$$

Elimination der anderen Terme der dritten Kolonne erfolgt, indem man die dritte Zeile zur zweiten bzw. ersten Zeile hinzuaddiert. Dies ergibt

$$\left[\begin{array}{ccc|cccc} 1 & 0 & 0 & -\frac{1}{c_1} & 0 & -\frac{2}{c_1} & -\frac{c_2}{c_1 s_2} \\ 0 & 0 & 0 & -\frac{1}{c_1} & \frac{1}{s_2} & -\frac{2}{c_1} & \left(\frac{1}{s_1} - \frac{c_2}{c_1 s_2}\right) \\ 0 & 0 & 1 & 0 & 0 & -\frac{1}{c_1} & -\frac{c_2}{c_1 s_2} \\ 0 & 1 & 0 & 0 & 0 & 0 & -\frac{1}{s_2} \end{array}\right]$$

Entsprechend den inneren Kräften ist hier eine Einheitsmatrix aufgestellt worden. Die durch die Nullen identifizierte Zeile stellt eine kinematische Instabilität mit einem Freiheitsgrad dar.

3.4 Zusammenstellung der Vorteile der Methode der finiten Elemente

Bild 3.8 stellt einen ziemlich allgemeinen Fall einer Bauwerksberechnung dar. Alle Aspekte dieser hypothetischen Anordnung treten in der Konstruktionspraxis in der Regel auf (vgl. Kapitel 1). Einmal kann die Geometrie der Konstruktion nicht mit Hilfe eines einzigen mathematischen Ausdrucks beschrieben werden. Dann schließen die Aussparungen und die Orientierung der Versteifungsglieder das Einführen eines gewöhnlichen Fachwerkes oder Rahmens aus. Schließlich wären die Auflagerbedingungen, die sowohl als Bedingungen an die Kräfte wie Verschiebungen formuliert sind, und nicht zuletzt auch die Belastungsannahmen mit klassischen Methoden sehr schwierig zu behandeln, selbst dann, wenn dazu ein stark vereinfachtes statisches Modell verwendet würde. Diese Tatsachen betreffen nicht nur die analytische und geometrische Darstellung, sondern auch die Formulierung der Randbedingungen. Sie verlangen, soll die Lösung eines solchen Problems gelingen, geradezu die Anwendung der FEM. Zu diesen Faktoren, auf welche wir in den folgenden Zeilen eingehen werden, treten noch die Schwierigkeiten beim Aufstellen der Materialeigenschaften.

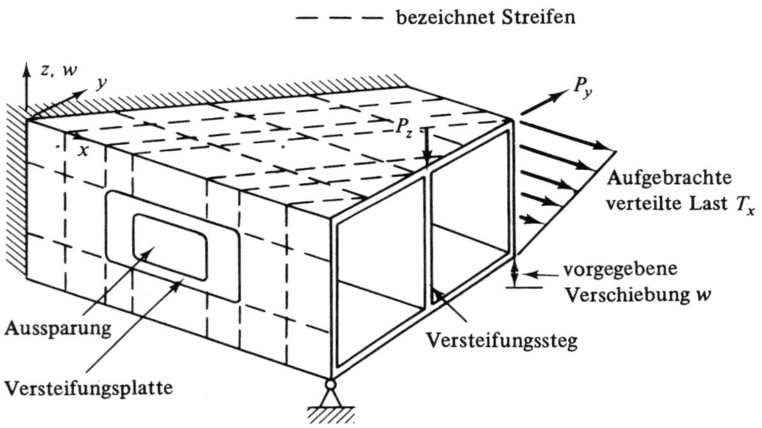

Bild 3.8

Der wohl vordergründigste Vorteil der FEM liegt, wie durch die eben dargelegten Bemerkungen nahegelegt wird, in der Möglichkeit, viele Konstruktionselemente in einem vorgegebenen analytischen Modell zu vereinen. Es sind dies Platten, Festkörper, Aussteifungen, Schalensegmente und viele andere. Es steht also ein breites Spektrum der analytischen Repräsentierung zur Verfügung. In der Tat ist die Beweglichkeit jedoch beschränkt, und wir werden solche Einschränkungen in den folgenden Kapiteln kennenlernen. Wenn man z.B. eine Platte aussteift, so werden die Aussteifungen im analytischen Modell nur in den Knotenpunkten der Platte berücksichtigt. Man muß also verlangen, daß die entsprechende Elementformulierung das charakteristische Verhalten berücksichtigt. So sollte in unserem Beispiel die Kontinuität des Tragwerks (bezüglich Verschiebungen oder Spannungen) auf der Verbindungslinie zwischen den Knotenpunkten gewahrt werden. Im allgemeinen ist es nicht möglich, alle Aspekte der Forderungen dieser Verbindungskontinuität zu erfüllen. Ein Großteil der theoretischen Entwicklungen der FEM wird daher der Untersuchung dieser Frage und all jenen Forderungen gewidmet, die in der Elementformulierung erfüllt sein sollen.

Eine andere Limitierung analytischer Repräsentierung resultiert aus der Wahl vereinfachter in der FEM verwendeten Funktionen. In der Umgebung von Rändern einer Aussparung z.B. herrscht eine ausgeprägte Spannungskonzentration. Wenn das Verhalten dieser Singularität für das Verständnis des Konstruktionsentwurfes von Bedeutung ist, muß eine beträchtliche Verfeinerung des Netzwerks erfolgen, um diese Variation auch wirklich zu erfassen. Im Gegensatz zu analytischen Modellen, welche regelmäßige Unterteilungen verlangen, ist diese Verfeinerung bei der FEM relativ leicht erreichbar, aber der Aufwand kann derart groß sein, daß er zur Erreichung eines gewünschten Genauigkeitsmaßes für die Lösung unwirtschaftlich wird. In Fällen wie dem eben beschriebenen ist es möglich, spezielle finite Elemente einzuführen, die auf der Basis von komplizierten Funktionen formuliert sind, die aber starken Variationen der Spannungen Rechnung tragen. Eine ähnliche Situation liegt bei Rändern von Bauteilen vor, auf denen konzentrierte Lasten angebracht sind. Grundsätzlich bestehen die Alternativen, zwischen Netzverfeinerungen mit einfachen Elementen oder speziellen Elementen in weitmaschigen Netzen zu wählen.

Die FEM besitzt die Fähigkeit der geometrischen Anpassung. Mit anderen Worten: Es besteht bei ihr die Möglichkeit, das Netzwerk in einer schiefwinkligen, ja sogar in einer recht irregulären Art zu definieren. Diese Eigenschaft zählt seit langem zu den hauptsächlichsten Vorteilen der FEM. Wir haben bereits die Idee dreieckförmiger Elemente für ebene Probleme angeführt. In Kapitel 5 sowie den folgenden Kapiteln werden wir die Kraft-Verschiebungsbeziehungen solcher Elemente im Detail herleiten. Die Vielseitigkeit in der Definition der Netze ist bei der Anwendung dreieckiger Elemente besonders augenfällig. Weniger vordergründig, aber wesentlich überzeugender ist hingegen der Vorteil, welcher durch die Verwendung von Elementen mit gekrümmten Rändern resultiert. Der Spezialfall, bei dem die Randkurven durch Polynome mathematisch dargestellt werden, ist als isoparametrische Darstellung bekannt und wird in Abschnitt 8.8 behandelt.

Die Randbedingungen für die Kräfte (äußere Lasten) und die Verschiebungen sind in den Rechnungsverfahren der vorangehenden Abschnitte ziemlich kurz behandelt worden. In der obigen Diskussion ist zudem angenommen worden, daß die Lasten als Punktlasten angebracht sind. In der Praxis sind viele wichtige Lasten natürlich verteilt über die Oberfläche der Konstruktion aufgebracht. Solche Fälle werden mit Hilfe des Begriffs der statisch äquivalenten Knotenlasten behandelt. Obwohl es diesbezüglich intuitiv selbstverständlich ist, wie die Aufteilung oder Konzentrierung zu erfolgen hat, und obwohl dadurch normalerweise akzeptable numerische Resultate entstehen, werden wir in Kapitel 6 sehen, daß die theoretischen Grundlagen der FEM in natürlicher Weise auf eine bessere Definition von Knotenlasten führen. Man nennt sie die äquivalenten Knotenlasten. Diese Definition kann intuitiv kaum gefunden werden.

Eine ganze Reihe physikalischer Gegebenheiten gibt bei der Berechnung eines praktischen Konstruktionsentwurfs zu Größen Anlaß, die eine Wirkung von Auflasten haben. Die Temperatur in einem Bauwerk kann durch ihre Verteilung z.B. Dehnungen verursachen. Um dieses Problem numerisch zu behandeln, ist es nötig, die thermischen

Verformungen in fiktive Lasten oder Verschiebungen umzuformen. Kapitel 6 beschäftigt sich unter anderem mit den Kraft-Verschiebungsgleichungen für diese oder auch andere Vorspannungseffekte.

Es scheint uns besonders wichtig anzumerken, daß die FEM zur Berechnung thermischer Spannungsprobleme besonders geeignet ist. Es ist ohne weiteres möglich, zur Berechnung von Wärmespannungsproblemen eine konsistente FE-Methodologie zu entwickeln. Die grundlegenden Ideen der FEM werden für stationäre Wärmeübertragungsprobleme in Abschnitt 5.4 behandelt, jedoch nicht so ausführlich wie in [3.7] und [3.8], worin auch Berechnungsverfahren für den transienten Temperaturverlauf besprochen sind. Es ist auch möglich, die gleiche allgemein gehaltene FE-Technik auf ein Programm anzuwenden, welches nicht nur die Berechnung der Temperatur infolge eines thermischen Inputs, sondern auch die durch diese Temperaturbelastung erzeugten Wärmespannungen liefert. Ebenfalls ist es möglich, für Fälle mit temperaturabhängigen Materialeigenschaften jedem Element Eigenschaften zuzuweisen, welche dem Temperaturniveau jedes Elementes entsprechen.

Randbedingungen für die Verschiebungen sind in der Praxis nicht immer derart beschreibbar, daß Verschiebungsparameter unterdrückt werden können (verschwindender Verschiebungsparameter). In besonderen Fällen muß der Verschiebungsvektor eines Knotens einen vorgeschriebenen Wert annehmen. Dieser Fall kann ohne weiteres in das Verfahren der vorhergehenden Abschnitte eingeführt werden. Elastische Auflager können entweder durch elastische Elemente (Federn) am betreffenden Knotenpunkt eingeführt werden oder aber mittels eines speziellen Randelementes, welches der elastischen Auflagerung an Teilen seines Randes Rechnung trägt. Manchmal ist eine Anzahl von Verschiebungsvektoren von Randpunkten einer Konstruktion über spezielle Verbindungsbedingungen miteinander verknüpft. Diese und andere Besonderheiten von Auflagerbedingungen werden im Detail in Abschnitt 3.5 behandelt.

Eine etwas subtilere Eigenschaft der FEM liegt in der Möglichkeit, komplizierteres Materialverhalten zu erfassen. Fast alle verfügbaren klassischen Lösungen betreffen Konstruktionen aus homogenem isotropem Material. Die Erweiterung auf Inhomogenität ist bei der FEM etwas schwierig, doch nicht unmöglich. Die Behandlung inhomogener Probleme geht denn auch über den Rahmen dieses Lehrbuches hinaus. Wie in den Kapiteln, welche sich mit der FE-Formulierung beschäftigen, aber erklärt wird, kann anisotropes Materialverhalten bei der FEM ohne wesentliche Erweiterung der Kosten oder der Komplexität der numerischen Lösungen behandelt werden. In der Tat ist die FEM in dieser Beziehung in den meisten Fällen weit allgemeiner als Daten für das Materialverhalten überhaupt vorhanden sind, die den Grad der Anisotropie genau genug beschreiben würden.

Unsere Absicht in der vorangegangenen Beschreibung war es, auf Situationen der linearen Analysis hinzuweisen. Der Anwendungsbereich der FEM ist im Vergleich mit den klassischen Berechnungsmethoden jedoch noch wesentlich größer, wenn man in das Gebiet der nichtlinearen Analysis vorstößt, wie z.B. der Berechnung von plastischen Deformationen, wo selbst schon die einfachsten geometrischen Anordnungen eine analytische Behandlung unmöglich machen können. Wir haben inelastisches Verhalten und andere Arten nichtlinearer Analysis in diesem Buche ausgeschlossen; um jedoch einen Einblick in den Fortschritt in dieser Richtung zu erhalten, sei der Leser auf [3.9] und [3.10] verwiesen.

3.5 Spezielle Operationen

3.5.1 Feinunterteilung – Substrukturierung

Viele Konstruktionen der Praxis sind so groß und so komplex, daß die Minimalgröße eines FE-Modelles der Gesamtkonstruktion bei der Lösung der entsprechenden Gleichungen auf außerordentliche Schwierigkeiten stößt. Es wird dann notwendig, das Problem schrittweise zu lösen, wobei größere Konstruktionseinheiten, die Subkonstruktionen oder Substrukturen genannt sind, zuerst getrennt gelöst und dann kombiniert werden müssen. Beispiele finden sich in Abschnitt 1.3. Es ist aber auch so, daß der praktische Entwurf oft mit der unabhängigen Berechnung von in natürlicher Weise auftretenden Subkonstruktionen beginnt. Unter solchen Umständen ist es recht effizient, die endgültige Entwurfsberechnung mit den Abmessungen der Subkonstruktion durchzuführen. Zudem ermöglicht es die Berechnungsdurchführung an Substrukturen dem Konstrukteur, mit den Zwischenresultaten für die Komponenten der Konstruktion vertraut zu bleiben; dies ist bei einer Wiederholung der Berechnungen wertvoll, wie es bei Optimierungsaufgaben und der nichtlinearen Analysis der Fall ist.

Bild 3.9 zeigt eine in drei größere Subkonstruktionen F, G und H aufgeteilte Konstruktion. Man betrachte nun die Steifigkeitseigenschaften der Subkonstruktion G. Die folgenden Indices werden verwendet:

- c Verschiebungsparameter auf dem Rand von Subkonstruktionen,
- d Verschiebungsparameter innerhalb der Substruktur G, der zu keiner anderen Subkonstruktion gehört.

Wir wollen annehmen, daß die Steifigkeitsgleichungen der Subkonstruktion so modifiziert sind, daß sie den Auflagerbedingungen Rechnung tragen. Die Steifigkeitsbeziehungen für die Substruktur G können in der Form

$$\begin{Bmatrix} \mathbf{F}_d \\ \mathbf{F}_c \end{Bmatrix} = \left[\begin{array}{c|c} \mathbf{k}_{dd} & \mathbf{k}_{dc} \\ \hline \mathbf{k}_{cd} & \mathbf{k}_{cc} \end{array}\right] \begin{Bmatrix} \mathbf{\Delta}_d \\ \mathbf{\Delta}_c \end{Bmatrix} \tag{3.20}$$

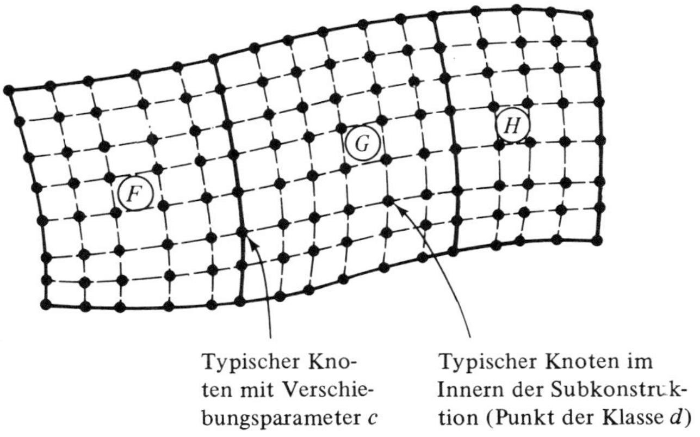

Bild 3.9

angeschrieben werden (der Einfachheit halber haben wir kein die Subkonstruktion G identifizierendes Symbol benutzt). Um die inneren Verschiebungen $\mathbf{\Delta}_d$ in Abhängigkeit der Randverschiebungen auszudrücken, muß die erste Zeile in (3.20) als ein eigenes System betrachtet werden. Beachtet man dabei, daß die Kräfte $\{\mathbf{F}_d\}$ mit den an den Verschiebungspunkten angebrachten Lasten $\{\mathbf{P}_d\}$ identisch sind, so folgt

$$\{\mathbf{\Delta}_d\} = [\mathbf{k}_{dd}]^{-1}\{\mathbf{P}_d\} - [\mathbf{k}_{dd}]^{-1}[\mathbf{k}_{dc}]\{\mathbf{\Delta}_c\}\,, \tag{3.21}$$

$$\{\mathbf{F}_c\} = [[\mathbf{k}_{cc}] - [\mathbf{k}_{cd}][\mathbf{k}_{dd}]^{-1}[\mathbf{k}_{dc}]]\{\mathbf{\Delta}_c\} + [\mathbf{k}_{cd}][\mathbf{k}_{dd}]^{-1}\{\mathbf{P}_d\}\,. \tag{3.22}$$

Zur Vereinfachung definieren wir

$$\{\mathbf{R}_c\} = [\mathbf{k}_{cd}][\mathbf{k}_{dd}]^{-1}\{\mathbf{P}_d\}\,, \tag{3.23}$$

$$[\hat{\mathbf{k}}_{cc}] = [[\mathbf{k}_{cc}] - [\mathbf{k}_{cd}][\mathbf{k}_{dd}]^{-1}[\mathbf{k}_{dc}]]\,, \tag{3.24}$$

so daß (3.22) die Form

$$\{\mathbf{F}_c\} = [\hat{\mathbf{k}}_{cc}]\{\mathbf{\Delta}_c\} + \{\mathbf{R}_c\} \tag{3.25}$$

annimmt. Diese Steifigkeitsgleichung (wie auch jene für die anderen Subkonstruktionen) dient nun zur Bildung der Steifigkeitsgleichungen für Verschiebungsparameter auf dem Rand der Substrukturen (Subkonstruktion F, G und H). Es gilt

$$\{\mathbf{P}_c\} = \{\mathbf{F}^F\} + \{\mathbf{F}^G\} + \{\mathbf{F}^H\}\,. \tag{3.26}$$

Die Indices F, G und H werden hier verwendet, um die entsprechenden Kräfte auf den Randflächen zu bezeichnen.

Auflösen der resultierenden Gleichungen ergibt die Verschiebungen $\{\mathbf{\Delta}_c\}$ auf dem gemeinsamen Rand. Diese Verschiebungen $\{\mathbf{\Delta}_c\}$ werden dann in die Gleichungen der Subkonstruktion (3.21) und (3.22) eingesetzt. Sie liefern die inneren Kräfte und Verschiebungen an den Knoten im Innern der Substrukturen.

Die gewünschte Raffung kann auch durch einen Prozeß der Koordinatentransformation erreicht werden. Es sei daran erinnert (Abschnitt 2.8), daß sich eine Steifigkeitsmatrix gemäß $[\mathbf{\Gamma}_0]^T[\mathbf{K}][\mathbf{\Gamma}_0]$ transformiert, falls ein Satz von Verschiebungsparametern mit einem kleineren Satz solcher Parameter durch die Transformationsmatrix $[\mathbf{\Gamma}_0]$ verknüpft ist; der zugehörige Kraftvektor wird dann gemäß $[\mathbf{\Gamma}_0]^T\{\mathbf{P}\}$ transformiert (vgl. (2.37) und (2.38)). Im vorliegenden Fall hat man wegen (3.21) und $\{\mathbf{\Delta}_c\} = [\mathbf{I}]\,\{\mathbf{\Delta}_c\}$

$$\begin{Bmatrix} \mathbf{\Delta}_d \\ \mathbf{\Delta}_c \end{Bmatrix} = \begin{bmatrix} -[\mathbf{k}_{dd}]^{-1}[\mathbf{k}_{dc}] \\ \hdashline [\mathbf{I}] \end{bmatrix} \{\mathbf{\Delta}_c\} = [\mathbf{\Gamma}_0]\{\mathbf{\Delta}_c\}\,. \tag{3.27}$$

Anwendung von (3.20) in der oben angegebenen Weise führt dann auf (3.25).

Ein etwas wirtschaftlicheres Verfahren für die Analyse komplexer Konstruktionen ist die Technik reduzierter Subkonstruktionen [3.11]. Um dieses Verfahren analytisch beschreiben zu können, ist es nötig, das Konzept der Zwangsbedingungen näher zu betrachten, das wir nachstehend in Abschnitt 3.5.2 beschreiben wollen.

3.5.2 Zwangsbedingungen oder Nebenbedingungen

Zwangsbedingungen sind Verknüpfungen einzelner Verschiebungsparameter, die zu den üblichen Steifigkeitsgleichungen hinzutreten. Eine Auflagerbedingung, z.B. $\Delta_j = 0$, stellt eine solche Zwangsbedingung dar. Wie wir bereits gesehen haben, ist es jedoch einfacher, dieser Bedingung direkt Rechnung zu tragen, indem man die globale Steifigkeitsmatrix entsprechend umformt. Der vorliegenden Diskussion entspricht der Fall, bei dem ein Biegeelement mit einem Festkörper verbunden ist, weit mehr (**Bild 3.10**). Wir stellen mit Bezug auf dieses Bild fest, daß die Knoten 1–5 dadurch eine Zwangsverformung erleiden, daß die w-Verschiebung an eine lineare Variation gebunden ist. Diese Verformung wird durch die Verdrehung des Schalenelementes nämlich erzwungen. Zwangsbedingungen treten auch bei verschiedenen anderen Situationen auf. Dazu gehört auch das Verfahren der reduzierten Substrukturen, worauf wir im nächsten Abschnitt zurückkommen werden. Es wird in gewissen Theorien inkompressibler Materialien verwendet, aber auch bei der Behandlung spezieller Randbedingungen sowie bei Problemen, die eine speziell vorgeschriebene Verformungskonfiguration über Teile der Konstruktion verlangen. Wir werden eine ganze Reihe solcher Situationen später im Text antreffen.

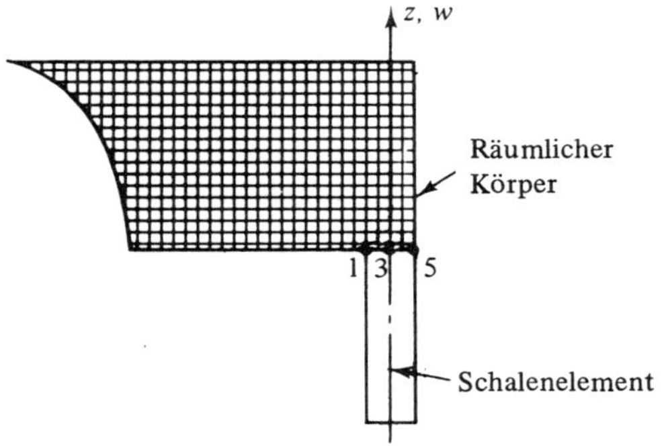

Bild 3.10

Jede Zwangsbedingung bietet die Möglichkeit, einen Freiheitsgrad zu eliminieren. Wir werden von dieser Tatsache Gebrauch machen und eine Transformationsmatrix bilden, die zur Reduzierung von so vielen Freiheitsgraden in den Steifigkeitsgleichungen verwendet werden kann als Zwangsbedingungen bestehen; dieses Verfahren ist bereits in Abschnitt 2.8 behandelt worden.

Zu diesem Zwecke betrachten wir den Fall, bei dem in einem System mit n Freiheitsgraden r Zwangsbedingungen auftreten. Unter der Voraussetzung der Linearität sind die Zwangsbedingungen in diesem Fall von der Gestalt

$$[\mathbf{G}]_{r\times n}\{\mathbf{\Delta}\}_{n\times 1} = \{\mathbf{s}\}_{r\times 1}\,. \tag{3.28}$$

$[\mathbf{G}]$ stellt die Koeffizientenmatrix der Zwangsbedingungen dar, und $\{\mathbf{s}\}$ ist ein bekannter konstanter Vektor. Der Einfachheit halber werden wir uns nur mit dem Fall $\{\mathbf{s}\} = \mathbf{0}$ beschäftigen. Die Behandlung des allgemeineren Falles mit $\{\mathbf{s}\} \neq \mathbf{0}$ sei dem Leser als Übung überlassen (vgl. Aufgabe 3.18).

Um die Transformationsmatrix herzuleiten, teilen wir die n Verschiebungsparameter in zwei Gruppen auf, nämlich $\{\mathbf{\Delta}_e\}$ und $\{\mathbf{\Delta}_c\}$, wobei $\{\mathbf{\Delta}_e\}$ sich aus r, $\{\mathbf{\Delta}_c\}$ aber aus $(n-r)$ Komponenten zusammensetzt; dies ergibt

$$[\mathbf{G}_{e_{r\times r}}\ \mathbf{G}_{c_{r\times n-r}}]\begin{Bmatrix}\mathbf{\Delta}_e\\ \mathbf{\Delta}_c\end{Bmatrix} = \mathbf{0}. \tag{3.29}$$

Die Komponenten sind also so angeordnet, daß die Verschiebungsparameter $\{\mathbf{\Delta}_e\}$ den r Zwangsbedingungen entsprechen. Diese sollen mit Hilfe eines Reduktionsschemas aus dem Funktional der potentiellen Energie eliminiert werden. Obwohl die Wahl der zu entfernenden Verschiebungsparameter oft beliebig ist, gibt es Fälle, bei denen bei dieser Wahl äußerste Vorsicht am Platz ist [3.12].

Auflösen von (3.29) nach $\{\mathbf{\Delta}_e\}$ gibt

$$\{\mathbf{\Delta}_e\} = -[\mathbf{G}_e]^{-1}[\mathbf{G}_c]\{\mathbf{\Delta}_c\} = [\mathbf{G}_{ec}]\{\mathbf{\Delta}_c\}\,, \tag{3.30}$$

eine Gleichung, die wie in Abschnitt 2.8 zur Transformation der Verschiebungsparameter auf die Gestalt

$$\begin{Bmatrix}\mathbf{\Delta}_e\\ \mathbf{\Delta}_c\end{Bmatrix} = \begin{bmatrix}\mathbf{G}_{ec}\\ \hdashline \mathbf{I}\end{bmatrix}\{\mathbf{\Delta}_c\} = [\mathbf{\Gamma}_c]\{\mathbf{\Delta}_c\} \tag{3.31}$$

verwendet werden kann. Wird jetzt das Produkt $[\mathbf{\Gamma}_c]^{\mathrm{T}}[\mathbf{k}][\mathbf{\Gamma}_c]$ gebildet, wobei $[\mathbf{k}]$ auf globale Parameter bezogen sei, so ergibt das die reduzierte Steifigkeitsmatrix bezüglich der $\{\mathbf{\Delta}_c\}$ allein und auch einen reduzierten Kraftvektor

$$\{\hat{\mathbf{P}}_c\} = [\mathbf{\Gamma}_c]^{\mathrm{T}}\begin{Bmatrix}\mathbf{P}_e\\ \mathbf{P}_c\end{Bmatrix}.$$

Auflösen dieser Steifigkeitsgleichungen ergibt $\{\mathbf{\Delta}_c\}$, was dann zur Berechnung von $\{\mathbf{\Delta}_e\}$ in (3.30) eingesetzt werden kann.

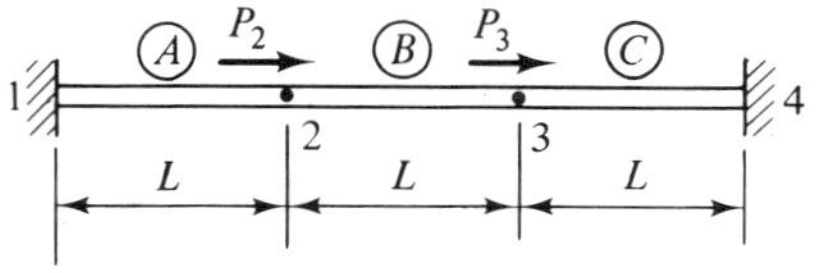

Bild 3.11

Zur Illustration betrachte man die drei Zugstäbe von **Bild 3.11**. Mittels direkter Steifigkeitsanalysis kann die Steifigkeit des Systems ohne Auflager zu $(k_0 = AE/L)$

$$k_0\begin{bmatrix}1 & & \text{symmetrisch} & \\ -1 & 2 & & \\ 0 & -1 & 2 & \\ 0 & 0 & -1 & 1\end{bmatrix}\begin{Bmatrix}u_1\\ u_2\\ u_3\\ u_4\end{Bmatrix} = \begin{Bmatrix}P_1\\ P_2\\ P_3\\ P_4\end{Bmatrix}$$

berechnet werden, woraus mit den Auflagerbedingungen $u_1 = u_4 = 0$

$$k_0\begin{bmatrix} 2 & -1 \\ -1 & 2 \end{bmatrix}\begin{Bmatrix} u_2 \\ u_3 \end{Bmatrix} = \begin{Bmatrix} P_2 \\ P_3 \end{Bmatrix}$$

folgt. Nun nehme man an, daß ein starrer Stab die Punkte 2 und 3 verbinde, so daß $u_2 = u_3$; in Matrizenschreibweise:

$$\lfloor 1 \quad -1 \rfloor\begin{Bmatrix} u_2 \\ u_3 \end{Bmatrix} = 0.$$

Die Transformationsgleichungen sind also

$$\begin{Bmatrix} u_2 \\ u_3 \end{Bmatrix} = \begin{bmatrix} 1 \\ 1 \end{bmatrix}\{u_3\}.$$

Die reduzierten Steifigkeitsgleichungen erhalten damit die Gestalt

$$k_0\lfloor 1 \quad 1 \rfloor\begin{bmatrix} 2 & -1 \\ -1 & 2 \end{bmatrix}\begin{Bmatrix} 1 \\ 1 \end{Bmatrix}u_3 = \lfloor 1 \quad 1 \rfloor\begin{Bmatrix} P_2 \\ P_3 \end{Bmatrix},$$

oder $2k_0u_3 = P_2 + P_3$. Dieses Resultat stimmt mit der bekannten Lösung des Problems überein. Die Zwangsbedingung transformiert Stab B in eine starre Verbindung. Die aufgebrachte Last ist daher die Summe der Kräfte an diesen Knoten $(P_2 + P_3)$, und der Koeffizient von u_3 ist die Summe der Steifigkeiten der Stäbe A und C, welche sich so verhalten, als ob sie sich im selben Punkte träfen.

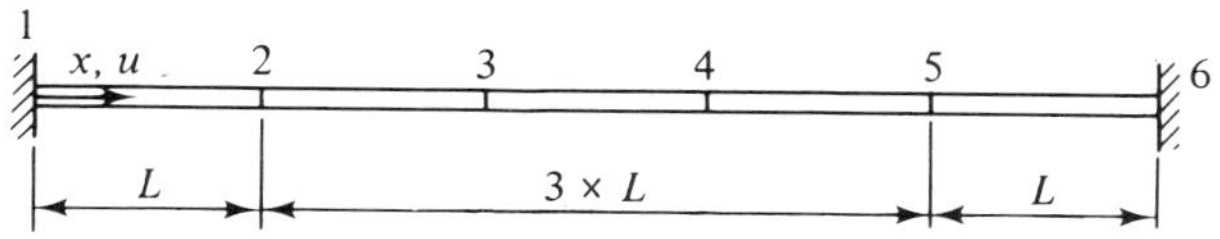

Bild 3.12

Man sollte beachten, daß in den meisten Fällen nur wenige Verschiebungsparameter an den Zwangsbedingungen teilhaben. **Bild 3.12** soll diese Situation darstellen. Falls nur zwischen u_2 und u_3 eine Kopplung besteht, sind u_4 und u_5 an dieser Zwangsbedingung nicht beteiligt. Allgemein kann ein Satz von Verschiebungsparametern in der Gestalt $\lfloor \mathbf{\Delta} \rfloor = \lfloor \lfloor \mathbf{\Delta}_e \rfloor \lfloor \mathbf{\Delta}_c \rfloor \lfloor \mathbf{\Delta}_g \rfloor \rfloor$ aufgeteilt werden, wobei die Gruppen $\lfloor \mathbf{\Delta}_e \rfloor$ und $\lfloor \mathbf{\Delta}_c \rfloor$ an Zwangsbedingungen teilnehmen mögen, der Satz $\lfloor \mathbf{\Delta}_g \rfloor$ aber unbeteiligt sei. Dann kann die folgende Transformation konstruiert werden:

$$\begin{Bmatrix} \mathbf{\Delta}_e \\ \mathbf{\Delta}_c \\ \hline \mathbf{\Delta}_g \end{Bmatrix} = \begin{bmatrix} \mathbf{\Gamma}_c & \mathbf{0} \\ \hline \mathbf{0} & \mathbf{I} \end{bmatrix}\begin{Bmatrix} \mathbf{\Delta}_c \\ \hline \mathbf{\Delta}_g \end{Bmatrix}, \tag{3.32}$$

wobei $\lfloor \mathbf{\Delta}_c \rfloor$ in (3.31) definiert wurde. Diese Transformation wird zur Konstruktion der reduzierten Steifigkeit in der üblichen Weise direkt auf die globalen Steifigkeitsgleichungen angewendet.

Wenn relativ wenige Verschiebungsparameter durch die Zwangsbedingungen betroffen sind, kann es vorteilhaft sein, diese direkt, d.h. ohne Durchführung des Matrizenproduktes, in die globale Steifigkeitsmatrix einzubauen. Diese direkte Methode würde ähnlich verlaufen wie das Verfahren, das in Abschnitt 3.5.3 für ausgezeichnete Achsen beschrieben wird.

Wir kehren zum Schema der reduzierten Subkonstruktionen zurück. Bei ihm sind Raffung und Zwangsbedingung in eine einzige Transformationsmatrix eingebaut. Wir nehmen an, daß die Randknoten in zwei Gruppen aufgeteilt seien. Wie oben werden die Verschiebungsparameter auf dem gemeinsamen Rand benachbarter Subkonstruktionen mit $\{\mathbf{\Delta}_c\}$ bezeichnet. Die verbleibenden Randverschiebungen $\{\mathbf{\Delta}_e\}$ sind in ihrem funktionellen Verlauf dann an die Verschiebungsparameter $\{\mathbf{\Delta}_c\}$ gebunden **(Bild 3.13)**. Die Verschiebungen $\{\mathbf{\Delta}_e\}$ können z.B. derart gebunden sein, daß sie einer linearen oder quadratischen Form der Randverschiebungen oder einem Funktionsverlauf höherer Ordnung folgen. Durch Aufteilung der Steifigkeitsmatrix der Subkonstruktion erhält man

$$\begin{Bmatrix} \mathbf{F}_d \\ \hline \mathbf{F}_e \\ \hline \mathbf{F}_c \end{Bmatrix} = \begin{bmatrix} \mathbf{k}_{dd} & \mathbf{k}_{de} & \mathbf{k}_{dc} \\ \mathbf{k}_{ed} & \mathbf{k}_{ee} & \mathbf{k}_{ec} \\ \mathbf{k}_{cd} & \mathbf{k}_{ce} & \mathbf{k}_{cc} \end{bmatrix} \begin{Bmatrix} \mathbf{\Delta}_d \\ \hline \mathbf{\Delta}_e \\ \hline \mathbf{\Delta}_c \end{Bmatrix}. \tag{3.33}$$

Drückt man die Zwangsbedingungen zwischen $\{\mathbf{\Delta}_e\}$ und $\{\mathbf{\Delta}_c\}$ wie in (3.30) aus, so gilt zusätzlich auch $\{\mathbf{\Delta}_e\} = [\mathbf{G}_{ec}]\{\mathbf{\Delta}_c\}$. Aus Abschnitt 2.8 ist bekannt, daß die gewünschte Transformationsmatrix dadurch entsteht, daß die zum zu entfernenden Verschiebungsparameter gehörende Kraft Null gesetzt wird. Auflösen des ersten Teils der Gleichung nach $\{\mathbf{\Delta}_d\}$ für $\{\mathbf{F}_d\} = \mathbf{0}$, gibt daher

$$\{\mathbf{\Delta}_d\} = -[\mathbf{k}_{dd}]^{-1}\{[\mathbf{k}_{de}]\{\mathbf{\Delta}_e\} + [\mathbf{k}_{dc}]\{\mathbf{\Delta}_c\}\} \tag{3.34}$$

und nach Einsetzen von (3.30)

$$\{\mathbf{\Delta}_d\} = -[\mathbf{k}_{dd}]^{-1}[[\mathbf{k}_{de}][\mathbf{G}_{ec}] + [\mathbf{k}_{dc}]]\{\mathbf{\Delta}_c\}\,. \tag{3.35}$$

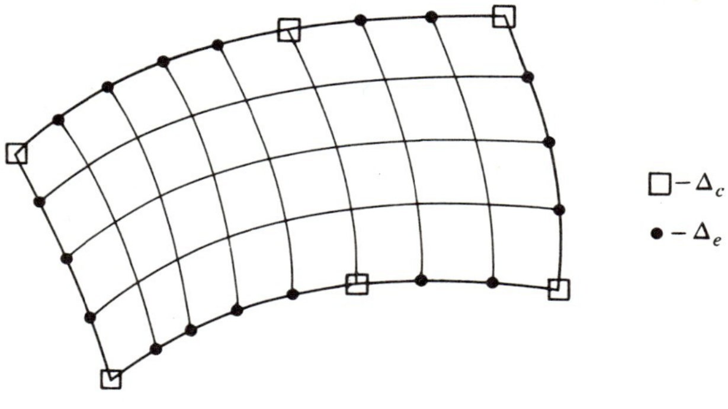

Bild 3.13

Werden (3.30) und (3.35) miteinander kombiniert und wird $\{\boldsymbol{\Delta}_c\} = [\mathbf{I}]\{\boldsymbol{\Delta}_c\}$ verwendet, so erhält man die gewünschte Transformation

$$\begin{Bmatrix} \boldsymbol{\Delta}_d \\ \hline \boldsymbol{\Delta}_e \\ \hline \boldsymbol{\Delta}_c \end{Bmatrix} = \begin{bmatrix} -[\mathbf{k}_{dd}]^{-1}[[\mathbf{k}_{de}][\mathbf{G}_{ec}] + [\mathbf{k}_{dc}]] \\ \hline [\mathbf{G}_{ec}] \\ \hline [\mathbf{I}] \end{bmatrix} \{\boldsymbol{\Delta}_c\} = [\boldsymbol{\Gamma}]\{\boldsymbol{\Delta}_c\}. \tag{3.36}$$

Diese kann nun in der üblichen Weise auf (3.33) angewendet werden. Daraus resultiert eine Steifigkeitsmatrix für die Verschiebungen $\{\boldsymbol{\Delta}_c\}$ allein mit dem zugehörigen Lastvektor.

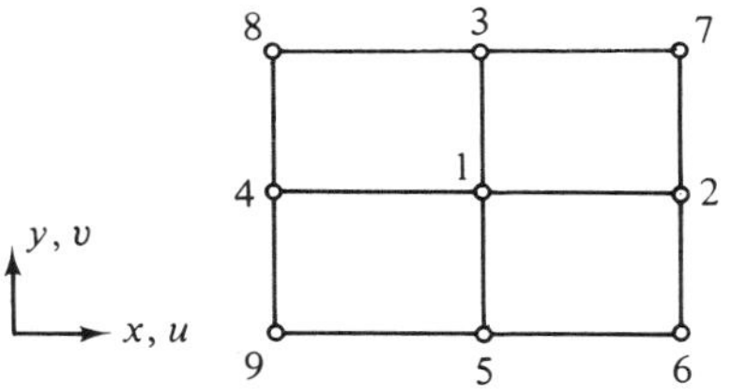

Bild 3.14

Wir können dieses Verfahren am besten anhand von **Bild 3.14** erklären, bei dem eine Konstruktion aus vier ebenen rechteckigen Elementen besteht, deren jedes unter Annahme linearer Randverschiebungen formuliert worden sei (vgl. Kapitel 9 für Details und zugehörige Steifigkeitsmatrizen der Elemente). Wir nehmen zudem an, daß auf dem Konstruktionsrand eine lineare Variation der Verschiebungen vorgegeben sei. Dann stellen $u_2, u_3, u_4, u_5, v_2, v_3, v_4$ und v_5 die Verschiebungen $\{\boldsymbol{\Delta}_e\}$, $u_6, u_7, u_8, u_9, v_6, v_7, v_8$ und v_9 die Verschiebungen $\{\boldsymbol{\Delta}_c\}$ dar. Die inneren Verschiebungen sind u_1 und v_1, so daß $\{\boldsymbol{\Delta}_d\} = \lfloor u_1, v_1 \rfloor^T$ ist. In Übereinstimmung mit (3.30) ist untenstehend die Matrix $[\mathbf{G}_{ec}]$ für dieses Problem konstruiert.

$$\{\boldsymbol{\Delta}_e\} = \begin{Bmatrix} u_2 \\ u_3 \\ u_4 \\ u_5 \\ v_2 \\ v_3 \\ v_4 \\ v_5 \end{Bmatrix} = \frac{1}{2} \begin{bmatrix} 1 & 1 & 0 & 0 & 0 & 0 & 0 & 0 \\ 0 & 1 & 1 & 0 & 0 & 0 & 0 & 0 \\ 0 & 0 & 1 & 1 & 0 & 0 & 0 & 0 \\ 1 & 0 & 0 & 1 & 0 & 0 & 0 & 0 \\ 0 & 0 & 0 & 0 & 1 & 1 & 0 & 0 \\ 0 & 0 & 0 & 0 & 0 & 1 & 1 & 0 \\ 0 & 0 & 0 & 0 & 0 & 0 & 1 & 1 \\ 0 & 0 & 0 & 0 & 1 & 0 & 0 & 1 \end{bmatrix} \begin{Bmatrix} u_6 \\ u_7 \\ u_8 \\ u_9 \\ v_6 \\ v_7 \\ v_8 \\ v_9 \end{Bmatrix} = [\mathbf{G}_{ec}]\{\boldsymbol{\Delta}_c\}.$$

Die anderen für die Transformationsmatrix von (3.36) notwendigen Matrizen $[\mathbf{k}_{dd}]$, $[\mathbf{k}_{de}]$ und $[\mathbf{k}_{dc}]$ können aus der Steifigkeitsmatrix der Gesamtkonstruktion berechnet werden. Es ist von Interesse zu erwähnen, daß die mit Hilfe dieser Transformation konstruierte Steifigkeitsmatrix, welche allein auf Eckpunktsvariable bezogen ist, mit derjenigen übereinstimmt, welche dadurch erhalten wird, daß der ganze Bereich direkt durch ein einziges Element mit linearen Randverschiebungen dargestellt wird; vorausgesetzt ist hierbei, daß man die Steifigkeitsmatrix des Bildes 9.13 benutzt.

3.5.3 Knotenachsen

Es ist gelegentlich nötig, einen Teil der globalen Gleichungen auf Knotenachsen zu beziehen, insbesonders dann, wenn die Auflagerbedingungen so definiert sind, daß sich die Auflagerrichtungen von jenen der globalen Achsrichtungen unterscheiden, oder wenn Schalenelemente mit flachen Plattenelementen kombiniert sind.

Eine typische Situation ist in **Bild 3.15** dargestellt. Gemäß Bild 3.15a wird der Verschiebungsvektor des Punktes i durch die Verschiebungskomponenten u_i und v_i beschrieben. Nullsetzen eines oder beider Verschiebungskomponenten wird die Auflagerbedingung in y''-Richtung nicht richtig wiedergeben. Die Auflagerbedingung kann jedoch dadurch erfüllt werden, daß das Verschiebungsverhalten im Knoten i in den Koordinaten x_i'' und y_i'' ausgedrückt wird; dann kann die Verschiebungskomponente v_i'' Null gesetzt werden.

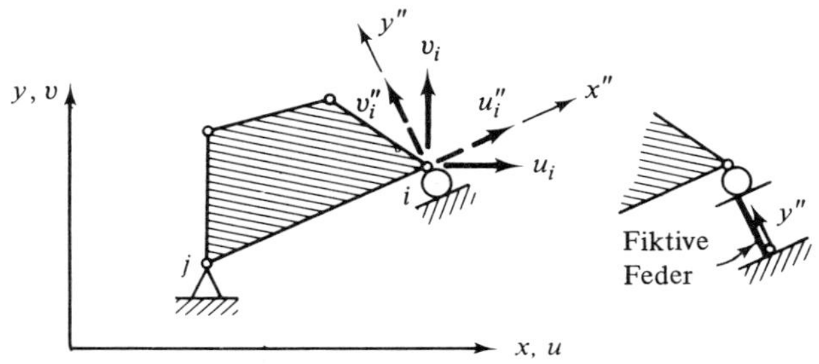

(a) Rollenlager auf schiefer Ebene mit entsprechenden Koordinaten

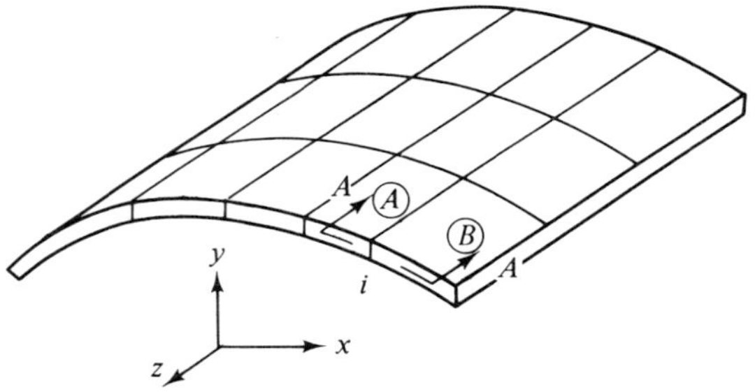

(b) Idealisierung einer Schalenkonstruktion

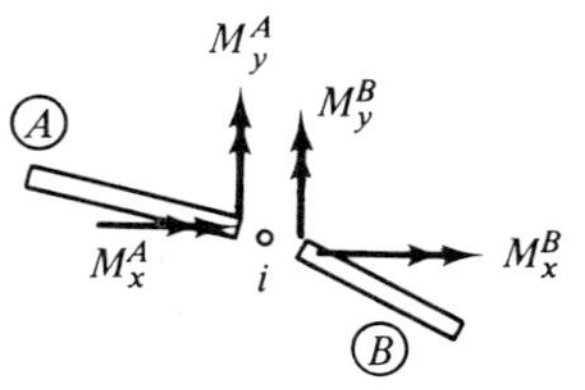

(c) Momentvektoren in globalen Koordinaten

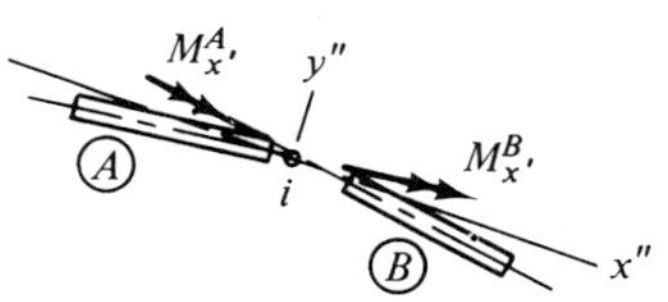

(d) Momentvektoren in lokalen Koordinaten

Bild 3.15

Bild 3.15b zeigt eine Schalenkonstruktion, welche mittels eines Systems von flachen Plattenelementen idealisiert wird. Die Bilder 3.15c und 3.15d untersuchen die Momentenbedingung bezüglich des Punktes i im Schnitt $A-A$; vektorielle Schreibweise ist verwendet. Bild 3.15c zeigt, daß das resultierende Moment im globalen Koordinatensystem in den Achsrichtungen x und y nicht verschwindende Komponenten aufweist. Aus Bild 3.15d, in dem der Momentvektor $M_{x'}$ in den Elementachsen gezeigt ist und die Elementachsen $x'' - y''$ definiert sind – die x''-Achse ist tangential zur Schalenreferenzfläche im Punkte i gerichtet –, ist hingegen ersichtlich, daß die resultierende y''-Komponente des Momentvektors äußerst klein ist im Vergleich zur Komponente in der x''-Richtung. Tatsächlich ist die y''-Komponente aber Null. Diese Fehleinschätzung der Komponenten in zueinander orthogonalen Richtungen ist eine Eigenschaft des Modells und führt bei der Lösung der globalen Gleichungen zu schwerwiegenden Konsequenzen. Eine Möglichkeit zur Abhilfe besteht darin, in jedem Knoten (x'', y'')-Achsen einzuführen und nachträglich die kleine y''-Komponente so zu eliminieren, als ob dies eine Auflagerbedingung wäre.

Wir geben nun einige Details betreffend Art und Weise, in der die globale Steifigkeitsmatrix modifiziert wird, wenn Knotenkoordinaten eingebaut werden; wir benützen hierbei Bild 3.15a als Beispiel. Mit den an den Punkten i und j eingeführten Koordinaten sind die Richtungscosinus der (x'', y'')-Achsen relativ zu den (x, y)-Achsen durch $l_x = (x_i - x_j)/L$ und $l_y = (y_i - y_j)/L$ gegeben, wobei $L = \sqrt{(x_i - x_j)^2 + (y_i - y_j)^2}$.

Unter Benützung dieser Richtungscosinus können die Verschiebungskomponenten u_i'' und v_i'' in Funktion der Verschiebungskomponenten u_i und v_i ausgedrückt werden (für diesen Typ der Transformation siehe Abschnitt 2.7):

$$u_i'' = l_x u_i - l_y v_i, \tag{3.37}$$

$$v_i'' = l_y u_i + l_x v_i. \tag{3.38}$$

Dies bedeutet in der globalen Steifigkeitsmatrix, daß die zu u_i gehörende Kolonne der ursprünglichen globalen Steifigkeitsmatrix mit l_x multipliziert wird und daß davon die zu v_i gehörende und mit l_y multiplizierte Kolonne subtrahiert wird. Der resultierende Kolonnenvektor, welcher u_i'' zugeordnet ist, ersetzt den zu u_i gehörenden Vektor. Diese Operation wird in **Bild 3.16** gezeigt. Eine ähnliche Operation, dargestellt durch (3.38), ersetzt v_i durch v_i''; auch diese Operation ist aus Bild 3.16 ersichtlich.

Die Kraft-Gleichungen (Zeilen) der globalen Steifigkeitsmatrix werden mit ähnlichen Überlegungen behandelt. Demgemäß erhält man mit den üblichen Koordinatentransformationen

$$F_{x_i''} = \quad l_x F_{x_i} + l_y F_{y_i}, \tag{3.39}$$

$$F_{y_i''} = -l_y F_{x_i} + l_x F_{y_i}. \tag{3.40}$$

Es wird also eine neue Zeile an der Stelle von F_{x_i} konstruiert, indem die der Kraft F_{x_i} entsprechende Zeile mit l_x multipliziert zu der mit l_y multiplizierten Zeile von F_{y_i} hinzuaddiert wird. Es wird auch eine neue Zeile an der Stelle von F_{x_i} geformt, indem die der Gleichung (3.40) entsprechenden Operationen durchgeführt werden.

Das obige Verfahren muß bei jedem Knoten mit solchen Auflagerbedingungen durchgeführt werden. Den Randbedingungen wird dabei in der so geänderten globalen

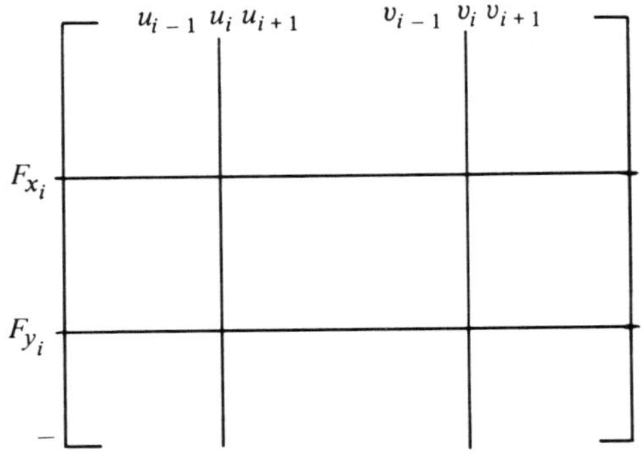

u_{i-1} u_i u_{i+1}
v_{i-1} v_i v_{i+1}
F_{x_i}
F_{y_i}

(a) Ursprüngliche globale Steifigkeitsmatrix

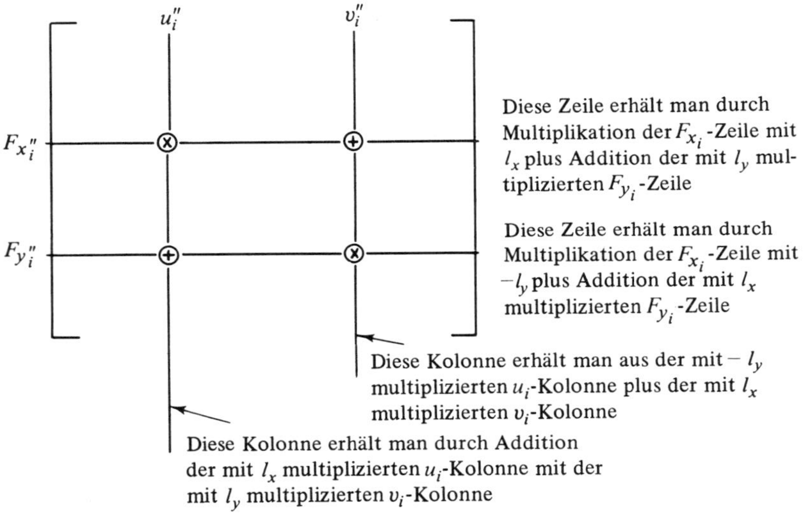

u_i''
v_i''
F_{x_i}''
F_{y_i}''
Diese Zeile erhält man durch Multiplikation der F_{x_i}-Zeile mit l_x plus Addition der mit l_y multiplizierten F_{y_i}-Zeile
Diese Zeile erhält man durch Multiplikation der F_{x_i}-Zeile mit $-l_y$ plus Addition der mit l_x multiplizierten F_{y_i}-Zeile
Diese Kolonne erhält man aus der mit $-l_y$ multiplizierten u_i-Kolonne plus der mit l_x multiplizierten v_i-Kolonne
Diese Kolonne erhält man durch Addition der mit l_x multiplizierten u_i-Kolonne mit der mit l_y multiplizierten v_i-Kolonne

(b) Modifizierte globale Steifigkeitsmatrix

Die Produkte der Zeilen- und Kolonnenmultiplikatoren in der Hauptdiagonalen x und an den Stellen + ergeben Quadrate und Produkte von l_x und l_y.

Bild 3.16

Steifigkeitsmatrix [K] Rechnung getragen. Um die inneren Kräfte zu berechnen, müssen bei diesem Rechnungsgang die berechneten Verschiebungen dann natürlich wieder auf globale Richtungen zurücktransformiert werden.

Eine Alternative besteht darin, die Steifigkeitsmatrizen des Elementes und die Spannungsmatrizen direkt in den entsprechenden lokalen Achsen auszudrücken. Ein solches Vorgehen ist mit gewissen Schwierigkeiten verknüpft, besonders bezüglich der Anpassung von Input-Daten, weil die Auflagerbedingungen auf die Knoten und nicht auf die Elemente bezogen sind, aber das Verfahren ist trotzdem handlich und recht wirtschaftlich. Die Berechnung der globalen Steifigkeitsmatrix und alle anderen Operationen erfolgen in der gewohnten Art. Ein weiteres Verfahren besteht darin, die oben aufgeführten Knotentransformationen in eine einzige globale Transformation einzubauen. Dieses Vorgehen ist algorythmisch einfach, aber nur vorteilhaft, wenn in der Gesamtkonstruktion dadurch eine große Knotenzahl betroffen wird.

Eine Methode, welche die algebraische Komplexität aller vorangehenden Verfahren vermeidet, besteht in der Einführung von speziellen Randelementen, wie dies in der Darstellung des Auflagers von Bild 3.15a skizziert ist. Dasselbe gilt für den in Bild 3.15d definierten Spezialfall, bei dem die Verschiebung in y''-Richtung eliminiert wird.

Literatur

3.1 Beaufait, F.; Rowan, W. H.; Hoadley, P. G.; Hackett, R. M.: Computer methods of structural analysis. Englewood Cliffs, N. J.: Prentice Hall 1970.

3.2 Meek, J. L.: Matrix structural analysis. New York, N. Y.: McGraw-Hill 1971.

3.3 Wang, C. K.: Matrix methods of structural analysis. 2nd ed. Scranton, Pa.: International Textbook 1970.

3.4 Willems, N.; Lucas, W.: Matrix analysis for structural engineers. Englewood Cliffs, N. J.: Prentice Hall 1968.

3.5 Rose, D. J.; Willoughby, R. A.: Sparse matrices and their applications. New York, N. Y.: Plenum Press 1972.

3.6 Fox, R.; Stanton, E.: Developments in structural analysis by direct energy minimization. AIAA J. 6 (1968), 1036–1042.

3.7 Nickell, R. E.; Wilson, E. L.: Application of the finite element method to heat conduction analysis. Nuc. Eng. Design 4 (1966) 276–286.

3.8 Gallagher, R. H.: Computational methods in nuclear reactor structural design for high-temperature applications. Report ORNL-4756 (1972).

3.9 Marcal, P. V.: Finite element analysis with material nonlinearities – Theory and practice. In: J. McCutcheon; M. S. Mirza; A. Mufti (Hrsg.), Finite Element Method in Civil Engineering. McGill Univ., Montreal, Kanada, 1972, S. 35–70.

3.10 Gallagher, R. H.: Geometrically nonlinear finite element analysis. In: J. McCutcheon; M. S. Mirza; A. Mufti (Hrsg.), Finite Element Method in Civil Engineering. McGill Univ., Montreal, Kanada, 1972, S. 3–34.

3.11 Kamel, H.; Liu, D.; McCabe, M.; Phillipopoulos, V.: Some developments in the analysis of complex ship structures. In: J. T. Oden et al. (Hrsg.), Advances in Computational Methods in Structural Mechanics and Design. Univ. of Alabama, 1972, S. 703–726.

3.12 Walton, W. C.; Steeves, E. C.: A new matrix theorem and its application for establishing independent coordinates for complex dynamical systems with constraints NASA TR R-326 (1969).

Aufgaben

3.1 Berechne mit der direkten Steifigkeitsmethode für den in **Bild A.3.1** dargestellten vierfeldrigen Balken die Steifigkeitsmatrix.

$EI = 20 \times 10^4 \text{ N/cm}^2$.

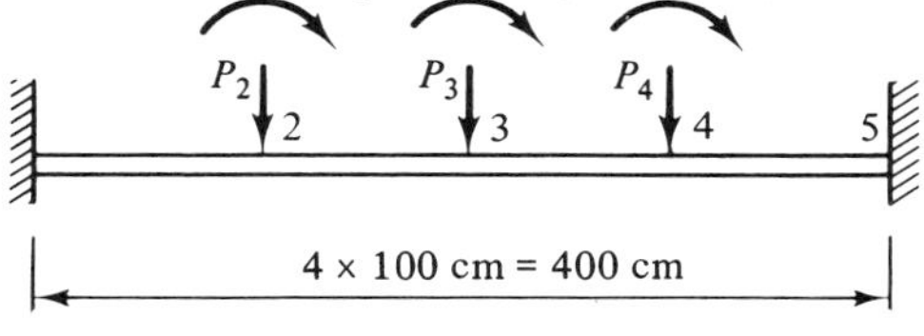

Bild A.3.1

3.2 Konstruiere die Steifigkeitsmatrix für Problem 3.1, verwende jetzt aber die Methode der kongruenten Transformation.

3.3 Raffe die Steifigkeitsmatrix von Problem 3.1 und konstruiere daraus eine 3×3-Matrix, indem die Verdrehungen eliminiert werden.

3.4 Man wende auf die Steifigkeitsgleichungen des Problems 3.3 die Zwangsbedingung $w_3 = w_4$ an und konstruiere die reduzierte Steifigkeitsmatrix. Vergleiche die Lösungen für w_4 im Falle mit und ohne Zwangsbedingung für $P_4 = 4800$ N, $P_1 = P_2 = P_3 = 0$.

3.5 Bestimme mit Hilfe der direkten Steifigkeitsmethode für die in **Bild A.3.5** gegebene Konstruktion die Stabkräfte und Knotenverschiebungen. Stelle die Berechnungen in der im Abschnitt 3.2 gezeigten Reihenfolge zusammen. Die Steifigkeitsmatrix für das Dreieck ist für den ebenen Spannungszustand in Bild 5.4 wiedergegeben.

$$E = 10^7 \text{ N/cm}^2, \qquad \mu = 0{,}3,$$
$$A_{1-4} = A_{2-4} = A_{3-4} = 1{,}0 \text{ cm}^2.$$

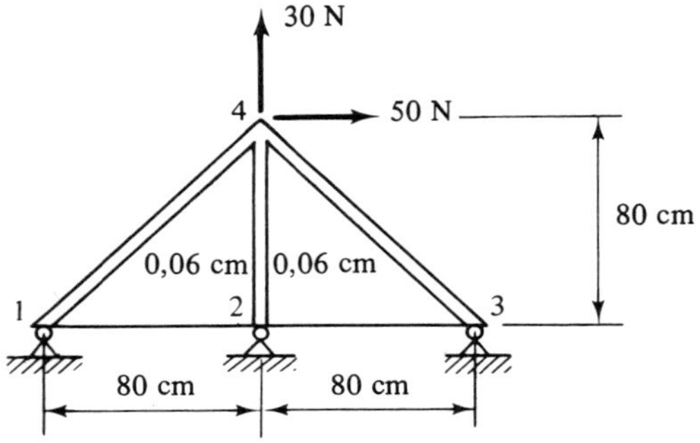

Bild A.3.5

3.6 Analysiere die in **Bild A.3.6** gegebene Konstruktion in der in Aufgabe 3.5 angedeuteten Weise (teile das Rechteckelement wie angedeutet in zwei Dreieckelemente auf).

$$E = 10^7 \text{ N/cm}^2, \qquad \mu = 0{,}3.$$

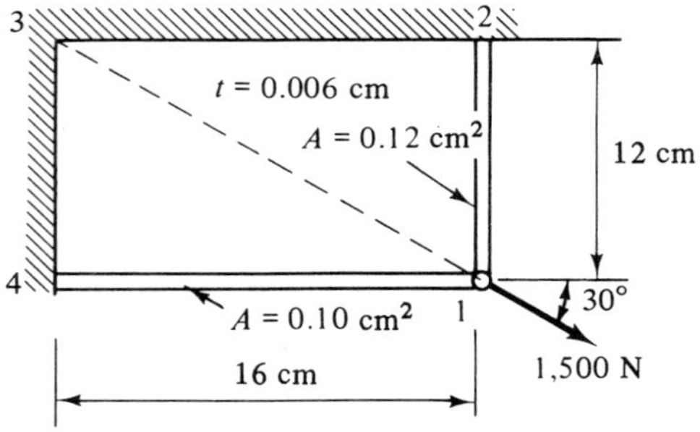

Bild A.3.6

3.7 Berechne für den Punkt A in **Bild A.3.7** mit der direkten Steifigkeitsmethode die Verschiebungen in x-Richtung. Teile die gesamte Scheibenkonstruktion wie angedeutet in vier Rechteckelemente auf. Die Steifigkeitsmatrix für das rechteckige Scheibenelement ist in Bild 9.13 gegeben. Beachte die Symmetrie bezüglich der x-Achse:

$$E = 10^7 \text{ N/cm}^2, \qquad \mu = 0{,}3.$$

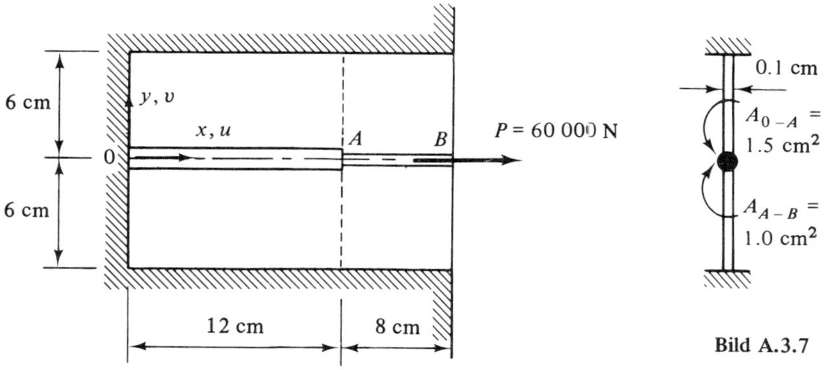

Bild A.3.7

3.8 Die Steifigkeitsmatrix der in **Bild A.3.8** dargestellten Konstruktion ist in Abhängigkeit der (x, y)-Koordinaten gegeben. Berechne die Steifigkeitsmatrix in Abhängigkeit von P_{x_1}, P_{y_1} und $P_{x_2''}$.

$$\begin{Bmatrix} P_{x_1} \\ P_{x_2} \\ P_{y_1} \\ P_{y_2} \end{Bmatrix} = 10^4 \begin{bmatrix} 10.0 & & \text{Sym.} & \\ -2.5 & 4.5 & & \\ 1.83 & -2.5 & 5.0 & \\ 2.5 & -2.5 & -2.5 & 2.5 \end{bmatrix} \begin{Bmatrix} u_1 \\ u_2 \\ v_1 \\ v_2 \end{Bmatrix}.$$

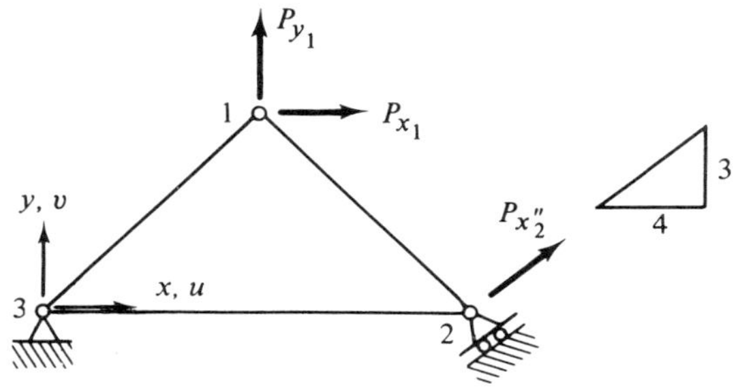

Bild A.3.8

3.9 Analysiere die in **Bild A.3.9** dargestellte Konstruktion in der Art, wie es im Problem 3.5 angedeutet ist. Das Trapezelement soll in ein Rechteck und in ein Dreieck aufgeteilt werden. Die entsprechenden Steifigkeitsmatrizen sind in den Bildern 5.4 und 9.13 wiedergegeben.

$$E = 20 \times 10^6 \text{ N/cm}^2, \qquad \mu = 0{,}2.$$

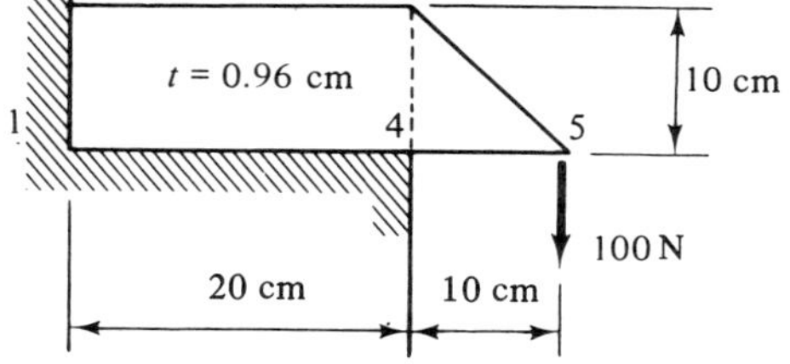

Bild A.3.9

3.10 Konstruiere die unzusammenhängende globale Steifigkeitsmatrix $\lceil \mathbf{k}^e \rfloor$ und die globale kinematische Matrix $[\mathfrak{A}]$ für das Rahmenwerk des Problems 3.5. Benütze zur Berechnung der globalen Steifigkeitsmatrix der Form $[\mathfrak{A}]^T \lceil \mathbf{k} \rfloor [\mathfrak{A}]$ den Computer.

3.11 Konstruiere die unzusammenhängende globale Steifigkeitsmatrix $\lceil \mathbf{k}^e \rfloor$ und die globale kinematische Matrix $[\mathfrak{A}]$ für das Tragwerk des Problems 3.6. Berechne entweder von Hand oder mit dem Computer die globale Steifigkeitsmatrix $[\mathfrak{A}]^T \lceil \mathbf{k}^e \rfloor [\mathfrak{A}]$.

3.12 Konstruiere für das Tragwerk der Aufgabe 3.7 die unzusammenhängende Matrix $\lceil \mathbf{k}^e \rfloor$ und die globale kinematische Matrix $[\mathfrak{A}]$. Berechne die globale Steifigkeitsmatrix.

3.13 Erweitere (3.5) so, daß auch Initialverschiebungen $\{\mathbf{\Delta}_{\text{init.}}\}$ und Vorspannungskräfte $\{\mathbf{P}_{\text{init.}}\}$ eingeschlossen sind. Die Initialverschiebungen sind bekannte Größen, die zugehörigen Vorspannungskräfte jedoch unbekannt. Ändere den Lösungsvorgang, der (3.5) folgt, entsprechend ab.

3.14 Untersuche mit Hilfe des auf die drei Gleichgewichtsbedingungen der gesamten Konstruktion angewendeten Gauß-Jordan-Eliminationsverfahrens die kinematische Stabilität des in **Bild A.3.14** dargestellten Fachwerks.

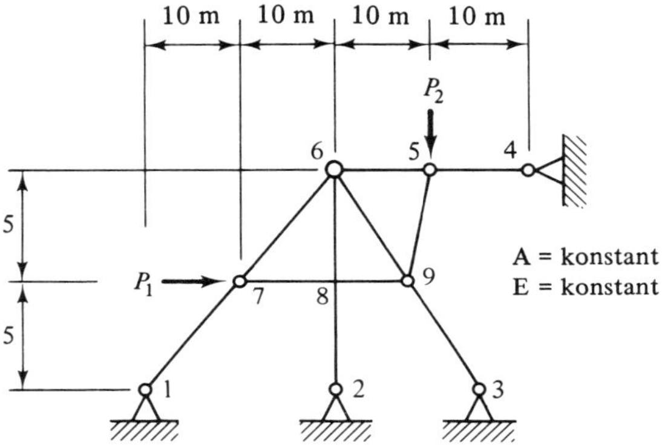

Bild A.3.14

3.15 Stelle die Matrizenform der Gleichgewichtsgleichungen für das in **Bild A.3.15** abgebildete Fachwerk auf und bestimme mit dem Gauß-Jordan-Verfahren die statisch überzähligen Größen (alle Querschnittsflächen sind gleich).

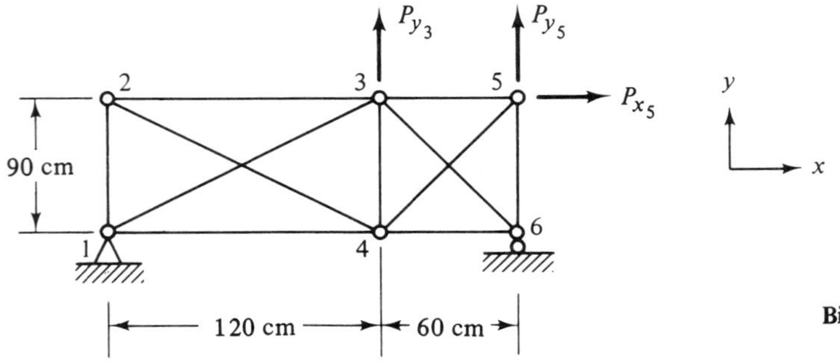

Bild A.3.15

3.16 Betrachte die Stabteile 2–3 und 3–4 des Stabes von Problem 3.1 als Subkonstruktionen, eliminiere die inneren Variablen w_3 und θ_3 und bestimme die auf w_2, θ_2, w_4 und θ_4 bezogene Steifigkeitsmatrix.

3.17 Die Stäbe 1–2 und 2–3 in **Bild A.3.17** mögen nur die Torsionssteifigkeit $k = GJ/L$ besitzen. Berechne die Verdrehungen θ_x und θ_y, welche infolge der aufgebrachten Momente M_{xx} und M_{yy} entstehen.

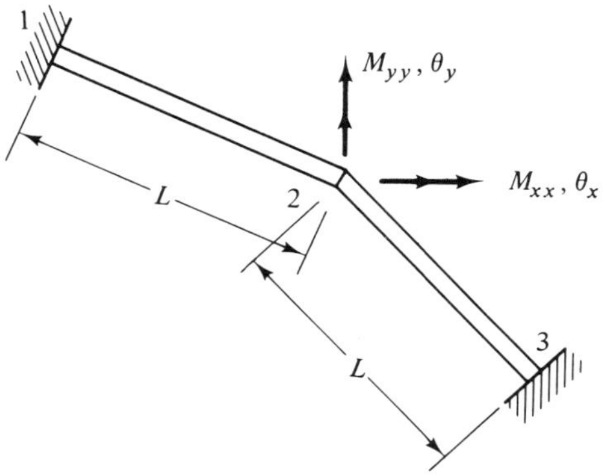

Bild A.3.17

3.18 Nimm an, daß die Zwangsbedingungen eines Problems mit n Freiheitsgraden die Gestalt $\{\mathbf{s}\} = [\mathbf{G}]\{\boldsymbol{\Delta}\}$ haben, wobei $[\mathbf{G}]$ eine $r \times n$ Matrix ist. Teile die Variablen in zwei Klassen $\{\boldsymbol{\Delta}_e\}_{r \times 1}$ und $\{\boldsymbol{\Delta}_c\}_{(n-r) \times 1}$ ein und führe eine in der Art von (3.31) gegebene Transformation durch (die jetzt aber den Vektor $\{\mathbf{s}\}$ in Rechnung stellt). Leite die reduzierten Steifigkeitsgleichungen her (d.h. die Steifigkeitsgleichungen in Abhängigkeit von $\{\boldsymbol{\Delta}_e\}$).

4 Grundgleichungen der Elastizitätstheorie

Im folgenden werden die Differentialgleichungen des linear elastischen Verhaltens behandelt. Eine ausführliche Herleitung dieser Beziehungen wird nur für den ebenen Fall und für kartesische Koordinaten gegeben, da dieser Fall auf fast alle Probleme anwendbar ist, für welche in den folgenden Kapiteln die Grundgleichungen der FEM hergeleitet werden. Die Verallgemeinerung auf dreidimensionale Zustände wird nur angedeutet; hingegen werden Erweiterungen auf spezielle Zustände und Koordinatensysteme für jene Kapitel bereitgehalten, in welchen die entsprechenden Elementtypen genauer untersucht werden.

Es sollte auch bemerkt werden, daß die folgenden Herleitungen in der einfachsten Form und mit einem Minimum an Aufwand erfolgen. Die Entwicklung ist etwa auf dem Niveau von bekannten älteren Lehrbüchern der Elastizität [4.1, 4.2], oder etwas neueren Darstellungen von ausgewählten Kapiteln der Festigkeitsmechanik [4.3, 4.4]. Um exaktere Herleitungen kennenzulernen, welche auch die Darstellung von nichtlinearen Phänomenen und allgemeineres Verhalten einschließen, muß der Leser auf [4.5–4.7] verwiesen werden.

Die Elastizitätstheorie umfaßt im wesentlichen drei Gruppen von Beziehungen:

a) die Differentialgleichungen des Gleichgewichts,
b) die Spannungs-Dehnungs-Beziehungen und
c) die Materialgleichungen.

In jedem endlichen Körper werden die Gruppen a und b durch Randbedingungen ergänzt. Im folgenden werden all diese Gleichungen hergeleitet; dann werden sie kombiniert und ergeben so die das elastische Verhalten beschreibenden Differentialgleichungen. Schließlich werden einige Bemerkungen betreffend das Konzept der Eindeutigkeit von Lösungen elastischer Probleme und deren Bedeutung in der FEM gemacht.

4.1 Die Differentialgleichungen des Gleichgewichts

Der Einfachheit halber studieren wir zuerst das Gleichgewicht an einem infinitesimalen ebenen Element, das den Normalspannungen σ_x, σ_y und den Schubspannungen τ_{xy} sowie Raumkräften (d.h. Kräften pro Volumeneinheit) X und Y unterworfen sei (**Bild 4.1**). Raumkräfte können aus den verschiedensten Gründen vorkommen; in diesem Buch werden sie hauptsächlich zur Darstellung der Trägheitskräfte der Dynamik verwendet (D'Alembertsches Prinzip). Die Normalspannungen sind in Bild 4.1 entlang ihrer Angriffsfläche als konstant eingetragen. Mit anderen Worten, obwohl die Spannung σ_x mit y variiert, wird sie entlang ihrer Angriffsfläche dy als konstant angenommen. Eine sorg-

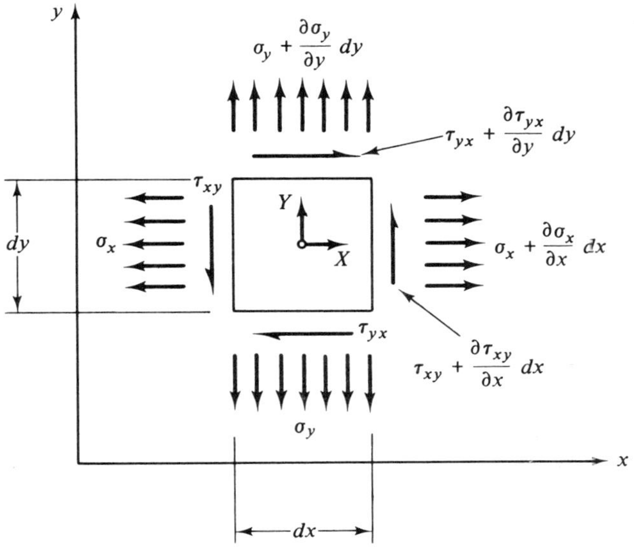

Bild 4.1

fältige Herleitung, welche diese Veränderlichkeit miteinschließt, zeigt, daß dieser Effekt zu Größen Anlaß gibt, die um eine Ordnung kleiner sind als jene, welche bei den konventionellen Herleitungen der Elastizitätstheorie mitberücksichtigt werden.

Für das Gleichgewicht in x-Richtung (d.h. für ein Element der Einheitsdicke senkrecht zur $x-y$-Ebene) erhält man

$$\Sigma F = 0 = \left(\sigma_x + \frac{\partial \sigma_x}{\partial x} dx\right) dy - \sigma_x \, dy + X \, dx \, dy + \left(\tau_{yx} + \frac{\partial \tau_{yx}}{\partial y} dy\right) dx - \tau_{yx} \, dx \tag{4.1}$$

oder nach einfacher Umformung

$$\frac{\partial \sigma_x}{\partial x} + \frac{\partial \tau_{yx}}{\partial y} + X = 0. \tag{4.2a}$$

Ganz entsprechend folgt für Gleichgewicht in y-Richtung

$$\frac{\partial \sigma_y}{\partial y} + \frac{\partial \tau_{xy}}{\partial x} + Y = 0. \tag{4.2b}$$

Es ist klar, daß in einer Ebene drei Gleichgewichtsbedingungen erfüllt sein müssen, nämlich als dritte auch die Momentenbedingung bezüglich einer auf der Ebene senkrecht stehenden Achse. Die Durchführung dieser Bedingung beweist, daß $\tau_{xy} = \tau_{yx}$ (Satz der zugeordneten Schubspannungen). (4.2a) und (4.2b) bilden zusammen also die gewünschten Aussagen des ebenen Gleichgewichts. Es ist leicht, diese Ausdrücke auf den dreidimensionalen Fall mit Raumkräften X, Y und Z zu erweitern (man beachte **Bild 4.2** betreffend Definition von Spannungen und Komponenten der Raumkraft). Man erhält

$$\frac{\partial\sigma_x}{\partial x}+\frac{\partial\tau_{xy}}{\partial y}+\frac{\partial\tau_{xz}}{\partial z}+X=0\,,$$

$$\frac{\partial\sigma_y}{\partial y}+\frac{\partial\tau_{xy}}{\partial x}+\frac{\partial\tau_{yz}}{\partial z}+Y=0\,, \tag{4.3}$$

$$\frac{\partial\sigma_z}{\partial z}+\frac{\partial\tau_{xz}}{\partial x}+\frac{\partial\tau_{yz}}{\partial y}+Z=0\,.$$

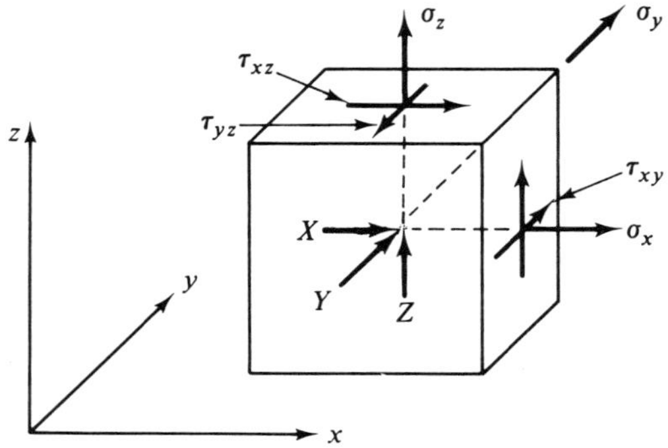

Bild 4.2

FE-Formulierungen fußen gewöhnlich auf der Annahme von Spannungsfeldern, und es ist nötig, diese Felder entweder in einer Weise zu wählen, daß sie die Differentialgleichungen des Gleichgewichts erfüllen, oder aber zu untersuchen, ob die Bedingungen, welche diesem Umstand a priori Rechnung tragen, durch die vorgegebenen Funktionen auch wirklich erfüllt sind. Wenn man z.B. ein ebenes Spannungsfeld in der Form von Konstanten wählt, also $\sigma_x = a_1$, $\sigma_y = a_2$, $\tau_{xy} = a_3$ setzt, dann sind (4.2a) und (4.2b) selbstverständlich erfüllt. Ein etwas komplizierteres Feld ist durch

$$\sigma_x = a_1 + a_2 y, \qquad \sigma_y = a_3 + a_4 x, \qquad \tau_{xy} = a_5$$

gegeben. Auch hier sind $a_1, \dots, a_5$ Konstanten, und dieses Feld erfüllt (4.2a) und (4.2b) ebenfalls. Hingegen gehorcht das Feld

$$\sigma_x = a_1 + a_2 x, \qquad \sigma_y = a_3 + a_4 y, \qquad \tau_{xy} = a_5$$

den Differentialgleichungen des Gleichgewichts nicht, es sei denn $a_2 = a_4 = 0$.

Eine bequeme Art, Spannungsfelder zu konstruieren, welche die Gleichgewichtsbedingungen erfüllen, erfolgt mittels der sogenannten Spannungsfunktionen. Dies sind Größen, die, wenn sie in einer bestimmten Weise differenziert werden, Spannungskomponenten liefern und so die Differentialgleichungen des Gleichgewichts automatisch erfüllen. Der ebene Spannungszustand wird durch eine einzige solche Größe Φ beschrieben, die sogenannte Airysche Spannungsfunktion, und die Spannungen ergeben sich als

$$\sigma_x = \frac{\partial^2\Phi}{\partial y^2}, \qquad \sigma_y = \frac{\partial^2\Phi}{\partial x^2}, \qquad \tau_{xy} = -\frac{\partial^2\Phi}{\partial x\,\partial y}. \tag{4.4}$$

Es ist klar, daß diese Spannungen unabhängig von der Wahl von Φ die Gleichungen (4.2) identisch erfüllen, allerdings nur bei Abwesenheit von Raumkräften ($X = Y = 0$). Z.B. erhält man mit $\Phi = a_6 + a_5 x + a_4 y + \frac{1}{2}a_2 x^2 + \frac{1}{2}a_1 y^2 - a_3 xy$ die Spannungen $\sigma_x = a_1$, $\sigma_y = a_2$, $\tau_{xy} = a_3$ wie im bereits erwähnten Beispiel.

Spannungsfunktionen können auch für dreidimensionale Probleme, Platten und andere spezielle Formen elastischer Darstellungen, konstruiert werden. Die Funktionen, welche zur Beschreibung der Theorie der Plattenbiegung geeignet sind, heißen Southwellsche Spannungsfunktionen und sind in der FE-Analysis besonders nützlich; wir werden uns daher in Kapitel 12 mit ihnen beschäftigen. Das Arbeiten mit Spannungsfunktionen geschieht nicht ohne Schwierigkeiten, und diese liegen im Fehlen einer vordergründigen physikalischen Interpretierbarkeit. Sie machen die Behandlung von Randbedingungen und von anderen Aspekten eines jeden reellen Problems äußerst schwierig.

4.2 Randbedingungen für die Spannungen

Die Differentialgleichungen des Gleichgewichts sind auf beliebige Punkte innerhalb eines Bereiches eines Körpers anwendbar. Die Gleichgewichtsbedingungen auf dem Rande müssen jedoch speziell hergeleitet werden (das sind die Randbedingungen der Kräfte). Betrachte hierzu den Rand eines ebenen Bereiches, welcher vorgegebenen Randkräften $\bar{T}_x$ und $\bar{T}_y$ unterworfen sei (Bild 4.3)*. Üblicherweise ist die Spezifizierung dieser Oberflächenkräfte derart, daß sie als Kräfte in der x- und y-Richtung dargestellt werden, und zwar pro Flächeneinheit der Oberfläche, welche bezüglich der x- und y-Richtung selbst geneigt ist. **Bild 4.3** zeigt ein Längenelement ds der Oberfläche eines Bereiches, der einem ebenen Spannungszustand unterworfen sei (da eine Scheibe der Dicke 1 behandelt wird, hat das Längeninkrement ds die Dimension eines Flächeninkrements). Die

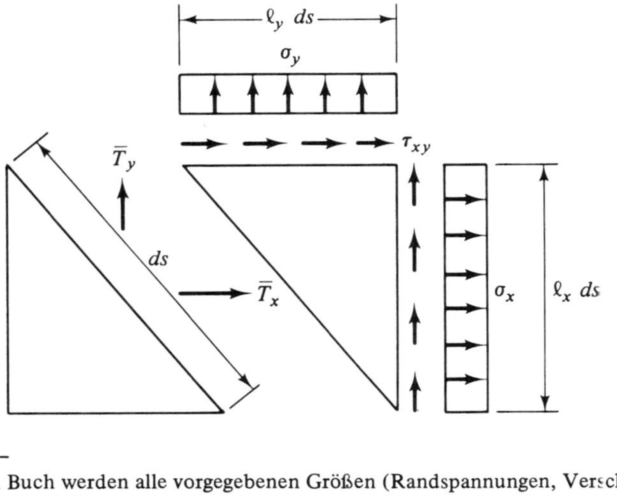

Bild 4.3

* In diesem Buch werden alle vorgegebenen Größen (Randspannungen, Verschiebungen) mit einem Querstrich bezeichnet.

Symbole l_x und l_y bezeichnen die Richtungscosinus der Oberflächennormalen bezüglich der x- und y-Achsen. Für das Gleichgewicht in x-Richtung ergibt sich

$$\bar{T}_x\, ds = \sigma_x(l_x\, ds) + \tau_{xy}(l_y\, ds)\,,$$

oder

$$\bar{T}_x = l_x\sigma_x + l_y\tau_{xy} \tag{4.5a}$$

und für die y-Richtung

$$\bar{T}_y = l_y\sigma_y + l_x\tau_{xy}\,. \tag{4.5b}$$

In der FE-Analysis beschäftigt man sich mit den Gleichgewichtsbedingungen nicht nur innerhalb eines Bereiches einer Konstruktion und auf deren äußeren Randflächen, sondern auch mit den Bedingungen, welche auf den Rändern sich berührender Elemente erfüllt sein müssen. Auf der Berührfläche zweier Elemente herrscht ein gewisser Spannungszustand. Auf beiden Seiten dieser Berührungsfläche muß (4.5) anwendbar sein. **Bild 4.4** zeigt zwei benachbarte Elemente A und B mit gemeinsamem Rand parallel zur globalen y-Achse (Bild 4.4a). Auf diesem Randstück seien keine äußeren Lasten vorhanden. Die Elemente sind, um die Gleichgewichtsbedingungen auf beiden Seiten klar darzustellen, in Bild 4.4b getrennt gezeichnet. Wegen der Orientierung der Berührungsflächen ist $l_y = 0$ und $l_x = 1$; (4.5) reduziert sich also auf

$$\bar{T}_x = \sigma_x, \qquad \bar{T}_y = \tau_{xy}\,.$$

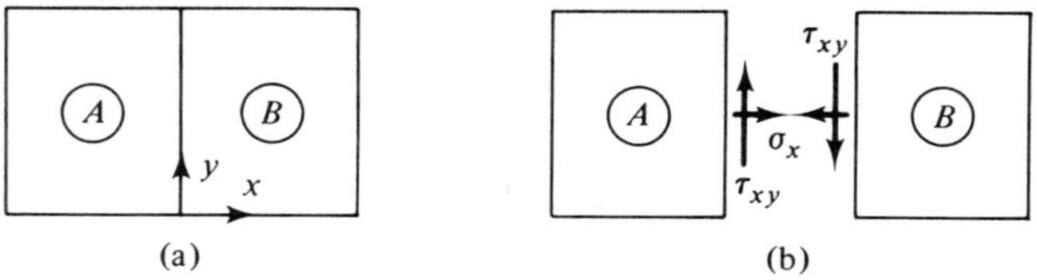

Bild 4.4

Folglich ist es in diesem Fall, bei dem der gemeinsame Rand zur y-Achse parallel verläuft, für Gleichgewicht nur notwendig, daß die Normalspannung σ_x und die Schubspannung τ_{xy} entlang des Elementrandes stetig sind. Die Normalspannung σ_y darf, sofern sie nicht beidseitig verschwindet, ohne weiteres einen Sprung aufweisen. Falls der Rand nun schief zur x- und y-Achse orientiert ist, müssen die Komponenten der Randkräfte, welche senkrecht und tangential zur unverformten Berührfläche stehen ($\bar{T}_n$ und $\bar{T}_s$), beim Durchgang durch die Fläche stetig sein. Auf jeder Seite des Randes sind die beiden Randkräfte Funktionen der drei Spannungskomponenten. Die letzteren können daher auf beiden Seiten des gemeinsamen Randes verschieden sein, obwohl das Gleichgewicht der mit Hilfe eben dieser Spannungskomponenten berechneten Randkräfte erfüllt ist.

Es ist bequem, ja sogar notwendig für die Spannungskomponenten (oder jede andere Variable dieser Art) ein Symbol einzuführen, welches stellvertretend für die Gesamtheit aller Komponenten steht; dieses Symbol sollte sich von jenem unterscheiden, das Werte einer Variablen in einem oder mehreren speziellen Punkten zusammenfaßt. Wir haben diese Variablen durch fettgedruckte Buchstaben in geschweiften Klammern symbolisiert. Ein Symbol der ersten Kategorie (der Spannungstensor $\boldsymbol{\sigma}$, mit den Komponenten $\sigma_x, \ldots, \tau_{zx}$) wird in diesem Buch als fetter Buchstabe (ohne Klammer) dargestellt. Wenn es nötig ist, die Komponenten von $\boldsymbol{\sigma}$ als Array darzustellen, so tun wir das in Form von Kolonnen- oder Zeilenvektoren, und zwar in der Reihenfolge $\lfloor \sigma_x, \sigma_y, \sigma_z, \tau_{xy}, \tau_{yz}, \tau_{zx} \rfloor$. In ähnlicher Weise werden die vorgeschriebenen Komponenten der Oberflächenkräfte insgesamt mit $\bar{\mathbf{T}}$ symbolisiert und in Vektordarstellung mit $\lfloor \bar{T}_x, \bar{T}_y, \bar{T}_z \rfloor$ bezeichnet. Die zusammenfassende Bezeichnung für die Raumkraft ist $\mathbf{X} = \lfloor X, Y, Z \rfloor^{\mathrm{T}}$. Ein Symbol der zweiten Kategorie ist die gewöhnliche Zeilen- oder Kolonnenmatrix $\lfloor\ \rfloor$ bzw. $\{\ \}$. Wenn z.B. die Spannungen in einem ebenen Spannungszustand an zwei vorgegebenen Punkten 1 und 2 definiert sind, dann verwendet man die Bezeichnung

$$\{\boldsymbol{\sigma}\}^T = \lfloor \sigma_{x_1}\ \sigma_{y_1}\ \tau_{xy_1}\ \sigma_{x_2}\ \sigma_{y_2}\ \tau_{xy_2} \rfloor .$$

4.3 Verzerrungs-Verschiebungsrelationen und Verträglichkeitsbedingungen

Die kinematischen Beziehungen zwischen Verschiebungen und Verzerrungen sind von grundlegender Wichtigkeit in allen dem Verschiebungsfeld zugrundeliegenden Herleitungen und FE-Formulierungen. Im Gegensatz dazu spielen die Gleichgewichtsbedingungen (die dynamischen Gleichungen), welche in Abschnitt 4.1 hergeleitet wurden, bei solchen Formulierungen keine explizite Rolle.

Um die Verzerrungs-Verschiebungsrelationen des unendlich kleinen Elementes von **Bild 4.5** herzuleiten, betrachte man einen infinitesimalen Verschiebungszustand aus dem unverformten Zustand $ABCD$ in den verformten $A'B'C'D'$. Nach der Verformung gilt (für kleine (lineare) Verzerrungen)

$$(A'B')^2 = \left(dx + \frac{\partial u}{\partial x} dx\right)^2 + \left(\frac{\partial v}{\partial x} dx\right)^2 . \tag{4.6a}$$

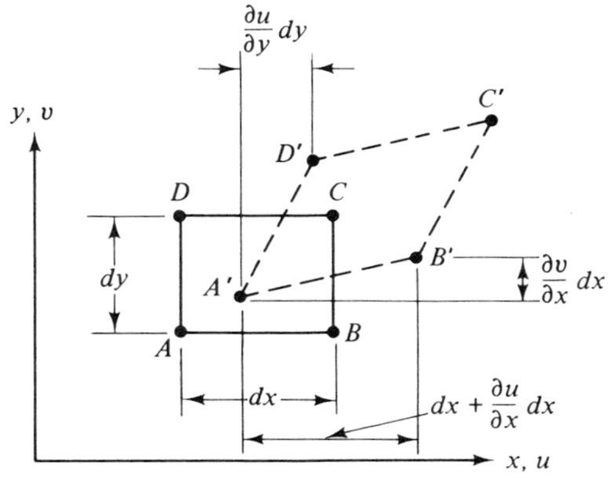

Bild 4.5

Laut Definition ist der Ausdruck für die technische Dehnung ϵ_x (d.h. die Längenänderung bezogen auf die ursprüngliche Länge)

$$\epsilon_x = \frac{A'B' - AB}{AB}$$

oder mit $AB = dx$

$$A'B' = (1 + \epsilon_x)\, dx. \tag{4.6b}$$

Wenn beide Seiten von (4.6b) quadriert werden und das Resultat der rechten Seite von (4.6a) gleichgesetzt wird, erhält man nach Division durch $(dx)^2$

$$2\epsilon_x + \epsilon_x^2 = 2\frac{\partial u}{\partial x} + \left(\frac{\partial u}{\partial x}\right)^2 + \left(\frac{\partial v}{\partial x}\right)^2.$$

Vernachlässigt man im Einklang mit der Annahme kleiner Verzerrungen die Glieder höherer Ordnung, so folgt

$$\epsilon_x = \frac{\partial u}{\partial x} \tag{4.7a}$$

und in ähnlicher Weise für die Dehnung in der y-Richtung

$$\epsilon_y = \frac{\partial v}{\partial y}. \tag{4.7b}$$

Die Schiebung γ_{xy} ist als Änderung eines ursprünglich rechten Winkels definiert. Diese Verformung ist in Bild 4.5 ebenfalls dargestellt, und es ist daraus ersichtlich, daß die Winkeländerung eines materiellen Linienelementes in x-Richtung wegen der Verzerrung der Linie AB nach $A'B'$ durch

$$\frac{1}{dx}\left(\frac{\partial v}{\partial x} dx\right) = \frac{\partial v}{\partial x}$$

gegeben ist. Ähnliches gilt auch für die Winkeländerung der Linie AC in Richtung der y-Achse. Also gilt

$$\gamma_{xy} = \frac{\partial u}{\partial y} + \frac{\partial v}{\partial x}. \tag{4.7c}$$

(4.7a, b, c) sind die Verzerrungs-Verschiebungsrelationen für ebenes Verhalten. Für dreidimensionale Situationen, bei denen w die Verschiebungskomponente in der z-Richtung bedeutet, muß man nur die Ausdrücke

$$\epsilon_z = \frac{\partial w}{\partial z}, \tag{4.7d}$$

$$\gamma_{xz} = \frac{\partial w}{\partial x} + \frac{\partial u}{\partial z}, \tag{4.7e}$$

$$\gamma_{yz} = \frac{\partial w}{\partial y} + \frac{\partial v}{\partial z} \tag{4.7f}$$

hinzufügen.

Eine Tatsache, welche bei der FEM besonders beachtet werden sollte, betrifft den Zusammenhang der Verzerrungs-Verschiebungsrelationen mit der Starrkörperbewegung. Diese ist in den Verzerrungen nicht enthalten, wohl aber in den Verschiebungen. Bei der Bestimmung der Verzerrungen mittels Differentiation der Verschiebungen wird der Anteil der Starrkörperbewegung nämlich eliminiert. Für einen Zug-Druckstab (**Bild 4.6**) z.B. kann die horizontale Verschiebung eines Punktes durch

$$u = a_1 + a_2 x$$

beschrieben werden, wofür

$$\epsilon_x = \frac{du}{dx} = a_2$$

gilt. Dementsprechend stellt der Term a_1, welcher durch die Differentiation wegfällt, die Starrkörperbewegung dar. Man erkennt also, daß im Falle, bei dem ein Element mit Ansatzfunktionen für das Verschiebungsfeld formuliert ist, der Verzerrungszustand dieses Elementes durch weniger unabhängige Parameter beschrieben wird, als unabhängige Größen für das Verschiebungsfeld vorhanden sind; die Differenz dieser Zahlen stellt die Zahl der Starrkörperfreiheitsgrade des Elementes dar.

Einer anderen Tatsache, die mit der obigen unmittelbar verknüpft ist, zugleich aber auch in gewissem Gegensatz dazu steht, muß bei den Verzerrungs-Verschiebungsrelationen ebenfalls Rechnung getragen werden. Im ebenen Fall sind die drei Verzerrungskomponenten nämlich durch die drei Gleichungen (4.7a, b, c) mit den Verschiebungen verknüpft. Letztere enthalten aber nur zwei Komponenten. Im dreidimensionalen Fall sind es sechs Verzerrungsgrößen und nur drei Verschiebungskomponenten. In keinem Fall führen also die Verzerrungs-Verschiebungsrelationen, wenn die Verzerrungen beliebig vorgegeben sind, auf eine eindeutige Lösung für die Verschiebungskomponenten. Die

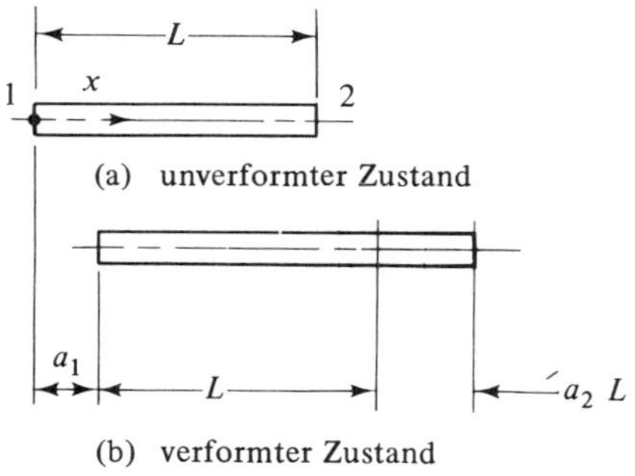

Bild 4.6

notwendigen Gleichungen, welche Eindeutigkeit garantieren, folgen aus den sogenannten Verträglichkeitsbedingungen, die die Forderung ausdrücken, daß die Verschiebungskomponenten eindeutige stetige Funktionen des Ortes sein müssen.

Die Verträglichkeitsbedingung oder Kompatibilitätsbedingung wird hier in der elementarsten Weise durch eine Reihe von Differentiationen hergeleitet. Für ebene Verzerrungen differenzieren wir zuerst bezüglich x und y und erhalten:

$$\frac{\partial^2 \gamma_{xy}}{\partial x\,\partial y} = \frac{\partial^2}{\partial x\,\partial y}\frac{\partial u}{\partial y} + \frac{\partial^2}{\partial x\,\partial y}\frac{\partial v}{\partial x} = \frac{\partial^2 \epsilon_x}{\partial y^2} + \frac{\partial^2 \epsilon_y}{\partial x^2}. \tag{4.8}$$

Die Beziehung ganz rechts wird erhalten, indem man beachtet, daß die Bedingung der Eindeutigkeit und Stetigkeit der Verschiebungen durch $\partial^2/\partial x\,\partial y = \partial^2/\partial y\,\partial x$ ausgedrückt werden kann. Die Erweiterung dieser Bedingung auf drei Dimensionen ergibt einen Satz von sechs Gleichungen.

Wie es bei der Bezeichnung der Spannungen nötig ist, so muß auch für das Verschiebungsfeld zwischen einem Punkt innerhalb eines Körpers und demjenigen auf dem Rand (Oberfläche) unterschieden werden. Das Verschiebungsfeld innerhalb eines Körpers wird mit $\mathbf{\Delta}$ bezeichnet, und $\mathbf{\Delta}$ steht stellvertretend für die Verschiebungskomponenten u, v und w. Das Verschiebungsfeld am Rande wird mit $\mathbf{u}$ symbolisiert, und $\mathbf{u}$ steht stellvertretend für die Werte von u, v und w auf Randpunkten. Dementsprechend gilt

$$\mathbf{\Delta} = \lfloor u\; v\; w \rfloor^{\mathrm{T}} \qquad \text{(im Innern)},$$
$$\mathbf{u} = \lfloor u\; v\; w \rfloor^{\mathrm{T}} \qquad \text{(auf dem Rande)}.$$

Zusätzlich definiert man für einen dreidimensionalen Verzerrungszustand

$$\boldsymbol{\epsilon} = \lfloor \epsilon_x\; \epsilon_y\; \epsilon_z\; \gamma_{xy}\; \gamma_{yz}\; \gamma_{zx} \rfloor^{\mathrm{T}}.$$

Kinematische Randbedingungen sind Bedingungen an die Verschiebungen. Sie verlangen, daß die Oberflächenverschiebungen einer verformbaren Konstruktion $\mathbf{u}$ mit den vorgeschriebenen Verschiebungen $\bar{\mathbf{u}}$ übereinstimmen. Auf einem Randstück, auf dem die Verschiebungen vorgeschrieben sind, gilt also

$$\bar{\mathbf{u}} - \mathbf{u} = \mathbf{0}. \tag{4.9}$$

4.4 Materialgleichungen, konstitutives Verhalten

Konstitutivannahmen, welche sich in der vorliegenden Diskussion ausschließlich auf die mechanischen Eigenschaften eines Materials beziehen, werden üblicherweise derart getroffen, daß man einen Satz von Koeffizienten einführt, welcher jede Spannungskomponente mit allen Verzerrungskomponenten verknüpft. Diese allgemeinen Gleichungen werden dann aufgrund von Symmetriebetrachtungen und Isotropieeigenschaften (Richtungssymmetrie) je nach Fall vereinfacht, wie z.B. bei Orthotropie von Problemen des ebenen Verzerrungszustandes. Um die physikalische Bedeutung und die experimentellen Aspekte der Bestimmung dieser Größen zu betonen, wird hier jedoch umgekehrt vorgegangen, nämlich vom einfachen zum allgemeinen Fall.

Die einfachsten mechanischen Eigenschaften werden mittels eines Versuches am Zug-Druckstab bestimmt. Der lineare Teil des Spannungs-Dehnungsdiagrammes wird algebraisch durch das Hookesche Gesetz erfaßt:

$$\sigma_x = E\epsilon_x \qquad \text{oder} \qquad \epsilon_x = \frac{\sigma_x}{E}.$$

Dieses gibt die Verzerrung als Funktion der Spannung. Wenn ein Mechanismus existiert, zu welchem auch im spannungslosen Zustand eine Dehnung gehört, d.h. im Falle einer Initialdehnung $\epsilon_x^{\text{init.}}$, dann gilt

$$\epsilon_x = \frac{\sigma_x}{E} + \epsilon_x^{\text{init.}} \qquad \text{oder} \qquad \sigma_x = E\epsilon_x - E\epsilon_x^{\text{init.}}. \tag{4.10}$$

Um den zweidimensionalen Fall zu entwickeln, sei vorerst ein isotropes Material betrachtet und sein Verhalten unter aufgebrachten Spannungen untersucht (**Bild 4.7**). Ein Material heißt isotrop, wenn sein Spannungs-Dehnungsgesetz unter orthogonalen Transformationen der Koordinaten invariant ist. Bild 4.7a zeigt, daß das Anbringen einer Spannung σ_x in der x-Richtung, Dehnungen in den Richtungen x und y erzeugt. In der x-Richtung beträgt die Dehnung σ_x/E. Das Werkstück zieht sich in der y-Richtung zusammen, und die durch diese Kontraktion erzeugte Dehnung ist mit der Poissonzahl μ durch $-\mu\sigma_x/E$ gegeben. Entsprechend (Bild 4.7b) erzeugt eine aufgebrachte σ_y-Spannung Dehnungen in den x- und y-Richtungen von der Größe $-\mu\sigma_y/E$ und σ_y/E. Die Dehnungen ϵ_x und ϵ_y werden durch die Scherverformung hier nicht beeinflußt. Diese ist (Bild 4.7c) durch die Spannungs-Verzerrungsgleichung

$$\gamma_{xy} = \frac{2(1+\mu)}{E}\tau_{xy}$$

gegeben.

Überlagerung der oben beschriebenen Einflüsse und Zusammenfassen der Resultate in Matrizenform (mit $\boldsymbol{\sigma} = \lfloor \sigma_x \; \sigma_y \; \tau_{xy} \rfloor^T$, $\boldsymbol{\epsilon} = \lfloor \epsilon_x \; \epsilon_y \; \gamma_{xy} \rfloor)^T$ ergibt

$$\boldsymbol{\epsilon} = [\mathrm{E}]^{-1}\boldsymbol{\sigma}, \tag{4.11}$$

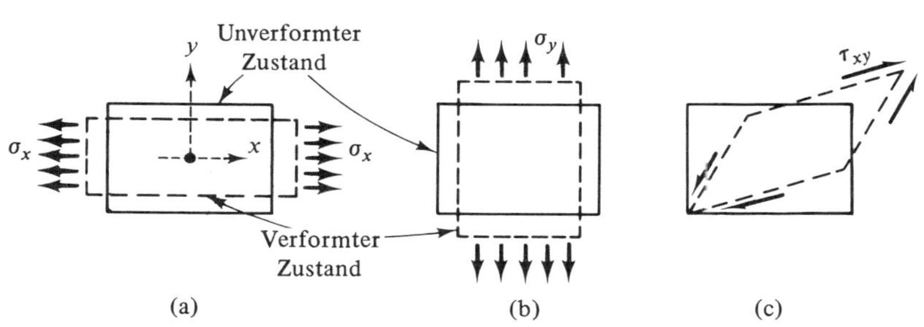

Bild 4.7

wobei

$$[\mathbf{E}] = \frac{E}{(1-\mu^2)}\begin{bmatrix} 1 & \mu & 0 \\ \mu & 1 & 0 \\ 0 & 0 & \dfrac{(1-\mu)}{2} \end{bmatrix} \tag{4.12}$$

und

$$[\mathbf{E}]^{-1} = \frac{1}{E}\begin{bmatrix} 1 & -\mu & 0 \\ -\mu & 1 & 0 \\ 0 & 0 & 2(1+\mu) \end{bmatrix}. \tag{4.13}$$

$[\mathbf{E}]$ heißt materielle Steifigkeitsmatrix, und $[\mathbf{E}]^{-1}$ ist als materielle Flexibilitätsmatrix bekannt. Man kann die obigen Berechnungen sofort verallgemeinern und ganz analog zu (4.10) Initialdehnungen $\boldsymbol{\epsilon}^{\text{init.}} = \lfloor \epsilon_x^{\text{init.}}\ \epsilon_y^{\text{init.}}\ \gamma_{xy}^{\text{init.}} \rfloor^T$ einführen. Man erhält dann

$$\boldsymbol{\epsilon} = [\mathbf{E}]^{-1}\boldsymbol{\sigma} + \boldsymbol{\epsilon}^{\text{init.}}. \tag{4.14}$$

Initialdehnungen sind bei thermischen Verformungsproblemen von größtem Interesse; für ein isotropes Material gilt nämlich $\epsilon_x^{\text{init.}} = \epsilon_y^{\text{init.}} = \alpha\Upsilon$, $\gamma_{xy}^{\text{init.}} = 0$, wobei α den Wärmeausdehnungskoeffizienten und Υ die Temperaturerhöhung aus dem spannungslosen Zustand bezeichnen.

Das populärste Verfahren der FEM – das Verfahren, welches Ansatzfunktionen für die Verschiebungen benützt – verlangt einen Ausdruck für die Spannungen als Funktion der Verzerrungen. Durch Inversion von (4.14) erhält man also

$$\boldsymbol{\sigma} = [\mathbf{E}]\boldsymbol{\epsilon} - [\mathbf{E}]\boldsymbol{\epsilon}^{\text{init.}}. \tag{4.15}$$

Mit (4.14) und (4.15) stehen uns nun recht allgemeine Ausdrücke zur Beschreibung der mechanischen Eigenschaften eines Materials zur Verfügung. Durch Erweiterung der Vektoren $\boldsymbol{\sigma}$ und $\boldsymbol{\epsilon}$ auf ihre vollen sechs Komponenten wird auch die dreidimensionale Elastizitätstheorie erfaßt. Eine vollbesetzte 6×6-Matrix $[\mathbf{E}]$ würde ein allgemeines anisotropes Material definieren, bei dem das Materialverhalten in verschiedenen Richtungen unterschiedlich ist. Es gibt viele Spezialfälle, die zwischen den Extrema der Isotropie und der vollkommenen Anisotropie existieren. Insbesondere weist ein orthotropes Material drei aufeinander senkrecht stehende Symmetrieebenen auf. Einige spezielle Formen der Matrizen $[\mathbf{E}]$ und $[\mathbf{E}]^{-1}$ werden in späteren Kapiteln, bei denen solche Formen von Bedeutung sind, behandelt. Eine wichtige Eigenschaft aller materiellen Steifigkeits- und Flexibilitätsmatrizen für die in diesem Buch untersuchten Materialien ist deren Symmetrie (vgl. (4.12) und (4.13)).

Es sei angemerkt, daß die FEM speziell für die Lösung von Problemen geeignet ist, die durch komplexe materielle Eigenschaften gekennzeichnet sind. Wir werden sehen, daß die Matrix $[\mathbf{E}]$ (oder ihre Inverse) recht einfach in einen Algorithmus der numerischen Integration eingebaut werden kann. Die Begrenzungen in der Komplexität der materiellen Eigenschaften sind also nicht durch Algorithmen, sondern vielmehr oft durch die Praxis gegeben; es ist in den allermeisten Fällen der Konstruktionspraxis schwierig, über die Messung orthotroper Spannungs-Verzerrungsbeziehungen über zwei Dimensionen hinauszugehen. Ausnahmen sind die lamellaren Platten und orthotropen Schichten, wo die Eigenschaften der Einzelschichten experimentell bestimmt und die Eigenschaften der gesamten geschichteten Platte dann berechnet werden können. Dasselbe gilt für zusammengesetzte Materialien (z.B. Fiberglas). Wegen der speziellen Rolle zusammengesetzter, praktisch orthotroper Materialien, sind Publikationen, welche sich mit ihrem Verhalten beschäftigen, ausgezeichnete Fundgruben für die Herleitung des recht komplizierten materiellen Steifigkeitsverhaltens [4.8].

4.5 Die Differentialgleichungen des Gleichgewichts und der Verträglichkeit

Die vorangehenden Gleichungssysteme können kombiniert werden und ergeben so andere gleichwertige Formen von Differentialgleichungen, deren exakte Lösung alle Anforderungen der ursprünglichen Gleichungen erfüllt. Diese Alternativformen werden als die Differentialgleichungen des Gleichgewichts und der Verträglichkeit bezeichnet.

Eine Bemerkung betreffend Motivierung und Herleitung solcher Gleichungen scheint angebracht. In den voranstehenden Abschnitten sind nämlich zwei Gleichungssätze – die einen sind statischer, die anderen kinematischer Natur – unabhängig voneinander formuliert worden. Die statischen Bedingungen sind ausschließlich in Abhängigkeit statischer Größen (Spannungen, Spannungsfunktionen) ausgedrückt. Die kinematischen Bedingungen sind vollständig als Funktionen kinematischer Variablen (Verschiebungen, Verzerrungen) geschrieben. Zur eindeutigen Bestimmung beider Sätze muß eine Beziehung zwischen statischen und kinematischen Variablen bekannt sein. Diese Beziehung ist durch die Einführung der konstitutiven Gleichungen jetzt aber bekannt.

Wir wollen die Differentialgleichungen des Gleichgewichts zuerst herleiten, da die Steifigkeitsmethode, übrigens das wichtigste Verfahren der FEM, ein Verfahren darstellt, das zu angenäherten Lösungen dieser Gleichungen führt. Der Einfachheit halber schließen wir Betrachtungen aus, welche Raumkräfte und Initialdehnungen einschließen ($X = Y = 0$, $\{\boldsymbol{\epsilon}^{\text{init.}}\} = \mathbf{0}$). Das Vorgehen besteht darin, Spannungs-Verzerrungsgleichungen zu bilden und diese in die Differentialgleichungen des Gleichgewichts einzusetzen. Z.B. führt Einsetzen der Verzerrungs-Verschiebungsrelationen in die konstitutive Gleichung für σ_x auf

$$\sigma_x = \frac{E}{(1-\mu^2)}\frac{\partial u}{\partial x} + \frac{\mu E}{(1-\mu^2)}\frac{\partial v}{\partial y}, \tag{4.16}$$

und ähnliches gilt für σ_y und τ_{xy}. Werden diese Resultate dann in (4.2a) und (4.2b) eingesetzt, so erhält man

$$\begin{aligned} \frac{E}{(1-\mu^2)}\left[\frac{\partial^2 u}{\partial x^2} + \frac{(1-\mu)}{2}\frac{\partial^2 u}{\partial y^2}\right] + \frac{E}{2(1-\mu)}\frac{\partial^2 v}{\partial x\,\partial y} &= 0, \\ \frac{E}{(1-\mu^2)}\left[\frac{(1-\mu)}{2}\frac{\partial^2 v}{\partial x^2} + \frac{\partial^2 v}{\partial y^2}\right] + \frac{E}{2(1-\mu)}\frac{\partial^2 u}{\partial x\,\partial y} &= 0. \end{aligned} \tag{4.17}$$

Wenn eindeutige Verschiebungsfelder, welche die Kontinuitätsbedingungen und die kinematischen Randbedingungen erfüllen, gefunden werden können, welche diese Gleichungen sowie vorgeschriebene Randbedingungen erfüllen, dann hat man eine exakte Lösung gefunden. Dies nennt man das Eindeutigkeitsprinzip.

Betrachte als Beispiel die quadratischen Verschiebungsfelder des ebenen Falles

$$u = a_1 + a_2 x + a_3 y + a_4 x^2 + a_5 y^2 + a_6 xy\,,$$
$$v = a_7 + a_8 x + a_9 y + a_{10} x^2 + a_{11} y^2 + a_{12} xy,$$

worin $a_1, a_2, \ldots, a_{12}$ Konstanten sind. Einsetzen dieses Ansatzes in (4.17) ergibt

$$\frac{2E}{(1-\mu^2)}\left[a_4 + \frac{(1-\mu)}{2}a_5\right] + \frac{E}{2(1-\mu)}a_{12} = 0\,,$$

$$\frac{2E}{(1-\mu^2)}\left[\frac{(1-\mu)}{2}a_{10} + a_{11}\right] + \frac{E}{2(1-\mu)}a_6 = 0\,.$$

Es ist offensichtlich, daß dieses kompatible Verschiebungsfeld bei freier Wahl der Konstanten a_i keine exakte Lösung für ein Elastizitätsproblem darstellt. Für $a_5 = a_{10} = 0$ und

$$a_4 = -\frac{(1+\mu)}{4}a_{12}, \qquad a_{11} = -\frac{(1+\mu)}{4}a_6$$

repräsentieren die obigen Gleichungen jedoch eine Lösung. Diese Bedingungen garantieren jedoch noch nicht, daß das Verschiebungsfeld einem gegebenen Problem angepaßt ist. Denn sowohl u als auch v müssen die Randbedingungen für die Verschiebungen erfüllen, und die Spannungsfelder, welche durch u und v dargestellt sind (sie werden durch Differentiation dieser Komponenten erhalten gemäß der Verzerrungs-Verschiebungsrelationen und nachträglichem Einsetzen in das Spannungs-Dehnungsgesetz), müssen die Randbedingungen der Kräfte erfüllen.

Wir wollen jetzt die Differentialgleichungen der Verträglichkeit herleiten. Die Grundgleichungen sind im Fall des ebenen Spannungszustandes in (4.8) zusammengestellt. Einsetzen der konstitutiven Gleichungen in der Form (4.11) in diese Beziehungen ergibt

$$\frac{\partial^2}{\partial y^2}(\sigma_x - \mu\sigma_y) + \frac{\partial^2}{\partial x^2}(\sigma_y - \mu\sigma_x) = 2(1+\mu)\frac{\partial^2 \tau_{xy}}{\partial x\,\partial y}\,. \qquad (4.18)$$

Diese Gleichung enthält drei Unbekannte (σ_x, σ_y, τ_{xy}). Sie kann so transformiert werden, daß sie nur eine einzige Unbekannte enthält; dies gelingt durch Einführung der Airyschen Spannungsfunktion Φ, welche in Abschnitt 4.1 gemäß (4.6) definiert wurde. Einsetzen jener Ausdrücke in (4.18) ergibt

$$\frac{\partial^4\Phi}{\partial x^4} + 2\frac{\partial^4\Phi}{\partial x^2\,\partial y^2} + \frac{\partial^4\Phi}{\partial y^4} = 0$$

oder

$$\nabla^2 \nabla^2 \Phi = \nabla^4 \Phi = 0, \tag{4.19}$$

wobei

$$\nabla^2 = \frac{\partial^2}{\partial x^2} + \frac{\partial^2}{\partial y^2}. \tag{4.20}$$

∇^2 ist der Laplace- oder harmonische Operator, und (4.19) ist eine biharmonische Gleichung.

Die Überlegungen, welche bei der Wahl der Verschiebungsfelder im Zusammenhang mit den Gleichgewichtsbedingungen angestellt wurden, sind auch hier anwendbar. Die Spannungsfunktion erfüllt definitionsgemäß die Gleichgewichtsbedingung, aber die Ansätze für die Spannungsfunktionen könnten (4.19), das ja die Kompatibilitätsbedingung darstellt, sehr wohl verletzen. In einem solchen Fall würden die genannten Ansätze nur eine Annäherung des exakten Problems darstellen.* In einer exakten Lösung müssen neben (4.19) auch die Randbedingungen erfüllt sein.

4.6 Abschließende Bemerkungen

Das Eindeutigkeitsprinzip der Elastizitätstheorie, welches in Abschnitt 4.5 erwähnt wurde, sagt formal aus, daß nur eine einzige Form der Spannungs-Verzerrungsverteilung in einem Körper existiert, wenn neben den Randkräften entweder die Oberflächenkräfte oder die Oberflächenverschiebungen vorgegeben sind. Eine Lösung, welche alle Gleichgewichtsbedingungen und alle Verträglichkeitsbedingungen innerhalb eines Körpers und auf dessen Rand erfüllt, ist also eindeutig.

Damit diese Eindeutigkeit auch wirklich garantiert werden kann, muß die Spannungs-Verzerrungsgleichung linear-elastisch sein und die Verformung bei Aufstellen der Gleichgewichtsbedingungen vernachlässigt werden; die Analysis ist in diesem Falle auf kleine Verformungen beschränkt. In Kapitel 13 z.B. wird die elastische Stabilitätsanalysis in Angriff genommen, die durch verzweigte und daher nicht eindeutige Gleichgewichtszustände charakterisiert ist. Diese werden dadurch erhalten, daß bei den Gleichgewichtsbedingungen die Verformungseffekte mitberücksichtigt werden.

Die Existenz des Eindeutigkeitstheorems ist für die finiten Elemente von Wichtigkeit. Wenn in einer FE-Darstellung alle Gleichgewichtsbedingungen und alle Kompatibilitätsbedingungen erfüllt wären, dann hätte man die exakte Lösung gefunden. Verfeinerung der Mascheneinteilung würde in einem solchen Fall keine Verbesserung der Lösung bedeuten. Alle Spezialisten akzeptieren natürlich die Tatsache, daß ein numerisches Verfahren, was auch immer seine Grundlage sei – Reihendarstellungen, endliche Differenzen und finite Elemente –, mit der Verfeinerung der Maschen verbesserte Resultate liefern sollte. Diese Situation deutet natürlich auf die Nachteile jeder verfügbaren numerischen Methode hin, die bei der Approximation gewisser oder aller Grundgleichungen einer exakten Lösung auftreten.

* Anmerkung des Übersetzers: Bekanntlich ist (4.19) nur für den ebenen Verschiebungszustand exakt und stellt im Falle des ebenen Spannungszustandes eine Annäherung dar. Für diesen letzten Fall wird durch das exakte Erfüllen von (4.19) also streng genommen auch nur eine approximative Lösung erreicht.

Die FEM besitzt diesbezüglich keine speziellen Nachteile, da sie nur die eine oder andere der relevanten Gleichgewichtsgleichungen und Kompatibilitätsbedingungen nicht erfüllt. In der Tat wird gezeigt werden, daß gewisse Verfahren bei der FEM alle Mängel in einer einzigen Kategorie zu gruppieren suchen, wie z.B. Nichterfüllen der Gleichgewichtsbedingungen, aber Erfüllen der Stetigkeitsforderungen der Verschiebungen. Bei einem solchen Vorgehen haben die numerischen Lösungen die Eigenschaft, monoton zu konvergieren. In einer solchen Formulierung kann man bezüglich gewisser Parameter, wie z.B. Verzerrungsenergie und individuelle Einflußkoeffizienten, zeigen, daß diese auf einer bestimmten Seite der exakten Lösung liegen. Solche Schranken können sich als äußerst wertvoll erweisen, besonders wenn man über die Zuverlässigkeit der Lösungen Aussagen machen will.

Literatur

4.1 Timoshenko, S.; Goodier, J.: Theory of elasticity. 2nd ed. New York, N.Y.: McGraw-Hill 1951.

4.2 Wang, C.T.: Applied elasticity. New York, N.Y.: McGraw-Hill 1953.

4.3 Oden, J.T.: Mechanics of elastic structures. New York, N.Y.: McGraw-Hill 1967.

4.4 Volterra, E.; Gaines, J.: Advanced strength of materials. Englewood Cliffs, N.J.: Prentice Hall 1971.

4.5 Sokolnikoff, I.S.: Mathematical theory of elasticity, 2nd ed. New York, N.Y.: McGraw-Hill 1956.

4.6 Green, A.; Zerna, W.: Theoretical elasticity. 2nd ed. New York, N.Y.: Oxford University Press 1968.

4.7 Novozhilov, V.V.: Theory of elasticity. Leningrad, 1958. Publ. by: Office of Tech. Services, U.S. Dept. of Commerce, Washington, D.C., as OTS 61-11401.

4.8 Anonymus: Structural design guide for advanced composite applications. 2nd ed. U.S. Air Force Materials Laboratory, Wright Patterson AFB, Ohio, 1969.

Aufgaben

4.1 Erfüllen die unten aufgeführten Ansatzfunktionen für die Spannungen die Gleichgewichtsbedingungen (keine spezifischen Raumkräfte)? Skizziere die mit diesen Funktionen verträglichen Randspannungen für das Element in **Bild A.4.1.**

$$\sigma_x = a_1 + a_2 x, \quad \sigma_y = a_3 + a_4 y, \quad \tau_{xy} = a_5 - a_2 y - a_4 x.$$

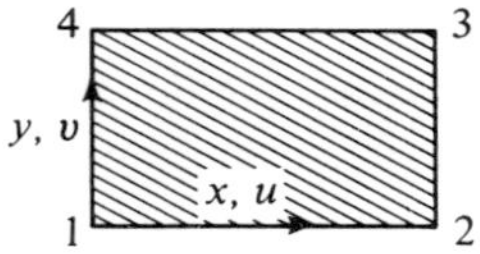

Bild A.4.1

4.2 Die Gleichgewichts- und Verzerrungs-Verschiebungsgleichungen für den ebenen Spannungszustand lauten in Polarkoordinaten (**Bild A.4.2**)

$$\epsilon_r = \frac{\partial u}{\partial r}, \quad \epsilon_\theta = \frac{u}{r} + \frac{1}{r}\frac{\partial v}{\partial \theta}, \quad \gamma_{r\theta} = \frac{1}{r}\frac{\partial u}{\partial \theta} + \frac{\partial v}{\partial r} - \frac{v}{r},$$

$$\frac{\partial \sigma_r}{\partial r} + \frac{1}{r}\frac{\partial \tau_{r\theta}}{\partial \theta} + \frac{\sigma_r - \sigma_\theta}{r} = 0, \quad \frac{1}{r}\frac{\partial \sigma_\theta}{\partial \theta} + \frac{\partial \tau_{r\theta}}{\partial r} + \frac{2\tau_{r\theta}}{r} = 0.$$

Die konstitutiven Gleichungen sind dieselben wie im Falle kartesischer Koordinaten. Leite unter Einschluß der Wärmespannungen die Differentialgleichungen des Gleichgewichts her (als Funktion der Verschiebungen).

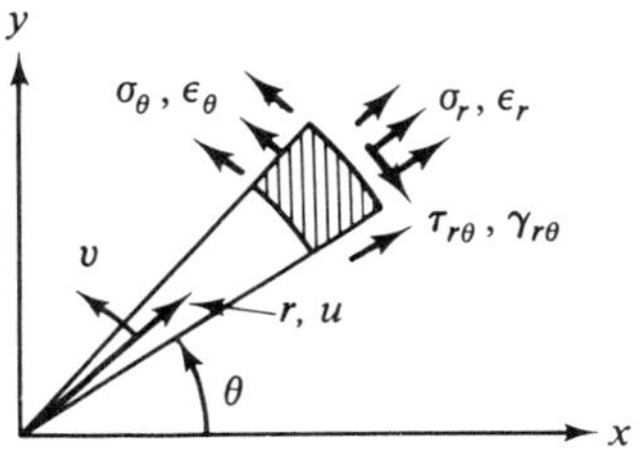

Bild A.4.2

4.3 Leite die Gleichgewichtsdifferentialgleichungen für das räumliche Kontinuum her, zuerst indem die Variabilität der Spannungen in den drei Koordinatenrichtungen in Rechnung gestellt wird, und dann, wenn Glieder höherer Ordnung vernachlässigt werden.

4.4 Die Verschiebungsfunktionen

$$u = a_1 x + a_2 y + a_3\left(xy - \frac{x_4}{y_4} y^2\right) + a_4,$$

$$v = a_5 x + a_6 y + a_7\left(xy - \frac{x_4}{y_4} y^2\right) + a_8$$

sollen zur Herleitung der Steifigkeitsmatrix für das Parallelogramm in **Bild A.4.4** benutzt werden. Prüfe diese Funktion auf ihre Verträglichkeit betreffend

a) Gleichgewichtsbedingungen im Innern des Elementes,
b) Gleichgewichtsbedingungen an den Elementrändern,
c) Interelementkontinuität.

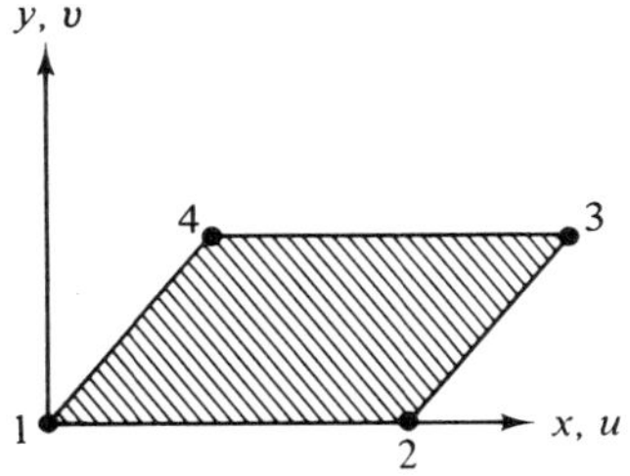

Bild A.4.4

4.5 Leite die Spannungs-Verzerrungsmatrix [E] für den ebenen Verzerrungszustand eines orthotropen Materials her. Das Resultat sollte die Spannungen $\boldsymbol{\sigma} = \lfloor \sigma_x, \sigma_y, \tau_{xy} \rfloor^T$ mit den Verzerrungen $\boldsymbol{\epsilon} = \lfloor \epsilon_x, \epsilon_y, \gamma_{xy} \rfloor^T$ verknüpfen. Beachte, daß für den ebenen Verzerrungszustand $\gamma_{xz} = \gamma_{yz} = \sigma_z = 0$ gilt. Die Elastizitätskonstanten sind E_x, E_y, G_{xy}. Die der y-Achse zugeordnete Poissonzahl μ_{yx} ist das Verhältnis der Dehnung in der y-Richtung zu jener in der x-Richtung.

4.6 Untersuche die Gleichgewichtsbedingungen für das in Bild A.4.1 dargestellte Element und für das Verschiebungsfeld

$$u = N_1 u_1 + N_2 u_2 + N_3 u_3 + N_4 u_4, \qquad v = N_1 v_1 + N_2 v_2 + N_3 v_3 + N_4 v_4,$$

worin

$$N_1 = \left(1 - \frac{x}{x_2}\right)\left(1 - \frac{y}{y_3}\right), \qquad N_2 = \frac{x}{x_2}\left(1 - \frac{y}{y_3}\right), \qquad N_3 = \frac{x}{x_2}\frac{y}{y_3},$$

$$N_4 = \left(1 - \frac{x}{x_2}\right)\left(\frac{y}{y_3}\right)$$

bedeuten. Was ist die physikalische Bedeutung, daß die Gleichgewichtsbedingungen mit diesen Funktionen nicht erfüllt werden?

4.7 Die Randverschiebungen des Elementes in **Bild A.4.7** werden durch

$$u = N_1 u_1 + N_2 u_2 + N_3 u_3, \qquad v = N_1 v_1 + N_2 v_2 + N_3 v_3$$

beschrieben, wobei

$$N_1 = \frac{(2s - a)(s - a)}{a^2}, \qquad N_2 = \frac{4s(a - s)}{a^2}, \qquad N_3 = \frac{s(2s - a)}{a^2}.$$

Bestimme die Normal- und Scherkräfte $\bar{T}_n$ bzw. $\bar{T}_s$, welche mit diesen Verschiebungen verträglich sind.

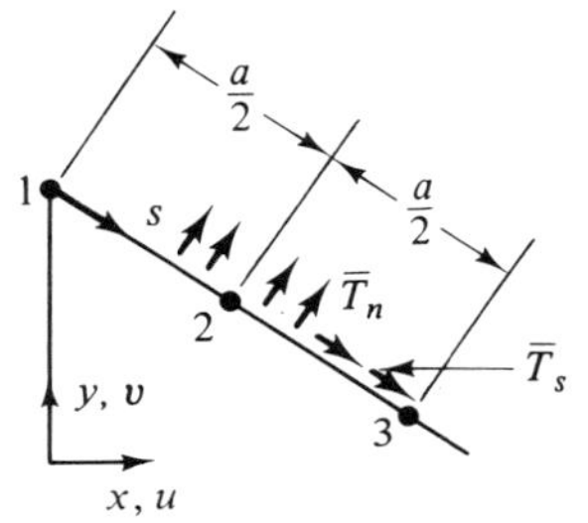

Bild A.4.7

4.8 Φ_1, Φ_2 und Φ_3 sind dreidimensionale Spannungsfunktionen und die Spannungen sind mit den Spannungsfunktionen durch

$$\sigma_x = \frac{\partial^2\Phi_1}{\partial y\,\partial x}, \qquad \sigma_y = \frac{\partial^2\Phi_2}{\partial z\,\partial x}, \qquad \sigma_z = \frac{\partial^2\Phi_3}{\partial x\,\partial y},$$

$$\tau_{xy} = -\frac{1}{2}\frac{\partial}{\partial z}\left(\frac{\partial\Phi_1}{\partial x} + \frac{\partial\Phi_2}{\partial y} - \frac{\partial\Phi_3}{\partial z}\right),$$

$$\tau_{yz} = -\frac{1}{2}\frac{\partial}{\partial x}\left(-\frac{\partial\Phi_1}{\partial x} + \frac{\partial\Phi_2}{\partial y} + \frac{\partial\Phi_3}{\partial z}\right),$$

$$\tau_{zx} = -\frac{1}{2}\frac{\partial}{\partial y}\left(\frac{\partial\Phi_1}{\partial x} - \frac{\partial\Phi_2}{\partial y} + \frac{\partial\Phi_3}{\partial z}\right)$$

verknüpft. Beweise, daß die so definierten Funktionen $\sigma_x, \ldots, \tau_{zx}$ die Differentialgleichungen des Gleichgewichts erfüllen und leite die entsprechenden Verträglichkeitsbedingungen her.

5 Direkte Methoden der Elementformulierung

In diesem Kapitel beginnen wir mit der Behandlung der FE-Formulierung der Kraft-Verschiebungsgleichungen. Zwei Verfahren werden untersucht: die direkte Methode und die Methode der gewogenen Residuen.

Die direkte Methode erreicht die Elementdarstellung durch Kombination der Elastizitätsgleichungen, wie sie schon im letzten Kapitel behandelt wurden. Es sind dies die Gleichgewichtsgleichungen, die Verzerrungs-Verschiebungsgleichungen und die Konstitutivrelationen. Die Methode eignet sich besonders zur Klarstellung der Beziehungen, die zwischen der FE-Approximation und der tatsächlichen Konstruktion herrschen. Die Methode gestattet uns auch, die Idealisierungen der Abschnitte 2.2 und 2.3 theoretisch zu rechtfertigen. Sie führt aber auch das allen anderen FE-Verfahren Gemeinsame ein, insbesondere die Transformationen der Spannungen in Kräfte und der Verschiebungen in Verzerrungen. In der Entwicklungsphase war sie lange Zeit einzige Grundlage der Elementformulierung [5.1, 5.2]. Die direkte Methode ist in ihren Mitteln jedoch beschränkt, und es ist schwierig, ja oft sogar unmöglich, sie auf die Formulierung von Beziehungen komplizierter Elemente und auf spezielle Phänomene anzuwenden.

Die Methode der gewogenen Residuen [5.3] ist im Gegensatz dazu praktisch unbegrenzt anwendbar und scheint gegenüber allen anderen Methoden Vorteile zu haben. Eine ihrer Formen führt auf Formulierungen, die mit jenen übereinstimmen, die durch Anwendung des Variationsprinzips von Kapitel 6 erhalten werden. Für gewisse nichtlineare Probleme führt die Methode der gewogenen Residuen auf Beziehungen, die man mit den Methoden der konventionellen Variationsrechnung [5.4, 5.5] nicht erhält. Sie hilft auch, die physikalischen Grundlagen der Variationsprinzipien, wie etwa die Prinzipien der potentiellen Energie und der Komplementärenergie, besser zu verstehen.

In diesem Kapitel wollen wir uns hauptsächlich mit der Formulierung der Steifigkeitsmatrix eines Elementes befassen. Dabei wollen wir von Ansatzfunktionen für das Verschiebungsfeld ausgehen. Die beiden beschriebenen Methoden sind jedoch in ihrer Anwendbarkeit nicht auf diesen Typ beschränkt, sondern ebensosehr auch auf Formulierungen von Elementenbeziehungen anwendbar, die auf angenommenen Verschiebungs- oder Spannungsfeldern oder beiden basieren. Die Methode kann in der Tat bei vielen physikalischen Prozessen, die nicht allein die Festkörperelastizität betreffen, angewendet werden. Einige einfache Formen dieses letzten Problemkreises werden in diesem Kapitel ebenfalls erläutert.

5.1 Die direkte Methode

Die direkte Methode der Formulierung der Steifigkeitsgleichungen setzt sich aus den folgenden Schritten zusammen:

a) Das Verschiebungsfeld $\mathbf{\Delta}$ eines Elementes wird in Funktion einer endlichen Zahl von Parametern $\{\mathbf{a}\}$, die vorzugsweise die Knotenverschiebungen $\{\mathbf{\Delta}\}$ des Elementes darstellen, ausgedrückt. Wenn anfänglich Parameter $\{\mathbf{a}\}$, die keine direkte physikalische Interpretation zulassen, gewählt werden, dann wird eine Transformation bestimmt, welche diese mit physikalisch „leicht durchschaubaren" Verschiebungen $\{\mathbf{\Delta}\}$ verknüpft.
b) Das Verzerrungsfeld $\boldsymbol{\epsilon}$ wird als Funktion der Verschiebungen $\{\mathbf{\Delta}\}$ ausgedrückt. Dazu wird das Verschiebungsfeld den Verzerrungs-Verschiebungsgleichungen (4.7) der Elastizitätstheorie folgend differenziert.
c) Das konstitutive Gesetz (4.15) wird eingeführt, um die Beziehungen zwischen dem Spannungsfeld $\boldsymbol{\sigma}$ und den Verschiebungsparametern $\{\mathbf{\Delta}\}$ herzustellen.
d) Es werden die Gleichungen, welche die Knotenkräfte $\{\mathbf{F}\}$ als Funktion des Spannungsfeldes $\boldsymbol{\sigma}$ beschreiben, konstruiert, indem man annimmt, daß diese Kräfte den entlang der Elementränder wirkenden Spannungen statisch äquivalent sind. Da die Gleichungen für $\boldsymbol{\sigma}$ als Funktion der $\{\mathbf{\Delta}\}$ (Schritt c) verfügbar sind, ist es jetzt möglich, $\{\mathbf{F}\}$ mit $\{\mathbf{\Delta}\}$ zu verknüpfen; die resultierenden Gleichungen sind definitionsgemäß die Steifigkeitsgleichungen.

Um das eben beschriebene Verfahren zu illustrieren, leiten wir die Steifigkeitsmatrix für drei einfache Elemente her, einen Zugstab, ein Balkenelement und ein Dreieck unter ebenem Spannungszustand.

Wir betrachten zuerst den Zug-Druckstab (vgl. Bild 2.7) und beginnen mit der Definition des Verschiebungsfeldes $\mathbf{\Delta} = u$ als Funktion der verallgemeinerten Verschiebungen $\{\mathbf{a}\}$. Es ist klar, daß zwei Verschiebungsfreiheitsgrade, nämlich die axialen Verschiebungen der Endpunkte 1 und 2, den verformten Zustand dieses Elementes beschreiben, so daß zur Beschreibung von $\{\mathbf{a}\}$ zwei Parameter gewählt werden müssen; also gilt

$$\{\mathbf{a}\} = \lfloor a_1 \; a_2 \rfloor^{\mathrm{T}}. \tag{5.1}$$

Um zwischen den Endpunkten die Variation in u zu beschreiben, wollen wir die Polynomdarstellung verwenden. Diese Darstellungsform ist für die meisten Elemente in zwei und drei Dimensionen bequem, da die Variablen x, y und z eines allgemeinen Polynoms recht gut mit den verschiedensten Elementen in Einklang gebracht werden können. Weitere theoretische Rechtfertigungen für die Wahl von Polynomen werden in Kapitel 8 gegeben. Im vorliegenden Fall, bei dem zwei Parameter verfügbar sind, ist die natürliche Wahl ein lineares Polynom in x, also

$$u = a_1 + a_2 x = \lfloor 1 \; x \rfloor \begin{Bmatrix} a_1 \\ a_2 \end{Bmatrix}. \tag{5.2}$$

Symbolisch schreiben wir dafür

$$\mathbf{\Delta} = [\mathbf{p}]\{\mathbf{a}\}. \tag{5.2a}$$

Diese Schreibweise verlangt eine Klarstellung. Es wurde in Abschnitt 4.3 erwähnt, daß der Verschiebungsvektor $\mathbf{\Delta}$ eines Punktes aus bis zu drei Komponenten u, v und w bestehen kann. Dementsprechend kann man für jede Komponente eine unabhängige

Polynomdarstellung wählen; in diesem Fall würde **[p]** dann eine Rechteckmatrix mit drei Zeilen darstellen. Wenn z.B. die Verschiebungen in einer dreidimensionalen Situation durch

$$u = a_1 + a_2 x, \qquad v = a_3 + a_4 y, \qquad w = a_5 + a_6 z$$

beschrieben würden, hätte man

$$\boldsymbol{\Delta} = \begin{Bmatrix} u \\ v \\ w \end{Bmatrix} = \begin{bmatrix} 1 & x & 0 & 0 & 0 & 0 \\ 0 & 0 & 1 & y & 0 & 0 \\ 0 & 0 & 0 & 0 & 1 & z \end{bmatrix} \begin{Bmatrix} a_1 \\ \cdot \\ \cdot \\ \cdot \\ a_6 \end{Bmatrix}.$$

Zum Problem des Zug-Druckstabes zurückkehrend, wollen wir in Anlehnung an Schritt a die Darstellung (5.2) in eine auf die physikalischen Verschiebungsparameter u_1 und u_2 bezogene Form umwandeln. Das kann dadurch geschehen, daß man u aus (5.2) in den Punkten $x = 0$ und $x = L$ berechnet. Dies ergibt

$$\begin{Bmatrix} u_1 \\ u_2 \end{Bmatrix} = \begin{bmatrix} 1 & 0 \\ 1 & L \end{bmatrix} \begin{Bmatrix} a_1 \\ a_2 \end{Bmatrix}, \tag{5.3}$$

was symbolisch als

$$\{\boldsymbol{\Delta}\} = [\mathbf{B}]\{\mathbf{a}\} \tag{5.3a}$$

geschrieben werden kann, so daß durch Inversion von **[B]**

$$\begin{Bmatrix} a_1 \\ a_2 \end{Bmatrix} = \frac{1}{L} \begin{bmatrix} L & 0 \\ -1 & 1 \end{bmatrix} \begin{Bmatrix} u_1 \\ u_2 \end{Bmatrix} \tag{5.4}$$

entsteht oder allgemein

$$\{\mathbf{a}\} = [\mathbf{B}]^{-1}\{\boldsymbol{\Delta}\}. \tag{5.4a}$$

Einsetzen dieser Beziehung in (5.2) ergibt

$$u = \left\lfloor \left(1 - \frac{x}{L}\right) \quad \frac{x}{L} \right\rfloor \begin{Bmatrix} u_1 \\ u_2 \end{Bmatrix} = \lfloor N_1 \quad N_2 \rfloor \begin{Bmatrix} u_1 \\ u_2 \end{Bmatrix} \tag{5.5}$$

oder, wieder symbolisch geschrieben,

$$\boldsymbol{\Delta} = [\mathbf{p}][\mathbf{B}]^{-1}\{\boldsymbol{\Delta}\} = [\mathbf{N}]\{\boldsymbol{\Delta}\}, \tag{5.5a}$$

wobei die Größen $(1 - x/L) = N_1$ und $x/L = N_2$ Formfaktoren oder Formfunktionen des Verschiebungsfeldes heißen.

Schritt b (Einführen der Verzerrungs-Verschiebungsgleichungen) anwendend sei bemerkt, daß $\boldsymbol{\epsilon} = \epsilon_x = u'$, wobei der Strich Differentiation bezüglich x bedeutet. Dieser

Schritt kann auf zwei verschiedene Arten angewendet werden. Erstens kann man (5.2) differenzieren und (5.4) benutzen, um die Beziehung

$$u' = \lfloor 0 \quad 1 \rfloor \begin{Bmatrix} a_1 \\ a_2 \end{Bmatrix} \tag{5.6}$$

zu erhalten, für welche man symbolisch

$$\boldsymbol{\epsilon} = [\mathbf{C}]\{\mathbf{a}\} \tag{5.6a}$$

schreiben kann. Einsetzen von (5.4) ergibt dann

$$\boldsymbol{\epsilon} = u' = \frac{1}{L}\lfloor 0 \quad 1 \rfloor \begin{bmatrix} L & 0 \\ -1 & 1 \end{bmatrix} \begin{Bmatrix} u_1 \\ u_2 \end{Bmatrix} = \left\lfloor -\frac{1}{L} \quad \frac{1}{L} \right\rfloor \begin{Bmatrix} u_1 \\ u_2 \end{Bmatrix}.$$

Andererseits kann man (5.5) direkt differenzieren und erhält

$$\boldsymbol{\epsilon} = u' = \left\lfloor -\frac{1}{L} \quad \frac{1}{L} \right\rfloor \begin{Bmatrix} u_1 \\ u_2 \end{Bmatrix} \tag{5.6b}$$

oder

$$\boldsymbol{\epsilon} = [\mathbf{D}]\{\boldsymbol{\Delta}\}. \tag{5.6c}$$

Man stellt fest, daß das Glied a_1 in (5.6) in der Tat fehlt und daß die Gleichung auch als $u' = a_2$ geschrieben werden könnte. Dieses kompakte Resultat ergibt sich, weil, wie bereits in Abschnitt 4.3 erwähnt, Differentiation der Verschiebungen auf Verzerrungen führt, in welchen ja keine Terme der Starrkörperbewegung mehr vorhanden sind. In diesem Fall ist der Starrkörperterm durch a_1 gegeben. Im allgemeineren Fall bezeichnen wir die Starrkörper-Verschiebungsparameter mit $\{\mathbf{a}_s\}$ und die verbleibenden verallgemeinerten Parameter mit $\{\mathbf{a}_f\}$. Dann kann die geraffte Form der Beziehungen zwischen verallgemeinerten Verschiebungen und Verzerrungen ganz allgemein als

$$\boldsymbol{\epsilon} = [\mathbf{C}_f]\{\mathbf{a}_f\} \tag{5.6d}$$

geschrieben werden.

Um Schritt c (Einführen des Spannungs-Dehnungsgesetzes) beim Zug-Druckstab einzuführen, sei bemerkt, daß $[\mathbf{E}] = E$ sowie $\sigma = \sigma_x$ gilt. Man erhält mit Hilfe von (5.6b) also

$$\sigma_x = E\left\lfloor -\frac{1}{L} \quad \frac{1}{L} \right\rfloor \begin{Bmatrix} u_1 \\ u_2 \end{Bmatrix} \tag{5.7}$$

oder symbolisch

$$\boldsymbol{\sigma} = [\mathbf{E}][\mathbf{D}]\{\boldsymbol{\Delta}\} = [\mathbf{S}]\{\boldsymbol{\Delta}\}, \tag{5.7a}$$

wobei $[\mathbf{S}] = [\mathbf{E}]\,[\mathbf{D}]$ die Spannungsmatrix des Elementes bezeichnet.

Es sei angemerkt, daß der Begriff der Spannungsmatrix eines Elementes in (3.9) eingeführt wurde, und zwar in der Form $\{\boldsymbol{\sigma}\} = [\mathbf{S}]\{\boldsymbol{\Delta}\}$, was in Übereinstimmung mit unserer Bezeichnungsweise andeutet, daß die Spannungen an speziellen Punkten berechnet werden. Für das vorliegende Element z.B. ist $\{\boldsymbol{\sigma}\} = \lfloor \sigma_{x_1}, \sigma_{x_2} \rfloor^T$, und dies gibt die Spannung in den Endpunkten. Wir verwenden das Symbol [S] zur Bezeichnung der Transformation des Verschiebungsvektors $\{\boldsymbol{\Delta}\}$ auf das Spannungsfeld $\boldsymbol{\sigma}$. Demgegenüber wird $[\mathbf{S}]$ zur Bezeichnung der Transformation der $\{\boldsymbol{\Delta}\}$ auf den Spannungsvektor $\{\boldsymbol{\sigma}\}$ spezieller Punkte verwendet. Für die Spannungsgleichungen des Elementes könnte anstelle von (5.7a) $\{\boldsymbol{\sigma}\} = [\mathbf{S}]\{\boldsymbol{\Delta}\}$ verwendet werden; dies wird denn auch später bei der Untersuchung des Balkenelementes getan.

Für den letzten Schritt, die Transformation der Spannungen in Knotenkräfte, sei erwähnt, daß die Knotenkräfte durch $\{\mathbf{F}\} = \lfloor F_1, F_2 \rfloor^T$ gegeben sind und daß individuelle Komponenten durch Multiplikation der Spannungen mit der Querschnittsfläche A erhalten werden. Man hat also (F_1 wirkt der positiven σ_x-Spannung entgegengesetzt)

$$\begin{Bmatrix} F_1 \\ F_2 \end{Bmatrix} = A \begin{bmatrix} -1 \\ 1 \end{bmatrix} \sigma_x \tag{5.8}$$

oder

$$\{\mathbf{F}\} = [\mathbf{A}]\{\boldsymbol{\sigma}\} \tag{5.8a}$$

und durch Einführung von (5.7)

$$\begin{Bmatrix} F_1 \\ F_2 \end{Bmatrix} = AE \begin{bmatrix} -1 \\ 1 \end{bmatrix} \left\lfloor -\frac{1}{L} \quad \frac{1}{L} \right\rfloor \begin{Bmatrix} u_1 \\ u_2 \end{Bmatrix} = \frac{AE}{L} \begin{bmatrix} 1 & -1 \\ -1 & 1 \end{bmatrix} \begin{Bmatrix} u_1 \\ u_2 \end{Bmatrix}. \tag{5.9}$$

Wir haben also einen Ausdruck für die Steifigkeitsmatrix des Elementes erhalten, nämlich

$$\{\mathbf{F}\} = [\mathbf{k}]\{\boldsymbol{\Delta}\},$$

wobei

$$[\mathbf{k}] = [\mathbf{A}][\mathbf{E}][\mathbf{D}]. \tag{5.10}$$

Die Steifigkeitsmatrix wird also als Produkt dreier Matrizen dargestellt:

[D] die Transformation zwischen Verschiebungsparametern und Verzerrungen,
[E] die materielle Steifigkeitsmatrix,
[A] die Transformation zwischen Spannungen und Knotenkräften.

[D] kann in fundamentalere Komponenten aufgeteilt werden. Wenn das Verschiebungsfeld zuerst als Funktion der verallgemeinerten Verschiebung dargestellt ist, gilt wegen (5.4a) und (5.6a)

$$[\mathbf{D}] = [\mathbf{C}][\mathbf{B}]^{-1}. \tag{5.11}$$

Zwei Besonderheiten der vorangehenden Herleitung verdienen eine Bemerkung. Erstens wurde den Gleichgewichtsbedingungen innerhalb des Elementes keine direkte Aufmerksamkeit geschenkt. Wir wissen natürlich, daß dieses Element einer konstanten Spannung unterworfen ist, und ein Überprüfen von (5.7) ergibt, daß das gewählte Verschiebungsfeld dieser Bedingung entspricht. Im allgemeinen hingegen werden die Gleichgewichtsbedingungen, welche einem auf einem angenommenen Verschiebungsfeld basierenden Spannungszustand entsprechen, nicht erfüllt sein; aber dies hat keinen Einfluß auf unsere Methode, Steifigkeitsmatrizen für Elemente gemäß obiger Rechenanleitung zu bestimmen. Zweitens sind die Verschiebungen wegen der Kontinuität der gewählten Funktionen stetig, dies selbst über den Rand eines Elementes, das mit einem anderen verknüpft ist, hinaus. Das ist hier so, weil die Berührungsflächen zwischen den eindimensionalen Elementen nur aus den Endpunkten bestehen. Im allgemeinen Fall von 2- und 3-dimensionalen Elementen hingegen besteht die Verbindung zwischen Elementen nicht nur aus deren Knoten; das Verschiebungsfeld für das Element muß in solchen Fällen unter spezieller Berücksichtigung der Stetigkeit so gewählt werden, daß es auf den Randflächen benachbarter Elemente stetig verläuft. Diese Frage ist schon in Abschnitt 2.2 diskutiert worden und wird in Abschnitt 5.2 wieder aufgegriffen werden. Da die gegenwärtige Formulierung alle Gleichgewichtsbedingungen und Stetigkeitsforderungen der Verschiebungen erfüllt, gibt sie auch die exakte Form der Steifigkeitsmatrix des Elementes.

In vielen Anwendungsbereichen sind die aufgebrachten Lasten kontinuierlich über die x-Koordinate verteilt. Die vorliegende Herleitung setzt voraus, daß die verteilte Last durch Bildung statisch äquivalenter Knotenkräfte ersetzt wird. Ein etwas eleganterer Weg zur Behandlung dieser Situation wird in Kapitel 6 behandelt.

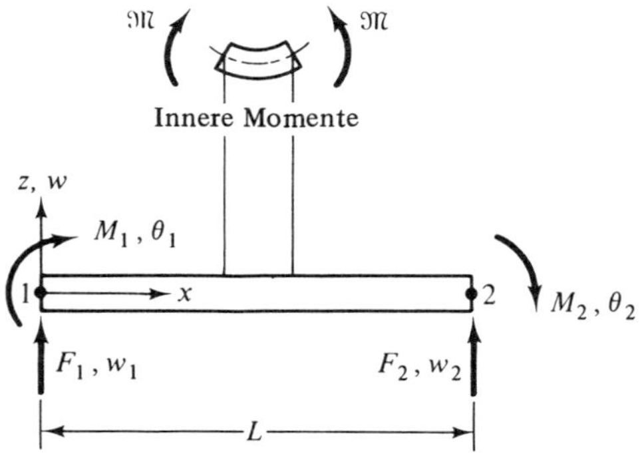

Bild 5.1

Als nächstes Beispiel behandeln wir das Balkenelement von **Bild 5.1**. Das kennzeichnende Merkmal dieser Herleitung ist dasselbe wie für den Zug-Druckstab, aber eine bedeutende Änderung betrifft den Typ der zu wählenden Verschiebungsparameter. Eine weitere charakteristische Eigenschaft dieses Falles besteht darin, daß das Verzerrungsfeld innerhalb des Elementes variiert. Im Einklang mit der Biegungstheorie von Balken, welche die Scherverformungen vernachlässigt, müssen wir nicht nur transversale Verschiebungen der Endpunkte (w_1 und w_2), sondern auch deren Verdrehungen (θ_1 und θ_2) definieren. Die letzteren sind der negativen Neigung der neutralen Achse gleich, da eine positive Drehung (im Uhrzeigersinn) ja negative transversale Verschiebungen erzeugt:

$$\theta_1 = -\left.\frac{dw}{dx}\right|_{x=0}, \qquad \theta_2 = -\left.\frac{dw}{dx}\right|_{x=L}.$$

Demgemäß wählt man

$$\{\boldsymbol{\Delta}\} = \lfloor w_1\, \theta_1\, w_2\, \theta_2 \rfloor^{\mathrm{T}}. \tag{5.12}$$

Wie im Falle des Zug-Druckstabes wird ein Polynom zur Beschreibung des Verschiebungsfeldes $\boldsymbol{\Delta}$ gewählt, das in diesem Fall durch w definiert ist. Es liegen vier Freiheitsgrade vor, und wenn wir keinen der Terme auslassen, so muß also, um vier Glieder zu erhalten, ein kubisches Polynom gewählt werden, nämlich

$$w = a_1 x^3 + a_2 x^2 + a_3 x + a_4\,. \tag{5.13}$$

Durch Ausrechnen von w und dw/dx an den Punkten 1 und 2 erhält man

$$\begin{Bmatrix} w_1 \\ \theta_1 \\ w_2 \\ \theta_2 \end{Bmatrix} = \begin{bmatrix} 0 & 0 & 0 & 1 \\ 0 & 0 & -1 & 0 \\ L^3 & L^2 & L & 1 \\ -3L^2 & -2L & -1 & 0 \end{bmatrix} \begin{Bmatrix} a_1 \\ a_2 \\ a_3 \\ a_4 \end{Bmatrix},$$

wofür die inverse Beziehung

$$\begin{Bmatrix} a_1 \\ a_2 \\ a_3 \\ a_4 \end{Bmatrix} = \frac{1}{L^3} \begin{bmatrix} 2 & -L & -2 & -L \\ -3L & 2L^2 & 3L & L^2 \\ 0 & -L^3 & 0 & 0 \\ L^3 & 0 & 0 & 0 \end{bmatrix} \begin{Bmatrix} w_1 \\ \theta_1 \\ w_2 \\ \theta_2 \end{Bmatrix}$$

lautet. Einsetzen in (5.13) ergibt

$$w = \lfloor \mathbf{N} \rfloor \{\boldsymbol{\Delta}\} \tag{5.14}$$

mit

$$\lfloor \mathbf{N} \rfloor = \lfloor N_1\, N_2\, N_3\, N_4 \rfloor$$

und

$$\begin{aligned} N_1 &= (1 + 2\xi^3 - 3\xi^2), \qquad & N_3 &= (3\xi^2 - 2\xi^3), \\ N_2 &= -x(\xi - 1)^2, & N_4 &= -x(\xi^2 - \xi), \end{aligned} \tag{5.14a}$$

wobei

$$\xi = \frac{x}{L}\,.$$

Im Falle der Biegung spielt die Krümmung (zweite Ableitung) die Rolle der Verzerrungen. Daher gilt

$$w'' = \lfloor \mathbf{N}'' \rfloor \{\boldsymbol{\Delta}\}, \tag{5.15}$$

wobei

$$\begin{aligned} N_1'' &= -N_3'' = \frac{6}{L^2}(2\xi - 1), \\ N_2'' &= -\frac{2}{L}(3\xi - 2), \qquad N_4'' = -\frac{2}{L}(3\xi - 1) \end{aligned} \tag{5.15a}$$

Ebenso spielen die inneren Biegemomente $\mathfrak{M}$ die Rolle der Spannungen, und für diese lautet die entsprechende konstitutive Gleichung

$$\mathfrak{M} = EIw''. \tag{5.16}$$

Da die zweiten Ableitungen gemäß (5.15a) innerhalb des Elementes linear variieren, kann die Krümmung durch die Werte von w und θ in den Punkten 1 und 2 eindeutig bestimmt werden. In der Tat folgt aus (5.15)

$$\begin{Bmatrix} w_1'' \\ w_2'' \end{Bmatrix} = \frac{1}{L^2}\begin{bmatrix} -6 & 4L & 6 & 2L \\ 6 & -2L & -6 & -4L \end{bmatrix}\begin{Bmatrix} w_1 \\ \theta_1 \\ w_2 \\ \theta_2 \end{Bmatrix} = [\mathbf{D}]\{\boldsymbol{\Delta}\}. \tag{5.15b}$$

Um das Gleichgewicht der Kräfte zu untersuchen, sei angemerkt, daß die inneren Momente $\mathfrak{M}_1$ und $\mathfrak{M}_2$ in den Punkten 1 und 2 als positiv definiert sind, wenn sie eine wie in Bild 5.1 skizzierte positive Krümmung erzeugen. Es ist also $\mathfrak{M}_1 = M_1$ und $\mathfrak{M}_2 = -M_2$. Die Gleichgewichtsbedingung der Momente gibt F_1 und F_2 als Funktionen von $\mathfrak{M}_1$ und $\mathfrak{M}_2$; zusammenfassend kann man also schreiben:

$$\begin{Bmatrix} F_1 \\ M_1 \\ F_2 \\ M_2 \end{Bmatrix} = \frac{1}{L}\begin{bmatrix} -1 & 1 \\ L & 0 \\ 1 & -1 \\ 0 & -L \end{bmatrix}\begin{Bmatrix} \mathfrak{M}_1 \\ \mathfrak{M}_2 \end{Bmatrix} = [\mathbf{A}]\{\boldsymbol{\sigma}\}. \tag{5.8b}$$

Da wir auch die zwei Endmomente und die zwei Endkrümmungen in Beziehung setzen wollen, muß das „Spannungs-Dehnungsgesetz“ des Biegestabes also in der erweiterten Form*

$$\{\mathfrak{M}\} = [\mathbf{E}]\{\mathbf{w}''\} \tag{5.16a}$$

* Im engsten Sinne verknüpfen [A] und [E] das Spannungsfeld $\boldsymbol{\sigma}$ und das Verzerrungsfeld $\boldsymbol{\epsilon}$. Hier beschäftigen wir uns jedoch mit Spannungsvektoren $\{\boldsymbol{\sigma}\} = \lfloor \mathfrak{M}_1, \mathfrak{M}_2 \rfloor^T$ und Verzerrungskomponenten $\{\boldsymbol{\epsilon}\} = \lfloor w_1'', w_2'' \rfloor^T$ in ausgewählten Punkten. Um das Einführen neuer Beziehungen zu vermeiden, verwenden wir hier jedoch in beiden Fällen die gleichen Symbole.

angeschrieben werden, wo jetzt

$$\begin{Bmatrix} \mathfrak{M}_1 \\ \mathfrak{M}_2 \end{Bmatrix} = EI \begin{bmatrix} 1 & 0 \\ 0 & 1 \end{bmatrix} \begin{Bmatrix} w_1'' \\ w_2'' \end{Bmatrix} = [\mathbf{E}]\{\boldsymbol{\epsilon}\} . \tag{5.16b}$$

Schließlich erhalten wir durch Kombination von (5.15b), (5.16a) und (5.8b) für das Produkt $[\mathbf{k}] = [\mathbf{A}][\mathbf{E}][\mathbf{D}]$ den Ausdruck

$$[\mathbf{k}] = \frac{2EI}{L^3} \begin{bmatrix} 6 & & \text{symmetrisch} & \\ -3L & 2L^2 & & \\ -6 & 3L & 6 & \\ -3L & L^2 & 3L & 2L^2 \end{bmatrix} . \qquad \begin{matrix} w_1 & \theta_1 & w_2 & \theta_2 \end{matrix} \tag{5.17}$$

Die Steifigkeitsmatrix ist hier ebenfalls – und das sei betont – ohne spezielle Berücksichtigung des Gleichgewichts innerhalb des Elementes hergeleitet worden. Wenn keine verteilten Lasten zwischen den Knotenpunkten vorhanden sind, wird das Gleichgewicht durch

$$\frac{d^4 w}{dx^4} = 0 \tag{5.18}$$

beschrieben. Natürlich verschwindet die vierte Ableitung eines kubischen Polynoms, so daß diese Bedingung also erfüllt ist. Gleichgewicht wird, wie in Kapitel 3 beschrieben, in der globalen Darstellung einfach durch Aufsummieren der Kräfte und Momente an den Knotenpunkten hergestellt. Intuitiv erwartet man, daß die Verdrehungen für ein Balkenelement stetig sein sollten; andernfalls würden ja Knicke in den Knotenpunkten entstehen. Die Bedingung der Kontinuität der Verschiebungen an den Knoten verlangt in der globalen Darstellung also Kontinuität sowohl von w wie auch von θ. Die hier gegebene Darstellung erfüllt diese Bedingungen. Da sie auch alle Gleichgewichtsbedingungen erfüllt, wenn die Lasten an den Knoten angreifen, ist die Lösung für solche Fälle exakt. Man könnte ein angenähertes Verschiebungsfeld konstruieren (d.h. ein lineares Feld in Funktion von w_1 und w_2 allein wie bei der Methode der endlichen Differenzen), und dies würde zu einer angenäherten Lösung führen, wenn in der zugehörigen Analysis eine endliche Anzahl von Stabelementen verwendet würde.

Die Herleitung der Formfaktoren oder Formfunktionen für die Verschiebungsfelder (5.5) und (5.14) spielt bei beiden erläuternden Beispielen eine zentrale Rolle. Obwohl die Formfaktoren in den folgenden Kapiteln näher untersucht werden, ist es wichtig, ihre grundlegenden Eigenschaften bereits ganz zu Anfang des Studiums der FEM festzuhalten. Man betrachte hierzu zuerst den Fall, bei dem das Feld (oder die Ansatzfunktionen) einer unabhängigen Variablen Δ allein als Funktion der Werte eben dieser Variablen in ausgewählten Punkten Δ_i ausgedrückt ist. Der Zug-Druckstab (5.5) ist dafür ein klärendes Beispiel. Für diesen Fall müssen die Formfunktionen N_i so beschaffen sein, daß sie den Wert 1 annehmen, wenn sie für jene geometrischen Koordinaten berechnet werden, an deren Stelle der Knoten mit der Verschiebung Δ_i definiert ist, und sie müssen verschwinden, wenn sie für irgendeinen anderen, den übrigen Verschiebungen zugeordneten Knoten berechnet werden. Das muß so sein, damit im Punkt i die Glei-

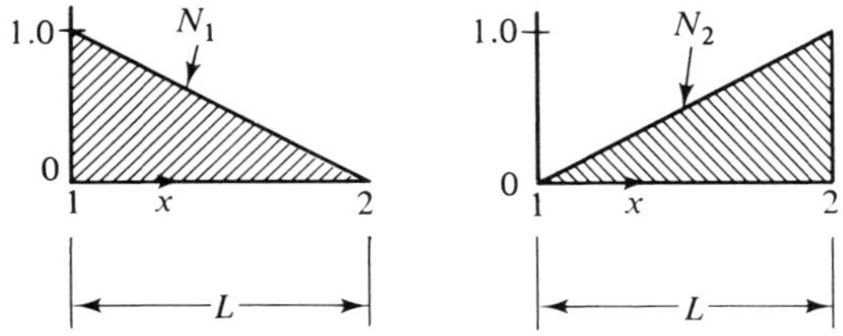

Bild 5.2

chung $\Delta = \Delta_i$ gilt. Der Grund, warum die N_i als Formfaktoren oder Formfunktionen zu bezeichnen sind, ist wie folgt: N_i stellt den funktionellen Verlauf von Δ dar und kann bildhaft über der Fläche des Elementes aufgetragen werden, sofern $\Delta_i = 1$ gesetzt wird und alle anderen Verschiebungsparameter festgehalten werden. Wir haben dies für den Zug-Druckstab in **Bild 5.2** festgehalten.

In einigen Fällen enthält die Ansatzfunktion einer unabhängigen Variablen Verschiebungsparameter, die Ableitungen einer in speziellen Punkten berechneten Größe sind. Die Darstellung der Formfaktoren von w enthält beim Balkenelement z.B. als Verschiebungsparameter die ersten Ableitungen von w in den beiden Endpunkten (θ_1 und θ_2). Die Formfaktoren, die diesen Verschiebungsparametern zugeordnet sind, müssen solche Dimensionen haben, daß die Dimension des Produkts von Formfaktor und zugeordnetem Verschiebungsparameter diejenige der Verschiebungsfunktion ist. Im Beispiel des Balkens haben die Faktoren von θ_1 und θ_2 in (5.14) also die Dimension einer Länge (Verschiebung), da θ_1 und θ_2 in Bogenmaßen gegeben sind.

5.2 Dreieckelement für den ebenen Spannungszustand

In diesem Abschnitt wollen wir die direkte Methode zur Formulierung der Steifigkeitsgleichungen eines Dreieckelementes untersuchen, wenn letzteres einem ebenen Spannungszustand unterworfen ist. Das Element sei von bekannter Dicke t; es bestehe aus einem isotropen Material, und wegen der vereinfachten Darstellung in der Herleitung der Formulierung haben wir eine Kante parallel zur x-Achse angenommen (**Bild 5.3**). Dieses Beispiel verdient besondere Beachtung, erstens weil damit ein allgemeiner zweidimensionaler Spannungszustand behandelt wird, zweitens weil die resultierenden Steifigkeitsgleichungen zu angenäherten Lösungen von Differentialgleichungen führen, die das globale Verhalten einer Konstruktion beschreiben, und drittens weil dieses Element in allen Gebieten der praktischen Anwendung von großer Bedeutung ist.

Das Verhalten des Elementes wird, wie aus **Bild 5.4** ersichtlich, durch die 6 Verschiebungen

$$\{\Delta\} = \lfloor u_1\ u_2\ u_3\ v_1\ v_2\ v_3 \rfloor^{T} \tag{5.19}$$

beschrieben, und wir wählen, da keine Bevorzugung irgendeiner der Koordinatenachsen vorliegen sollte, zur Beschreibung von u und v drei Parameter:

$$u = a_1 + a_2 x + a_3 y, \qquad v = a_4 + a_5 x + a_6 y. \tag{5.20}$$

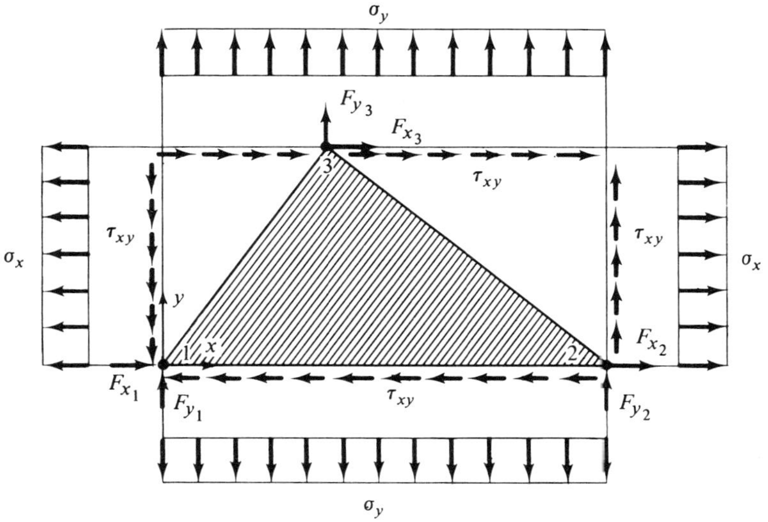

Bild 5.3

Beachte, daß diese Ausdrücke vollständige lineare Polynome darstellen. Durch Ausrechnen von u in den Punkten 1, 2 und 3 erhält man

$$\begin{Bmatrix} u_1 \\ u_2 \\ u_3 \end{Bmatrix} = \begin{bmatrix} 1 & 0 & 0 \\ 1 & x_2 & 0 \\ 1 & x_3 & y_3 \end{bmatrix} \begin{Bmatrix} a_1 \\ a_2 \\ a_3 \end{Bmatrix} = [\mathbf{B}_u]\{\mathbf{a}\}$$

und durch Inversion und Rückeinsetzen in (5.20)

$$u = N_1 u_1 + N_2 u_2 + N_3 u_3, \tag{5.21 a}$$

wobei

$$N_1 = \frac{1}{x_2 y_3}(x_2 y_3 - x y_3 - x_2 y + x_3 y),$$

$$N_2 = \frac{1}{x_2 y_3}(x y_3 - x_3 y),$$

$$N_3 = \frac{y}{y_3}$$

bedeuten. Die gleichen Formfaktoren werden auch für v erhalten, so daß dieses Verschiebungsfeld durch

$$v = N_1 v_1 + N_2 v_2 + N_3 v_3 \tag{5.21 b}$$

gegeben ist.

Steifigkeitsmatrix für ein Dreieckelement unter ebenem Spannungszustand und für konstante (isotrope) Verzerrungen:

$$[\mathbf{k}] = \frac{Et}{2(1-\mu^2)x_2y_3}\begin{array}{c} \\ \end{array}\begin{bmatrix} \overset{u_1}{y_3^2+\gamma_1x_{3-2}^2} & \overset{u_2}{} & \overset{u_3}{} & \overset{v_1}{} & \overset{v_2}{} & \overset{v_3}{} \\ -y_3^2-\gamma_1x_3x_{3-2} & y_3^2+\gamma_1x_3^2 & & & \text{symmetrisch} & \\ \gamma_1x_2x_{3-2} & -\gamma_1x_2x_3 & \gamma_1x_2^2 & & & \\ -\gamma_2y_3x_{3-2} & \mu y_3x_{3-2}+\gamma_1x_3y_3 & -\gamma_1x_2y_3 & \gamma_1y_3^2+x_{3-2}^2 & & \\ \mu x_3y_3+\gamma_1y_3x_{3-2} & -\gamma_2x_3y_3 & \gamma_1x_2y_3 & -\gamma_1y_3^2-x_3x_{3-2} & \gamma_1y_3^2+x_3^2 & \\ -\mu x_2y_3 & \mu x_2y_3 & 0 & x_2x_{3-2} & -x_2x_3 & x_2^2 \end{bmatrix}$$

wobei

$$\gamma_1 = \frac{1-\mu}{2}, \qquad \gamma_2 = \frac{1+\mu}{2},$$

$$x_{3-2} = x_3 - x_2,$$

$$y_{3-2} = y_3 - y_2.$$

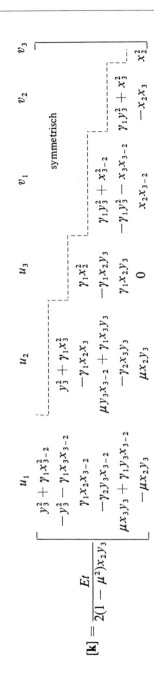

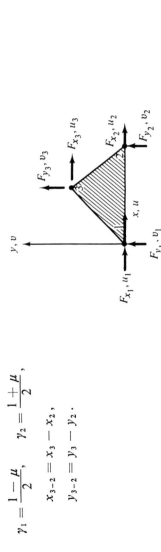

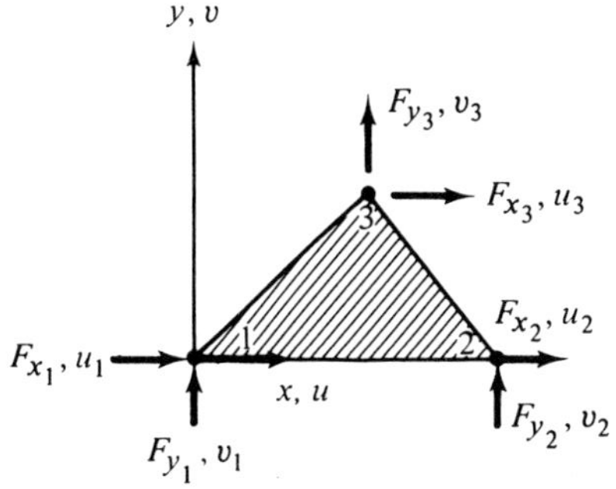

Bild 5.4

Werden die Verzerrungs-Verschiebungsgleichungen der ebenen Elastizität (4.7 a, b, c) eingeführt und auf (5.21 a, b) angewendet, so erhält man (5.6 c), worin

$$\boldsymbol{\epsilon} = \lfloor \epsilon_x \; \epsilon_y \; \gamma_{xy} \rfloor^{\mathrm{T}},$$

$$[\mathbf{D}] = \begin{bmatrix} N_{1,x} & N_{2,x} & N_{3,x} & 0 & 0 & 0 \\ 0 & 0 & 0 & N_{1,y} & N_{2,y} & N_{3,y} \\ N_{1,y} & N_{2,y} & N_{3,y} & N_{1,x} & N_{2,x} & N_{3,x} \end{bmatrix}, \tag{5.22}$$

wobei $N_{1,x}$ die Ableitung von N_1 nach x bedeutet, usw.

Die Matrix [**E**] ist für den ebenen Spannungszustand bereits in (4.12) gegeben, und um die Herleitung grundlegender Matrizen für dieses Element zu vervollständigen, ist hier nur noch die Kraft-Spannungsmatrix [**A**] zu konstruieren. Dies wird durch eine einfache Abbildung der Randspannungen auf die Knotenkräfte erreicht. Für die Kraft F_{x_2} z.B. (Bild 5.7) erhält man

$$F_{x_2} = \frac{t}{2}[y_3\sigma_x - x_2\tau_{xy} + (x_2 - x_3)\tau_{xy}].$$

Anwenden dieses Rechnungsgangs auf alle Knotenkräfte führt auf (5.8 a), wobei

$$\{\mathbf{F}\} = \lfloor F_{x_1} \; F_{x_2} \; F_{x_3} \; F_{y_1} \; F_{y_2} \; F_{y_3} \rfloor^{\mathrm{T}},$$

$$\boldsymbol{\sigma} = \lfloor \sigma_x \; \sigma_y \; \tau_{xy} \rfloor^{\mathrm{T}},$$

$$[\mathbf{A}] = \frac{t}{2} \begin{bmatrix} -y_2 & 0 & x_3 - x_2 \\ y_3 & 0 & -x_3 \\ 0 & 0 & x_2 \\ 0 & x_3 - x_2 & -y_3 \\ 0 & -x_3 & y_3 \\ 0 & x_2 & 0 \end{bmatrix}.$$

Die Berechnung der Steifigkeitsmatrix für dieses Element erfolgt gemäß (5.10), indem man unter Berücksichtigung der hergeleiteten Beziehungen das Produkt [**A**][**E**][**D**] bildet; das Resultat ist in Bild 5.4 zusammengestellt.

Wie in den vorangehenden Beispielen wollen wir jetzt jene Aspekte der Lösungen der Elastizitätstheorie untersuchen, die in der obigen Formulierung nicht explizit enthalten sind. Die Verzerrungen $\boldsymbol{\epsilon}$ des Elementes sind konstant, da sie durch Differentiation eines linearen Verschiebungsfeldes erhalten werden. Die Spannungen sind auch konstant, da sie mit den Verzerrungen durch lineare Elastizitätsgleichungen verknüpft sind. Die Differentialgleichungen des Gleichgewichts (4.3), welche durch Differentiation der Spannungen erhalten werden, sind also erfüllt. $\boldsymbol{\sigma}$ ist ein Gleichgewichtsfeld, obwohl bei seiner Konstruktion keine besonderen Maßnahmen getroffen wurden, um diese Bedingungen auch wirklich zu erfüllen.

Wie verhält es sich nun aber mit dem Gleichgewicht der Spannungen auf dem Rand benachbarter Elemente? Die Bilder 2.5 b, d und e zeigen einen gemeinsamen Rand der Elemente A und B. Die Spannungsmatrix des Dreieckelementes, die gemäß (5.7 c) als ein Satz von Beziehungen zwischen dem Spannungsfeld $\boldsymbol{\sigma}$ und den Knotenverschiebun-

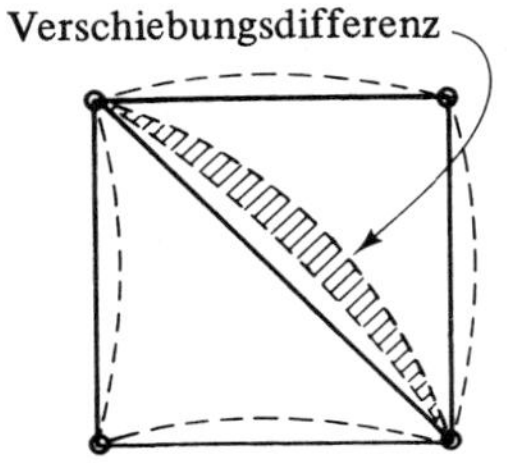

(b) Verschiebungsdifferenz entlang der gemeinsamen Verbindungslinie

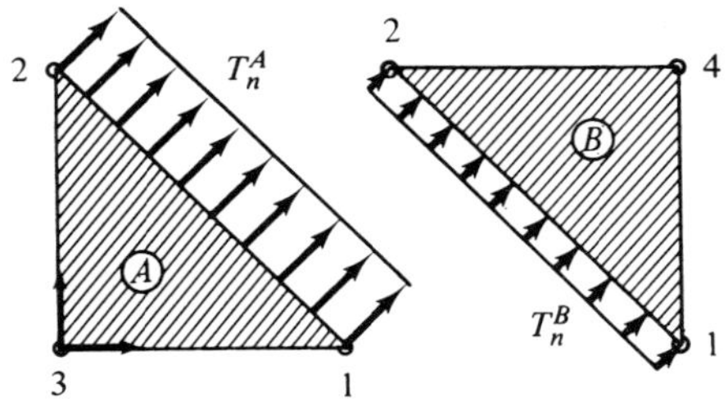

(d) Randzugspannungen an den einzelnen Elementen

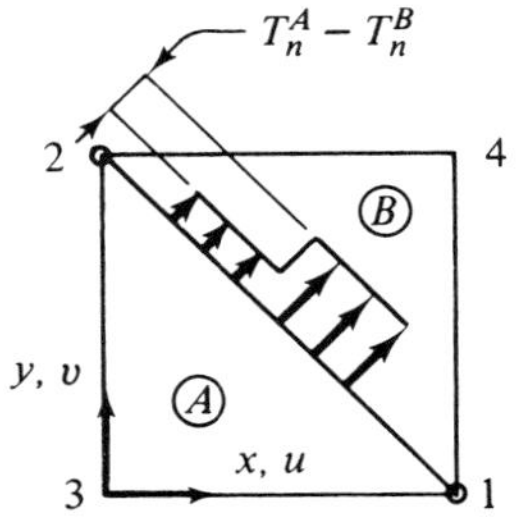

(e) Diskontinuität in den Randspannungen entlang der Verbindungslinie zusammengefügter Elemente

Bild 2.5b, d, e (Wiederholung)

gen $\{\boldsymbol{\Delta}\}$ konstruiert wurde, ist in **Bild 5.5** dargestellt. Aus diesen Beziehungen schließt man, daß jede Spannungskomponente eine Funktion aller Knotenverschiebungen eines einzelnen Elementes ist. Demgemäß hängt σ_n^A, wie es in Bild 2.5e dargestellt ist, von u_3 und v_3, und σ_n^B von u_4 und v_4 ab, obwohl beide, σ_n^A und σ_n^B, im allgemeinen Funktionen von u_1, u_2, v_1 und v_2 sind; die Normal- und Schubkräfte T_n und T_s an den Rändern, die von diesen Spannungen erzeugt werden, sind also im allgemeinen für die Elemente A und B nicht gleich. Gleichgewicht ist auf den Elementrändern verletzt.

Spannungsmatrix für ein Element mit konstant und isotrop angenommenem Spannungsfeld (ebener Spannungszustand):

$$[\mathrm{S}] = \begin{array}{c} \begin{matrix} u_1 & u_2 & u_3 & v_1 & v_2 & v_3 \end{matrix} \\ \begin{bmatrix} -y_3 & y_3 & 0 & \mu x_{3-2} & -\mu x_3 & \mu x_2 \\ -\mu y_3 & \mu y_3 & 0 & x_{3-2} & -x_3 & x_2 \\ \gamma_1 x_{3-2} & -\gamma_1 x_3 & \gamma_1 x_2 & -\gamma_1 y_3 & \gamma_1 y_3 & 0 \end{bmatrix} \end{array} \times \frac{E}{(1-\mu^2)x_2 y_3}$$

$$\gamma_1 = \frac{(1-\mu)}{2}, \qquad x_{3-2} = x_3 - x_2$$

($\boldsymbol{\sigma} = [\mathrm{S}]\{\boldsymbol{\Delta}\}$, wobei $\boldsymbol{\sigma} = \lfloor \sigma_x \; \sigma_y \; \tau_{xy} \rfloor^{\mathrm{T}}$ und $\{\boldsymbol{\Delta}\}$ in (5.19) definiert ist.)

Bild 5.5

Kontinuität der Verschiebungen u und v ist auf den Elementrändern hingegen gewährleistet. Das Verschiebungsfeld ist linear, und diese Linearität beschreibt auch das Verhalten der Verschiebungen entlang den Elementkanten. Wenn die Elemente an der Kante 1–2 verbunden werden sollen, so genügt es, die Verbindung der Punkte 1 und 2 vorzunehmen, um Stetigkeit der Verschiebungen in allen Punkten dieses Randstückes zu garantieren. Stetigkeit kann auch auf andere Weise erfüllt werden, und zwar, indem man mit dem Verschiebungsfeld (5.21 a) Ausdrücke formt, die ausschließlich die Verschiebungen der Randpunkte beschreiben. Es wird dabei beobachtet werden können, daß das Verschiebungsfeld entlang jeder Kante allein durch die Verschiebungsparameter dieses Randstückes beschrieben wird. Das allgemeine Vorgehen bei der Konstruktion von Verschiebungsfeldern, die entlang den Elementrändern stetig sind, beruht denn auch auf dieser Idee. Die Verschiebungen auf einem Elementrand sollten eine eindeutige Funktion der Verschiebungsparameter sein, welche auf Punkte dieses Randes bezogen sind. Ein Fall, bei dem die Verschiebungen an einem Elementrand nicht eindeutig definiert sind, ist in Bild 2.5b dargestellt.

Für das einfache Dreieckelement unter ebenem Spannungszustand sind also sowohl die Gleichgewichtsbedingungen wie die Verträglichkeitsbedingungen innerhalb des Elementes erfüllt. Entlang dem Rand ist jedoch nur die Stetigkeit der Verschiebungen u und v erfüllt. Die Gleichgewichtsbedingungen sind hier verletzt; aber Gleichgewicht der Randkräfte herrscht wenigstens in einem gemittelten Sinne in den Knoten. Die Wirkung der Verfeinerung eines Netzes von Dreieckelementen besteht nun darin, den wegen der Verletzung des Gleichgewichts vorhandenen Fehler in der Lösung durch sukzessiv verfeinerte Berechnung zu verkleinern.

Es wurde in Abschnitt 2.3 festgestellt, daß es oft nützlich ist, dimensionslose Steifigkeitskoeffizienten zu definieren. Aus Bild 5.4 erkennt man, daß jedes Glied in der Steifigkeitsmatrix des Dreieckelementes aus einem Produkt (oder Quadrat) von Elementlängen besteht, wohingegen die Konstante, welche der Matrix als Faktor voransteht, ein solches Produkt (x_2, y_3) im Nenner enthält. Durch Hineinmultiplizieren dieses letzteren Ausdrucks in die Matrix erhält man daher einen Satz von dimensionslosen Steifigkeitskoeffizienten, wobei die einzelnen Glieder als Verhältnisse von charakteristischen Längen des Elementes gegeben sind, d.h. als Größen der Form y_3/x_2 usw.

5.3 Grenzen der direkten Methode

Die Steifigkeitsmatrix eines Elementes ist in Abschnitt 2.3 definiert worden, ohne dabei auf die Verfahren, die zur Herleitung ihrer Koeffizienten Verwendung finden, einzugehen. Unter denselben Voraussetzungen ist in Abschnitt 2.5 gezeigt worden, daß die Steifigkeitsmatrix die Eigenschaft der Symmetrie aufweisen muß. Die mittels der direkten Methode hergeleiteten Gleichungen (5.10) garantieren die Symmetrie der Steifigkeitsmatrix jedoch in keiner Weise. Die mittlere Matrix des Tripelproduktes **[A][E][D]**, die materielle Steifigkeitsmatrix **[E]**, ist naturgemäß symmetrisch. Andererseits werden die Matrizen **[A]** und **[D]** unabhängig aufgestellt und sind nicht notwendigerweise kongruent. Eine auf die symmetrische Matrix **[E]** angewandte kongruente Transformation würde Symmetrie garantieren.

Man kann die Schwierigkeit der Konstruktion einer symmetrischen Matrix umgehen, wenn man Kongruenz erzwingt, indem man [**A**] in (5.10) durch die Transponierte der Verzerrungs-Verschiebungsmatrix [**D**] ersetzt. Dann ist $[\mathbf{k}] = [\mathbf{D}]^T[\mathbf{E}][\mathbf{D}]$. Wie in Abschnitt 6.4 gezeigt wird, erhält man das gleiche Resultat, wenn man das Prinzip vom Minimum der potentiellen Energie verwendet. (Die Verfahren unterscheiden sich etwas für Fälle, bei denen die Verzerrungen Funktionen der räumlichen Koordinaten sind. In der direkten Methode wird eine Diskretisationsmethode verwendet (vgl. das Balkenelement), während das Energieprinzip kontinuierliche Integration benutzt.)

Umgekehrt kann man davon ausgehen, nur mit den Kräfte-Spannungs-Transformationen [**A**] zu arbeiten. In diesem Fall muß man die inverse Form von (5.10) benutzen, d.h. $[\mathbf{f}] = [\mathbf{D}]^{-1}[\mathbf{E}]^{-1}[\mathbf{A}]^{-1}$ setzen (wobei die Freiheitsgrade der Starrkörperbewegung in Rechnung gestellt werden), und $[\mathbf{D}]^{-1}$ durch die Transponierte von $[\mathbf{A}]^{-1}$ ersetzen. Das so erhaltene Resultat stimmt mit jenem überein, das man durch Anwendung des Prinzips vom Minimum der Komplementärenergie erhält. Dieses Prinzip wird in Abschnitt 6.6 behandelt werden.

Eine zweite Einschränkung bei der Anwendung der direkten FE-Methode muß beachtet werden, wenn der Grad der Stetigkeit der Formfunktionen auf dem Rand benachbarter Elemente identifiziert werden soll; hierzu betrachte man z.B. den ebenen Spannungszustand des vorangehenden Abschnittes. Aufgrund einfacher physikalischer Überlegungen folgt, daß auf Elementrändern Stetigkeit der Verschiebungen u und v garantiert sein muß. Ist es nun aber nötig, auch Stetigkeit in den Verschiebungsableitungen du/dx und dv/dy, d.h. in den Verzerrungen usw. zu verlangen? Muß man für ebene Spannungszustände auch Stetigkeit noch höherer Ableitungen verlangen? Diese Fragen, welche von der direkten Methode theoretisch nicht beantwortet werden, werden durch Variationsprinzipien geklärt werden, was ebenfalls in Kapitel 6 behandelt wird.

Eine dritte Limitierung der direkten Methode betrifft die Behandlung von verteilten Lasten, Initialdehnungen und anderen Phänomenen, wie transiente Effekte und Fragen der elastischen Stabilität. Es mag bei der direkten Methode der Eindruck entstanden sein, daß nur ein einfacher Aufteilungsprozeß solche Effekte berücksichtigen kann. Ein rationaleres Vorgehen zur Formulierung dieser Sachfragen wird im nächsten und in den folgenden Kapiteln auf der Basis von Variationsprinzipien gegeben.

Bevor wir unsere Bemerkungen zur direkten Methode in der Festkörpermechanik abschließen, ist es vielleicht nützlich, einige der Transformationen zusammenzustellen, welche wir eingeführt haben und wiederholt in den nachstehenden Kapiteln vorkommen:

a) Verallgemeinerte Verschiebungs-Verschiebungsfeldgleichungen

$$\mathbf{\Delta} = [\mathbf{p}]\{\mathbf{a}\}, \tag{5.2a}$$

b) Knotenverschiebung – Verschiebungsfeldgleichungen

$$\mathbf{\Delta} = [\mathbf{N}]\{\mathbf{\Delta}\}, \tag{5.5a}$$

c) verallgemeinerte Verschiebungs-Knotenverschiebungsgleichungen

$$\{\mathbf{\Delta}\} = [\mathbf{B}]\{\mathbf{a}\}, \tag{5.3a}$$

d) Verallgemeinerte Verschiebungs-Verzerrungsfeldgleichungen

$$\boldsymbol{\epsilon} = [\mathbf{C}]\{\mathbf{a}\}, \tag{5.6a}$$

$$= [\mathbf{C}_f]\{\mathbf{a}_f\}, \qquad \text{Starrkörper-}\{\mathbf{a}_s\} = \mathbf{0}, \tag{5.6d}$$

e) Knotenverschiebungs-Verzerrungsfeldgleichungen

$$\boldsymbol{\epsilon} = [\mathbf{D}]\{\boldsymbol{\Delta}\}, \tag{5.6c}$$

f) Knotenverschiebungs-Spannungsfeldgleichungen

$$\boldsymbol{\sigma} = [\mathbf{S}]\{\boldsymbol{\Delta}\}, \tag{5.7a}$$

g) Knotenverschiebungs-Knotenspannungsgleichungen

$$\{\boldsymbol{\sigma}\} = [\mathbb{S}]\{\boldsymbol{\Delta}\}, \tag{3.9}$$

h) Knotenkraft-Spannungsgleichungen

$$\{\mathbf{F}\} = [\mathbf{A}]\{\boldsymbol{\sigma}\}. \tag{5.8a}$$

5.4 Die direkte Methode bei nichtmechanischen Problemen

Die direkte Methode kann ebensogut auch auf die FE-Formulierung von physikalischen Vorgängen angewendet werden, die nichts mit elastischer Verformung zu tun haben. Man betrachte z.B. den Fall der eindimensionalen stationären Wärmeleitung. Dieser Prozeß ist für den praktisch tätigen Konstrukteur, der sich mit Wärmespannungsproblemen beschäftigt, von ziemlich großer Bedeutung, da man Verträglichkeit in der rechnerischen Formulierung sowohl hinsichtlich der Temperatur- als auch der Spannungen wünscht.

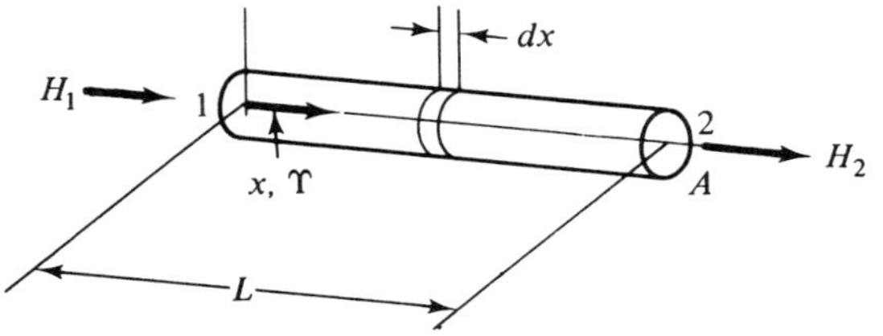

Bild 5.6

Die Bedingungen, die wir hier studieren, werden durch den in **Bild 5.6** dargestellten isolierten Stab beschrieben. Wir behandeln ein axiales Wärmeelement mit Querschnitt A, Länge L und Wärmeleitungskoeffizienten υ. Wir suchen Beziehungen zwischen den Temperaturen Υ_1, Υ_2 in den Punkten 1 und 2 und den Wärmeflüssen H_1, H_2 in diesen Punkten.

Die zu verwendende Konstitutivgleichung in diesem Fall ist Fouriers Wärmeleitungsgesetz

$$h = -v\frac{d\Upsilon}{dx}, \tag{5.23}$$

wobei h den stationären Wärmefluß pro Einheitsfläche darstellt. Das negative Vorzeichen trägt der physikalischen Beobachtung Rechnung, daß der Wärmefluß in der Richtung fließt, in welcher die Temperatur abnimmt. In Übereinstimmung mit früheren Entwicklungen für den Zug-Druckstab schreiben wir Υ wie folgt:

$$\Upsilon = \lfloor \left(1 - \frac{x}{L}\right) \quad \frac{x}{L} \rfloor \begin{Bmatrix} \Upsilon_1 \\ \Upsilon_2 \end{Bmatrix}.$$

Also gilt

$$\frac{d\Upsilon}{dx} = \lfloor -\frac{1}{L} \quad \frac{1}{L} \rfloor \begin{Bmatrix} \Upsilon_1 \\ \Upsilon_2 \end{Bmatrix}. \tag{5.24}$$

Der Wärmefluß im Punkt 1 ist $H_1 = hA$ und im Punkt 2 $H_2 = -hA$. (Das negative Vorzeichen trägt der Definition der positiven Richtung für H_2 Rechnung, welche im Knoten 2 ein Ausfluß ist.) Kombination dieser Beziehungen mit (5.23) und (5.24) ergibt

$$\begin{Bmatrix} H_1 \\ H_2 \end{Bmatrix} = \frac{Av}{L}\begin{bmatrix} 1 & -1 \\ -1 & 1 \end{bmatrix}\begin{Bmatrix} \Upsilon_1 \\ \Upsilon_2 \end{Bmatrix}. \tag{5.25}$$

Der Satz von Koeffizienten rechterhand heißt Wärmeleitungsmatrix für das Element. Es ist auch möglich, unter Benützung der direkten Methode Wärmeleitmatrizen zu bilden, welche auf ebene Dreieckelemente oder andere einfache Formen anwendbar sind. Ebenfalls ist es möglich, für finite Elemente Elementmatrizen zur Darstellung von Prozessen, wie Sickerströmung, Potentialströmung und Elektromagnetismus, zu konstruieren. Wie wir bereits erwähnt haben, ist es jedoch notwendig, theoretisch komplexere Verfahren anzuwenden, wenn komplizierteres Verhalten und kompliziertere Elemente behandelt werden. Eines dieser Verfahren wird im nächsten Abschnitt behandelt werden.

5.5 Methode der gewogenen Residuen

Mit der Ausdehnung der FEM auf Gebiete außerhalb der gewöhnlichen Festigkeitsmechanik war es gleichzeitig nötig, allgemeinere Verfahren zur Formulierung der Elementgleichungen zu entwickeln. Ein solches Verfahren steht uns mit der Methode der gewogenen Residuen zur Verfügung. Im Englischen wird diese Methode mit MWR [5.3] abgekürzt. Wir werden hier MGR benützen. Die Methode der gewogenen Residuen nimmt an, daß eine Ansatzfunktion (z.B. die Polynome der Abschnitte 5.1 und 5.2), die zur Approximation der unabhängigen Variablen eines Problems der mathematischen Physik gewählt wird, im allgemeinen die entsprechenden Differentialgleichungen nicht erfüllt. Einsetzen der Ansatzfunktion in die Differentialgleichungen wird also zu einem Residuum führen, welches mit R bezeichnet sei. Um die beste Lösung zu erhalten, versucht man dann, das Integral über das gesamte Gebiet des gegebenen Problems zu minimieren. Mit anderen Worten fordert man

$$\int_{\text{vol}} R \cdot d(\text{vol}) = \text{Minimum}.$$

Man kann den Bereich der Möglichkeiten zur Erreichung dieses Ziels dadurch erweitern, daß ein gewogener Wert des Residuums innerhalb des ganzen Bereiches minimiert wird. Wird die Gewichtsfunktion richtig gewählt, so ist der Wert des Integrals der Residuen Null. Bezeichnet ϕ die Gewichtsfunktion, so lautet die gewünschte allgemeinere Form der obigen Gleichung jetzt

$$\int_{\text{vol}} R \cdot \phi \, d(\text{vol}) = 0 \,. \tag{5.26}$$

(5.26) ist Hauptaussage der MGR.

Die Gewichtsfunktionen können in ganz verschiedener Art und Weise gewählt werden, und jede Wahl entspricht einem anderen Kriterium der MGR. Unser Interesse gilt dem Galerkinschen Kriterium, da es Gleichungen liefert, welche mit jenen der gewöhnlichen Energie- oder Variationsmethoden übereinstimmen [5.6–5.8].

Um die MGR mit dem Galerkinschen Kriterium zu beschreiben, betrachten wir die Differentialgleichung

$$\mathfrak{D}(\mathbf{\Delta}) = 0 \,, \tag{5.27}$$

wobei $\mathfrak{D}(\cdot)$ ein Differentialoperator und $\mathbf{\Delta}$ die unabhängige Variable ist. Diese Variable sei durch $\bar{\mathbf{\Delta}}$ in der Art und Weise von (5.5) approximiert, d.h. mittels einer Summe von n Formfaktoren N_i, die mit ihren entsprechenden Verschiebungsparametern $\mathbf{\Delta}_i$ multipliziert seien. Einsetzen von $\bar{\mathbf{\Delta}}$ in (5.27) gibt das Residuum

$$R = \mathfrak{D}(\bar{\mathbf{\Delta}}) \neq 0. \tag{5.28}$$

In Übereinstimmung mit dem Galerkinschen Verfahren werden die Formfaktoren N_i als Gewichtsfunktionen aufgefaßt. Für jeden Index i hat man also

$$\int_{\text{vol}} N_i \mathfrak{D}(\mathbf{\Delta}) \, d(\text{vol}) = 0 \quad (i = 1, \ldots, n), \tag{5.29}$$

und dies führt auf n Gleichungen.

(5.29) bezieht sich auf Punkte innerhalb eines Gebietes, ohne speziell auch Randbedingungen zu berücksichtigen, wie etwa vorgegebene, aufgebrachte Lasten oder Verschiebungen. Um Randbedingungen herzuleiten, wenden wir auf (5.29) partielle Integration an, was eine Summe von zwei Ausdrücken ergibt, einen ersten, der ein Integral über das Gebiet darstellt, und einen zweiten sogenannten Randterm.

Wir erläutern diese Methode, indem wir sie auf die Formulierung der Steifigkeitsgleichung des Zug-Druckstabes, der schon vorher in diesem Kapitel besprochen wurde,

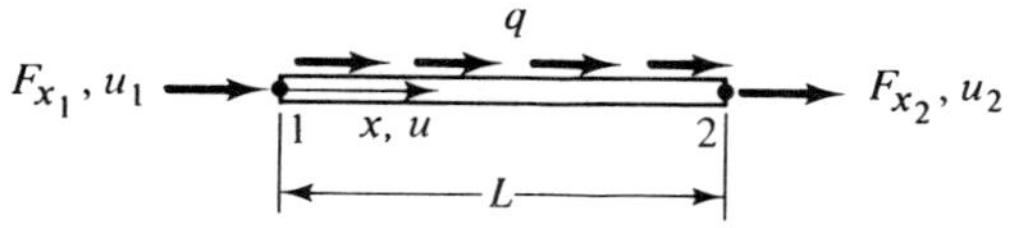

Bild 5.7

anwenden; jetzt nehmen wir aber, wie in **Bild 5.7**, eine vorgegebene verteilte Belastung q an. Wir suchen eine Beschreibung in Abhängigkeit der Verschiebungen $\mathbf{\Delta} = u$. Für diesen Fall erhält man die Differentialgleichung durch Substitution der Spannungs-Verzerrungsbeziehung $\sigma_x = E\,(du/dx)$ in die Gleichgewichtsgleichung $A\,(d\sigma_x/dx) = 0$. (Beachte, daß die letzte Gleichung die eindimensionale Vereinfachung von (4.3) ist mit $X = q/A$.) Es gilt also

$$EA\frac{d^2u}{dx^2} + q = 0\,. \tag{5.30}$$

Die linke Seite dieser Gleichung stellt $\mathfrak{D}(\mathbf{\Delta})$ dar. Die approximierende Funktion u ist in (5.5) gegeben, und durch Einsetzen dieser Gleichung in (5.30) und Einführen des MGR-Konzepts erhält man mit Hilfe des Galerkinschen Kriteriums

$$\int_0^L N_i\left(EA\frac{d^2\bar{u}}{dx^2}\right)dx = -\int_0^L N_i q\,dx \quad (i = 1, 2)\,. \tag{5.31}$$

Anwendung partieller Integration auf das Integral der linken Seite* ergibt

$$\int_0^L \left(\frac{dN_i}{dx}\right)\frac{d\bar{u}}{dx}EA\,dx = \int_0^L N_i q\,dx + N_i EA\frac{d\bar{u}}{dx}\Big|_0^L. \tag{5.31 a}$$

Da die Parameter u_i nicht Funktionen der Koordinaten sind, gilt

$$\frac{d\bar{u}}{dx} = \Sigma\frac{dN_i}{dx}u_i = \left\lfloor\frac{d\mathbf{N}}{dx}\right\rfloor\{\mathbf{u}\},$$

wobei $\{\mathbf{u}\}$ den Vektor der Knotenverschiebungen des Elementes darstellt. Setzt man diese Beziehung in die linke Seite von (5.31 a) ein, so erhält man

$$EA\int_0^L \left(\frac{dN_i}{dx}\right)\left\lfloor\frac{d\mathbf{N}}{dx}\right\rfloor dx\,\{\mathbf{u}\} = \int_0^L N_i q\,dx + N_i EA\frac{d\bar{u}}{dx}\Big|_0^L; \tag{5.31 b}$$

---

* Für diesen Fall ist die Formel für partielle Integration durch

$$\int_0^L N_i\frac{d^2\bar{u}}{dx^2}dx = N_i\frac{d\bar{u}}{dx}\Big|_0^L - \int_0^L \frac{dN_i}{dx}\frac{d\bar{u}}{dx}dx$$

gegeben.

der vollständige Gleichungssatz wird mit $F_1 = EA\ (d\bar{u}/dx)$ und $N_1 = 1$ an der Stelle $x = 0$, aber $N_1 = 0$ an der Stelle $x = L$ und ähnlichen Ausdrücken für F_2 und N_2 zu

$$[\mathbf{k}]\{\mathbf{u}\} = \{\mathbf{F}\} + \{\mathbf{F}^d\} \tag{5.32}$$

erhalten, wobei

$$[\mathbf{k}] = \left[EA \int_0^L \left\{\frac{d\mathbf{N}}{dx}\right\} \left\lfloor \frac{d\mathbf{N}}{dx} \right\rfloor dx \right], \tag{5.33}$$

$$\{\mathbf{F}\} = \begin{Bmatrix} F_1 \\ F_2 \end{Bmatrix}, \qquad \{\mathbf{F}^d\} = \begin{Bmatrix} \int_0^L N_1 q\, dx \\ \int_0^L N_2 q\, dx \end{Bmatrix}. \tag{5.34), (5.35}$$

Die resultierende Matrix $[\mathbf{k}]$ ist identisch mit derjenigen des Abschnittes 5.1.

Wir erkennen aus dem eben Dargelegten, daß die in Abhängigkeit der Verschiebungen geschriebenen Differentialgleichungen – die Gleichgewichtsgleichungen des Zug-Druckstabes – mit der Methode der gewogenen Residuen in die algebraischen Gleichungen für die Verschiebungsparameter übergeführt werden können mit Koeffizienten, die sich als Integrale ausdrücken lassen. Dieses Resultat werden wir auch in Kapitel 6 erhalten, wenn die Formulierung der FE-Gleichungen mit Hilfe der potentiellen Energie erfolgt. Konsequenterweise können die in Abhängigkeit der Spannungen geschriebenen Differentialgleichungen in FE-Gleichungen umgeformt werden, entweder unter Benützung der Methode der gewogenen Residuen oder aber mit dem Prinzip des Minimums der Komplementärenergie; die Resultate sind in beiden Fällen die gleichen.

Die Differentialgleichungen für die unabhängigen Felder (vgl. z.B. (5.30)) sind das Resultat einer Verknüpfung von Hilfsgleichungen der Elastizitätstheorie. In der obigen Herleitung wird diese Differentialgleichung durch Einsetzen der Spannungs-Verschiebungsgleichungen in die Gleichgewichtsgleichungen erhalten. Was würde man nun aber durch eine direkte Anwendung der Methode der gewogenen Residuen auf die Hilfsgleichungen erhalten? Hierzu geht man von der Gleichgewichtsgleichung

$$\frac{d\sigma_x}{dx} + \frac{\sigma}{A} = 0 \tag{5.36}$$

und der Spannungs-Verschiebungsgleichung

$$\frac{du}{dx} - \frac{\sigma_x}{E} = 0 \tag{5.37}$$

aus. Um algebraische Gleichungen für diese Formulierung zu erhalten, wenden wir einen ersten Gewichtsfaktor Ψ auf die Gleichgewichtsgleichung und einen zweiten ϕ auf die Spannungs-Verschiebungsgleichung an, so daß

$$\int_0^L \left(\frac{d\bar{\sigma}_x}{dx} + \frac{q}{A}\right) \psi\, A\, dx = 0\,, \tag{5.38}$$

$$\int_0^L \left(\frac{d\bar{u}}{dx} - \frac{\bar{\sigma}_x}{E}\right) \phi\, A\, dx = 0 \tag{5.39}$$

entsteht. Die Approximationen der Spannungen und Verschiebungen seien in der Form

$$\bar{u} = \lfloor \mathbf{N} \rfloor \{\mathbf{u}\}\,, \tag{5.5b}$$

$$\bar{\sigma}_x = \lfloor \mathbf{\Xi} \rfloor \{\boldsymbol{\sigma}\} \tag{5.40}$$

gewählt, wobei die Größen $\lfloor \mathbf{N} \rfloor$ die Formfaktoren der Verschiebungen sind und $\lfloor \mathbf{\Xi} \rfloor$ verwendet wird, um die Formfunktionen der Spannungen zu bezeichnen. In der Auswahl der Gewichtsfunktionen gehen wir nun so vor, daß wir für die Gewichtsfunktion Ψ der Reihe nach die Formfunktionen N_i der Verschiebungen wählen. Andererseits wählen wir für die Gewichtsfunktion ϕ der Reihe nach die Formfaktoren Ξ_i im Ansatz für die Spannungen. Wir betrachten zuerst das gewogene Integral der Differentialgleichungen des Gleichgewichts (5.38). Durch Einführen von $\Xi_i = N_i$ erhält man

$$\int_0^L \left(\frac{d\bar{\sigma}_x}{dx} + \frac{q}{A}\right) N_i A\, dx = 0 \tag{5.38a}$$

oder nach partieller Integration des ersten Termes und Umformen

$$\int_0^L \frac{dN_i}{dx}\, \bar{\sigma}_x A\, dx = N_i A \bar{\sigma}_x \Big|_0^L + \int_0^L q N_i\, dx\,. \tag{5.41}$$

Durch Einsetzen von (5.40) für $\bar{\sigma}_x$ und durch Verwendung von $N_i A \bar{\sigma}_x = F_i$ erhalten wir für die Werte von N_i

$$[\mathbf{\Omega}_{21}]\{\boldsymbol{\sigma}\} = \{\mathbf{F}\} + \{\mathbf{F}^d\}, \tag{5.42}$$

wobei

$$[\mathbf{\Omega}_{21}] = \left[\int_0^L \left\{\frac{d\mathbf{N}}{dx}\right\} \lfloor \mathbf{\Xi} \rfloor A\, dx\right], \tag{5.43}$$

$$\{\mathbf{F}^d\} = \left\{\int_0^L q\, \mathbf{N}\, dx\right\}. \tag{5.44}$$

$\{\mathbf{F}\}$ bezeichnet wie gewöhnlich die Knotenkräfte.

Man betrachte jetzt das gewogene Integral der Spannungs-Verschiebungsgleichung, welches nach Einführen von $\phi = \Xi_i$ die Gestalt

$$\int_0^L \left(\frac{d\bar{u}}{dx} - \frac{\bar{\sigma}_x}{E}\right) \Xi_i\, A\, dx = 0 \tag{5.39a}$$

annimmt. Nach Einsetzen von (5.5b) und (5.40) für $\bar{u}$ und $\bar{\sigma}_x$ erhält man für jedes Ξ_i

$$[\mathbf{\Omega}_{21}]^{\mathrm{T}}\{\mathbf{u}\} + [\mathbf{\Omega}_{11}]\{\boldsymbol{\sigma}\} = 0, \tag{5.45}$$

wobei $[\boldsymbol{\Omega}_{21}]$ wie in (5.43) definiert ist und

$$[\boldsymbol{\Omega}_{11}] = -\left[\int_0^L \{\boldsymbol{\Xi}\}\frac{\lfloor\boldsymbol{\Xi}\rfloor}{E} A\,dx\right]. \qquad (5.46)$$

Wir sehen, daß diese Beziehung den Vektor $\{\mathbf{u}\}$ mit $\{\boldsymbol{\sigma}\}$ verknüpft; es ist also bequem, (5.42) und (5.45) in einer einzigen Matrizengleichung zusammenzufassen:

$$\begin{bmatrix}\boldsymbol{\Omega}_{11} & \boldsymbol{\Omega}_{21}^{\mathrm{T}}\\ \boldsymbol{\Omega}_{21} & 0\end{bmatrix}\begin{Bmatrix}\boldsymbol{\sigma}\\ \mathbf{u}\end{Bmatrix} = \begin{Bmatrix}\mathbf{0}\\ \mathbf{F}+\mathbf{F}^d\end{Bmatrix}. \qquad (5.47)$$

Die Gleichungen, die wir hier hergeleitet haben, sind von gemischtem Format (vgl. Abschnitt 2.3 und (2.3)). In Kapitel 6 wird gezeigt, daß bei Benützung von Variationsprinzipien dieselben Resultate erhalten werden, wenn dort das sogenannte Reissnersche Energieprinzip verwendet wird.

Da Kombinationen der Grundgleichungen der Elastizitätstheorie möglich sind, die sich von den eben vorgeführten unterscheiden, ist es klar, daß andere gemischte Formate der Kraft-Verschiebungsgleichungen von Elementen aufgestellt werden können.

Wir wollen die Methode der gewogenen Residuen jetzt auf ein zweidimensionales Problem anwenden. Dafür wählen wir die Differentialgleichung

$$\frac{\partial^2\boldsymbol{\Phi}}{\partial x^2} + \frac{\partial^2\boldsymbol{\Phi}}{\partial y^2} = C \qquad (5.48)$$

oder, in etwas gedrängter Form,

$$\nabla^2\,\boldsymbol{\Phi} = C\,, \qquad (5.49)$$

wobei

$$\nabla^2 = \frac{\partial^2}{\partial x^2} + \frac{\partial^2}{\partial y^2}\,, \qquad (4.20)$$

also ∇^2 den Laplaceoperator bezeichnet. (5.49) ist die Poissonsche Differentialgleichung, die ein breites Spektrum physikalischer Probleme erfaßt. In der Tat beschreibt sie in der Festkörpermechanik das Verhalten einer vorgespannten Membran unter transversalem Druck, und für diesen Fall ist $\boldsymbol{\Phi}$ die Transversalverschiebung und C eine Funktion, die das Verhältnis von Druck zur Vorspannung wiedergibt. Die Gleichung beschreibt auch die St. Venantsche Torsion geschlossener Querschnitte; in diesem Fall ist $\boldsymbol{\Phi}$ die zugehörige Spannungsfunktion. Sie beherrscht ferner die Potentialströmung, wobei $\boldsymbol{\Phi}$ die Stromfunktion oder die Potentialfunktion darstellt, und tritt auch in der stationären Wärmeleitung auf, bei der $\boldsymbol{\Phi}$ die Temperatur bezeichnet.

In Übereinstimmung mit der Methode der gewogenen Residuen approximieren wir

$$\bar{\boldsymbol{\Phi}} = \lfloor\mathbf{N}\rfloor\{\boldsymbol{\Phi}\}\,; \qquad (5.50)$$

hier bezeichnet $\lfloor\mathbf{N}\rfloor$ wie vorher einen Satz von Formfaktoren, der den funktionellen Verlauf von $\bar{\boldsymbol{\Phi}}$ in Abhängigkeit der (x, y)-Koordinaten wiedergibt, und $\{\boldsymbol{\Phi}\}$ ist eine Variablenliste für die Werte von Φ an ausgewählten Punkten. Aus dem Prinzip der gewogenen Residuen erhalten wir

$$\int_A (\nabla^2 \bar{\Phi} - C) N_i \, dA = 0 \,. \tag{5.51}$$

Wie vorher wenden wir jetzt partielle Integration auf den ersten Term des Integranden dieser Gleichung an. Diese ist durch den ersten Satz von Green [5.9] gegeben, welcher

$$\int_A \nabla^2 \bar{\Phi} \cdot N_i \, dA = \int_S N_i \left(l_x \frac{\partial \bar{\Phi}}{\partial x} + l_y \frac{\partial \bar{\Phi}}{\partial y} \right) dS - \int_A \left(\frac{\partial \bar{\Phi}}{\partial x} \frac{\partial N_i}{\partial x} + \frac{\partial \bar{\Phi}}{\partial y} \frac{\partial N_i}{\partial y} \right) dA \tag{5.52}$$

lautet. Nach Einführen von $\bar{\Phi}$ aus (5.50) folgt für jedes Φ_i

$$[\mathbf{k}^n]\{\mathbf{\Phi}\} = \{\mathbf{F}^n\} + \{\mathbf{F}^c\} \,, \tag{5.53}$$

wobei

$$[\mathbf{k}^n] = \left[\int_A \left[\left\{ \frac{\partial \mathbf{N}}{\partial x} \right\} \left\lfloor \frac{\partial \mathbf{N}}{\partial x} \right\rfloor + \left\{ \frac{\partial \mathbf{N}}{\partial y} \right\} \left\lfloor \frac{\partial \mathbf{N}}{\partial y} \right\rfloor \right] dA \right] , \tag{5.54}$$

$$\{\mathbf{F}^n\} = \left\{ \int_S \{\mathbf{N}\} \left(l_x \frac{\partial \bar{\Phi}}{\partial x} + l_y \frac{\partial \bar{\Phi}}{\partial y} \right) dS \right\} , \tag{5.55}$$

$$\{\mathbf{F}^c\} = \left\{ \int_A \{\mathbf{N}\} C \, dA \right\} . \tag{5.56}$$

(5.55) zeigt, daß als Randbedingungen die Ableitungen von $\bar{\Phi}$ senkrecht zum Gebietsrand gegeben sein müssen. Probleme, die durch (5.48) beschrieben werden, sind in der Regel jedoch durch Randbedingungen charakterisiert, welche Ausdrücke verwenden, die von (5.55) verschieden sind.

Es ist nötig, auf gewisse Besonderheiten der Methode der gewogenen Residuen, wie sie hier angewendet wurde, aufmerksam zu machen. Erstens ist klar, daß ein Integral, dessen Wert ein allgemein typisches Verhalten beschreibt, leicht in ein gewogenes Integral umgeformt werden kann, das die typischen Differentialgleichungen dann nur noch angenähert wiedergibt. In der Festigkeitsmechanik existieren für ein Problem in der Regel eine ganze Anzahl verschiedener Differentialgleichungen; dementsprechend gibt es auch mehrere Integralformen.

Die zweite bemerkenswerte Tatsache betrifft die Rolle der partiellen Integration. Im MGR-Verfahren betrachtet man vor der Durchführung dieses Schrittes nur das Innere eines Elementes. Die partielle Integration gibt wegen der dadurch entstandenen Randintegrale die Möglichkeit, Randbedingungen im Verfahren einzuschließen. Wiederholte Anwendung partieller Integration ermöglicht zugleich, für die Darstellung von Randbedingungen andere Formate zu erhalten.

Die Methode der gewogenen Residuen führt bei Benützung des Galerkinschen Verfahrens für die in diesem Buch behandelte Klasse von Problemen der Festigkeitsmechanik auf dieselben FE-Darstellungen wie die Energiemethoden (Variationsmethoden). Da die Energiemethoden dem Konstrukteur mehr vertraut sind und in überwiegender Zahl in den meisten die finiten Elemente betreffenden Artikeln der Literatur Anwendung finden, beschränken wir uns im nächsten und in den folgenden Kapiteln auf die Energiemethoden.

Literatur

5.1 Turner, M.; Clough, R.; Martin, H.; Topp, L.: Stiffness and deflection analysis of complex structures. J. Aer. Sci. 23 (1956), 805–823, 854.
5.2 Gallagher, R. H.: Correlation study of methods of matrix structural analysis. New York, N. Y.: Pergamon Press 1964.
5.3 Finlayson, B.: The method of weighted residuals and variational principles. New York, N. Y.: Academic Press 1972.
5.4 Hutton, S. G.; Anderson, D. L.: Finite element method: A Galerkin approach. Proc. ASCE; J. Eng. Mech. Div. 97 (1971) 1503–1520.
5.5 Aral, M.; Mayer, P.; Smith, C. V.: Finite element Galerkin method solutions to selected elliptic and parabolic differential equations. Proc, 3rd Air Force Conf. on matrix meth. in struct. mech.. Wright Patterson AFB, Ohio 1971.
5.6 Zienkiewicz, O. C.; Parekh, C. J.: Transient field problems: Twodimensional and three-dimensional analysis by isoparametric elements. Int. J. Num. Meth. Eng. 2 (1970) 61–72.
5.7 Szabo, B.; Lee, G. G.: Derivation of stiffness equations for problems in elasticity by Galerkin's method. Int. J. Num. Meth. Eng. 1 (1969), 301–310.
5.8 Szabo, B. A.; Lee, G. G.: Stiffness matrix for plates by Galerkin's method. Proc. ASCE; J. Eng. Mech. Div. 95 (1969), 571–585.
5.9 Sokolnikoff, I.; Redheffer, R.: Mathematics of physics and modern engineering, 2nd ed. New York, N. Y.: McGraw-Hill 1966, S. 370–375.

Aufgaben

5.1 Konstruiere mit der direkten Steifigkeitsmethode die Steifigkeitsmatrix eines einfachen Torsionsstabes.

5.2 Bilde mit der direkten Methode für ein Rechteckelement unter ebenem Spannungszustand die Steifigkeitsmatrix, indem lineare Randverschiebungen angenommen werden (**Bild A.5.2**). Leite dieses Resultat numerisch her, indem zuerst die Matrizen [D] und [A] in allgemeiner Form hergeleitet werden, woran anschließend das Produkt [A][E][D] mit Hilfe des Computers zu errechnen ist. Wähle $t = 0{,}1$ cm, $x_2 = 16$ cm, $y_3 = 12$ cm, $E = 10^7$ N/cm^2, $\mu = 0{,}3$. Überprüfe das Resultat mit Bild 9.13 und benutze

$$u = N_1 u_1 + N_2 u_2 + N_3 u_3 + N_4 u_4,$$

$$v = N_1 v_1 + N_2 v_2 + N_3 v_3 + N_4 v_4,$$

$$N_1 = (1-\xi)(1-\eta), \qquad N_2 = \eta(1-\xi), \qquad N_3 = \xi\eta, \qquad N_4 = (1-\xi)\eta,$$

wobei

$$\xi = \frac{x}{x_2}, \; \eta = \frac{y}{y_3}$$

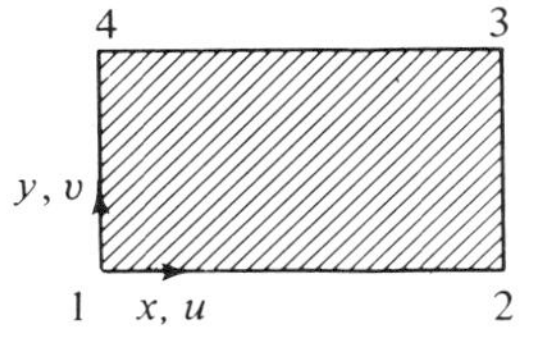

Bild A.5.2

5.3 Konstruiere die Spannungsmatrix [S] für ein Rechteck unter ebenem Spannungszustand, dessen Darstellung auf den Formfunktionen der Aufgabe 5.2 beruht. Man behalte x und y als unabhängige Variable bei.

5.4 Bestimme für orthotropes Material die Spannungsmatrix [S] für das in Abschnitt 5.2 gegebene Dreieck unter ebenem Spannungszustand.

5.5 Entwickle auf der Basis der gewogenen Residuen (Galerkin) ein Verfahren zur Bestimmung der Steifigkeitsmatrix eines Balkenelementes und erläutere das Verfahren durch Herleitung der ersten Zeile der Matrix (F_1 als Funktion von $w_1, \theta_1, w_2, \theta_2$).

5.6 Leite mit Hilfe des Galerkinschen Verfahrens die notwendigen Integralausdrücke her, die im ebenen Spannungszustand bei der Wahl von Ansatzfunktionen für die Verschiebungen zur Konstruktion der Steifigkeitsmatrix eines Elementes benötigt werden.

5.7 Erläutere das direkte Verfahren anhand der Formulierung der Flexibilitätsmatrix eines Elementes und illustriere es am Beispiel eines Kragarms.

5.8 Erläutere das direkte Verfahren anhand der Formulierung der gemischten Kraft-Verschiebungsgleichungen eines Elementes und illustriere es anhand des Balkenelementes.

5.9 Bestimme die Matrix der Wärmeausdehnung für ein ebenes Dreieckelement unter Benützung der direkten Methode. Verwende lineare Temperaturverteilung $\Upsilon = N_1\Upsilon_1 + N_2\Upsilon_2 + N_3\Upsilon_3$, wobei Υ_1, Υ_2 und Υ_3 die Ecktemperaturen sind.

5.10 Die Differentialgleichung des Stabknickens (**Bild A.5.10**) hat die Gestalt

$$EI\frac{d^4w}{dx^4} + F_x\frac{d^2w}{dx^2} = 0.$$

Unter Benützung des Galerkinschen Verfahrens leite man die zur Konstruktion der entsprechenden Steifigkeitsgleichungen notwendigen Integralausdrücke her. Man nehme hierzu an, daß das Verschiebungsfeld durch $w = N_1w_1 + N_2\theta_1 + N_3w_2 + N_4\theta_2$ gegeben sei, wobei $N_1, \ldots, N_4$ durch (5.14a) gegeben sind.

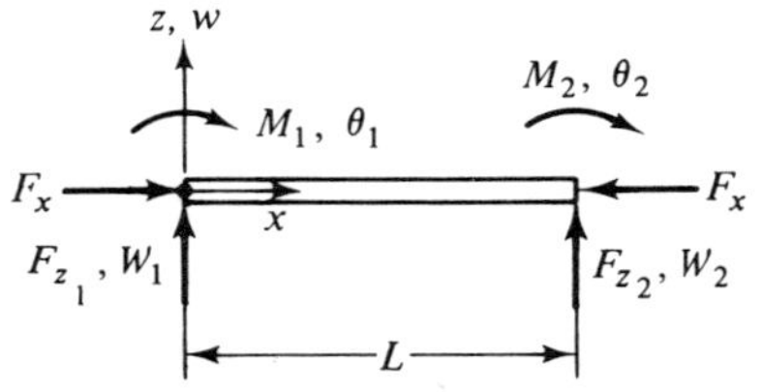

Bild A.5.10

6 Variationsmethoden und ihre Elementformulierung

Die Variations- oder Energiemethoden der Festigkeitsmechanik stellen nicht nur ein effizientes, sondern auch ein weit verbreitetes Verfahren zur Formulierung von Elementbeziehungen dar. Rudimentäre Formen dieser Methoden gehören seit mehr als einem Jahrhundert zum Handwerk des Festigkeitsmechanikers. Gewisse kompliziertere Formen dieser Methoden sind jedoch so neu wie die FEM selbst, und es wird oft behauptet, daß ihre Entdeckung in gewissen Fällen durch das durch die Formulierung der FE-Grundlagen stimulierte Interesse erfolgte. Ob das in der Tat der Fall war, sei dahingestellt; die moderne Entwicklung hat auf jeden Fall zu einer gewaltigen Erweiterung von Variationsmethoden der Festigkeitsmechanik einschließlich ihrer Ziele und Grenzen geführt.

In diesem Kapitel werden die entsprechenden Variationsprinzipien der Festigkeitsmechanik hergeleitet, und zwar in einer der Herleitung von Elementgleichungen besonders angepaßten Form. Die Anwendung auf die Gleichungen für die Gesamtkonstruktion erfolgt in Kapitel 7. Wir nehmen also an, daß Kraft-Verschiebungsgleichungen für die einzelnen Elemente formuliert werden können und daß die Bildung globaler Gleichungen eine gesonderte Operation darstellt. Dieses Vorgehen ist mit dem auf die FE-Analysis angewandten Prinzip der fachwerkartigen Zusammenfügbarkeit verträglich, welches zuerst in Abschnitt 2.2 beschrieben und dann auch in den Kapiteln 3 und 5 angewendet wurde. Energiekonzepte erlauben jedoch noch eine andere Betrachtungsweise der FE-Analysis, in der die globalen Gleichungen durch Summation der Elementenergien gebildet werden. Wir werden den Übergang von der einen Betrachtungsweise auf die andere in diesem Kapitel und in Kapitel 7 besprechen.

Wir beginnen dieses Kapitel mit einer ausführlichen Herleitung des Prinzips der virtuellen Arbeit. Dann wird ein kurzer Abriß der Grundlagen der Variationsrechnung gegeben, gefolgt von einer eingehenden Entwicklung des Prinzips vom Minimum der potentiellen Energie und des Prinzips vom Minimum der Komplementärenergie. Es sind dies spezielle Formen der fundamentaleren Prinzipien der virtuellen Verschiebungen und der virtuellen Kräfte. Letztlich wird ein Abriß der gemischten Variationsprinzipien gegeben, und es werden die hybriden sowie verallgemeinerten Variationsmethoden von Elementformulierungen behandelt, welche entweder aus dem Prinzip vom Minimum der potentiellen Energie oder aber von jenem der Komplementärenergie hergeleitet werden können.

Wir beschäftigen uns in diesem Kapitel ausschließlich mit dem einzelnen finiten Element. Alle Ausdrücke sind so geschrieben, als ob die Gesamtkonstruktion nur aus einem einzigen Element bestünde; es werden daher keine Indices (Sub- und Superskripts) zur Unterscheidung von globalen Variablen und Elementgrößen eingeführt

6.1 Das Prinzip der virtuellen Arbeit

6.1.1 Das Prinzip und sein Beweis

Das Prinzip der virtuellen Arbeit bildet für alle folgenden Variationsprinzipien – die konventionellen Prinzipien der statischen potentiellen Energie und der Komplementärenergie sowie auch die weniger gewohnten Zweifeldenergie-Prinzipien – die eigentliche Grundlage. Das Prinzip der virtuellen Arbeit ist in der Tat ein unabhängiges Verfahren zur Formulierung von FE-Gleichungen. Es gibt zwei gewöhnlich zur Anwendung gelangende Formen des allgemeinen Prinzips, das der virtuellen Verschiebungen und dasjenige der virtuellen Kräfte. Diese führen in entsprechender Weise zu den bekannteren Prinzipien der stationären potentiellen Energie bzw. der Komplementärenergie.

Beim Prinzip der virtuellen Arbeit in der Form der virtuellen Verschiebungen wird angenommen, daß ein sich unter aufgebrachten Lasten und Raumkräften im Gleichgewicht befindlicher Körper einem virtuellen (imaginären) Verschiebungszustand, der durch die Verschiebungskomponenten δu, δv, δw seiner Punkte beschrieben wird, unterworfen sei. Die virtuellen Verschiebungen müssen hierbei kinematisch verträglich sein, d.h. sie müssen stetige Funktionen der räumlichen Koordinaten sein und auch die kinematischen Randbedingungen auf jenem Teil des Randes erfüllen, auf dem solche Randbedingungen vorgegeben sind **(Bild 6.1)**.

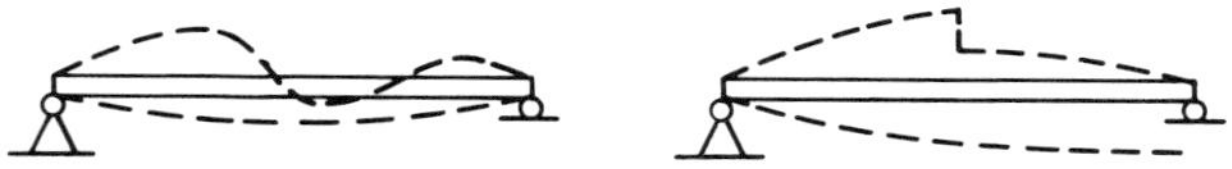

(a) Zulässige virtuelle Verschiebung (b) Unzulässige virtuelle Verschiebung **Bild 6.1**

In Bild 6.1 a zum Beispiel wird eine Anzahl von zulässigen Formen von Verschiebungsfeldern für einen Biegestab gezeigt (durch gestrichelte Linien angedeutet). Jede dieser Formen erfüllt die Bedingung der gelenkigen Lagerung an den Endpunkten, und beide Verschiebungsfelder haben stetige erste Ableitungen (eine Voraussetzung für Balkenbiegung). Die Verschiebungsfelder von Bild 6.1 b andererseits verletzten entweder die Auflagerbedingungen (keine Durchbiegung), oder aber sie sind unstetig in Durchbiegung und Neigung; sie sind also unzulässig. In der FE-Analysis kommt der Zulässigkeit der gewählten Verschiebungsfelder besondere Bedeutung zu. Wir wollen diesen Bedingungen in den folgenden Abschnitten besondere Aufmerksamkeit schenken.

Unter den voranstehenden Einschränkungen sagt das Prinzip der virtuellen Arbeit aus, daß die Summe der Potentiale aus äußeren Lasten δV und innerer Energie δU bei einer virtuellen Verschiebung $\delta\boldsymbol{\Delta}$ verschwinden muß:

$$\delta U + \delta V = 0. \tag{6.1}$$

Um diese Aussage zu beweisen, betrachten wir eine Scheibe der Einheitsdicke, und zwar unter ebenem Spannungszustand ($\sigma_z = \tau_{zx} = \tau_{zy} = 0$) und bei Abwesenheit von Raumkräften und Initialdehnung. (Eine Erweiterung auf den allgemeinen Fall stellt keine Schwierigkeit dar.) Der Spannungszustand des sich im Gleichgewicht befindenden

Körpers wird durch σ_x, σ_y, τ_{xy} dargestellt. Die Komponenten des virtuellen Verschiebungsfeldes $\delta\mathbf{\Delta}$ seien mit δu und δv bezeichnet, und diesen Feldern entsprechen Variationen der Verzerrungen, welche sich aus den Verzerrungs-Verschiebungsgleichungen zu

$$\delta\epsilon_x = \frac{\partial\,(\delta u)}{\partial x}, \qquad \delta\epsilon_y = \frac{\partial\,(\delta v)}{\partial y}, \qquad \delta\gamma_{xy} = \frac{\partial\,(\delta v)}{\partial x} + \frac{\partial\,(\delta u)}{\partial y} \tag{6.2}$$

ergeben.

Für die Verzerrungsenergie erhält man mit den virtuellen Verschiebungen δu, δv und δw

$$\delta U = \int_A \boldsymbol{\sigma}\cdot\delta\boldsymbol{\epsilon}\, dA = \int_A [\sigma_x\,(\delta\epsilon_x) + \sigma_y\,(\delta\epsilon_y) + \tau_{xy}\,(\delta\gamma_{xy})]\, dA\,. \tag{6.3}$$

Beachte, daß in diesem Ausdruck die wegen der Änderung der Spannungen bedingte Arbeit vernachlässigt ist, dies als Konsequenz des virtuellen Charakters der Verschiebungen. Einsetzen der Verzerrungs-Verschiebungsgleichung (6.2) führt zu

$$\delta U = \int_A \left\{\sigma_x \frac{\partial}{\partial x}(\delta u) + \sigma_y \frac{\partial}{\partial y}(\delta v) + \tau_{xy}\left[\frac{\partial}{\partial y}(\delta u) + \frac{\partial}{\partial x}(\delta v)\right]\right\} dA\,. \tag{6.3a}$$

Beachtet man weiter, daß

$$\int_A \frac{\partial(\sigma_x\,\delta u)}{\partial x}\, dA = \int_A \delta u\,\frac{\partial\sigma_x}{\partial x}\, dA + \int_A \sigma_x\,\frac{\partial\,(\delta u)}{\partial x}\, dA$$

oder

$$\int_A \sigma_x\,\frac{\partial\,(\delta u)}{\partial x}\, dA = \int_A \frac{\partial\,(\sigma_x\,\delta u)}{\partial x}\, dA - \int_A \delta u\,\frac{\partial\sigma_x}{\partial x}\, dA \tag{6.4}$$

und daß ähnliches auch für die Integrale gilt, welche die Größen

$$\sigma_y \frac{\partial}{\partial y}(\delta v), \qquad \tau_{xy}\frac{\partial}{\partial y}(\delta u), \qquad \tau_{xy}\frac{\partial}{\partial x}(\delta v)$$

enthalten, so erhält man durch Einsetzen

$$\begin{aligned}\delta U = &-\int_A \left[\left(\frac{\partial\sigma_x}{\partial x} + \frac{\partial\tau_{xy}}{\partial y}\right)\delta u + \left(\frac{\partial\sigma_y}{\partial y} + \frac{\partial\tau_{xy}}{\partial x}\right)\delta v\right] dA \\ &+ \int_A \left[\frac{\partial}{\partial x}(\sigma_x\,\delta u) + \frac{\partial}{\partial x}(\tau_{xy}\,\delta v) + \frac{\partial}{\partial y}(\sigma_y\,\delta v) + \frac{\partial}{\partial y}(\tau_{xy}\,\delta u)\right] dA\,.\end{aligned} \tag{6.3b}$$

Die Ausdrücke in runden Klammern im ersten Integral auf der rechten Seite dieser Gleichung, gegeben durch

$$\left(\frac{\partial\sigma_x}{\partial x} + \frac{\partial\tau_{xy}}{\partial y}\right), \qquad \left(\frac{\partial\sigma_y}{\partial y} + \frac{\partial\tau_{xy}}{\partial x}\right),$$

verschwinden, und zwar wegen der Differentialgleichung des Gleichgewichts (4.2). Daher vereinfacht sich der Ausdruck für δU zu

$$\delta U = \int_A \left[\frac{\partial}{\partial x}[\sigma_x \,\delta u + \tau_{xy}\,\delta v] + \frac{\partial}{\partial y}[\sigma_y\,\delta v + \tau_{xy}\,\delta u]\right] dA\,. \tag{6.3c}$$

Wir führen jetzt den Gaußschen Satz ein (partielle Integration in der Ebene). Dadurch wird der obige Ausdruck, der sich allein auf Punkte innerhalb des Gebietes A bezieht, derart umgeformt, daß ein Randintegral entsteht. Die im Innern von A definierten Größen werden so mit Randgrößen in Beziehung gesetzt. Physikalisch sagt der Satz von Gauß aus, wie sich eine in einem Gebiet gegebene Größe mit ihrem Fluß über den Rand im „Gleichgewicht" hält.

In Übereinstimmung mit diesem Satz erhält man

$$\begin{aligned}\int_A \left[\frac{\partial}{\partial x}(\sigma_x\,\delta u + \tau_{xy}\,\delta v) + \frac{\partial}{\partial y}(\sigma_y\,\delta v + \tau_{xy}\,\delta u)\right] dA \\ = \int_S [(\sigma_x\,\delta u + \tau_{xy}\,\delta v) l_x + (\sigma_y\,\delta v + \tau_{xy}\,\delta u) l_y]\, dS\end{aligned} \tag{6.5}$$

wobei l_x und l_y die Richtungscosinus der Randnormalen bedeuten. Daher geht (6.3c) über in

$$\delta U = \int_S [(\sigma_x l_x + \tau_{xy} l_y)\,\delta u + (\sigma_y l_y + \tau_{xy} l_x)\,\delta v]\, dS\,. \tag{6.6}$$

Aus (4.5) folgt nun $\bar{T}_x = \sigma_x l_x + \tau_{xy} l_y$ und $\bar{T}_y = \sigma_y l_y + \tau_{xy} l_x$, wobei $\bar{T}_x$ und $\bar{T}_y$ die Komponenten der vorgegebenen Randkräfte bedeuten. Es ist auch nützlich, zwischen dem Teil des Randes, auf dem die Kräfte vorgegeben sind – dieser Teil sei mit S_σ bezeichnet –, und demjenigen, auf welchem die Verschiebungen vorgegeben sind – er sei mit S_u bezeichnet –, zu unterscheiden. Die virtuellen Verschiebungen müssen als kinematisch zulässige Felder auf dem letzteren verschwinden. Daher hat man

$$\delta U = \int_{S_\sigma} (\bar{T}_x\,\delta u + \bar{T}_y\,\delta v)\, dS = -\delta V\,,$$

da ja die durch die virtuellen Verschiebungen hervorgerufene äußere Arbeit $-\delta V$ mit dem angedeuteten Integral übereinstimmt (wir schreiben ein Minus-Zeichen auf der rechten Seite, weil das Integral die Variation der potentiellen Energie der aufgebrachten Kräfte darstellt, und diese wird bei der Verformung der Konstruktion verkleinert). Damit ist die Gültigkeit des Prinzips der virtuellen Arbeit (wenigstens für den vorliegenden Fall) bewiesen.

Sehr oft wird der Tatsache, daß keine konstitutiven Gleichungen in der obigen Herleitung gebraucht werden, äußerst große Bedeutung zugewiesen. Bei der Anwendung des Prinzips ist das Spannungs-Dehnungsverhalten also nicht auf Linearität beschränkt. Trotzdem besteht das übliche Vorgehen bei der FE-Analysis nicht-linearer Materialien darin, die Prozesse für sukzessive Spannungsinkremente zu linearisieren. Uneingeschränkt dieser Tatsache ist die Allgemeinheit dieses Prinzips bei der Aufstellung von FE-Formulierungen, die einer solchen Inkrementierung Rechnung tragen, von Wichtigkeit.

Wir werden das Prinzip der virtuellen Kräfte hier nicht untersuchen, sondern dem davon abgeleiteten Prinzip der stationären Komplementärenergie, welche in Abschnitt 6.6 diskutiert wird, den Vorrang geben. Würde das Prinzip der virtuellen Kräfte angewendet, so hätte man virtuelle Spannungszustände einzuführen, welche die Gleichgewichtsbedingungen erfüllten.

6.1.2 FE-Diskretisierung mit Hilfe des Prinzips der virtuellen Arbeit

Nachdem die Gültigkeit des Prinzips der virtuellen Arbeit aufgestellt ist, wenden wir uns nun der Aufstellung eines allgemeinen Verfahrens zur Formulierung der Steifigkeitsmatrix eines finiten Elementes zu. Wir betrachten zuerst, wie die Ansatzfunktion für ein angenommenes Verschiebungsfeld $\mathbf{\Delta}$ gewählt wird. Wie bereits früher festgestellt, ist $\mathbf{\Delta}$ fett gedruckt, um anzudeuten, daß es den vollständigen Satz der Koordinatenverschiebungen u, v und w darstellt. In Übereinstimmung mit früheren Bezeichnungen schreibt man dieses Feld in der Form

$$\mathbf{\Delta} = [\mathbf{N}]\{\mathbf{\Delta}\} \tag{5.5a}$$

an und erhält hieraus die Verzerrungs-Verschiebungsgleichungen

$$\boldsymbol{\epsilon} = [\mathbf{D}]\{\mathbf{\Delta}\}. \tag{5.6c}$$

Nimmt man die Verteilung der virtuellen Verschiebungen $\delta\mathbf{\Delta}$ und der virtuellen Verzerrungen $\delta\boldsymbol{\epsilon}$ in der gleichen Form wie (5.5a) und (5.6c) an, so gilt

$$\delta\mathbf{\Delta} = [\mathbf{N}]\{\delta\mathbf{\Delta}\}, \tag{6.7}$$

$$\delta\boldsymbol{\epsilon} = [\mathbf{D}]\{\delta\mathbf{\Delta}\}. \tag{6.8}$$

Wir wenden das Prinzip der virtuellen Verschiebungen jetzt auf einen ziemlich allgemeinen Fall an. Insbesondere werden Raumkräfte $\mathbf{X}$ (die Komponenten der Raumkraft $\mathbf{X}$ werden mit X, Y und Z bezeichnet) und Initialdehnungen $\boldsymbol{\epsilon}^{\text{nit.}}$ mitberücksichtigt. Bei Nichtverschwinden der letzteren lauten die konstitutiven Gleichungen

$$\boldsymbol{\sigma} = [\mathbf{E}]\boldsymbol{\epsilon} - [\mathbf{E}]\boldsymbol{\epsilon}^{\text{init.}}. \tag{4.15}$$

Der Ausdruck für die virtuelle Arbeit kann nun gebildet werden. Für den Moment betrachten wir nur den Fall, bei dem allein Knotenkräfte F_i vorhanden sind; verteilte Lasten werden später behandelt. Die äußere Arbeit der Knotenkräfte $\{\mathbf{F}\}$ ist, als Folge der virtuellen Knotenverschiebungen $\{\delta\mathbf{\Delta}\}$, durch

$$-\delta V = \lfloor \delta\mathbf{\Delta} \rfloor\{\mathbf{F}\} \tag{6.9}$$

gegeben.* Die Arbeit der inneren Kräfte entsteht aus der Leistung der inneren Spannungen $\boldsymbol{\sigma}$ an den den virtuellen Verschiebungen zugeordneten Verzerrungen $\delta\boldsymbol{\epsilon}$. Gleichung (6.3), auf das Volumenintegral

$$\delta U = \int_{\text{vol}} \boldsymbol{\sigma}\, \delta\boldsymbol{\epsilon}\, d(\text{vol}) \tag{6.10}$$

verallgemeinert, führt nach Einsetzen der Spannungs-Verzerrungsgleichungen (4.15) auf

$$\delta U = \int_{\text{vol}} \boldsymbol{\epsilon}[\mathbf{E}]\, \delta\boldsymbol{\epsilon}\, d(\text{vol}) - \int_{\text{vol}} \boldsymbol{\epsilon}^{\text{init.}}[\mathbf{E}]\, \delta\boldsymbol{\epsilon}\, d(\text{vol}). \tag{6.11}$$

Um diese Formel in einen diskretisierten Energieausdruck umzuformen, setzen wir die Ausdrücke (5.6c) und (6.8) für $\boldsymbol{\epsilon}$ bzw. für $\delta\boldsymbol{\epsilon}$ in (6.11) ein und erhalten

$$\delta U = \lfloor \delta\boldsymbol{\Delta} \rfloor \{[\mathbf{k}]\{\boldsymbol{\Delta}\} - \{\mathbf{F}^{\text{init.}}\}\} \tag{6.12}$$

mit

$$[\mathbf{k}] = \left[\int_{\text{vol}} [\mathbf{D}]^{\mathrm{T}}[\mathbf{E}][\mathbf{D}]\, d(\text{vol})\right] \tag{6.12a}$$

die Steifigkeitsmatrix des Elementes und mit

$$\{\mathbf{F}^{\text{init.}}\} = \left\{\int_{\text{vol}} [\mathbf{D}]^{\mathrm{T}}[\mathbf{E}]\, \boldsymbol{\epsilon}^{\text{init.}}\, d(\text{vol})\right\} \tag{6.12b}$$

die Vorspannungskräfte des Elementes. Um auch die spezifischen Raumkräfte in Rechnung zu stellen, muß die Variation des Potentials der äußeren Kräfte δV durch das Integral $-\int_{\text{vol}} \delta\boldsymbol{\Delta}\cdot\mathbf{X}\, d(\text{vol})$ ergänzt werden. Durch Einsetzen von $\delta\boldsymbol{\Delta} = [\mathbf{N}]\{\delta\boldsymbol{\Delta}\}$ erhalten wir $-\lfloor \delta\boldsymbol{\Delta} \rfloor \{\mathbf{F}^b\}$, wobei

$$\{\mathbf{F}^b\} = \left\{\int_{\text{vol}} [\mathbf{N}]^{\mathrm{T}}\mathbf{X}\, d(\text{vol})\right\} \tag{6.12c}$$

der Vektor der spezifischen Raumkraft ist. Weiter werden wir jetzt speziell annehmen, daß die spezifische Raumkraft durch die Trägheitskraft gegeben sei. In Übereinstimmung mit dem Prinzip von d'Alembert gilt also für die Trägheitskraft

$$\mathbf{X} = -[\boldsymbol{\rho}]\ddot{\boldsymbol{\Delta}}, \tag{6.13}$$

wobei $[\boldsymbol{\rho}]$ die Matrix der Massendichte pro Volumeneinheit bezeichnet. Nimmt man weiter an, daß die Zeitabhängigkeit von $\{\boldsymbol{\Delta}\}$ die Bewegung vollständig beschreibe, so folgt aus (5.5a)

$$\ddot{\boldsymbol{\Delta}} = [\mathbf{N}]\{\ddot{\boldsymbol{\Delta}}\}, \tag{6.14}$$

* Das angedeutete innere Produkt der Vektoren steht im Einklang mit der Definition der Arbeit als dem Skalarprodukt von Kraft- und Verschiebungsvektoren (vgl. Abschnitt 2.4). Die Arbeit wird für die volle Last erbracht, so daß der Faktor $\frac{1}{2}$ (für die Anwendung von Lasten, deren Wert von Null auf ihren Endwert zunimmt) hier nicht zur Anwendung kommt.

so daß

$$\{\mathbf{F}^b\} = -[\mathbf{m}]\{\ddot{\mathbf{\Delta}}\} \tag{6.12d}$$

mit

$$[\mathbf{m}] = \int_{\text{vol}} [\mathbf{N}]^{\mathrm{T}}[\boldsymbol{\rho}][\mathbf{N}]\, d(\text{vol}) \tag{6.12e}$$

als konsistente Massenmatrix des Elementes. Gleichsetzen von δU mit $-\delta V$, wie vom Prinzip der virtuellen Arbeit (6.1) verlangt, führt auf

$$\lfloor \delta\mathbf{\Delta} \rfloor \{-[\mathbf{m}]\{\ddot{\mathbf{\Delta}}\} + \{\mathbf{F}\}\} = \lfloor \delta\mathbf{\Delta} \rfloor \{[\mathbf{k}]\{\mathbf{\Delta}\} - \{\mathbf{F}^{\text{init.}}\}\}. \tag{6.15}$$

Da dieser Ausdruck für jeden Wert der virtuellen Knotenverschiebungen gültig sein muß, erhält man schließlich

$$\{\mathbf{F}\} = [\mathbf{k}]\{\mathbf{\Delta}\} - \{\mathbf{F}^{\text{init.}}\} - [\mathbf{m}]\{\ddot{\mathbf{\Delta}}\}, \tag{6.16}$$

d.h. die Steifigkeitsgleichung des Elementes, und zwar so geschrieben, daß Initialdehnungen und Trägheitskräfte in Rechnung gestellt sind. Das sind die Impulsgleichungen für das Element. Die Grundlage der Berechnung der Koeffizienten dieser Gleichungen wird in den Beziehungen (6.12a) bis (6.12e) zusammengefaßt.

Wenn verteilte Lasten auf den Elementrand wirken, dann muß auch die Variation des Potentials der äußeren Kräfte δV, (6.9), durch ein Integral, welches die Arbeit dieser Kräfte auf ihren Randverschiebungen darstellt, berechnet werden. Um innerhalb einer Konstruktion das Feld der Oberflächenverschiebungen von jenem der Punktverschiebungen unterscheiden zu können, bezeichnen wir das erste mit $\mathbf{u}$. $\mathbf{u}$ wird erhalten durch Berechnung von $\mathbf{\Delta}$ auf dem Rand, und da $\mathbf{\Delta}$ in Abhängigkeit der Knotenverschiebungen gegeben ist, kann dementsprechend auch $\mathbf{u}$ durch Anwendung von (5.5a) in Abhängigkeit der Knotenverschiebungen $\{\mathbf{\Delta}\}$ berechnet werden:

$$\mathbf{u} = [\mathfrak{Y}]\{\mathbf{\Delta}\}. \tag{6.17}$$

Bezeichnet man die verteilten Randlasten mit $\bar{\mathbf{T}}$, so ist ihr Anteil an der virtuellen Arbeit

$$-\int_{S_\sigma} \delta\mathbf{u} \cdot \bar{\mathbf{T}}\, dS. \tag{6.17a}$$

Hier bezeichnet S_σ den Teil des Randes, auf welchem der Spannungsvektor $\bar{\mathbf{T}}$ vorgegeben ist; die $\delta\mathbf{u}$'s sind die Randverschiebungen. Wählt man die virtuellen Verschiebungen in der gleichen Weise wie die Randverschiebungen (6.17) selbst, so führt dies zu

$$\delta\mathbf{u} = [\mathfrak{Y}]\{\delta\mathbf{\Delta}\} \tag{6.17b}$$

und nach Einsetzen in den obigen Ausdruck (6.17a) für die virtuelle äußere Arbeit zu

$$\lfloor \delta\mathbf{\Delta} \rfloor \{\mathbf{F}^d\} = \lfloor \delta\mathbf{\Delta} \rfloor \int_{S_\sigma} [\mathfrak{Y}]^{\mathrm{T}} \cdot \bar{\mathbf{T}}\, dS, \tag{6.17c}$$

so daß für $\{\mathbf{F}^d\}$

$$\{\mathbf{F}^d\} = \int_{S_\sigma} [\mathcal{Y}]^{\mathrm{T}} \cdot \bar{\mathbf{T}}\, dS \tag{6.12f}$$

folgt. Die linke Seite von (6.17c) muß zur linken Seite des Ausdrucks für die virtuelle äußere Arbeit (6.15) hinzuaddiert werden, und es folgt dann, daß $\{\mathbf{F}^d\}$ zur linken Seite der Steifigkeitsgleichung (6.16) addiert werden muß. Die Komponenten von $\{\mathbf{F}^d\}$ heißen aus noch näher zu bezeichnenden Gründen arbeitsäquivalente Kräfte.

Wir sollten anmerken, daß wie in Kapitel 5 die Ansatzfunktion für das Verschiebungsfeld auch in Abhängigkeit von verallgemeinerten Verschiebungsparametern, d.h. als

$$\mathbf{\Delta} = [\mathbf{p}]\{\mathbf{a}\} \tag{5.2a}$$

dargestellt werden kann. Durch Anwendung der in Abschnitt 5 beschriebenen Berechnungsverfahren kann (5.2a) in einen Ausdruck für die Knotenverschiebungen umgewandelt werden. Die entsprechende Formel war damals

$$\mathbf{\Delta} = [\mathbf{p}][\mathbf{B}]^{-1}\{\mathbf{\Delta}\} = [\mathbf{N}]\{\mathbf{\Delta}\}. \tag{5.5a}$$

Kapitel 8 ist teilweise den Untersuchungen von Alternativen gewidmet, bei welchen das Feld entweder direkt in Abhängigkeit von Knotenverschiebungen oder aber in Funktion der verallgemeinerten Parameter ausgedrückt wird.

Wenn das Verschiebungsfeld in Funktion der verallgemeinerten Parameter ausgedrückt ist, dann erweist es sich manchmal als bequem, die auf diese Parameter bezogenen Elementmatrizen herzuleiten. Betrachte hierzu im speziellen die Steifigkeitsmatrix eines Elementes, für welche aus den Verschiebungen durch Differentiation die Verzerrungen errechnet werden sollen. Dies führt zu einer Gleichung der Form $\boldsymbol{\epsilon} = [\mathbf{C}]\{\mathbf{a}\}$ (vgl. (6.5a)), so daß die Verzerrungen infolge virtueller Verschiebungen durch $\delta\boldsymbol{\epsilon} = [\mathbf{C}]\{\delta\mathbf{a}\}$ gegeben sind. Durch Einsetzen dieses Ausdruckes in δU, (6.11), erhält man

$$\begin{aligned} \delta U &= \lfloor \delta\mathbf{a} \rfloor [\mathbf{k}^a]\{\mathbf{a}\}\ , \\ [\mathbf{k}^a] &= \left[\int_{\mathrm{vol}} [\mathbf{C}]^T[\mathbf{E}][\mathbf{C}]\, d(\mathrm{vol})\right], \end{aligned} \tag{6.18}$$

wobei der Einfachheit halber die Initialdehnungen vernachlässigt wurden. $[\mathbf{k}^a]$ heißt in diesem Buch Kernsteifigkeitsmatrix. Ähnliche Beziehungen für die Integranden können auch für Vorspannungskräfte, Massenmatrizen usw. aufgestellt werden.

Beachte ferner, daß die Ausdrücke für die Steifigkeits- und die Massenmatrizen (6.12a) bzw. (6.12e) die Form kongruenter Transformationen haben. Solche Transformationen übertragen die Symmetrie einer Matrix auf die durch das Matrizenprodukt angedeutete Produktmatrix. Da die Elastizitätsmatrix $[\mathbf{E}]$ und die Massenmatrix $[\boldsymbol{\rho}]$ symmetrisch sind, ist die Symmetrie der resultierenden Produktmatrix gewährleistet. Die eben dargelegte Berechnungsart unterscheidet sich ganz wesentlich von der direkten Methode des Abschnittes 5.1. Dort ist man zur Transformation der Knotenkräfte auf die Spannungen von den Beziehungen ausgegangen, welche zwischen den Knotenverschiebungen und Verzerrungen herrschen.

6.1.3 Konsistenz bei der Formulierung von Ausdrücken der virtuellen Arbeit

Die obige Herleitung ist typisch und charakterisiert im wesentlichen das Prinzip der Konsistenz einer FE-Formulierung. Man erkennt, daß in jeder der einzelnen Matrizen (Steifigkeit, Masse und verteilte Lasten) die Formfaktoren des angenommenen Verschiebungsfeldes zur Anwendung kommen und daß in jeder Matrix ein und derselbe Satz von Formfaktoren verwendet wird. Die Massenmatrix ist also mit der Steifigkeitsmatrix konsistent. Auf diese Weise formulierte Matrizen werden daher konsistente Massenmatrizen genannt.

Es gibt hierzu eine Alternative – die sogenannten nichtkonsistenten Matrizen. Sie kommen in der allgemeinen Praxis sehr häufig vor. In der dynamischen Analysis z.B. werden die globalen Steifigkeitsmatrizen und die Massenmatrizen oft als getrennte Einheiten betrachtet. Bei ihrer Konstruktion wird angenommen, daß die Massencharakteristiken träge seien. Man teilt die Massen entsprechend auf jeden Verschiebungsparameter anteilsmäßig auf. Massenmatrizen, welche auf diese Weise hergeleitet sind, heißen daher geballte Massenmatrizen.

Für die Herleitung der FE-Darstellung von verteilten Lasten kann man auch eine physikalische Betrachtungsweise einnehmen. Das mathematische Modell besteht aus fiktiven Kraftparametern $\{\mathbf{F}^d\}$, welche die verteilten Lasten in Rechnung stellen. Diese sind durch ein integriertes Produkt dargestellt, welches die verteilten Lasten und die dazugehörigen Verschiebungen so kombiniert, daß Gleichheit mit der Arbeit der Knotenkräfte auf ihren Verschiebungen besteht. $\{\mathbf{F}^d\}$ ist daher ein arbeitsäquivalenter Kraftvektor.

Die obigen Ausdrücke werden in Abschnitt 6.4 nochmals mit dem Prinzip vom Minimum der potentiellen Energie hergeleitet. Dann werden duale Formen des Prinzips des Minimums der potentiellen Energie konstruiert und andere (gemischte) Prinzipien behandelt. Vorerst ist es jedoch nötig, eine Reihe von grundlegenden Betrachtungen anzustellen, welche die Bestimmung des stationären Wertes einer Funktion mehrerer Variabler ermöglichen.

6.2 Variationsrechnung

6.2.1 Minimalisierung ohne Nebenbedingungen

Das Prinzip der virtuellen Arbeit ist durch die Variation der Verzerrungsenergie und des Potentials der aufgebrachten Lasten charakterisiert. Wenn man die variierten Größen U und V untersucht, so ist es möglich, für diese eine Reihe von nützlichen Eigenschaften aufzustellen. Viele Probleme der Festigkeitsmechanik, wenn sie auf die Form der Variation von $U + V$ gebracht sind, können in ein in der Mathematik gut beherrschtes Gebiet eingeordnet werden. Es ist dies die Variationsrechnung [6.1–6.4]. Eine ganze Anzahl wichtiger Resultate dieses Zweiges der Mathematik kann direkt auf die Probleme der Festigkeitsanalysis finiter Elemente angewendet werden.

In diesem Kapitel wollen wir einige der elementaren Resultate der Variationsrechnung entwickeln. Die Formen dieser (Integral- oder Differential-)Ausdrücke sind stets dieselben; in den folgenden Abschnitten untersuchen wir ihre Diskretisierung. Zu diesem Zwecke betrachten wir vorerst ein eindimensionales Problem, welches durch die einzige unabhängige Variable $\Delta(x)$ beschrieben sei, wobei x die räumliche Variable bedeutet. Das Hauptproblem der Variationsrechnung besteht nun darin, die Funktion $\Delta(x)$ zu bestimmen, für welche das Integral

$$\Pi = \int f(x, \Delta, \Delta')\, dx \tag{6.19}$$

einen stationären Wert erreicht; Δ' bedeutet hier $d\Delta/dx$, f ist eine Funktion, welche Größen wie etwa die spezifische potentielle Energie oder die Komplementärenergie in der Festigkeitsmechanik darstellt, und Π ist ein Funktional, d.h. die Funktion einer Funktion (in diesem Fall eine Funktion von f). Ein stationärer Wert ist entweder ein Maximum oder aber ein Minimum oder kann in einem neutralen Punkt auftreten. Diese Situationen sind in **Bild 6.2** dargestellt. Die Funktion f muß selbstverständlich zweimal differenzierbar sein ohne dabei zu verschwinden. Ein f, das nur nach einmaliger Differentiation zu einem konstanten Wert des Differentials führt, würde linear sein, und lineare Beziehungen besitzen kein relatives Minimum.

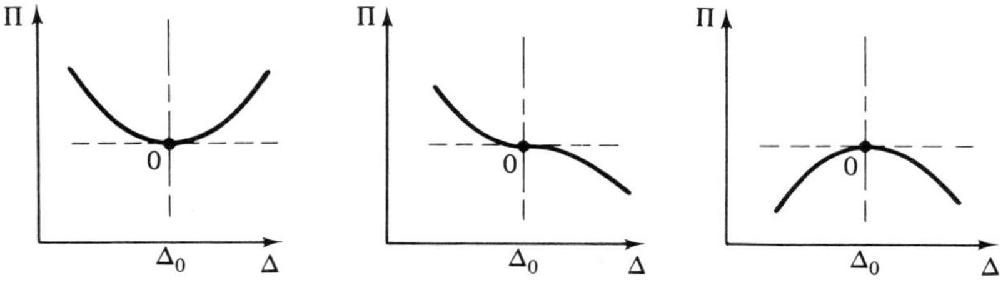

(a) Stabil (b) Neutral (c) Unstabil

Bild 6.2

Um die Ausdrücke aufzustellen, welche uns den Punkt zu bestimmen erlauben, in dem der stationäre Wert erreicht wird, und um zwischen den Situationen von Bild 6.2 unterscheiden zu können, betrachten wir zuerst den Fall einer Funktion $\Pi(\Delta)$, wobei Δ die unabhängige Variable bedeutet. Elementare Differentialrechnung besagt, daß eine solche Funktion unter Berücksichtigung der Taylorreihenentwicklung um den Punkt Δ_0 entwickelt werden kann, was zu

$$\Pi(\Delta) = \Pi(\Delta_0) + \frac{d\Pi(\Delta_0)}{d\Delta}(\Delta - \Delta_0) + \frac{1}{2}\frac{d^2\Pi(\Delta_0)}{d\Delta^2}(\Delta - \Delta_0)^2 + \cdots \tag{6.20}$$

führt. Die Bedingung, ob an einer stationären Stelle ein Maximum oder ein Minimum vorliegt, kann aus diesem Ausdruck hergeleitet werden. Der Punkt des Extremums sei hierzu mit Δ_0 bezeichnet. Mit der Annäherung an diesen Punkt wird $\Delta - \Delta_0$ klein, und Glieder von zweiter und höherer Ordnung in $\Delta - \Delta_0$ können vernachlässigt werden. Für ein Minimum sollte man, wenn man sich von der Stelle Δ_0 entfernt, ein Anwachsen von Π erwarten. Das zweite Glied der Reihe muß also immer positiv sein. Ohne daß jedoch $d\Pi/d\Delta_0$ verschwindet, kann das zweite Glied – abhängig von der Richtung, in der man sich bewegt – positiv oder negativ werden. Ein ähnliches Argument gilt auch für ein Maximum. Bei einem stationären Punkt gilt also

$$\frac{d\Pi(\Delta_0)}{d\Delta} = 0\,. \tag{6.21}$$

Diese Gleichung ist offensichtlich die bekannte Forderung, daß die Neigung einer Funktion in einem stationären Punkt Null sein muß. In der Variationsrechnung wird dies die erste notwendige Bedingung genannt. Ein Punkt eines Extremums muß diese Bedingung erfüllen. Die Bedingung ist jedoch nicht hinreichend, um ein Maximum oder ein Minimum oder einen neutralen Punkt zu charakterisieren. Dazu muß, wie Bild 6.2 zeigt, das Vorzeichen der Krümmung (die zweite Ableitung von $\Pi(\Delta)$) berechnet werden. Für ein Minimum ist diese Krümmung positiv, für ein Maximum negativ und für einen neutralen Punkt verschwindet sie. Symbolisch haben wir also

$$\frac{d^2\Pi(\Delta_0)}{d\Delta^2} > 0 \tag{6.22a}$$

für ein Minimum,

$$\frac{d^2\Pi(\Delta_0)}{d\Delta^2} < 0 \tag{6.22b}$$

für ein Maximum,

$$\frac{d^2\Pi(\Delta_0)}{d\Delta^2} = 0 \tag{6.22c}$$

für einen neutralen Punkt.

Wir kehren jetzt zur Frage zurück, den stationären Wert eines Funktionals $\Pi(\Delta)$ zu bestimmen. **Bild 6.3** stellt Δ als Funktion der Koordinate x dar. Wir nehmen an, das Problem sei so formuliert, daß x zwischen x_1 und x_2 liege und daß Δ an den Enden des Intervalls gewisse Randbedingungen erfülle. Die Werte an diesen Endpunkten werden

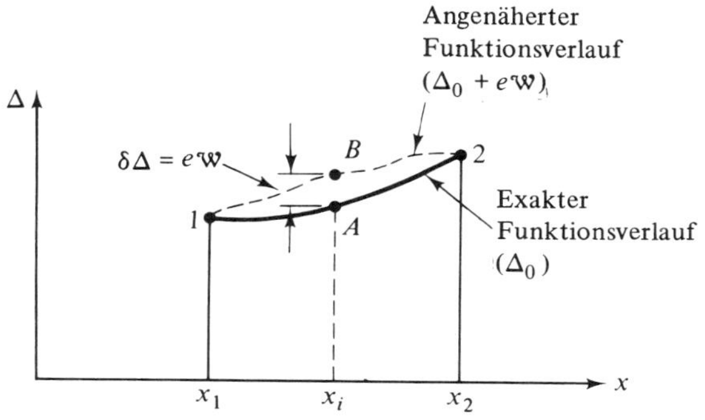

Bild 6.3

mit Δ_1 und Δ_2 bezeichnet. Die Funktion, für welche $\Pi(\Delta)$ einen stationären Wert erreicht, sei durch das Symbol Δ_0 charakterisiert. Sie ist in Bild 6.3 als ausgezogene Linie dargestellt. Die Strategie zur Bestimmung von Δ_0 besteht in der Wahl einer von Δ_0 abweichenden Form Δ; diese Abweichung sei mit $e\mathcal{W}$ bezeichnet, wobei $\mathcal{W}$ eine Funktion mit Einheitsamplitude ist, welche den Randbedingungen, die Δ in den Punkten x_1, x_2 erfüllt, selbst auch gehorcht, und wo e die Amplitude bedeutet. Die angenäherte Funktion wird also durch einen Ausdruck der Form

$$\Delta = \Delta_0 + e\mathcal{W} \tag{6.23a}$$

beschrieben, und die Neigung dieser angenäherten Funktion ist

$$\frac{d\Delta}{dx} = \Delta' = \Delta_0' + e\mathcal{W}'. \tag{6.23b}$$

Es sei weiter bemerkt, daß $e\mathcal{W}$ eine kleine Variation der Amplitude von Δ darstellt, welche mit $\delta\Delta$ bezeichnet sei. Also ist

$$\delta\Delta = e\mathcal{W}, \qquad \delta\Delta' = e\mathcal{W}'. \tag{6.24a, b}$$

Die Variation $\delta\Delta$ ruft eine kleine Änderung $\delta\Pi$ des Funktionals Π hervor. $\delta\Pi$ heißt erste Variation des Funktionals.

Das Symbol δ oder der δ-Operator stellt eine kleine beliebige Änderung in der abhängigen Variablen Δ dar, für einen festen Wert der unabhängigen Variablen x. Wie wir aus Bild 6.3 erkennen, hat $\delta\Delta$ beim ausgewählten Punkt x_i die Amplitude $B-A$. Der Unterschied des Delta-Operators δ und des Differential-Operators dy ist also der, daß der letztere im Gegensatz zum ersten einem dx ein dy zuordnet, d.h. eine vertikale Distanz angibt zwischen zwei Punkten auf einer gegebenen Kurve mit Abstand dx. Die Eigenschaften des δ-Operators, welche zur Entwicklung der Beziehungen der Variationsrechnung von Wichtigkeit sind, lauten nun wie folgt: δ kommutiert mit den Differential- und Integraloperatoren, d.h. es ist

$$\delta\left(\frac{d\Delta}{dx}\right) = \frac{d}{dx}(\delta\Delta),$$

$$\delta\left(\int \Delta\, dx\right) = \int (\delta\Delta)\, dx.$$

Aufgrund dieser Überlegungen gehen wir nun zur Herleitung jener Beziehungen über, welche einen stationären Wert des Funktionals $\Pi(\Delta)$ charakterisieren. Dazu konstruieren wir zuerst das Funktional, das zur angenäherten Ansatzfunktion $\Delta + e\mathcal{W}$ gehört, wofür (6.14) die Gestalt

$$\Pi(e) = \int_{x_1}^{x_2} f(x, \Delta_0 + e\mathcal{W}, \Delta_0' + e\mathcal{W}')\, dx \tag{6.25}$$

annimmt. Dann entwickeln wir f im Integranden in eine Taylorreihe mit Mittelpunkt Δ_0 und Δ_0' (x wird dabei festgehalten) und erhalten

$$f(x, \Delta_0 + e\mathcal{W}, \Delta_0' + e\mathcal{W}') - f(x, \Delta_0, \Delta_0') = \left[\frac{\partial f}{\partial \Delta_0}(\delta\Delta) + \frac{\partial f}{\partial \Delta_0'}(\delta\Delta')\right] \tag{6.26}$$
$$+ \text{ Glieder höherer Ordnung.}$$

Die linke Seite dieser Gleichung stellt die Änderung von f dar, die zur Variation $\delta\Delta = e\mathcal{W}$ gehört, d.h. sie ist gleich δf. Daher kann man unter Vernachlässigung von Gliedern höherer Ordnung die erste Variation des Funktionals als

$$\delta\Pi = \int_{x_1}^{x_2} \delta f \, dx = \int_{x_1}^{x_2} \left(\frac{\partial f}{\partial \Delta_0}\delta\Delta + \frac{\partial f}{\partial \Delta_0'}\delta\Delta'\right) dx = 0 \tag{6.27}$$

schreiben, wobei dieser Ausdruck im Einklang mit der Extremalbedingung Null gesetzt wurde.

Eine brauchbare Form für $\delta\Pi$ wird erhalten, wenn das Integral in (6.27) partiell integriert wird. Man erhält dann z.B.

$$\int_{x_1}^{x_2} \frac{\partial f}{\partial \Delta_0'}(\delta\Delta')\, dx = \delta\Delta \cdot \frac{\partial f}{\partial \Delta_0'}\bigg|_{x_1}^{x_2} - \int_{x_1}^{x_2} \delta\Delta \cdot \frac{d}{dx}\left(\frac{\partial f}{\partial \Delta_0'}\right) dx\,. \tag{6.28}$$

Da $\delta\Delta$ an den Rändern x_1 und x_2 verschwindet, muß es auch das erste Glied rechterhand in (6.28). (6.27) wird also

$$\delta\Pi = \int_{x_1}^{x_2} \delta\Delta \left[\frac{\partial f}{\partial \Delta_0} - \frac{d}{dx}\left(\frac{\partial f}{\partial \Delta_0'}\right)\right] dx = 0\,. \tag{6.27a}$$

Da wir die Möglichkeit beliebiger Variationen von $\delta\Delta$ eingeschlossen haben, kann dieses Integral natürlich nur verschwinden, falls

$$\frac{\partial f}{\partial \Delta_0} - \frac{d}{dx}\left(\frac{\partial f}{\partial \Delta_0'}\right) = 0 \tag{6.29}$$

gilt. Dieser Ausdruck ist als Euler-Gleichung (oder Euler-Lagrange-Gleichung) des Funktionals Π bekannt. Die Funktion $\Delta(x)$, welche Π extremiert, ist eine Funktion, welche die zugehörige Euler-Gleichung erfüllen muß. Praktisch ausgedrückt heißt dies, daß uns die Euler-Gleichung ein ad hoc Rezept zur Aufstellung der Differentialgleichung von physikalischen Prozessen gibt, welche mit Hilfe eines Funktionals beschrieben werden.

6.2.2 Ein Beispiel

Um zu zeigen, wie das soeben Besprochene Anwendung findet, sei das zum Zug-Druckstab gehörende Funktional betrachtet. Wir erinnern daran, daß das Prinzip der virtuellen Arbeit aussagt, daß $\delta(U + V) = 0$. Diese Gleichung ist die Forderung der ersten notwendigen Bedingung an das Funktional $(U+V)$. Für einen Zug-Druckstab (vgl. Abschnitt 5.5) gilt

$$U + V = \frac{1}{2}\int_0^L \epsilon^2 EA\, dx - \int_0^L q\cdot u\, dx$$

$$= \int_0^L \left[\frac{1}{2}\left(\frac{du}{dx}\right)^2 EA - q\cdot u\right] dx\,.$$

Daher folgt durch Vergleich mit (6.19)

$$f = \left[\frac{1}{2}\left(\frac{du}{dx}\right)^2 EA - q\cdot u\right].$$

Durch Anwendung der Eulerschen Differentialgleichung (6.29) auf diese Funktion findet man (da jetzt $\mathbf{\Delta}_0 = u$)

$$\frac{\partial f}{\partial u} = -q, \qquad \frac{\partial f}{\partial u'} = AE\frac{du}{dx}\,,$$

$$\frac{\partial f}{\partial u} - \frac{d}{dx}\left(\frac{\partial f}{\partial u'}\right) = -q - AE\frac{d^2u}{dx^2} = 0$$

oder

$$AE\frac{d^2u}{dx^2} + q = 0\,,$$

was die Differentialgleichung des Gleichgewichts eines Zug-Druckstabes ist.

6.2.3 Rand- und Nebenbedingungen

Die Forderung, daß die unabhängige Variable oder deren Ableitungen an den Rändern gewisse Werte annehmen müssen, ist als erzwungene Randbedingung bekannt. Sollte die extremierende Funktion die Randbedingungen nicht erfüllen, dann muß das erste Glied auf der rechten Seite von (6.28) doch verschwinden. Das ist bei beliebigem virtuellem Verschiebungsfeld nur möglich, wenn

$$\frac{\partial f}{\partial \mathbf{\Delta}_0'} = 0 \tag{6.30}$$

gilt. Diese Bedingung ist als natürliche Randbedingung bekannt. Um sie für den Zug-Druckstab zu erläutern, sei der vorangegangenen Herleitung folgend festgestellt, daß $\partial f/\partial \mathbf{\Delta}_0' = \partial f/\partial u' = AE\,(du/dx)$. Da nun aber $du/dx = \epsilon_x$, $E\epsilon = \sigma_x$ und $F = A\sigma_x$, gilt in diesem Punkt die Gleichung $F = 0$. Die natürliche Randbedingung fordert also, daß die Kraft am freien Ende des Zug-Druckstabes verschwindet. Diese Bedingung ist im Energiefunktional direkt durch die Arbeit der äußeren Lasten dargestellt.

Bevor wir diesen Abschnitt abschließen, scheint es uns wichtig zu untersuchen, in welcher Weise Nebenbedingungen bei einem Variationsvorgang in Rechnung gestellt werden. Deren Einschließung erfolgt mittels Lagrange-Multiplikatoren. Betrachte z.B. das Problem, das Funktional $\Pi(\Delta)$ zu minimieren; die Nebenbedingung sei durch die Gleichung

$$\mathcal{G}(\Delta) = 0 \tag{6.31}$$

dargestellt. Wenn wir ein neues Funktional Π^a, welches das erweiterte Funktional genannt sei, dadurch konstruieren, daß das Produkt aus $\mathcal{G}$ und λ zum ursprünglichen Funktional hinzuaddiert wird, dann bildet man offenbar

$$\Pi^a = \Pi + \lambda\mathcal{G}, \tag{6.32}$$

wobei λ den Lagrange-Multiplikator darstellt. Wenn nun Π für Δ_0 ein Extremum aufweist, welches gleichzeitig der Nebenbedingung $\mathcal{G}(\Delta) = 0$ unterworfen sei, so geben die partiellen Ableitungen von Π^a nach Δ und λ Bedingungen zur Bestimmung von Δ_0 und λ; diese folgen aus den Gleichungen

$$\frac{d\Pi^a}{d\Delta} = \frac{\partial\Pi}{\partial\Delta} + \lambda\frac{\partial\mathcal{G}}{\partial\Delta} = 0, \tag{6.33a}$$

$$\frac{d\Pi^a}{d\lambda} = \mathcal{G} = 0. \tag{6.33b}$$

Beachte, daß eine dieser Beziehungen die Nebenbedingung $\mathcal{G} = 0$ darstellt. Exakte Beweise für das obige Vorgehen werden in Standardbüchern über Variationsrechnung [6.1–6.4] gegeben.

Die Lagrange-Multiplikatoren können bei speziellen Problemen wichtige physikalische Bedeutung haben. In gewissen Fällen ist es möglich, daß diese physikalische Bedeutung nur durch eingehendere theoretische Untersuchungen der Eigenschaften der Lagrange-Parameter identifiziert werden kann. In anderen Fällen kann der Lagrange-Parameter durch einfaches Überprüfen der Dimensionen von Π bestimmt werden. Z.B. stellt Π für den wichtigen Fall der Festigkeitsmechanik eine Energie mit der Einheit von Kraft mal Verschiebung dar. In gewissen Energieprinzipien sind die Nebenbedingungen spezielle Beziehungen zwischen Verschiebungen. Wegen der Konsistenz der Dimensionen muß daher λ die Dimension einer Kraft haben, und man kann in diesem Fall den Lagrange-Multiplikator mit einer verallgemeinerten Kraft identifizieren.

6.3 Das diskretisierte Variationsproblem

6.3.1 Minimalisierung ohne Nebenbedingungen

Wir kommen jetzt zur Herleitung diskretisierter Funktionale, in welchen eine einzige unabhängige Variable Δ mit unendlichem Freiheitsgrad durch eine endliche Summe von Gliedern approximiert wird. Da wir mit der FE-Formulierung beschäftigt sind, gehen wir bei dieser Approximation von (5.5a), d.h. $\Delta = \lfloor \mathbf{N} \rfloor \{\Delta\}$, aus. Der Einfachheit halber beschränken wir uns auf eine einzige Variable $\mathbf{\Delta}$. Der Fall eines ganzen Variablensatzes (z.B. $\mathbf{\Delta} = \lfloor u, v, w \rfloor^{\mathrm{T}}$) folgt durch direkte Anwendung derselben Entwicklungen. Zur Untersuchung der Eigenschaften eines diskretisierten Funktionals ist es nützlich, dieses als eine Fläche im $(n+1)$-dimensionalen Raum zu betrachten; n seiner orthogonalen Achsen stellen die n Freiheitsgrade $\Delta_1, \Delta_2, \ldots, \Delta_n$ dar, und die $(n+1)$-ste bezeichnet die Werte des Funktionals Π. Jedem Punkt auf einer solchen Fläche entspricht ein Wert von Π. Die Π-Fläche eines Problems mit zwei Freiheitsgraden (Δ_1, Δ_2) ist in **Bild 6.4** skizziert. Es ist nicht möglich, die Situation für mehr als zwei Freiheitsgrade graphisch darzustellen, aber die der gezeigten Situation entsprechenden algebraischen Eigenschaften können direkt auf den allgemeinen n-dimensionalen Fall angewendet werden.

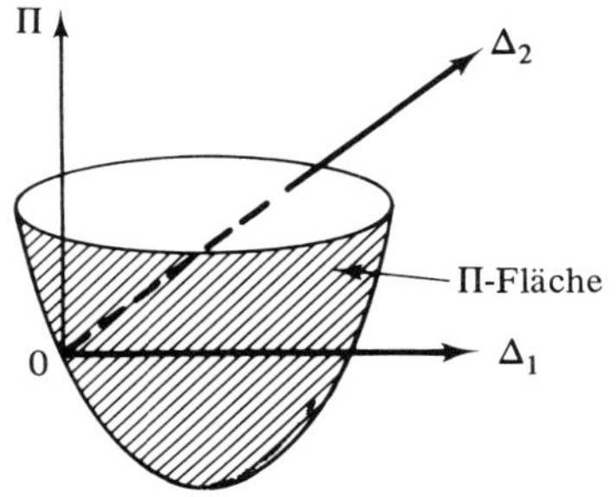

Bild 6.4

Da wir uns mit den Eigenschaften der Extremalwerte von $\Pi(\{\mathbf{\Delta}\})$ beschäftigen, verallgemeinern wir die Aussage der Taylorreihen-Entwicklung von (6.20) sofort für ein kontinuierliches System. Entwicklung um den Punkt $\{\mathbf{\Delta}_0\}$ ergibt

$$\Pi(\{\mathbf{\Delta}\}) = \Pi(\{\mathbf{\Delta}_0\}) + \sum_{i=1}^{n} \frac{\partial \Pi}{\partial \Delta_i}\bigg|_{\{\mathbf{\Delta}_0\}} (d\Delta_i) + \frac{1}{2} \sum_{i=1}^{n} \sum_{j=1}^{n} \frac{\partial^2 \Pi}{\partial \Delta_i \, \partial \Delta_j}\bigg|_{\{\mathbf{\Delta}_0\}} (d\Delta_i)(d\Delta_j) + \cdots, \tag{6.34}$$

wobei $d\Delta_i$ die Differenz zwischen der i-ten Komponente von $\{\mathbf{\Delta}\}$ und den entsprechenden Komponenten von $\mathbf{\Delta}_0$ bedeutet. Ähnliches gilt auch für $d\Delta_j$. Andererseits kann man den Ausdruck (6.34) auch in Matrizenform schreiben. Dies ergibt

$$\Pi(\{\mathbf{\Delta}\}) = \Pi_0 + \frac{\partial \Pi}{\lfloor \partial \mathbf{\Delta} \rfloor} \{d\mathbf{\Delta}\} + \frac{\lfloor d\mathbf{\Delta} \rfloor}{2} [\mathbf{\kappa}] \{d\mathbf{\Delta}\} + \cdots, \tag{6.34a}$$

wobei $\{d\mathbf{\Delta}\} = \{\mathbf{\Delta}\} - \{\mathbf{\Delta}_0\}$ und die einzelnen Glieder von $[\mathbf{\kappa}]$, der Hess'schen Matrix, durch $\kappa_{ij} = \partial^2 \Pi / \partial \Delta_i \, \partial \Delta_j$ gegeben sind. Beide Größen, $\lfloor \partial \Pi / \partial \mathbf{\Delta} \rfloor$ und $[\mathbf{\kappa}]$, sind gemäß (6.34) im Punkte $\{\mathbf{\Delta}_0\}$ zu berechnen. Wir gehen in der obigen Entwicklung nicht über den dritten Term hinaus, weil alle Funktionale der linearen Festigkeitsmechanik, mit denen wir uns beschäftigen werden, von quadratischer Form sind. Glieder dritter und höherer Ordnung in der Differentiation geben also keinen Anteil an $\Pi(\{\mathbf{\Delta}\})$.

Wenn $\Pi(\mathbf{\Delta})$ jetzt einen stationären Punkt besitzt, dann bewirkt eine infinitesimale Variation der Koordinaten $(d\Delta_i)$ in erster Näherung keine Änderung im Wert des Funktionals. Diese Forderung, die sogenannte erste notwendige Bedingung, ist für das kontinuierliche System durch (6.21) festgelegt, wofür wir im gegenwärtigen Fall

$$\delta\Pi\,(\{\mathbf{\Delta}\}) = 0 \tag{6.35}$$

schreiben. Um diesen Ausdruck in eine operatorgerechte Form zu transformieren, welche zur Konstruktion von algebraischen Gleichungen, deren Lösungen die Koordinaten des stationären Punktes liefern, geeignet sind, wenden wir δ als Differentialoperator an. Es gilt also

$$\delta\Pi(\{\mathbf{\Delta}\}) = \frac{\partial\Pi}{\partial\Delta_1}\,\delta\Delta_1 + \frac{\partial\Pi}{\partial\Delta_2}\,\delta\Delta_2 + \cdots + \frac{\partial\Pi}{\partial\Delta_n}\,\delta\Delta_n = \frac{\partial\Pi}{\lfloor\partial\mathbf{\Delta}\rfloor}\,\{\delta\mathbf{\Delta}\} = 0 \tag{6.35a}$$

und, da die Variationen $\delta\Delta_i$ unabhängig sind, auch

$$\left\{\frac{\partial\Pi}{\partial\mathbf{\Delta}}\right\} = \mathbf{0}. \tag{6.35b}$$

Diese Bedingung wird auf die $i = 1, \ldots, n$ Verschiebungsparameter Δ_i angewendet, was zu einem simultanen System von n Gleichungen führt.

In gewissen Fällen besitzt das diskretisierte Funktional im stationären Punkt die zusätzliche Eigenschaft des Extremums (Maximum oder Minimum). Wenn ein solcher Punkt einem Minimum entspricht, dann wächst der Wert von Π, wenn man sich vom stationären Punkt entfernt. Da $\lfloor\partial\Pi/\partial\mathbf{\Delta}\rfloor\,\{d\mathbf{\Delta}\}$ in diesem Punkt verschwindet, verlangt die Bedingung für das Minimum

$$\lfloor\delta\mathbf{\Delta}\rfloor[\mathbf{\kappa}]\{\delta\mathbf{\Delta}\} \geq 0\,. \tag{6.36a}$$

Da $\{\delta\mathbf{\Delta}\}$ beliebig wählbar ist, muß die Hess'sche Matrix $[\mathbf{\kappa}]$ also positiv definit sein. Eine positiv definite Matrix gibt für das quadratische Produkt $\lfloor d\mathbf{\Delta}\rfloor[\mathbf{\kappa}]\{d\mathbf{\Delta}\}$ definitionsgemäß einen positiven Wert, sofern nur $\{d\mathbf{\Delta}\} \neq \mathbf{0}$ ist.

Umgekehrt gilt im Punkte eines Maximums

$$\lfloor\delta\mathbf{\Delta}\rfloor[\mathbf{\kappa}]\{\delta\mathbf{\Delta}\} < 0, \tag{6.36b}$$

so daß $[\mathbf{\kappa}]$ hier negativ definit ist.

Die Variationsrechnung gibt uns die Möglichkeit zur Untersuchung der Frage, was bei einem physikalischen Problem Zulässigkeit (Admissibilität) einer FE-Formulierung bedeutet. Wir haben bereits gesehen, daß eine Ansatzfunktion innerhalb eines Elementes nichttriviale Ableitungen haben muß, und zwar bis zu einer Ordnung, die durch die Euler-Gleichung vorgeschrieben wird (d.h., da für den Zug-Druckstab die Euler-Gleichung von zweiter Ordnung ist, sind Funktionen von nicht weniger als quadratischer Ordnung nötig). In der FE-Analysis ist das Funktional die Summe der p Funktionale der einzelnen Gebiete (Elemente), Π^j,

$$\Pi = \sum_{j=1}^{p} \Pi^j \quad (j = 1, \ldots, p). \tag{6.37}$$

Was ist dann aber die Zulässigkeitsbedingung über Elementränder hinweg? Man kann von dieser Bedingung eine Vorstellung bekommen, wenn man die Variation der Felder für das eindimensionale Seil von **Bild 6.5** untersucht. In der Annahme, daß für diesen Fall das Funktional aus dem Integral der ersten Ableitungen ($d\Delta/dx$) über das System besteht, stellt man fest, daß Kontinuität von Δ genügt, um eine eindeutige Berechnung von Π zu gestatten. Diese Situation kann wie folgt verallgemeinert werden: Eine eindeutige Berechnung des Funktionals ist möglich, sofern die Ableitungen jener Ordnung stetig sind, welche um eine Ordnung kleiner sind als die höchsten Ableitungen, die im Funktional auftreten.

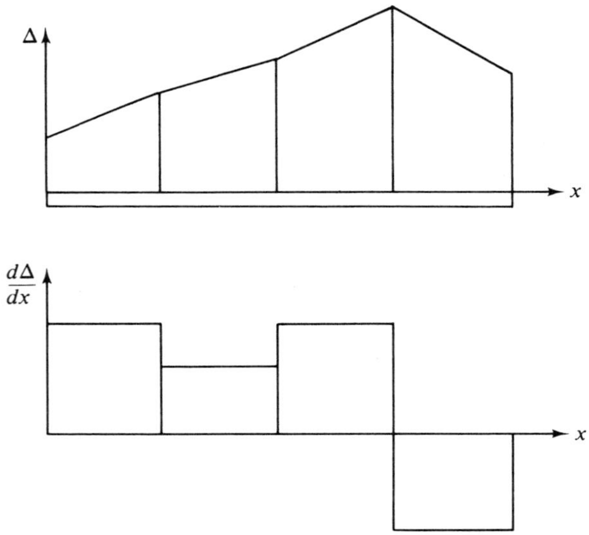

Bild 6.5

6.3.2 Methode der Lagrange-Multiplikatoren für Nebenbedingungen

Wenn Nebenbedingungen bei einem zu diskretisierenden Problem vorhanden sind, dann ist das Konzept der Lagrange-Multiplikatoren sehr wertvoll. Bei r Nebenbedingungen der Form

$$\mathcal{G}^k (\Delta_1, \ldots, \Delta_n) = 0 \quad (k = 1, \ldots, r) \tag{6.38}$$

bildet man das erweiterte Funktional

$$\Pi^a (\{\Delta, \lambda\}) = \Pi (\{\Delta\}) + \sum_{k=1}^{r} \lambda_k \mathcal{G}^k , \tag{6.39}$$

wobei der zweite Term auf der rechten Seite die Summe der Produkte von $\mathcal{G}^k$ mit den zugehörigen Lagrange-Multiplikatoren λ_k darstellt. Das erweiterte Funktional Π^a ist eine Funktion der Verschiebungsparameter Δ_i und der Lagrange-Multiplikatoren λ_k und muß unter Berücksichtigung beider Variabler minimiert werden. Aus der ersten Reihe dieser Differentiationen erhält man

$$\frac{\partial \Pi}{\partial \Delta_i} + \sum_{k=1}^{r} \lambda_k \frac{\partial \mathcal{G}^k}{\partial \Delta_i} = 0. \tag{6.35c}$$

Durch Differentiation von Π^a nach λ_k folgt die Nebenbedingung (6.38).

Wir stellen fest, wie bereits schon in Abschnitt 6.2 bemerkt, daß Konsistenz der Dimension der einzelnen Glieder von Π^a auf die Einheiten und physikalische Bedeutung der Lagrange-Multiplikatoren schließen läßt. Wenn die Gleichungen $\mathcal{G}^k = 0$ Bedingungen an die Verschiebungen darstellen, dann sind die λ_k die zugehörigen Kräfte. Wir werden in Kapitel 7 die Möglichkeit haben, diesen Punkt noch näher zu erläutern.

6.4 Prinzip vom Minimum der potentiellen Energie

6.4.1 Eigenschaften der potentiellen Energie

Das Prinzip vom Minimum der potentiellen Energie bildet eine der möglichen Variationsmethoden zur direkten Bestimmung von Steifigkeitsgleichungen finiter Elemente. Die potentielle Energie Π_p einer Konstruktion ist die Summe aus der Verzerrungsenergie U und dem Potential der aufgebrachten Lasten V, ist also durch

$$\Pi_p = U + V \tag{6.40}$$

gegeben. Das Prinzip kann folgendermaßen formuliert werden: Unter allen zulässigen Verschiebungen erzeugen jene, welche die Gleichgewichtsbedingungen erfüllen, einen stationären Wert der potentiellen Energie. Also gilt

$$\delta\Pi_p = \delta U + \delta V = 0. \tag{6.41}$$

Für stabiles Gleichgewicht ist Π_p ein Minimum. Deshalb ist

$$\delta^2\Pi_p = \delta^2 U + \delta^2 V > 0. \tag{6.42}$$

Der Einfachheit halber werden wir zur Herleitung des vorangehenden Prinzips die Beiträge der Randkräfte vernachlässigen. Wir bezeichnen die Verzerrungsenergie pro Volumeneinheit oder die Verzerrungsenergiedichte (vgl. Abschnitt 2.4 für die grundlegenden Definitionen der Verzerrungsenergie) mit dU. Damit ist die Änderung der spezifischen Verzerrungsenergie infolge einer Änderung der virtuellen Verzerrungen $\delta\boldsymbol{\epsilon}$ durch

$$\delta(dU) = \boldsymbol{\sigma}^{\mathrm{T}}\delta\boldsymbol{\epsilon} \tag{6.43}$$

gegeben, wobei $\boldsymbol{\sigma}$ den Gleichgewichtszustand der Spannungen vor dem Anbringen der virtuellen Verschiebungen bedeutet. Der Teil der Verzerrungsenergie, der auf die wegen der Einführung der virtuellen Verschiebungen hervorgerufenen Spannungsänderungen zurückgeht, wird vernachlässigt, weil er von kleinerer Größenordnung ist. Durch Einführen des Spannungs-Dehnungsgesetzes (4.15) läßt sich der Ausdruck für die Änderung der Verzerrungsenergie in die Gestalt

$$\delta\,(dU) = \boldsymbol{\epsilon}[\mathbf{E}]\,\delta\boldsymbol{\epsilon} - \boldsymbol{\epsilon}^{\text{init.}}[\mathbf{E}]\,\delta\boldsymbol{\epsilon} \tag{6.44}$$

bringen. Integration dieses Ausdrucks zwischen $\boldsymbol{\epsilon}^{\text{init.}}$ und der der Spannung $\boldsymbol{\sigma}$ zugeordneten Verzerrung $\boldsymbol{\epsilon}$ ergibt bei gleichzeitiger Transponierung der Glieder im zweiten Integral

$$dU = \tfrac{1}{2}\boldsymbol{\epsilon}[\mathbf{E}]\boldsymbol{\epsilon} - \boldsymbol{\epsilon}[\mathbf{E}]\boldsymbol{\epsilon}^{\text{init.}} + \tfrac{1}{2}\,\boldsymbol{\epsilon}^{\text{init.}}[\mathbf{E}]\,\boldsymbol{\epsilon}^{\text{init.}} \tag{6.45}$$

und für das ganze finite Element durch Integration über das Volumen, wobei das dritte Glied rechterhand mit $C\,(\boldsymbol{\epsilon}^{\text{init.}})$ bezeichnet wird.

$$U = \frac{1}{2}\int_{\text{vol}} \boldsymbol{\epsilon}[\mathbf{E}]\boldsymbol{\epsilon}\,d(\text{vol}) - \int_{\text{vol}} \boldsymbol{\epsilon}[\mathbf{E}]\boldsymbol{\epsilon}^{\text{init.}}\,d(\text{vol}) + C\,(\boldsymbol{\epsilon}^{\text{init.}}). \tag{6.46}$$

Wir bemerken auch, daß die erste Variation von U, wenn δ als Differential aufgefaßt wird, die Gestalt

$$\delta U = \int_{\text{vol}} \boldsymbol{\epsilon}[\mathbf{E}]\,\delta\boldsymbol{\epsilon}\,d(\text{vol}) - \int_{\text{vol}} \boldsymbol{\epsilon}^{\text{init.}}[\mathbf{E}]\,\delta\boldsymbol{\epsilon}\,d(\text{vol}) \tag{6.47}$$

annimmt. Das Potential der aufgebrachten Lasten andererseits ist durch

$$V = -\sum_{i=1} F_i\Delta_i - \int_{S_\sigma} \bar{\mathbf{T}}\cdot\mathbf{u}\,dS \tag{6.48}$$

gegeben, wobei alle Symbole wie vorher definiert sind. Beachte weiter, daß der Teil S_u der Oberfläche, auf welchem die Verschiebungen vorgegeben sind, nicht durch ein Oberflächenintegral vertreten ist. Dies ist so wegen der Bedingung der kinematischen Zulässigkeit, die das Verschiebungsfeld erfüllen muß; mit anderen Worten, geometrische (erzwungene) Randbedingungen müssen exakt erfüllt werden.

Die erste Variation von V ist durch

$$\delta V = -\sum F_i\,\delta\Delta_i - \int_{S_\sigma} \bar{\mathbf{T}}\cdot\delta\mathbf{u}\,dS \tag{6.49}$$

gegeben. Auf das Prinzip der virtuellen Arbeit (6.1) zurückgreifend, stellen wir fest, daß im Einklang mit (6.41)

$$\delta U + \delta V = \delta\Pi_p = 0$$

gilt, und es ist damit gezeigt, daß die erste Variation einer korrekt konstruierten Potentialfunktion Π_p verschwindet; d.h. aber, daß Π_p in diesem Lösungspunkt stationär ist.

6.4.2 Diskretisation durch finite Elemente

Wir legen unserer Herleitung ein auf die Knotenverschiebungen bezogenes Verschiebungsfeld zugrunde, so daß (5.6c) zur Beziehung $\boldsymbol{\epsilon} = [\mathbf{D}]\{\boldsymbol{\Delta}\}$ führt. Einsetzen dieses Ausdruckes für $\boldsymbol{\epsilon}$ in (6.46) gibt

$$U = \frac{\lfloor \boldsymbol{\Delta} \rfloor}{2}[\mathbf{k}]\{\boldsymbol{\Delta}\} - \lfloor \boldsymbol{\Delta} \rfloor\{\mathbf{F}^{\text{init.}}\} + C(\boldsymbol{\epsilon}^{\text{init.}}), \tag{6.50}$$

wobei $[\mathbf{k}]$ und $\{\mathbf{F}^{\text{init.}}\}$ mit dem Prinzip der virtuellen Arbeit hergeleitet wurden und in (6.12a) und (6.12b) gegeben sind.

Die diskretisierte Form von V andererseits lautet unter Benutzung von (6.17a) wegen $\delta\mathbf{u} = [\mathbf{\mathfrak{N}}]\{\delta\boldsymbol{\Delta}\}$

$$V = -\lfloor \boldsymbol{\Delta} \rfloor\{\mathbf{F}\} - \lfloor \boldsymbol{\Delta} \rfloor\{\mathbf{F}^d\}, \tag{6.51}$$

wobei $\{\mathbf{F}^d\}$ in (6.12f) definiert ist.

Mit Hilfe von (6.48) und (6.51) kann auch die potentielle Energie diskretisiert werden und nimmt die Gestalt

$$\Pi_p = \frac{\lfloor \boldsymbol{\Delta} \rfloor}{2}[\mathbf{k}]\{\boldsymbol{\Delta}\} - \lfloor \boldsymbol{\Delta} \rfloor\{\{\mathbf{F}\} + \{\mathbf{F}^{\text{init.}}\} + \{\mathbf{F}^d\}\} \tag{6.39a}$$

an, ein Ausdruck, der eine (allgemeine) quadratische Form in den $\boldsymbol{\Delta}$'s darstellt. Anwenden der Extremalbedingung (d.h. $\{\partial\Pi/\partial\boldsymbol{\Delta}\} = \mathbf{0}$, vgl. (6.35b)) führt dann auf

$$[\mathbf{k}]\{\boldsymbol{\Delta}\} = \{\mathbf{F}\} + \{\mathbf{F}^{\text{init.}}\} + \{\mathbf{F}^d\}. \tag{6.52}$$

Um zu überprüfen, ob die potentielle Energie ein Maximum oder ein Minimum sei, berechnen wir die zweite Variation. Für Fälle, bei denen $\{\mathbf{F}\}$ ein konstanter Vektor ist, führt dies auf

$$\delta^2\Pi_p = \lfloor \delta\boldsymbol{\Delta} \rfloor[\mathbf{k}]\{\delta\boldsymbol{\Delta}\}. \tag{6.53}$$

Physikalische Überlegungen zeigen, daß die Verzerrungsenergie eine positive Größe ist. Weil sie durch $U = \frac{1}{2}\lfloor \boldsymbol{\Delta} \rfloor[\mathbf{k}]\{\boldsymbol{\Delta}\}$ gegeben ist, ist damit auch klar, daß $[\mathbf{k}]$ für beliebig wählbare $\{\boldsymbol{\Delta}\}$'s nur dann ein positives U ergibt, wenn es selbst eine positiv definite Matrix darstellt. Also ist unter solchen Voraussetzungen $\delta^2\Pi_p$ nicht-negativ, und die potentielle Energie Π_p ist ein Minimum.

Die Eigenschaft, daß die potentielle Energie im Gleichgewicht ein Minimum annimmt, ist nützlich, da sie für gewisse Lösungsparameter Schranken zu identifizieren erlaubt. Diese Eigenschaft wird in Kapitel 7 untersucht, wo wir uns mit der FE-Formulierung einer Gesamtkonstruktion beschäftigen werden. Wir bemerken auch, daß die Minimaleigenschaften der potentiellen Energie nur deshalb identifizierbar sind, weil $[\mathbf{k}]$ als positiv definit angenommen werden kann. Bei gewissen gemischten Variationsprinzipien, welche in diesem Kapitel noch behandelt werden, erfüllt die wichtigste Koeffizientenmatrix einer FE-Formulierung diese Eigenschaft nicht. Es können dann auch keine Schranken für die Lösungsparameter angegeben werden.

Es muß betont werden, daß das Prinzip der potentiellen Energie hier angewendet wurde, um die Steifigkeitsmatrix eines Elementes als Konstruktionseinheit zu berechnen, ohne dabei Bedingungen zu erwähnen, welche an den Elementrändern erfüllt sein müssen, wenn das Element Teil einer Gesamtkonstruktion sein sollte. Wenn diese Bedingungen bei der globalen Darstellung verletzt sind, dann wird das Element als interelementinkompatibel bezeichnet. In einem solchen Fall kann das Minimum der potentiellen Energie nicht garantiert werden. Elemente, welche zu globalen Darstellungen führen, die die Interelementkompatibilität nicht erfüllen, finden Verwendung, weil sie auf Verschiebungsfeldern fußen, welche einfacher sind als jene, die der Bedingung der Interelementkompatibilität gehorchen. Es ist möglich, solche Formulierungen darauf zu testen, ob sie bei Netzverfeinerung zur richtigen Lösung führen [6.5]. Beispiele solcher Elemente werden wir in späteren Kapiteln noch antreffen.

Wir haben gesehen, daß sowohl das Prinzip der virtuellen Arbeit als auch das Prinzip vom Minimum der potentiellen Energie bei linear elastischem Verhalten auf dieselbe Formel für die Elementmatrizen führte. Das Prinzip der virtuellen Arbeit ist allgemeiner, und seine Verallgemeinerung erlaubt eine FE-Formulierung für Probleme, welche außerhalb der Festigkeitsmechanik liegen. Aus diesem Grunde wird es von vielen Autoren vorgezogen. Umgekehrt sind für viele Situationen der Festkörpermechanik die Ausdrücke für die Verzerrungsenergie entweder bekannt oder aber leicht konstruierbar. Das spricht wiederum für das Energieprinzip, das es ja auch erlaubt, die Minimumseigenschaften der Lösungen zu erkennen. Aufgrund eben dieser Eigenschaften sind auch andere Algorithmen gefunden worden, mit denen wir uns in Kapitel 7 noch beschäftigen werden.

6.4.3 Beispiele

Es ist lehrreich, die oben dargelegten Energieprinzipien auf die Konstruktion der Steifigkeitsmatrizen und auch der anderen im Kapitel 5 behandelten Elementmatrizen anzuwenden. Der Einfachheit halber gehen wir in der Wahl der Verschiebungsfelder von

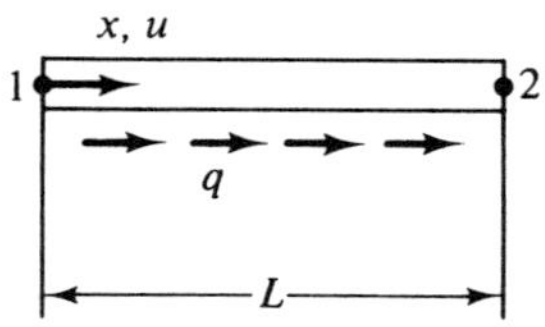

Bild 6.6

Ausdrücken aus, in welchen die Felder direkt in Abhängigkeit von den Knotenverschiebungen und nicht als Funktion verallgemeinerter Parameter geschrieben sind. Man erhält daher für den Zug-Druckstab, der bereits in den Abschnitten 5.1 und 5.5 diskutiert wurde (vgl. (5.5) und **Bild 6.6**),

$$u = \left(1 - \frac{x}{L}\right)u_1 + \frac{x}{L}u_2$$

mit

$$\lfloor \mathbf{N} \rfloor = \lfloor \left(1 - \frac{x}{L}\right) \quad \frac{x}{L} \rfloor, \qquad \lfloor \mathbf{N}' \rfloor = \lfloor -\frac{1}{L} \quad \frac{1}{L} \rfloor.$$

Einsetzen in (6.12a) und (6.12e) führt zur Steifigkeitsmatrix und zur Massenmatrix des Elementes:

$$[\mathbf{k}] = \int_0^L \begin{Bmatrix} -\frac{1}{L} \\ \frac{1}{L} \end{Bmatrix} E \lfloor -\frac{1}{L} \quad \frac{1}{L} \rfloor A\, dx = \frac{AE}{L} \begin{bmatrix} 1 & -1 \\ -1 & 1 \end{bmatrix},$$

$$[\mathbf{m}] = \int_0^L \begin{Bmatrix} \left(1 - \frac{x}{L}\right) \\ \frac{x}{L} \end{Bmatrix} \rho \lfloor \left(1 - \frac{x}{L}\right) \quad \frac{x}{L} \rfloor A\, dx = \rho A L \begin{bmatrix} \frac{1}{3} & \frac{1}{6} \\ \frac{1}{6} & \frac{1}{3} \end{bmatrix}.$$

Für den Fall, daß Initialdehnungen auf Wärmeausdehnungen zurückzuführen sind ($\epsilon^{\text{init.}} = \alpha \Upsilon$), erhält man aus (6.12b)

$$\{\mathbf{F}^{\text{init.}}\} = \int_0^L \begin{Bmatrix} -\frac{1}{L} \\ \frac{1}{L} \end{Bmatrix} E \alpha \Upsilon A\, dx = A E \alpha \Upsilon \begin{Bmatrix} -1 \\ 1 \end{Bmatrix}.$$

Ebenfalls für axial verteilte Lasten q (N/m) von bekanntem Wert erhält man $\mathbf{X} = q/A$, so daß aus (6.12c)

$$\{\mathbf{F}^b\} = \int_0^L \begin{Bmatrix} \left(1 - \frac{x}{L}\right) \\ \frac{x}{L} \end{Bmatrix} q\, dx = q \frac{L}{2} \begin{Bmatrix} 1 \\ 1 \end{Bmatrix}$$

folgt.

Die Matrix $[\mathbf{k}]$ ist mit derjenigen, welche mit der direkten Methode hergeleitet wurde, identisch. Wegen der einfachen Form des Verschiebungsfeldes ist für dieses Element die Aufteilung der Kräfte auf die Knoten (durch die Transponierte der Matrix der Verzerrungs-Verschiebungsbeziehungen impliziert) dieselbe wie jene, welche durch direkte Argumente erhalten wurde. Bezüglich thermischer Kräfte legen die erhaltenen Resultate, wie es ja auch sein soll, nahe, daß die Komponenten des Vektors $\{\mathbf{F}^{\text{init.}}\}$ in der Tat jene Kräfte darstellen, welche nötig sind, um die durch den Temperaturunterschied Υ erzeugten Verschiebungen zu unterdrücken. Weiter sind die verteilten Kräfte jene, welche sich bei einer einfachen Aufteilung auf die Knoten ergeben würden.

Wir betrachten jetzt das Dreieckelement in Bild 5.3. Aus (5.21a) erhält man

$$\lfloor \mathbf{N} \rfloor = \frac{1}{x_2 y_3} \lfloor (x_2 y_3 - x y_3 - x_2 y + x_3 y) \qquad (x y_3 - x_3 y) \qquad (x_2 y) \rfloor$$

und aus (5.22)

$$[\mathbf{D}] = \frac{1}{x_2 y_3} \begin{bmatrix} -y_3 & y_3 & 0 & 0 & 0 & 0 \\ 0 & 0 & 0 & x_3 - x_2 & -x_3 & x_2 \\ x_3 - x_2 & -x_3 & x_2 & -y_3 & y_3 & 0 \end{bmatrix}.$$

Die Steifigkeitsmatrix, welche durch die Verwendung von $[\mathbf{D}]$ in den Ausdrücken des Prinzips der virtuellen Arbeit (6.12a) entsteht, ist wiederum dieselbe wie jene von Bild 5.4; dies wegen der Einfachheit der durch $\lfloor \mathbf{N} \rfloor$ dargestellten linearen Felder. Die Herleitung der Matrizen $[\mathbf{m}]$ und $\{\mathbf{F}^{\text{init.}}\}$ sei dem Leser als Übung empfohlen (vgl. Aufgaben 6.4 und 6.7).

Beim ebenen Spannungszustand werden die verteilten Lasten gewöhnlich an den Enden einer Konstruktion und nicht über die Oberfläche des Elementes verteilt angenommen. Dies beeinflußt natürlich die Berechnung von $\{\mathbf{F}^d\}$, die jetzt aus der Verteilung der Kräfte an den Gesamträndern zu erfolgen hat. Es ist daher ratsam, die Diskussion dieser Berechnungen auf das Kapitel 9 zu verschieben, welches sich mit den globalen Aspekten des ebenen Spannungszustandes beschäftigt.

Beide Elemente, der Zug-Druckstab und das Dreieck mit linearer Verschiebungsverteilung, sind insofern irreführende Beispiele zur Erläuterung des Prinzips der potentiellen Energie (oder des Prinzips der virtuellen Arbeit), als die angenommenen Verschiebungsfelder zu Spannungsfeldern gehören, welche die Differentialgleichungen des Gleichgewichts erfüllen. Z.B. ist die Gleichgewichtsbedingung

$$\frac{\partial \sigma_x}{\partial x} + \frac{\partial \tau_{xy}}{\partial y} = 0$$

im Falle des Dreiecks identisch erfüllt. Man erkennt dies, wenn man (5.7a) oder $\boldsymbol{\sigma} = [\mathbf{E}][\mathbf{D}]\{\boldsymbol{\Delta}\}$ in diese Gleichgewichtsgleichung einsetzt. Die Auswahl kinematisch zulässiger Verschiebungsfelder wird gewöhnlich ohne Bezug auf die Gleichgewichtsbedingungen getroffen. Diese Bedingungen werden daher im allgemeinen auch nicht erfüllt. Dies wird bei Formulierungen komplexerer Elemente in späteren Kapiteln noch zutage treten.

6.4.4 Approximation der Geometrie

Es ist in Abschnitt 3.4 darauf aufmerksam gemacht worden, daß ein Vorteil der FEM zur Berechnung von Tragwerken in der Erfassung geometrisch komplexer Konfigurationen liegt. Es muß aber beachtet werden, daß die Geometrie des tatsächlichen Tragwerks bei einer Berechnung fast immer angenähert wird, und daß diese Annäherung daher auch als Fehlerquelle der Analysis betrachtet werden sollte. Den Approximationen der Funktionen (z.B. der Verschiebungen) wird gewöhnlich die größte Aufmerksamkeit zugewendet, doch sind Fragen der geometrischen Approximation ebenso wichtig, wenn nicht von größerer Bedeutung. Wie wir gleich demonstrieren werden, erleichtert es das Variationsprinzip, realistischere Annäherungen der Geometrie von Konstruktionen in Rechnung zu stellen. Bei der Diskussion dieser Sachfrage ist es nützlich, zwischen räumlichen Konstruktionen, Platten und prismatischen Stäben zu unterscheiden. Bei

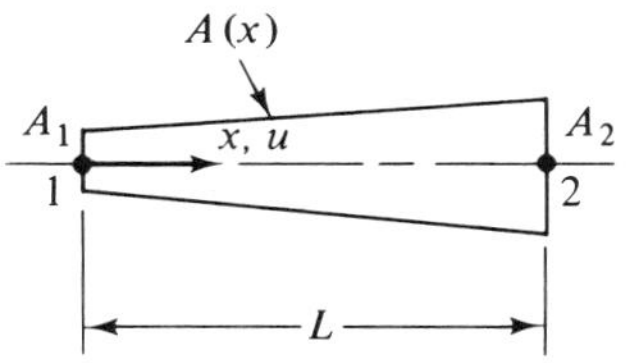

Bild 6.7

dreidimensionalen Gebilden gilt unser Augenmerk vorwiegend gekrümmten Oberflächen, wohingegen bei Platten und prismatischen Stäben die Parameter Variation der Dicke und Querschnittsfläche sind. Hier werden einige grundsätzliche Überlegungen zur Approximation der letzteren gemacht. Die Annäherung der Geometrie räumlicher Elemente wird in späteren Kapiteln aufgegriffen.

Die variable Querschnittsfläche, in **Bild 6.7** skizziert, illustriert die Hauptfaktoren der Approximation der Geometrie von konischen Stäben und Platten. Gewöhnlich wird in der praktischen Analysis der voutierte Stab in treppenartiger Weise durch Elemente konstanter Dicke dargestellt. Dies führt zu einer guten Approximation, wenn eine genügend große Anzahl von Elementen verwendet wird; numerische Daten aber zeigen, daß der Fehler in der entsprechenden Lösung größer sein kann als der Fehler, welcher der Approximation des Verschiebungsfeldes zuzuschreiben ist. Eine Alternative zur stufenweisen Darstellung besteht in einer einfachen Annäherung der Variation von $A(x)$ entweder auf den Stab als Ganzes oder aber auf die Segmente, in die er aufgeteilt ist. Eine Annäherung ist erwünscht, da es leicht einzusehen ist, daß zur Darstellung der expliziten Steifigkeitsmatrix des Elementes keine einzige Funktion alle möglichen vorgegebenen Variationen von $A(x)$ exakt wiedergeben kann.

Werden diese Überlegungen beachtet, so kann die Verzerrungsenergie des Stabes in der Form

$$U = \frac{E}{2} \int_0^L \left(\frac{du}{dx}\right)^2 [A(x)]\, dx$$

geschrieben werden. Die schon vorher für das Element konstanten Querschnitts verwendeten Verschiebungsfunktionen (5.5) ergeben im vorliegenden Fall keine exakte Darstellung, da sie einem Verzerrungszustand entsprechen, der entlang der Achse nicht vorherrschen kann. Sie sind hingegen eine bequeme Approximation, welche wir hier verwenden wollen.

In diesem Beispiel nehmen wir an, daß $A(x)$ (Bild 6.7) linear zwischen den Punkten 1 und 2 variiert. Daher schreiben wir

$$A(x) = \left\lfloor \left(1 - \frac{x}{L}\right) \quad \frac{x}{L} \right\rfloor \begin{Bmatrix} A_1 \\ A_2 \end{Bmatrix},$$

wobei A_1 und A_2 die Querschnittsflächen der Punkte 1 und 2 sind. Mit diesen Darstellungen für die Verschiebungen und die Geometrie erhalten wir für die Verzerrungsenergie

$$U = E \frac{\lfloor u_1 \quad u_2 \rfloor}{2L^2} \int_0^L \begin{Bmatrix} -1 \\ 1 \end{Bmatrix} \left[\left\lfloor \left(1 - \frac{x}{L}\right) \quad \frac{x}{L} \right\rfloor \begin{Bmatrix} A_1 \\ A_2 \end{Bmatrix} \right] \lfloor -1 \quad 1 \rfloor\, dx \begin{Bmatrix} u_1 \\ u_2 \end{Bmatrix},$$

oder nach Integration

$$U = \lfloor u_1\, u_2 \rfloor [\mathbf{k}] \begin{Bmatrix} u_1 \\ u_2 \end{Bmatrix},$$

wobei

$$[\mathbf{k}] = \frac{(A_1 + A_2)}{2L} E \begin{bmatrix} 1 & -1 \\ -1 & 1 \end{bmatrix}$$

ist. Es ist auch möglich, die exakte Steifigkeitsmatrix für den Zug-Druckstab mit linearer Querschnittshöhe zu konstruieren, und dies ergibt

$$[\mathbf{k}] = \frac{L}{E} \frac{(A_2 - A_1)}{ln \dfrac{A_2}{A_1}} \begin{bmatrix} 1 & -1 \\ -1 & 1 \end{bmatrix},$$

wobei *ln* den natürlichen Logarithmus bezeichnet. Für die exakte Steifigkeitsmatrix wird also die Berechnung eines Logarithmus verlangt.

Das Vorgehen zur Formulierung von Annäherungen der Geometrie ist für konische Balken-, Platten- und Schalenelemente grundsätzlich dasselbe wie für den oben beschriebenen konischen Zug-Druckstab. Hierzu geht man von der Annäherung des Verschiebungsfeldes für das Element konstanten Querschnitts aus; dieses approximierte Feld bildet dann auch die Grundlage für die Darstellung der Geometrie. Dieses Konzept der Doppelverwendung ist als isoparametrische Darstellung bekannt; d.h. dieselben (isos) Parameter werden für die geometrische Approximation sowie für jene für die Verschiebungen verwendet. Der Grad der Stetigkeit des Verschiebungsfeldes zwischen den Elementen, der in den Formfunktionen enthalten ist, ist dann auch auf die geometrische Darstellung übertragen. Im vorliegenden Beispiel ist die Funktion selbst (die Fläche) von einem Element zum anderen stetig. Die allgemeine Theorie isoparametrischer Darstellungen wird in Abschnitt 8.8 gegeben werden.

Die Konstruktionspraxis hat innerhalb der Stab- und Plattenelemente die Verwendung von konischen Elementen nicht gefördert. Praktiker ziehen es vor, Elemente mit konstanter Dicke stufenartig zu verwenden. Im allgemeinen ist genügend Computerkapazität für diese Klasse von Konstruktionen vorhanden, um konische Stäbe mit einer genügend großen Anzahl von Elementen zu beschreiben. Das Konzept der isoparametrischen Darstellung ist daher bei der FEM konischer Stäbe nicht genügend entwickelt. Das ist nicht der Fall für die Analysis von räumlichen Elementen, da dort schon die allergröbsten FE-Netzeinteilungen große Rechenkapazität verlangen.

Bei der Behandlung konischer Stäbe kann man auch direkt numerisch integrieren, ein Vorgehen, das natürlich auch auf die Integrale anwendbar ist, welche bei isoparametrischen Darstellungen auftreten. In der Tat sind bei der Anwendung der isoparametrischen Methoden von Abschnitt 8.8 die resultierenden Integrale im Ausdruck der Verzerrungsenergie für eine explizite Integration gewöhnlich zu komplex, so daß numerische Integration nötig wird.

6.5 Die hybriden Deformationsmethoden und die verallgemeinerten Prinzipien der potentiellen Energie

6.5.1 Das Hybrid-I-Verfahren

Die Hybrid-Verfahren und das Verfahren der verallgemeinerten potentiellen Energie stellen Alternativen zu den interelementkompatiblen Einfeldformulierungen dar. Beide Methoden, die hybride Deformationsmethode und diejenige der verallgemeinerten potentiellen Energie, basieren dagegen auf Mehrfelddarstellungen. In ihnen wird nicht nur das Verschiebungsfeld innerhalb des Elementes angenommen, sondern auch eine andere unabhängige Ansatzfunktion für das Verschiebungs- und/oder das Spannungsfeld auf dem Elementrand gewählt. Die Hybrid-Methoden liefern die Elementgleichungen durch Elimination verallgemeinerter Parameter. Das Verfahren der verallgemeinerten potentiellen Energie andererseits beseitigt Unterschiede in den Verschiebungen entlang den Elementrändern, wenn die Elemente mit interelementinkompatiblen Verschiebungsfeldern formuliert sind.

In diesem Abschnitt untersuchen wir zwei Hybrid-Formulierungen. Beide gehen aus dem Prinzip vom Minimum der potentiellen Energie hervor. Im ersten (Hybrid-I-Verfahren) wird das innere Verschiebungsfeld in Abhängigkeit von verallgemeinerten Verschiebungen ausgedrückt; unabhängig davon wird das Randspannungsfeld als Funktion der Knotenkräfte ausgedrückt. Dies führt zu einer Steifigkeitsmatrix für das Element. Das zweite Hybrid-Verfahren (Hybrid-II-Verfahren) ist insofern eine Erweiterung des vorangegangenen Konzeptes, als in ihm sowohl die Verschiebungen im Innern wie auch die Randspannungen als Funktion verallgemeinerter Parameter dargestellt werden, während die Randverschiebungen unabhängig davon als Funktion der Knotenverschiebungen vorgegeben sind. Auch dies führt zu einer Steifigkeitsmatrix für das Element.

Um mit mehreren unabhängigen Feldern arbeiten zu können, ist es nötig, die potentielle Energie zu modifizieren. Um die beim Hybrid-I-Verfahren verwendete Modifikation zu beschreiben, betrachten wir nur innere Elemente, d.h. Elemente ohne Ränder an den Enden der Konstruktion, und wir vernachlässigen Raum- oder Vorspannungskräfte. Die innere Berandung des Elementes ist dann der volle Rand S_n, der durch die zwischen den Elementen auftretenden Spannungsvektoren $\bar{\mathbf{T}}$ belastet ist. In Anbetracht von (6.40) und (6.49) ist das Potential der Randlasten zum Gesamtpotential hinzuzuzählen, und man hat daher die modifizierte potentielle Energie

$$\Pi_p^m = U - \int_{S_n} \bar{\mathbf{T}} \cdot \mathbf{u} \, dS, \tag{6.54}$$

wobei $\mathbf{u}$ die mit dem gewählten inneren Verschiebungsfeld verträgliche Randverschiebung ist. Die Verallgemeinerung gegenüber dem konventionellen Prinzip der potentiellen Energie besteht darin, daß $\bar{\mathbf{T}}$ in Abhängigkeit von Knotenkraftsparametern geschrieben wird, so daß neben den Verschiebungsparametern von $\mathbf{u}$ (und $\boldsymbol{\Delta}$) auch die Parameter der Knotenkräfte als Unbekannte in Π_p^m auftreten. Das konventionelle Prinzip vom Minimum der potentiellen Energie enthält als Unbekannte nur Verschiebungsparameter. Um die nachstehende Beschreibung des inneren Feldes und des Randfeldes klarer

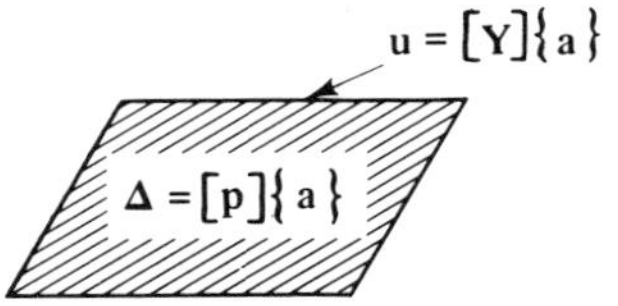

(a) Beschreibung der Verschiebungen (Verschiebungen im Innern und am Rand sind als Funktionen derselben verallgemeinerten Parameter {a} ausgedrückt)

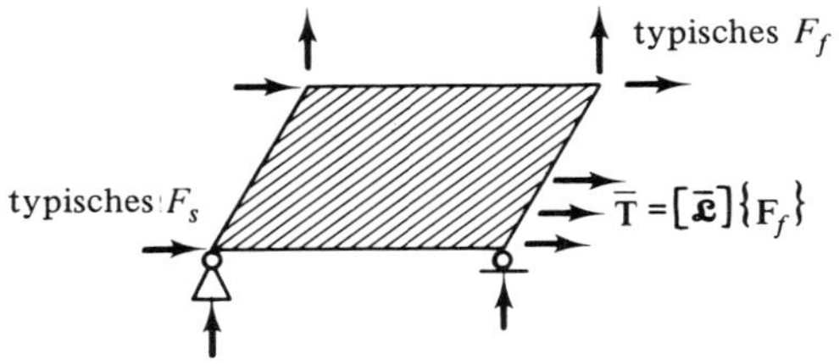

(b) Beschreibung der Spannungen (Die Randkräfte sind in Abhängigkeit der Kräfte an frei verschieblichen Knoten dargestellt)

Bild 6.8

werden zu lassen, haben wir in **Bild 6.8** ein Element samt seinen angenommenen Verschiebungs- und Spannungsfeldern skizziert.

In Übereinstimmung mit der in Kapitel 5 verwendeten Terminologie bezeichnen wir die verallgemeinerten Parameter des inneren Verschiebungsfeldes mit $\{\mathbf{a}\}$. Für die gewöhnliche Polynomdarstellung gilt

$$\boldsymbol{\Delta} = [\mathbf{p}]\{\mathbf{a}\} \tag{5.2a}$$

und durch Anwendung der Verzerrungs-Verschiebungsgleichungen

$$\boldsymbol{\epsilon} = [\mathbf{C}_f]\{\mathbf{a}_f\}, \tag{5.6d}$$

wobei sich $\{\mathbf{a}_f\}$ auf jene Verschiebungsparameter bezieht, welche noch verbleiben, nachdem die zur Starrkörperbewegung gehörenden $\{\mathbf{a}_s\}$ durch den mit den Verzerrungs-Verschiebungsgleichungen verbundenen Differentiationsprozeß eliminiert sind. Wir benötigen für dieses Verschiebungsfeld auch die Randwerte $\mathbf{u}$. Diese werden durch Ausrechnen von $\boldsymbol{\Delta}$ entlang der Elementränder bestimmt:

$$\mathbf{u} = [\mathbf{Y}]\{\mathbf{a}\} = [\mathbf{Y}_f\ \mathbf{Y}_s]\begin{Bmatrix}\mathbf{a}_f\\ \mathbf{a}_s\end{Bmatrix}. \tag{6.55}$$

Hier haben wir aus Gründen, die noch verständlich werden, die Unterscheidung zwischen $\{\mathbf{a}_f\}$ und $\{\mathbf{a}_s\}$ beibehalten.

Der letzte Bestandteil der hybriden Deformationsmethode ist die Beschreibung von $\bar{\mathbf{T}}$ als Funktion der Knotenkräfte $\{\mathbf{F}_f\}$. Der Subskript f bezeichnet hierbei ein System von Knotenkräften, das auf so viele Glieder beschränkt ist, daß statisch bestimmte Lagerung des Elementes gewährleistet ist. Diese Forderung ist eine Konsequenz davon, daß der Vektor $\bar{\mathbf{T}}$ bei verschwindenden Raumkräften ein System von Gleichgewichtskräften darstellt. Wir stellen diese Beziehung in der Form

$$\bar{\mathbf{T}} = [\bar{\mathfrak{L}}]\{\mathbf{F}_f\} \tag{6.56}$$

dar. $\bar{\mathbf{T}}$ muß Randkräfte darstellen, welche mit jenen des benachbarten Elementes im Gleichgewicht sind. (Dabei müssen die zwischen den Elementen auf dem Rande wirkenden Kräfte entsprechend in Rechnung gesetzt werden). Es sollte betont werden, daß es im allgemeinen schwierig, ja sogar unmöglich ist, Gleichungen der Form (6.56) zu konstruieren, welche diese Bedingungen erfüllen. Ein etwas besseres Verfahren, welches in Abschnitt 6.6.4 und in Kapitel 7 noch eingehender behandelt wird, besteht in der Anwendung von Spannungsfunktionen an Stelle von Spannungsfeldern und von Knotenwerten von Spannungsfunktionen an Stelle von $\{\mathbf{F}_f\}$. Die Verwendung der Knotenkräfte $\{\mathbf{F}_f\}$ erweist sich beim Balkenelement, das uns zur Erklärung der verschiedenen Herleitungen bereits nützliche Dienste erwiesen hat, als äußerst sinnvoll. Die für das Balkenelement geeignetsten Parameter sind denn auch die Kräfte $\{\mathbf{F}_f\}$.

Wir wollen jetzt die diskretisierte Form der modifizierten potentiellen Energie (6.54) herleiten. Dazu beachte man, daß bei der Konstruktion der Arbeit der Anteil der sich im Gleichgewicht befindlichen Randkräfte (das Integral über S_n) für Starrkörperbewegungen verschwindet. Da die Starrkörperverschiebungen $\mathbf{u}$ gemäß (6.55) gleich $[\mathbf{Y}_s]\{\mathbf{a}_s\}$ sind, braucht man bei der Behandlung von $\mathbf{u}$ nur das Produkt $[\mathbf{Y}_f]\{\mathbf{a}_f\}$ in Betracht zu ziehen. Dieser Term sei mit $\mathbf{u}_f$ bezeichnet. Mit

$$U = \frac{1}{2} \int_{\text{vol}} \boldsymbol{\epsilon}\,[\mathbf{E}]\,\boldsymbol{\epsilon}\; d(\text{vol})$$

erhält man durch Einsetzen der Ausdrücke für $\boldsymbol{\epsilon}$, $\mathbf{u}_f$ und $\bar{\mathbf{T}}$ in (6.54), wobei (5.6e), die obere Hälfte von (6.55) und (6.56) verwendet werden,

$$\Pi_p^{m_1} = \frac{\lfloor \mathbf{a}_f \rfloor}{2}[\mathbf{H}]\{\mathbf{a}_f\} - \lfloor \mathbf{a}_f \rfloor[\mathbf{J}]\{\mathbf{F}_f\}\,, \tag{6.54a}$$

mit

$$[\mathbf{H}] = \left[\int_{\text{vol}} [\mathbf{C}_f]^{\mathrm{T}}[\mathbf{E}][\mathbf{C}_f]\; d(\text{vol})\right], \tag{6.57}$$

$$[\mathbf{J}] = \left[\int_{S_n} [\mathbf{Y}_f]^{\mathrm{T}}[\bar{\mathfrak{L}}]\; dS\right]. \tag{6.58}$$

Variation von $\Pi_p^{m_1}$ in (6.54a) bezüglich $\lfloor \mathbf{a}_f \rfloor$ ergibt

$$[\mathbf{H}]\{\mathbf{a}_f\} - [\mathbf{J}]\{\mathbf{F}_f\} = \mathbf{0},$$

oder

$$\{\mathbf{a}_f\} = [\mathbf{H}]^{-1}[\mathbf{J}]\{\mathbf{F}_f\}.$$

Wiedereinsetzen dieses Wertes in (6.54 a) führt zu

$$\Pi_p^{m_1} = -\frac{\lfloor \mathbf{F}_f \rfloor}{2}[\mathbf{f}]\{\mathbf{F}_f\}, \tag{6.54b}$$

wobei die hier abgeleitete Flexibilitätsmatrix durch

$$[\mathbf{f}] = [\mathbf{J}]^T[\mathbf{H}]^{-1}[\mathbf{J}] \tag{6.59}$$

gegeben ist.

6.5.2 Beispiel zur Hybrid-I-Methode

Wir erklären dieses Verfahren anhand der Konstruktion der Flexibilitätsmatrix des Kragarms von **Bild 6.9**. In diesem Fall gilt $\mathbf{\Delta} = w$, und da die Oberfläche oder der Rand

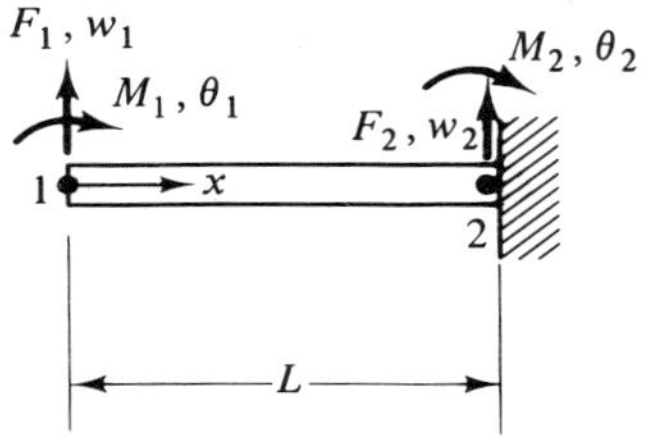

Bild 6.9

aus diskreten Punkten besteht, wird das Randintegral in (6.54) durch eine endliche Summe beschrieben. Wir fragen nach der konventionellen Flexibilitätsmatrix dieses Elementes und wählen zur Beschreibung von w, wie in Kapitel 5 (vgl. (5.13)), ein kubisches Polynom

$$w = x^3 a_1 + x^2 a_2 + x a_3 + a_4 = [\mathbf{p}_f\ \mathbf{p}_s]\begin{Bmatrix}\mathbf{a}_f\\ \mathbf{a}_s\end{Bmatrix}$$

mit

$$[\mathbf{p}_f] = \lfloor x^3 \quad x^2 \rfloor, \qquad [\mathbf{p}_s] = \lfloor x \quad 1 \rfloor,$$
$$\{\mathbf{a}_f\} = \lfloor a_1 \quad a_2 \rfloor^T, \qquad \{\mathbf{a}_s\} = \lfloor a_3 \quad a_4 \rfloor^T.$$

Also gilt

$$w' = \lfloor 3x^2 \quad 2x \quad 1 \rfloor \begin{Bmatrix} a_1\\ a_2\\ a_3\end{Bmatrix} = -\theta,$$

$$\epsilon = w'' = \lfloor 6x \quad 2 \rfloor \begin{Bmatrix} a_1\\ a_2\end{Bmatrix} = [\mathbf{C}_f]\{\mathbf{a}_f\}.$$

Die Randwerte werden für dieses Feld erhalten, indem man w und w' an den Punkten 1 und 2 berechnet. Es folgt so

$$\mathbf{u} \equiv \begin{Bmatrix} w_1 \\ \theta_1 \\ w_2 \\ \theta_2 \end{Bmatrix} = \left[\begin{array}{cc|cc} 0 & 0 & 0 & 1 \\ 0 & 0 & -1 & 0 \\ L^3 & L^2 & L & 1 \\ -3L^2 & -2L & -1 & 0 \end{array}\right] \begin{Bmatrix} a_1 \\ a_2 \\ \hline a_3 \\ a_4 \end{Bmatrix} = [\mathbf{Y}_f\ \mathbf{Y}_s] \begin{Bmatrix} \mathbf{a}_f \\ \mathbf{a}_s \end{Bmatrix}.$$

Andererseits sind die Randkräfte beim Balken einfach durch die Knotenkräfte bzw. Knotenmomente gegeben. Sie lassen sich zu

$$\bar{\mathbf{T}} = \lfloor F_1\ M_1\ F_2\ M_2 \rfloor^{\mathrm{T}}$$

zusammenfassen. Wie oben erwähnt, existieren aber Beziehungen zwischen F_1, M_1, F_2 und M_2, welche aus den Bedingungen des statischen Gleichgewichts resultieren. Insbesondere muß gelten: $F_2 = -F_1$ und $M_2 = F_1 L - M_1$. Also folgt

$$\bar{\mathbf{T}} = \begin{Bmatrix} F_1 \\ M_1 \\ F_2 \\ M_2 \end{Bmatrix} = \begin{bmatrix} 1 & 0 \\ 0 & 1 \\ -1 & 0 \\ -L & -1 \end{bmatrix} \begin{Bmatrix} F_1 \\ M_1 \end{Bmatrix} = [\bar{\mathfrak{L}}]\{\mathbf{F}_f\}.$$

Die Verzerrungsenergie für das Balkenelement lautet

$$\frac{EI}{2} \int_L (w'')^2\, dx,$$

so daß man unter Verwendung von (6.57)

$$[\mathbf{H}] = \left\lfloor EI \int_L [\mathbf{C}_f]^{\mathrm{T}} [\mathbf{C}_f]\, dx \right\rfloor$$

erhält, was durch Einsetzen der Ausdrücke für $[\mathbf{C}_f]$, $[\mathbf{Y}_f]$ und $[\bar{\mathfrak{L}}]$ in

$$[\mathbf{H}] = EIL \begin{bmatrix} 12L^2 & 6L \\ 6L & 4 \end{bmatrix}$$

übergeht. Ferner erhält man durch Substitution von $[\bar{\mathfrak{L}}]$ in (6.58)

$$[\mathbf{J}] = \begin{bmatrix} 2L^3 & 3L^2 \\ L^2 & 2L \end{bmatrix},$$

so daß aus (6.59)

$$[\mathbf{f}] = [\mathbf{J}]^T[\mathbf{H}]^{-1}[\mathbf{J}] = \frac{L}{6EI}\begin{bmatrix} 2L^2 & 3L \\ 3L & 6 \end{bmatrix}$$

folgt. Das ist die exakte Flexibilitätsmatrix für das Balkenelement.

6.5.3 Das Hybrid-II-Verfahren

Das zweite Hybrid-Verfahren geht von angenommenen Verschiebungen aus. Es erweitert die oben erläuterte Methode zur direkten Herleitung der Steifigkeitsmatrix [6.6]. Man wählt hier ein System von interelementkompatiblen Randverschiebungen $\bar{\mathbf{u}}$ und drückt diese in Abhängigkeit der Knotenverschiebungen $\{\boldsymbol{\Delta}\}$ aus. Diese werden hierbei unabhängig vom Feld $\boldsymbol{\Delta}$ gewählt, das die Verschiebungen im Innern des Elementes als Funktion der Parameter $\{\mathbf{a}\}$ beschreibt **(Bild 6.10)**. Im allgemeinen besteht also eine Differenz $(\bar{\mathbf{u}} - \mathbf{u})$ zwischen den auf die $\{\boldsymbol{\Delta}\}$ bezogenen Randverschiebungen und den mit $\{\mathbf{a}\}$ verträglichen Verschiebungen $\mathbf{u}$.

Aus Abschnitt 6.2 ist bekannt, daß beim exakten Prinzip vom Minimum der potentiellen Energie die Randbedingungen der Verschiebungen exakt erfüllt sein müssen und daß diese die erzwungenen Randbedingungen bilden. Da beim vorliegenden Verfahren diese Randbedingungen jedoch nicht exakt erfüllt sind, werden sie als natürliche Randbedingungen behandelt. Es wurde weiter gezeigt, daß die natürlichen Randbedingungen im Energiefunktional direkt durch einen Term ausdrückbar sind, der physikalisch eine

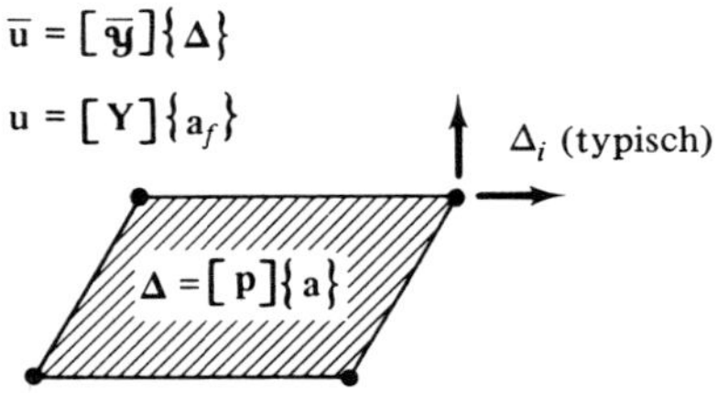

(a) Beschreibung der Verschiebungen (Die inneren Verschiebungen und die Randverschiebungen $\mathbf{u}$ werden als Funktionen der verallgemeinerten Parameter $\{a\}$ gegeben. Die vorgegebenen Randverschiebungen $\bar{u}$ sind als Funktionen der Knotenverschiebungen $\{\boldsymbol{\Delta}\}$ gegeben)

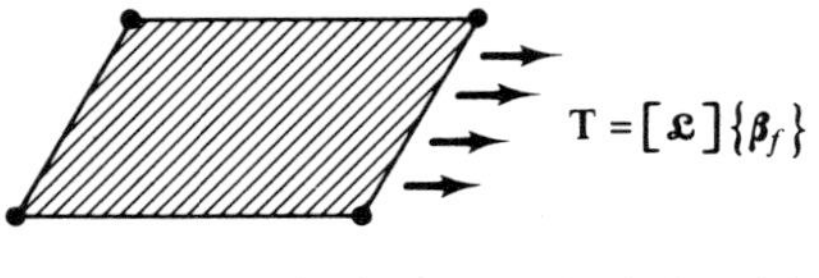

(b) Beschreibung der Spannungen (Randkräfte werden in Abhängigkeit der verallgemeinerten Parameter $\{\beta_f\}$ gegeben)

Bild 6.10

Arbeit darstellt. Daher bilden wir das Integral, das die durch die Verschiebungsdifferenzen $(\bar{\mathbf{u}} - \mathbf{u})$ unter den aufgebrachten Randkräften $\bar{\mathbf{T}}$ gebildete Arbeit darstellt, d.h. wir berechnen

$$\int_{S_n} \mathbf{T}(\bar{\mathbf{u}} - \mathbf{u})\, dS$$

und modifizieren die potentielle Energie entsprechend*:

$$\Pi_p^{m_2} = U - \int_{S_\sigma} \bar{\mathbf{T}} \cdot \mathbf{u}\, dS - \int_{S_n} \mathbf{T}(\bar{\mathbf{u}} - \mathbf{u})\, dS. \tag{6.60}$$

In diesem Ausdruck trägt das Randintegral über S_σ all jenen Elementkanten Rechnung, die auf dem äußeren Rand der Konstruktion liegen. Da wir unsere Betrachtungen auf die Formulierung von inneren Elementen beschränken, vernachlässigen wir im folgenden das Integral über S_σ. Daher lautet die modifizierte Form der potentiellen Energie für diesen Fall

$$\Pi_p^{m_2} = U - \int_{S_n} \mathbf{T}(\bar{\mathbf{u}} - \mathbf{u})\, dS. \tag{6.60a}$$

Die Diskretisation von (6.60a) verlangt, Darstellungen für die Felder $\boldsymbol{\epsilon}$, $\mathbf{u}$, $\bar{\mathbf{u}}$ und $\mathbf{T}$ einzuführen. Die Darstellungen für $\boldsymbol{\epsilon}$ und $\mathbf{u}$ sind bereits in (5.6d) und (6.55) verfügbar. Wir müssen jetzt entsprechende Darstellungen für $\bar{\mathbf{u}}$ und $\mathbf{T}$ angeben.

Es wird verlangt, daß $\bar{\mathbf{u}}$ als Funktion der Knotenverschiebungen $\{\boldsymbol{\Delta}\}$ gegeben ist; eine solche ist bereits früher in (6.17) durch eine Gleichung der Form

$$\bar{\mathbf{u}} = [\bar{\mathbf{Y}}]\{\boldsymbol{\Delta}\}$$

dargestellt worden. Der Querstrich wird hier verwendet, um anzuzeigen, daß die bezeichneten Größen vorgeschrieben sind. Die Randkräfte $\mathbf{T}$ lassen sich ebenfalls in Ab-

---

* Eine andere Möglichkeit, den Ausdruck

$$\int_{S_n} \mathbf{T}(\bar{\mathbf{u}} - \mathbf{u})\, dS$$

zu interpretieren, besteht in der Annahme, daß $\Pi_p^{m_2}$ ein Funktional sei, mit dem man den Verschiebungsunterschied $(\bar{\mathbf{u}} - \mathbf{u})$ zu eliminieren trachte. Man versucht daher die Nebenbedingung $(\bar{\mathbf{u}} - \mathbf{u}) = \mathbf{0}$ einzuführen. Dazu verwendet man die Methode der Lagrange-Multiplikatoren (Abschnitt (6.3)), welche verlangt, daß das Glied

$$\int_{S_n} \lambda(\bar{\mathbf{u}} - \mathbf{u})\, dS$$

zur potentiellen Energie hinzuaddiert wird. Wie schon vorher erwähnt, hat der Lagrange-Parameter die Bedeutung eines Lastparameters, und er ist in diesem Fall die Randkraft $\mathbf{T}$, welche zur Verschiebungsdifferenz $(\bar{\mathbf{u}} - \mathbf{u})$ gehört. Daher ergänzt

$$\int_{S_n} \mathbf{T}(\bar{\mathbf{u}} - \mathbf{u})\, dS$$

den ursprünglichen Ausdruck für die potentielle Energie.

hängigkeit von verallgemeinerten Parametern $\{\boldsymbol{\beta}_f\}$ schreiben. Die Zahl dieser Parameter ist dabei bereits derart reduziert, daß den Gleichgewichtsbedingungen der statisch bestimmten Lagerung Rechnung getragen wurde (angedeutet durch den Subskript f); dies ist mit unserer früheren Wahl der Definition von Randkräften verträglich (vgl. die Bemerkungen oberhalb (6.56)). Daher bezeichnen wir diese Gleichung mit

$$\mathbf{T} = [\mathbf{L}]\{\boldsymbol{\beta}_f\}. \tag{6.61}$$

Eine Diskretisation von $\Pi_p^{m_2}$ kann jetzt durch Einsetzen von $\boldsymbol{\epsilon}$, $\mathbf{u}_f$, $\bar{\mathbf{u}}$ und $\mathbf{T}$ aus (5.6d), des oberen Teils von (6.55) und (6.17) in (6.60a) und (6.61) erhalten werden. Es ergibt sich dann

$$\Pi_p^{m_2} = \frac{\lfloor \mathbf{a}_f \rfloor}{2}[\mathbf{H}]\{\mathbf{a}_f\} - \lfloor \beta_f \rfloor[\mathfrak{J}]\{\boldsymbol{\Delta}\} + \lfloor \mathbf{a}_f \rfloor[\mathfrak{Q}]\{\beta_f\}, \tag{6.60b}$$

wobei $[\mathbf{H}]$ wie in (6.57) definiert ist und

$$[\mathfrak{J}] = \left[\int_{S_n} [\mathbf{L}]^{\mathrm{T}}[\bar{\mathfrak{Y}}]\, dS\right], \tag{6.62}$$

$$[\mathfrak{Q}] = \left[\int_{S_n} [\mathbf{Y}_f]^{\mathrm{T}}[\mathbf{L}]\, dS\right] \tag{6.63}$$

bedeuten.

Um die gewünschte Steifigkeitsmatrix zu erhalten, werden vorerst Hilfsgleichungen konstruiert, indem $\Pi_p^{m_2}$ bezüglich $\{\mathbf{a}_f\}$ und dann bezüglich $\{\boldsymbol{\beta}_f\}$ variiert wird. Dies gibt

$$+[\mathbf{H}]\{\mathbf{a}_f\} - [\mathfrak{Q}]\{\boldsymbol{\beta}_f\} = \mathbf{0}, \tag{6.64a}$$

$$-[\mathfrak{J}]\{\boldsymbol{\Delta}\} + [\mathfrak{Q}]^{\mathrm{T}}\{\mathbf{a}_f\} = \mathbf{0}. \tag{6.64b}$$

Indem man diese Gleichungen nach $\{\mathbf{a}_f\}$ und $\{\boldsymbol{\beta}_f\}$ (als Funktionen von $\{\boldsymbol{\Delta}\}$ auflöst und die Resultate wieder in (6.60b)) einsetzt, erhält man

$$\Pi_p^{m_2} = \frac{\lfloor \boldsymbol{\Delta} \rfloor}{2}[\mathbf{k}]\{\boldsymbol{\Delta}\}, \tag{6.65}$$

wobei

$$[\mathbf{k}] = [\mathfrak{J}]^{\mathrm{T}}[[\mathfrak{Q}]^{\mathrm{T}}[\mathbf{H}]^{-1}[\mathfrak{Q}]]^{-1}[\mathfrak{J}] \tag{6.66}$$

ist.

6.5.4 Beispiel zur Hybrid-II-Methode

Wir untersuchen wiederum das Balkenelement (**Bild 6.11**). Die Definitionen von $\boldsymbol{\epsilon}$ und $\mathbf{u}$ sowie die Matrix $[\mathbf{H}]$ sind gleich wie beim vorangehenden Beispiel. Die Randverschiebungen $\bar{\mathbf{u}}$ sind hier den Knotenverschiebungen gleich; also gilt

$$\bar{\mathbf{u}} = \lfloor w_1\, \theta_1\, w_2\, \theta_2 \rfloor^{\mathrm{T}} = \lfloor \boldsymbol{\Delta} \rfloor^{\mathrm{T}}.$$

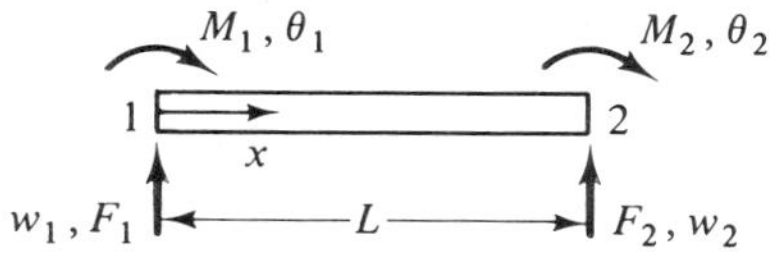

Bild 6.11

Offensichtlich ist $[\overline{\mathfrak{Y}}] = [\mathbf{I}]$ (Einheitsmatrix). Das vorliegende Verfahren verlangt, daß der Vektor der Randkräfte $\mathbf{T} = \lfloor F_1, M_1, F_2, M_2 \rfloor^{\mathrm{T}}$ als Funktion der verallgemeinerten Parameter definiert wird; daher wählen wir für jede Knotenkraft (Momente eingeschlossen) einen verallgemeinerten Parameter, d.h. $\lfloor \beta_1, \beta_2, \beta_3, \beta_4 \rfloor^{\mathrm{T}}$. Wie vorher ist $\mathbf{T}$ jedoch ein System von Gleichgewichtskräften, und da wegen der Gleichgewichtsbedingung $F_2 = -F_1$ und $M_2 = -F_1 L - M_1$, folgt $\beta_3 = -\beta_1$ und $\beta_4 = \beta_1 L - \beta_2$. Daher ergibt sich

$$\mathbf{T} \equiv \lfloor F_1 \; M_1 \; F_2 \; M_2 \rfloor^{\mathrm{T}} = [\mathbf{L}]\{\boldsymbol{\beta}_f\},$$

wobei $[\mathbf{L}]$ mit der Matrix $[\overline{\mathfrak{L}}]$ übereinstimmt, die bei der Konstruktion des Beispiels zur Hybrid-I-Methode bereits verwendet wurde; ebenso ist $\{\boldsymbol{\beta}_f\} = [\beta_1, \beta_2]^{\mathrm{T}}$.

Mit dem Potential $\Pi_p^{m_1}$ ist für diesen Fall jetzt auch die Matrix $[\mathbf{Y}_f]$ bekannt. Unter Verwendung dieses Resultates sowie der Ausdrücke für $[\mathbf{L}]$ und $[\overline{\mathfrak{Y}}] = [\mathbf{I}]$ findet man aus (6.62) und (6.63)

$$[\mathfrak{J}] = [\mathbf{L}]^{\mathrm{T}} = \begin{bmatrix} 1 & 0 & -1 & -L \\ 0 & 1 & 0 & -1 \end{bmatrix},$$

$$[\mathfrak{Q}] = \begin{bmatrix} 2L^3 & 3L^2 \\ L^2 & 2L \end{bmatrix}.$$

Einsetzen dieses Resultates und der bereits vorher hergeleiteten Matrix $[\mathbf{H}]$ in (6.66) ergibt dann die bekannte Steifigkeitsmatrix für das Balkenelement.

6.5.5 Verallgemeinerte potentielle Energie

Das Verfahren der verallgemeinerten potentiellen Energie kann durch Reinterpretation von (6.60a) erhalten werden. Hierzu betrachte man die Berechnung der Verzerrungsenergie U und jene der Oberflächenintegrale als getrennte Operationen. Die Verzerrungsenergie ist allein eine Funktion der inneren Verschiebungen $\boldsymbol{\Delta}$. Bei der speziellen Form der Methode der verallgemeinerten potentiellen Energie, die wir hier diskutieren [6.6–6.8], werden die Verschiebungen im Innern in Abhängigkeit der Knotenpunkt-Verschiebungen geschrieben, d.h. $\boldsymbol{\Delta} = [\mathbf{N}]\{\boldsymbol{\Delta}\}$. Diese Verschiebungen brauchen die Forderungen der Interelementkontinuität jedoch nicht zu erfüllen. Durch Einsetzen von $\boldsymbol{\Delta}$ in U wird also eine Steifigkeitsmatrix berechnet, welche als Basissteifigkeit $[\mathbf{k}]$ bezeichnet sei.

Betrachte jetzt das Oberflächenintegral über S_n in (6.60a). (Wir werden wiederum nur innere Elemente diskutieren und vernachlässigen daher Betrachtungen am Integral der Oberfläche S_σ.) Wir erinnern an frühere Diskussionen, in denen dargelegt wurde, daß dieses Integral die Stetigkeit der Verschiebungen entlang der Elementränder erzwingt. Wie vorher schreiben wir die Randverschiebungen $\bar{\mathbf{u}}$ unabhängig von den inneren Verschiebungen vor, und zwar in einer Weise, die nicht nur interelementkompatibel ist, sondern gleichzeitig auch die Randverschiebungen als Funktion der Knotenparameter $\{\mathbf{\Delta}\}$ angibt. Nun werden die Randkräfte $\mathbf{T}$ unter Verwendung der entsprechenden Elastizitätsgleichungen (4.5), (gefolgt von einer Substitution des Spannungs-Dehnungsgesetzes und der Verzerrungs-Verschiebungsrelationen) in Abhängigkeit der Verschiebungsableitungen berechnet. Diese werden auch durch $\bar{\mathbf{u}}$ approximiert. Das Resultat ist ein Integral, welches eine quadratische Funktion der Knotenverschiebungen $\{\mathbf{\Delta}\}$ ist, die als Hess'sche Matrix die sogenannte Korrektursteifigkeit $[\mathbf{k}_c]$ enthält. Folglich lautet die Steifigkeitsmatrix für beide Anteile

$$[\mathbf{k}] = [\mathbf{k}_0] + [\mathbf{k}_c]. \tag{6.67}$$

Eine weitere Möglichkeit (vgl. [6.9, 6.10]) des Verfahrens der verallgemeinerten potentiellen Energie besteht darin, die Basissteifigkeitsmatrizen $[\mathbf{k}_0]$ numerisch zu berechnen und zu summieren und so die globalen Steifigkeitsmatrizen zu formen, ohne in den Elementbeziehungen der Diskontinuität der Verschiebungen auf den Elementrändern Rechnung zu tragen. In einem zweiten Schritt werden dann Nebenbedingungen gebildet, welche im Mittel die Forderung der Stetigkeit der Verschiebungen auf den Elementrändern fordern, und diese Gleichungen werden den globalen Gleichungen unter Anwendung von Lagrange-Multiplikatoren beigestellt. Wir werden dieses Vorgehen, da es besser als Problem der globalen Analysis charakterisiert wird, auch wieder in Kapitel 7 behandeln.

Wir sind voranstehend davon ausgegangen, die Darstellung der Hybrid-Methoden wie auch der Methoden der verallgemeinerten potentiellen Energie mittels einfacher Anwendungen einzuführen. Konsequenterweise mangelt es bei unseren Entwicklungen zum großen Teil an Allgemeinheit. Dies geht aus den Bemerkungen, die bei der Konstruktion von Ansatzfunktionen für die Verschiebungen und Randkräfte gemacht wurden, ja auch hervor (vgl. die Zeilen unmittelbar unterhalb von (6.56)). Wir werden auf diesen Typ von Darstellungen in den Kapiteln über den ebenen Spannungszustand und über Biegung wieder zurückkommen; dort wird jedoch eine allgemeinere Betrachtungsweise eingenommen. Noch allgemeinere Herleitungen sind in [6.5–6.8, 6.11 und 6.12] gegeben.

6.6 Das Prinzip vom Minimum der Komplementärenergie

6.6.1 Eigenschaften der Komplementärenergie

Das Prinzip vom Minimum der Komplementärenergie liefert auf der Basis der Variationsrechnung eine Grundlage für die direkte Bestimmung von Elementflexibilitäten, d.h. Ausdrücken für die Verschiebungsparameter als Funktion von Kraftparametern. Die Komplementärenergie Π_c einer Konstruktion ist durch die Summe der komplementären Verzerrungsenergie U^* und dem Potential der Randkräfte, welche an der Konstruktion als Folge vorgeschriebener Verschiebungen V^* angreifen, gegeben:

$$\Pi_c = U^* + V^*. \tag{6.68}$$

Das Prinzip kann wie folgt formuliert werden: Unter allen Spannungszuständen, welche neben den Gleichgewichtsbedingungen im Innern eines Körpers auch die Randbedingungen der Kräfte erfüllen, macht derjenige Spannungszustand, der zusätzlich die Spannungs-Verschiebungsgleichungen im Innern und alle Randbedingungen der Verschiebungen erfüllt, die Komplementärenergie minimal. Daher gilt

$$\delta\Pi_c = \delta U^* + \delta V^* = 0\,. \tag{6.69}$$

Für das Gleichgewicht eines linear elastischen Körpers ist Π_c ein Minimum und

$$\delta^2\Pi_c = \delta^2 U^* + \delta^2 V^* \geq 0. \tag{6.70}$$

Wir können die Gültigkeit dieser Aussage durch eine Rechnung überprüfen, die mit derjenigen von Abschnitt 6.4, worin das Prinzip vom Minimum der potentiellen Energie hergeleitet wurde, parallel läuft. Die virtuellen Verschiebungen müssen durch einen virtuellen Spannungszustand ersetzt werden, der dem vorhandenen wirklichen Verschiebungszustand aufgeprägt wird. Wenn beachtet wird, daß bei der Wahl des virtuellen Spannungszustandes die Randbedingungen der Kräfte erfüllt werden, führt dieses Vorgehen zu (6.69), d.h. zu $\delta\Pi_c = 0$, wobei die Komplementärenergie die Gestalt

$$\Pi_c = \frac{1}{2}\int_{\text{vol}} \boldsymbol{\sigma}[\mathbf{E}]^{-1}\boldsymbol{\sigma}\, d(\text{vol}) - \int_{S_u} \mathbf{T}\cdot\bar{\mathbf{u}}\, dS \tag{6.68a}$$

hat; das erste Integral rechter Hand ist U^*, das zweite V^*. S_u ist der Teil des Randes, auf welchem die Verschiebungen $\bar{\mathbf{u}}$ vorgeschrieben werden, und $\mathbf{T}$ sind die zugehörigen Randspannungen.

6.6.2 FE-Diskretisierung unter Verwendung von Knotenkräften

Wir betrachten zum Zwecke der Konstruktion von FE-Darstellungen jetzt die Diskretisation von Π_c. Die bekannteste Methode beschreibt hierbei den Spannungszustand des Elementes mit Hilfe von Knotenkräften. Dieser Zusammenhang kann in der Form

$$\boldsymbol{\sigma} = [\mathbf{Z}]\{\mathbf{F}_f\} \tag{6.71}$$

geschrieben werden, wobei $\{\mathbf{F}_f\}$ einen Satz von Knotenkräften darstellt, der die Reaktionen ausschließt, welche zu einem statisch bestimmten System von Auflagern gehören. Eine Beschreibung der Randkräfte folgt, indem (6.71) auf dem Elementrand berechnet wird. Wir stellen das Resultat wie vorher in (6.56) in der Form

$$\mathbf{T} = [\mathfrak{L}]\{\mathbf{F}_f\}$$

dar. Wir merken an, wie schon in Abschnitt 6.5.1, daß es im allgemeinen Fall schwierig, wenn nicht sogar unmöglich ist, **T** als Funktion der Knotenlasten $\{\mathbf{F}_f\}$ zu beschreiben. Für Stäbe und Balken ist es jedoch sinnvoll, diese Transformation einzuführen.

Durch Einsetzen der Ausdrücke (6.71) und (6.56) für $\boldsymbol{\sigma}$ bzw. **T** in (6.68) erhält man

$$\Pi_c = \frac{\lfloor \mathbf{F}_f \rfloor}{2}[\mathbf{f}]\{\mathbf{F}_f\} - \lfloor \mathbf{F}_f \rfloor\{\bar{\boldsymbol{\Delta}}_f\}, \tag{6.68b}$$

$$[\mathbf{f}] = \left[\int_{\text{vol}} [\mathbf{Z}]^T[\mathbf{E}]^{-1}[\mathbf{Z}]\, d(\text{vol})\right] \tag{6.72}$$

als Flexibilitätsmatrix des Elementes und

$$\{\bar{\boldsymbol{\Delta}}_f\} = \left\{\iint_{S_u} [\mathcal{L}]^T \bar{\mathbf{u}}\, dS\right\}, \tag{6.73}$$

als dessen vorgegebener Verschiebungsvektor. Wie bei der Herleitung des Prinzips der potentiellen Energie in diskretisierter Form ist es auch hier möglich, durch Verwendung der obigen Resultate zu zeigen, daß Π_c im Gleichgewichtszustand ein Minimum annimmt.

6.6.3 Ein Beispiel

Die Anwendung der soeben dargelegten Ideen kann wiederum illustriert werden, indem die Flexibilitätsmatrix des Kragarms mit den Auflagerbedingungen von Bild 6.12 berechnet wird. Der Ausdruck für die Komplementärenergie lautet in diesem Fall

$$\Pi_c = \frac{1}{2EI}\int_L (\mathcal{M})^2\, dx - \lfloor F_1\ M_1 \rfloor \begin{Bmatrix} w_1 \\ \theta_1 \end{Bmatrix}.$$

Beachte, daß das Biegemoment hier die Rolle der Spannungen und die Knotenverschiebungen w_1 und θ_1 die Rolle der vorgeschriebenen Verschiebungen spielen, während $[\mathcal{L}]$ eine Einheitsmatrix ist und nicht speziell notiert werden muß. **Bild 6.12** zeigt, daß die Momente linear verteilt sind, und es folgt

$$\mathcal{M} = xF_1 + M_1 = \lfloor x\ 1 \rfloor \begin{Bmatrix} F_1 \\ M_1 \end{Bmatrix} = [\mathbf{Z}]\{\mathbf{F}_f\}.$$

Demgemäß gilt

$$\Pi_c = \frac{\lfloor F_1\ M_1 \rfloor}{2}[\mathbf{f}]\begin{Bmatrix} F_1 \\ M_1 \end{Bmatrix} - \lfloor F_1\ M_1 \rfloor \begin{Bmatrix} w_1 \\ \theta_1 \end{Bmatrix},$$

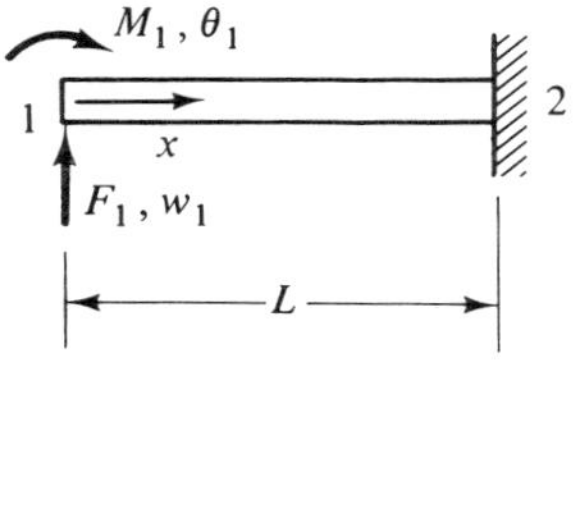

Bild 6.12

wobei

$$[\mathbf{f}] = \frac{1}{EI}\int_L \begin{Bmatrix} x \\ 1 \end{Bmatrix} \lfloor x \quad 1 \rfloor \, dx = \frac{L}{6EI}\begin{bmatrix} 2L^2 & 3L \\ 3L & 6 \end{bmatrix}.$$

Flexibilitätsmatrizen für Elemente, welche in dieser Weise hergeleitet sind, können in Steifigkeitsmatrizen umgewandelt werden, wenn man das in Abschnitt 2.6 beschriebene Verfahren anwendet. Andererseits kann man sie in einer globalen Flexibilitätsanalysis auch direkt verwenden. In einer solchen Berechnung sind die Flexibilitäten eines Elementes als Funktionen der Elementkräfte dargestellt. Die zugehörige globale Analysis heißt Kraftmethode. In ihr bilden die statisch überzähligen Größen – das sind Kräfte aus einem sich im Gleichgewicht befindlichen Kraftsystem – die Hauptunbekannten der globalen Analysis. Wie in Kapitel 7 gezeigt wird, ist diese globale Analysis umständlich sowohl vom Standpunkte der statisch überzähligen Kräfte her als auch vom Standpunkte der notwendigen Matrizenoperationen.

6.6.4 FE-Diskretisierung mit Hilfe von Spannungsfunktionen

Die Komplexität der Analysis statisch überzähliger Kräfte kann zu einem großen Teil vermieden werden, wenn als Parameter der Elementflexibilitäten statt Kräfte entweder Spannungen oder aber Spannungsfunktionen verwendet werden. Beim ebenen Spannungszustand z.B. lautet die Komplementärenergie

$$U^* = \frac{1}{2}\int_A \lfloor \sigma_x \, \sigma_y \, \tau_{xy} \rfloor [\mathbf{E}]^{-1} \begin{Bmatrix} \sigma_x \\ \sigma_y \\ \tau_{xy} \end{Bmatrix} t \, dA \,. \tag{6.74}$$

Nun wird man sich sicher daran erinnern (vgl. Abschnitt 4.1), daß die Spannungen σ_x, σ_y und τ_{xy} als Ableitungen der Airyschen Spannungsfunktion Φ gegeben sind. Die in (4.4) gegebenen Formeln seien hier nochmals wiederholt:

$$\sigma_x = \frac{\partial^2\Phi}{\partial y^2} = \Phi_{,yy}, \qquad \sigma_y = \frac{\partial^2\Phi}{\partial x^2} = \Phi_{,xx}, \qquad \tau_{xy} = \frac{-\partial^2\Phi}{\partial x \partial y} = -\Phi_{,xy} \,.$$

Daher ist

$$U^* = \frac{1}{2}\int_A \lfloor \Phi_{,yy} \, \Phi_{,xx} - \Phi_{,xy} \rfloor [\mathbf{E}]^{-1} \begin{Bmatrix} \Phi_{,yy} \\ \Phi_{,xx} \\ -\Phi_{,xy} \end{Bmatrix} t \, dA \,. \tag{6.74a}$$

Für die Spannungsfunktion sei der Ansatz

$$\Phi = \lfloor \mathbf{N} \rfloor \{\mathbf{\Phi}\} \tag{6.75}$$

gemacht. Hier bezeichnet $\lfloor \mathbf{N} \rfloor$ einen Satz von Formfunktionen, und $\{\mathbf{\Phi}\}$ ist der Vektor der Spannungsfunktionsparameter an den Elementknoten. Wir bezeichnen den Vektor der zweiten Ableitungen mit

$$\lfloor \Phi,_{yy}\ \Phi,_{xx}\ -\Phi,_{xy} \rfloor^{\mathrm{T}} = [\mathbf{N}'']\{\mathbf{\Phi}\}\,. \qquad (6.76)$$

Mit ihm wird die diskretisierte Form von U^* daher

$$U^* = \frac{\lfloor \mathbf{\Phi} \rfloor}{2}[\mathbf{f}]\{\mathbf{\Phi}\}\,, \qquad (6.74\mathrm{b})$$

wobei an Stelle von (6.72) die Flexibilitätsmatrix jetzt durch

$$[\mathbf{f}] = \left[\int_A [\mathbf{N}'']^{\mathrm{T}}[\mathbf{E}]^{-1}[\mathbf{N}'']t\,dA\right] \qquad (6.72\mathrm{a})$$

gegeben ist.

Die Vorteile dieses Formats der Flexibilitätsmatrix sind bedeutend und können zwei Faktoren zugewiesen werden. Erstens sind die Knotenparameter eines Elementes leicht mit denjenigen eines benachbarten Elementes verknüpfbar, wie das ja auch bei der Steifigkeitsanalysis der Fall ist. Damit ist die Art und Weise, mit der die zugehörigen globalen Flexibilitätsmatrizen konstruiert werden, genau dieselbe wie bei der direkten Steifigkeitsanalysis, die in Abschnitt 3.2 bereits behandelt wurde. Auf diese Weise ist daher eine direkte Flexibilitätsmethode aufgestellt worden [6.13].

Der zweite Vorteil betrifft gewisse duale Charakteristiken zwischen Spannungsfunktionen und Verschiebungen. Die homogenen Differentialgleichungen der Airyschen Spannungsfunktion sind mit jenen der Plattenbiegung für transversale Verschiebungen w identisch, falls dort die verteilten Lasten verschwinden. Wenn in (6.74a) die Spannungsfunktion durch w und $[\mathbf{E}]^{-1}$ durch $[\mathbf{E}]$ ersetzt werden, dann definiert das resultierende Integral die Verzerrungsenergie dünner Platten. Es folgt also, daß bei entsprechender Wahl der Spannungsfunktion (des Φ-Feldes) und bei gegebener Elementform der ebene Spannungszustand zu Resultaten führt, die denjenigen der Plattenbiegung vollkommen entsprechen, wenn für die transversalen Verschiebungen (das w-Feld) dieselben Ansätze gemacht werden. Die entsprechenden Flexibilitäten und Steifigkeitsmatrizen unterscheiden sich nur bezüglich der elastischen Koeffizienten $[\mathbf{E}]^{-1}$ (gegenüber $[\mathbf{E}]$). Da duale Spannungsfunktionen auch für andere Situationen definiert werden können (z.B. die Southwellschen Spannungsfunktionen für Platten, die den Verschiebungen beim ebenen Spannungszustand entsprechen), bedeutet, daß viele zuerst in Funktion von angenommenen kompatiblen Verschiebungsfeldern formulierte Algorithmen zur Aufstellung der Steifigkeitsmatrix eines Elementes in die Flexibilitätsanalysis übertragen werden können. Wir werden in späteren Kapiteln auf diesen Punkt zurückkommen.

6.7 Das Hybrid-Verfahren mit Ansatzfunktionen für die Spannungen*

6.7.1 Theoretische Grundlagen

Das Hybrid-Verfahren, welches auf angenommenen Spannungen beruht, ist ein Verfahren zur Formulierung der Steifigkeitsmatrix eines Elementes, welches auf einer Verallgemeinerung des Prinzips der Komplementärenergie beruht. Wie beim Hybrid-Verfah-

* [6.14, 6.15].

ren mit Ansatzfunktionen für die Verschiebungen beschränken wir unsere Betrachtungen auf eine Formulierung für ein Element, das vollständig von anderen Elementen umgeben sei und keine aufgebrachten Lasten an den Elementoberflächen oder an den zwischen den Knoten liegenden Rändern benachbarter Elemente aufweist. Für den gegenwärtigen Fall muß die Formel (6.68a) für Π_c nur im Randintegral neu interpretiert werden, um das gewünschte modifizierte Funktional Π_c^m zu erhalten.

Die Grundidee beim Hybrid-Verfahren mit Ansatzfunktionen für die Spannungen besteht darin, innerhalb eines Elementes ein Gleichgewichtsfeld der Spannungen $\boldsymbol{\sigma}$ als Funktion der verallgemeinerten Parameter $\{\boldsymbol{\beta}_f\}$ aufzustellen und den Rändern gleichzeitig ein interelementkompatibles Verschiebungsfeld $\bar{\mathbf{u}}$ zuzuweisen, welches in Funktion der Knotenverschiebungen $\{\boldsymbol{\Delta}\}$ gegeben ist. Das System der Randkräfte $\mathbf{T}$ wird in einer mit den Spannungen $\boldsymbol{\sigma}$ verträglichen Weise definiert, so daß letztere also als Funktionen von $\{\boldsymbol{\beta}_f\}$ ausgedrückt werden können **(Bild 6.13)**. Die modifizierte Komplementärenergie lautet

$$\Pi_c^m = \frac{1}{2}\int_{\text{vol}} \boldsymbol{\sigma}[\mathbf{E}]^{-1}\boldsymbol{\sigma}\, d(\text{vol}) - \int_{S_n} \mathbf{T}\cdot\bar{\mathbf{u}}\, dS\,. \tag{6.68c}$$

Um Π_c^m zu diskretisieren, wählen wir zuerst das in Abhängigkeit von verallgemeinerten Parametern $\{\boldsymbol{\beta}_f\}$ dargestellte Spannungsfeld

$$\boldsymbol{\sigma} = [\mathbf{Z}]\{\boldsymbol{\beta}_f\}\,. \tag{6.77}$$

Wir bemerken, daß die Spannungen durch Parameter beschrieben sein müssen, bei denen die Bedingungen statischen Gleichgewichts berücksichtigt sind. Dies muß so sein, weil $\boldsymbol{\sigma}$ ja ein Gleichgewichtsfeld von Spannungen sein muß. Es kann auch damit begrün-

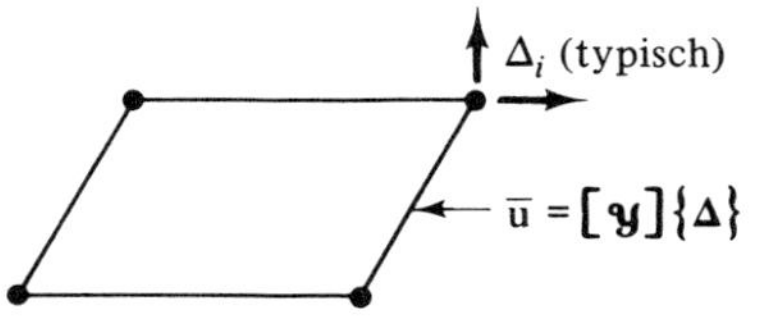

(a) Beschreibung der Verschiebungen (Randverschiebungen werden als Funktionen der Knotenverschiebungen $\{\boldsymbol{\Delta}\}$ gegeben)

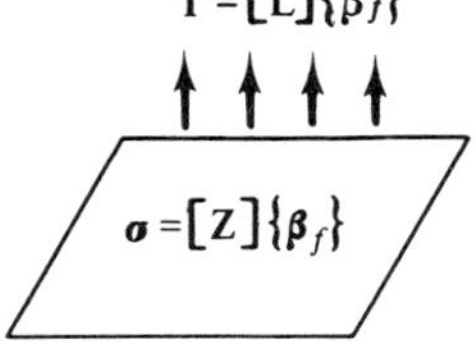

(b) Beschreibung der Spannungen (innere Spannungen und Randspannungen sind als Funktionen der verallgemeinerten Parameter $\{\boldsymbol{\beta}_f\}$ dargestellt)

Bild 6.13

det werden, daß, falls die Spannungen durch ein Feld von Spannungsfunktionen definiert wären (vgl. (4.4) und (6.76)), dieses Feld die Auflagerparameter $\{\boldsymbol{\beta}_s\}$ einschließen würde; die $\{\boldsymbol{\beta}_s\}$ würden in Übereinstimmung mit (4.4) nach der Differentiation aber herausfallen.

Die Randkräfte **T** eines Elementes können leicht als Funktionen von $\{\boldsymbol{\beta}_f\}$ ausgedrückt werden, indem man (6.77) den Rändern entlang berechnet. Diese Operation wurde bereits bei der zweiten Hybrid-Methode (des Minimums der potentiellen Energie) ausgeführt. Man hat damals in (6.61)

$$\mathbf{T} = [\mathbf{L}]\{\boldsymbol{\beta}_f\}$$

erhalten. Schließlich merken wir noch an, daß die unabhängig vorgegebenen Randverschiebungen $\bar{\mathbf{u}}$ mit den Knotenverschiebungen verknüpft sind; gemäß (6.17) schreibt man

$$\bar{\mathbf{u}} = [\bar{\mathfrak{Y}}]\{\boldsymbol{\Delta}\}\,.$$

Nun schreiben wir die diskretisierte Form von (6.68c) an, wobei die Beziehungen (6.77), (6.61) und (6.17) für $\boldsymbol{\sigma}$, **T** bzw. $\bar{\mathbf{u}}$ benutzt werden. Man erhält so

$$\Pi_c^m = \tfrac{1}{2}\lfloor\boldsymbol{\beta}_f\rfloor[\mathcal{H}]\{\boldsymbol{\beta}_f\} - \lfloor\boldsymbol{\beta}_f\rfloor[\mathcal{G}]\{\boldsymbol{\Delta}\} \tag{6.68d}$$

mit

$$[\mathcal{H}] = \left[\int_{\text{vol}} [\mathbf{Z}]^{\mathrm{T}}[\mathbf{E}]^{-1}[\mathbf{Z}]\, d(\text{vol})\right] \tag{6.78}$$

und wie in (6.62)

$$[\mathcal{G}] = \left[\int_{S_n} [\mathbf{L}]^{\mathrm{T}}[\bar{\mathfrak{Y}}]\, dS\right].$$

Durch Variation von (6.68d) bezüglich $\{\boldsymbol{\beta}_f\}$ erhält man

$$[\mathcal{H}]\{\boldsymbol{\beta}_f\} - [\mathcal{G}]\{\boldsymbol{\Delta}\} = \mathbf{0},$$

oder

$$\{\boldsymbol{\beta}_f\} = [\mathcal{H}]^{-1}[\mathcal{G}]\{\boldsymbol{\Delta}\}$$

und durch Rücksubstitution in (6.68d)

$$\Pi_c^m = -\frac{\lfloor\boldsymbol{\Delta}\rfloor}{2}[\mathbf{k}]\{\boldsymbol{\Delta}\},$$

mit*

$$[\mathbf{k}] = [\mathcal{G}]^{\mathrm{T}}[\mathcal{H}]^{-1}[\mathcal{G}]\,. \tag{6.79}$$

* Es sollte angemerkt werden, daß der Rang der Steifigkeitsmatrix [**k**] dann kleiner als ihre Ordnung ist, wenn die Zahl der Komponenten in $\{\boldsymbol{\Delta}\}$ jene von $\{\boldsymbol{\beta}_f\}$ um mehr als die Zahl der Starrkörperfreiheitsgrade übersteigt. Die Existenz von (6.79) setzt voraus, daß die Zahl der Komponenten dieser Vektoren diesbezüglich keinen Einschränkungen unterworfen ist.

6.7.2 Ein Beispiel

Um dieses Verfahren für das Balkenelement zu beschreiben, bemerken wir, daß die Momentenverteilung $\mathfrak{M}$ die Rolle des „Spannungsfeldes“ spielt und daß

$$U^* = \frac{1}{2EI} \int_L (\mathfrak{M})^2 \, dx,$$

$$[\mathfrak{H}] = \left[\frac{1}{EI} \int_L [\mathbf{Z}]^{\mathrm{T}} [\mathbf{Z}] \, dx \right]$$

gilt.

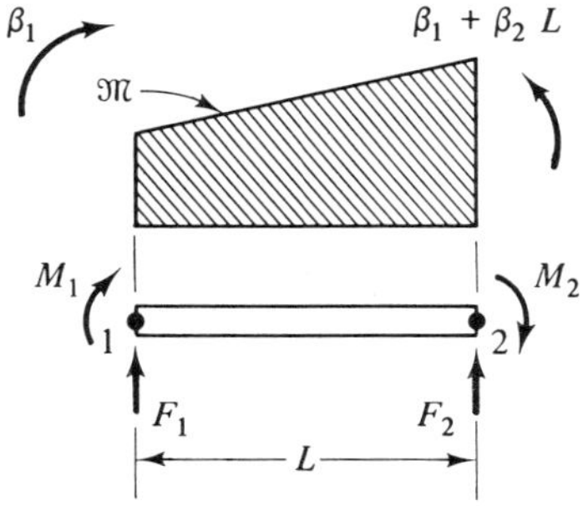

Bild 6.14

Da das Biegemoment in diesem Falle linear variiert, ist

$$\mathfrak{M} = \lfloor 1 \; x \rfloor \begin{Bmatrix} \beta_1 \\ \beta_2 \end{Bmatrix} = [\mathbf{Z}]\{\boldsymbol{\beta}_f\}.$$

In Übereinstimmung mit dieser Verteilung (**Bild 6.14**) gilt $M_1 = \beta_1$, $-M_2 = \beta_1 + \beta_2 L$ und $F_1 = \beta_2$, $F_2 = -\beta_2$. Daher erhält man

$$\mathbf{T} \equiv \lfloor F_1 \; M_1 \; F_2 \; M_2 \rfloor^{\mathrm{T}} = \begin{bmatrix} 0 & 1 \\ 1 & 0 \\ 0 & -1 \\ -1 & -L \end{bmatrix} \begin{Bmatrix} \beta_1 \\ \beta_2 \end{Bmatrix} = [\mathbf{L}]\{\boldsymbol{\beta}_f\},$$

wobei $\bar{\mathbf{u}} = \lfloor w_1, \theta_1, w_2, \theta_2 \rfloor$. ($[\mathfrak{Y}]$ ist eine Einheitsmatrix).

Einsetzen dieser Ausdrücke in die entsprechende Form von Π_c^m führt zu

$$[\mathfrak{H}] = \frac{1}{6EI} \begin{bmatrix} 6L & 3L^2 \\ 3L^2 & 2L^3 \end{bmatrix},$$

$$[\mathfrak{G}] = [\mathbf{L}]^{\mathrm{T}}.$$

Es kann leicht verifiziert werden, daß die bekannte Steifigkeitsmatrix des Balkenelementes erhalten wird, wenn die obigen Matrizen $[\mathfrak{H}]$ und $[\mathfrak{G}]$ in (6.79) eingesetzt werden.

6.8 Das Reissnersche und andere Energiefunktionale

6.8.1 Theoretische Grundlagen

Bei den Hybrid-Verfahren haben wir das Mehrfeldkonzept auf modifizierte Prinzipien des Minimums der potentiellen Energie und der Komplementärenergie angewendet. Ein anderes Vorgehen wendet ein „eingeprägt"-mehrfeldiges Variationsprinzip an, in welchem die zugehörigen Spannungs- und Verschiebungsfelder von Anfang an auf das Element als Ganzes angewendet werden.

Wenn man das Galerkinsche Prinzip (Abschnitt 5.5) auf die Grundgleichungen der Elastizität und nicht auf deren kombinierte Differentialgleichungen (des Gleichgewichts oder der Kompatibilität) anwendet, so führt dies auf eine Zweifeldformulierung. In der vorliegenden Herleitung werden wir uns mit eben dieser Formulierung befassen, jedoch in etwas geänderter Reihenfolge. Mit anderen Worten, wir werden ein Zweifeldfunktional aufstellen, von dem gezeigt werden kann, daß die Euler-Gleichungen dieses Funktionals gewisse Hilfsgleichungen der Elastizitätstheorie darstellen. Da die die Elastizitätstheorie beschreibenden Gleichungen in den verschiedensten Formen aufgestellt werden können, gibt es mehr als nur ein Zweifeldfunktional. Hier beschäftigen wir uns mit dem Funktional von Reissner Π_R [6.16], welchem in der FEM am meisten Aufmerksamkeit geschenkt wurde.

Es ist möglich, dieses Funktional aus der potentiellen Energie herzuleiten. Wir werden Vorspannungen und Raumkräfte ausschließen und bemerken, daß definitionsgemäß

$$U^* + U = \int_{\text{vol}} \boldsymbol{\sigma} \cdot \boldsymbol{\epsilon}\, d(\text{vol}) \tag{6.80}$$

gilt oder

$$U = \int_{\text{vol}} \boldsymbol{\sigma\epsilon}\, d(\text{vol}) - U^*, \tag{6.80a}$$

wobei U^* die komplementäre Verzerrungsenergie darstellt, welche durch das erste Integral der rechten Seite von (6.68a) gegeben ist. Durch Einsetzen von (6.80a) in Π_p (vgl. (6.40)) erhält man das Reissner-Funktional

$$\Pi_R = \int_{\text{vol}} \boldsymbol{\sigma}\, \mathbf{D\Delta} d(\text{vol}) - U^* + V, \tag{6.81}$$

wobei $\mathbf{D\Delta}$ in Übereinstimmung mit (4.7) die Verschiebungsableitung anstelle der Verzerrungen bedeutet. Dieses Funktional ist sowohl in den Spannungen als auch in den Verzerrungen ausgedrückt. Man schließt daraus, daß, da die Spannungs- und Verschiebungsfelder ja unabhängig gewählt werden, die Oberflächenintegrale im Ausdruck für V

nicht nur den vorgegebenen Randspannungen Rechnung tragen müssen, sondern ebensosehr auch die gegebenen Verschiebungen enthalten sollten. Das Potential lautet daher

$$V = -\int_{S_\sigma} \bar{\mathbf{T}} \cdot \mathbf{u}\, dS - \int_{S_u} \mathbf{T} \cdot (\mathbf{u} - \bar{\mathbf{u}})\, dS \,. \tag{6.82}$$

Hier ist S_u der Teil des Randes, auf dem die Verschiebung $\bar{\mathbf{u}}$ vorgeschrieben ist.

Es kann durch Variation von (6.81) und durch partielle Integration gezeigt werden, daß die Euler-Gleichungen von Π_R einerseits die Differentialgleichungen des Gleichgewichts (4.3) ergeben, andererseits zu den Spannungs-Verschiebungsdifferentialgleichungen führen. Die letzteren entstehen durch Einsetzen der Verzerrungs-Verschiebungsgleichungen (4.7) in die konstitutiven Gleichungen (4.15). Ähnliches ist in Abschnitt 5.5 mit der Methode der gewogenen Residuen bewiesen worden.

Um die voranstehenden Ausdrücke für finite Elemente zu diskretisieren, untersuchen wir hier nur Felder, welche in Abhängigkeit von physikalischen Variablen formuliert sind. Daher erhalten wir, wenn $\boldsymbol{\sigma}$, $\boldsymbol{\epsilon}$, $\mathbf{T}$ und $\mathbf{u}$ unter Benützung von (6.71), (5.6c), (6.56) und (6.17) diskretisiert werden,

$$\Pi_R = \lfloor \mathbf{F}_f \rfloor [\mathbf{\Omega}_{12}]\{\mathbf{\Delta}\} - \frac{\lfloor \mathbf{F}_f \rfloor}{2}[\mathbf{\Omega}_{11}]\{\mathbf{F}_f\} - \lfloor \mathbf{\Delta} \rfloor \{\bar{\mathbf{F}}\} + \lfloor \mathbf{F}_f \rfloor \{\bar{\mathbf{\Delta}}_f\} \tag{6.81 a}$$

mit

$$[\mathbf{\Omega}_{12}] = \left[\int_{\text{vol}} [\mathfrak{Z}]^{\mathrm{T}}[\mathbf{D}]\, d(\text{vol})\right] - \left[\int_{S_u} [\mathfrak{L}]^{\mathrm{T}}[\mathfrak{Y}]\, dS\right], \tag{6.83 a}$$

$$[\mathbf{\Omega}_{11}] = \left[\int_{\text{vol}} [\mathfrak{Z}]^{\mathrm{T}}[\mathbf{E}]^{-1}[\mathfrak{Z}]\, d(\text{vol})\right], \tag{6.83 b}$$

$$\{\bar{\mathbf{F}}\} = \left\{\int_{S_\sigma} [\mathfrak{Y}]^{\mathrm{T}} \cdot \bar{\mathbf{T}}\, dS\right\}, \tag{6.83 c}$$

$$\{\bar{\mathbf{\Delta}}_f\} = \left\{\int_{S_u} [\mathfrak{L}]^{\mathrm{T}} \bar{\mathbf{u}}\, dS\right\}, \tag{6.83 d}$$

wobei $[\mathfrak{Z}]$, $[\mathbf{D}]$, $[\mathfrak{L}]$ und $[\mathfrak{Y}]$ die Matrizen der Spannungs-Knotenkraftgleichungen, der Verzerrungs-Knotenverschiebungsbeziehungen, der Randkraft-Knotenkraftsgleichungen und der Randverschiebungs-Knotenverschiebungstransformationen sind.

Variation von Π_R in (6.81 a) bezüglich $\{\mathbf{F}_f\}$ und $\{\mathbf{\Delta}\}$ liefert die folgende gemischte Matrizengleichung für Kräfte und Verschiebungen

$$\begin{bmatrix} -\mathbf{\Omega}_{11} & \mathbf{\Omega}_{12} \\ \mathbf{\Omega}_{12}^{\mathrm{T}} & \mathbf{0} \end{bmatrix} \begin{Bmatrix} \mathbf{F}_f \\ \mathbf{\Delta} \end{Bmatrix} = \begin{Bmatrix} \bar{\mathbf{\Delta}}_f \\ \bar{\mathbf{F}} \end{Bmatrix}. \tag{6.84}$$

Dieses Format der Elementmatrix war schon früher in (2.3) angegeben worden und ist in ähnlicher Form auch in (5.47) aufgetreten.

6.8.2 Ein Beispiel

Wir untersuchen zur Illustration wiederum das einfache Balkenelement (**Bild 6.15**). Um das Reissnerverfahren auf ein Element anwenden zu können, das vollständig von Ele-

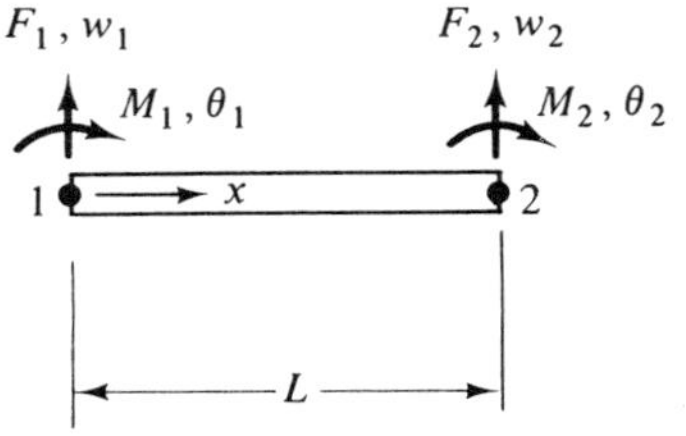

Bild 6.15

menten gleichen Typs umgeben sei, wird angenommen, daß die Ansatzfunktionen für das Verschiebungsfeld interelementkompatibel seien. Daher verschwindet $\bar{\mathbf{u}} - \mathbf{u}$ im Oberflächenintegral über S_u von (6.82), und es folgt, daß die Oberflächenintegrale in den Ausdrücken (6.83 a) bzw. (6.83 d) für $[\mathbf{\Omega}_{12}]$ und $\{\bar{\mathbf{\Delta}}_f\}$ verschwinden.

Beim Balkenelement übernehmen die Momente die Rolle des Spannungsfeldes, die Transversalverschiebungen w jene des Verschiebungsfeldes $\mathbf{\Delta}$ und die Krümmungen w'' die Rolle des Verzerrungsfeldes. Das Oberflächenintegral über S_σ ist eine Summe von diskretisierten Größen $F_1 w_1 + F_2 w_2 + M_1\theta_1 + M_2\theta_2$. Daher kann das Funktional von Reissner mit

$$\Pi_R = \int_L \mathcal{M} w''\, dx - \frac{1}{2}\int_L \frac{\mathcal{M}^2}{EI}\, dx - (F_1 w_1 + F_2 w_2 + M_1\theta_1 + M_2\theta_2)$$

angeschrieben werden. Ein Ansatz für die Krümmung ist schon früher hergeleitet worden. Aus (5.15) folgt

$$w'' = \lfloor \mathbf{N}'' \rfloor \{\mathbf{\Delta}\}$$

mit

$$\lfloor \mathbf{N}'' \rfloor = \frac{2}{L^2} \lfloor 3(2\xi - 1) \mid -3(2\xi - 1) \mid -L(3\xi - 2) \mid -L(3\xi - 1) \rfloor,$$

$$\{\mathbf{\Delta}\} = \lfloor w_1\; w_2\; \theta_1\; \theta_2 \rfloor^{\mathrm{T}}$$

und $\xi = x/L$.

Die Momentenverteilung ist linear:

$$\mathcal{M} = \lfloor (1 - \xi) \quad \xi \rfloor \begin{Bmatrix} M_1 \\ M_2 \end{Bmatrix}.$$

Einsetzen dieses Ausdrucks in Π_R ergibt

$$\Pi_R = -\frac{\lfloor M_1\; M_2 \rfloor}{2EI} \int_0^L \begin{Bmatrix} (1 - \xi) \\ \xi \end{Bmatrix} \lfloor (1 - \xi)\; \xi \rfloor\, dx \begin{Bmatrix} M_1 \\ M_2 \end{Bmatrix}$$

$$+ \lfloor M_1\; M_2 \rfloor \int_0^L \begin{Bmatrix} (1 - \xi) \\ \xi \end{Bmatrix} \lfloor \mathbf{N}'' \rfloor\, dx\, \{\mathbf{\Delta}\} - F_1 w_1 - F_2 w_2 - M_1\theta_1 - M_2\theta_2\,.$$

Nach Ausführung der angedeuteten Integration erhalten wir für M_1, M_2, w_1, w_2, θ_1 und θ_2 das Gleichungssystem

$$\begin{bmatrix} \mathbf{\Omega}_{11} & \mathbf{\Omega}_{12} \\ \mathbf{\Omega}_{12}^{\mathrm{T}} & \mathbf{0} \end{bmatrix} \begin{Bmatrix} M_1 \\ M_2 \\ \hline w_1 \\ w_2 \\ \theta_1 \\ \theta_2 \end{Bmatrix} = \begin{Bmatrix} 0 \\ 0 \\ \hline F_1 \\ F_2 \\ M_1 \\ M_2 \end{Bmatrix} \tag{6.85}$$

mit

$$[\mathbf{\Omega}_{11}] = -\frac{L}{6EI}\begin{bmatrix} 2 & 1 \\ 1 & 2 \end{bmatrix},$$

$$[\mathbf{\Omega}_{12}] = \frac{1}{L}\begin{bmatrix} -1 & 1 & -L & 0 \\ 1 & -1 & 0 & L \end{bmatrix}.$$

Dieser Gleichungssatz kann in einer globalen Formulierung, welche als Unbekannte sowohl Momente als auch Verschiebungen (w_1, w_2, θ_1, θ_2) enthält, direkt verwendet werden. Im vorliegenden speziellen Fall ist es zur Herleitung der bekannten Steifigkeitsmatrix des Elementes möglich, die Elementgleichungen direkt umzuformen. Dazu lösen wir zuerst den oberen Teil von (6.85) nach $\lfloor M_1, M_2 \rfloor$ auf:

$$\begin{Bmatrix} M_1 \\ M_2 \end{Bmatrix} = -[\mathbf{\Omega}_{11}]^{-1}[\mathbf{\Omega}_{12}]\{\mathbf{\Delta}\}.$$

Einsetzen dieses Resultats in den unteren Teil von (6.85) ergibt dann

$$-[\mathbf{\Omega}_{12}]^{\mathrm{T}}[\mathbf{\Omega}_{11}]^{-1}[\mathbf{\Omega}_{12}]\{\mathbf{\Delta}\} = \begin{Bmatrix} F_1 \\ F_2 \\ M_1 \\ M_2 \end{Bmatrix}.$$

Man kann leicht bestätigen, daß $[\mathbf{k}] = -[\mathbf{\Omega}_{12}]^{\mathrm{T}}[\mathbf{\Omega}_{11}]^{-1}[\mathbf{\Omega}_{12}]$ die Steifigkeitsmatrix des Balkenelements ist.

Fraeijs de Veubeke [6.17], Prager [6.18], Washizu [6.4], Sewell [6.19], Kikuchi und Ando [6.8] und andere beschreiben in eingehender Weise allgemeinere Variationsprinzipien. Innerhalb dieser allgemeinen Klassen stellen das Prinzip der potentiellen Energie, der Komplementärenergie und das Prinzip von Reissner Spezialfälle dar. Eine weitere Alternative erhält man z.B., wenn (6.80) nach U^* aufgelöst und das Resultat in (6.68) eingesetzt wird sowie gleichzeitig die Randbedingungen in der Art von (6.82) verwendet werden. Die Alternativen der Elementformulierungen, welche dieser Formulierung zugrundeliegen, sind bereits zu einem gewissen Teil in den Abschnitten 6.5 und 6.7 behandelt worden.

6.9 Überblick und Zusammenfassung

Wir haben in diesem Kapitel gesehen, daß es zur Formulierung der Flexibilitäts- und Steifigkeitsgleichungen wie auch der gemischten Gleichungstypen mehrere Verfahren gibt. Diese verschiedenen Verfahren können hauptsächlich mit Hilfe des Prinzips vom Minimum der potentiellen Energie, der Komplementärenergie und der gemischten Energieprinzipien hergeleitet werden. Innerhalb jeder dieser Kategorien gibt es Alternativen, welche nach Maßgabe der Wahl des Verhaltens der typischen Felder sowie nach entsprechender Abänderung gewisser Bedingungen aus den ursprünglichen Energieprinzipien ableitbar sind.

Obwohl das Prinzip vom Minimum der potentiellen Energie (oder der virtuellen Verschiebungen) das weitaus dominierendste Verfahren zur Herleitung von Kraft-Verschiebungsgleichungen eines Elementes ist, stellt es nicht die in allen Fällen bequemste Methode dar. Bei vielen praktischen Problemen ist es schwierig, ein Verschiebungsfeld so zu wählen, daß es alle Bedingungen der Interelementkontinuität erfüllt. Biegeelemente illustrieren diese Situation. Sie verlangen an den Elementrändern Stetigkeit nicht nur für die Verschiebungsfunktion, sondern auch für deren erste Ableitung (die Rotation). Diese Forderungen können durch keine einfachen Verschiebungen erfüllt werden.

Aus diesem Grunde erfolgt die Elementformulierung bei Platten nicht selten auf der Basis einer Ansatzfunktion für das Verschiebungsfeld, die im Innern eines Elementes kontinuierlich ist, diese Kontinuität auf Elementrändern aber nicht erfüllt. Das Prinzip vom Minimum der potentiellen Energie kann auf das individuelle Element angewendet werden, die zugehörige Lösung der globalen Darstellung wird jedoch keine saubere Anwendung des Prinzips vom Minimum der potentiellen Energie darstellen, da Verschiebungsunstetigkeiten an den Elementrändern vorhanden sind.

Auf ähnliche Schwierigkeiten stößt man bei der Elementformulierung mit dem Prinzip vom Minimum der Komplementärenergie. Dies ist vor allem der Fall, wenn das Spannungsfeld des Elementes durch Spannungsfunktionen beschrieben wird. Dann kann eine direkte Korrespondenz mit Energieformulierungen, welche von einem angenommenen Verschiebungsfeld ausgehen, aufgestellt werden, und alle mit der letzteren verknüpften Schwierigkeiten treffen auch auf die entsprechende komplementäre Formulierung zu.

Alternativen der Formulierungen der potentiellen Energie und der Komplementärenergie, welche zum Teil Diskontinuitäten im Funktionsverhalten auf Elementrändern zulassen, sind die verallgemeinerten Prinzipien der potentiellen Energie, der Komplementärenergie, die Hybrid-Verfahren und die Mehrfeldfunktionale. Das Prinzip des Minimums der verallgemeinerten potentiellen Energie führt, wenn es auf die Formulierung eines Elementes angewendet wird, auf eine Korrektursteifigkeit. Kapitel 7 wird zeigen, daß solche Korrekturgleichungen auch angewendet werden können, nachdem die potentielle Energie der globalen Darstellung unter Berücksichtigung der an den Elementrändern auftretenden Diskontinuitäten im Verschiebungsfeld bereits gebildet worden ist.

Die Hybrid-Formulierungen umfassen nicht nur die Verallgemeinerung der konventionellen Energieprinzipien. Mit ihrer Hilfe ist es möglich, für das Elementverhalten auch Mehrfelddarstellungen einzuführen. Danach kann man im Innern eines Elementes z.B. Ansätze für das Spannungsfeld oder das Verschiebungsfeld wählen und entlang seines Randes unabhängig davon entweder das Spannungs- oder das Verschiebungsfeld oder beide vorgeben. Mit Ausnahme eines Feldes werden alle diese Felder als Funktionen verallgemeinerter Parameter geschrieben; dieses eine Feld ist als Funktion von physikalischen Parametern (Knotenpunktverschiebungen) gegeben. Der entsprechende Energieausdruck (eine Modifizierung entweder der potentiellen Energie oder aber der Komplementärenergie) wird dann vorerst in Abhängigkeit beider Parameterklassen gebildet; dann wird die Extremalbedingung angewendet, wobei man bezüglich der verallgemeinerten Parameter variiert. Dies führt zu einem System von Gleichungen, mit deren Hilfe die verallgemeinerten Parameter als Funktionen der physikalischen Parameter ausdrückbar sind. Diese Gleichungen werden im Energiefunktional zur Eliminierung der verallgemeinerten Parameter verwendet. Der dadurch gewonnene Energieausdruck enthält dann eine als Flexibilitäts- oder Steifigkeitsmatrix identifizierbare Matrix konventioneller Form.

Mehrfeldrige Variationsprinzipien führen bei der Elementdarstellung auf gemischte Kraft-Verschiebungsgleichungen. Da die Euler-Gleichungen dieser Funktionale Hilfsgleichungen der Elastizitätstheorie mit Ableitungen niederer Ordnung liefern, sind die Stetigkeitsforderungen an die Ansatzfunktionen auch von geringerer Ordnung als für konventionelle Variationsprinzipien.

Wir fassen die Transformationen, welche in den voranstehenden Elementformulierungen zur Anwendung kamen, wie in Abschnitt 5.4 zusammen. (Die darin auftretenden Variablen wurden mit einem Querstrich versehen, wenn die entsprechenden Größen (Randkräfte oder Verschiebungen) als gegeben betrachtet werden. Weiter werden die Indices f und s als Subskripts von Kräften und Verschiebungen verwendet und die Transformationsmatrizen entsprechend aufgeteilt, wenn es nötig ist, zwischen freien Variablen und Auflagervariablen zu unterscheiden.) Die wichtigsten Beziehungen sind die folgenden:

a) die Gleichungen zwischen den verallgemeinerten Kraftparametern und dem Spannungsfeld:

$$\boldsymbol{\sigma} = [\mathbf{Z}]\{\boldsymbol{\beta}_f\}, \tag{6.77}$$

b) die Gleichungen zwischen den Knotenkräften und dem Spannungsfeld:

$$\boldsymbol{\sigma} = [\mathbf{\mathcal{Z}}]\{\mathbf{F}_f\}, \tag{6.71}$$

c) die Gleichungen zwischen den verallgemeinerten Kraftparametern und den Randkräften:

$$\mathbf{T} = [\mathbf{L}]\{\boldsymbol{\beta}_f\}, \tag{6.61}$$

d) die Gleichungen zwischen den Knotenkräften und den Randkräften:

$$\mathbf{T} = [\mathbf{\mathcal{L}}]\{\mathbf{F}_f\}, \tag{6.56}$$

e) die Gleichungen zwischen den verallgemeinerten Verschiebungsparametern und den Randverschiebungen:

$$\mathbf{u} = [\mathbf{Y}]\{\mathbf{a}\}, \tag{6.55}$$

f) die Gleichungen zwischen den Knotenverschiebungen und den Randverschiebungen:

$$\mathbf{u} = [\mathfrak{Y}]\{\boldsymbol{\Delta}\}. \tag{6.17}$$

Literatur

6.1 Mikhlin, S. G.: Variational methods in mathematical physics, Oxford: Pergamon Press 1964.
6.2 Schecter, R.: The variational method in engineering. New York, N.Y.: McGraw-Hill 1967.
6.3 Langhaar, H. L.: Energy methods in applied mechanics. New York, N.Y.: John Wiley 1962.
6.4 Washizu, K.: Variational methods in elasticity and plasticity. Oxford: Pergamon Press 1968.
6.5 Strang, G.; Fix, G.: An analysis of the finite element method. Englewood Cliffs, N. J.: Prentice Hall 1973.
6.6 Tong, Pin.: New displacement hybrid finite element model for solid continua. Int. J. Num. Meth. Eng. 2 (1970) 73–83.
6.7 McLay, R. W.: A special variational principle for the finite element method. AIAA J. 7 (1969) 533–534.
6.8 Kikuchi, F.; Ando, Y.: New variational functional for the finite element method and its application to plate and shell problems. Nuc. Eng. Design 21 (1972) 95–113.
6.9 Greene, R. E.; Jones, R. E.; McLay, R. W.; Strome, D. R.: Generalized variational principles in the finite element method. AIAA J. 7 (1969) 1254–1260.
6.10 Harvey, J. W.; Kelsey, S.: Triangular plate bending element with enforced compatibility. AIAA J. 9 (1971) 1023–1026.
6.11 Pian, T. H. H.; Tong, P.: Basis of finite element methods for solid continua. Int. J. Num. Meth. Eng. 1 (1969) 3–29.
6.12 Pian, T. H. H.: Hybrid models. In: S. J. Fenves et al (Hrsg.), New York, N.Y.: Academic Press 1973. Numerical and computer methods in structural mechanics.
6.13 Gallagher, R. H.; Dhalla, A.: Direct flexibility finite element analysis. Proc. of First Int. Conf. on Struct. Mech. in Nuc. React. Techn. Berlin 1971.
6.14 Pian, T. H. H.: Derivation of element stiffness matrices by assumed stress distributions. AIAA J. 2 (1964) 1333–1336.
6.15 Pian, T. H. H.: Element stiffness matrices for boundary compatibility and prescribed boundary stresses. Proc. of Conf. on Matrix Methods in Struct. Mech. AFFDL TR 66–80 (1965) S. 457–477.
6.16 Reissner, E.: On a variational theorem in elasticity. J. Math. Phys. 29 (1950) 90–95.
6.17 Fraeijs de Veubeke, B.: Displacement and equilibrium models in the finite element method. In: O. C. Zienkiewicz; G. Holister (Hrsg.); Stress analysis, London: John Wiley 1965.
6.18 Prager, W.: Variational principles of linear elastostatics for discontinuous displacements, strains and stresses. In: Recent progress in applied mechanics: The F. Odqvist Volume. New York: John Wiley 1967, S. 463–474.
6.19 Sewell, M. J.: On dual approximation principles and optimization in continuum mechanics. Phil. Trans. Royal Soc. of London 265 No. 1162 (1969) 319–351.

Aufgaben

6.1 Verifiziere das Prinzip der virtuellen Kräfte $\delta U^* = -\delta V$, wobei U^* die komplementäre Verzerrungsenergie bedeutet. Das Prinzip verlangt, daß ein virtueller Spannungszustand $\delta\sigma$ aufgebracht wird, der alle Randbedingungen der Kräfte erfüllt.

6.2 Bestimme an den Knoten eines Zug-Druckstabes für die Lastverteilung

$$q = q_0\left(1 - \left(\frac{x}{L}\right)^2\right)$$

die arbeitsäquivalenten Kräfte.

6.3 Leite für das einfache Balkenelement die konsistente Massenmatrix **[m]** her.

6.4 Konstruiere die konsistente Massenmatrix **[m]** für das isotrope Dreieck unter ebenem Spannungszustand (Bild 5.3). ρ ist die Massendichte pro Einheitsvolumen; geometrische Eigenschaften des Dreiecks sollen nur symbolisch eingeführt werden, z.B.

$$\ell_{nm} = \int_A x^n y^m \, dA.$$

6.5 Die in **Bild A.6.5** gezeigte Lastverteilung möge entlang eines Elementrandes angreifen, dessen Verschiebungen linear variieren:

$$v = \left(1 - \frac{x}{a}\right)v_1 + \left(\frac{x}{a}\right)v_2.$$

Berechne in den Punkten 1 und 2 die arbeitsäquivalenten Knotenkräfte.

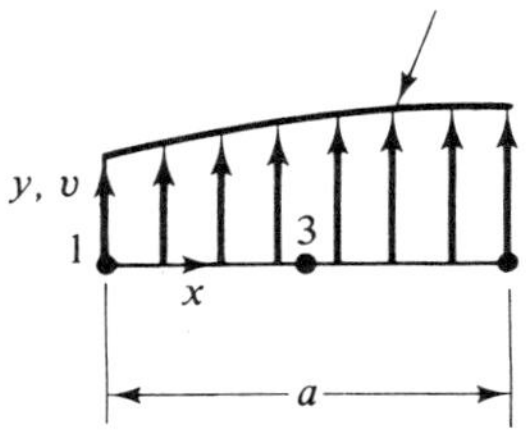

Bild A.6.5

6.6 Die in Aufgabe 6.5 definierte Lastverteilung möge entlang eines Elementrandes angreifen, dessen Verschiebungen quadratisch variieren gemäß

$$v = \frac{(2x - a)(x - a)}{a^2}v_1 + 4x\frac{(a - x)}{a^2}v_3 + x\frac{(2x - a)}{a^2}v_2.$$

Berechne die arbeitsäquivalenten Knotenkräfte in den Punkten 1, 2 und 3.

6.7 Stelle den Vektor der thermisch induzierten Kräfte in x-Richtung auf, und zwar für das in Bild 5.3 gegebene Dreieck, wenn das Element einer Temperaturänderung

$$\Upsilon = \sum_{i=1}^{3} N_i \Upsilon_i$$

unterworfen ist. N_i sind hierbei die Formfunktionen des Elementes und Υ_i die Knotenpunkttemperaturen.

6.8 Bestimme die arbeitsäquivalenten Knotenkräfte und -momente für ein Balkenelement der Länge a, welches der verteilten Längsbelastung q von Aufgabe 6.5 unterworfen sei.

6.9 Bestimme den arbeitsäquivalenten Lastvektor für das 6-knotige, uniform belastete Dreieckselement im **Bild A.6.9**, dessen Verschiebungsfeld durch

$$w = \frac{1}{(x_2 y_3)^2} \sum_{i=1}^{6} N_i w_i$$

gegeben ist, wobei

$$N_1 = (x_2^2 y_3^2 + 2y_3^2 x^2 + \tfrac{1}{2} x_2^2 y^2 - 3x_2 y_3^2 x + 2x_2 y_3 xy - \tfrac{3}{2} x_2^2 y_3 y),$$
$$N_2 = (2y_3^2 x^2 - x_2 y_3^2 x + \tfrac{1}{2} x_2^2 y^2 - 2x_2 y_3 xy + \tfrac{1}{2} x_2^2 y_3 y),$$
$$N_3 = (2x_2^2 y^2 - x_2^2 y_3 y),$$
$$N_4 = 4(x_2 y_3^2 x - y_3^2 x^2 - \tfrac{1}{2} x_2^2 y_3 y + \tfrac{1}{4} x_2^2 y^2),$$
$$N_5 = 4(x_2 y_3 xy - \tfrac{1}{2} x_2^2 y^2),$$
$$N_6 = 4(x_2^2 y_3 y - x_2 y_3 xy - \tfrac{1}{2} x_2^2 y^2)$$

bedeuten.

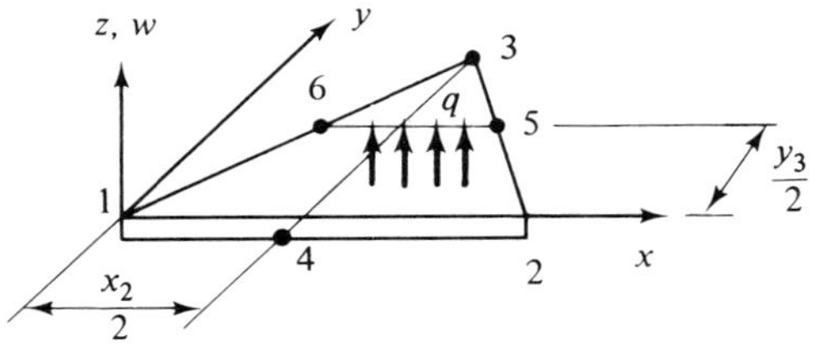

Bild A.6.9

6.10 Bestimme in der konsistenten Massenmatrix des Elementes von Aufgabe 6.9 das Glied, welches F_{z_5} mit w_5 verknüpft. Die Elementdicke sei mit t und die Massendichte mit ρ bezeichnet.

6.11 Die potentielle Energie eines Torsionsstabes ist durch

$$\Pi p = \frac{1}{2} \int_L \left[E\Gamma \left(\frac{d^2\phi}{dx^2}\right)^2 + GJ\left(\frac{d\phi}{dx}\right)^2 \right] dx - \int_L \bar{M}\cdot\phi \, dx$$

gegeben, wobei J und Γ die St. Venantsche Konstante und die Wölbkonstante bezeichnen. G ist der Schubmodul und ϕ der Verdrehungswinkel. $\bar{M}$ ist das äußere belastende Torsionsmoment pro Einheitslänge. Leite die Euler-Lagrange-Gleichungen her und die diesem Funktional zugeordneten Randbedingungen.

6.12 Die potentielle Energie eines durch die Parameter (Δ_1, Δ_2) beschriebenen und durch die Last P belasteten Systems ist durch

$$\Pi_p = (6 - 3P)\,\Delta_1^2 - 5(1 - P)\,\Delta_1\,\Delta_2 + (4 - P)\,\Delta_2^2$$

gegeben. Berechne den Wert von P, für welchen neutrales Gleichgewicht möglich ist.

6.13 Formuliere die 3×3-Steifigkeitsmatrix für den dreiknotigen Zug-Druckstab (**Bild A.6.13**), für welchen

$$u = \frac{1}{L^2}[(2x - L)(x - L)u_1 + 4(L - x)u_2 x + x(2x - L)u_3]$$

gilt. Reduziere diese Matrix auf die übliche 2×2-Matrix.

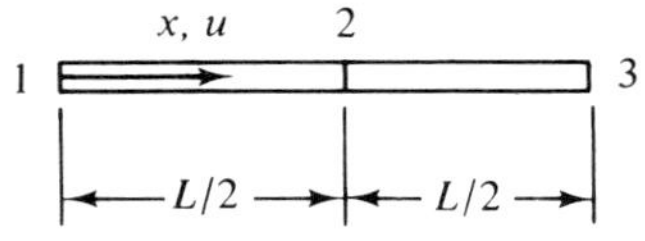

Bild A.6.13

6.14 Bestimme die angenäherte Steifigkeitsmatrix für den voutierten Zug-Druckstab von **Bild A.6.14.** Verwende dabei das Verschiebungsfeld

$$u = \left(1 - \frac{x}{L}\right)u_1 + \frac{x}{L}u_2$$

und das Prinzip vom Minimum der potentiellen Energie. Der Stab sei von konstanter Dicke.

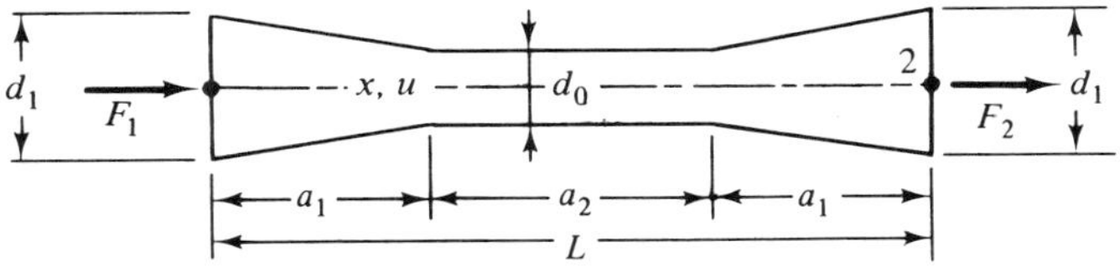

Bild A.6.14

6.15 Leite die Steifigkeitsmatrix für das in Aufgabe 5.2 gegebene Rechteckelement unter ebenem Spannungszustand her. Benütze dazu das in Aufgabe 5.2 gegebene Verschiebungsfeld und verwende das Prinzip vom Minimum der potentiellen Energie. Vergleiche das Resultat mit der Lösung in Bild 9.13.

6.16 Bestimme die Steifigkeitsmatrix für das Dreieckelement unter ebenem Spannungszustand (Bild 5.3). Verwende hierzu die Hybrid-Methode mit Ansatzfunktionen für das Verschiebungsfeld. Nimm dabei die Auflagerbedingungen $u_1 = v_1 = v_2 = 0$ an. Vergleiche das Resultat mit der Matrix der Aufgabe 2.3.

6.17 Bestimme die exakte Flexibilitätsmatrix für das in **Bild A.6.17** gezeigte konische Biegeelement. Invertiere die Flexibilitätsmatrix, um die entsprechende Steifigkeitsmatrix zu erhalten.

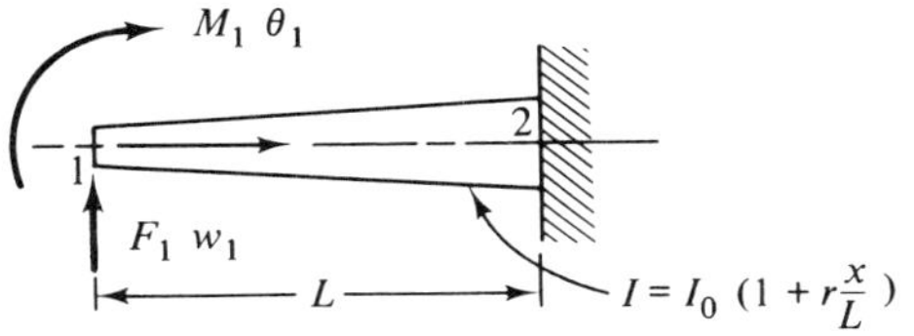

Bild A.6.17

6.18 Bestimme für das dreiknotige Dreieckelement unter ebenem Spannungszustand mit dem Prinzip vom Minimum der Komplementärenergie die Flexibilitätsmatrix. Benütze die Auflagerbedingungen $u_2 = v_2 = v_3$ (Bild 5.3). Vergleiche das Resultat mit der Flexibilitätsmatrix der Aufgabe 2.4.

6.19 Bestimme mit dem Prinzip vom Minimum der Komplementärenergie die Flexibilitätsmatrix für das Ringelement von **Bild A.6.19**. Vergleiche das Resultat mit demjenigen der Aufgabe 2.6.

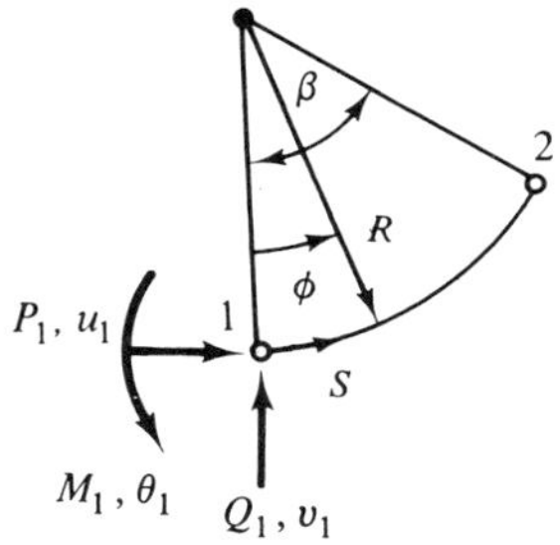

Bild A.6.19

6.20 Bestimme mit dem Hybrid-Verfahren die Steifigkeitsmatrix des Dreieckelements unter ebenem Spannungszustand (Bild 5.3). Nimm hierzu ein konstantes Spannungsfeld und lineare Randverschiebungen an. Vergleiche das Resultat mit Bild 5.4.

6.21 Stelle das Reissnersche Energiefunktional in diskretisierter Form auf, wobei Werte der Airyschen Spannungsfunktion und die Verschiebungskomponenten u und v als Parameter verwendet werden sollen. Diskutiere für diese Felder für das Rechteckelement mit Knoten an den Eckpunkten die Wahl der Formfunktionen.

7 Variationsprinzipien der globalen Analysis

Die Variationsprinzipien des Kapitels 6 sind zur Formulierung von Elementgleichungen verwendet worden und haben so auf die Steifigkeits-, Flexibilitäts- und gemischten Gleichungen der Elemente geführt. Diese Elementgleichungen können direkt auf die Formulierung jener Gleichungen angewendet werden, die das Verhalten der gesamten Konstruktion wiedergeben. Dazu benützt man den Rechnungsgang des Kapitels 3. Aus diesem Grunde mögen daher weitere Untersuchungen von Variationsprinzipien, die über den Prozeß der Elementformulierung hinausgehen, als überflüssig erscheinen. Dem ist jedoch nicht so. Variationsprinzipien sind nämlich für gewisse Aspekte der Analysis der Gesamtkonstruktion von Vorteil, ja manchmal sogar äußerst wichtig.

Erstens legen die Variationsprinzipien Alternativen zu bereits bekannten Herleitungen globaler Gleichungen nahe. Dieser Aspekt der globalen Analysis dient hauptsächlich dazu, gewisse algebraische Operationen, die auch anders begründbar wären, unter einem neuen Gesichtspunkt herzuleiten. Zweitens können gewisse Operationen der globalen Analysis auch auf die Grundlage der Variationsrechnung gestellt werden; für die mit Lagrange-Multiplikatoren behandelten Nebenbedingungen sind die Variationsprinzipien z.B. äußerst wichtig. Weiter ermöglichen Variationsprinzipien mathematische Konvergenzbeweise, welche bei gewissen Formen dieser Prinzipien sogar die Richtung der Konvergenz angeben.

Wir behandeln das Prinzip vom Minimum der potentiellen Energie im Detail, gehen aber auch auf das Prinzip vom Minimum der Komplementärenergie ein. Gemischte Methoden werden hier nicht behandelt, weil die Verfahren zur Konstruktion globaler Gleichungen dem konventionellen Verfahren parallel verlaufen. Für diese Methoden existieren keine Konvergenzkriterien, welche einen Entscheid erlaubten, ob die angenäherte Lösung eine untere oder obere Schranke der exakten Lösung darstellt.

7.1 Prinzip vom Minimum der potentiellen Energie

Um das Prinzip vom Minimum der potentiellen Energie auf die Situation der globalen Analysis anzuwenden, genügt es zu beachten, daß die Verzerrungsenergie eine skalare additive Größe ist. Die Verzerrungsenergie U einer aus mehreren finiten Elementen zusammengesetzten Gesamtkonstruktion ist daher durch die Summe der p Verzerrungsenergien der Elemente, also durch

$$U = \sum_{i=1}^{p} U^i = \frac{1}{2} \sum_{i=1}^{p} \lfloor \mathbf{\Delta}^i \rfloor [\mathbf{k}^i] \{\mathbf{\Delta}^i\} \tag{7.1}$$

gegeben, wobei $[\mathbf{\Delta}^i]$ den Vektor der Knotenverschiebungen und $[\mathbf{k}^i]$ die Steifigkeitsmatrix des i-ten Elementes bezeichnen. Die Darstellung (7.1) ist noch nicht in der zur Auflösung der globalen Gleichungen geeigneten Form. Diese wird durch die Definition der folgenden Arrays erreicht:

> $\{\mathbf{\Delta}^e\} = \lfloor \lfloor \mathbf{\Delta}^1 \rfloor \lfloor \mathbf{\Delta}^2 \rfloor \ldots \lfloor \mathbf{\Delta}^p \rfloor \rfloor^{\mathrm{T}}$, das ist ein Vektor, der alle Verschiebungsparameter enthält und früher bereits in (3.12) definiert wurde.
>
> $[\mathbf{k}^e]$ ist die unzusammenhängende globale Steifigkeitsmatrix, eine aus Submatrizen zusammengesetzte Bandmatrix, von denen eine jede eine Steifigkeitsmatrix darstellt. Alle Steifigkeitsmatrizen der Elemente sind in diesem Schema eingeschlossen. $[\mathbf{k}^e]$ ist in Abschnitt 3.3 (3.13) eingeführt und definiert worden. (7.2)

Mit diesen Definitionen kann (7.1) in der Form

$$U = \tfrac{1}{2} \lfloor \mathbf{\Delta}^e \rfloor \lceil \mathbf{k}^e \rfloor \{\mathbf{\Delta}^e\} \tag{7.3}$$

geschrieben werden.

Es verbleibt, den Verbund der Elemente mathematisch auszudrücken. Dazu sei wieder auf Abschnitt 3.3 verwiesen und (3.4) verwendet. Diese Transformation hat die Form $\{\mathbf{\Delta}^e\} = [\mathfrak{A}]\{\mathbf{\Delta}\}$, wobei $\{\mathbf{\Delta}\}$ die globalen Knotenverschiebungen und $[\mathfrak{A}]$, wie bei der früheren Herleitung, die globale Verknüpfungsmatrix darstellen. Wird diese Gleichung im Ausdruck (7.3) für U verwendet, so erhält man

$$U = \frac{\lfloor \mathbf{\Delta} \rfloor}{2} [\mathbf{K}]\{\mathbf{\Delta}\} \tag{7.4}$$

mit

$$[\mathbf{K}] = [\mathfrak{A}]^{\mathrm{T}} \lceil \mathbf{k}^e \rfloor [\mathfrak{A}]\,. \tag{7.5}$$

$[\mathbf{K}]$ ist mit der globalen Steifigkeitsmatrix, welche in Abschnitt 3.3 auf direktem Weg erhalten wurde, identisch. Ein numerisches Beispiel zum obigen Verfahren wurde ebenfalls in jenem Abschnitt behandelt.

Wir haben in Abschnitt 3.3 erwähnt, daß die Steifigkeitsmatrizen, die in der Matrix $\lceil \mathbf{k}^e \rfloor$ zusammengefaßt sind, die Starrkörperfreiheitsgrade nicht miteinschließen müssen. Dies kann jetzt anhand einer energetischen Betrachtungsweise erklärt werden. Die Matrix $[\mathbf{k}^i]$ eines jeden Elementes ist nämlich derart konstruiert, daß mit ihr die Verzerrungsenergie definiert werden kann. Denn wie in Abschnitt 2.4 bereits gezeigt wurde, genügt zur Definition der Verzerrungsenergie eines Elementes die Angabe der Steifigkeitsmatrix und eines entsprechenden Satzes von Verschiebungsparametern, bei dem der statisch bestimmten Lagerung des Elementes bereits Rechnung getragen wurde. Es kann auch festgestellt werden, daß die durch die rechte Seite von (7.5) dargestellte Transformation die individuellen Elemente von ihren entsprechenden Auflagern „befreit".

Wir kehren jetzt zur allgemeinen Theorie der potentiellen Energie und deren Anwendung auf die Gesamtkonstruktion zurück. Die innere Energie wird durch das Potential V der Lasten ergänzt. Die einfachste Situation liegt vor, wenn nur an den Knotenpunkten Kräfte wirken. Dann ist

$$V = -\lfloor \mathbf{\Delta} \rfloor \{\mathbf{P}\}. \tag{7.6}$$

Wenn verteilte Lasten vorliegen, dann wird das in (7.6) gegebene Produkt als Integral eines Skalarproduktes aus verteilten Lastvektoren und zugehörigen Verschiebungen darzustellen sein. Der Verschiebungszustand ist dann durch das auf dem betreffenden Gebiet berechnete Verschiebungsfeld gegeben. Wie in Kapitel 6 gezeigt, wird diese Integration für jedes Element gesondert ausgeführt. Die resultierenden Skalarprodukte werden entsprechend summiert und führen so auf das in (7.6) dargestellte globale Produkt aus verallgemeinertem Kraftvektor $\{\mathbf{P}\}$ und Verschiebungen $\{\mathbf{\Delta}\}$.

In Abschnitt 6.4 ist gezeigt worden, daß die potentielle Energie Π_p eines Kontinuums durch

$$\Pi_p = U + V \tag{7.7}$$

gegeben ist; diese nimmt nach Einsetzen der Ausdrücke (7.4) bzw. (7.6) für U und V die Gestalt

$$\Pi_p = \tfrac{1}{2}\lfloor \mathbf{\Delta} \rfloor [\mathbf{K}]\{\mathbf{\Delta}\} - \lfloor \mathbf{\Delta} \rfloor \{\mathbf{P}\} \tag{7.8}$$

an. Notwendige Bedingung, daß Π_p ein Minimum annimmt, ist

$$\left\{\frac{\partial \Pi_p}{\partial \mathbf{\Delta}}\right\} = \mathbf{0}, \tag{7.9}$$

was nach Ausführen des angedeuteten Differentiationsprozesses zur Gleichung

$$[\mathbf{K}]\{\mathbf{\Delta}\} = \{\mathbf{P}\} \tag{7.10}$$

führt.

Es sollte angemerkt werden, daß zwischen diesem Vorgehen und der direkten Steifigkeitsmethode ein wichtiger grundsätzlicher Unterschied besteht. Die direkte Steifigkeitsmethode gelangt nämlich zu ihren Gleichungen, indem in jedem Knoten das Gleichgewicht der Knotenkräfte angeschrieben wird. Das Prinzip vom Minimum der potentiellen Energie erreicht dasselbe Resultat jedoch durch Addition der Energien der einzelnen Elemente. Ein wichtiger Schritt besteht dabei im Aufstellen des Zusammenhangs zwischen den globalen Verschiebungsparametern und jenen des Elementes (Matrix $[\mathfrak{a}]$). Das ist vor allem bedeutungsvoll für Situationen, bei denen die den Verschiebungsparametern zugeordneten Kraftgrößen keine klar definierte physikalische Bedeutung haben (und trifft zu für Verschiebungsparameter, welche die Form höherer Verschiebungsableitungen haben).

Es war zu Beginn des Kapitels 6 festgestellt worden, daß viele Beschreibungen der FEM ausschließlich auf Energieprinzipien basieren. Dies heißt z.B., daß die potentielle

Energie der Gesamtkonstruktion wie in (7.1) durch die Summation der Verzerrungsenergien der Elemente und durch das durch die gegebenen Lasten direkt bestimmte Potential der äußeren Kräfte gegeben ist. Der Vorgang zur Bildung der globalen Steifigkeitsmatrizen ist dann der direkten Steifigkeitsmethode völlig analog, aber Begriffe wie Knotenkräfte der Elemente und ihre zugehörigen Potentiale $(-\lfloor \mathbf{F}^e \rfloor \{\mathbf{\Delta}^e\})$ treten nicht auf, und das Aufstellen von Steifigkeitsgleichungen durch Betrachtungen der Gleichgewichtsbedingungen der Knotenkräfte erübrigt sich. Die globalen FE-Gleichungen für alle in Kapitel 6 beschriebenen Prinzipien – die konventionellen, gemischten und hybriden – lassen sich in ganz ähnlicher Weise auch mit Energiemethoden konstruieren.

Es ist auch möglich, ein Verfahren anzuwenden [7.1], bei dem die Minimumseigenschaften der potentiellen Energie in der globalen Analysis untersucht werden. Aus (7.8) geht hervor, daß Π_p eine quadratische Funktion der Variablen $\Delta_1, \ldots, \Delta_n$ ist. Eine stabile Lösung liegt also nur vor, falls Π_p dort ein Minimum erreicht. Viele wertvolle Algorithmen sind verfügbar, um einen Parametersatz so auszuwählen, daß die quadratische Funktion dadurch minimal wird. Da mathematische Algorithmen über den Rahmen dieses Buches hinausgehen, werden wir diese Alternativen hier nicht besprechen; der interessierte Leser möge [7.1] und [7.2] konsultieren. Eine Besonderheit dieser Verfahren sei allerdings erwähnt. Es ist nämlich möglich, die Matrizen, welche die globalen kinematischen Variablen mit jenen des Elementes verknüpfen, aufgrund einer reinen Elementbetrachtung zu konstruieren. Die entsprechende Gleichung hat die Form

$$\{\mathbf{\Delta}^i\} = [\mathcal{A}^i]\{\bar{\mathbf{\Delta}}^i\}, \tag{7.11}$$

wobei $\{\bar{\mathbf{\Delta}}^i\}$ den Vektor der externen globalen Verschiebung des i-ten Elementes bezeichnet. (7.1) wird dann

$$U = \frac{1}{2} \sum_{i=1}^{p} \lfloor \bar{\mathbf{\Delta}}^i \rfloor [\mathcal{A}^i]^T [\mathbf{k}^i] [\mathcal{A}^i] \{\bar{\mathbf{\Delta}}^i\}. \tag{7.12}$$

In diesem Ausdruck wird der Skalar U ohne Bildung der globalen Matrizen $[\mathbf{K}]$ und $[\mathcal{A}]$ berechnet. Der eigentliche Zweck ist dabei, alle Operationen mit Nullmatrizen, die bei Verwendung von (7.5) ausgeführt werden müßten, zu vermeiden.

7.2 Die potentielle Energie und das Maximum-Minimum-Prinzip

Eine mit dem Prinzip vom Minimum der potentiellen Energie konstruierte numerische Approximation heißt Lösung der unteren Schranke, weil die Verzerrungsenergie sowie die Hauptdiagonalen der Flexibilitätsmatrix dieser Approximation kleiner sind als jene der exakten Lösung (d.h. der Lösung mit einer unendlichen Anzahl von Elementen).*

---

* Anmerkung des Übersetzers: Unter allen mit dem Prinzip vom Minimum der potentiellen Energie konstruierten (approximativen) Lösungen erzeugt die exakte Lösung die größten Diagonalelemente der Flexibilitätsmatrix. Unter allen derart konstruierten Minima ist das Maximum der exakten Lösung also am nächsten.

Der Beweis der obigen Aussagen kann für die Hauptdiagonalelemente der Flexibilitätsmatrix f_{ii} recht einfach erbracht werden. Die einer von Null auf ihren Endwert wachsenden Last P_i (alle anderen Lasten seien hierbei Null gesetzt) zugeordnete Arbeit ist durch $P_i\,\Delta_i/2$ gegeben; dieser Wert ist der Verzerrungsenergie U gleich. Das Potential der aufgebrachten Lasten andererseits beträgt $-P_i\,\Delta_i$, so daß der exakte Wert des Minimums der potentiellen Energie durch

$$\Pi_{p_{\text{exakt}}} = U + V = \frac{P_i\,\Delta_i}{2} - P_i\,\Delta_i = \frac{-P_i\,\Delta_i}{2} = \frac{-P_i^2 f_{ii_{\text{exakt}}}}{2} \tag{7.13}$$

gegeben ist. Der angenäherte Wert der potentiellen Energie für dieselbe Last ist jedoch

$$\Pi_{p_{\text{approx.}}} = \frac{-P_i^2 f_{ii_{\text{approx.}}}}{2}. \tag{7.14}$$

Nun ist der Wert von Π_p der Approximation numerisch größer als derjenige der exakten Lösung, da letzterer ja einem Minimum entspricht. Beachtet man, daß $\Pi_{p_{\text{exakt}}}$ einen negativen Wert hat, so erkennt man durch Vergleich von (7.13) und (7.14)

$$f_{ii_{\text{exakt}}} \geq f_{ii_{\text{approx.}}}. \tag{7.15}$$

Man schließt daraus, daß die mit dem Prinzip vom Minimum der potentiellen Energie konstruierte Lösung für die Elemente der Hauptdiagonalen der Flexibilitätsmatrix eine untere Schranke liefert.

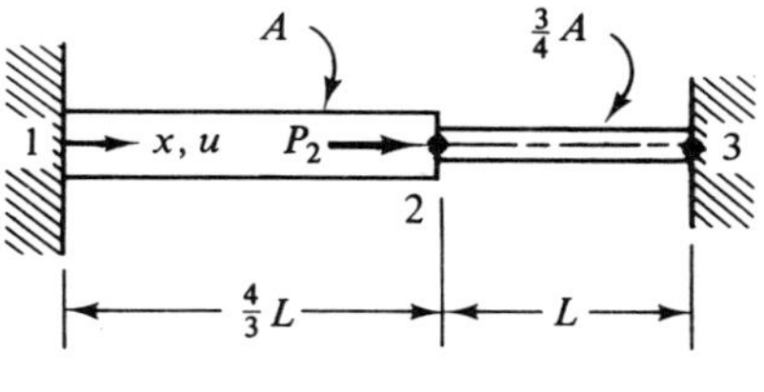

Bild 7.1

Um die eben dargelegten Argumente zu illustrieren, sei ein aus zwei Zug-Druckelementen bestehender Stab betrachtet (**Bild 7.1**). Die potentielle Energie dieses Problems ist durch

$$\Pi_p = \frac{3}{4}\frac{AE}{L}u_2^2 - P_2 u_2$$

gegeben. **Bild 7.2** zeigt eine Skizze, in der Π_p als Funktion verschiedener geschätzter Werte von u_2 dargestellt ist. Wenn man z.B. u_2 zu

$$u_2 = \frac{1}{2}\frac{P_2 L}{AE}$$

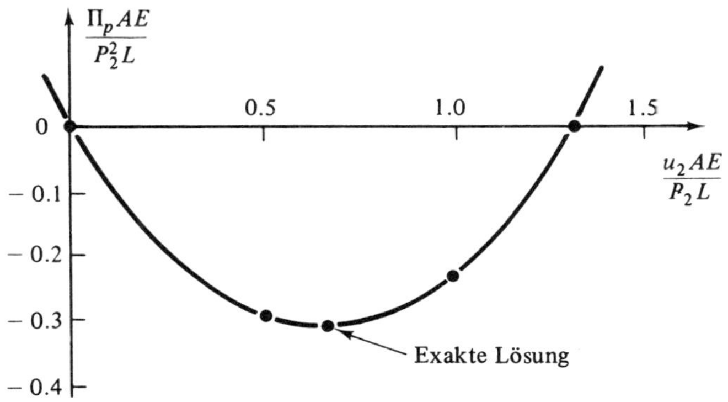

Bild 7.2

ansetzt, dann gilt

$$\Pi_p = -\frac{5}{16}\frac{P_2^2 L}{AE},$$

wohingegen

$$u_2 = \frac{P_2 L}{AE}$$

den Wert

$$\Pi_p = -\frac{1}{4}\frac{P_2^2 L}{AE}$$

ergibt. Die exakte Lösung ist $\frac{2}{3}(P_2L/AE)$, wofür man

$$\Pi_p = -\frac{1}{3}\frac{P_2^2 L}{AE}$$

erhält.

Wenn man die potentielle Energie für kompliziertere Probleme mit mehreren Variablen zu charakterisieren hätte, dann wäre für jede Variable eine Koordinatenachse (und eine weitere Achse für Π_p) nötig. Es ist nicht möglich, diese Situation für ein System mit mehr als zwei Freiheitsgraden zu skizzieren. Die Charakteristiken solch geometrischer Eigenschaften können jedoch mit dem analytischen Verfahren behandelt werden, das kurz vor Ende des Abschnitts 7.1 gestreift wurde.

Um die Bedeutung des Theorems der unteren Schranke im Zusammenhang mit der Wahl der Verschiebungsfelder einzelner Elemente zu erfassen, sei der konische Zug-Druckstab in **Bild 7.3** betrachtet. Das „exakte“ u-Feld für diesen Fall ist eine logarithmische Funktion. In der Entwicklung der approximierten Steifigkeitskoeffizienten aber,

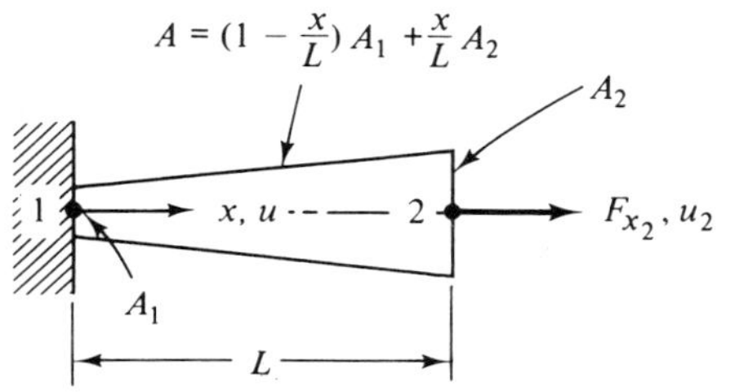

Bild 7.3

welche wir in Abschnitt 6.4 verwendet haben, wurde das lineare Feld des Stabes mit konstantem Querschnitt übernommen:

$$A = \left(1 - \frac{x}{L}\right)A_1 + \frac{x}{L}A_2 .$$

Wir untersuchen den Fall, für welchen die Querschnittsfläche am rechten Ende doppelt so groß ist wie jene am linken Ende. Für ein gegenüber Verschiebungen fixiertes linkes Ende beträgt die Verschiebung u_2 infolge einer Einheitslast F_2 bei der exakten Lösung

$$u_2 = \frac{L}{(A_2 - A_1)E} \cdot \ln\left(\frac{A_2}{A_1}\right) = 0.69315 \frac{L}{A_1 E}$$

und bei der Approximation

$$u_2 = \frac{2L}{(A_1 + A_2)E} = 0.66667 \frac{L}{A_1 E} .$$

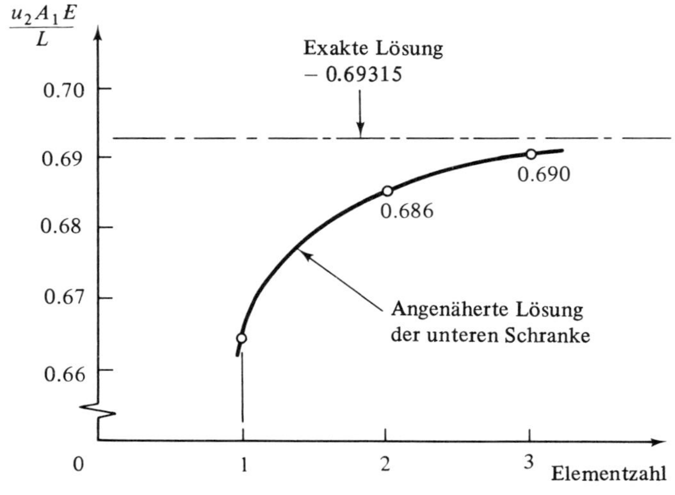

Bild 7.4

Die approximierte Lösung ist also um fast 4% kleiner als die exakte Lösung; die approximierte Durchbiegung ist ebenfalls kleiner als die exakte. Indem man für den Stab Elementformulierungen mit mehreren Segmenten bildet, kann die Konvergenz zur exakten Lösung, wie in **Bild 7.4** dargestellt, nachgewiesen werden.

7.3 Nebenbedingungen und die Methode der Lagrange-Multiplikatoren

Wie wir in Abschnitt 6.2 gesehen haben, ist das Verfahren der Lagrange-Multiplikatoren eine Methode, Nebenbedingungen mit den Mitteln der klassischen Variationsrechnung zu behandeln. Wir wenden dieses Verfahren jetzt auf Systeme mit mehreren Freiheitsgraden an. Dabei wird offensichtlich, daß das letztere eine Alternative zur Transformationsmethode von Abschnitt 3.4.3 darstellt, mit der Nebenbedingungen direkt berücksichtigt wurden.

Dem Konzept der Lagrange-Multiplikatoren folgend, wird der Extremalwert eines mehreren Nebenbedingungen unterworfenen Funktionals dadurch erhalten, daß man jede Nebenbedingung mit einer Konstanten (λ_i – dem Lagrange-Multiplikator) multipliziert, die resultierenden Ausdrücke zum Funktional addiert und das derart erhaltene neue Funktional bezüglich aller Variablen sowie aller Multiplikatoren variiert. Wie bereits in (3.28) für r Nebenbedingungen, wollen wir die Nebenbedingungen eines Systems von n Freiheitsgraden in der Form

$$[\mathbf{G}]_{r\times n}\{\mathbf{\Delta}\}_{n\times 1} = \{\mathbf{s}\}_{r\times 1} \tag{7.16}$$

ansetzen. Daher werden r λ_i-Werte definiert und zum Vektor

$$\lfloor \boldsymbol{\lambda} \rfloor = \lfloor \lambda_1 \ldots \lambda_i \ldots \lambda_r \rfloor \tag{7.17}$$

zusammengefaßt.

Den soeben dargelegten Rechnungsgang aufgreifend, schreiben wir das erweiterte Funktional Π_p^a als

$$\Pi_p^a = \frac{\lfloor \mathbf{\Delta} \rfloor}{2}[\mathbf{K}]\{\mathbf{\Delta}\} - \lfloor \mathbf{\Delta} \rfloor\{\mathbf{P}\} + \lfloor \boldsymbol{\lambda} \rfloor[\mathbf{G}]\{\mathbf{\Delta}\} - \lfloor \boldsymbol{\lambda} \rfloor\{\mathbf{s}\} \tag{7.18}$$

(a steht für „augmented“), bilden die erste Variation bezüglich Δ_i und λ_i und erhalten das folgende Gleichungssystem:

$$\left[\begin{array}{c|c} \mathbf{K} & \mathbf{G}^{\mathrm{T}} \\ \hline \mathbf{G} & \mathbf{O} \end{array}\right] \left\{\begin{array}{c} \mathbf{\Delta} \\ \hline \boldsymbol{\lambda} \end{array}\right\} = \left\{\begin{array}{c} \mathbf{P} \\ \hline \mathbf{s} \end{array}\right\}. \tag{7.19}$$

Man beachte, daß der untere Teil dieses Systems die Nebenbedingungen darstellt.

Man kann diese Gleichungen natürlich direkt lösen. Sie sind positiv semidefinit, so daß bei der Wahl eines angemessenen numerischen Verfahrens spezielle Sorgfalt angewendet werden muß. Andererseits kann auch eine schrittweise Lösung erfolgen. Danach nimmt man an, daß [**K**] nicht singulär sei, und kann dann den oberen Teil von (7.19) nach $\{\mathbf{\Delta}\}$ lösen, was

$$\{\mathbf{\Delta}\} = [\mathbf{K}]^{-1}\{\mathbf{P}\} - [\mathbf{K}]^{-1}[\mathbf{G}]^{\mathrm{T}}\{\boldsymbol{\lambda}\} \tag{7.20}$$

ergibt. Wird dies im unteren Teil von (7.19) verwendet, so folgt

$$\{\boldsymbol{\lambda}\} = ([\mathbf{G}][\mathbf{K}]^{-1}[\mathbf{G}]^{\mathrm{T}})^{-1}([\mathbf{G}][\mathbf{K}]^{-1}\{\mathbf{P}\} - \{\mathbf{s}\})\,. \tag{7.21}$$

$\{\mathbf{\Delta}\}$ wird jetzt durch Rücksubstitution in (7.20) erhalten.

Man beachte, daß (7.19) im Format der gemischten Formulierung erscheint (vgl. (2.3)). Dies ist auch daraus ersichtlich, daß die Konsistenz der Dimension des erweiterten Funktionals dem Lagrange-Parameter notwendigerweise die Einheit einer Kraft zuweisen muß. Da (7.19) im allgemeinen indefinit ist, können die Eigenschaften der unteren Schranke einer durch Nebenbedingungen erweiterten potentiellen Energie ebenfalls nicht bewiesen werden.

Man beachte ferner, daß beim Transformationsverfahren des Abschnitts 3.4.3 im Unterschied zur Methode hier die Transformationsmatrix $[\mathbf{\Gamma}_c]$ zuerst in den Ausdruck für die potentielle Energie eingesetzt wird und daß erst dann das transformierte Potential Π_p bezüglich der verbleibenden Variablen variiert wird. Diese Situation wird in **Bild 7.5** illustriert, wo die Fläche der potentiellen Energie für ein System mit zwei Freiheitsgraden ($\mathbf{\Delta}_1$ und $\mathbf{\Delta}_2$) dargestellt ist (vgl. auch Bild 6.4). Im vorliegenden Fall wird eine lineare Nebenbedingung $G(\mathbf{\Delta}_1, \mathbf{\Delta}_2) = 0$ angewendet. Diese definiere eine auf der $(\mathbf{\Delta}_1, \mathbf{\Delta}_2)$-Ebene senkrecht stehende Ebene, welche von der Energiefläche den Teil, der den Punkt des Minimums A enthält, abschneidet. Das Minimum tritt jetzt beim Punkt B auf, also auf jenem Teil der Energiefläche, welche gleichzeitig von der Nebenbedingung erfüllt wird.

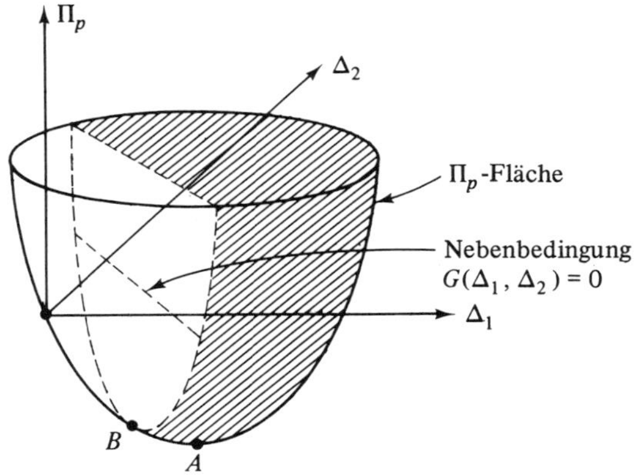

Bild 7.5

Die Transformationsmethode verkleinert das zu lösende Gleichungssystem; demgegenüber vergrößert es die Methode der Lagrange-Multiplikatoren. Das bedeutet aber nicht unbedingt einen Nachteil, denn die Transformationsmethode erfordert ausgedehnte Matrizenmultiplikationen.

Um die Methode der Lagrange-Multiplikatoren anhand eines Beispiels zu illustrieren, betrachten wir den Zug-Druckstab von **Bild 7.6** mit der Nebenbedingung $u_2 - u_3 = 0$.

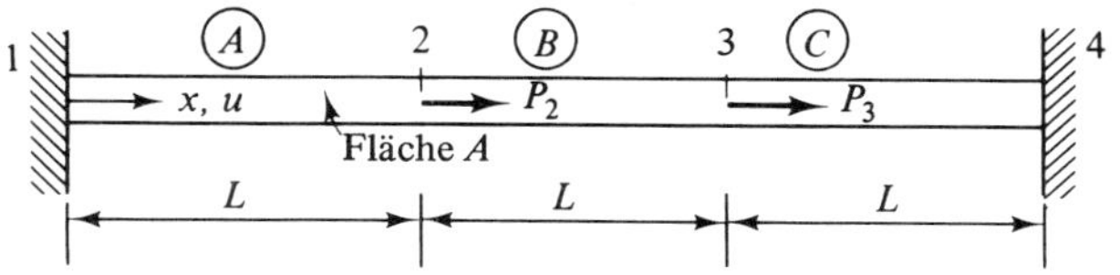

Bild 7.6

Der Methode der Lagrange-Multiplikatoren folgend, lautet das Gleichungssystem (mit $k_0 = AE/L$)

$$\begin{bmatrix} 2k_0 & -k_0 & 1 \\ -k_0 & 2k_0 & -1 \\ 1 & -1 & 0 \end{bmatrix} \begin{Bmatrix} u_2 \\ u_3 \\ \lambda \end{Bmatrix} = \begin{Bmatrix} P_2 \\ P_3 \\ 0 \end{Bmatrix}.$$

Matrizeninversion führt dieses System über in

$$\frac{1}{2k_0} \begin{bmatrix} 1 & 1 & k_0 \\ 1 & 1 & -k_0 \\ k_0 & -k_0 & -3(k_0)^2 \end{bmatrix} \begin{Bmatrix} P_2 \\ P_3 \\ 0 \end{Bmatrix} = \begin{Bmatrix} u_2 \\ u_3 \\ \lambda \end{Bmatrix}.$$

Die Bedingung $u_2 = u_3$ ist einer starren Verbindung der Punkte 2 und 3 gleichwertig. Es nehmen also nur die Stäbe A und C an der elastischen Verformung teil. Daher ist, wie die Lösung zeigt, die Verschiebung des Punktes 2 infolge der Last P_2 allein durch $P_2/2k_0$ gegeben und ist ebenso groß wie für P_3. Der Lagrange-Multiplikator $\lambda = \frac{1}{2}(P_2 + P_3)$ – eine Kraftgröße – stellt in diesem Fall die im starren Stab übertragene Kraft dar. Beachte auch, daß die Nebenbedingung den Steifigkeitsgleichungen einer gelagerten Konstruktion beigestellt ist. Daher können zur Inversion der Steifigkeitsgleichungen die Prozeduren (7.20) und (7.21) angewendet werden.

Auflagerbedingungen, z.B. $\Delta_i = 0$, welche ja auch als Nebenbedingungen aufgefaßt werden können, lassen sich ebenfalls mit Lagrange-Multiplikatoren behandeln. Gewöhnlich wird dies jedoch nicht getan. Man berücksichtigt solche Bedingungen nämlich direkt, indem man die entsprechenden Kolonnen und Zeilen der Steifigkeitsmatrix streicht. Bei der Methode der Lagrange-Multiplikatoren kann die globale Steifigkeitsmatrix jedoch unverändert übernommen werden. Mit jeder Auflagerbedingung tritt ein weiterer Lagrange-Multiplikator (mit der zugehörigen Auflagerverschiebung multipliziert) zur potentiellen Energie hinzu. Das Verfahren kann am Zug-Druckstab von **Bild 7.7**, welcher am linken Ende so gelagert sei, daß $u_1 = 0$, erklärt werden. Die algebraischen Gleichungen unter Einschluß der den Lagrange-Multiplikator enthaltenden Bedingung sind

$$\begin{bmatrix} \dfrac{AE}{L} & \dfrac{-AE}{L} & 1 \\ \dfrac{-AE}{L} & \dfrac{AE}{L} & 0 \\ 1 & 0 & 0 \end{bmatrix} \begin{Bmatrix} u_1 \\ u_2 \\ \lambda \end{Bmatrix} = \begin{Bmatrix} F_1 \\ F_2 \\ 0 \end{Bmatrix}.$$

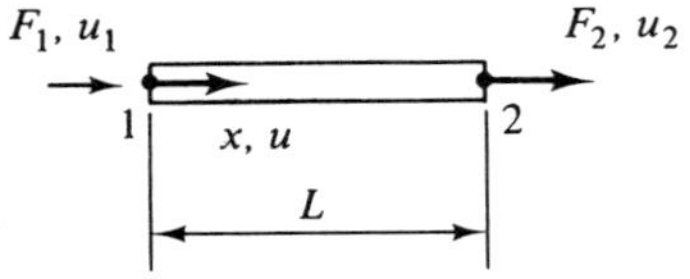

Bild 7.7

Wenn die erste und die dritte Kolonne dieser erweiterten Matrix ausgetauscht werden, dann sind die Gleichungen von einer leicht lösbaren Form, und wir erhalten

$$\begin{bmatrix} 1 & 1 & 0 \\ 0 & \dfrac{L}{AE} & 1 \\ 0 & 0 & 1 \end{bmatrix} \begin{Bmatrix} F_1 \\ F_2 \\ 0 \end{Bmatrix} = \begin{Bmatrix} \lambda \\ u_2 \\ u_1 \end{Bmatrix}$$

oder $u_2 = F_2 L/AE$, $u_1 = 0$ und $\lambda = F_1 + F_2$. Der Lagrange-Multiplikator ist bei diesem Problem also durch die Summe der in Stabrichtung wirkenden Kräfte gegeben. Die Nebenbedingungen sind in diesem Falle zusammen mit den Steifigkeitsgleichungen der nicht gelagerten Konstruktion angewendet; die Steifigkeitsmatrix dieser Konfiguration ist daher singulär. Das Verfahren, wie in (7.20) und (7.21) dargestellt, kann also nicht angewendet werden.

7.4 Methoden der verallgemeinerten potentiellen Energie

In Kapitel 6 sind eine Anzahl von Alternativen zu den konventionellen Verfahren des Minimums der potentiellen Energie oder der Komplementärenergie untersucht worden, in welchen die Forderungen der Interelementkontinuität teilweise fallen gelassen wurden. Die untersuchten Verfahren erlaubten es, die Elementgleichungen einer solchen Formulierung auf die globale Analysis zu übertragen, ohne dabei allfälligen Nachbarelementen gesondert Rechnung tragen zu müssen. Der vorliegende Abschnitt bezieht sich auf eine andere Klasse von Alternativverfahren, in welcher die Interelementkontinuität wieder teilweise verletzt wird, diese aber spezielle Operationen (im speziellen bei der Berücksichtigung von Nebenbedingungen in den globalen Steifigkeitsgleichungen) verlangt, [7.3].

Im hier diskutierten Verfahren wird angenommen, daß die Ansatzfunktionen eines Elementes in Abhängigkeit von den Knotenverschiebungen, d.h. in der Form $\mathbf{\Delta} = \lfloor \mathbf{N} \rfloor \{\mathbf{\Delta}\}$ geschrieben werden, daß die Knotenverschiebungen $\{\mathbf{\Delta}\}$ mit den entsprechenden Verschiebungen benachbarter Elemente verknüpft und die Ansatzfunktionen entlang der Elementränder nicht vollständig kompatibel sind. Z.B. sei angenommen, daß die u-Verschiebungen entlang der Kante 1–2 der Elemente A und B (**Bild** 7.8) durch die Funktionen

$$u_{1-2}^A = N_1^A u_1 + N_2^A u_2 + N_3^A u_3 + N_4^A u_4\,, \tag{7.22a}$$

$$u_{1-2}^B = N_1^B u_1 + N_2^B u_2 + N_5^B u_5 + N_6^B u_6 \tag{7.22b}$$

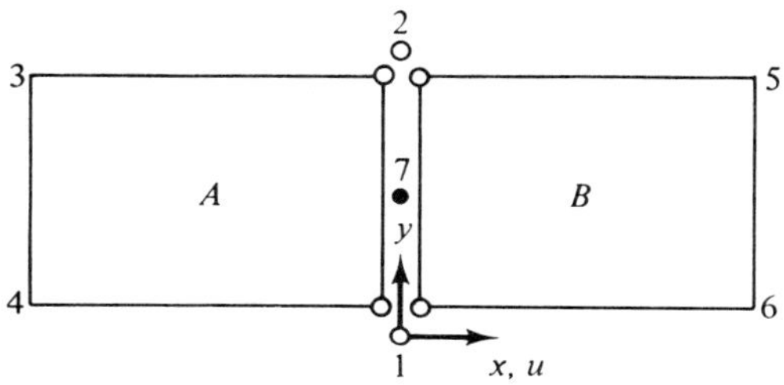

Bild 7.8

gegeben seien, wobei $N_1^A, \ldots, N_6^B$ quadratische Funktionen von y seien. (Solche Funktionen sind in der Regel von x und y abhängig, aber hier sind sie entlang einer Linie berechnet, auf der x konstant ist.) Weder für das Element A noch für B wird die Verschiebung u eindeutig durch die zwei Verschiebungen der Endpunkte u_1 und u_2 beschrieben. u_{1-2}^A und u_{1-2}^B unterscheiden sich entlang der Kante 1–2. Damit baut sich eine Verschiebungsdiskontinuität der Größe $u_{1-2}^A - u_{1-2}^B$ auf. Interelementkontinuität kann jedoch mit Hilfe der Bedingung

$$\int_0^{y_2} (u_{1-2}^A - u_{1-2}^B)\, dy = 0 \tag{7.23}$$

erzwungen werden, und durch Einführung von (7.22) erhält man

$$\int_0^{y_2} [(N_1^A - N_1^B)u_1 + (N_2^A - N_2^B)u_2 + N_3^A u_3 + N_4^A u_4 - N_5^B u_5 - N_6^B u_6]\, dy, \tag{7.24}$$

was nach Integration eine lineare algebraische Gleichung der Form

$$G_{11}u_1 + G_{12}u_2 + G_{13}u_3 + G_{14}u_4 + G_{15}u_5 + G_{16}u_6 = 0 \tag{7.25}$$

ergibt.

Diese Beziehung kann beim Lösungsprozeß mit der Methode der Lagrange-Multiplikatoren in Rechnung gestellt werden. Dabei tritt im vorliegenden Fall am entsprechenden Elementrand für jede Verschiebungskomponente eine Nebenbedingung auf.

Die Lagrange-Multiplikatoren stellen im vorangehenden Beispiel die gemittelten inneren Kräfte entlang der Linie dar, auf welcher die Verschiebungsdiskontinuitäten eliminiert werden. Zudem hat das System dieser globalen Gleichungen die gleiche Form wie (7.19), also die Gestalt von Kraft-Verschiebungsgleichungen der gemischten Formulierungen (vgl. (2.3)). Gemischte Formulierungen können daher als Anwendungen konventioneller Energiemethoden mit teilweise verletzten Randkontinuitäten aufgefaßt werden.

Wenn die Diskontinuität im Verschiebungsverlauf von höherer Ordnung ist und mehrere Ränder benachbarter Elemente erfaßt, dann wird auf jedem Randteil eine zusätzliche Nebenbedingung benötigt. Eine Möglichkeit, diese Nebenbedingungen zu behandeln, besteht darin, Stetigkeit des Verschiebungsfeldes in jedem Randpunkt zu fordern. Man kann in diesem Fall die mit einem Lagrange-Multiplikator ergänzte Nebenbedingung als $\lambda(u_{1-2}^A - u_{1-2}^B)$ schreiben, wobei λ jetzt eine stetige Funktion der Randkoordinate sein muß. Die potentielle Energie wird dann um das Glied $\int \lambda(u_{1-2}^A - u_{1-2}^B)\, dy$ erweitert. Um daraus algebraische Gleichungen zu erhalten, entwickelt man

λ in eine Polynomreihe $\lambda = \lambda_0 + \lambda_1 y + \lambda_2 y^2 + \ldots$ und wählt in dieser Entwicklung so viele Glieder wie Bedingungen zur eindeutigen Definition der Verschiebungen entlang der fraglichen Kante nötig sind. Man erhält so

$$\int \lambda(u_{1-2}^A - u_{1-2}^B)\,dy = \lambda_0 \int (u_{1-2}^A - u_{1-2}^B)\,dy + \lambda_1 \int (u_{1-2}^A - u_{1-2}^B)y\,dy + \lambda_2 \int (u_{1-2}^A - u_{1-2}^B)y^2\,dy + \ldots,$$

so daß die Nebenbedingungen

$$\int (u_{1-2}^A - u_{1-2}^B)\,dy = 0, \qquad \int (u_{1-2}^A - u_{1-2}^B)y\,dy = 0, \qquad \int (u_{1-2}^A - u_{1-2}^B)y^2\,dy = 0, \ldots \tag{7.26}$$

lauten.

Schließlich sei angemerkt, daß ein weiteres Verfahren zur Behandlung von Nebenbedingungen darin besteht, Kontinuitätsforderungen an einzelnen ausgezeichneten Randpunkten zu erfüllen. Im angeführten Beispiel besteht die Diskontinuität der Randverschiebungen nur in einer einzigen Variablen. Wählt man hierzu den Mittelpunkt der Strecke 1–2 (Punkt 7 in Bild 7.8), so kann man

$$u_7^A - u_7^B = 0$$

schreiben. Ausrechnen der entsprechenden Verschiebungen im Punkte 7 der Elemente A und B führt auf eine Nebenbedingung, die ähnlich lautet wie (7.25). Wenn man diese Nebenbedingung mit der Technik der Lagrange-Multiplikatoren in die potentielle Energie „einbaut", ergibt der Lagrange-Parameter die zum fraglichen Knoten gehörende Kraft.

Das verallgemeinerte Variationsverfahren hat sich bei Plattenproblemen als besonders vorteilhaft erwiesen. Wir werden Gelegenheit haben, dies in Kapitel 12 zu erfahren [7.4].

7.5 Das Prinzip vom Minimum der Komplementärenergie

Wenn die Knoten- oder Eck-Kräfte als die Unbekannten in der Flexibilitätsdarstellung einer FE-Analysis betrachtet werden, so ist es wesentlich schwieriger, die zugeordnete Komplementärenergie aufzustellen, als dies für die potentielle Energie beim Steifigkeitsverfahren der Fall war. Das ist so, weil die Transformation der Knotenkräfte der Elemente $\{\mathbf{F}^e\}$ auf die Lasten $\{\mathbf{P}\}$ für statisch unbestimmte Systeme nicht direkt gebildet werden kann. Wenn andererseits die Spannungsfunktionen als Unbekannte gewählt werden, so läuft diese Methode der Steifigkeitsmethode vollkommen parallel. Beide Verfahren werden jetzt beschrieben.

Man betrachte zuerst den Fall, in welchem Kräfte als Unbekannte dienen; Raumkräfte und Vorspannungen wiederum ausschließend, legen wir der Definition der komplementären Verzerrungsenergie U^* die Gleichung (6.68b) zugrunde, so daß für ein FE-Modell mit p Elementen

$$U^* = \sum_{i=1}^{p} U^{i*} = \frac{1}{2} \sum_{i=1}^{p} \lfloor \mathbf{F}^i \rfloor [\mathbf{f}^i] \{\mathbf{F}^i\} \tag{7.27}$$

gilt. In dieser Formel sind $\{\mathbf{F}^i\}$ und $[\mathbf{f}^i]$ der Kraftvektor und die Flexibilitätsmatrix des i-ten Elementes. Andererseits kann (7.27) auch in der Form

$$U^* = \tfrac{1}{2} \lfloor \mathbf{F}^e \rfloor \lceil \mathbf{f}^e \rfloor \{\mathbf{F}^e\} \tag{7.28}$$

geschrieben werden, wobei $\{\mathbf{F}^e\}$ jetzt einen Vektor bezeichnet, der alle Komponenten des Kraftvektors $\{\mathbf{F}^i\}$ und alle Auflagerreaktionen $\{\mathbf{R}^s\}$ enthält, also die Form

$$\lfloor \mathbf{F}^e \rfloor = \lfloor \lfloor \mathbf{F}^1 \rfloor \lfloor \mathbf{F}^2 \rfloor \ldots \lfloor \mathbf{F}^p \rfloor \lfloor \mathbf{R}^s \rfloor \rfloor$$

hat. $\lceil \mathbf{f}^e \rfloor$ ist die unzusammenhängende globale Steifigkeitsmatrix, eine Bandmatrix, bestehend aus diagonalartig angeordneten Submatrizen, von denen jede die Flexibilitätsmatrix eines Elementes darstellt. In dieser Matrix sind alle Steifigkeitsmatrizen $[\mathbf{f}^i]$, $i = 1, \ldots, p$ enthalten; es sind aber auch Nullzeilen und Nullkolonnen eingeschlossen, welche den Auflagerreaktionen entsprechen.

Der nächste logische Schritt wäre jetzt die Berechnung der inneren Kräfte und Reaktionen $\{\mathbf{F}^e\}$ in Abhängigkeit der aufgebrachten Knotenlasten $\{\mathbf{P}\}$. Dieser Schritt kann in einem statisch unbestimmten System nicht direkt ausgeführt werden. Deshalb wird $\{\mathbf{F}^e\}$ als Summe von 2 Kraftsystemen, $\{\mathbf{F}^0\}$ und $\{\mathbf{F}^r\}$, ausgedrückt. $\{\mathbf{F}^0\}$ kann irgend ein System innerer Kräfte sein, das mit $\{\mathbf{P}\}$ im Gleichgewicht ist; dieses Gleichgewichtssystem wird einen Verzerrungszustand erzeugen, der mit dem ursprünglich gegebenen Kraftsystem unverträglich ist, es sei denn, die Wahl entspreche genau der Lösung des Problems. Die Kräfte $\{\mathbf{F}^r\}$ sind ein System von Gleichgewichtskräften, deren Zahl dem Grad der statischen Unbestimmtheit entspricht.

Wie in Abschnitt 3.3 gezeigt wurde, erfolgt die Auswahl der statisch unbestimmten Kräfte und die Bildung der Gleichungen, welche die inneren Kräfte mit den äußeren Lasten und den statisch überzähligen Größen verknüpfen, durch Operationen an den globalen Gleichungen. Das Resultat ist (3.15), oder $\{\mathbf{P}\} = [\mathfrak{B}]\{\mathbf{F}^e\}$. Umgekehrt kann dieses Resultat auch physikalisch begründet werden. Die resultierenden Gleichungen sind auf jeden Fall von der Gestalt

$$\{\mathbf{F}^e\} = [\mathfrak{D}_1 \mid \mathfrak{D}_2] \begin{Bmatrix} \mathbf{P} \\ \hline \mathbf{F}^r \end{Bmatrix}. \tag{3.15d}$$

Im nächsten Schritt wird die Arbeit V^* der Kräfte infolge vorgegebener Verschiebungen bestimmt. Gewisse Auflagerverschiebungen werden verschwinden. Sie bilden daher keinen Anteil an V^*. Wir untersuchen ebenfalls nur den Fall konzentriert aufgebrachter (Knoten-)Lasten P_i. Das ist in der gewöhnlichen Statik statisch unbestimmter Systeme so üblich. Wir betrachten die P_i für einen Augenblick als bekannt, werden nachher aber in der Variation des Funktionals Π_c bezüglich dieser Lasten variieren. Man erhält also

$$V^* = -\lfloor \mathbf{P} \rfloor \{\mathbf{\Delta}\}. \tag{7.29}$$

Einsetzen von (3.15d) in (7.28) ergibt mit $\Pi_c = U^* + V^*$ (vgl. (6.28))

$$\begin{aligned} \Pi_c = {} & \frac{\lfloor \mathbf{P} \rfloor}{2} [\mathfrak{D}_1]^{\mathrm{T}} \lceil \mathbf{f}^e \rfloor [\mathfrak{D}_1] \{\mathbf{P}\} + \lfloor \mathbf{F}^r \rfloor [\mathfrak{D}_2]^{\mathrm{T}} \lceil \mathbf{f}^e \rfloor [\mathfrak{D}_1] \{\mathbf{P}\} \\ & + \frac{\lfloor \mathbf{F}^r \rfloor}{2} [\mathfrak{D}_2]^{\mathrm{T}} \lceil \mathbf{f}^e \rfloor [\mathfrak{D}_2] \{\mathbf{F}^r\} - \lfloor \mathbf{P} \rfloor \{\mathbf{\Delta}\} \end{aligned} \tag{7.30}$$

Um den stationären Wert von Π_c zu erhalten, wird letzteres bezüglich $\{\mathbf{P}\}$ und $\{\mathbf{F}_r\}$ variiert, was

$$\left[\begin{array}{c|c} [\mathfrak{D}_1]^{\mathrm{T}} \lceil \mathbf{f}^e \rfloor [\mathfrak{D}_1] & [\mathfrak{D}_1]^{\mathrm{T}} \lceil \mathbf{f}^e \rfloor [\mathfrak{D}_2] \\ \hline [\mathfrak{D}_2]^{\mathrm{T}} \lceil \mathbf{f}^e \rfloor [\mathfrak{D}_1] & [\mathfrak{D}_2]^{\mathrm{T}} \lceil \mathbf{f}^e \rfloor [\mathfrak{D}_2] \end{array}\right] \left\{\begin{array}{c} \mathbf{P} \\ \hline \mathbf{F}^r \end{array}\right\} = \left\{\begin{array}{c} \mathbf{\Delta} \\ \hline \mathbf{0} \end{array}\right\} \tag{7.31}$$

ergibt. Auflösen des unteren Teils dieser Matrizengleichung nach $\{\mathbf{F}^r\}$ ergibt

$$\{\mathbf{F}^r\} = -[[\mathfrak{D}_2]^{\mathrm{T}} \lceil \mathbf{f}^e \rfloor [\mathfrak{D}_2]]^{-1} [[\mathfrak{D}_2]^{\mathrm{T}} \lceil \mathbf{f}^e \rfloor [\mathfrak{D}_1]] \{\mathbf{P}\} \tag{7.32}$$

und nach Einsetzen in den oberen Teil

$$[\mathfrak{F}]\{\mathbf{P}\} = \{\mathbf{\Delta}\}, \tag{7.33}$$

wobei die globale Flexibilitätsmatrix des zusammengefügten Systems durch

$$[\mathfrak{F}] = [[\mathfrak{D}_1]^{\mathrm{T}} \lceil \mathbf{f}^e \rfloor [\mathfrak{D}_1] - [\mathfrak{D}_1]^{\mathrm{T}} \lceil \mathbf{f}^e \rfloor [\mathfrak{D}_2] [[\mathfrak{D}_2]^{\mathrm{T}} \lceil \mathbf{f}^e \rfloor [\mathfrak{D}_2]]^{-1} [\mathfrak{D}_2]^{\mathrm{T}} \lceil \mathbf{f}^e \rfloor [\mathfrak{D}_1]] \{\mathbf{P}\} \tag{7.33a}$$

gegeben ist. Andererseits wird die Verteilung der inneren Kräfte (und der Auflagerreaktionen, wenn sie in $\{\mathbf{F}^e\}$ eingeschlossen sind) durch Einsetzen von (7.32) in (3.15d) zu

$$\{\mathbf{F}^e\} = [[\mathfrak{D}_1] - [\mathfrak{D}_2] [[\mathfrak{D}_2]^{\mathrm{T}} \lceil \mathbf{f}^e \rfloor [\mathfrak{D}_2]]^{-1} [\mathfrak{D}_2]^{\mathrm{T}} \lceil \mathbf{f}^e \rfloor [\mathfrak{D}_1]] \{\mathbf{P}\} \tag{7.34}$$

erhalten. Die äußeren aufgebrachten Knotenlasten werden jetzt als bekannt betrachtet.

Es ist beachtenswert, daß die hier präsentierte Flexibilitätsanalysis im Vergleich zur Steifigkeitsanalysis eine weit größere Zahl von Matrizenmultiplikationen verlangt. Bedeutender als diese Tatsache ist jedoch die zur Herleitung von (3.15d) aufgewendete Arbeit. In dieser Gleichung wird die Matrix $[\mathfrak{B}]$ benötigt. Zu ihrer Konstruktion wird gemäß Abschnitt 3.3 für jeden Verschiebungsparameter eine Gleichgewichtsgleichung gebildet. Es gibt in $[\mathfrak{B}]$ also genau so viele Zeilen wie Gleichungen in der Steifigkeitsanalysis. Zur Inversion dieser Matrix kann der Gauß-Jordan-Algorithmus verwendet werden; die dazu benötigte Zahl von Operationen entspricht also genau derjenigen, die bei der Inversion der globalen Steifigkeitsmatrix des zusammengefügten Systems $[\mathbf{K}]$ benötigt werden.

Eine Methode, diese Schwierigkeiten zu umgehen, besteht in der Verwendung von Spannungsfunktionen. Diese wurden bereits in Abschnitt 6 als grundlegende Parameter für das Spannungsfeld eingeführt. In Übereinstimmung mit diesem Verfahren lautet die komplementäre Verzerrungsenergie für das i-te Element

$$U^{i*} = \frac{\lfloor \mathbf{\Phi}^i \rfloor}{2} [\mathbf{f}^i] \{\mathbf{\Phi}^i\}, \tag{6.74b}$$

wobei beim ebenen Spannungszustand der Vektor $\{\mathbf{\Phi}^i\}$ Knotenwerte der Airyschen Spannungsfunktion und Ableitungen davon enthält (vgl. (6.75)). Für andere Spannungszustände werden andere Spannungsfunktionen benötigt. Die Flexibilität des Elementes $[\mathbf{f}^i]$ wird in diesem Fall durch (6.72a) definiert.

Falls das Spannungsfeld eines Elementes so angesetzt ist, daß Kontinuität über die Elementränder hinweg garantiert werden kann, wird diese durch Gleichsetzen der Spannungsfunktionsparameter an den Elementknoten erreicht. (Das Spannungsfeld eines Elementes kann auch in Abhängigkeit von Spannungsfunktionsparametern geschrieben werden, welche die Stetigkeitsforderungen an die Randkräfte verletzt. Der Verbund solcher Elemente mit anderen könnte durch Gleichsetzen der Spannungsfunktionsparameter an den gemeinsamen Knotenpunkten geschehen, aber dadurch würde keine akzeptable Darstellung der Komplementärenergie entstehen.) Dieser Vorgang erfolgt in derselben Weise, wie bei der direkten Steifigkeitsmethode (vgl. Abschnitt 3.2). Auf diese Weise ist eine direkte Flexibilitätsmethode aufgestellt. Man kann die resultierende globale, komplementäre Verzerrungsenergie U^* (für p Elemente) also in der Form

$$U^* = \sum_{i=1}^{p} U_i^* = \frac{\lfloor \mathbf{\Phi} \rfloor}{2} [\mathfrak{F}] \{\mathbf{\Phi}\} \tag{7.35}$$

anschreiben, wobei jetzt $[\mathfrak{F}]$ die auf Spannungsfunktionen (und nicht auf Kräfte) bezogene globale Flexibilitätsmatrix ist, und $\{\mathbf{\Phi}\}$ den Vektor bezeichnet, der aus den globalen Parametern der Spannungsfunktion besteht. Umgekehrt könnte U^* auch mit der Methode der kongruenten Transformationen von Abschnitt 3.3 bestimmt werden.

Man muß beim obigen Verfahren der Tatsache Rechnung tragen, daß die komplementäre Verzerrungsenergie U^{i*} auf die Spannungsfunktion bezogen ist, aus der sich das Spannungsfeld $\boldsymbol{\sigma}$ durch Ableiten der Spannungsfunktion $\mathbf{\Phi}$ ergibt (vgl. (6.74) und (4.4)). Die entsprechende Differentiation ist beim ebenen Spannungszustand von zweiter Ordnung. Also ist U^* nur bis auf Terme, welche durch die Differentiation eliminiert werden, bestimmt. Die Situation ist die gleiche wie bei der Darstellung mit Ansatzfunktionen für Verschiebungen, bei der ja Starrkörperbewegungen wegen der für die Verzerrungen $\boldsymbol{\epsilon}$ benötigten Ordnung der Differentiation des Verschiebungsfeldes $\mathbf{\Delta}$ undefiniert blieben.

Um die diesbezüglichen Forderungen zu erfüllen, müssen so viele Parameter der Knotenspannungen eliminiert werden, als zur statisch bestimmten Lagerung nötig sind. Wir haben z.B. bemerkt, daß die Airysche Spannungsfunktion des ebenen Spannungszustandes die zur Transversalverschiebung biegsamer Platten duale Größe ist. Dort mußten drei entsprechend gewählte Variable unterdrückt werden, um die gewünschten Auflagerbedingungen zu erfüllen. Entsprechend müßten bei der komplementären Formulierung drei Spannungsparameter unterdrückt werden.

Es ist nicht nötig, daß eine unterdrückte Variable, sagen wir Φ_j, durch Substitution von $\Phi_j = 0$ direkt im Ausdruck für die Komplementärenergie U^* substituiert wird. Diese Nebenbedingung kann besser mit Hilfe der Methode der Lagrange-Multiplikatoren behandelt werden. Letztere wurde in Abschnitt 7.3 erläutert. Dort wurde anhand der Steifigkeitsmethode gezeigt, daß eine (singuläre) Steifigkeitsmatrix, die ohne spezielle Berücksichtigung von Auflagerbedingungen konstruiert wurde, durch das Beifügen einer mit der Methode der Lagrange-Multiplikatoren konstruierten Nebenbedingung in ein nicht singuläres erweitertes Gleichungssystem transformiert werden kann (vgl. Bild 7.7 und dazugehöriges Beispiel). Im gegenwärtigen Fall ist die entsprechende erweiterte Matrix durch $[\mathfrak{F}]$ gegeben. Die aufgebrachten Lasten werden so behandelt, als entsprächen sie Nebenbedingungen, und wenn das System der äußeren Lasten ein Gleichgewichtssystem ist, dann genügen diese Nebenbedingungen der obigen Bedingung.

Betrachte jetzt den Anteil V^* im Gesamtpotential. Die Knotenwerte der Spannungsfunktion sind keine vorgegebene Größen, und die zugeordneten Deformationsparameter haben zusätzlich keine physikalische Bedeutung von praktischem Interesse. Daher ist es hier wertlos, die Verschiebungsparameter der Knoten als vorgegebene Größe zu betrachten, und es gilt $V^* = 0$. Daraus ergibt sich wegen (6.68) und (7.35)

$$\Pi_c = U^* = \frac{\lfloor \Phi \rfloor}{2}[\mathfrak{F}]\{\Phi\}$$

und die Variation von Π_c gibt das unbestimmte Resultat $[\mathfrak{F}]\{\Phi\} = \mathbf{0}$*. Natürlich sind in diesem Resultat noch keine äußeren Lasten in Rechnung gestellt. Wenn wir dies jetzt mit Hilfe von Nebenbedingungen tun, so geben wir der Lösung erst ihre korrekte Form.

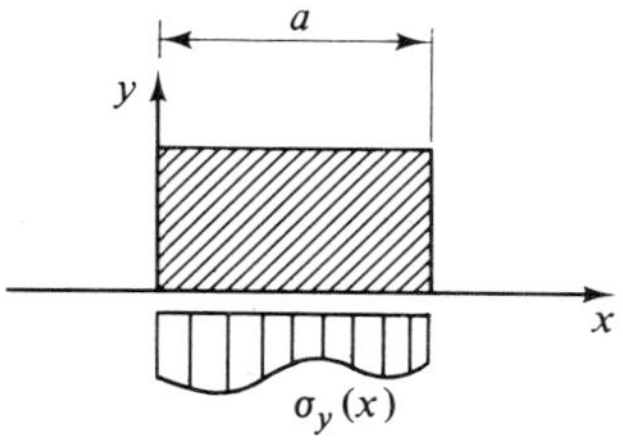

Bild 7.9

Um die Methode zu beschreiben, betrachten wir den Fall des ebenen Spannungszustandes, in welchem ein Element auf einer zur x-Achse parallelen Kante einer verteilten Normalspannung σ_y unterworfen sei (**Bild 7.9**). Aus (4.4) erhält man entlang dieser Kante

$$\frac{\partial^2 \Phi}{\partial x^2} = \sigma_y .$$

* Eine nicht verschwindende rechte Seite tritt natürlich auf, wenn Vorspannungen und Raumkräfte existieren, aber dieser Faktor ändert an der Tatsache nichts, daß Nebenbedingungen formuliert werden müssen, um Oberflächenkräfte in Rechnung zu stellen.

Zweimalige Integration dieses Ausdrucks führt auf Integrationskonstanten, die als Funktionen von Φ und $\partial\Phi/\partial x = \Phi_x$ in den Endpunkten (d.h. Φ_i, Φ_j, Φ_{x_i}, Φ_{x_j}) ausgedrückt werden können. Diese erfüllen die Bedingungen

$$-\Phi_{x_i} + \Phi_{x_j} = \int_0^a \sigma_y \, dx \,, \tag{7.36a}$$

$$-\Phi_i + \Phi_j - \Phi_{x_i} a = \int_0^a \int_0^x \sigma_y \, dx' dx. \tag{7.36b}$$

Da σ_y gegeben und nur eine Funktion von x ist, können die Integrale in (7.36) integriert werden und geben dann zwei Nebenbedingungen. Ein ähnliches Vorgehen für alle anderen Randbedingungen führt auf zusätzliche Nebenbedingungen. Wenn wir die Schreibweise früherer Abschnitte übernehmen, kann der vollständige Satz der Nebenbedingungen als

$$[\mathbf{G}]\{\mathbf{\Phi}\} = \{\mathbf{s}\} \tag{7.37}$$

geschrieben werden. Diese Nebenbedingungen können dann entweder mit der Methode der Lagrange-Multiplikatoren oder aber mit der Methode der Raffung (Abschnitt 3.5.3) in Rechnung gestellt werden. Wenn wir die erste wählen und mit $\{\boldsymbol{\lambda}\}$ den Vektor der Lagrange-Multiplikatoren bezeichnen, dann lautet das erweiterte Funktional der Komplementärenergie

$$\Pi_c^a = \frac{\lfloor \mathbf{\Phi} \rfloor}{2}[\mathfrak{F}]\{\mathbf{\Phi}\} + \lfloor \boldsymbol{\lambda} \rfloor [\mathbf{G}]\{\mathbf{\Phi}\} - \lfloor \boldsymbol{\lambda} \rfloor \{\mathbf{s}\} \tag{7.38}$$

oder, wenn bezüglich $\{\mathbf{\Phi}\}$ und $\{\boldsymbol{\lambda}\}$ variiert wird,

$$\begin{bmatrix} \mathfrak{F} & \mathbf{G}^{\mathrm{T}} \\ \mathbf{G} & \mathbf{0} \end{bmatrix} \begin{Bmatrix} \mathbf{\Phi} \\ \boldsymbol{\lambda} \end{Bmatrix} = \begin{Bmatrix} \mathbf{0} \\ \mathbf{s} \end{Bmatrix}. \tag{7.39}$$

Diese Gleichungen sind jetzt lösbar, allerdings nur, wenn die Bedingungen der statisch bestimmten Lagerung im System enthalten sind. Letztere werden in den Nebenbedingungen (3.37) enthalten sein, wenn diese für ein Gleichgewichtssystem von Auflasten formuliert werden. Da gewöhnlich unbekannte Auflagerreaktionen vorhanden sind, welche dazu führen, daß das sich im Gleichgewicht befindliche System von Oberflächenlasten nicht vollständig bekannt ist, müssen diese Bedingungen im allgemeinen durch direkte Modifikation der globalen Flexibilitätsmatrix in Rechnung gestellt werden.

Detaillierte Information betreffend das Aufstellen von Nebenbedingungen für gegebene Randspannungen ist für verschiedene Spannungszustände der Literatur [7.5] und [7.6] zu entnehmen. Man sollte auch beachten, daß man das Prinzip vom Minimum der Komplementärenergie im globalen Sinne nur dann aufrechterhalten kann, wenn die aufgebrachten Spannungen auf den Elementrändern in derselben Weise verteilt sind, wie die Ansatzfunktionen der Spannungsfelder jener Elemente, die diese Ränder bilden. Andernfalls sind die Nebenbedingungen für die Spannungen (z.B. (7.37)) Annäherungen von Bedingungen, die im Prinzip der Komplementärenergie exakt erfüllt sein sollten.

7.6 Der Charakter der oberen Schranke beim Prinzip vom Minimum der Komplementärenergie

Eine mit dem Prinzip vom Minimum der Komplementärenergie berechnete Lösung garantiert unter gewissen Voraussetzungen, daß die berechneten Werte der Durchbiegungseinflußkoeffizienten obere Schranken für die Werte sind, die bei unendlicher Verfeinerung des Netzwerks erhalten würden.

Man betrachte den Fall, bei dem die vorgegebenen Verschiebungen verschwinden, so daß $V^* = 0$ und $\mathbf{\Pi}_c = U^*$ gilt. Ebenfalls gilt für eine einzige aufgebrachte Last P_i auf ihrer Verschiebung $\mathbf{\Delta}_i$

$$U^* = \frac{P_i \mathbf{\Delta}_i}{2} . \tag{7.40}$$

Vergleicht man die exakten und die angenäherten Werte der komplementären Verzerrungsenergie, so erhält man, da die Komplementärenergie der exakten Lösung minimal ist,

$$U^*_{\text{exakt}} < U^*_{\text{approx.}} \tag{7.41}$$

oder durch Einsetzen von (7.40)

$$P_i(\mathbf{\Delta}_i)_{\text{exakt}} < P_i(\mathbf{\Delta}_i)_{\text{approx.}},$$

woraus man

$$\frac{(\mathbf{\Delta}_i)_{\text{exakt}}}{(P_i)} = (f_{ii})_{\text{exakt}} < (f_{ii})_{\text{approx.}} = \frac{(\mathbf{\Delta}_i)_{\text{approx.}}}{(P_i)} \tag{7.42}$$

erhält.

Sowohl die Lösung der oberen Schranke, welche oben diskutiert wurde, als auch die Lösung der unteren Schranke (Prinzip vom Minimum der potentiellen Energie) können physikalisch interpretiert werden. Die angenäherte Lösung des Prinzips vom Minimum der Komplementärenergie basiert auf einem, mit Unstetigkeiten versehenen Verschiebungsfeld; dieses ist flexibler als dasjenige der exakten Lösung. Die Lösung mit dem Prinzip vom Minimum der potentiellen Energie geht von einem stetigen, approximierten Verschiebungsfeld aus, was im Vergleich zum exakten Verschiebungsfeld zusätzlichen Zwangsbedingungen entspricht; die approximierte Lösung entspricht also einer versteiften Lösung.

Gemischte und hybride Darstellungen haben keine Eigenschaften bezüglich unterer und oberer Schranken. In vielen Fällen ist es vernünftig anzunehmen, daß ihre Lösungen möglicherweise zwischen den beiden erwähnten Schranken liegen. Nimmt man z.B. an, daß in einer auf Spannungen basierenden hybriden Formulierung ein Spannungsfeld angewendet wird, das nicht nur die Gleichgewichtsbedingungen innerhalb des Elementes, sondern auch jene über Elementränder hinweg erfülle, so ergibt das konventionelle Prinzip der Komplementärenergie bei der Verwendung dieses Feldes eine obere Schranke für die Flexibilität. Die Wahl des Verschiebungsfeldes auf dem Rand stellt in der hybriden Formulierung eine partielle Zwängung dar, welche die Flexibilität reduziert, was das Resultat in der Richtung der exakten Lösung verschiebt. Es ist natürlich möglich, daß die Randverschiebungen eine derart starke Zwangsbedingung darstellen, daß das Resultat auf jene Seite der exakten Lösung verschoben wird, welche durch die untere Schranke gekennzeichnet ist.

Die hier dargelegten Ideen sind natürlich nur sinnvoll, wenn Lösungen, welche untere und obere Schranken besitzen, bekannt sind; sie müssen ferner innerhalb der durch diese Felder definierten Grenzen operieren; mit anderen Worten, der Grad der Komplexität der Randverschiebungen in einer Hybrid-Formulierung, die auf angenommenen Spannungen beruht, muß mit demjenigen des angenommenen inneren Spannungsfeldes korrespondieren, da ein höherer Grad an Komplexität sehr wohl unproduktiv sein kann. Eine Untersuchung dieser Fragen kann in [7.7] gefunden werden.

Literatur

7.1 Fox, R. and E. Stanton: Developments in structural analysis by direct energy minimization. AIAA J. 6 (1968) 1036–1042.

7.2 Fried, I.: More on gradient iterative methods in finite element analysis. AIAA J., 7 (1969) 565–567.

7.3 Greene, R. E.; Jones, R. E.; McLay, R. W.; Strome, D. R.: Generalized variational principles in the finite-element method. AIAA J. 7 (1969) 1254–1260.

7.4 Harvey, J.; Kelsey, S.: Triangular plate bending element with enforced compatibility. AIAA J. 9 (1971) 1023–1026.

7.5 Gallagher, R. H.; Dhalla, A. K.: Direct flexibility finite element elastoplastic analysis. Proc. First Conf. on Struct. Mech. in Nuc. React. Tech.. Berlin 1971.

7.6 Morley, L.S.D.: The triangular equilibrium element in the solution of plate bending problems. Aer. Quarterly, 19 (1968) 149–169

7.7 Tong, P.; Pian, H.H.: Bounds to the influence coefficients by the assumed stress method. Int. J. Solids Struct. 6 (1970) 1429–1432.

Aufgaben

7.1 Durch Ausführen der entsprechenden Matrizenprodukte verifiziere man, daß das Raffen von Steifigkeitsgleichungen durch Nullsetzen jener Lasten erreicht werden kann, welche zu den zu entfernenden Verschiebungsparametern gehören (vgl. z.B. die Fußnote in Abschnitt 2.7).

7.2 Berechne die Endverschiebung für den in **Bild A.7.2** dargestellten Kragarm. Hierzu bilde man unter Benützung der exakten Balkenform und der Formfunktion des uniformen Stabes die Steifigkeitsmatrix für den konischen Stab. Man führe die Berechnungen für ein und zwei Elemente durch und verifiziere die Eigenschaft der unteren Schranke.

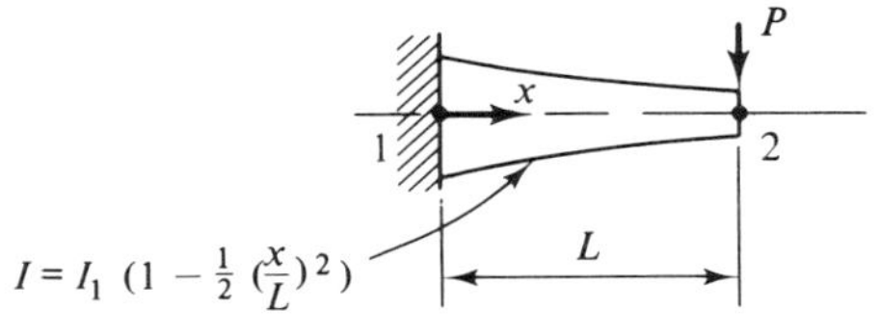

Bild A.7.2

7.3 Leite mit der Methode der Komplementärenergie für den Fall, daß Initialdehnungen berücksichtigt werden, die allgemeinen Matrizengleichungen her.

7.4 Führe für die Aufgabe 3.5 eine auf der Kraftmethode basierende Matrixanalysis durch.

7.5 Löse die in Kapitel 3, Bilder 3.4 und 3.6, illustrierte Aufgabe durch Minimalisierung einer quadratischen Funktion der Knotenverschiebungen (vgl. (7.11) und (7.12)).

7.6 Die 2 Rechteckelemente in **Bild A.7.6** sollen verknüpft werden. Die v-Verschiebungen der entsprechenden Elemente entlang den Knotenlinien sind durch

$$v^A = \left[\frac{(x - x_2)(x - 2x_2)}{2(x_2)^2}\right]v_1 + \left[\frac{x(2x_2 - x)}{(x_2)^2}\right]v_2 + \left[\frac{x\,(x - x_2)}{2(x_2)^2}\right]v_3,$$

$$v^B = \left(\cos\frac{\pi x}{4x_2}\right)v_1 + \left(\sin\frac{\pi x}{4x_2}\right)v_3$$

gegeben. Leite die Zwangsbedingung her, welche die Kontinuität der Verschiebungen im Punkte 2 erzwingt.

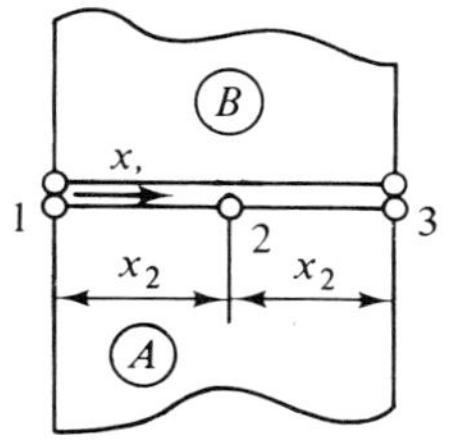

Bild A.7.6

7.7 Bestimme für den in **Bild A.7.7** dargestellten Balken die Steifigkeitsmatrix als Funktion der Parameter w_2, θ_2^A und θ_2^B. Verwende dann die Bedingung der Verdrehungskontinuität am Gelenk und bestimme mit der Methode der Lagrange-Multiplikatoren die zugehörige Transversalverschiebung in Punkt 2. Schließlich löse man das Problem direkt unter Annahme der Kontinuität der Verdrehungen im Punkt 2, bestimme das innere Moment in Punkt 2 und vergleiche den so berechneten Wert mit jenem, der mit Hilfe der Lagrange-Multiplikatoren bestimmt wurde. Beide Stäbe haben die Steifigkeit EI.

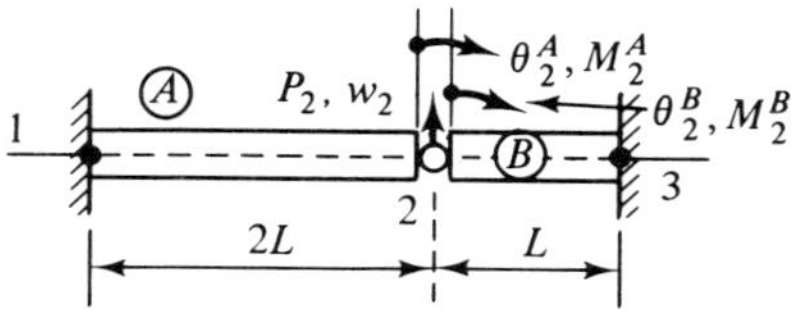

Bild A.7.7

8 Funktionelle Darstellung des Elementverhaltens und der Geometrie

Die Darstellung der Elementformulierungen war in den vorangehenden Abschnitten allgemein genug, um Theorien zu erfassen, welche auf Ansatzfunktionen für die Spannungen, Spannungsfunktionen, Verzerrungen und Verschiebungen basieren. Wir wenden uns nun der Aufgabe zu, solche Felder oder Verhaltensfunktionen in einer geordneten, rationalen Weise auszuwählen; es sind dies Funktionen, die sich für die rechnerischen Prozeduren der finiten Elemente besonders eignen. Die folgende Diskussion macht größtenteils von Ansätzen für das Verschiebungsfeld Gebrauch und spiegelt damit die Bedeutung der Formulierungen wieder, die auf angenommenen Verschiebungen fußen. Es ist jedoch ein wachsendes Interesse und eine steigende Aktivität auf dem Gebiet angenommener Spannungen oder Spannungsfunktionen sowie an den Hybrid-Verfahren zu beobachten. Praktisch alle in diesem Kapitel entwickelten Überlegungen für Verschiebungsfunktionen sind auch für diese andere Funktionsdarstellung relevant.

Dieses Kapitel beginnt mit der Untersuchung von allgemeinen Bedingungen, welchen die Ansatzfunktionen eines typischen Elementverhaltens gehorchen müssen. Es wird die Auswahl solcher durch Polynomreihen ausdrückbaren Funktionen diskutiert. Danach folgt die Beschreibung eines rationalen Verfahrens, das zur Aufstellung von Darstellungen führt, die direkt in Abhängigkeit physikalischer Variabler gegeben sind. Diese Darstellungen benützen bekanntlich die Formfunktionen. Für (zweidimensionale) Dreieckelemente verlangt dieses Vorgehen spezielle Dreieckskoordinaten. Für dreidimensionale Tetraederelemente ist ein entsprechender Behelf in der Form von Tetraeder-Koordinaten verfügbar. Schließlich werden Integrationsmethoden beschrieben, welche sich zur Erzeugung von Funktionen für Vierecke, Kuben und allgemeinere Polyeder eignen.

Es ist oft nützlich, die Geometrie eines Elementes funktionell in derselben Weise darstellen, wie es die Parameter, die das funktionelle Verhalten des Elementes beschreiben, selbst schon sind. Dadurch ist es möglich, Elemente allgemeinerer Form, wie etwa allgemeine Vierecke oder solche mit gekrümmten Rändern, zu definieren. Dieses Konzept, das als isoparametrische Darstellung bekannt ist, wird in diesem Kapitel ebenfalls behandelt.

8.1 Forderungen an die Funktionen, die das Elementverhalten beschreiben

Ein Vorteil in der Anwendung von Variationsprinzipien zur Formulierung von Elementbeziehungen besteht darin, daß mit ihrer Hilfe die Wahl von Ansatzfunktionen oder Feldern, welche das Elementverhalten beschreiben, erleichtert wird. Die Richtlinien, welche aus den Variationsprinzipien und anderen Überlegungen folgen, können wie folgt zusammengefaßt werden.

a) Die Ansatzfunktionen sollten stetig sein; der Grad dieser Stetigkeit hängt dabei von der dem Variationsprinzip zugrundegelegten Formulierung ab: Stetigkeit wird nicht nur im Innern des Elementes verlangt, sondern auch auf dessen Rand, falls das Element mit einem Element desselben Typs oder mit Elementen derselben Formfunktion entlang eines gemeinsamen Randes in Berührung steht.
b) Die Kraft-Verschiebungsgleichungen, welche aus der gewählten Funktion hergeleitet werden können, sollten zu keiner Verzerrungsenergie führen, wenn das Element einer Starrkörperbewegung unterworfen ist.
c) Die Ansatzfunktionen sollten all jene Glieder enthalten, welche einem konstanten Spannungs- und einem konstanten Dehnungszustand entsprechen.

Aus Bedingung a folgt, daß die Ansatzfunktionen so oft differenzierbar sein müssen, wie durch die höchste im Variationsfunktional enthaltene Ableitung angegeben wird. Natürlich darf der Wert einer derart differenzierten Funktion nicht verschwinden, da sie sonst nichts zur Berechnung des Funktionals beiträgt. Ableitungen n-ter Ordnung verlangen also, daß in einer Polynomdarstellung mindestens die Glieder n-ter Ordnung zugegen sein müssen. Es ist nicht schwierig, eine Funktion zu wählen, welche diesen Aspekt der Bedingung a erfüllt.

Man nennt das Erfüllen der Bedingung a über die Elementränder hinweg etwas oberflächlich die Bedingung der Interelementkontinuität. In Abschnitt 6.3 ist folgendes demonstriert: Wenn zur Formulierung der Kraft-Verschiebungsgleichungen eines Elementes ein Variationsprinzip verwendet wird, dann entspricht die Bedingung a der Forderung, daß das im Variationsprinzip verwendete Integral (das Funktional) einen eindeutigen Wert annehmen muß. Insbesondere wird Stetigkeit all jener Ableitungen verlangt, die um eine Ordnung kleiner sind als die im Funktional auftretenden Glieder höchster Ableitung. Die Konstruktion von Ansatzfunktionen, die dieser Bedingung gehorchten, hat einige Probleme aufgeworfen und gehört zu den tiefgreifenden Schwierigkeiten der anfänglichen FE-Analysis. Es gibt für einfache Elemente standardisierte Verfahren zur Erreichung dieses Zieles; diese Verfahren werden später im vorliegenden Kapitel entwickelt werden.

Eine Lösung, welche sich strikte an das Prinzip vom Minimum der potentiellen Energie hält, verlangt zur Konstruktion von Π_p die Wahl eines interelementkompatiblen Verschiebungsfeldes. Funktionen, welche ein Gleichgewichtsspannungsfeld beschreiben, müssen für die Bildung von Π_c auch die Gleichgewichtsbedingungen an den Elementrändern erfüllen, wenn eine gültige Lösung des Prinzips vom Minimum der Komplementärenergie realisiert werden soll. Wie wir gesehen haben (Abschnitt 7.2 und 7.6), haben solche Lösungen den Vorteil, für gewisse Parameter Schranken zu liefern. Für diese Parameter kann mit der Verfeinerung der Netzeinteilung auch monotone Konvergenz bewiesen werden [8.1–8.2].

Wegen dieser Überlegungen richten wir unser Hauptaugenmerk auf die Darstellung von Funktionen, welche die Bedingungen der konventionellen Energieprinzipien erfüllen. Es muß jedoch betont werden, daß auch bei den anderen Prinzipien (Reissner- und Hybrid-Verfahren usw.) von den Funktionen immer ein gewisser Grad an Interelementkontinuität gefordert werden muß, selbst für die auf konventionellen Energieprinzipien basierenden Darstellungen mit interelementinkompatiblen Feldern. Die Kontinuität der physikalischen Verschiebungsparameter ist auf alle Fälle unbedingt erforderlich.

Bedingung b muß ebenfalls erfüllt sein, wenn eine Lösung mit minimaler Energie garantiert werden soll. Es ist in Abschnitt 2.9 gezeigt worden, daß die Zahl der in einem System von Steifigkeitsgleichungen enthaltenen Starrkörperbewegungen durch Berechnung der Eigenwerte der Matrix der Steifigkeitskoeffizienten bestimmt werden kann. Diese Bedingung wird oft durch die Forderung ausgedrückt, daß keine elastischen Dehnungen als Folge einer Starrkörperbewegung auftreten dürfen. Der entsprechende Test ist im Falle einfacher Elemente nicht schwierig. Für das Dreieck im Bild 5.4 z.B. ist die Dehnung ϵ_x durch

$$\epsilon_x = \frac{1}{x_2 y_3}(-y_3 u_1 + y_3 u_2)$$

gegeben (vgl. (5.21 a) und (5.22)). Da für Starrkörperbewegungen $u_1 = u_2$ ist, erkennt man, daß $\epsilon_x = 0$ gilt. Eine entsprechende Bedingung ist auch für ϵ_y und γ_{xy} erfüllt.

Viele Formulierungen verletzen Bedingung b bewußt, nämlich dann, wenn beim Aufstellen der Kraft-Verschiebungsgleichungen die Darstellung der Starrkörperbewegung in den angenommenen Verschiebungsfunktionen extrem komplizierte Ausdrücke und Berechnungen verlangt. Das trifft vor allem für Formulierungen in krummlinigen Koordinaten zu. In solchen Fällen akzeptiert man, um eine Vereinfachung in der Herleitung zu erhalten, die Verletzung der Bedingung, wonach unter Starrkörperbewegungen keine Verzerrungen auftreten sollen. Numerische Resultate [8.3, 8.4] haben unter gewissen Aspekten gezeigt, daß Nichterfüllen dieser Bedingung zwar die Konvergenz verlangsamt, nicht aber das Annähern an die exakte Lösung verhindert.

Etwas schwerwiegendere Konsequenzen folgen bei Nichtbeachten der Bedingung c. Der Ausschluß des Gliedes, welches den konstanten Spannungszustand repräsentiert, kann dazu führen, daß die numerischen Lösungen zu einem falschen Grenzwert konvergieren; in einigen Fällen ist dieser Fehler bedeutend. Früher schien es wünschenswert, Verschiebungsfelder für Elemente zu konstruieren, in welchen ein spezieller konstanter Verzerrungszustand ausgeschlossen war; in anderen Fällen war ein solcher Zustand unbemerkt ausgeschlossen geblieben. Dann tritt Konvergenz zu einer falschen Lösung auf, weil bei einer Netzverfeinerung, bei der der Verzerrungszustand innerhalb eines Elementes einen konstanten Wert erreichen sollte, dieser nicht erreicht werden kann, da er ja in der Elementformulierung fehlt. Ein Beispiel solcher fehlerhafter Formulierungen wird in Abschnitt 12.2 gegeben.

Wir werden in den folgenden Abschnitten zwei bedeutende, miteinander in Zusammenhang stehende Klassen des Funktionsverhaltens studieren. Es sind dies die Polynome und die Formfunktionen. Die oben formulierten Forderungen werden dabei für beide Klassen untersucht werden.

8.2 Die Polynomreihen

Die einfachste analytische Beschreibung des Elementverhaltens ist diejenige der Polynomreihen, deren Koeffizienten a_i die verallgemeinerten Parameter genannt werden. Selbst wenn die Beschreibung eines Feldes in einem Element in Abhängigkeit von Formfunktionen erfolgt, können diese Formfunktionen oft als einfache Transformationen von Polynomfeldern identifiziert werden.

Zur Einführung der Polynomreihen betrachten wir der Einfachheit halber den zweidimensionalen Fall und nehmen an, daß das Feld $\mathbf{\Delta}$ durch die einzige Größe Δ beschrieben werde. Solche Polynomreihen stellen wir entweder in der Form

$$\Delta = \sum_{i=1}^{n} x^j y^k a_i$$

oder

$$\Delta = \lfloor \mathbf{p}(m) \rfloor \{\mathbf{a}\} \tag{8.1}$$

dar, wobei n die Gesamtzahl der Glieder der Reihe und die Superskripts j und k ganzzahlige Exponenten sind, deren Werte wie folgt mit den Werten der Indices verknüpft sind:

$$i = \tfrac{1}{2}(j + k)(j + k + 1) + k + 1\,. \tag{8.2}$$

Weiter bedeutet n den Grad des Polynoms, stellt also die höchste Potenz aller Variablen dar (d.h. den größten Wert der Summe der Exponenten j und k, welche in einem Glied auftreten). Das Polynom heißt bis zu einem bestimmten Grade vollständig, wenn in ihm alle Potenzen dieses und niedereren Grades auftreten. Die Zeilenmatrix $\lfloor \mathbf{p}(m) \rfloor$ bezeichnet im speziellen für ein bis zum Grade m vollständiges Polynom den Vektor der kartesischen Koordination. Die Zahl der in einem vollständigen Polynom auftretenden Glieder ist durch den Ausdruck

$$n = \tfrac{1}{2}(m + 1)(m + 2) \tag{8.3}$$

gegeben. Als Beispiel sei das lineare Polynom

$$\Delta = a_1 + a_2 x + a_3 y = \lfloor \mathbf{p}(1) \rfloor \{\mathbf{a}\}$$

betrachtet. Hier ist $n = 3$, was auch aus (8.3) folgt. Für das zweite Glied gilt $j = 1$ und $k = 0$ und (8.2) bestätigt, daß $i = 2$ gilt.

Beim Studium vieler Aspekte von Polynomreihen erweist es sich als nützlich, zur Aufstellung der Glieder der Reihe das sogenannte Pascalsche Dreieck zu verwenden, welches durch

a_1	konstant, 1 Glied,
$a_2x \quad a_3y$	linear, 2 Glieder,
$a_4x^2 \quad a_5xy \quad a_6y^2$	quadratisch, 3 Glieder,
$a_7x^3 \quad a_8x^2y \quad a_9xy^2 \quad a_{10}y^3$	kubisch, 4 Glieder,
$a_{11}x^4 \quad a_{12}x^3y \quad a_{13}x^2y^2 \quad a_{14}xy^3 \quad a_{15}y^4$	4. Ordnung, 5 Glieder,

gegeben ist und auf ein bivariables Polynom jeden Grades angewendet werden kann. Das Pascalsche Dreieck macht in einfacher Weise klar, welche Glieder in einem vollständigen Polynom gegebener Ordnung vertreten sein müssen.

Die Zahl der verallgemeinerten Parameter einer Polynomdarstellung wird normalerweise gleich der Zahl der Knotenverschiebungen des Elementes gewählt. Obwohl dieser einfache Fall bereits in den Kapiteln 5 und 6 behandelt wurde, wollen wir ihn im folgenden zuerst untersuchen, erstens der Vollständigkeit halber und zweitens, um Besonderheiten, welche vorher nicht diskutiert wurden, zu identifizieren.

Die verallgemeinerten Parameter werden als Funktionen der Knotenverschiebungen dargestellt, indem die Polynomreihen in den Koordinaten eines jeden Knotens berechnet werden. Dies führt zu so vielen Gleichungen wie Knotenverschiebungen vorhanden sind. Mit einer Darstellung der Form (8.1) ergibt dies

$$\{\mathbf{\Delta}\} = [\mathbf{B}]\{\mathbf{a}\}\,. \tag{5.3a}$$

Die Koeffizienten von [**B**] sind Konstanten, entweder reine Zahlen oder aber Funktionen der Dimensionen des gegebenen Elementes. Die verallgemeinerten Verschiebungen können mittels der invertierten Beziehung

$$\{\mathbf{a}\} = [\mathbf{B}]^{-1}\{\mathbf{\Delta}\} \tag{5.4a}$$

als Funktionen der Knotenverschiebungen gegeben werden, so daß aus (8.1)

$$\Delta = \lfloor \mathbf{p}(m) \rfloor [\mathbf{B}]^{-1}\{\mathbf{\Delta}\} = \lfloor \mathbf{N} \rfloor \{\mathbf{\Delta}\} \tag{8.2a}$$

folgt, oder für den allgemeineren Fall eines vektoriellen Feldes

$$\mathbf{\Delta} = [\mathbf{p}(m)][\mathbf{B}]^{-1}\{\mathbf{\Delta}\} = [\mathbf{N}]\{\mathbf{\Delta}\}\,, \tag{5.5a}$$

wobei jetzt Rechtecksmatrizen mit soviel Zeilen wie Komponenten im Feldvektor $\mathbf{\Delta}$ enthalten sind, die die Zeilenmatrix in (8.2a) ersetzen. In gewissen Fällen kann der Ansatz (5.3a) unter Umständen zu einer singulären Matrix [**B**] führen. Dies trifft dann zu, wenn die Geometrie des Elementes zu einer Abhängigkeit eines Verschiebungsparameters von einem anderen führt oder eine Kombination von Polynomgliedern zu einer Formfunktion führt, die an allen Knotenpunkten den Wert Null annimmt. Eine solche „Nullfunktion" bewirkt eine Reduktion des Ranges der Matrix [**B**].

Die Frage, bei welchem Glied eine Polynomreihe abgebrochen werden sollte, d.h. wie viele Glieder in {**a**} vertreten sein sollten, verdient besondere Beachtung. Dazu müssen zuerst einmal die in Abschnitt 8.1 diskutierten Forderungen untersucht werden. Jene betreffend Starrkörperbewegung und konstante Dehnung stellen für die ein-, zwei- und dreidimensionalen Elemente, die in diesem Buch besprochen werden, keine Schwierigkeiten dar. Denn sowohl die Starrkörperbewegung, wie die konstante Dehnung, lassen sich durch die Wahl von Reihen, welche die konstanten und linearen Glieder enthalten, leicht berücksichtigen. Die Bedingung der Interelementstetigkeit kann aber nicht so leicht erfüllt werden. Man erkennt dies, wenn man beachtet, daß Interelementkontinuität einer Funktion beim Verbund eines Elementes mit einem anderen auf dem gemeinsamen Randstück nur erhalten wird, wenn diese Funktion auf dem erwähnten gemeinsamen Randstück eindeutig durch Variable beschreibbar ist, welche zu Knoten gehören, die selbst auf diesem Rande liegen. Wenn z.B. ein kubisches Polynom zur Beschreibung eines Verschiebungsfeldes eines Elementes gewählt wird, dann müssen zur eindeutigen Charakterisierung dieser Funktion an jener Kante vier Freiheitsgrade verfügbar sein.

Wenn man die obigen Überlegungen mit der Idee der geometrischen Isotropie verknüpft, kann entschieden werden, wie viele Glieder in einer Polynomreihe, die zur Darstellung einer das Verhalten eines Elementes beschreibenden Funktion dient, gewählt werden müssen. Geometrische Isotropie verlangt, daß bei jeder Koordinatentransformation zwischen kartesischen Achsen alle Glieder eines gegebenen Grades eines Polynoms erhalten bleiben, [8.5].

Wegen (8.3) ist die Summe der in einem vollständigen zweidimensionalen Polynom m-ten Grades vorhandenen Glieder gleich $\frac{1}{2}(m+1)(m+2)$. Betrachte ein $\mathfrak{N}$-seitiges ebenes polygonales Element; der Parameter Δ sei durch eine Polynomreihe derart definiert, daß seine Werte an speziellen Randpunkten des Elementes gegeben seien. Wenn dieses Polynom auf jedem Randsegment eindeutig definiert sein soll, muß es auf jedem dieser Randsegmente durch $(m+1)$ Punkte gegeben sein. Es sind also gesamthaft $\mathfrak{N}(m+1) - \mathfrak{N} = \mathfrak{N}m$ solcher Randpunkte nötig (hierbei sind die $\mathfrak{N}$ Eckpunkte, welche zu zwei Seiten gehören, in Rechnung gestellt). Wenn man die Zahl der verfügbaren Koeffizienten (durch (8.3) gegeben) dieser Zahl gleichsetzt, erhält man

$$\tfrac{1}{2}(m+1)(m+2) = \mathfrak{N}m\,, \tag{8.4}$$

eine Bedingung, welche nur durch $\mathfrak{N} = 3$ und $m = 1$ oder $m = 2$ erfüllbar ist. Diese Elemente sind das einfache und das 6-knotige Dreieck in **Bild 8.1**.

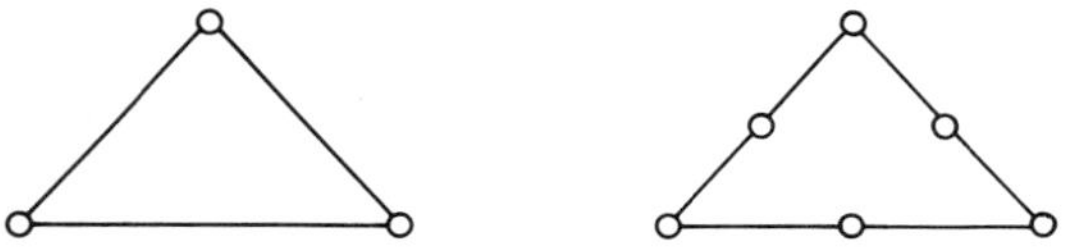

(a) Einfaches (3-knotiges) Element (b) 6-knotiges Element

Bild 8.1

Es ist auch möglich, andere Dreieckelemente zu konstruieren, welche die obigen Bedingungen erfüllen; aber dann muß man die Bedingung, daß alle Knoten auf dem Rande liegen, fallen lassen. Darauf wird in Abschnitt 8.5 eingegangen. Man könnte auch Ableitungen der Funktionen als Knotenvariable zulassen. Rechteckelemente können die Bedingungen eines „vollständigen" Polynoms, wie es oben definiert ist, nicht erfüllen, selbst dann nicht, wenn die Bedingung, daß nur Eckpunkte als Knoten für Variable auftreten, fallen gelassen wird, und wenn auch Variable, welche die Ableitungen der betrachteten Funktion darstellen, eingeführt werden. Diese Tatsache wird in Abschnitt 8.4 näher beleuchtet.

Der obige Test kann auf dreidimensionale Elemente und auch auf Plattenelemente angewendet werden.

Zwei Punkte sollten bezüglich des obigen Kriteriums beachtet werden. Erstens sollte man die formale Definition der Vollständigkeit einer Reihe dahin erweitern, daß, falls eine Funktion Δ durch eine Reihe $\sum a_i \Delta_i$ auf dem Gebiet ihrer Gültigkeit dargestellt wird, diese die Bedingung

$$\Delta - \sum_{i \to \infty} a_i \Delta_i \longrightarrow 0 \tag{8.5}$$

erfüllt. Dies ist für Polynomreihen der Fall. Zweitens betonen wir nochmals, daß Elemente definiert und für diese Polynomreihen konstruiert werden können, welche interelementinkompatibel sind. Die resultierende Formulierung kann ohne weiteres befriedigend sein. Die Garantie einer oberen oder unteren Schranke geht dabei allerdings verloren.

Polynomausdrücke, welche als Funktionen von verallgemeinerten Verschiebungen geschrieben sind, können direkt zur Konstruktion einer auf solche verallgemeinerten Verschiebungen bezogenen Steifigkeitsmatrix benutzt werden. Dies wurde in den Kapiteln 5 und 6 bei der Konstruktion von Element-Matrizen bereits getan und ist in Kapitel 7 in Verbindung mit den verallgemeinerten Variationsprinzipien wiederholt worden. Solche Steifigkeitsmatrizen heißen Kernsteifigkeitsmatrizen und können durch Transformation in andere auf physikalische Variable bezogene Matrizen umgewandelt werden. Als Beispiel betrachte man den 4-knotigen Zug-Druckstab von **Bild 8.2**, für den wir für das Verschiebungsfeld das kubische Polynom

$$u = \lfloor x^3 \; x^2 \; x \; 1 \rfloor \begin{Bmatrix} a_1 \\ a_2 \\ a_3 \\ a_4 \end{Bmatrix} = \lfloor \mathbf{p}(3) \rfloor \{\mathbf{a}\}$$

verwenden wollen. Die Formel für die Kernsteifigkeitsmatrix ist in (6.18) gegeben und lautet

$$[\mathbf{k}^a] = \left[\int_{\text{vol}} [\mathbf{C}]^{\mathrm{T}} [\mathbf{E}] [\mathbf{C}] d(\text{vol}) \right]. \tag{6.18}$$

Setzt man im vorliegenden Fall $d(\text{vol}) = A\,dx$, $[\mathbf{E}] = E$ und beachtet, daß die Transformationsmatrix $[\mathbf{C}]$, welche die Verzerrungen mit den Verschiebungen verknüpft, durch die Zeilenmatrix

$$\lfloor \mathbf{p}' \rfloor = \frac{d}{dx} \lfloor \mathbf{p}(3) \rfloor$$

gegeben ist, so erhält man

$$[\mathbf{k}^a] = \left[AE \int_0^{3L} \{\mathbf{p}'\} \lfloor \mathbf{p}' \rfloor \, dx \right].$$

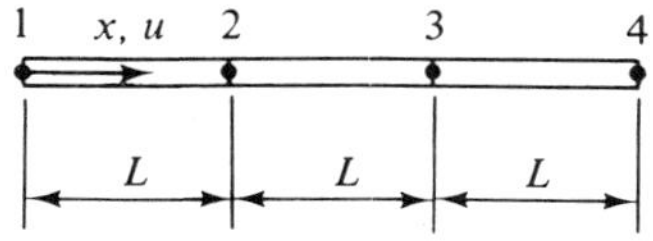

Bild 8.2

Wenn man die auf die physikalischen Parameter u_1, u_2, u_3 und u_4 bezogene Elementsteifigkeitsmatrix sucht, so benötigt man dazu die Transformation (5.3a), welche die verallgemeinerten Verschiebungen mit den Knotenverschiebungen verknüpft. Im vorliegenden Fall hat sie die Form

$$\begin{Bmatrix} u_1 \\ u_2 \\ u_3 \\ u_4 \end{Bmatrix} = \begin{bmatrix} 0 & 0 & 0 & 1 \\ L^3 & L^2 & L & 1 \\ (2L)^3 & (2L)^2 & 2L & 1 \\ (3L)^3 & (3L)^2 & 3L & 1 \end{bmatrix} \begin{Bmatrix} a_1 \\ a_2 \\ a_3 \\ a_4 \end{Bmatrix}.$$

Inversion der Matrix rechterhand gibt ein System, welches $a_1, \ldots, a_4$ als Funktionen der $u_1, \ldots, u_4$ gibt. Diese Transformation wird dann in der üblichen Art auf die Matrix der Kernsteifigkeit angewendet.

Umgekehrt mag es wünschenswert sein, die Steifigkeitsmatrix auf die Endverschiebungen (u_1, u_4) und deren Ableitungen $(du_1/dx, du_4/dx)$ zu beziehen. Die Steifigkeitsmatrix stimmt in diesem Falle genau mit jener überein, welche in Abschnitt 5 für die Balkenbiegung konstruiert wurde (mit Ausnahme der Vorzeichen für die Gleichungen der Ableitungen). Wir werden die entsprechenden Berechnungen hier nicht mehr wiederholen.

8.3 Direkte Bestimmung der Formfunktionen mittels Interpolation

Obwohl die polynomale Darstellung für ein angenommenes Verschiebungsfeld zur Beurteilung der Vollständigkeit einer Ansatzfunktion wie auch zur Abklärung, ob diese gewisse Bedingungen erfülle, recht nützlich, ja manchmal für ein spezielles Vorgehen der FEM unumgänglich ist, scheint es doch meistens vorteilhaft zu sein, angenommene Felder direkt in Abhängigkeit der Knotenvariablen, d.h. mittels Formfunktionen, auszudrücken. Dies kann durch den Gebrauch von Interpolationsverfahren erfolgen. In diesem Abschnitt demonstrieren wir das Verfahren anhand von Formfunktionen einer einzigen Variablen.

8.3.1 Lagrange-Interpolation

Die Lagrange-Interpolation erlaubt die Bestimmung der Koeffizienten einer Polynomreihe für eine Funktion, deren Werte auf vorgegebenen Punkten einer Linie gegeben sind **(Bild 8.3)**.

Betrachte die in Bild 8.3a durch die $(m + 1)$ Punkte $1, 2, \ldots, m + 1$ in gleich lange Segmente aufgeteilte Strecke. Die Positionen der Punkte werden durch die physikalischen Koordinaten $x_1, x_2, \ldots, x_{m+1}$ beschrieben. Es sei auf der Strecke a eine Funktion Δ definiert, die in diesen Punkten die Werte $\Delta_1, \Delta_2, \ldots, \Delta_{m+1}$ annehme. Eine Approximation dieser Funktion findet man, wenn durch diese Punkte ein Polynom vom Grade m gelegt wird. Das Resultat hat die Gestalt

$$\Delta = \sum_{i=1}^{m+1} N_i \Delta_i = \lfloor \mathbf{N} \rfloor \{\Delta\}.$$

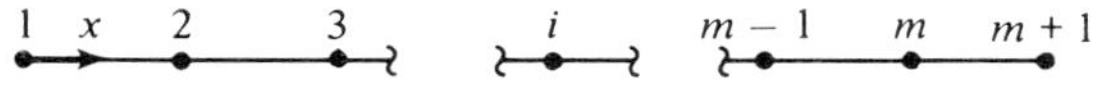

(a) Aufteilung in Intervalle zur Einführung physikalischer Koordinaten

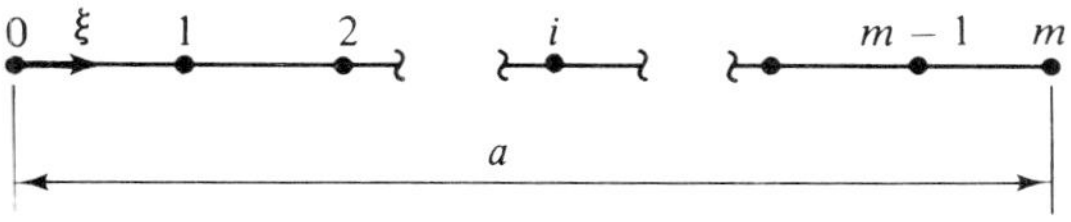

(b) Aufteilung in Intervalle zur Einführung der natürlichen Koordinaten

Bild 8.3

Die Koeffizienten N_i sind Formfunktionen, weil sie die Eigenschaft haben, daß $N_i = 1$, wenn $x = x_i$ und $N_i = 0$, wenn $x_i = x_j (j \neq i)$. Wir haben die Berechnung der N_i bereits in Abschnitt 5.1 und auch anderswo durchgeführt. Dabei sind wir vom Ansatz $\{\mathbf{\Delta}\} = [\mathbf{B}]\{\mathbf{a}\}$ ausgegangen, der nach den verallgemeinerten Verschiebungen $\{\mathbf{a}\}$ aufgelöst wurde. Glücklicherweise existiert im eindimensionalen Fall eine Formel, welche auf Lagrange zurückgeht. Sie lautet

$$N_i = \frac{\prod\limits_{\substack{j=1 \\ j\neq i}}^{m+1} (x - x_j)}{\prod\limits_{\substack{j=1 \\ j\neq i}}^{m+1} (x_i - x_j)}, \tag{8.6}$$

wobei das Symbol Π das Produkt des angedeuteten Binoms $[(x - x_j)$ oder $(x_i - x_j)]$ angibt und dieses Produkt über den Bereich des Index j zu nehmen ist.

Ausgeschrieben ergibt dies die folgenden typischen Ausdrücke:

$$N_1 = \frac{(x - x_2)(x - x_3) \cdots (x - x_{m+1})}{(x_1 - x_2)(x_1 - x_3) \cdots (x_1 - x_{m+1})},$$

$$N_2 = \frac{(x - x_1)(x - x_3) \cdots (x - x_{m+1})}{(x_2 - x_1)(x_2 - x_3) \cdots (x_2 - x_{m+1})},$$

$$N_{m+1} = \frac{(x - x_1)(x - x_2) \cdots (x - x_m)}{(x_{m+1} - x_1)(x_{m+1} - x_2) \cdots (x_{m+1} - x_m)}.$$

Als Beispiel betrachte man den einfachen Zug-Druckstab mit zwei Knoten, für welchen $n = 1$ gilt. In diesem Fall ist $x_1 = 0$, also gilt

$$\Delta = \frac{(x - x_2)}{-x_2}\Delta_1 + \frac{x}{x_2}\Delta_2 = \left(1 - \frac{x}{x_2}\right)\Delta_1 + \frac{x}{x_2}\Delta_2,$$

was mit dem bekannten Ausdruck für die lineare Ansatzfunktion dieses Elementtypes übereinstimmt.

(a) Bezeichnung der physikalischen Koordinaten

(b) Bezeichnung der natürlichen Koordinaten

Bild 8.4

Für drei auf einer Linie angeordnete Punkte **(Bild 8.4)** gilt $m = 2$. Mit $x_1 = 0$ und gleicher Aufteilung folgt $x_3 = 2x_2$ und

$$\Delta = \frac{(x - x_2)(x - 2x_2)}{2x_2^2}\Delta_1 + x\frac{(2x_2 - x)}{x_2^2}\Delta_2 + \frac{x(x - x_2)}{2x_2^2}\Delta_3 \,.$$

Eine andere Möglichkeit, Punkte auf einer Geraden darzustellen, besteht in der Anwendung von natürlichen Koordinaten (Bild 8.4b). Diese stellen eine Abbildung der physikalischen Koordinaten (Bild 8.4a) in ein System dimensionsloser Variabler dar. Die natürlichen Koordinaten nehmen in den Knotenpunkten den Wert Eins bzw. den Wert Null an. Sie sind für die Definition der Formfunktionen also besonders geeignet.

Um die natürlichen Koordinaten im eindimensionalen Fall zu beschreiben, betrachte man die in **Bild 8.5** abgebildete Strecke der Länge x_2. Die Distanzen des Punktes i zu den Punkten 1 und 2, welche mit L_1 und L_2 bezeichnet seien, werden dimensionslos gemacht, indem man

$$L_1 + L_2 = 1 \tag{8.7}$$

setzt. In Übereinstimmung mit der obigen Definition erkennt man also, daß im Punkt 1 $L_1 = 1$ und $L_2 = 0$, im Punkt 2 aber $L_1 = 0$ und $L_2 = 1$ ist.

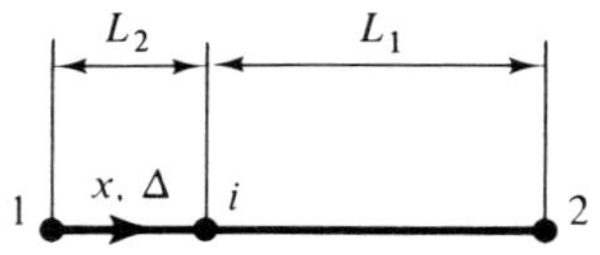

Bild 8.5

Man muß, um die natürlichen Koordinaten in Abhängigkeit der physikalischen Koordinaten anschreiben zu können, neben (8.7) eine weitere Beziehung kennen. Diese bietet sich in der Form

$$x = L_1 x_1 + L_2 x_2 \tag{8.8}$$

an, so daß sich (8.7) und (8.8) zu

$$\begin{Bmatrix} 1 \\ x \end{Bmatrix} = \begin{bmatrix} 1 & 1 \\ x_1 & x_2 \end{bmatrix} \begin{Bmatrix} L_1 \\ L_2 \end{Bmatrix} \tag{8.9}$$

zusammenfassen lassen. Durch Inversion erhält man hieraus L_1 und L_2 als Funktionen der physikalischen Koordinaten x_1 und x_2, nämlich

$$\begin{Bmatrix} L_1 \\ L_2 \end{Bmatrix} = \frac{1}{(x_2 - x_1)} \begin{bmatrix} x_2 & -1 \\ -x_1 & 1 \end{bmatrix} \begin{Bmatrix} 1 \\ x \end{Bmatrix}. \tag{8.10}$$

Wir betonen hier, daß die Bezeichnung für die Endpunkte mit 1 und 2 lediglich zu dem Zweck erfolgte, natürliche, auf die gesamte Länge eines Segmentes bezogene, Koordinaten zu definieren. Wenn man die Gesamtstrecke in eine Anzahl von Teilstrecken aufteilt, dann werden die Endpunkte und jene im Innern unterschiedlich zu bezeichnen sein.

Die natürlichen Koordinaten ermöglichen es, eine speziell einfache Darstellung der Formfunktionen von Strecken zu geben, die in eine beliebige Anzahl gleich großer Segmente unterteilt sind. Zum Zweck dieser Herleitung ist es bequem, die Knotennumerierung auf jene von Bild 8.3b zu transformieren. Der Punkt am linken Ende sei mit Null bezeichnet, jener am rechten Ende mit m. Die Formfunktion stellt ein Polynom m-ten Grades durch diese Punkte dar.

Man bezeichne dann einen typischen Zwischenpunkt der fraglichen Strecke mit i und schreibe die folgende auf natürliche Koordinaten bezogene Funktion an:

$$N_i(L_1) = \begin{cases} \prod_{j=1}^{i} \left(\dfrac{mL_1 - j + 1}{j} \right) & \text{für } i = 1, \\ 1, & \text{für } i = 0. \end{cases} \tag{8.11}$$

Sie stellt ein Polynom vom Grade i (oder kleiner) dar, das in den Punkten $1, 2, \ldots, i-1$ verschwindet und im Punkte i den Wert 1 annimmt. Eine analoge Formel kann auch für $N_i(L_2)$ angeschrieben werden, wobei die Knotennumerierung jetzt von rechts nach links verläuft. Die rechts- und linkslaufenden Numerierungen können zu einer zweiziffrigen Knotencharakterisierung zusammengefaßt werden (vgl. Bild 8.4b). Danach läuft die erste Ziffer von rechts nach links, die zweite aber von links nach rechts.

Um die Formfunktionen in Abhängigkeit der Ausdrücke (8.11) anschreiben zu können, beachte man, daß jeder Punkt durch seinen Abstand vom linken und rechten Endpunkt der Gesamtstrecke festgelegt werden kann. Zur Charakterisierung dieser Strecke benützen wir die Indices p und q, wobei p die Zahl der Punkte vom fraglichen Knotenpunkt zum rechten Ende und q die Zahl der Punkte bis zum linken Ende bezeichnen.* In Bild 8.4b z.B. sind diese drei Punkte durch die Ziffern 20, 11 und 02 gegeben, und entsprechend sollen auch die Formfunktionen N_{20}, N_{11} und N_{02} bezeichnet werden. Wir wählen die letzteren jetzt gemäß

$$N_{pq} = N_p(L_1) N_q(L_2). \tag{8.12}$$

Hier sind $N_p(L_1)$ und $N_q(L_2)$ durch (8.11) gegeben, wobei der Index entsprechend durch p und q zu ersetzen ist. Man erkennt, daß N_{pq} im Punkte p_q den Wert 1 annimmt,

* Dabei wird der Punkt i bei der Bildung von p bzw. q mitgezählt.

in allen anderen äquidistanten Punkten aber verschwindet. Das sind genau die Eigenschaften, die man von Formfunktionen fordert.

Für das oben abgebildete Element gilt z.B. (mit $m = 2$) $N_2(L_1) = L_1(2L_1 - 1)$, $N_2(L_2) = L_2(2L_2 - 1)$, $N_1(L_1) = 2L_1$, $N_1(L_2) = 2L_2$, $N_0(L_1) = N_0(L_2) = 1$. Die Ansatzfunktion für die Verschiebung ist, in natürlichen Koordinaten angeschrieben, daher (wir bezeichnen die Knotenverschiebungen mit denselben Indices, wie die Formfunktionen)

$$\begin{aligned}\boldsymbol{\Delta} &= N_{20}\boldsymbol{\Delta}_{20} + N_{11}\boldsymbol{\Delta}_{11} + N_{02}\boldsymbol{\Delta}_{02}\\ &= L_1(2L_1 - 1)\boldsymbol{\Delta}_{20} + 4L_1L_2\boldsymbol{\Delta}_{11} + L_2(2L_2 - 1)\boldsymbol{\Delta}_{02}.\end{aligned}$$

Was die Definition von L_1 und L_2 betrifft, muß x_2 in (8.10) jetzt durch x_{02}, x_1 aber durch x_{20} ersetzt werden. Mit dieser Wahl entspricht das obige Resultat der schon früher hergeleiteten, in physikalischen Koordinaten gegebenen Ansatzfunktion. Der entsprechende Beweis macht von einer weiteren Transformation Gebrauch, einer Transformation, welche die Koordinaten von Bild 8.4b mit jenen von Bild 8.4a verknüpft. Der obige Ausdruck ist dann mit demjenigen, welcher für diesen Fall bereits vorher gegeben wurde, identisch, mit dem einzigen Unterschied, daß der Index von x um die Zahl 1 kleiner ist (x_1 des gegenwärtigen Falles entspricht dem x_2 des früheren).

Benützt man in der Formel für die Steifigkeitsmatrix die Formfunktionen in Abhängigkeit von L_1 und L_2 (vgl. Abschnitt 6.2), so treten Integralausdrücke der Form

$$\int_0^a L^b L^c \, dx$$

auf, wobei a die Gesamtlänge des Elementes bezeichnet. Ein Vorteil der dimensionslosen Koordinaten L_1 und L_2 ist, daß ein expliziter algebraischer Ausdruck für dieses Integral geschrieben werden kann [8.6]. Um dies zu beweisen, sei vorerst bemerkt, daß $L_2 = 1 - L_1$ und $dx = a\,d\xi$. Daher gilt

$$\int_0^a L^b L^c \, dx = \int_0^1 L_1^b (1 - L_1)^c a \, d\xi \, .$$

Das transformierte Integral ist von der Gestalt (siehe [8.7])

$$a \int_0^1 L_1^b (1 - L_1)^c \, d\xi = a \frac{\Gamma(b+1)\Gamma(c+1)}{\Gamma(b+c+2)} \, ,$$

wobei $\Gamma(b+1)$, $\Gamma(c+1)$, $\Gamma(b+c+2)$ Gammafunktionen sind, für welche $\Gamma(b+1) = b!$ gilt; entsprechendes gilt auch für $\Gamma(c+1)$ und $\Gamma(b+c+2)$. Daher hat man

$$\int^a L^b L^c \, dx = \frac{a!b!c!}{(b+c+1)!} \, . \tag{8.13}$$

Man sollte beachten, daß $0! = 1$.

Wir werden in diesem Text keine Gelegenheit haben, die natürlichen Koordinaten für den Fall einer einzigen Koordinate anzuwenden. Die Methode legt hingegen das Fundament für deren Entwicklung in zwei und drei Dimensionen, wo sie sich als sehr wertvoll erweisen wird.

8.3.2 Hermite-Interpolation

Bei Biegeproblemen müssen nicht nur die Funktionswerte, sondern auch deren Ableitungen über Elementränder hinaus stetig sein. In anderen Fällen, bei denen die Darstellung der Ableitungen nicht entscheidend ist, mag es wünschenswert sein, die ersten oder selbst höhere Ableitungen einer Knotenvariablen einzuführen. Dieses Ziel kann mit der Interpolation Hermitescher Polynome erreicht werden, eine Interpolationsmethode, welche wir jetzt beschreiben wollen.

Wir untersuchen ein normiertes Intervall mit Endpunkten 1 und 2 und der Längskoordinate $\xi = x/L$ (vgl. Bild 8.6). Wir wollen eine Funktion Δ konstruieren, welche in den Punkten 1 und 2 bestimmte Werte annimmt; zusätzlich sollen aber auch die Ableitungen bis zur Ordnung $(m - 1)$ in diesen Punkten bestimmte Werte annehmen. Diese Funktion kann mit den Formfaktoren N_i als

$$\begin{aligned}\Delta = {} & N_1\Delta_1 + N_2\Delta_1' + \cdots + N_m\Delta_1^{m-1} \\ & + N_{m+1}\Delta_2 + N_{m+2}\Delta_2' + \cdots + N_{2m}\Delta_2^{m-1}\end{aligned} \tag{8.14}$$

geschrieben werden, wobei der Superskript bei Δ_1 und Δ_2 (z.B. $m - 1$) die Ordnung der Differentiation bezüglich x angibt. Zur Konstruktion der Formfunktionen N_i sind $2m$ Bedingungen verfügbar; denn jede dieser Funktionen muß den Wert 1 annehmen, wenn Δ (oder dessen Ableitung) für den zu N_i gehörenden Knotenparameter berechnet wird; andererseits müssen die Funktionen N_i und all ihre $(m - 1)$ ersten Ableitungen den Wert Null haben, wenn die Berechnung für die anderen $(2m - 1)$ Knotenparameter erfolgt. Entsprechend unserer Praxis bei der Polynomwahl und weil $2m$ Bedingungen verfügbar sind, ist es naheliegend, jedes N_i durch Polynome der Ordnung $2m - 1$ mit $2m$ unbestimmten Koeffizienten anzusetzen:

$$N_i = a_1 + a_2\xi + a_3\xi^2 + \cdots + a_{2m}\xi^{2m-1}. \tag{8.15}$$

Die $2m$ Werte a_i werden bestimmt, indem man von der oben erwähnten Bedingung Gebrauch macht. Dieser Prozeß wird für jede der $2m$ Formfunktionen N_i wiederholt.

Wir können das eben Gesagte am Beispiel des einfachen Biegestabes erklären **(Bild 8.6)**. Da an jedem Ende des Elementes Kontinuität der transversalen Verschiebung

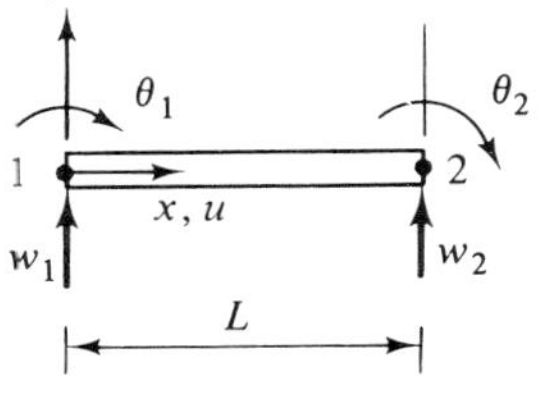

Bild 8.6

w und ihrer ersten Ableitung gefordert wird, ist $m = 2$. Man setzt $\Delta = w$ und fordert im Punkte 1

$$\Delta_1 = w_1, \qquad \Delta'_1 = -\left.\frac{dw}{dx}\right|_1 = \theta_1.$$

Entsprechendes gilt für den Punkt 2. Aus (8.15) folgt, daß jede Formfunktion in diesem Fall die Gestalt

$$N_i = a_1 + a_2\xi + a_3\xi^2 + a_4\xi^3$$

annimmt.

Wir wollen jetzt N_1 konstruieren. Diese Funktion wird zunächst einmal als $N_1 = a_1 + a_2\xi + a_3\xi^2 + a_4\xi^3$ angesetzt. Da für $x = 0$ $N_1 = 1$ und $N'_1 = 0$ und für $x = L$ $N_1 = 0$ und $N_2 = 0$, gilt

$$\begin{aligned}
1 &= a_1 && (N_1 = 1 \quad \text{für} \quad \xi = 0),\\
0 &= \frac{a_2}{L} && (N'_1 = 0 \quad \text{für} \quad \xi = 0),\\
0 &= (a_1 + a_2 + a_3 + a_4) && (N_1 = 0 \quad \text{für} \quad \xi = 1),\\
0 &= \frac{a_2}{L} + \frac{2a_3}{L} + \frac{3a_4}{L} && (N'_1 = 0 \quad \text{für} \quad \xi = 1)
\end{aligned}$$

und durch Auflösen

$$a_1 = 1, \qquad a_2 = 0, \qquad a_3 = -3, \qquad a_4 = 2\,,$$

so daß

$$N_1 = 1 - 3\xi^2 + 2\xi^3\,.$$

In ähnlicher Weise findet man auch die restlichen Formfunktionen, welche wie früher in (5.14a) durch

$$N_2 = 3\xi^2 - 2\xi^3, \qquad N_3 = -x(\xi - 1)^2, \qquad N_4 = -x(\xi^2 - \xi)$$

gegeben sind.

8.4 Rechteckelemente

Um das Konzept der Interpolation bei zwei Dimensionen zu erklären und neue Funktionen zu erzeugen, welche auf den Rechteckrändern eindeutig durch die auf der betreffenden Seite und auf dessen Endpunkten liegenden Knotenvariablen gegeben sind, kann eine einfache Produktbildung der eindimensionalen Formfunktionen für die x- und y-Richtung gebildet werden (**Bild 8.7**). Das Rechteck mit Knoten an den Endpunkten

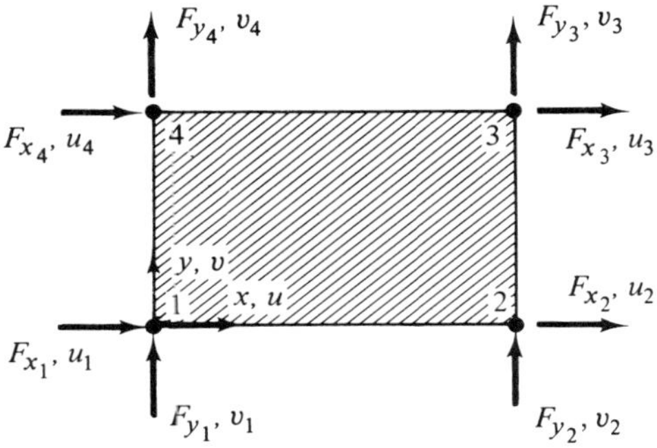

(a) Bilineares Rechteck

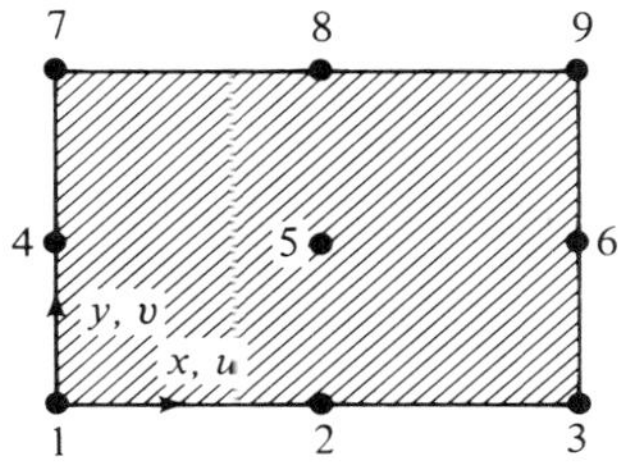

(b) Biquadratisches Rechteck

Bild 8.7

allein (Bild 8.7a), für welches ein lineares Verschiebungsfeld gesucht wird, möge das Vorgehen illustrieren. Für die Verschiebungskomponenten (entweder u oder v) gilt

$$\Delta = (N_{1x}N_{1y})\Delta_1 + (N_{2x}N_{1y})\Delta_2 + (N_{2x}N_{2y})\Delta_3 + (N_{1x}N_{2y})\Delta_4 \,, \tag{8.16}$$

wobei

$$N_{1x} = (1-\xi), \qquad N_{2x} = \xi, \qquad N_{1y} = (1-\eta), \qquad N_{2y} = \eta$$

mit $\xi = x/x_2$ und $\eta = y/y_3$. (8.16) stellt die bilineare Interpolationsformel dar.

Man kann auch das Rechteck mit Knotenpunkten in der Mitte der Seiten und im Mittelpunkt des Innern betrachten.* Biquadratische Interpolation (Bild 8.7b) ergibt hier

$$\begin{aligned}\Delta = {} & (N_{1x}N_{1y})\Delta_1 + (N_{2x}N_{1y})\Delta_2 + (N_{3x}N_{1y})\Delta_3 + (N_{1x}N_{2y})\Delta_4 \\ & + (N_{2x}N_{2y})\Delta_5 + (N_{3x}N_{2y})\Delta_6 + (N_{1x}N_{3y})\Delta_7 + (N_{2x}N_{3y})\Delta_8 \\ & + (N_{3x}N_{3y})\Delta_9 \,,\end{aligned} \tag{8.17}$$

wobei $N_{1x} = [(x-x_1)(x-x_2)]/(2x_2^2)$ usw., ganz entsprechend dem Schema quadratischer Interpolation im Lagrangeschen Interpolationsverfahren.

Beachte, daß vollständige Interpolation mit einer quadratischen oder höheren Funktion zu inneren Knoten führt. Interpolation mit einer kubischen Funktion gibt einen 4×4-Array und 4 Interpolationspunkte.

Die voranstehende Herleitung kann mit Hilfe des dreifachen Matrizenprodukts

$$\Delta = \lfloor \mathbf{N}_\xi \rfloor [\boldsymbol{\mathcal{R}}] \{\mathbf{N}_\eta\} \tag{8.18}$$

* Wir weichen hier, wie auch in anderen Beispielen des Kapitels, von der üblichen Knotenpunktnumerierung, wie sie in Abschnitt 2.1 beschrieben wurde, ab.

ziemlich einfach erfolgen. In dieser Formel sind $\lfloor \mathbf{N}_\xi \rfloor$ und $\lfloor \mathbf{N}_\eta \rfloor$ die Formfunktionsvektoren in x- und y-Richtung, und $[\mathfrak{R}]$ ist eine Matrix von Knotenpunktsverschiebungen. Für lineare Interpolation gilt z.B.

$$\Delta = \lfloor (1-\xi) \quad \xi \rfloor \begin{bmatrix} \Delta_1 & \Delta_4 \\ \Delta_2 & \Delta_3 \end{bmatrix} \begin{Bmatrix} (1-\eta) \\ \eta \end{Bmatrix},$$

was zu (8.16) führt.

Interpretation der Formfunktionen in Abhängigkeit von Polynomreihen

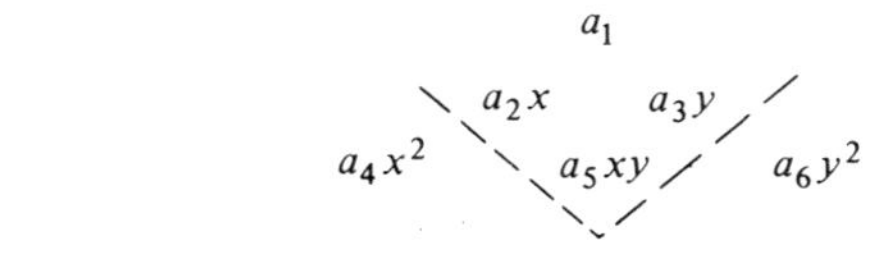

(a) Bilineare Interpolation

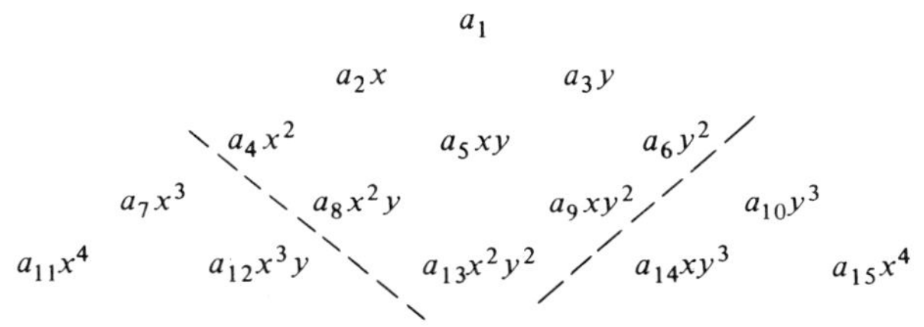

(b) Biquadratische Interpolation

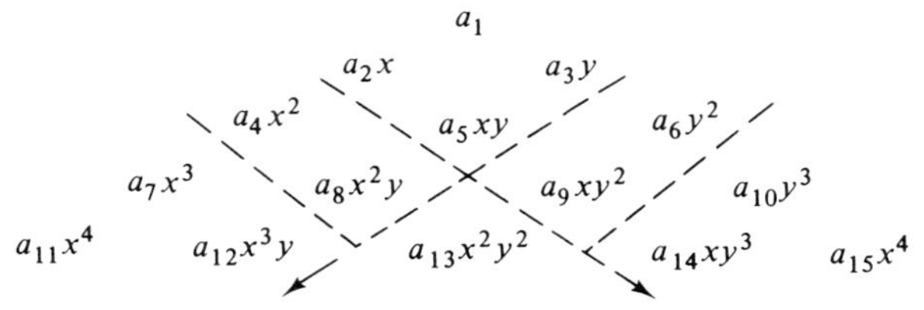

(c) Polynombasis für 8-knotiges Rechteck

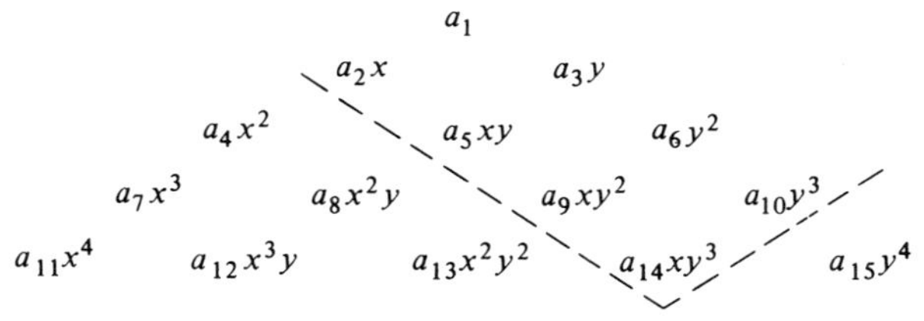

(d) Polynombasis für lineare Entwicklung in x- und quadratische Entwicklung in y-Richtung

Bild 8.8

In Abschnitt 8.5 wird demonstriert, daß es einfach ist, mit Hilfe des Pascalschen Dreiecks Punktschematas für Dreieckelemente aufzustellen, welche Vollständigkeit in den verwendeten Polynomen jeden gewünschten Grades garantieren. Um die Beziehung aufzustellen, welche bei Rechtecken mit Lagrange-Interpolation die Vollständigkeit der verwendeten Polynome garantiert, betrachten wir das Pascal-Dreieck von **Bild 8.8**.

Bei eindimensionalen Polynomen stimmt der Grad der Polynome mit dem Grad der entsprechenden Lagrange-Interpolation überein; mit anderen Worten: $\Delta = a_1 + a_2x$ entspricht linearer Interpolation. Bilineare Interpolation, falls in verallgemeinerten Koordinaten definiert, kann dann im Pascal-Dreieck durch Produkte linearer Funktionen charakterisiert werden. Bild 8.8a zeigt, daß dies $\Delta = a_1 + a_2 + a_3y + a_5xy$ ergibt. Die Polynomkoeffizienten biquadratischer Interpolation können jetzt leicht identifiziert werden (Bild 8.8b); ähnlich einfach gelingt diese Identifikation bei den entsprechenden Produkten einer jeden Interpolation höherer Ordnung.

Das Pascal-Dreieck zeigt, daß bivariable Lagrange-Interpolation in der Polynomentwicklung die Glieder der Ordnung n einschließt und daß einzelne Glieder vom Grade $2 \times n$ sind.

Die lineare Interpolation (erster Ordnung) ist vollständig bezüglich der Glieder erster Ordnung (a_2x, a_3y), aber unvollständig in den Gliedern zweiter Ordnung (die Terme x^2 und y^2 fehlen, nur xy ist vertreten). Da in einem vollständigen Polynom die Konvergenzgeschwindigkeiten durch die Glieder höchster Ordnung gegeben sind [8.8], ist eine vollständige Entwicklung in zwei Dimensionen beim Rechteck ineffizient. Das ist ein Grund, warum gewisse Variable weggelassen werden. Die Verwendung innerer Punkte, wie dies bei der quadratischen Darstellung und bei Darstellungen höherer Ordnung der Fall ist, bereitet vom Standpunkte der Datenverarbeitung her gewöhnlich Schwierigkeiten, so daß Funktionen erwünscht sind, welche allein in Abhängigkeit von Rand- und Eckpunktverschiebungen dargestellt werden können.

Ein einfaches Verfahren, dieses Ziel zu erreichen, wird in **Bild 8.9** illustriert. Das Rechteck zeigt sechs Knotenpunkte, welche so angeordnet sind, daß lineare Interpolation in x-Richtung, aber quadratische Interpolation in y-Richtung resultiert. Die Glieder der zugehörigen Polynomentwicklung werden in Bild 8.8d gezeigt. Es ist evident, daß, um das Verschiebungsfeld direkt in Abhängigkeit der Formfunktionen zu geben, in diesem Fall Lagrange-Interpolation angewendet werden kann. Wegen (8.18) erhält man lineare Interpolationsfunktionen $\lfloor \mathbf{N}_\xi \rfloor$, aber quadratische Interpolationsfunktionen $\lfloor \mathbf{N}_\eta \rfloor$. Weiter ist

$$[\mathfrak{R}] = \begin{bmatrix} \Delta_1 & \Delta_2 & \Delta_3 \\ \Delta_4 & \Delta_5 & \Delta_6 \end{bmatrix}.$$

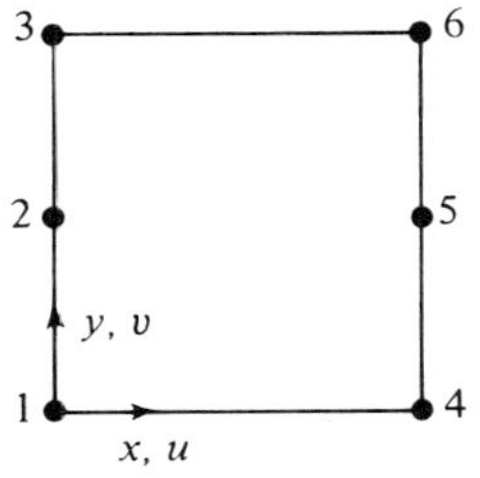

Bild 8.9

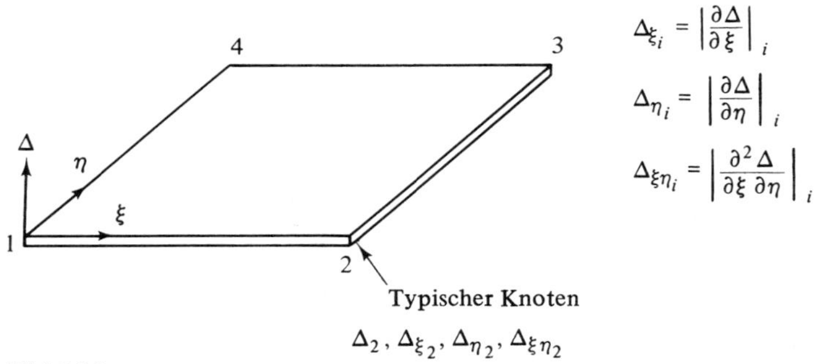

Bild 8.10

Das Hermitesche Interpolationsschema kann auf dieselbe Weise wie oben das Lagrangesche auf zwei Dimensionen erweitert werden. (8.18) faßt auch hier das allgemeine Vorgehen zusammen, aber jetzt muß die Matrix $[\mathcal{R}]$ auch Variable enthalten, die Verschiebungsableitungen darstellen. Für die Platte von **Bild 8.10** z.B. gilt (vgl. auch dieses Bild für die Definition der Variablen)

$$[\mathcal{R}] = \begin{bmatrix} \Delta_1 & \Delta_{\eta_1} & \Delta_4 & \Delta_{\eta_4} \\ \Delta_{\xi_1} & \Delta_{\xi\eta_1} & \Delta_{\xi_4} & \Delta_{\xi\eta_4} \\ \Delta_2 & \Delta_{\eta_2} & \Delta_3 & \Delta_{\eta_3} \\ \Delta_{\xi_2} & \Delta_{\xi\eta_2} & \Delta_{\xi_3} & \Delta_{\xi\eta_3} \end{bmatrix}$$

und

$$\lfloor \mathbf{N}_\xi \rfloor = \lfloor N_{1\xi}\; N_{2\xi}\; N_{3\xi}\; N_{4\xi} \rfloor,$$

wobei $N_{1\xi}, \ldots, N_{4\xi}$ die Hermiteschen Formfunktionen in der x-Richtung sind, die am Ende des Abschnitts 8.3.2 definiert wurden. $\lfloor \mathbf{N}_\eta \rfloor$ wird ähnlich konstruiert.

Um die Beziehung zwischen den eben hergeleiteten Größen und der Polynomentwicklung zu bestimmen, muß nur auf **Bild 8.11** verwiesen werden; aus ihm geht hervor, daß 16 Glieder in der Polynomentwicklung enthalten sind, wie man von der Form der obigen Matrix $[\mathcal{R}]$ übrigens erwarten würde. Wir werden diese Formfunktionen wiederum, und zwar eingehender, in Abschnitt 12.2 behandeln.

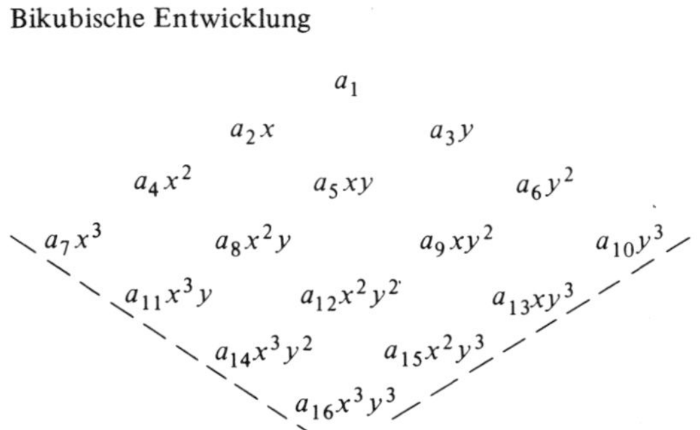

Bild 8.11

Gelegentlich ist es nötig, entweder an jeder der vier Kanten eine andere Knotenzahl einzuführen oder aber an den vier äußeren Kanten mit der gleichen Knotenzahl zu operieren, den inneren Knoten jedoch zu entfernen. Wenn man die jedem dieser Fälle zugeordneten Glieder der Polynomentwicklung identifizieren kann, ist es einfach, die verallgemeinerten Parameter $\{\mathbf{a}\}$ mit den Knotenverschiebungen $\{\mathbf{\Delta}\}$ zu verknüpfen und die entstehenden Matrizengleichungen nach den letzteren aufzulösen ((5.3a) und (5.5a)). Innere Knoten können dadurch eliminiert werden, daß man die vollständige Interpolationsfunktion konstruiert, die Verzerrungsenergie bildet und den unerwünschten Verschiebungsparameter mittels des in Abschnitt 2.8 beschriebenen Verfahrens eliminiert. Umgekehrt kann man die entsprechenden Formfunktionen mit Methoden, welche wir in Abschnitt 8.7 behandeln werden, auch direkt konstruieren.

8.5 Dreieckelemente

Die Interpolationsverfahren sind beim Dreieck unmittelbar mit der Idee der Dreieckskoordinaten verknüpft. Diese Koordinaten erleichtern nicht nur die Konstruktion der Formfunktionen (die ja anstatt auf verallgemeinerte Verschiebungen direkt auf die Knotenpunktsparameter bezogen sind), sondern sie führen auch auf eine rationale Methode zur Festlegung der Knotenpunkte innerhalb der Elemente. Dreieckskoordinaten haben auch andere Vorteile, welche bei ihrer Behandlung offenbar werden.

Eine systematische Methode, die zur Bezeichnung von allgemeinen Punkten in Dreieckskoordinaten dient, kann mit Hilfe von **Bild 8.12** entwickelt werden. Für ihre Herleitung werden die Dreiecksseiten durch die gegenüberliegenden Ecken gekennzeichnet, und zwar in der Weise, daß die Seite 1 der Ecke 1, usw. gegenüberliegt. Zur Identifikation eines beliebigen Punktes innerhalb des Dreiecks zieht man, wie in Bild 8.12, von diesem Punkt aus auf die drei Ecken zu Geraden. Dadurch wird das Dreieck in drei Dreiecke der Fläche A_1, A_2 und A_3 aufgeteilt, wobei die Indices in A_i dieselben sind, wie die der anliegenden Seiten. Die Dreieckskoordinaten L_i $(i = 1, 2, 3)$ sind definitionsgemäß die Verhältnisse

$$L_1 = \frac{A_1}{A}, \qquad L_2 = \frac{A_2}{A}, \qquad L_3 = \frac{A_3}{A} \tag{8.19}$$

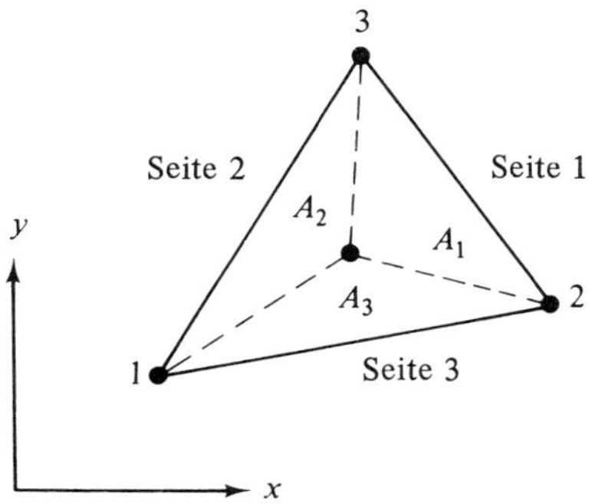

Bild 8.12

der einzelnen Teilflächen zur Gesamtfläche des Dreiecks. Da die Summe aller A_i gleich A ist,

$$A_1 + A_2 + A_3 = A,$$

erhält man nach Division dieser Gleichung durch A

$$L_1 + L_2 + L_3 = 1. \tag{8.20}$$

In Anbetracht der Herleitungen von Abschnitt 8.3.1 ist es offensichtlich, daß die L_i die natürlichen Koordinaten eines Dreiecks sind.

Die Dreieckskoordinaten werden jetzt dazu benutzt, mit ihnen die kartesischen Koordinaten x und y des betrachteten Punktes in Bild 8.12 zu beschreiben. Es gilt nämlich

$$x = L_1x_1 + L_2x_2 + L_3x_3, \qquad y = L_1y_1 + L_2y_2 + L_3y_3. \tag{8.21}$$

Diese beiden Gleichungen können durch einen einfachen Test überprüft werden. Dazu nehme man an, daß der Punkt (x, y) innerhalb des Dreiecks mit dem Punkt 1 übereinstimme. Dann ist $A_1 = A$, $A_2 = A_3 = 0$ und $L_1 = 1$, $L_2 = 0$, $L_3 = 0$. Dies bestätigt, daß $x = x_1$, wenn der Punkt (x, y) mit dem Punkt 1 übereinstimmt. Offensichtlich sind die Dreieckskoordinaten mit den Formfunktionen des einfachen dreiknotigen Dreiecks identisch.

Die bekannten geometrischen Größen des Elementes sind die x- und y-Koordinaten seiner Punkte. Um L_1, L_2 und L_3 als Funktionen dieser Koordinaten zu erhalten, fassen wir (8.20) und (8.21) im System

$$\begin{Bmatrix} 1 \\ x \\ y \end{Bmatrix} = \begin{bmatrix} 1 & 1 & 1 \\ x_1 & x_2 & x_3 \\ y_1 & y_2 & y_3 \end{bmatrix} \begin{Bmatrix} L_1 \\ L_2 \\ L_3 \end{Bmatrix}$$

zusammen, woraus durch Inversion

$$L_i = \frac{1}{2A}(b_{0_i} + b_{1_i}x + b_{2_i}y) \quad (i = 1, 2, 3) \tag{8.22}$$

entsteht, wobei

$$b_{0_i} = x_{i+1}y_{i+2} - x_{i+2}y_{i+1}, \qquad b_{1_i} = y_{i+1} - y_{i+2}, \qquad b_{2_i} = x_{i+2} - x_{i+1} \tag{8.23}$$

mit $i = 1, 2, 3$,

und

$$A = \tfrac{1}{2}(x_2y_3 + x_3y_1 + x_1y_2 - x_2y_1 - x_3y_2 - x_1y_3) \tag{8.24}$$

(A bezeichnet die Fläche des Dreiecks).

Wenn die Seite, welche durch die Punkte 1 und 2 verbunden wird, mit der x-Achse übereinstimmt und Punkt 1 als Koordinatenursprung gewählt wird ($x_1 = y_1 = y_2 = 0$), erhält man

$$L_1 = \frac{1}{x_2 y_3}(x_2 y_3 - x y_3 - x_2 y + x_3 y),$$

$$L_2 = \frac{1}{x_2 y_3}(x y_3 - x_3 y),$$

$$L_3 = \frac{y}{y_3}.$$

Diese Ausdrücke sind mit den Formfunktionen N_1, N_2 und N_3 von (5.21 a), welche für das Dreieck konstanter Dehnung hergeleitet wurden, identisch.

Um für Elemente höherer Ordnung die Formfunktionen in Abhängigkeit der Dreieckskoordinaten L_i zu bestimmen, ist es vorerst notwendig, eine spezielle Konstruktionsmethode zur Identifikation der Punkte solcher Elemente aufzustellen. Die entsprechenden Überlegungen sind in **Bild 8.13** skizziert. Die Dreiecksseiten werden mit den Ziffern der gegenüberliegenden Ecken numeriert, d.h. Seite 1 liegt der Ecke 1 gegenüber. Die Senkrechte auf eine Seite gibt die dazugehörige Richtung an. Die gestrichelten Linien in Bild 8.13 a teilen den Abstand der Seite 1 vom Punkt 1 in m gleiche Teile auf.

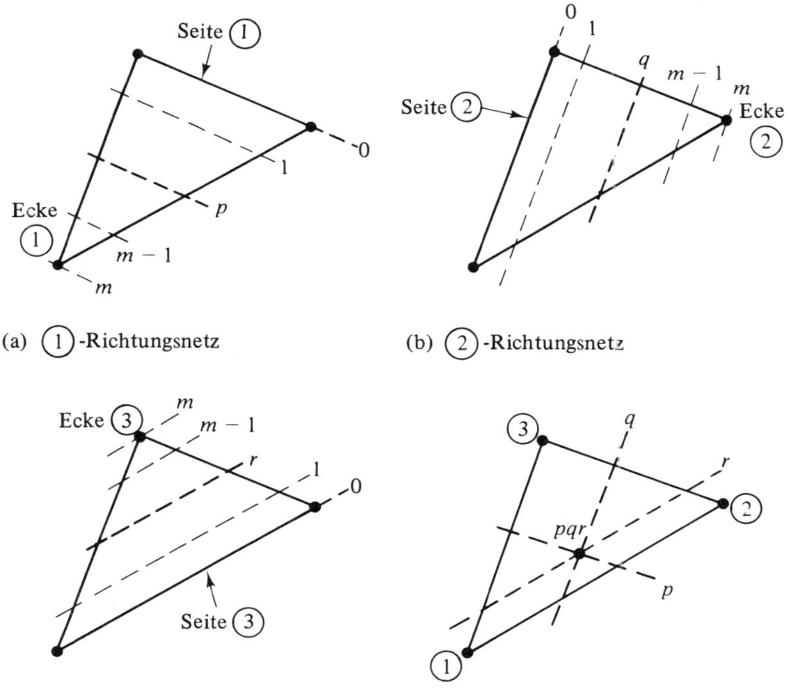

(a) ①-Richtungsnetz

(b) ②-Richtungsnetz

(c) ③-Richtungsnetz

(d) Identifikation eines typischen Punktes pqr

Bild 8.13

Jede Linie ist mit einer Ziffer, von 0 bis m laufend, gekennzeichnet; die Linie 0 ist hierbei mit der Dreieckseite identisch. (Wir werden nicht von 1 bis $m + 1$ numerieren (vgl. Bild 8.3b), da die vorliegende Bezeichnung der Punkte einfacher ist.) Dieselbe Bezeichnungsweise ist auch für den eindimensionalen Fall in Bild 8.3b gewählt worden. Eine typische Linie in diesem Bild sei mit p bezeichnet. Diese Parallelenschar definiert auf den Seiten 2 und 3 $(m + 1)$ Punkte und setzt damit den Anfang der Konstruktion eines Verschiebungsfeldes m-ter Ordnung. Dieselbe Konstruktion wird auch auf die Seiten 2 und 3 angewendet; die Bilder 8.13b und c, in welchen zwei typische Linien mit q und r bezeichnet sind, illustrieren dies.

Die Art und Weise, wie ein typischer Punkt identifiziert wird, ist in Bild 8.13d dargestellt. Er ist durch den Schnittpunkt der drei Geraden p, q und r gekennzeichnet. Beachte, daß die Summe $(p + q + r)$ gleich m beträgt. Die eben besprochene Bezeichnungsweise ist in **Bild 8.14** für vier verschiedene Unterteilungen des Dreieckselementes dargestellt. Es sollte beachtet werden, daß die Eckpunkte zur Festlegung der Dreieckskoordinaten die Bezeichnungen 1, 2 und 3 tragen. Um die Interpolationsfunktionen für das Dreieck zu definieren, sei für die Knotenverschiebungen dieselbe Bezeichnungsweise benützt wie für die Knoten selbst (z.B. pqr). Wie schon früher, suchen wir für das Element Verschiebungsfunktionen der Form

$$\Delta = \lfloor \mathbf{N} \rfloor \{\mathbf{\Delta}\} = \sum^{\frac{1}{2}(m+1)(m+2)} N_{pqr} \Delta_{pqr} \,. \tag{8.25}$$

①, ②, ③ Knotenbezeichnungen für Flächenkoordinaten L_1, L_2, L_3

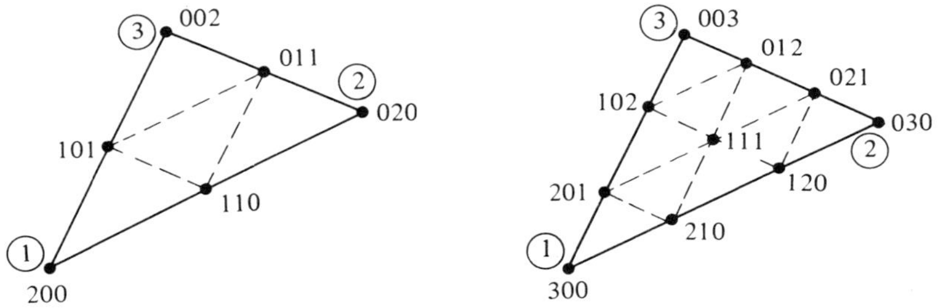

(a) Vollständiges quadratisches Polynom (m = 2)

(b) Vollständiges kubisches Polynom (m = 3)

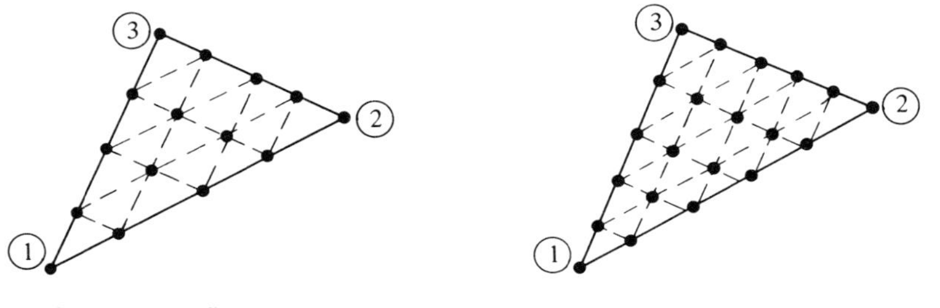

(c) Vollständiges Polynom 4. Grades (m = 4)

(d) Vollständiges Polynom 5. Grades (m = 5)

Bild 8.14

Daher ist für $m = 1$ die Verschiebungsfunktion durch

$$\Delta = N_{100}\Delta_{100} + N_{010}\Delta_{010} + N_{001}\Delta_{001} \tag{8.25a}$$

gegeben und für $m = 2$ durch

$$\Delta = N_{200}\Delta_{200} + N_{110}\Delta_{110} + \cdots + N_{101}\Delta_{101}. \tag{8.25b}$$

Ganz analog geht man für Polynome höheren Grades vor (Bild 8.14).

Es bleibt, eine Methode zur Konstruktion der Formfunktionen N_{pqr} aufzustellen, welche die bekannten Bedingungen solcher Funktionen erfüllt (z.B. daß $N_{pqr} = 1$ im Punkte pqr, $N_{pqr} = 0$ in allen anderen Punkten). Wie wir bereits im eindimensionalen Fall gesehen haben, erfolgt diese Definition am besten dadurch, daß die Formfunktionen N_{pqr} als Produkt von Funktionen der entsprechenden eindimensionalen Darstellung definiert werden; in jeder Richtung wird dann eine Interpolation vom Typ Lagrange durchgeführt. In Anlehnung an den eindimensionalen Fall kann man die Formel für N_{pqr} also als

$$N_{pqr}(L_1, L_2, L_3) = N_p(L_1)N_q(L_2)N_r(L_3) \tag{8.12a}$$

anschreiben, wobei die Glieder auf der rechten Seite durch (8.11) gegeben sind, nämlich

$$N_i(L_1) = \begin{cases} \prod_{j=1}^{i} \left(\dfrac{mL_1 - j + 1}{j}\right) & \text{für } i \geq 1, \\ 1 & \text{für } i = 0 \end{cases} \tag{8.11}$$

mit $i = p, q$ oder r.

Als ein Beispiel wollen wir die Formfunktion N_{200} herleiten. Es gilt dafür $m = p = 2, q = r = 0$, so daß $N_q = N_0(L_2) = 1$, $N_r = N_0(L_3) = 1$ und

$$N_2(L_1) = \frac{(2L_1 - 1 + 1)}{1} \times \frac{(2L_1 - 2 + 1)}{2} = L_1(2L_1 - 1).$$

Also ist $N_{200} = L_1(2L_1 - 1)$. Man findet leicht, daß $N_{020} = L_2(2L_2 - 1)$ und $N_{002} = L_3(2L_3 - 1)$, $N_{110} = 4L_1L_2$, $N_{011} = 4L_2L_3$ und $N_{101} = 4L_3L_1$.

Manchmal ist es vorteilhaft, mit verallgemeinerten Variablen zu arbeiten und nicht mit Knotenverschiebungen. In solchen Fällen wird das auf Dreieckskoordinaten bezogene vollständige Polynom vom Grade m am besten in der Form

$$\Delta = \sum_{i=1}^{n} a_i L_1^p L_2^q L_3^r \quad (p + q + r = m) \tag{8.1a}$$

angesetzt. In dieser Formel erfaßt die Summation alle homogenen Glieder vom Gesamtgrade m. Die Exponenten sind dabei in derselben Weise gegeben, wie die Indices, die einen in Dreieckskoordinaten gegebenen Punkt identifizieren (vgl. die Bilder 8.14a und b). Für kubische Entwicklungen z.B. gilt

$$\Delta = (L_1)^3 a_1 + (L_2)^3 a_2 + (L_3)^3 a_3 + (L_1)^2 L_2 a_4 + (L_2)^2 L_1 a_5$$
$$+ (L_3)^2 L_1 a_6 + (L_2)^2 L_3 a_7 + (L_1)^2 L_3 a_8 + (L_3)^2 L_2 a_9 + L_1 L_2 L_3 a_{10}.$$

Unter Verwendung dieser Darstellung können die expliziten Integrationsformeln zur Bestimmung der Kernsteifigkeit leicht verwendet werden.

Eine Operation, die oft durchgeführt werden muß, wenn Felder in Dreieckskoordinaten gegeben sind, ist die Differentiation, vor allem dann, wenn Verzerrungen berechnet werden sollen. Es sei z.B. die Dehnung $\epsilon_x = \partial u/\partial x$ zu berechnen. Wenn z.B. ein quadratisches Verschiebungsfeld vorliegt, bei dem u durch $N_{200} \cdot u_{200} + \ldots + N_{101} \cdot u_{101}$ gegeben ist, so führt das erste Glied im Ausdruck für ϵ_x auf

$$\frac{\partial N_{200}}{\partial x} = 4L_1 \frac{\partial L_1}{\partial x} - \frac{\partial L_1}{\partial x}.$$

Beachte, daß wegen (8.22), der Definition von L_i, $\partial L_i/\partial x = b_i/2A$ $(i = 1, 2, 3)$ gilt, so daß

$$\frac{\partial N_{200}}{\partial x} = \frac{b_{1_1}}{2A}(4L_1 - 1).$$

Schließlich – und dies ist in diesem Zusammenhang vielleicht am wichtigsten – kann für die Integration eines Produktes von Potenzen der Flächenkoordinaten ein einfacher expliziter Ausdruck angeschrieben werden. Das Integral ist eine Erweiterung der eindimensionalen Situation und hat die Form

$$\begin{aligned} \mathcal{I}(L_1, L_2, L_3) &= \int_A (L_1)^b (L_2)^c (L_3)^d \, dA \\ &= \frac{2A(b)!(c)!(d)!}{(b + c + d + 2)!} \end{aligned} \tag{8.26}$$

(vgl. (8.13)). Wegen (8.20) sind nur zwei Koordinaten unabhängig, und das Integral kann immer in die Form

$$\mathcal{I}(L_1 L_2) = \int_A (L_1)^e (L_2)^f \, dA$$

gebracht werden; da dies ein Spezialfall der Gleichung (8.26) ist, wird $d = 0$, $b = e$ und $c = f$, also

$$\mathcal{I}(L_1, L_2) = 2A \frac{e!f!}{(e + f + 2)!}.$$

Nachdem die detaillierte Herleitung jetzt gegeben ist, scheint es interessant, auf einige weniger vordergründige Vorteile der Dreieckskoordinaten hinzuweisen. Erstens legt die Definition der Knoten in Dreieckskoordinaten für Elemente höherer Ordnung (Bild 8.14) automatisch die inneren Punkte fest. Zweitens sei bemerkt, daß die Raster dieser Figuren genau den verschiedenen Niveaus in den Pascalschen Dreiecken entsprechen. Jeder Interpolationsgrad in Dreieckskoordinaten führt also auf eine vollständige Polynomdarstellung entsprechender Ordnung. Wir haben auf die Bedeutung dieser Vollständigkeit bereits in früheren Abschnitten hingewiesen, und dies ist vielleicht gerade der Grund, warum Dreieckelemente in der FEM so bedeutungsvoll sind. Ein anderer Vorteil ist natürlich auch ihre Anpassungsfähigkeit an geometrische Gegebenheiten.

8.6 Das Tetraeder

Das Tetraeder **(Bild 8.15)** ist das dreidimensionale Analogon des Dreiecks. Wie beim Dreieck werden die Definition der Formfunktionen und die Integration der Verzerrungsenergie bei Verwendung von Tetraeder-Koordinaten, welche den Dreieckskoordinaten des Abschnittes 8.5 entsprechen, vereinfacht.

Die Position eines Punktes innerhalb des Tetraeders, dessen Gesamtvolumen mit (vol) bezeichnet sei, kann durch die folgenden Verhältniszahlen charakterisiert werden:

$$L_1 = \frac{(\mathrm{vol})_1}{(\mathrm{vol})}, \qquad L_2 = \frac{(\mathrm{vol})_2}{(\mathrm{vol})}, \qquad L_3 = \frac{(\mathrm{vol})_3}{(\mathrm{vol})}, \qquad L_4 = \frac{(\mathrm{vol})_4}{(\mathrm{vol})} . \tag{8.27}$$

Hier bezeichnet $(\mathrm{vol})_i$ $(i = 1, \ldots, 4)$ das Volumen, das durch die Flächen abgegrenzt wird, die durch die Linien gebildet werden, welche vom fraglichen Punkte zu den der Ecke i gegenüberliegenden Eckpunkten des Tetraeders laufen. $(\mathrm{vol})_1$ ist in Bild 8.15 schraffiert hervorgehoben. Die Größen $L_1, \ldots, L_4$ heißen Tetraederkoordinaten. Wegen (8.27) gilt für sie

$$L_1 + L_2 + L_3 + L_4 = 1 . \tag{8.28}$$

Wird diese Beziehung durch Gleichungen ergänzt, welche die x, y und z-Koordinaten des betrachteten Punktes in Funktion der Tetraeder-Koordinaten geben, so erhält man

$$\begin{bmatrix} 1 & 1 & 1 & 1 \\ x_1 & x_2 & x_3 & x_4 \\ y_1 & y_2 & y_3 & y_4 \\ z_1 & z_2 & z_3 & z_4 \end{bmatrix} \begin{Bmatrix} L_1 \\ L_2 \\ L_3 \\ L_4 \end{Bmatrix} = \begin{Bmatrix} 1 \\ x \\ y \\ z \end{Bmatrix} .$$

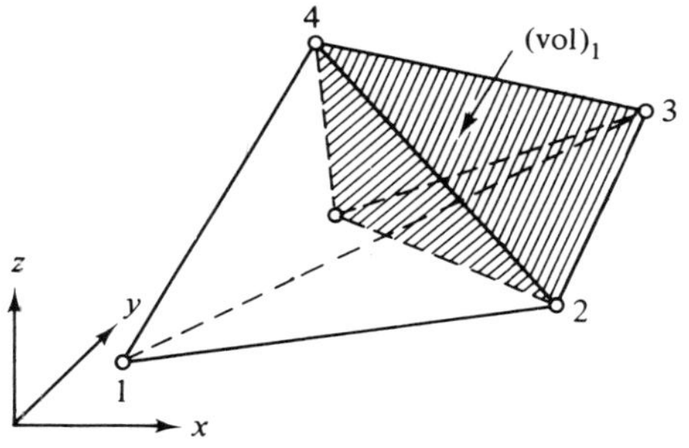

Bild 8.15

Durch Inversion folgt

$$L_i = \frac{1}{6(\text{vol})}[(\text{vol}) + c_{1_i}x + c_{2_i}y + c_{3_i}z] \qquad (i = 1, \ldots, 4), \qquad (8.29)$$

wobei (vol) durch den 6-ten Teil der Determinante der obigen 4×4 Matrix gegeben ist, und c_{1i}, c_{2i} und c_{3i} Determinanten jener 3×3-Untermatrizen sind, die bei der Inversion benötigt werden.

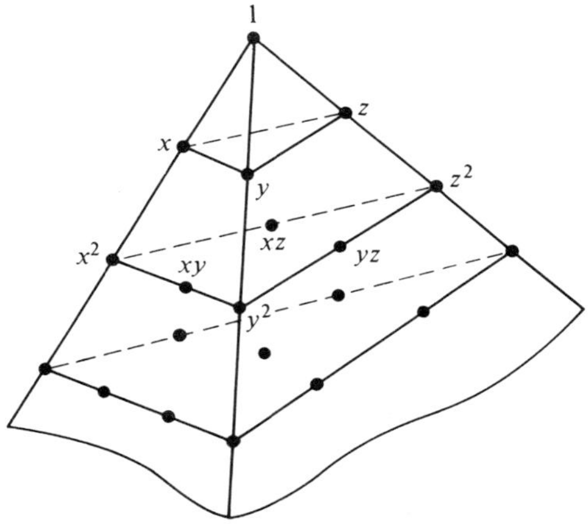

Bild 8.16

Die Analogie zwischen Tetraeder- und Dreieckskoordinaten gilt auch hinsichtlich der Anwendung des Pascal-Tetraeders. **Bild 8.16** zeigt für ein beliebiges Element Anordnung und Definition der Knotenpunkte. Diese Punkte dienen zur Formulierung vollständiger Polynomdarstellungen verschiedenster Ordnung und sind nützlich bei der Aufstellung der entsprechenden Formfunktionen. Eine typische Formfunktion für das Tetraeder wird mit vier Indices als N_{pqrs} bezeichnet, wobei die folgende Abhängigkeit von $L_1, \ldots, L_4$ naheliegt:

$$N_{pqrs}(L_1, L_2, L_3, L_4) = N_p(L_1)N_q(L_2)N_r(L_3)N_s(L_4) . \qquad (8.30)$$

N_{pqrs} ist also ein Produkt von Funktionen, die nur von einer Volumenkoordinate abhängen. Die Definition der Indices entspricht derjenigen des Dreiecks und ist für das Tetraeder, welchem eine quadratische Darstellung zugrundeliegt, in **Bild 8.17** dargestellt. Beachte, daß die vier Indices sich in einem Punkt zu $m = 2$ und im allgemeinen Fall einer Ansatzfunktion m-ten Grades zu m aufsummieren müssen.

Die entsprechende Formel für N_i, $i = p, q$ oder r ist wiederum in (8.11) gegeben.

Betreffend Volumenintegration gilt für ein typisches Integral

$$\begin{aligned} \mathcal{I}(L_1, L_2, L_3, L_4) &= \int_{\text{vol}} (L_1)^a(L_2)^b(L_3)^c(L_4)^d \, d(\text{vol}) \\ &= \frac{6(\text{vol})\, a!b!c!d!}{(a+b+c+d+3)!} . \end{aligned} \qquad (8.31)$$

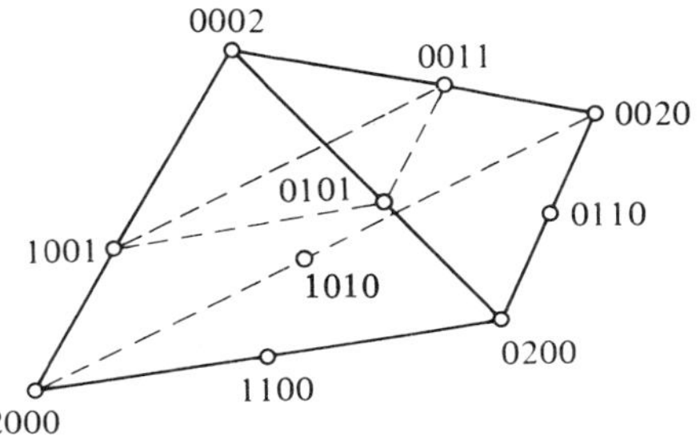

Bild 8.17

Wegen (8.28) sind nur drei der Koordinaten unabhängig, und eine einfachere Formel ist anwendbar. Dazu nehme man an, daß die Elimination von $(L_4)^d$ das Integral $\mathcal{I}(\cdot)$ auf die Form

$$\mathcal{I}(L_1, L_2, L_3) = \int_{\text{vol}} (L_1)^e (L_2)^f (L_3)^g \, d(\text{vol})$$

transformiert. Dann ergibt sich

$$\mathcal{I}(L_1, L_2, L_3) = \frac{6(\text{vol})\, e!f!g!}{(e+f+g+3)!} \,. \tag{8.31a}$$

Eine ausführliche Herleitung der Tetraederkoordinaten wird in [8.9] gegeben.

8.7 Innere Knoten und Zurückführung auf einfachere Modelle

Wir haben bereits erwähnt, daß es wünschenswert ist, Elementgleichungen zu bilden, welche nur Knoten an den Ecken und an den Kanten enthalten. Innere Variable sind in ihrer Behandlung umständlich. Wir haben auch festgestellt, daß innere Variable bei der Konstruktion von Elementen höherer Ordnung ganz natürlich auftreten. Eine ähnliche Situation liegt vor, wenn von verallgemeinerten Koordinaten ausgegangen wird und die Zahl dieser Koordinaten diejenige der Ecken und Randknoten zahlenmäßig übersteigt. Diese Überzahl von verallgemeinerten Koordinaten kann als ein Satz innerer Variabler betrachtet werden. In diesem Abschnitt diskutieren wir zwei Möglichkeiten, mittels derer solche inneren Freiheitsgrade eliminiert werden können. Das ergänzende Problem, nämlich die Konstruktion von Formfunktionen für Elemente, die auf den einzelnen Rändern unterschiedliche Knotenzahlen aufweisen, wird ebenfalls behandelt.

Betrachte zuerst den Fall, bei dem die inneren Variablen in natürlicher Weise allein durch die Konstruktion von Formfunktionen höherer Ordnung auftreten. Die Steifigkeitsmatrix eines solchen Elementes wird gewöhnlich zuerst mit Hilfe aller Formfunktionen und aller zugehörigen Freiheitsgrade gebildet. Man nehme nun an, die inneren Variablen seien mit dem Index b bezeichnet, die Rand- und Eckvariablen jedoch mit dem Index c. Die Steifigkeitsmatrix kann dann in der Gestalt

$$\begin{bmatrix} \mathbf{k}_{bb} & \mathbf{k}_{bc} \\ \mathbf{k}_{cb} & \mathbf{k}_{cc} \end{bmatrix} \begin{Bmatrix} \boldsymbol{\Delta}_b \\ \boldsymbol{\Delta}_c \end{Bmatrix} = \begin{Bmatrix} \mathbf{F}_b \\ \mathbf{F}_c \end{Bmatrix} \tag{8.32}$$

geschrieben werden. Nun sind die Kräfte an den inneren Punkten des Elementes, $\{\mathbf{F}_b\}$ bekannt, da sie von konzentrierten Lasten, arbeitsäquivalenten Kräften usw. herrühren, oder sie verschwinden, da diese Punkte das fragliche Element nicht mit anderen verbindet. Dementsprechend werden innere Variable genau nach dem in Abschnitt 2.8 aufgezeigten Schema eliminiert.

Es ist wichtig zu beachten, daß innere Knoten zu Formfunktionen Anlaß geben, die auf dem Rande verschwinden, jedoch den Wert 1 annehmen, wenn sie im inneren Punkt berechnet werden. Sie haben also die Gestalt eines Buckelfeldes.

Die zweite Methode zur Elimination unerwünschter Variabler besteht in einer direkten Modifizierung der Formfunktionen, in der Art, daß nur die gewünschte Parameterzahl übrig bleibt. Das vielleicht einfachste Verfahren zur Elimination von Variablen besteht in der Einführung von Beziehungen, durch welche die unerwünschten Variablen mit jenen, welche beibehalten werden sollen, verknüpft werden. Betrachte z.B. das Dreieck, welchem ein quadratisches Verschiebungsfeld zugrundeliegt (Bild 8.14a); die zugehörigen Formfunktionen wurden in Abschnitt 8.5 in detaillierter Form behandelt. Wenn der Knoten 110 eliminiert werden soll, so kann z.B. gefordert werden, daß die Verschiebung entlang dieser Kante linear sei:

$$\mathbf{\Delta}_{110} = \frac{\mathbf{\Delta}_{200} + \mathbf{\Delta}_{020}}{2}.$$

Einsetzen dieses Ausdrucks in die Gleichung für das Verschiebungsfeld gibt

$$\mathbf{\Delta} = N^R_{200}\mathbf{\Delta}_{200} + N^R_{020}\mathbf{\Delta}_{020} + N_{002}\mathbf{\Delta}_{002} + N_{011}\mathbf{\Delta}_{011} + N_{101}\mathbf{\Delta}_{101}$$

mit

$$N^R_{200} = (N_{200} + \tfrac{1}{2}N_{110}), \qquad N^R_{020} = (N_{020} + \tfrac{1}{2}N_{110}).$$

Der eben dargelegte Rechnungsgang kann auch auf Rechteckgebiete angewendet werden. Wir haben z.B. bereits im Zusammenhang mit Bild 8.7b erwähnt, daß der innere Punkt in einer biquadratischen Formulierung eines Elementes eliminiert werden muß. Diese Verschiebung kann als arithmetisches Mittel der Verschiebungen der Mittelpunkte der Seiten

$$\mathbf{\Delta}_5 = \tfrac{1}{4}(\mathbf{\Delta}_2 + \mathbf{\Delta}_4 + \mathbf{\Delta}_6 + \mathbf{\Delta}_8)$$

angenommen werden. Umgekehrt könnte man zur Mittelwertsbildung auch die Verschiebungen der Eckpunkte einführen und würde dann einen anderen Wert für die Verschiebung des inneren Punktes erhalten. Es kann also eine ganze Reihe von verschiedenen Ausdrücken aufgestellt werden, welche eine Abhängigkeit eines Verschiebungsparameters von allen restlichen ergibt.

Ein eleganteres Verfahren zur Konstruktion von speziellen Verschiebungsfunktionen besteht in der Superposition von Formfunktionen [8.10]. Bevor wir diese Methode erklären, die wir nur auf den Fall des Rechtecks anwenden, ist es nützlich, die Formfunktionen in dimensionslosen Variablen (ξ, η) eines Koordinatensystems zu schreiben, dessen Ursprung im Zentrum des Rechtecks liegt. Bis anhin sind die Formfunktionen

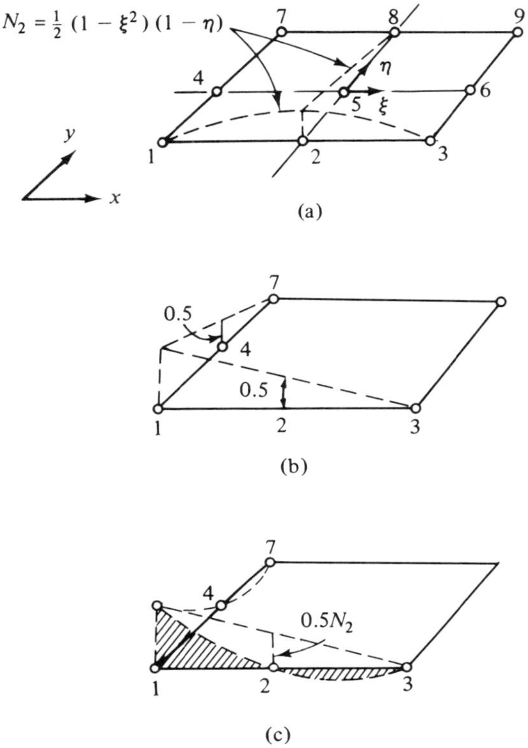

Bild 8.18

für Rechtecke in Abhängigkeit der physikalischen Koordinaten (x, y) mit Ursprung auf einer Rechtecksseite gegeben worden.

Um die Transformation durchzuführen (**Bild 8.18**), wenden wir die Gleichungen $\xi = (x - x_5)/(x_5 - x_1)$ und $\eta = (y - y_5)/(y_5 - y_1)$ an, wobei x_5 und y_5 die Koordinaten des Zentrums des Rechtecks und x_1 und y_1 die Koordinaten der linken unteren Ecke sind. Auf diese Weise wird der Wert der dimensionslosen Koordinate in den Ecken entweder $+1$ oder -1.

Wir wollen jetzt die Formfunktionen für das Rechteck mit biquadratischem Verschiebungsfeld derart herleiten, daß sie den inneren Punkt nicht enthalten (Bild 8.18a). Die Formfunktion für den Knotenpunkt 2 kann als Produkt der quadratischen Funktion $(1 - \xi^2)$ der einen Randrichtung (das ist die für diese Richtung korrekte quadratische Interpolation) mit der linearen Funktion $\frac{1}{2}(1 - \eta)$ der Richtung senkrecht dazu erhalten werden. Die Formfunktion dieses Punktes ist also $N_2 = \frac{1}{2}(1 - \xi^2)(1 - \eta)$.

Die Herleitung der zu einem Eckpunkt gehörenden Formfunktion ist etwas schwieriger. Vorerst gibt eine gemäß Bild 8.18b gewählte Formfunktion für Punkt 1 in den Punkten 2 und 4 nichttriviale Werte. Diese können zum Verschwinden gebracht werden, indem man die mit $\frac{1}{2}$ multiplizierte Formfunktion $N_2 + N_4$ hinzuaddiert, vgl. Bild 8.18c (ähnliche Argumente wie oben ergeben $N_4 = \frac{1}{2}(1 - \xi)(1 - \eta^2)$). Also gilt

$$N_1 = \tfrac{1}{4}(1 - \xi)(1 - \eta) - \tfrac{1}{4}(1 - \xi^2)(1 - \eta) - \tfrac{1}{4}(1 - \xi)(1 - \eta^2).$$

Es kann gezeigt werden, daß die Polynomkoeffizienten, welche in den obigen Funktionen auftreten, durch die in Bild 8.8c definierten Kurven gegeben sind, d.h. durch die Produkte von quadratischen, zu Eckpunkten gehörenden Entwicklungen mit linearen Entwicklungen in der Richtung senkrecht dazu. Die Methode kann leicht auf Ausdrücke, welche entlang den Kanten beliebige Ordnung haben, und auch auf dreidimensionale Elemente erweitert werden.

8.8 Isoparametrische Darstellung [8.11]

Unter isoparametrischen Elementen versteht man Elemente, für welche die funktionelle Darstellung des Deformationsverhaltens auch zur Darstellung der Geometrie des Elementes benützt wird. Bei der isoparametrischen Darstellung **(Bild 8.19)** wird ein Rechteckelement mit einer vorgegebenen Knotenzahl in ein Element mit gekrümmten Rändern und der gleichen Knotenzahl abgebildet. Wenn z.B. die Darstellung eines Verschiebungsfeldes, welches mit Hilfe des Prinzips vom Minimum der potentiellen Energie formuliert wurde, ein kubisches Polynom ist, dann werden die Ränder des isoparametrischen Elementes durch die gleichen kubischen Funktionen beschrieben. Wenn zur geometrischen Beschreibung des ursprünglichen Elementes interelementkompatible Verschiebungsfelder gewählt wurden, so wird das gekrümmte Element an jedes entsprechend gekrümmte Element anschließen, ohne daß in der geometrischen Beschreibung des zusammengefügten analytischen Modelles Unstetigkeiten entstehen.

Bei der zweidimensionalen Analysis erhält man das einfachste, vierseitige isoparametrische Element dadurch, daß das lineare Feld benutzt wird. Das Rechteckelement wird so in ein beliebiges Viereck verwandelt, Bild 8.19a. Eine bessere Übereinstimmung mit

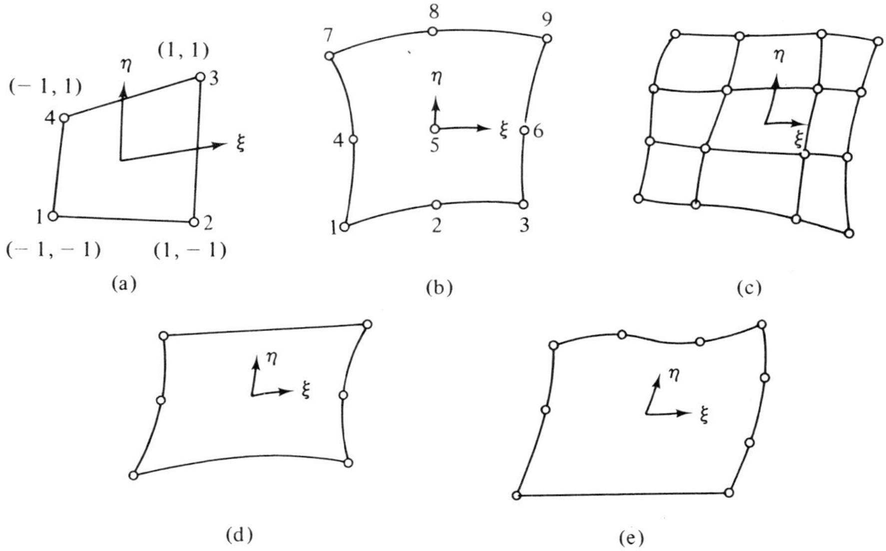

Bild 8.19

gekrümmten Rändern wird bei Verwendung von Elementen höherer Ordnung (Bilder 8.19b und c) erreicht. Bei ihnen werden quadratische und kubische Polynomdarstellungen des Verschiebungsfeldes zur Approximation der Ränder benutzt. Gemischte Elementtypen mit unterschiedlicher Knotenzahl an jeder Seite und mit bzw. ohne inneren Knoten werden in der Praxis oft auch verwendet.

Es ist nicht entscheidend, daß zur Darstellung von Verschiebung und Geometrie dasselbe Funktionsverhalten gewählt wird. Wenn die Funktionen zur Abbildung der Geometrie von geringerem Grad als jene für die Verschiebungen sind, dann wird die Elementdarstellung subparametrisch genannt. Wenn die geometrische Darstellung von höherer Ordnung ist, nennt man die Darstellung superparametrisch. Isoparametrische, subparametrische und superparametrische Elementdarstellungen sind vielleicht wichtiger in der Analysis von dreidimensionalen Problemen, ein Thema, das wir in Kapitel 10 nochmals aufgreifen werden. Dreidimensionale Probleme sind in der Ausführung gewöhnlich sehr teuer. Wenn eine Konstruktion also gekrümmte Ränder hat, werden viele Elemente in einer Darstellung gewöhnlicher Elemente nur dazu gebraucht, die Geometrie abzubilden, ohne dabei einen wesentlichen Vorteil in den verbesserten Spannungs- oder Verschiebungsresultaten zu erhalten. Isoparametrische Elemente dienen also dazu, die Kosten der allein mit der geometrischen Abbildung verbundenen Idealisierung zu senken.

Zur Beschreibung isoparametrischer Formulierungen genügt es, den zweidimensionalen Fall zu betrachten. Der erste Schritt in der Formulierung ist die Definition dimensionsloser Koordinaten (ξ, η) mit Ursprung im Zentrum der Elemente. Das wurde bereits in Abschnitt 8.7 für ein ebenes Element gemacht. Wir bemerken nochmals, daß für jedes Rechteck $\xi = (x - x_c)/(x_c - x_1)$ und $\eta = (y - y_c)/(y_c - y_1)$ gilt, wobei x_c und y_c die Koordinaten des Mittelpunktes des Elementes und x_1 und y_1 jene der linken unteren Ecke sind. Wir beachten ferner, daß auf diese Weise die dimensionslosen Koordinaten der vier Eckpunkte die Werte $+1$ und -1 annehmen (Bild 8.19a).

Der nächste Schritt besteht darin, die Formfunktionen $\lfloor \mathbf{N} \rfloor = \lfloor N_1, \ldots, N_i, \ldots, N_n \rfloor$ in Abhängigkeit der dimensionslosen Koordinaten auszudrücken. Für bilineare Interpolation z.B. erhält man (für die in Bild 8.19a definierten Punkte)

$$\lfloor \mathbf{N} \rfloor = \tfrac{1}{4} \lfloor (1-\xi)(1-\eta) \quad (1+\xi)(1-\eta) \quad (1+\xi)(1+\eta) \quad (1-\xi)(1+\eta) \rfloor .$$

Wir bezeichnen diese Formfunktionen mit $\lfloor \mathbf{N}(\xi, \eta) \rfloor$ und schreiben für die x- und y-Koordinaten des Elementes

$$x = \lfloor \mathbf{N}(\xi, \eta) \rfloor \{\mathbf{x}\}, \qquad y = \lfloor \mathbf{N}(\xi, \eta) \rfloor \{\mathbf{y}\}, \tag{8.33}$$

wobei $\{\mathbf{x}\}$ und $\{\mathbf{y}\}$ die x- und y-Koordinaten der Knoten darstellen, d.h.

$$\{\mathbf{x}\} = \lfloor x_1 \ldots x_i \ldots x_n \rfloor^{\mathrm{T}}, \qquad \{\mathbf{y}\} = \lfloor y_1 \ldots y_i \ldots y_n \rfloor^{\mathrm{T}} . \tag{8.34}$$

Auf diese Weise ist im Knoten i also $x = x_i$ und $y = y_i$.

Ganz entsprechend schreibt man

$$u = \lfloor \mathbf{N}(\xi, \eta) \rfloor \{\mathbf{u}\}, \qquad v = \lfloor \mathbf{N}(\xi, \eta) \rfloor \{\mathbf{v}\} , \tag{8.35}$$

wo $\{\mathbf{u}\} = \lfloor u_1 \ u_2 \ u_3 \ u_4 \rfloor^{\mathrm{T}}$ und $\{\mathbf{v}\} = \lfloor v_1 \ v_2 \ v_3 \ v_4 \rfloor^{\mathrm{T}}$.

Um eine Steifigkeitsmatrix für das Element zu konstruieren, muß man die Verzerrungen finden (welche in den Verschiebungsableitungen bezüglich der x- und y-Koordinaten ausdrückbar sind). Die Verschiebungen sind jetzt aber Funktionen von ξ und η. Es muß also eine Beziehung zwischen den Ableitungen nach x und y und jenen nach ξ und η gefunden werden. Dies kann mit der Kettenregel der Differentiation geschehen:

$$\begin{aligned}\frac{\partial N_i}{\partial \xi} &= \frac{\partial x}{\partial \xi}\frac{\partial N_i}{\partial x} + \frac{\partial y}{\partial \xi}\frac{\partial N_i}{\partial y}\,,\\ \frac{\partial N_i}{\partial \eta} &= \frac{\partial x}{\partial \eta}\frac{\partial N_i}{\partial x} + \frac{\partial y}{\partial \eta}\frac{\partial N_i}{\partial y}\,.\end{aligned} \tag{8.36}$$

Mit (8.33) kann jetzt $\partial x/\partial\xi = \lfloor \partial \mathbf{N}/\partial\xi \rfloor \{\mathbf{x}\}$ bestimmt werden; ähnliches gilt auch für $\partial x/\partial\eta$ usw. Gleichung (8.36) kann also als

$$\begin{Bmatrix} \dfrac{\partial N_i}{\partial \xi} \\ \dfrac{\partial N_i}{\partial \eta} \end{Bmatrix} = [\mathbf{J}] \begin{Bmatrix} \dfrac{\partial N_i}{\partial x} \\ \dfrac{\partial N_i}{\partial y} \end{Bmatrix} \tag{8.37}$$

geschrieben werden, wobei

$$[\mathbf{J}]_{2\times 2} = \begin{bmatrix} \dfrac{\partial \mathbf{N}}{\lfloor \partial \xi \rfloor} \\ \dfrac{\partial \mathbf{N}}{\lfloor \partial \eta \rfloor} \end{bmatrix}_{2\times n} [\{\mathbf{x}\}\{\mathbf{y}\}]_{n\times 2}\,. \tag{8.38}$$

Wie gewöhnlich in der Matrizenrechnung wird die Matrix der ersten Ableitungen, die 2×2-Matrix $[\mathbf{J}]$, die Jakobische Matrix genannt.

Zur Illustration wählen wir das bilineare Element in Bild 8.19a, für welches

$$\begin{aligned}\frac{\partial \mathbf{N}}{\lfloor \partial \xi \rfloor} &= \frac{1}{4}\lfloor -(1-\eta) \quad (1-\eta) \quad (1+\eta) \quad -(1+\eta)\rfloor,\\ \frac{\partial \mathbf{N}}{\lfloor \partial \eta \rfloor} &= \frac{1}{4}\lfloor -(1-\xi) \quad -(1-\xi) \quad (1+\xi) \quad (1+\xi)\rfloor\end{aligned}$$

gilt. Der linke obere Koeffizient von $[\mathbf{J}]$ ist also

$$J_{11} = \tfrac{1}{4}[(1-\eta)(x_2 - x_1) + (1+\eta)(x_3 - x_4)].$$

Ganz ähnlich geht man für J_{12}, J_{21} und J_{22} vor.

Die linke Seite von (8.37) ist bekannt, und der Vektor auf der rechten Seite wird gesucht. Daher muß $[\mathbf{J}]$ invertiert werden. Es ist durchaus möglich, daß man ein System von physikalischen Knoten, (d.h. Knotenkoordinaten x_1, x_2 etc.) gewählt hat, das insofern unzulässig ist, als es zu einer singulären Matrix $[\mathbf{J}]$ führt. In der Tat reagiert die Matrix $[\mathbf{J}]$ für gewisse Konfigurationen der Verzerrungen des Rechteckelementes recht empfindlich, und dies trifft auch zu für die entlang der Kanten gegebenen Punkte, [8.12].

Wir sind jetzt in der Lage, die Folgerungen aus der isoparametrischen Darstellung zu ziehen, insbesondere bezüglich der Steifigkeitsmatrix des Elementes. Die Verzerrungs-Verschiebungsgleichungen sind von der gewohnten Form $\boldsymbol{\epsilon} = [\mathbf{D}]\{\boldsymbol{\Delta}\}$, wobei $\boldsymbol{\epsilon}$ den auf kartesische Koordinaten (x, y) bezogenen Verzerrungstensor darstellt. Daher enthält $[\mathbf{D}]$ Ableitungen der Formfunktionen bezüglich der Variablen x und y. Für ebene Bedingungen (vgl. (5.22)) ergibt dies

$$\begin{Bmatrix} \epsilon_x \\ \epsilon_y \\ \gamma_{xy} \end{Bmatrix} = \begin{bmatrix} \dfrac{\partial \mathbf{N}}{\lfloor \partial x \rfloor} & \mathbf{0} \\ \mathbf{0} & \dfrac{\partial \mathbf{N}}{\lfloor \partial y \rfloor} \\ \dfrac{\partial \mathbf{N}}{\lfloor \partial y \rfloor} & \dfrac{\partial \mathbf{N}}{\lfloor \partial x \rfloor} \end{bmatrix} = [\mathbf{D}] \begin{Bmatrix} \{\mathbf{u}\} \\ --- \\ \{\mathbf{v}\} \end{Bmatrix}. \tag{8.39}$$

Eine Transformation ist nötig, um mit Hilfe von (8.37) die Matrix $[\mathbf{D}]$ zu berechnen.

Die Spannungs-Verzerrungsbeziehung ist durch $\boldsymbol{\sigma} = [\mathbf{E}]\{\boldsymbol{\epsilon}\}$ gegeben und das Flächeninkrement $dx\,dy$ wird in allen Integrationen durch

$$dx\,dy = |\mathbf{J}|\,d\xi\,d\eta \tag{8.40}$$

ersetzt, wobei $|\mathbf{J}|$ die Determinante von $[\mathbf{J}]$ bezeichnet. Weiter werden die Integrationsgrenzen jetzt -1 und $+1$. Die gewöhnliche Formel (6.12a) für die Steifigkeitsmatrix eines Elementes der Einheitsdicke in der z-Richtung kann jetzt als

$$[\mathbf{k}] = \left[\int_A [\mathbf{D}]^T[\mathbf{E}][\mathbf{D}]\,dA\right] = \left[\int_{-1}^{+1}\int_{-1}^{+1} [\mathbf{D}]^T[\mathbf{E}][\mathbf{D}]\,\det|\mathbf{J}|\,d\xi\,d\eta\right] \tag{8.41}$$

geschrieben werden.

Man erkennt, daß $[\mathbf{J}]$ eine ziemlich komplizierte Matrix darstellt, selbst für sehr einfache Fälle wie das bilineare Element. Daher ist die explizite Form von $[\mathbf{k}]$ üblicherweise unbekannt, und sie muß durch numerische Integration bestimmt werden [8.13].

Im Zusammenhang mit der Wahl der Formfunktionen für isoparametrische Darstellungen ist es von Interesse zu bemerken, daß die Bedingungen der Starrkörperbewegung und der konstanten Dehnung in der Abbildung erhalten bleiben, wenn sie bereits im ursprünglichen Rechteckelement enthalten sind. Für den ebenen Fall kann der der Starrkörperbewegung und konstanten Dehnung entsprechende Verschiebungsanteil als

$$\boldsymbol{\Delta} = \alpha_1 + \alpha_2 x + \alpha_3 y$$

geschrieben werden. Für das Rechteck erhält man

$$\boldsymbol{\Delta} = \lfloor \mathbf{N}(\xi, \eta) \rfloor \{\boldsymbol{\Delta}\} = \alpha_1 + \alpha_2 x + \alpha_3 y\,. \tag{8.42}$$

An jedem Knoten gilt

$$\boldsymbol{\Delta}_i = \alpha_1 + \alpha_2 x_i + \alpha_3 y_i$$

und durch Einsetzen in (8.42) für n Verschiebungen

$$\alpha_1 \sum_{i=1}^{n} N_i + \alpha_2 \sum_{i=1}^{n} N_i x_i + \alpha_3 \sum_{i=1}^{n} N_i y_i = \alpha_1 + \alpha_2 x + \alpha_3 y$$

oder

$$\sum_{i=1}^{n} N_i = 1,$$

$$\sum_{i=1}^{n} N_i x_i = x,$$

$$\sum_{i=1}^{n} N_i y_i = y.$$

Die erste dieser Beziehungen gilt wegen der Grundeigenschaften der Formfunktionen, wohingegen die zweite und dritte aus (8.33) folgt.

Die Idee der isoparametrischen Darstellung kann in natürlicher Weise auf dreidimensionale Probleme erweitert werden. Hier werden keine Details gegeben, da die Erweiterung der Matrizen **[J]** und **[D]** auf dreidimensionale Probleme mit keinen Schwierigkeiten verbunden ist. Die Erweiterung auf Dreiecke und Tetraeder ist auch einfach; sie verlangt nur, daß zu Anfang eine Koordinate L_i in Abhängigkeit der anderen Koordinaten ausgedrückt wird. Für die Dreieckskoordinaten muß also (8.20) und für die Tetraeder-Koordinaten (8.28) angewendet werden.

Literatur

8.1 Johnson, M.; McLay, R.: Convergence of the finite element method in the theory of elasticity. J. Appl. Mech. 90 (1968) 274–289.

8.2 Tong, P.; Pian, T.: The convergence of finite element method in solving linear elastic problems. Int. J. Solids Struct. 3 (1967) 865–879.

8.3 Haisler, W.; Stricklin, J.: Rigid-body displacements of curved elements in the analysis of shells by the matrix displacement method. AIAA J. 5 (1967) 1525–1527.

8.4 Murray, K.H.: Comments on the convergence of finite element solutions. AIAA J. 8 (1970) 815–816.

8.5 Dunne, P.: Complete polynomial displacement fields for finite element method. Aer. J. 72 (1968) 246–247.

8.6 Eisenberg, M.A.; Malvern, L.E.: On finite element integration in natural coordinates. Int. J. Num. Meth. Eng. 7 (1973) 574–575.

8.7 Abramowitz, M.; Stegun, J.A.: Handbook of mathematical functions. Nat. Bureau of Standards, Washington, D.C., 1964.

8.8 Strang, G.; Fix, G.: An analysis of the finite element method. Englewood Cliffs, N.J.: Prentice Hall 1973.

8.9 Silvester, P.: Tetrahedronal polynomial finite elements for the Helmholtz equation. Int. J. Num. Meth. Eng. 4 (1972) 405–413.

8.10 Taylor, R.L.: On the completeness of shape functions for finite element analysis. Int. J. Num. Meth. Eng. 4 (1972) 17–22.

8.11 Zienkiewicz, O.C.: Isoparametric and allied numerically integrated elements – A review. In: S.J. Fenves, et al (Hrsg.) Numerical and computer methods in structural mechanics, New York N.Y.: Academic Press 1973. S. 13–42.

8.12 Bond, T.I. et al.: A comparison of some curved two dimensional finite elements. J. Strain Anal. 8 (1973) 182–190.

8.13 Irons, B.M.: Quadrature rules for brick based finite elements. Int. J. Num. Meth. Eng. 3 (1971) 293–294.

Aufgaben

8.1 Untersuche, ob das in (9.16) gegebene Verschiebungsfeld vom Standpunkte der in Abschnitt 8.1 gegebenen Kriterien zur Beschreibung finiter Elemente geeignet ist.

8.2 Untersuche, ob die Funktion

$$u = a_1 x + a_2 y + a_3\left(xy - \frac{x_4}{y_4}y^2\right) + a_4$$

zur Darstellung des Verschiebungsfeldes in **Bild A.8.2** gezeigten Parallelepipedes geeignet ist.

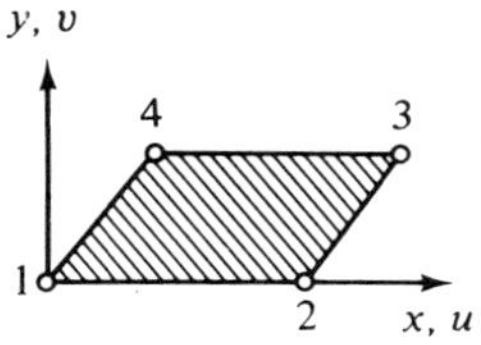

Bild A.8.2

8.3 Bestimme für das Viereckelement von Bild 8.7b eine Verschiebungsfunktion u, welche der zweidimensionalen Lagrangeschen Interpolation zugrundeliegt. Man eliminiere den Punkt 5, indem zwischen den Punkten 4 und 6 sowie 2 und 8 eine lineare Variation der Verschiebungen angenommen wird.

8.4 Leite das Verfahren zur Elimination überzähliger Freiheitsgrade (vgl. Abschnitt 2.8) nochmals her, schließe dabei die an den eliminierten Knoten angreifenden Lasten aber ein.

8.5 Bestimme für ein kubisches Verschiebungsfeld die Formfunktionen N_{300}, N_{210} und N_{111} in Abhängigkeit der Dreieckskoordinaten.

8.6 Man leite für ein Verschiebungsfeld 4. Grades die Formfunktionen N_{400} und N_{220} in Abhängigkeit von Dreieckskoordinaten her.

8.7 Durch Berechnung der Formfunktionen N_{200} usw. (vgl. Abschnitt 8.5) bestätige man, daß die Formeln von Aufgabe 6.9 richtig sind.

8.8 Für den Fall, daß $x_1 = y_1 = y_2 = z_1 = z_2 = z_3 = 0$ gilt, berechne man die Formfunktionen des Tetraeders von Bild 8.5 als Funktion der Knotenkoordinaten.

8.9 Berechne für das Dreieckelement mit Spitze 200 im Ursprung und mit den Punkten 110 und 020 auf der x-Achse das Integral

$$\int_A \left(\frac{\partial N_{200}}{\partial x}\right)\left(\frac{\partial N_{011}}{\partial y}\right) dA .$$

8.10 Berechne mit Lagrangescher Interpolation die Formfunktionen für den 4-knotigen Zug-Druckstab (vgl. Bild 8.2).

8.11 Bestimme für ein Rechteckelement unter Biegebeanspruchung die Formfunktion, indem Hermitesche Interpolation in derselben Weise verwendet wird, wie die Lagrangesche Interpolation bei der Bildung von Elementen des ebenen Spannungszustandes. Erfüllt die resultierende Funktion alle in Abschnitt 8.1 erwähnten Forderungen?

8.12 Stelle mittels Hermitescher Interpolation die eindimensionale Formfunktion auf, welche einem Polynom 5. Grades entspricht. Die Verschiebungsparameter an jedem Ende des Segmentes seien hierbei die Werte der Funktion und deren 1. und 2. Ableitungen.

8.13 Die biquadratische Interpolationsformel von (8.7) ist auf Achsen bezogen, welche den Ursprung an der linken unteren Ecke eines Rechteckelementes haben. Transformiere diesen Ausdruck so, daß die Koordinaten (ξ, η) sich im Mittelpunkte schneiden.

8.14 Konstruiere für das in **Bild A.8.14** gezeigte Element ein zulässiges Verschiebungsfeld.

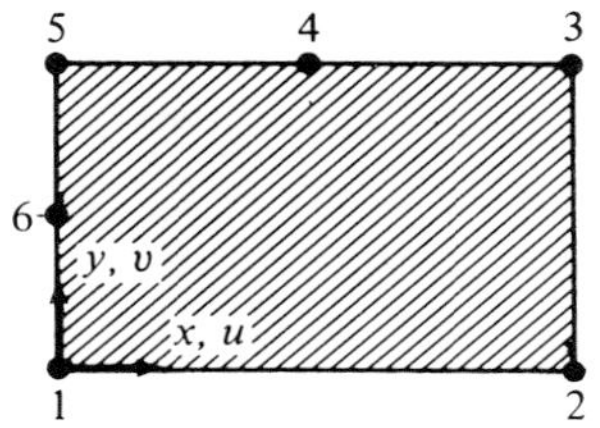

Bild A.8.14

8.15 Nimm an, daß, wie im Falle der Wärmeleitung (vgl. Abschnitt 5.4), das Verhalten eines Dreieckelementes durch den Skalar Υ beschrieben werde, der durch

$$\Upsilon = L_1\Upsilon_1 + L_2\Upsilon_2 + L_3\Upsilon_3 + L_1L_2L_3\Upsilon_0 = \lfloor \mathbf{N} \rfloor \{\mathbf{\Upsilon}\}$$

gegeben sei. Hier sind L_1, L_2 und L_3 die Dreieckskoordinaten. Υ_1, Υ_2 und Υ_3 sind die Eckpunktwerte, und Υ_0 ist ein verallgemeinerter Parameter. Die das Verhalten von Υ beschreibende Matrix ist durch

$$[\mathbf{k}] = \left[\nu \int_A \left(\left\{ \frac{\partial N}{\partial \mathbf{x}} \right\} \frac{\partial N}{\lfloor \partial \mathbf{x} \rfloor} + \left\{ \frac{\partial N}{\partial \mathbf{y}} \right\} \frac{\partial N}{\lfloor \partial \mathbf{y} \rfloor} \right) dA \right]$$

gegeben, wobei ν den Wärmeleitungskoeffizienten bezeichnet. Berechne die Matrix $[\mathbf{k}]$ und eliminiere durch Raffung die Variable $L_1L_2L_3$.

9 Ebener Spannungszustand

Es sind jetzt alle Bestandteile für die FE-Formulierung zahlreicher Ansatzfunktionen verfügbar. Dieses Kapitel beschäftigt sich daher mit der Beschreibung spezifischer, zur Berechnung von Kontinuen geeigneter Elementtypen; dasselbe wird auch in den nächsten vier Kapiteln geschehen. Der ebene Spannungszustand, räumliche Elemente, spezielle Typen dreidimensionaler Elemente und die Plattenbiegung werden behandelt. Drei der Kapitel, das vorliegende eingeschlossen, beginnen mit einem Abschnitt, der die grundlegenden Beziehungen für den gerade untersuchten Verhaltenstyp und die zugehörigen Differentialgleichungen, bzw. deren spezielle Formen rekapituliert. Die darauffolgenden Abschnitte dieser Kapitel und die beiden anderen Kapitel dieser Gruppe werden in ihrem Aufbau vom Typ des fraglichen Elementes diktiert.

Das vorliegende Kapitel behandelt die Elementdarstellung dünner Scheiben. Das sind Bauteile, die durch in der Ebene liegende Normal- und Schubspannungen beansprucht sind. Diese Beanspruchungsart heißt ebener Spannungszustand. Er gehört zu den einfachsten Formen der statischen Beanspruchung eines Kontinuums und tritt in der Praxis recht häufig auf. Das entsprechende finite Element dient zur Idealisierung von Kastenquerschnitten, dünnwandigen und ausgesteiften Konstruktionen und nicht zuletzt von Membran-Spannungszuständen in Schalen.

Die Grundgleichungen des ebenen Spannungszustandes haben uns in früheren Kapiteln zur Herleitung verschiedener grundlegender theoretischer Überlegungen gedient. Daher ist der die Grundlagen betreffende Abschnitt dieses Kapitels kurz; er besteht im wesentlichen darin zu erwähnen, wo die zur Verwendung gelangenden Beziehungen schon früher im Text behandelt wurden. Die Frage der geometrischen Form ist hierbei der bedeutendste und zugleich wichtigste Aspekt des ebenen Spannungszustandes. Obwohl viele Formen möglich wären, sind Dreieck und Viereck die weitaus wichtigsten. Beide werden in diesem Kapitel detailliert behandelt.

Dreieckelemente werden beim ebenen Spannungszustand prinzipiell aufgrund eines Ansatzes für die Verschiebungsfunktion und mit dem Prinzip des Minimums der potentiellen Energie behandelt. Wir werden Dreieckformulierungen unterschiedlicher Komplexität besprechen. Es wird dabei nicht nur eingehend auf die praktischen Aspekte dieser Dreieckelemente eingegangen, sondern ebenso auch auf Fragen der Spannungsinterpolation, die bereits bei einfachen Elementen zu grundsätzlichen Überlegungen Anlaß geben. Für zwei einer analytischen Lösung zugängliche Probleme werden numerische Resultate in Abhängigkeit der Netzverfeinerung präsentiert. Abschließend folgen einige Bemerkungen, die die Rolle des Prinzips des Minimums der Komplementärenergie und die gemischten Variationsprinzipien betreffen.

Die Behandlung des ebenen Spannungszustandes mit Hilfe von Rechteckelementen wird zuerst unter Benützung interelementkompatibler Verschiebungsfelder angegangen.

Für diese Elemente beweisen numerische Resultate, daß Probleme, bei welchen Ansatzfunktionen für das Verschiebungsfeld benutzt werden, vorteilhaft mit einer Überlagerung solcher Ansatzfunktionen behandelt werden. Diesem letzten Problem wird denn auch ein eigener Abschnitt gewidmet. Das Hybrid-Verfahren mit Ansatzfunktionen für die Spannungen besitzt für die FEM des ebenen Spannungszustandes gewisse Vorteile. Diese Methode wird im letzten Abschnitt dieses Kapitels behandelt.

9.1 Grundgleichungen

9.1.1 Differentialgleichungen und Konstitutivrelationen

Wir betrachten eine dünne Scheibe (**Bild 9.1**), die einem ebenen Spannungszustand unterworfen sei, mit in der Mittelebene liegenden Koordinatenachsen x und y. Die in der Ebene liegenden Spannungen sind σ_x, σ_y und τ_{xy}; sie sind konstant über die Dicke t verteilt. Die Normalspannungen σ_z und die Scherspannungen τ_{xz} und τ_{yz} werden als vernachlässigbar klein vorausgesetzt. Die Differentialgleichungen des Gleichgewichts sind im System (4.2) festgehalten; die Verzerrungs-Verschiebungsrelationen werden in (4.7) gegeben, und (4.8) stellt die einzige benötigte Kompatibilitätsbedingung dar.

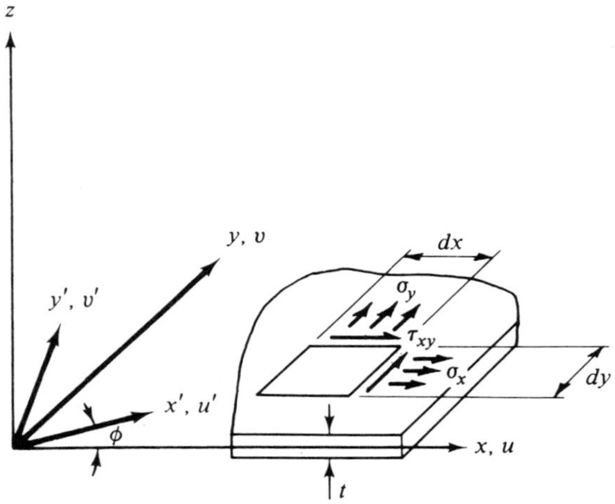

Bild 9.1

Die konstitutiven Gleichungen werden beim ebenen Spannungszustand nur selten für allgemeinere Situationen als ein orthotropes Material benötigt. Für solche Materialien gilt mit den Initialdehnungen $\epsilon_x^{\text{init.}}$, $\epsilon_y^{\text{init.}}$ und $\gamma_{xy}^{\text{init.}}$

$$\boldsymbol{\sigma} = [\mathbf{E}]\boldsymbol{\epsilon} - [\mathbf{E}]\boldsymbol{\epsilon}^{\text{init.}}, \tag{4.15}$$

wobei

$$\boldsymbol{\sigma} = \lfloor \sigma_x \; \sigma_y \; \tau_{xy} \rfloor^{\mathrm{T}}, \tag{9.1}$$

$$\boldsymbol{\epsilon} = \lfloor \epsilon_x \; \epsilon_y \; \gamma_{xy} \rfloor^{\mathrm{T}} \tag{9.2}$$

und

$$[\mathbf{E}] = \frac{1}{(1-\mu_{xy}\mu_{yx})}\begin{bmatrix} E_x & \mu_{yx}E_x & 0 \\ \mu_{xy}E_y & E_y & 0 \\ 0 & 0 & (1-\mu_{xy}\mu_{yx})G \end{bmatrix} \tag{9.3}$$

mit $\mu_{xy}E_y = \mu_{yx}E_x$. G ist der Schubmodul.

Oft werden die konstitutiven Gleichungen für orthotrope Scheiben in globalen Achsen (x, y) gegeben, die Elementformulierung aber in den lokalen (x', y')-Achsen. Wenn ϕ den Winkel zwischen den globalen Achsen und den Elementachsen bedeutet (vgl. Bild 9.1), so lautet die Transformation von globalen auf lokale Achsen für die Spannungen

$$\begin{Bmatrix} \sigma'_x \\ \sigma'_y \\ \tau'_{xy} \end{Bmatrix} = \begin{bmatrix} \cos^2\phi & \sin^2\phi & 2\sin\phi\cos\phi \\ \sin^2\phi & \cos^2\phi & -2\sin\phi\cos\phi \\ -\sin\phi\cos\phi & \sin\phi\cos\phi & \cos^2\phi-\sin^2\phi \end{bmatrix} \begin{Bmatrix} \sigma_x \\ \sigma_y \\ \tau_{xy} \end{Bmatrix} \tag{9.4a}$$

und für die Verzerrungen

$$\begin{Bmatrix} \epsilon'_x \\ \epsilon'_y \\ \gamma'_{xy} \end{Bmatrix} = \begin{bmatrix} \cos^2\phi & \sin^2\phi & \sin\phi\cos\phi \\ \sin^2\phi & \cos^2\phi & -\sin\phi\cos\phi \\ -2\sin\phi\cos\phi & 2\sin\phi\cos\phi & \cos^2\phi-\sin^2\phi \end{bmatrix} \begin{Bmatrix} \epsilon_x \\ \epsilon_y \\ \gamma_{xy} \end{Bmatrix} \tag{9.4b}$$

Die entsprechenden Transformationen der Randbedingungen sind bereits behandelt worden; sie sind für die Spannungen in (4.5) und für die Verschiebungen in (4.9) gegeben. Die Differentialgleichungen des Gleichgewichts, ausgedrückt in den Verschiebungen, sind in (4.17) zusammengestellt. Die Differentialgleichung der Verträglichkeit ist in (4.18) in den Spannungen und in (4.19) in Abhängigkeit der Airyschen Spannungsfunktion ausgedrückt.

9.1.2 Potentielle Energie

Wir untersuchen hier nur die Verzerrungsenergie U. Das Potential der aufgebrachten Lasten V hängt von der Form der Lasten ab und kann nur diskutiert werden, wenn die Verteilung der Lasten gegeben ist. Beim ebenen Spannungszustand ist die Verzerrungsenergie durch

$$U = \frac{1}{2}\int_A \boldsymbol{\sigma}\,\boldsymbol{\epsilon}\, t\, dA \tag{9.5}$$

gegeben, wobei $\boldsymbol{\sigma}$ und $\boldsymbol{\epsilon}$ in (9.1), bzw. (9.2) definiert sind. Einführen der für orthotropes Material gültigen konstitutiven Gleichungen (wobei Initialdehnungen vernachlässigt werden) und der Verzerrungsgleichungen (4.7) führt auf

$$U = \frac{1}{2}\int_A \boldsymbol{\epsilon}[\mathbf{E}]\boldsymbol{\epsilon}\, t\, dA\,, \tag{9.5a}$$

wobei [**E**] in (9.3) definiert und $\boldsymbol{\epsilon}$ durch

$$\boldsymbol{\epsilon} = \begin{Bmatrix} \epsilon_x \\ \epsilon_y \\ \gamma_{xy} \end{Bmatrix} = \begin{Bmatrix} \dfrac{\partial u}{\partial x} \\ \dfrac{\partial v}{\partial y} \\ \dfrac{\partial u}{\partial y} + \dfrac{\partial v}{\partial x} \end{Bmatrix}$$

gegeben ist. Nach Ausführen der Multiplikation erhält man

$$U = \frac{1}{2(1-\mu_{xy}\mu_{yx})} \int_A \left[E_x \left(\frac{\partial u}{\partial x}\right)^2 + 2\mu_{xy}E_y \frac{\partial u}{\partial x}\frac{\partial v}{\partial y} + E_y \left(\frac{\partial v}{\partial y}\right)^2 + (1-\mu_{xy}\mu_{yx})G\left(\frac{\partial u}{\partial y} + \frac{\partial v}{\partial x}\right)^2 \right] t\, dA \, . \tag{9.5b}$$

Das Prinzip vom Minimum der potentiellen Energie macht von Ansatzfunktionen für das Verschiebungsfeld Gebrauch. Im vorliegenden Fall besteht letzteres gewöhnlich aus den u'- und v'-Komponenten. Faßt man diese in den Knotenpunkten eines Elementes zu einem $\{\mathbf{u}\}$- und $\{\mathbf{v}\}$-Vektor zusammen, so ergibt sich der Vektor der Knotenverschiebungen zu $\lfloor \boldsymbol{\Delta} \rfloor = \lfloor \lfloor \mathbf{u} \rfloor \lfloor \mathbf{v} \rfloor \rfloor$. Für die hier diskutierte Steifigkeitsmethode werden die Verschiebungsfelder u und v ebenfalls direkt in Abhängigkeit der Knotenverschiebungen geschrieben, und zwar mit Hilfe der Formfunktionen, d.h. als

$$u = \lfloor \mathbf{N} \rfloor \{\mathbf{u}\}, \qquad v = \lfloor \mathbf{N} \rfloor \{\mathbf{v}\} \, .$$

(Im allgemeinen ist u eine Funktion von $\{\mathbf{u}\}$ allein und entsprechend auch v nur eine Funktion von $\{\mathbf{v}\}$.) Die Transformation der Verschiebungen auf die Verzerrungen wurde für den ebenen Fall bereits in Abschnitt 5.2, (5.22), und in Abschnitt 8.8, (8.39), verwendet. Daher setzen wir, früherer Schreibweise folgend,

$$\begin{Bmatrix} \epsilon_x \\ \epsilon_y \\ \gamma_{xy} \end{Bmatrix} = \begin{bmatrix} \dfrac{\partial \mathbf{N}}{\lfloor \partial x \rfloor} & \mathbf{0} \\ \mathbf{0} & \dfrac{\partial \mathbf{N}}{\lfloor \partial y \rfloor} \\ \dfrac{\partial \mathbf{N}}{\lfloor \partial y \rfloor} & \dfrac{\partial \mathbf{N}}{\lfloor \partial x \rfloor} \end{bmatrix} \begin{Bmatrix} \{\mathbf{u}\} \\ \{\mathbf{v}\} \end{Bmatrix} = [\mathbf{D}] \begin{Bmatrix} \{\mathbf{u}\} \\ \{\mathbf{v}\} \end{Bmatrix} . \tag{9.6}$$

(9.5a) wird daher

$$U = \frac{\lfloor \lfloor \mathbf{u} \rfloor \lfloor \mathbf{v} \rfloor \rfloor}{2} [\mathbf{k}] \begin{Bmatrix} \{\mathbf{u}\} \\ \{\mathbf{v}\} \end{Bmatrix} \tag{9.5c}$$

mit

$$[\mathbf{k}] = \left[\int_A [\mathbf{D}]^{\mathrm{T}} [\mathbf{E}] [\mathbf{D}] \, t \, dA \right] . \tag{9.7}$$

9.1.3 Komplementärenergie

Die komplementäre Verzerrungsenergie ist gemäß (6.68a) gegeben durch

$$U^* = \frac{1}{2}\int_A \boldsymbol{\sigma}[\mathbf{E}]^{-1}\boldsymbol{\sigma}\, t\, dA\,. \tag{9.8}$$

Wenn man von den Spannungsfunktionen Gebrauch macht, so ist im Fall des ebenen Spannungszustandes die Airysche Spannungsfunktion Φ anzuwenden. Die Ansatzfunktion für die letztere kann innerhalb eines Elementes mit Hilfe der Formfunktionen als

$$\Phi = \lfloor \mathbf{N} \rfloor \{\boldsymbol{\Phi}\} \tag{6.77}$$

geschrieben werden, wobei $\{\boldsymbol{\Phi}\}$ den Vektor der Knotenwerte der Spannungsfunktion und $\lfloor \mathbf{N} \rfloor$ die gewählten Formfunktionen darstellen. Wird Φ zweimal differenziert, so folgt aus der Definition der Spannungsfunktion (vgl. (4.4))

$$\boldsymbol{\sigma} = [\mathbf{N}'']\{\boldsymbol{\Phi}\}\,, \tag{6.78}$$

wobei die Koeffizienten $[\mathbf{N}'']$ von $\{\boldsymbol{\Phi}\}$ im allgemeinen Funktionen von x und y sind. Durch Einsetzen in den Ausdruck für die komplementäre Verzerrungsenergie erhält man

$$U^* = \frac{\lfloor \boldsymbol{\Phi} \rfloor}{2}[\mathbf{f}]\{\boldsymbol{\Phi}\}\,, \tag{9.8a}$$

wobei wie in (6.72a)

$$[\mathbf{f}] = \left[\int_A [\mathbf{N}'']^T[\mathbf{E}]^{-1}[\mathbf{N}'']\, t\, dA\right]. \tag{9.9}$$

Die Grundgleichungen des ebenen Spannungszustandes, die für gemischte Variationsprinzipien geeignet sind, werden hier nicht gegeben; die Bedeutung dieser Prinzipien bei der FEM wird in diesem Kapitel nur gestreift. [9.1] z.B. enthält typische, den ebenen Spannungszustand betreffende Details für das Reissner-Funktional.

9.2 Dreieckelemente für den ebenen Spannungszustand

9.2.1 Elementformulierungen mittels Ansatzfunktionen für die Verschiebungen

In diesem Abschnitt wollen wir den ebenen Spannungszustand mit Hilfe von Dreieckelementen behandeln. Dabei gehen wir von der Annahme aus, daß vollständige lineare, quadratische und kubische Polynomreihen zur Darstellung des Verschiebungsfeldes gewählt werden. In Abschnitt 8.5 ist aufgezeigt worden, daß für Dreieckelemente theoretisch keine Begrenzung im Grade der Polynomdarstellung besteht; hierbei ist es einfach, die Knotenpunkte innerhalb des Elementes und auf dessen Rand so zu wählen, daß den Funktionen höherer Ordnung Rechnung getragen wird. In der Praxis ist die Nützlichkeit von Elementen, welche auf Polynomen von höherer als dritter Ordnung basieren, jedoch fragwürdig. Einerseits steigen dadurch die Formulierungskosten zur Aufstellung der Steifigkeitskoeffizienten des Elementes bedeutend an, andererseits macht die Geometrie eines Bauwerkes oft Netzverfeinerungen notwendig, die den Vorteil komplizierter Elementdarstellungen zunichtemachen.

Die in diesem Abschnitt behandelten Elemente sind in **Bild 9.2** dargestellt. Das Element, welches nur an den Endpunkten Variable enthält (Bild 9.2a) wird aufgrund der Annahme konstanter Verzerrungen konstruiert, (was ja mit der Annahme konstanter Spannungen oder linearer Verschiebungen gleichbedeutend ist); es wird das CST-Element genannt (Constant Strain Triangle). Die Steifigkeitsmatrix dieses Elementes ist für ein isotropes Material mit anderen Methoden bereits in den Abschnitten 5.2 und 6.4 hergeleitet worden; sie ist in Bild 5.4 dargestellt. Da diese Herleitung mit allen Details in Abschnitt 5.2 gegeben wurde, werden hier keine weiteren Bemerkungen angefügt.

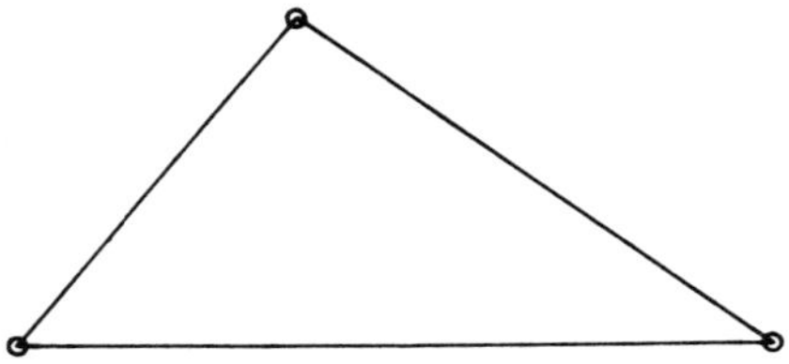

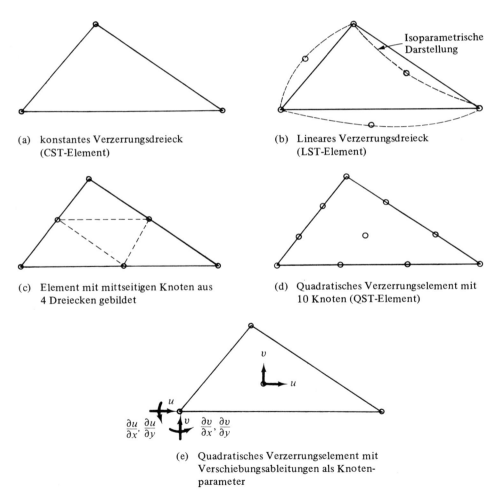

(a) konstantes Verzerrungsdreieck (CST-Element)

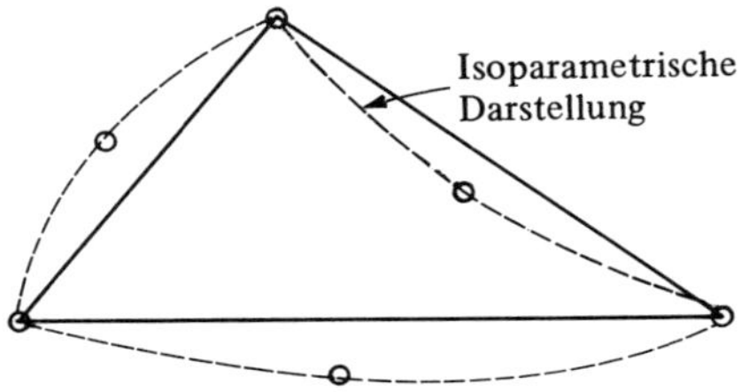

(b) Lineares Verzerrungsdreieck (LST-Element)

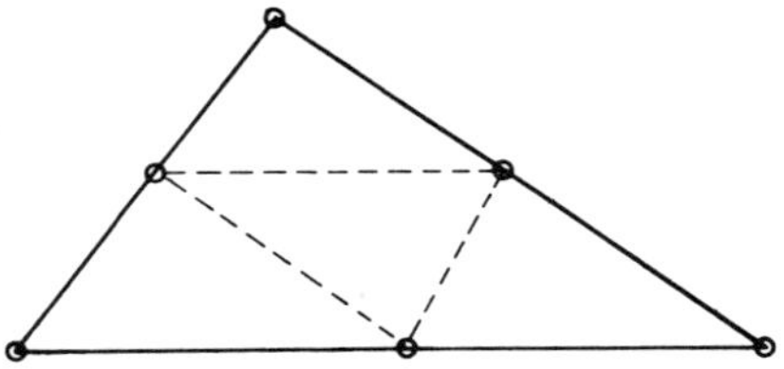

(c) Element mit mittseitigen Knoten aus 4 Dreiecken gebildet

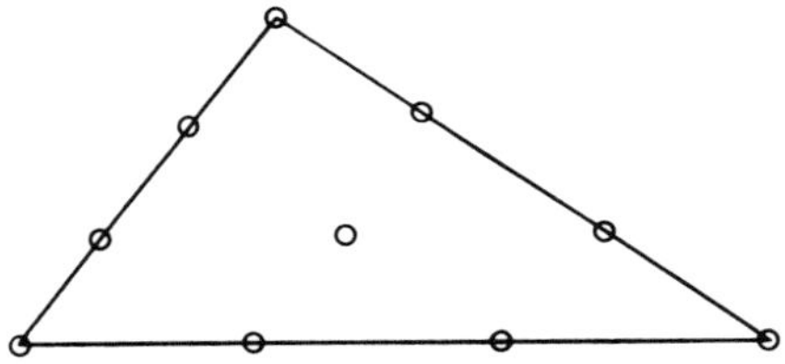

(d) Quadratisches Verzerrungselement mit 10 Knoten (QST-Element)

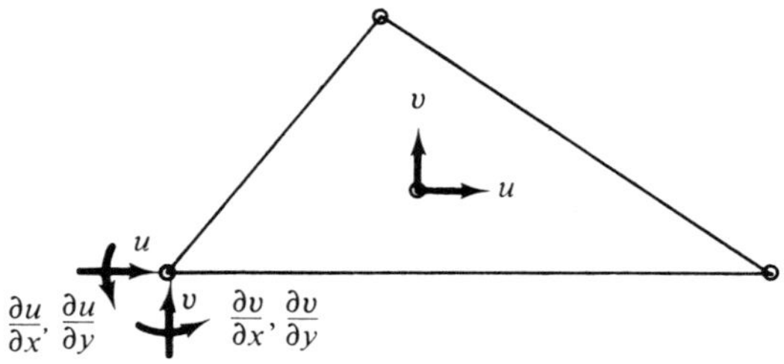

(e) Quadratisches Verzerrungselement mit Verschiebungsableitungen als Knotenparameter

Bild 9.2

Das nächste Element in der Ordnung wachsender Komplexität ist das 6-Knoten-Element von Bild 9.2b, dessen Formulierung auf vollständigen quadratischen Polynomen für die Verschiebungsfelder u und v basiert. Wie in Abschnitt 8.5 gilt

$$u = N_{200}u_{200} + N_{020}u_{020} + N_{002}u_{002} + N_{110}u_{110} + N_{011}u_{011} + N_{101}u_{101} \tag{8.25b}$$

ein ähnlicher Ausdruck gilt auch für v. In Abhängigkeit von Dreieckkoordinaten lauten die Formfunktionen (vgl. (8.11a) und (8.12a))

$$\begin{aligned} N_{200} &= L_1(2L_1 - 1), \quad N_{020} = L_2(2L_2 - 1), \quad N_{002} = L_3(2L_3 - 1)\,, \\ N_{110} &= 4L_1L_2, \quad N_{011} = 4L_2L_3, \quad N_{101} = 4L_3L_1 \end{aligned} \tag{9.10}$$

Für diesen Fall erhalten wir nach Anwendung der Verzerrungs-Verschiebungsgleichungen (4.7) die Beziehung (9.6), worin

$$\{\mathbf{u}\} = \lfloor u_{200} \ldots u_{101} \rfloor^{\mathrm{T}}, \quad \{\mathbf{v}\} = \lfloor v_{200} \ldots v_{101} \rfloor^{\mathrm{T}}$$

und

$$\left\lfloor \frac{\partial \mathbf{N}}{\partial \mathbf{x}} \right\rfloor = \left\lfloor \frac{\partial N_{200}}{\partial x} \quad \frac{\partial N_{020}}{\partial x} \quad \frac{\partial N_{002}}{\partial x} \quad \frac{\partial N_{110}}{\partial x} \quad \frac{\partial N_{011}}{\partial x} \quad \frac{\partial N_{101}}{\partial x} \right\rfloor. \tag{9.11}$$

Ähnliches gilt auch für die anderen Vektoren der Gleichung (9.6). Das erste Glied in (9.11) ist, wie in Abschnitt 8.5 gezeigt wurde, durch

$$\frac{\partial N_{200}}{\partial x} = \frac{2A}{b_{1_1}}(4L_1 - 1) \tag{9.12}$$

gegeben. Alle anderen Koeffizienten können durch einfache Differentiationen ebenfalls leicht berechnet werden. Die Steifigkeitsmatrix folgt schließlich aus den in (9.7) gegebenen Integrationen. In der Praxis wird die Integration des Trippelproduktes $[\mathbf{D}]^{\mathrm{T}}[\mathbf{E}][\mathbf{D}]$ über die Fläche des Elementes ausgeführt, da explizite Ausdrücke für die Steifigkeitskoeffizienten des Elementes ziemlich kompliziert sind, obwohl analytische Ausdrücke zur Verfügung stehen (vgl. [9.2] und [9.3]). Explizite Ausdrücke für die Koeffizienten der Steifigkeitsmatrix für Elemente noch höherer Ordnung sind äußerst kompliziert.

Das quadratische Verschiebungsfeld führt bei Dreieckelementen zu linearen Verzerrungen (oder Spannungen), so daß dieses Element normalerweise als LST-Element bezeichnet wird (Linear Strain Triangle). Es scheint so, als hätte eine Gruppierung von CST-Elementen gemäß der in Bild 9.2c dargestellten Anordnung denselben Effekt wie ein LST-Element. Dem ist nicht so, da das LST-Element einen kontinuierlichen (linearen) Spannungszustand definiert, das CST-Element für die Spannungen in jedem Elementteil jedoch vier verschiedene konstante Werte liefert.

Die Differentialgleichungen des Gleichgewichts werden beim LST-Element nicht identisch erfüllt. Diese Tatsache war früher in Abschnitt 4.5 nachgewiesen worden, wo polygonale Darstellungen nicht für die Formfunktionen, sondern für die u- und v-Verschiebungsfunktionen gewählt wurden. Selbstverständlich sind die Gleichgewichtsbedingungen in inneren Punkten auch für alle Elemente höherer Ordnung verletzt.

Das LST-Element kann zur isoparametrischen Darstellung verwendet werden, wie dies durch die gestrichelten Linien in Bild 9.2b dargestellt wird. Methoden zur Herleitung solcher Darstellungen wurden in Abschnitt 8.8 erläutert. Im allgemeinen sind alle in diesem und in den folgenden Kapiteln diskutierten speziellen Elemente auf die isoparametrische Darstellung anwendbar. Da die Details in all diesen Fällen jenen des Abschnitts 8.5 entsprechen, werden wir im folgenden keine Hinweise betreffend der isoparametrischen Darstellung der Geometrie mehr geben, es sei denn, spezielle Überlegungen würden auftreten.

Die nächste Ebene der Verfeinerung ist das Dreieck, das vollständigen kubischen Verschiebungsfunktionen (zehn Glieder) für die u- und für die v-Verschiebungen zugrundeliegt. In diesem Fall gibt es zwei verschiedene Anordnungen der Verschiebungsparameter. In der einen (Bild 9.2d) wird ein Satz von zehn Knotenpunkten in der üblichen Weise aufgestellt; die Werte für u und v an jedem dieser Knoten stellen die Verschiebungsparameter dar. Die andere Anordnung (Bild 9.2e) besteht nur aus Knotenpunkten, in welchen neben u und v auch deren Ableitungen ($du/dx = u_x$ usw.) spezifiziert sind. Dies gibt für jede Komponente u und v total neun Variable, also insgesamt 18 Variable. In der vollständigen Entwicklung sind aber total 20 Freiheitsgrade vorhanden. Die beiden letzten Freiheitsgrade können dadurch berücksichtigt werden, daß die beiden Verschiebungskomponenten im Dreiecksmittelpunkt in Rechnung gestellt werden [9.3]. Man kann diese zwei Variablen mittels des in Abschnitt 2.8 beschriebenen Raffungsprozesses oder aber mittels eleganterer Verfahren, wie sie in [9.4–9.6] dargelegt werden, entfernen.

Ein anderes Verfahren besteht darin, das Basis-Dreieck in drei dreieckige Untergebiete aufzuteilen, für u und v innerhalb dieser Subgebiete 9- oder 10-gliedrige Polynome anzusetzen und die inneren Variablen zu eliminieren, indem man Stetigkeit in den Verschiebungen fordert. Ein solches Verfahren ist für dreieckige Plattenelemente beliebter und wird in diesem Zusammenhang in Abschnitt 12.3.2 nochmals behandelt. Elemente höherer Ordnung mit Knotenanordnungen, welche mit dem Pascal-Dreieck in Einklang stehen (d.h. mit Knoten entlang der Ränder und innerhalb des Elementes), erzeugen eine größere Zahl globaler Steifigkeitsgleichungen mit breiteren Bandweiten als jene mit ausschließlich an den Ecken konzentrierten Variablen. Der Grund dafür kann dadurch gefunden werden, daß man zwei Dreieckelemente für eine Elementanordnung untersucht, deren Rand durch die Punkte $EADCF$ in **Bild 9.3** definiert ist. Wenn man wie in Bild 9.3a Elemente mit quadratischen Verzerrungen und mit zehn Knoten aneinanderreiht (dieser Elementtyp wird in Bild 9.2d gezeigt), dann werden 18 Verschiebungsparameter mit entsprechender halber Bandbreite addiert. Wenn aber zwei Dreiecke hinzugefügt werden, für welche neben den Verschiebungen und Verschiebungsableitungen der Knoten auch die Verschiebungen der Mittelpunkte als Variable eingeführt wurden (der Elementtyp im Bild 9.2e), dann führt dies zur Addition von zehn zusätzlichen Variablen. Der Unterschied ist der Verknüpfung der Verschiebungsparameter im Punkte D, in welchem die Verschiebungsableitungen als Variable auftreten, zuzuweisen.

Der Effekt der Bandbreitenvergrößerung besteht in der Erweiterung der Kosten bei der die Gleichungen lösenden Analysis. Ein weiterer Vorteil der Elemente mit Ableitungen als Verschiebungsparameter besteht darin, daß die als Variable verwendeten Ableitungen den Verzerrungen – und also auch den Spannungen – direkt proportional

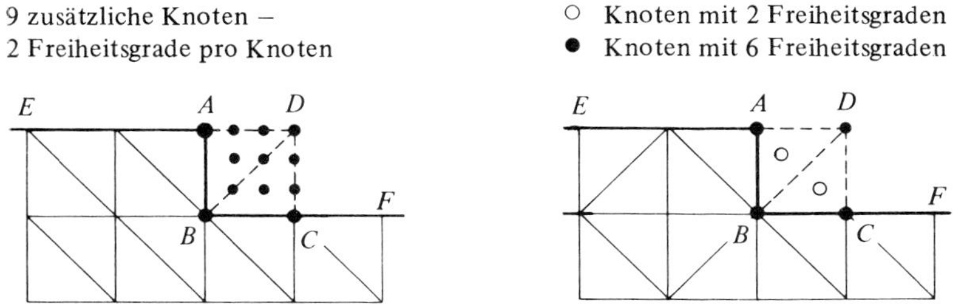

(a) Zusammenfügen zweier Dreiecke mit quadratischem Verschiebungsfeld

(b) Ableitungen als Verschiebungsparameter

Bild 9.3

sind, so daß gewisse Kräfterandbedingungen direkt formuliert werden können. Ein Nachteil ist hingegen, daß die zu den Verschiebungsableitungen gehörenden Knotenkräfte kaum physikalische Bedeutung haben.

9.2.2 Besonderheiten in der Definition dreieckiger Netzwerke

Das Dreieckelement verdankt seine Popularität einerseits der Einfachheit, wie die konstante Dehnung in einer Formulierung eingebaut werden kann, andererseits seiner Nützlichkeit bei der Beschreibung der Geometrie komplexer Konstruktionen. Bei der Wahl des günstigsten Netzwerkes von komplizierten Bauwerken treten aber gleichzeitig Schwierigkeiten auf, unter mehreren verfügbaren Alternativen die beste auszuwählen.

Soll unter verschiedenen Anordnungen von Dreieckelementen eine Wahl getroffen werden, so muß z.B. der geometrischen Isotropie Rechnung getragen werden. Um diesen Punkt klar zu machen, sei das Problem der Spannungs- und Verschiebungsberechnung der Quadratscheibe von **Bild 9.4** untersucht. Die Elementanordnungen der Bilder 9.4a und b werden für die Spannungen und Verschiebungen verschiedene Lösungen liefern, obwohl sie die gleiche Elementzahl mit identischer Form enthalten. Die Unterschiede mögen zwar klein sein für Netze mit einer für die praktischen Berech-

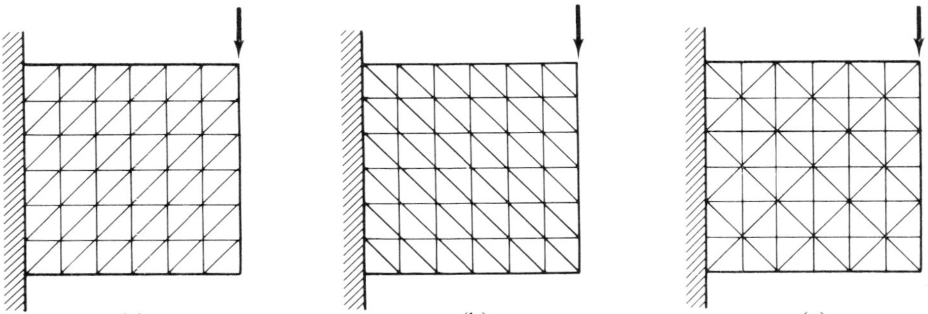

(a) (b) (c)

Bild 9.4

nungen benötigten Verfeinerung. Trotzdem ist es wünschenswert, jede mögliche Maßnahme zu treffen, welche einen derartigen Widerspruch beseitigt oder aber verkleinert. Im vorliegenden Beispiel ist der Raster in Bild 9.4c eine naheliegende Methode, dieses Problem zu lösen. Bei vielen praktischen Konstruktionen kann die Lösung jedoch nicht so leicht erreicht werden, und oft müssen diesbezüglich Unvollkommenheiten in Kauf genommen werden.

Wie aus dem soeben dargelegten Beispiel hervorgeht, ist es einfach, geometrische Isotropie zu erhalten, wenn der Bauteil Rechteckgestalt besitzt oder aus Rechtecken zusammengesetzt ist. Die Tatsache, daß dem Rechteck bei Konstruktionen der Praxis der Vorzug gegeben wird, kann als Motivation zur Benutzung von „Block"-Elementen dienen, in welchen Rechteckelemente identifiziert werden, die tatsächlich aus einer Anzahl von Dreieckelementen bestehen. **Bild 9.5** zeigt zwei solche Elemente; in jedem dieser Elemente ist die geometrische Isotropie gewahrt.

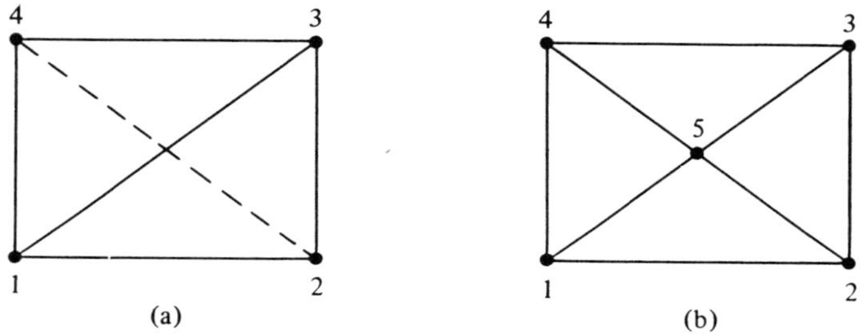

Bild 9.5

Das Rechteckelement von Bild 9.5a ist aus vier Dreiecken zusammengesetzt. Ein Dreieckspaar, dessen Dicke die Hälfte des tatsächlichen Bauwerkes beträgt, wird so angeordnet, daß es längs der die Punkte 1 und 3 verbindenden Diagonalen zusammengesetzt ist; danach wird ein Dreieckspaar derselben Dicke mit den die Punkte 2 und 4 verbindenden Diagonalen hinzugefügt. Umgekehrt können wie in Bild 9.5b vier Dreiecke mit einem mittleren Punkt 5 angeordnet werden, dessen Knotenvariable mit dem in Abschnitt 2.8 beschriebenen Raffungsprozeß eliminiert wird.

Ein Nachteil der eben dargelegten Vorgehen liegt in der Schwierigkeit, die berechneten Spannungen für Zwecke der Entwurfsberechnung zu interpretieren. Sind die Spannungsfelder innerhalb eines Elementes konstant oder linear, so ist eine Bemessung von Rechteckscheiben einfach. Bei der Anordnung des Bildes 9.5b ist der Spannungszustand innerhalb des Rechtecks aber für jede Spannungskomponente durch vier Größen charakterisiert. Üblicherweise wird, um einen repräsentativen Wert für das vollständige Rechteck zu erhalten, über diese Größen gemittelt. Diese vier Werte können aber so verschieden sein, daß die Bildung des Mittelwertes sehr fragwürdig erscheint.

Zur Bestimmung der Konvergenzgeschwindigkeit sind theoretische Untersuchungen durchgeführt worden [9.7], und zwar indem die exakte Lösung der Differentialgleichung (4.17) für verschiedene Dreiecksanordnungen konstruiert wurde. Die untersuchten Anordnungen sind in **Bild 9.6** dargestellt. Man fand, daß die Anordnung A die be-

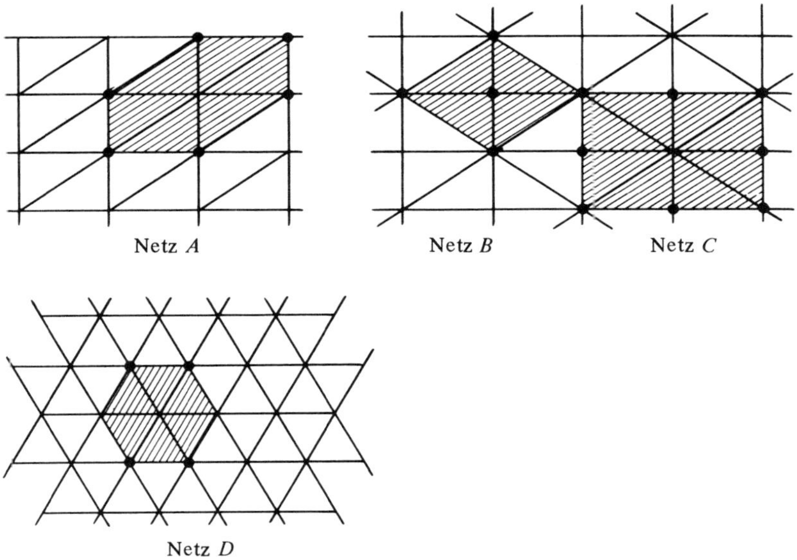

Bild 9.6

ste Konvergenz ergab. Wie wir aber bereits an anderer Stelle bemerkt haben, führt diese Anordnung zu geometrischer Anisotropie. Das Netzwerk aus gleichseitigen Dreiecken (Anordnung D) zeigte dieselbe Konvergenzgeschwindigkeit wie Anordnung A. Etwas schlechtere Konvergenz ist bei den Anordnungen B und C festgestellt worden. Diese Netzeinteilungen weisen auch Fehler in anderer Richtung auf, welche sich aber kompensieren, wenn beide Anordnungen in einer Bauwerksanalyse kombiniert verwendet werden, wie dies ja gewöhnlich auch gehandhabt wird.

Eine andere praktische Frage betrifft die geometrische Anordnung von auf Ansatzfunktionen für das Verschiebungsfeld formulierten Elementen und tritt im Zusammenhang mit spannungsfreien Rändern auf. Wie in Bild 5.3 erläutert, verschwinden die Randspannungen eines aufgrund konstanter Spannungen formulierten Elementes nur, wenn diese auch im Innern verschwinden. Ein spannungsfreier Rand kann daher nur approximativ erfaßt werden. Das Netzwerk muß in der Richtung senkrecht zu diesem Rand genügend feinmaschig sein, um sehr kleine Spannungen am Rande und ein eventuell bedeutendes Anwachsen dieser Spannungskomponenten im Innern des Bauwerkes zuzulassen.

Die obigen Überlegungen legen für die praktischen Anwendungen nahe, längliche Elemente zu vermeiden. In der Tat kann die Steifigkeitsmatrix des Elementes im Grenzwert reiner Axialdehnung nicht auf den Zug-Druckstab reduziert werden und es kann gezeigt werden [9.8], daß die Genauigkeit der Lösung mit wachsendem Seitenverhältnis fällt. Man sollte also gleichseitige Dreiecke anstreben.

Es wurde in den Kapiteln 6 und 7 gezeigt, daß eine mit dem Prinzip des Minimums der potentiellen Energie konstruierte Lösung, welche auf einer endlichen Zahl von Freiheitsgraden beruht, für den Wert der Verzerrungsenergie eine untere Schranke gibt. Für eine gegebene Zahl von Variablen sollte es also Ziel sein, die Netzwerkknoten so zu lokalisieren, daß die Verzerrungsenergie maximal wird. Theoretisch ist es möglich, im Rahmen einer globalen Analysis diese Lokalisierung der Knotenpunkte vorzunehmen. Hierzu werden die x- und y-Koordinaten der Knoten als Variable betrachtet, die an der Variation zur Bestimmung des Extremums des Funktionals teilhaben [9.9]. Ein solcher Prozeß ist selbstverständlich iterativ und ist für Probleme der Praxis ungewöhnlich teuer.

Bei vielen Problemen der praktischen Berechnung kann man die Gebiete starken Verzerrungsgrades schätzen; in solchen Gebieten muß bei Verwendung konventioneller Elemente entweder eine starke Netzverfeinerung einfacher Elemente vorgenommen werden, oder aber man verwendet Elemente höherer Ordnung. Beim letzteren Vorgehen muß ein Übergang gebildet werden von den in Gebieten starker Verzerrungsgradienten verwendeten Elementen höherer Ordnung zu einfachen Elementen, in welchen der Verzerrungszustand fast uniform verläuft, oder aber seine Variation unbedeutend ist. Um diese Verknüpfung zu erreichen, ist es nützlich, Elemente höherer Ordnung zu verwenden mit nur wenigen Randknoten an den die Elemente niederer Ordnung verbindenden Kanten [9.10]. Diese Situation wird in **Bild 9.7** illustriert, und zwar für das klassische Problem einer Kreisscheibe, welche einem Paar von radial gerichteten Kräften unterworfen sei. Die Konstruktion von Element-Verschiebungsfeldern mit ungleicher Knotenzahl auf den Elementrändern wurde in 8.7 beschrieben. In Punkten konzentrierter Lasten oder in der Nachbarschaft von Materialrissen, wo die Spannungen theoretisch unendlich groß werden (eine Spannungssingularität), ist es vorteilhaft, die Singularität in die Formulierung der Elemente einzubauen. Wir werden am Ende des Abschnittes 9.3.3 auf solche Formulierungen zurückkommen.

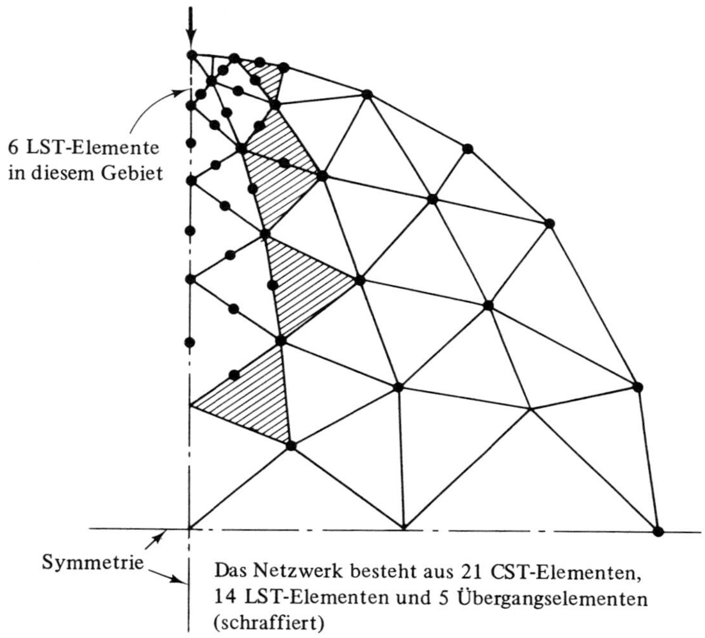
6 LST-Elemente
in diesem Gebiet
Symmetrie
Das Netzwerk besteht aus 21 CST-Elementen,
14 LST-Elementen und 5 Übergangselementen
(schraffiert)

Bild 9.7

9.2.3 Interpretation der Spannungsfelder

Da die auf Ansatzfunktionen für die Verschiebungen basierenden FE-Formulierungen vom Prinzip des Minimums der potentiellen Energie hergeleitet sind und die Gleichgewichtsgleichungen im allgemeinen nur über das Element gemittelt erfüllt sind, ist gewöhnlich das Gleichgewicht weder in inneren Punkten noch entlang der Elementränder erfüllt; es sollte daher nicht verwundern, wenn Schwierigkeiten in der Interpretation der berechneten Spannungen entstehen.

Bevor wir auf diese Schwierigkeiten eingehen, ist es wichtig, auf Details der Spannungsberechnung einzugehen, die bei speziellen Effekten wie Initialdehnungen, verteilten Lasten und Trägheitskräften zu beachten sind. Es sei (Abschnitt 5.2, (5.7a)) daran erinnert, daß das Spannungsfeld $\boldsymbol{\sigma}$ eines Elementes aus den Verschiebungen $\{\boldsymbol{\Delta}\}$ berechnet werden kann, wenn man von der Beziehung $\boldsymbol{\sigma} = [\mathbf{E}][\mathbf{D}]\{\boldsymbol{\Delta}\}$ Gebrauch macht. Wenn die Initialdehnungen $\boldsymbol{\epsilon}^{\text{init.}}$ nicht verschwinden, ist das Spannungs-Dehnungsgesetz jedoch von der Form

$$\boldsymbol{\sigma} = [\mathbf{E}]\boldsymbol{\epsilon} - [\mathbf{E}]\boldsymbol{\epsilon}^{\text{init.}},$$

wobei jetzt wegen $\boldsymbol{\epsilon} = [\mathbf{D}]\{\boldsymbol{\Delta}\}$

$$\begin{aligned}\boldsymbol{\sigma} &= [\mathbf{E}][\mathbf{D}]\{\boldsymbol{\Delta}\} - [\mathbf{E}]\boldsymbol{\epsilon}^{\text{init.}} \\ &= [\mathbf{S}]\{\boldsymbol{\Delta}\} - [\mathbf{E}]\boldsymbol{\epsilon}^{\text{init.}}\,. \end{aligned} \tag{5.7b}$$

Es ist nicht so leicht, Glieder, welche verteilte Belastungen in Rechnung stellen, zu berücksichtigen. Es wurde in Abschnitt 6.1 gezeigt, daß das Prinzip der virtuellen Arbeit die arbeitsäquivalenten oder „konsistenten" Kräfte definiert, welche den verteilten Lasten $\bar{\mathbf{T}}$ entsprechen; die dieser Situation entsprechenden Steifigkeitsgleichungen lauten (bei Ausschluß anderer spezieller Lasttypen)

$$\{\mathbf{F}\} = [\mathbf{k}]\{\boldsymbol{\Delta}\} - \{\mathbf{F}^d\}\,, \tag{6.16a}$$

worin

$$\{\mathbf{F}^d\} = \left\{\int_{S_\sigma} [\boldsymbol{\mathfrak{Y}}]^{\mathrm{T}} \cdot \bar{\mathbf{T}}\, dS\right\}. \tag{6.12f}$$

Nun scheint es, als ob unter den eben dargelegten Bedingungen das Spannungs-Dehnungsgesetz $\boldsymbol{\sigma} = [\mathbf{E}]\boldsymbol{\epsilon}$ unverändert bliebe und als ob $\boldsymbol{\epsilon} = [\mathbf{D}]\{\boldsymbol{\Delta}\}$ unverändert übernommen werden könnte, so daß die Formel $\boldsymbol{\sigma} = [\mathbf{S}]\{\boldsymbol{\Delta}\}$ zur Spannungsberechnung infolge verteilter Lasten verwendet werden könnte. Dem ist nicht so, und wir wollen diesen Sachverhalt am Problem des **Bildes 9.8**, einem Zug-Druckstab, der einer verteilten Längsbelastung q unterworfen sei (Bild 9.8a), testen. Der Stab sei in zwei Elemente unterteilt (Bild 9.8b). Jedem Element ist die arbeitsäquivalente Last $\{\mathbf{F}^d\} = \frac{1}{2}\, qL \lfloor 1 \quad 1 \rfloor^{\mathrm{T}}$ zugeordnet. Die Steifigkeitsgleichungen für den ganzen Stab sind also

$$\begin{Bmatrix} qL \\ q\dfrac{L}{2} \end{Bmatrix} = \frac{AE}{L}\begin{bmatrix} 2 & -1 \\ -1 & 1 \end{bmatrix}\begin{Bmatrix} u_2 \\ u_3 \end{Bmatrix},$$

was invertiert

$$\begin{Bmatrix} u_2 \\ u_3 \end{Bmatrix} = \frac{L}{AE}\begin{bmatrix} 1 & 1 \\ 1 & 2 \end{bmatrix}\begin{Bmatrix} qL \\ q\dfrac{L}{2} \end{Bmatrix}$$

ergibt, so daß $u_2 = \frac{3}{2}(qL^2/AE)$, $u_3 = 2qL^2/AE$ gilt. Die Spannungsmatrix für den Zug-Druckstab ist die Zeilenmatrix $E/L \lfloor -1\,,\ 1 \rfloor$, und diese führt in jedem Teilstab auf die konstanten Spannungen $\sigma_{1-2} = \frac{3}{2}qL/A$, $\sigma_{2-3} = qL/A$. Dieser Spannungszustand ist in Bild 9.8c gestrichelt eingetragen. Die exakte Verteilung, welche leicht bestimmbar ist, erscheint darin als ausgezogene Gerade.

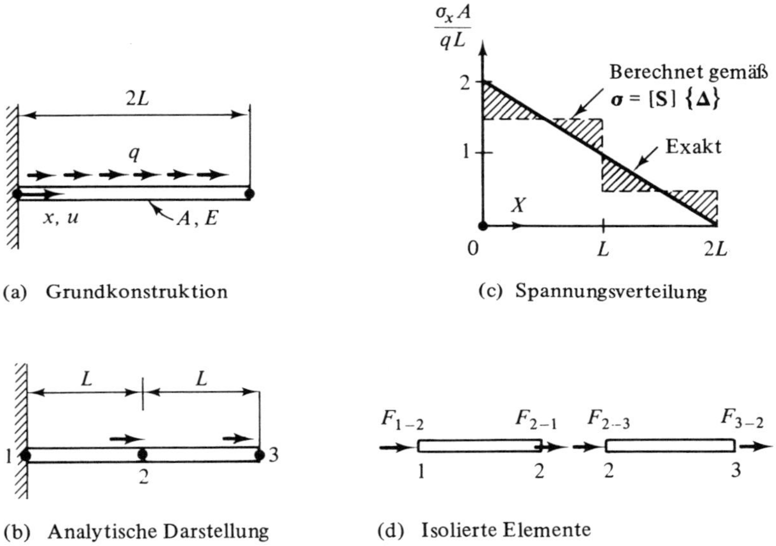

(a) Grundkonstruktion (c) Spannungsverteilung

(b) Analytische Darstellung (d) Isolierte Elemente

Bild 9.8

Um eine ganz andere Methode der Spannungsberechnung darzulegen, betrachte man die Kraft-Verschiebungsgleichungen des Elementes, welche für Stabteil 2–3

$$\begin{Bmatrix} F_{2-3} \\ F_{3-2} \end{Bmatrix} = \frac{AE}{L}\begin{bmatrix} 1 & -1 \\ -1 & 1 \end{bmatrix}\begin{Bmatrix} \dfrac{3}{2}\dfrac{qL^2}{AE} \\ \dfrac{2qL^2}{AE} \end{Bmatrix} - \begin{Bmatrix} \dfrac{qL}{2} \\ \dfrac{qL}{2} \end{Bmatrix}$$

lauten, so daß $F_{2-3} = -qL$ (das negative Vorzeichen bedeutet Zug; Bild 9.8d) und $F_{3-2} = 0$. Entsprechend finden wir für Stab 1–2 $F_{2-1} = qL$ und $F_{1-2} = -2qL$ (am linken Ende bedeutet das Minuszeichen wiederum Zug). Wenn wir diese Kräfte durch die zugehörigen Querschnittsflächen dividieren, erhalten wir die exakte Spannungsverteilung von Bild 9.8c*. Wir erhalten also die korrekte Spannungsverteilung, wenn wir zuerst die Knotenkräfte berechnen und diese dann in Spannungen umwandeln. Die Ausdrücke für die Knotenkräfte können dabei nicht nur die verteilten Lasten, sondern auch die Trägheitskräfte $[\mathbf{m}]\{\ddot{\boldsymbol{\Delta}}\}$ enthalten, wie dies in (6.16) oder bei anderen speziellen Lastbedingungen der Fall ist.

Wir bemerken, daß die Knotenkraft lokal (d.h. im Knotenpunkt) in eine Spannung umgerechnet wurde. Diese Operation ist für Zug-Druckstäbe einfach, wo eine eindeutige Beziehung zwischen den Komponenten der Knotenkräfte und den Spannungskomponenten besteht. Beim ebenen Spannungszustand sind an jedem Knoten jedoch drei Spannungskomponenten, aber nur zwei Kräfte vorhanden, und diese Besonderheit trifft für die meisten multiaxialen Spannungszustände zu. Daher besteht das gewöhnliche Vorgehen der Spannungsberechnung in der Vernachlässigung des „Korrektur"-Gliedes $\{\mathbf{F}^d\}$; man kehrt in solchen Fällen zur Formel $\boldsymbol{\sigma} = [\mathbf{S}]\{\boldsymbol{\Delta}\}$ zurück. Der Fehler bei einem solchen Vorgehen wird in unserem Beispiel durch die schraffierte Fläche von Bild 9.8c dargestellt, und es ist klar, daß dieser Fehler mit wachsender Zahl der Elemente abnimmt.

Die Methode, zuerst die Knotenkräfte zu berechnen und daraus die Spannungen zu bestimmen, kann entsprechend interpretiert werden. In (6.16a) entspricht das Glied $[\mathbf{k}]\{\boldsymbol{\Delta}\}$, wie die obigen Argumente nahelegen, dem Ausdruck $[\mathbf{S}]\{\boldsymbol{\Delta}\}$ von (5.7b), und wir können $\{\mathbf{F}^d\}$ als das entsprechende Glied $[\mathbf{E}]\boldsymbol{\epsilon}^{\text{init.}}$ in (5.7b) interpretieren. $[\mathbf{E}]\boldsymbol{\epsilon}^{\text{init.}}$ hat die Bedeutung einer Vorspannung $\boldsymbol{\sigma}^{\text{init.}}$, welche im vorliegenden Fall als Spannung infolge der arbeitsäquivalenten Kräfte interpretierbar ist. Trotz dieser Interpretation bleibt die Schwierigkeit, solche Transformationen für den multiaxialen Spannungszustand zu verallgemeinern.

Wir haben soeben gesehen, daß unter gewissen Bedingungen (z.B. bei axialen Spannungszuständen unter verteilter Auflast) eine kontinuierliche, exakte Spannungsverteilung berechnet werden kann, daß aber praktische Überlegungen zur Definition approximativer Spannungsverteilungen führen, die an den Elementrändern unstetig verlaufen. Desgleichen liefert die numerische Lösung, etwa im Falle des CST-Elementes, das konzentrierten Lasten unterworfen ist, unstetige Spannungsverteilungen. Es besteht also das Bedürfnis, ein Berechnungsverfahren für Bemessungsfragen zu entwickeln, welches auf kontinuierliche Spannungen führt. Dies kann mit der Idee der konjugierten Spannungen auf rationale Weise geschehen [9.12]. Die Idee besteht darin, in FE-Darstellungen stetige Spannungsfelder zu erzeugen.

Wenn die Formfunktionen $[\mathbf{N}]$ für das Verschiebungsfeld $\boldsymbol{\Delta} = [\mathbf{N}]\{\boldsymbol{\Delta}\}$ einen glatten Verlauf der $\boldsymbol{\Delta}$'s liefern, dann ist die einfachste und natürlichste glatte angenäherte Spannungsverteilung von der Gestalt

$$\boldsymbol{\sigma}^c = [\mathbf{N}]\{\boldsymbol{\sigma}\},$$

* Es ist bemerkenswert, daß an den Element-Knoten für irgendwelche Belastungen die exakten Spannungen erhalten werden, wenn die arbeitsäquivalenten Lasten auf der Basis von Formfunktionen berechnet werden, welche die exakte Lösung der homogenen Differentialgleichung (keine Lasten) darstellen. Dies ist so, weil an diesen Punkten für arbeitsäquivalente Auflasten alle notwendigen Bedingungen (Gleichgewicht, Verträglichkeit) exakt erfüllt sind [9.11].

wobei $\boldsymbol{\sigma}^c$ das glatte Spannungsfeld und $\{\boldsymbol{\sigma}\}$ eine Liste von Spannungswerten an ausgewählten Punkten bedeuten. Wir nennen diese Darstellung der Spannungen verschiebungskonsistent. Es ist natürlich möglich, glatte Spannungsverteilungen auszuwählen, die nicht verschiebungskonsistent sind, aber dies verlangt, daß unabhängige Überlegungen angestellt werden, welche nicht von den bereits berechneten Daten der Verschiebungen Gebrauch machen. Die Standardberechnung der konjugierten Spannungen beruht auf der Voraussetzung, daß die Spannungen glatt verlaufen und verschiebungskonsistent sind. Beachte ferner, daß $\boldsymbol{\sigma}^c$ im ebenen Spannungszustand drei Komponenten $(\sigma_x, \sigma_y, \tau_{xy})$ aufweist, so daß $[\mathbf{N}]$ also eine Rechteckmatrix darstellt.

Gemäß der bei der Annäherung konjugierter Spannungen gebräuchlichen Regel bildet man zwei Elementmatrizen. Die erste ist die Quadratmatrix

$$\left[\int_{\text{vol}} [\mathbf{N}]^{\mathrm{T}}[\mathbf{N}]\, d(\text{vol})\right],$$

deren Kolonnen den Komponenten von $\{\boldsymbol{\sigma}\}$ entsprechen. Etwas vereinfachend kann diese Matrix mit der virtuellen Arbeit jener Kräfte identifiziert werden, welche aus den konjugierten Spannungen $\boldsymbol{\sigma}^c$ und den zugehörigen kompatiblen virtuellen Verschiebungen resultiert. Die zweite Matrix ist ein Zeilenvektor, welcher durch

$$\left\lfloor \int_{\text{vol}} \boldsymbol{\sigma}[\mathbf{N}]\, d(\text{vol}) \right\rfloor$$

gegeben ist, wobei $\boldsymbol{\sigma}$, hier als Zeilenvektor geschrieben, das diskontinuierliche Spannungsfeld bedeutet. Auch dieser Ausdruck kann als virtuelle Arbeit des unstetigen Spannungsfeldes $\boldsymbol{\sigma}$ auf den zugehörigen kompatiblen Verschiebungen gedeutet werden.

Die oben gegebenen Elementmatrizen werden dann, um auf eine Darstellung für die Gesamtkonstruktion zu gelangen, in einer dem direkten Steifigkeitsverfahren völlig identischen Weise aufsummiert. Wenn man für die globale Darstellung dieselbe Nomenklatur verwendet wie für die Elementdarstellung, dann kann man für die konjugierten Spannungen also die Formel

$$\lfloor \boldsymbol{\sigma} \rfloor = \left\lfloor \int_{\text{vol}} \boldsymbol{\sigma} \lfloor \mathbf{N} \rfloor\, d(\text{vol}) \right\rfloor \left[\int_{\text{vol}} \lfloor \mathbf{N} \rfloor^{\mathrm{T}} \lfloor \mathbf{N} \rfloor\, d(\text{vol})\right]^{-1}$$

anschreiben. Dieser Ausdruck kann als Resultat dafür angesehen werden, daß die entsprechenden Ausdrücke der virtuellen Arbeiten einander gleichgesetzt werden.

Zur Erläuterung soll das obige Verfahren auf das Problem von Bild 9.8 angewendet werden. In diesem Fall folgt wegen $d(\text{vol}) = A\, dx$ für jedes Element

$$\sigma_{1-2} = \left\lfloor \left(1 - \frac{x}{L}\right) \quad \frac{x}{L} \right\rfloor \begin{Bmatrix} \sigma_1 \\ \sigma_2 \end{Bmatrix}, \qquad \sigma_{2-3} = \left\lfloor \left(1 - \frac{x}{L}\right) \quad \frac{x}{L} \right\rfloor \begin{Bmatrix} \sigma_2 \\ \sigma_3 \end{Bmatrix}$$

oder

$$\left[\int_{\text{vol}} \lfloor \mathbf{N} \rfloor^{\mathrm{T}} \lfloor \mathbf{N} \rfloor\, d(\text{vol})\right] = \frac{AL}{6} \begin{bmatrix} 2 & 1 \\ 1 & 2 \end{bmatrix}.$$

Man beachte, daß diese Matrix mit Ausnahme des Faktors $AL/6$ mit der konsistenten Massenmatrix übereinstimmt. Kombination dieser Matrizen führt zu einer Darstellung der Spannungen für den gesamten Stab

$$\begin{matrix} \sigma_1 & \sigma_2 & \sigma_3 \end{matrix}$$
$$\begin{bmatrix} 2 & 1 & 0 \\ 1 & 4 & 1 \\ 0 & 1 & 2 \end{bmatrix}$$

Ebenfalls gilt für jedes Element mit konstanter Spannung

$$\int_{\text{vol}} \boldsymbol{\sigma} \lfloor \mathbf{N} \rfloor \, d(\text{vol}) = \frac{AL\sigma_x}{2} \lfloor 1 \quad 1 \rfloor,$$

und daraus folgt mit $\sigma_x = \frac{3}{2}(qL/A)$ in Stab 1–2 und mit $\sigma_x = \frac{1}{2}(qL/A)$ in Stab 2–3, indem man beide Stäbe wiederum zusammenfaßt:

$$q\frac{L^2}{4} \lfloor 3 \quad 4 \quad 1 \rfloor .$$

Verwendet man zur Berechnung der konjugierten Spannungen jetzt die auf S. 254 gegebene Formel, so erhält man

$$\lfloor \sigma_1 \quad \sigma_2 \quad \sigma_3 \rfloor = q\frac{L^2}{4} \lfloor 3 \quad 4 \quad 1 \rfloor \frac{6}{AL} \begin{bmatrix} 2 & 1 & 0 \\ 1 & 4 & 1 \\ 0 & 1 & 2 \end{bmatrix}^{-1} = q\frac{L}{A} \lfloor 2 \quad 1 \quad \tfrac{1}{4} \rfloor .$$

Diese Verteilung stimmt im Stab 1–2 mit der exakten Spannungsverteilung überein, weicht im Stab 2–3 aber von der exakten Lösung ab, da σ_3 sich gemäß obiger Formel zu $qL/4A$ und nicht zu Null ergibt.

Es kann gezeigt werden, daß die auf diese Weise berechneten Spannungen das mittlere Fehlerquadrat zwischen glatter und unstetiger Spannungsverteilung minimieren. Mit anderen Worten: wenn $\{\boldsymbol{\sigma}\}$ auf diese Weise berechnet wird, nimmt das Integral

$$\int_{\text{vol}} \{[\mathbf{N}]\{\boldsymbol{\sigma}\} - \boldsymbol{\sigma}\}^2 \, d(\text{vol})$$

ein Minimum an. Es gibt mehrere Verallgemeinerungen des Verfahrens konjugierter Spannungen. Zwei seien hier erwähnt.

a) Es können glatte, aber nicht verschiebungskonsistente Darstellungen für die Spannungen gewählt werden. Ein solches Verfahren bedeutet insofern einen Verlust an Bequemlichkeit, als [N] nicht von früheren Berechnungen übernommen werden kann. Man kann das eben dargelegte Verfahren auch als „iso-konjugierte Spannungsdarstellung" bezeichnen.

b) Ein anderer Spannungstensor als $\boldsymbol{\sigma}$ könnte zur Bildung des Zeilenvektors $\lfloor \boldsymbol{\sigma} \rfloor$ gebraucht werden. Wenn eine Spannungsverteilung definiert werden kann, welche die lokalen Gleichgewichtsgleichungen besser erfüllt, dann wird deren Benützung wahrscheinlich auf bessere Werte der Spannungen führen.

Die Forderungen der Bemessungsanalyse sind oft so, daß das eben geschilderte Verfahren, das die Konstruktion und Inversion großer Matrizen verlangt, ökonomisch nicht verantwortbar ist und daher auf die direkte Interpretation der mit den Elementmatrizen gebildeten Spannungsmatrizen zurückgegriffen werden muß. Das Format $\boldsymbol{\sigma} = [\mathrm{S}]\{\boldsymbol{\Delta}\}$, worin [S] im allgemeinen eine Funktion der räumlichen Koordinaten ist, definiert das Spannungsfeld in Abhängigkeit der Knotenkoordinaten. Zum Zwecke numerischer Berechnung ist es jedoch nötig, das Format $\{\boldsymbol{\sigma}\} = [\mathbf{S}]\{\boldsymbol{\Delta}\}$ aufzustellen, wobei $\{\boldsymbol{\sigma}\}$ jetzt die Spannungskomponenten in ausgewählten Punkten bezeichnet. Die Auswahl dieser Punkte ist bei der Methode der konjugierten Spannungen in keiner Weise eingeschränkt. Ihre Bezeichnung gehört wegen der späteren Interpretation statischer Fragen jedoch zu den Hauptanforderungen eines Ingenieurs.

Das Problem ist speziell akut, wenn Dreieckelemente mit konstanten Spannungen verwendet werden. Der Dreiecksmittelpunkt mag dann zur Bezeichnung des Spannungszustandes am besten geeignet sein, die Resultate sind aber ohne eine größere Anzahl von Elementen nicht leicht interpretierbar. Man kann, wenn an einem Knoten mehrere Elemente zusammentreffen, auch das Mittel der Spannungen bilden. In jedem Fall ist es wegen der Diskretisation der Daten ratsam, die Spannungskomponenten längs gewählter Schnitte aufzutragen.

Einige Verfahren, die zur Bestimmung der Spannungsfelder von Dreieckelementen geeignet sind, welche einem rechteckigen Fachwerk eingeordnet sind, können dem **Bild 9.9** entnommen werden [9.13]. Die Anordnung in Bild 9.9a umgeht es vollständig, Elementdaten zu gebrauchen und sucht durch Berechnung der Knotenpunktsverschiebungen eine Annäherung der Dehnungen mittels endlicher Differenzen. Man hat in Punkt 3 also

$$\epsilon_x = \frac{u_4 - u_2}{2a}, \qquad \epsilon_y = \frac{v_7 - v_6}{2b} \qquad \text{usw.,}$$

und daraus erhält man mit Hilfe der konstitutiven Gleichungen leicht die Spannungen.

Bei einem anderen einfachen Verfahren stellt man sich das FE-Modell entlang einer Netzlinie getrennt vor (Bild 9.9b). Die Interaktionskräfte (F_{x_i} und F_{y_i}), welche an jedem Knoten dieser Linie angreifen, werden berechnet, indem man die entsprechende Knotenverschiebung des Elementes mit der zugehörigen Spannungsmatrix multipliziert. und die so erhaltenen Kräfte an jedem Knoten aufsummiert. Diese Kräfte werden dann als treppenartiges Spannungsdiagramm aufgetragen, (Bild 9.9c, gestrichelte Linie) und können nachträglich in polygonaler Form gemittelt werden (ausgezogene Linie). Zur Berechnung der Schubspannungen benützt man die Schubkräfte in den Knoten. So gilt z.B. im Punkte 2

$$\sigma_{y_2} = \frac{F_{y_2}}{at}, \qquad \tau_{xy_2} = \frac{F_{x_2}}{at}.$$

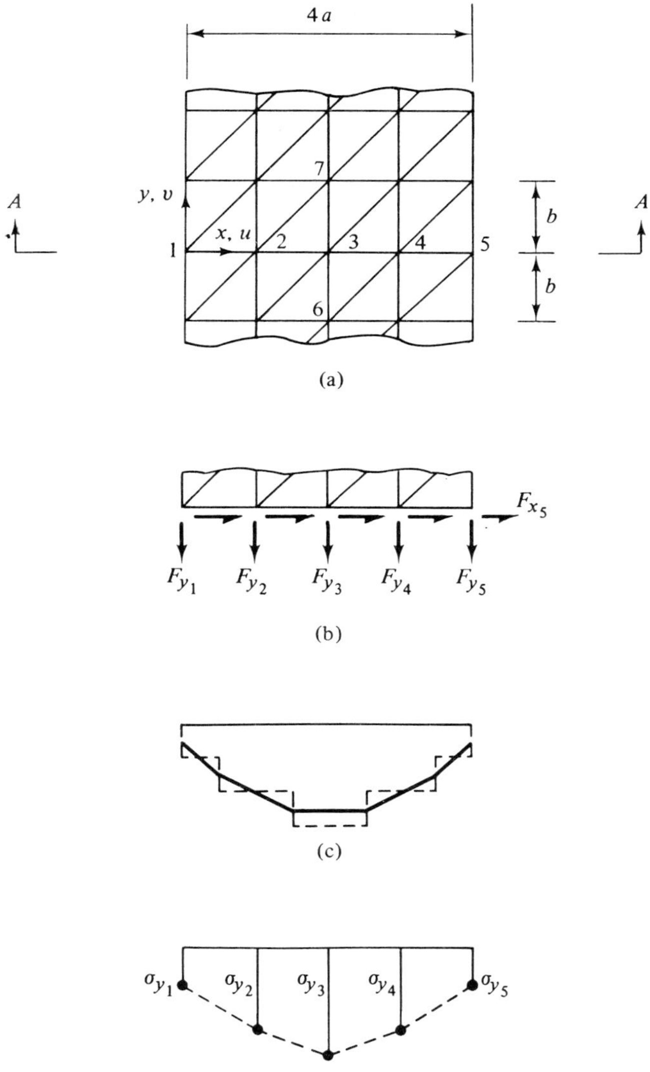

Bild 9.9

Eine Verfeinerung dieser Technik geht davon aus, daß für jeden Punkt das statische Gleichgewicht, welches F_y mit den benachbarten σ's verknüpft, angeschrieben wird (Bild 9.9d). Z.B. gilt

$$F_{y_3} = \tfrac{1}{3}(4\sigma_{x_3} + \sigma_{x_2} + \sigma_{x_1})at\ .$$

Es gibt so viele dieser Gleichungen, wie unbekannte Spannungen vorhanden sind. Ihre Lösung definiert die Spannungsverteilung eindeutig. Ein solches Verfahren kann als elementare Form des Verfahrens der konjugierten Spannungen angesehen werden.

9.2.4 Numerischer Vergleich für Dreieckelemente

Zwei Probleme, die seit langem als Vergleichsbasis für verschiedene Element-Formulierungen ebener Spannungszustände benützt wurden, illustrieren die wesentlichsten Unterschiede in den numerischen Charakteristiken der ganzen Gruppe von Dreieckelementen. Daß solche Probleme als Vergleichsbasis zur Verfügung stehen, verdankt man der Tatsache, daß sie zu den wenigen Problemen des ebenen Spannungszustandes gehören, welche mittels klassischer Lösungsmethoden relativ gründlich studiert wurden.

Das erste Problem **(Bild 9.10)** ist eine Rechteckscheibe konstanter Dicke, welche parabolischen Randlasten unterworfen ist. Die Details der analytischen Lösung, welche durch Einführung von Polynomdarstellungen für die Spannungen im Energieprinzip konstruiert wurden, können [9.14] entnommen werden. Bild 9.10 zeigt eine typische Netzeinteilung mit Dreiecken konstanter und linearer Verzerrungen (CST- und LST-Elemente) (wegen der Symmetrie bezüglich zweier Achsen muß nur ein Viertel der Scheibe behandelt werden). Andere Netzwerke mit unterschiedlicher Variablenzahl können aus der obigen Anordnung abgeleitet werden.

Die in Bild 9.10 zusammengestellten Resultate, welche die Horizontalverschiebung des Punktes A darstellen, zeigen für eine relativ geringe Anzahl von Freiheitsgraden Lösungen von großer Genauigkeit. Ähnliche Trends und Genauigkeiten sind auch bei den Spannungen zu verzeichnen, obwohl für diese bei der Interpretation der Daten gewisse Schwierigkeiten bestehen, wie wir ja bereits in früheren Abschnitten bemerkt haben.

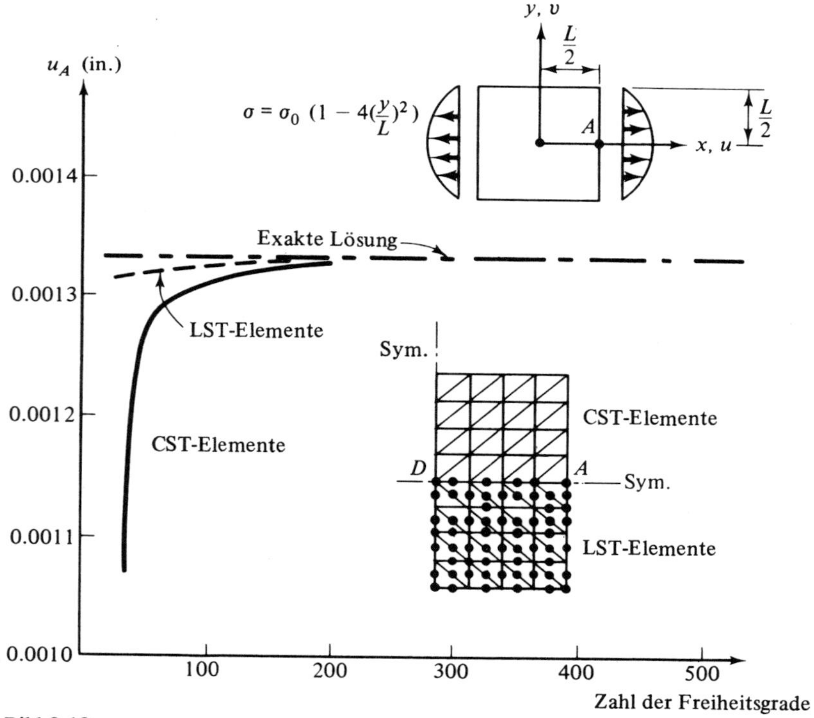

Bild 9.10

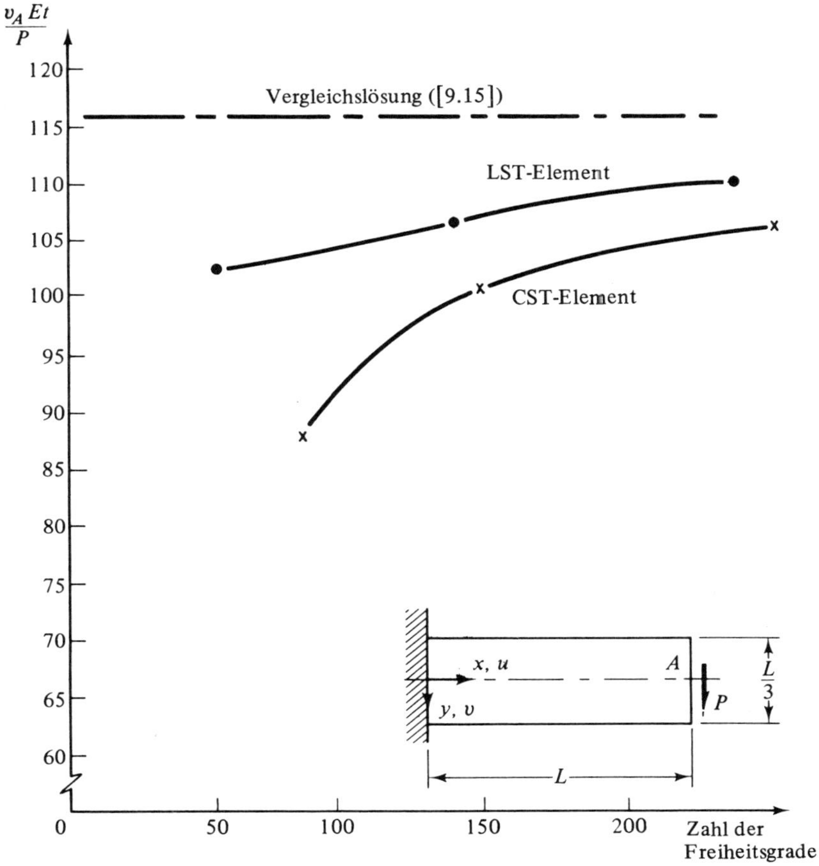

Bild 9.11

Das LST-Element führt auf gegenüber dem CST-Element stark verbesserte Lösungen, obwohl auch das letztere, selbst für eine relativ geringe Anzahl von Knotenverschiebungen bereits akzeptable Lösungen liefert.

Bild 9.11 illustriert die Lösung für das zweite Problem, einem Kragarm der Dicke 1, welcher einer Endlast P unterworfen sei. Diese Endlast werde als parabolisch verteilte Schubspannung über dem Querschnitt aufgebracht, und die Lasten seien den Knotenpunkten in arbeitsäquivalenter Weise zugewiesen (vgl. Kapitel 6). Resultate für die vertikale Verschiebung im Mittelpunkt des Endquerschnittes des Kragarms sind, wie beim vorhergehenden Beispiel, als Funktion der Zahl der Freiheitsgrade dargestellt, und zwar wieder für das LST- wie das CST-Element. Diese Resultate sind [9.15] entnommen.

Man erkennt, daß das CST-Element für weniger als 200 Freiheitsgrade keine Lösung von genügender Genauigkeit erzeugt. Die Resultate des LST-Elementes sind für eine gegebene Zahl von Freiheitsgraden wesentlich besser als für das CST-Element, aber die absolute Genauigkeit ist wesentlich schlechter als im vorhergehenden Beispiel. Numerische Berechnungen in [9.3] und [9.16] bestätigen diese Resultate. Andere Berechnungen andererseits zeigen, daß das Dreieck mit quadratischen Verzerrungen gegenüber dem LST-Element zu weiteren Verbesserungen führt.

Die eben dargelegten numerischen Berechnungen legen nahe, für allgemeine ebene Spannungsprobleme das LST-Element zu verwenden, daß höhere Elemente aber nicht notwendigerweise vorteilhaft sind. Dies mag richtig sein; doch jede solche Behauptung muß im Zusammenhang mit den zur Bildung der Steifigkeitsmatrix verbundenen Kosten abgeschätzt werden; hierzu gehören Bandweiten der Gleichungen, Details der Kapazität der globalen Analysis sowie Computerkonfigurationen. Wir merken weiter an, daß die für den ebenen Spannungszustand geeignete Formulierung für die Biegeanalyse ungeeignet ist. Darauf werden wir in Abschnitt 9.3 zurückkommen.

9.2.5 Andere Variationsprinzipien für die Formulierung von Dreieckelementen

Die Einfachheit und die Genauigkeit des Prinzips des Minimums der potentiellen Energie für die FE-Formulierung bei Problemen des ebenen Spannungszustandes (auf der Grundlage angenommener Verschiebungen) hat die Entwicklung von Elementdarstellungen, welche anderen Variationsprinzipien zugrundeliegen, gehemmt. Das Prinzip vom Minimum der Komplementärenergie ist ein wertvolles Hilfsmittel zur Aufstellung von oberen Schranken für die Werte gewisser Lösungsparameter, wie dies ja in Kapitel 7 diskutiert wurde. Die relative Kompliziertheit der Formulierung des Prinzips vom Minimum der Komplementärenergie und die Tatsache, daß praktische Überlegungen in der Definition der Lasten und die Annäherung der Geometrie zur Verletzung der Bedingungen der oberen Schranke führen können, haben dessen Erweiterung und Anwendung jedoch gehemmt.

Das Prinzip vom Minimum der Komplementärenergie verlangt, daß das Funktional in Abhängigkeit der zweiten Ableitungen der Airyschen Spannungsfunktion $\boldsymbol{\Phi}$ formuliert wird und daß ihre Knotenwerte als Knotenvariable eingeführt werden. Demgemäß wird auf Elementrändern Stetigkeit nicht nur von $\boldsymbol{\Phi}$, sondern auch seiner ersten Ableitungen verlangt. Dieses Problem wird im Zusammenhang mit der Plattenbiegung ausführlich studiert werden, da dort die Transversalverschiebung w derselben Differentialgleichung wie hier $\boldsymbol{\Phi}$ gehorcht. Die Darstellung von Feldern dieses Typs wird daher in Kapitel 12 nochmals aufgegriffen. Eine Zusammenfassung der Anwendung beim ebenen Spannungszustand wird in [9.17] gegeben.

Bei einer Komplementärenergieformulierung des ebenen Spannungszustandes können auch die Spannungen oder andere Kraftparameter als Knotenvariable gewählt werden. Einige Autoren (vgl. z.B. [9.18]) haben von dieser Möglichkeit Gebrauch gemacht, um bei gewissen Problemen die Eigenschaft der oberen Schranke zu bestätigen. Dabei wird innerhalb der einzelnen Dreieckelemente ein Spannungszustand mit konstanten Spannungen angenommen, und die Elementgleichungen werden im Steifigkeitsformat entwickelt, so daß die Gesamtkonstruktion mit der Verschiebungsmethode analysiert werden kann. Dieses analytische Modell ist bezüglich kinematischer Stabilität mit Schwierigkeiten verknüpft (vgl. Abschnitt 3.3).

Das Prinzip vom Minimum der Komplementärenergie scheint auch vom Standpunkt nichtelastischer Berechnungen her nützlich zu sein. Die Materialeigenschaften gestatten auch hier, die Dehnungen als Funktionen der Spannungen auszudrücken und zwar in der Form $\boldsymbol{\epsilon} = [\mathrm{E}]^{-1} \boldsymbol{\sigma}$. Beim Prinzip vom Minimum der potentiellen Energie benötigt man die invertierte Form dieser Gleichung; deren Berechnung erweist sich bei gewissen zeitabhängigen Problemen als besonders schwierig. Berechnungen mit dem Traglastverfahren [9.19] haben die Vorteile des Prinzips vom Minimum der Komplementärenergie jedoch genügend dargelegt.

Das Hybrid-Verfahren, das auf Ansatzfunktionen für die Spannungen beruht, stützt sich auf eine modifizierte Form des Funktionals der Komplementärenergie. Die Eigenschaft, eine Schranke für gewisse Parameter zu liefern, bleibt hier nicht erhalten. Es ist jedoch möglich nachzuweisen, daß eine derart konstruierte Lösung innerhalb von Schranken liegt, welche ihrerseits aus den mit den üblichen Energieprinzipien bestimmten Lösungen berechnet werden. Spannungssingularitäten können mit dieser Darstellung recht bequem erfaßt werden. Sie werden in Abschnitt 9.3.3 weiter untersucht werden, wo anhand von Rechteckelementen das Hybrid-Verfahren am Beispiel des ebenen Spannungszustandes erläutert wird.

Schließlich bemerken wir, daß das Reissnersche Energieverfahren für ebene Spannungszustände dieselben Vor- und Nachteile wie das Prinzip vom Minimum der Komplementärenergie aufweist. [9.1] behandelt das Reissnersche Energieprinzip für den Fall des Dreieckelementes.

9.3 Rechteckelemente

9.3.1 Darstellungen mit Ansatzfunktionen für die Verschiebungen

Im Falle des ebenen Spannungszustandes können selbst für das einfachste Rechteck mit Knoten allein an den vier Eckpunkten eine ganze Anzahl verschiedener Steifigkeitsmatrizen formuliert werden (**Bild 9.12**). Die Zahl der unabhängigen Parameter zur Beschreibung des Deformationszustandes ist gleich der Zahl der verallgemeinerten Koordinaten minus die Zahl der abhängigen Starrkörperfreiheitsgrade. In diesem Fall gibt es 8 verallgemeinerte Koordinaten (u- und v-Verschiebungen an jedem der vier Eckpunkte) und drei Starrkörperfreiheitsgrade. Es sind also fünf unabhängige Parameter zur Definition des Deformationszustandes verfügbar. Da drei dieser fünf Parameter zur Erfüllung der Bedingung konstanter Verzerrung herangezogen werden müssen, besteht eine freie Auswahl von zwei zusätzlichen Parametern. Wir werden in diesem Abschnitt zwei Möglichkeiten untersuchen.

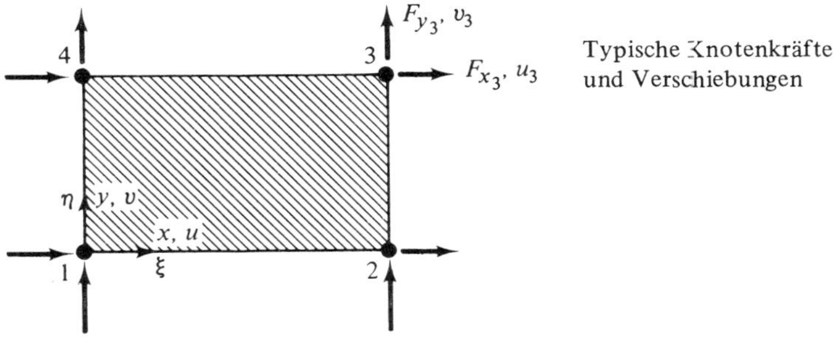

Bild 9.12

Um die erste Form der Steifigkeitsmatrix für ein Rechteck zu entwickeln, wählen wir für u und v ein Verschiebungsfeld, das auf den Elementrändern linear verläuft. Die Bedingung der Interelementkontinuität für die Verschiebungen wird beim Zusammenfügen solcher Elemente zur Gesamtkonstruktion erfüllt sein; dasselbe gilt auch beim Zusammenfügen dieses Elementes mit einem CST-Element. Es ist in Abschnitt 8.4 gezeigt worden, daß die gewählten Verschiebungsfelder $u = \lfloor \mathbf{N} \rfloor \{\mathbf{u}\}$ und $v = \lfloor \mathbf{N} \rfloor \{\mathbf{v}\}$ durch die durch zwei Punkte interpolierten Funktionen (Lagrange-Interpolation) $\lfloor \mathbf{N} \rfloor$ gegeben sind mit

$$\lfloor \mathbf{N} \rfloor = \lfloor (1-\xi)(1-\eta) \mid \xi(1-\eta) \mid \xi\eta \mid (1-\xi)\eta \rfloor, \tag{9.13a}$$

$$\{\mathbf{u}\} = \lfloor u_1\ u_2\ u_3\ u_4 \rfloor^{\mathrm{T}}, \tag{9.13b}$$

$$\{\mathbf{v}\} = \lfloor v_1\ v_2\ v_3\ v_4 \rfloor^{\mathrm{T}} \tag{9.13c}$$

und $\xi = x/x_2$ und $\eta = y/y_3$. Einsetzen der Verzerrungs-Verschiebungsgleichungen führt auf die Matrix $[\mathbf{D}]$ von (9.6) (vgl. Abschnitt 9.2.1), deren Koeffizienten durch

$$\begin{aligned} \left\lfloor \frac{\partial \mathbf{N}}{\partial x} \right\rfloor &= \frac{1}{x_2} \lfloor -(1-\eta) \mid (1-\eta) \mid \eta \mid -\eta \rfloor, \\ \left\lfloor \frac{\partial \mathbf{N}}{\partial y} \right\rfloor &= \frac{1}{y_3} \lfloor -(1-\xi) \mid -\xi \mid \xi \mid (1-\xi) \rfloor \end{aligned} \tag{9.14}$$

gegeben sind. $\{\mathbf{u}\}$ und $\{\mathbf{v}\}$ im 2. Ausdruck der rechten Seite von (9.6) sind durch (9.13b, c) gegeben. Mit der auf diese Weise berechneten Matrix $[\mathbf{D}]$ und mit der für ein spezielles Material (isotrop, orthotrop usw.) definierten Matrix $[\mathbf{E}]$ erhält man die Steifigkeitsmatrix gemäß (9.7) zu

$$[\mathbf{k}] = \left[\int_A [\mathbf{D}]^{\mathrm{T}}[\mathbf{E}][\mathbf{D}]\, t\, dA \right].$$

Die endgültige Form dieser Matrix ist für ein isotropes Material in **Bild 9.13** festgehalten.

Es ist interessant, den grundlegenden Charakter dieser Formulierung zu untersuchen. Das gewählte Verschiebungsfeld ist überall stetig (im Innern und auf dem Rande). Wie verhält es sich nun aber bezüglich der Gleichgewichtsbedingungen? Durch Einsetzen der Ausdrücke für u und v in die das Gleichgewicht beschreibenden Gleichungen (4.17) findet man die folgenden Ausdrücke: Für Gleichgewicht in der x-Richtung

$$\frac{E}{2(1-\mu)x_2 y_3}[v_1 - v_2 + v_3 - v_4]$$

und für jene in der y-Richtung

$$\frac{E}{2(1-\mu)x_2 y_3}[u_1 - u_2 + u_3 - u_4].$$

	u_1	v_1	u_2	v_2	u_3	v_3	u_4	v_4
	$4(y_3^2+\gamma_1 x_2^2)$							
	$3\gamma_2$	$4(x_2^2+\gamma_1 y_3^2)$				symmetrisch		
	$2(y_3^2-2\gamma_1 x_2^2)$	$-\gamma_3$	$4(y_3^2+\gamma_1 x_2^2)$					
$\dfrac{Et}{3\gamma_1\gamma_2 x_2 y_3}$	γ_3	$-2(2x_2^2-\gamma_1 y_3^2)$	$-3\gamma_2$	$4(x_2^2+\gamma_1 y_3^2)$				
	$-2(y_3^2+\gamma_1 x_2^2)$	$-3\gamma_2$	$-2(2y_3^2-\gamma_1 x_2^2)$	$-\gamma_3$	$4(y_3^2+\gamma_1 x_2^2)$			
	$-3\gamma_2$	$-2(x_2^2+\gamma_1 y_3^2)$	γ_3	$2(x_2^2-2\gamma_1 y_3^2)$	$3\gamma_2$	$4(x_2^2+\gamma_1 y_3^2)$		
	$-2(2y_3^2-\gamma_1 x_2^2)$	γ_3	$-2(y_3^2+\gamma_1 x_2^2)$	$3\gamma_2$	$2(y_3^2-2\gamma_1 x_2^2)$	$-\gamma_3$	$4(y_3^2+\gamma_1 x_2^2)$	
	$-\gamma_3$	$2(x_2^2-2\gamma_1 y_3^2)$	$3\gamma_2$	$2(x_2^2-\gamma_1 y_3^2)$	γ_3	$-2(2x_2^2+\gamma_1 y_3^2)$	$-3\gamma_2$	$4(x_2^2+\gamma_1 y_3^2)$

$\gamma_1 = \frac{1-\mu}{2}, \qquad \gamma_2 = \frac{1+\mu}{2}, \qquad \gamma_3 = \frac{3}{2}(1-3\mu)$

Bild 9.13

Wenn die Verschiebungen uniform sind ($u_1 = u_4$, $u_2 = u_3$, $v_1 = v_2$, $v_3 = v_4$), dann verschwinden die obigen Ausdrücke, und das Gleichgewicht ist erfüllt. Das Abweichen vom Gleichgewicht ist also den Schubkräften zuzuweisen. Die Schubspannungen variieren über die Fläche des Elementes linear. Die Normalspannungen sind in der Richtung, in der sie wirken, konstant, variieren senkrecht dazu aber linear.

Das Element in Bild 9.12 gehört, falls mit ihm der ebene Spannungszustand approximiert wird, zur Familie der Lagrangeschen Rechtecke höherer Ordnung. Diese werden so bezeichnet, da die Verschiebungsfelder mit Hilfe von Lagrangeschen Interpolationsformeln gebildet werden. Das biquadratische Element ist in Bild 8.13b dargestellt. Bei der Konstruktion der für die Formfunktionen benötigten x- und y-Multiplikatoren wird quadratische Interpolation verwendet. Die Verfahren zur Beseitigung von inneren Variablen und Randvariablen und zur Transformation eines Grundrechtecks in isoparametrischer Form sind schon in den Abschnitten 8.7 und 8.8 behandelt worden und werden hier nicht weiter diskutiert.

Die zweite Formulierung, die wir im Detail behandeln wollen, gehört zu den frühesten Herleitungen einer Steifigkeitsmatrix eines Rechteckelementes überhaupt [9.20]. Grundsätzlich ist diese den folgenden Ansatzfunktionen für das Spannungsfeld zugrunde gelegt:

$$\sigma_x = \beta_1 + \beta_2 y, \quad \sigma_y = \beta_3 + \beta_4 x, \quad \tau_{xy} = \beta_5. \tag{9.15}$$

Dieses Spannungsfeld ist in **Bild 9.14**a dargestellt. Die Platte habe die Dicke t. Einsetzen von (9.15) in die Differentialgleichung des Gleichgewichts (4.2) bestätigt, daß (9.15) einen Gleichgewichtsspannungszustand darstellt.

Um die Steifigkeitsmatrix zu bilden, sind Verschiebungsfunktionen u und v gesucht, welche (9.15) entsprechen. Diese können dadurch erhalten werden, daß man die Spannungen mit Hilfe der Materialgleichungen in Verzerrungen umwandelt, in die Gestalt $\boldsymbol{\epsilon} = [\mathbf{E}]^{-1}\boldsymbol{\sigma}$ bringt und dann die Verzerrungs-Verschiebungsgleichungen integriert. In dieser Art findet man

$$\begin{aligned} u &= (1-\xi)(1-\eta)u_1 + \xi(1-\eta)u_2 + \xi\eta u_3 + (1-\xi)\eta u_4 \\ &\quad + \frac{1}{2}\left[\mu\frac{x_2}{y_3}(\xi-\xi^2) + \frac{y_3}{x_2}(\eta-\eta^2)\right](v_1 - v_2 + v_3 - v_4), \\ v &= (1-\xi)(1-\eta)v_1 + \xi(1-\eta)v_2 + \xi\eta v_3 + (1-\xi)\eta v_4 \\ &\quad + \frac{1}{2}\left[\frac{x_2}{y_3}(\xi-\xi^2) + \mu\frac{y_3}{x_2}(\eta-\eta^2)\right](u_1 - u_2 + u_3 - u_4). \end{aligned} \tag{9.16}$$

Bild 9.14b gibt einen Eindruck vom verschobenen Zustand des Elementes, wenn der Knoten 3 eine Einheitsverschiebung u_3 erfährt, die Knotenverschiebungen aller anderen Knoten aber Null gesetzt sind. Ein ähnliches Verhalten tritt auch auf, wenn Einheitsverschiebungen für die anderen Knotenvariablen gewählt werden. Beachte, daß eine lineare u-Verschiebung längs des der Verschiebung parallelen Randes auftritt, daß die v-Verschiebungen längs des dazu senkrechten Randes aber quadratisch variieren. Da zur Definition einer Verschiebungskomponente nur die zwei Endpunktverschiebungen an jeder Kante nötig sind, muß die Interelementkontinuität der Verschiebungen für das Verschiebungsfeld dieses Elementes verletzt sein.

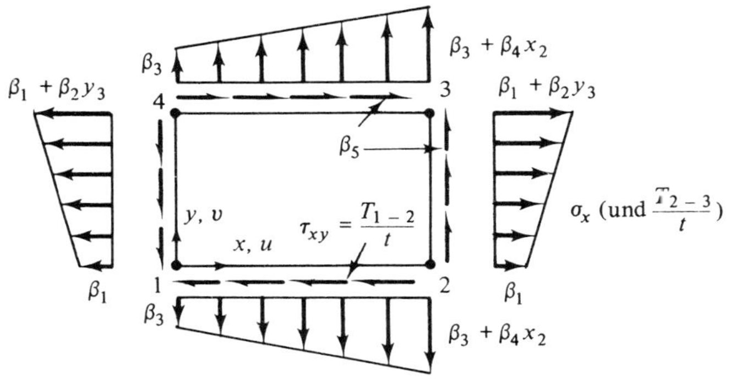

(a) Spannungen und Randkräfte

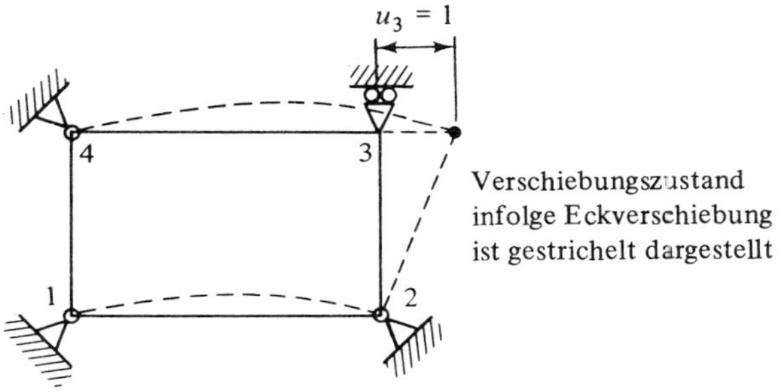

(b) Verschiebungszustand für Einheitsverschiebung u_3

Bild 9.14

Mit Hilfe der Verschiebungsfunktionen von (9.16), der Verzerrungs-Verschiebungs-relationen (4.7) und der Formel für die Steifigkeitsgleichungen des Elementes (9.7) erhält man dann die in **Bild 9.15** dargestellte Steifigkeitsmatrix.

9.3.2 Inkompatible Ansatzfunktionen [9.21]

Wir haben in Abschnitt 9.2.4, Bild 9.11, gesehen, daß die Steifigkeitsmatrix für Dreiecke mit linearem Verschiebungsfeld bei Balkenbiegung schlechte Genauigkeit ergab. Wir würden daher erwarten, daß Steifigkeitsmatrizen für Rechtecke beim gleichen Problem entsprechend ungenau sind. Dieser Sachverhalt wird in Abschnitt 9.3.4 anhand von numerischen Vergleichen näher untersucht werden. Der Grund für diese Ungenauigkeit liegt darin, daß ein lineares Feld die Bedingungen der reinen Biegebeanspruchung schlecht approximiert (**Bild 9.16** a). Das exakte Verschiebungsfeld lautet für das vorliegende Problem (Bild 9.16 b)

$$u = C_1 xy, \tag{9.17a}$$

$$v = \tfrac{1}{2} C_1 (a^2 - x^2), \tag{9.17b}$$

$$
[\mathrm{k}] = \frac{Et}{16\,\gamma_1\gamma_2 x_2 y_3}
\begin{array}{cccccccc}
u_1 & v_1 & u_2 & v_2 & u_3 & v_3 & u_4 & v_4 \\
\end{array}
$$

$$
\begin{bmatrix}
x_2^2\gamma_1 + y_3^2\gamma_4 & & & & & & & \\
\gamma_2 x_2 y_3 & y_3^2\gamma_1 + x_2^2\gamma_4 & & & & \text{symmetrisch} & & \\
x_2^2\gamma_1 - y_3^2\gamma_4 & \gamma_3 x_2 y_3 & x_2^2\gamma_1 + y_3^2\gamma_4 & & & & & \\
-\gamma_3 x_2 y_3 & x_2^2\gamma_5 - y_3^2\gamma_1 & -\gamma_2 x_2 y_3 & y_3^2\gamma_1 + x_2^2\gamma_4 & & & & \\
-x_2^2\gamma_1 - y_3^2\gamma_5 & -\gamma_2 x_2 y_3 & y_3^2\gamma_5 - x_2^2\gamma_1 & \gamma_3 x_2 y_3 & x_2^2\gamma_1 + y_3^2\gamma_4 & & & \\
-\gamma_2 x_2 y_3 & -y_3^2\gamma_1 - x_2^2\gamma_5 & -\gamma_3 x_2 y_3 & y_3^2\gamma_1 - x_2^2\gamma_4 & \gamma_2 x_2 y_3 & y_3^2\gamma_1 + x_2^2\gamma_4 & & \\
y_3^2\gamma_5 - x_2^2\gamma_1 & -\gamma_3 x_2 y_3 & -x_2^2\gamma_1 - y_3^2\gamma_5 & \gamma_2 x_2 y_3 & x_2^2\gamma_1 - y_3^2\gamma_4 & \gamma_3 x_2 y_3 & x_2^2\gamma_1 + y_3^2\gamma_4 & \\
\gamma_3 x_2 y_3 & y_3^2\gamma_1 - x_2^2\gamma_4 & \gamma_2 x_2 y_3 & -y_3^2\gamma_1 - x_2^2\gamma_5 & -\gamma_3 x_2 y_3 & x_2^2\gamma_5 - y_3^2\gamma_1 & -\gamma_2 x_2 y_3 & y_3^2\gamma_1 + x_2^2\gamma_4
\end{bmatrix}
$$

$$\gamma_1 = \frac{1-\mu}{2}, \quad \gamma_2 = \frac{1+\mu}{2}, \quad \gamma_3 = \frac{1-3\mu}{2}, \quad \gamma_4 = \frac{4-\mu^2}{3} \quad \gamma_5 = \frac{2+\mu^2}{3}$$

Bild 9.15

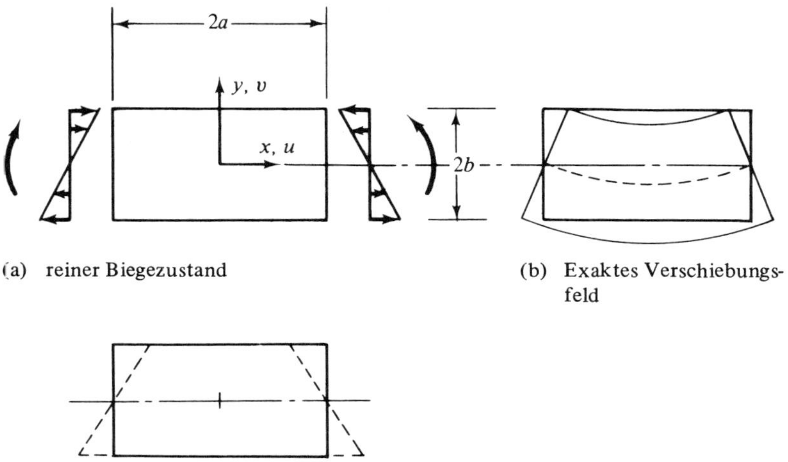

(a) reiner Biegezustand

(b) Exaktes Verschiebungsfeld

(c) Lineares Verschiebungsfeld eines Elementes

Bild 9.16

wobei C_1 und a Konstante sind. Durch Einsetzen dieser Gleichungen in die Verzerrungs-Verschiebungsgleichung $\gamma_{xy} = \partial u/\partial y + \partial v/\partial x$ kann verifiziert werden, daß die Bedingung verschwindender Schiebung, welche bei reiner Biegung immer gelten muß, in der Tat erfüllt ist. Da das Verschiebungsfeld der auf den Rändern linearen Verschiebungsfunktion (9.13) nur den Ausdruck von (9.17a) enthält und den in Bild (9.16c) skizzierten Verschiebungszustand beschreibt, ist es nötig, zum ursprünglich linearen Verschiebungsfeld eine Verschiebungskomponente der Form (9.17b) hinzuzufügen. Im allgemeinen ist es dabei wünschenswert, die x- und y-Symmetrie zu erhalten; man addiert solche Zusatzglieder also sowohl für u wie auch für v und erhält so

$$u = \lfloor \lfloor \mathbf{N}_L \rfloor \lfloor \mathbf{N}_B \rfloor \rfloor \begin{Bmatrix} \mathbf{u}_L \\ \hline \mathbf{u}_B \end{Bmatrix}, \qquad v = \lfloor \lfloor \mathbf{N}_L \rfloor \lfloor \mathbf{N}_B \rfloor \rfloor \begin{Bmatrix} \mathbf{v}_L \\ \hline \mathbf{v}_B \end{Bmatrix}, \tag{9.18}$$

wobei $\lfloor \mathbf{N}_L \rfloor$, $\{\mathbf{u}_L\}$ und $\{\mathbf{v}_L\}$ die Formfunktionen und die Werte der Knotenverschiebungen für das lineare Feld (9.13) sind, und $\lfloor \mathbf{N}_B \rfloor$, $\{\mathbf{u}_B\}$ und $\{\mathbf{v}_B\}$ die Formfunktionen und Knotenverschiebungen des inkompatiblen, das Biegeverhalten in der Art von (9.17b) und Bild 9.16b beschreibenden Verschiebungsfeldes* darstellen.

Die Steifigkeitsmatrix für das Element wird wegen (9.18) zuerst in Abhängigkeit von $\{\mathbf{u}_L\}$, $\{\mathbf{u}_B\}$, $\{\mathbf{v}_L\}$ und $\{\mathbf{v}_B\}$ gebildet. Dann wird die Darstellung auf $\{\mathbf{u}_L\}$ und $\{\mathbf{v}_L\}$ reduziert, indem die zusätzlichen Variablen $\{\mathbf{u}_B\}$ und $\{\mathbf{v}_B\}$ durch Anwendung des Raffungsprozesses von Abschnitt 2.8 eliminiert werden. Nach Durchführung dieser Operation findet man, daß die resultierende Steifigkeitsmatrix mit jener von Bild 9.15 identisch

* Im Englischen wird dieses zusätzliche Feld mit „bubble mode" bezeichnet. Im Deutschen mag dies etwa mit „Buckelfeld" übersetzt werden. Der Übersetzer.

ist. Wir können den Grund dafür dem Bild 9.14b entnehmen, das Randverschiebungen zeigt, welche einer in der vorliegenden Herleitung behandelten Einheitsverschiebung entsprechen. Dieselben Verschiebungen werden in (9.16) definiert, und es ist selbstverständlich, daß sie die in dieser Herleitung verwendete Gestalt des hinzuaddierten Buckelfeldes haben.

9.3.3 Hybride Darstellungen mit Ansatzfunktionen für die Spannungen [9.22]

Rechtecke sind bei Problemen des ebenen Spannungszustandes besonders geeignet, das Hybrid-Verfahren mit Ansatzfunktionen für die Spannungen zu erklären. Wir wählen hier ein Beispiel, das noch einleuchtender ist als dasjenige von Abschnitt 6.7.

Beim ebenen Spannungszustand ist ein die Differentialgleichung des Gleichgewichts erfüllendes Spannungsfeld durch (9.15) gegeben; dieses Feld wird gleichzeitig in Bild 9.14a graphisch festgehalten. Wir übernehmen die Bezeichnungsweise von Abschnitt 6.7 und beachten, daß drei grundlegende Matrizen, die [Z], [L] und $[\bar{\mathfrak{Y}}]$ Matrizen, zur Formulierung der Steifigkeitsmatrix benötigt werden. Die Matrix [Z] (vgl. (6.77)) stellt die Koeffizienten der Spannungsgleichungen zusammen, nämlich

$$[\mathbf{Z}] = \begin{matrix} \beta_1 & \beta_2 & \beta_3 & \beta_4 & \beta_5 \end{matrix} \\ \begin{bmatrix} 1 & y & 0 & 0 & 0 \\ 0 & 0 & 1 & x & 0 \\ 0 & 0 & 0 & 0 & 1 \end{bmatrix} \tag{9.19}$$

mit

$$\{\boldsymbol{\beta}_f\} = \lfloor \beta_1\ \beta_2\ \beta_3\ \beta_4\ \beta_5 \rfloor^T .$$

Die Matrix [L] andererseits definiert die Verteilung der Randkräfte, welche mit dem Spannungsfeld des Elementes verträglich sind. Der Spannungszustand ist in Bild 9.14a dargestellt, und dieselbe Abbildung beschreibt auch die Randkräfte $T_{x_{1-4}}$, $T_{y_{2-3}}$ usw. Z.B. gilt

$$T_{x_{2-3}} = t(\beta_1 + \beta_2 y) .$$

In dieser Weise kann man die Gleichung

$$\mathbf{T} = [\mathbf{L}]\{\boldsymbol{\beta}_f\} \tag{6.61}$$

bilden, worin

$$\mathbf{T} = \lfloor T_{x_{1-2}}\ T_{y_{1-2}}\ T_{x_{2-3}}\ T_{y_{2-3}}\ T_{x_{3-4}}\ T_{y_{3-4}}\ T_{x_{4-1}}\ T_{y_{4-1}} \rfloor^T \tag{9.20}$$

bedeutet und die Koeffizienten von [L] aus (9.15) herleitbar sind.

Für die Randverschiebungen werden lineare Darstellungen gewählt. Also ist die Verschiebung entlang Rand 2–3 durch

$$u_{2-3} = \left(1 - \frac{y}{y_3}\right)u_2 + \frac{y}{y_3}u_3$$

gegeben, und wenn dieser Ausdruck für alle Ränder angeschrieben wird, kann das Resultat in der Form

$$\bar{\mathbf{u}} = [\bar{\mathfrak{Y}}]\begin{Bmatrix}\{\mathbf{u}\}\\ \{\mathbf{v}\}\end{Bmatrix} \qquad (6.17)$$

zusammengefaßt werden, mit

$$\bar{\mathbf{u}} = \lfloor u_{1-2}\ v_{1-2} \ldots v_{4-1} \rfloor^{\mathrm{T}}, \qquad (9.21)$$

wobei $\{\mathbf{u}\}$ und $\{\mathbf{v}\}$ in (9.13e) und (9.13c) definiert sind. Der Beschreibung des Hybrid-Verfahrens von Abschnitt 6.7 folgend bilden wir jetzt die Steifigkeitsmatrix des Elementes $[\mathbf{k}] = [\mathfrak{J}]^{\mathrm{T}}[\mathfrak{H}]^{-1}[\mathfrak{J}]$, wobei

$$[\mathfrak{J}] = \left[\int_{S_n} [\mathbf{L}]^{\mathrm{T}}[\bar{\mathfrak{Y}}]\, dS\right] \qquad (6.62)$$

(S_n ist der gesamte Rand des Elementes) und

$$[\mathfrak{H}] = \left[\int_{\mathrm{vol}} [\mathbf{Z}]^{\mathrm{T}}[\mathbf{E}]^{-1}[\mathbf{Z}]\, d(\mathrm{vol})\right] \qquad (6.78)$$

bedeuten.

Man kann zeigen, daß die auf diese Weise bestimmte Steifigkeitsmatrix mit der in Bild 9.15 dargestellten, mit Hilfe des Verschiebungsfeldes von (9.16) hergeleiteten Matrix identisch ist. Das ist natürlich nur so, weil das Verschiebungsfeld von (9.16) dem hier verwendeten Spannungsfeld entspricht. Allerdings besteht insofern ein Unterschied, als das Verschiebungsfeld der reinen Steifigkeitsmethode zu nichtlinearen Randverschiebungen führt, wohingegen das obige Verfahren nur lineare Randverschiebungen verwendet. Der Grund für die Übereinstimmung besteht jedoch darin, daß die nichtlinearen Verschiebungskomponenten der reinen Steifigkeitsmethode, (Bild 9.14a) senkrecht zur Richtung der Kräfte verlaufen, welche diese Verschiebung erzeugen; damit führt dieser Anteil zu keiner Arbeit.

Die Tatsache, daß im vorliegenden Beispiel die Steifigkeitsmatrix mit konventionellen Steifigkeitsmethoden hätte bestimmt werden können und nicht mit dem auf Spannungsfunktionen beruhenden Hybrid-Verfahren, bedeutet nicht, daß dies beim Hybrid-Verfahren mit Ansatzfunktionen für die Spannungen des ebenen Spannungszustandes immer der Fall sein wird. Eine fast unbeschränkte Anzahl von Hybrid-Formulierungen kann für den ebenen Spannungszustand mit Hilfe von verschiedenen Spannungs- und Verschiebungsfeldern aufgestellt werden. Das Hybrid-Verfahren mit Spannungsansatzfunktionen ist denn auch aus zwei Gründen nützlich. Gewisse in dieser Weise bestimmte Verschiebungsparameter liegen in ihren Werten zwischen der oberen Schranke der „Gleichgewichts"-Formulierung und der unteren Schranke einer entsprechenden „kompatiblen" Formulierung, wenn nur das Spannungsfeld im Innern zur ersten, die Randverschiebungen aber zur letzteren gehören [9.23]. Zudem ist es auch einfacher, Ausdrücke einzuführen, welche Spannungssingularitäten berücksichtigen, wie sie an Ecken und an Spitzen von Rissen entstehen [9.24].

9.3.4 Numerischer Vergleich

Bild 9.17 zeigt für die einzelnen Rechteckelementverfahren am Beispiel des Kragarms von Abschnitt 9.2.4 eine dimensionslose Durchbiegung $v_A Et/P$ am Balkenende, welche als Funktion der Zahl der Freiheitsgrade aufgetragen ist. Die dargestellten Resultate beziehen sich sowohl auf ein Rechteckelement, das auf der Basis linearer Randverschiebungen (Steifigkeitsmatrix in Bild 9.13) formuliert ist, als auch auf ein Element, dessen Verschiebungsfeld durch (9.16) gegeben ist (Steifigkeitsmatrix in Bild 9.15). Das zweite Verfahren kann, wie wir gesehen haben, auch als eine Hybridformulierung mit Ansatzfunktionen für die Spannungen oder aber als Formulierung mit linearen Randverschiebungen und ergänzten nichtlinearen Verschiebungen angesehen werden.

Die Resultate zeigen, daß die Formulierung mit linearen interelementkompatiblen Randverschiebungen ziemlich langsam zur exakten Vergleichslösung konvergiert. Dasselbe Verhalten konnte beim Dreieckelement beobachtet werden (Bild 9.11).

Demgegenüber erweist sich die Formulierung mit inkompatiblen Verschiebungen für dieses Problem als sehr genau. Die Resultate im unteren Bereich der Variablenzahl (< 60) sind durch Netzverfeinerungen allein in der Längsrichtung x errechnet worden, d.h. in jedem Schnitt war nur ein einziges Element vorhanden. Man kann also zur Darstellung von speziellen Biegeproblemen die allgemeine Formulierung des ebenen Spannungszustands verwenden, die normalerweise die Annahme verwendet, daß ursprünglich ebene Querschnitte auch nach der Deformation eben bleiben. Bei Balkenbiegung

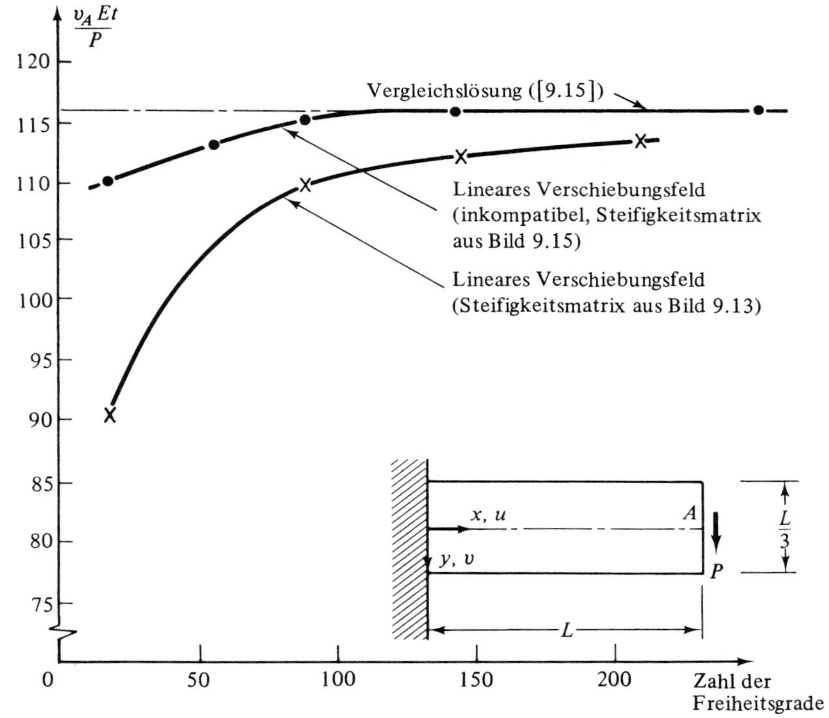

Bild 9.17

ist es gewöhnlich nicht nötig, ein anderes als das einfache Biegeelement zu verwenden, aber wir werden in Kapitel 10 sehen, daß inkompatible Formulierungen bei einer groben numerischen Integration der Verzerrungsenergie des Elementes, insbesondere bei auf Platten und Schalen angewendeten räumlichen Elementen sehr nützlich sind.

Literatur

9.1 Dunham, R.S.; Pister, K.S.: A finite element application of the Hellinger-Reissner variational theorem. Proc. of the 2nd Conf. on Matrix Methods in Struct. Mech. AFFDL TR 68–150, S. 471–487.

9.2 Pederson, P.: Some properties of linear strain triangles and optimal finite element models. Int. J. Num. Meth. Eng. 7 (1973) 415–430.

9.3 Brebbia, C.; Connor, J.J.: Fundamentals of finite element techniques. London: Butterworths 1973.

9.4 Holand, I.: The finite element method in plane stress analysis. Chapter 2: Holand and Bell (Hrsg.) The Finite Element Method in Stress Analysis. Norway: Tapir Press 1969.

9.5 Tocher, J.L.; Hartz, B.J.: Higher-order finite element for plane stress. Proc. ASCE; J. Eng. Mech. Div. 93 (1967) 149–174.

9.6 Holand, I.; Bergan, P.G.: Discussion of Higher-order finite element for plane stress. Proc. ASCE; J. Eng. Mech. Div. 94 (1968) 698–702.

9.7 Walz, J.E.; Fulton, R.E.; Cyrus, N.Y.; Eppink, R.T.: Accuracy of finite element approximations. NASA TN D-5728 (1970).

9.8 Taig, I.C.; Kerr, R.I.: Some problems in discrete element representation of aircraft structures. In: B. Fraeijs de Veubeke (Hrsg.) Matrix Methods of Structural Analysis, New York, N.Y.: MacMillan 1964, S. 282–284.

9.9 Turcke, D.J.; McNeice, G.M.: Guidelines for selecting finite element grids based on an optimization theory. Int. J. Comp. Struct. 4 (1974).

9.10 McNeice, G.M.; Hunnisett, S.F.: Mixed displacement finite element analysis with particular application using plane stress triangles. J. Strain Analysis 7, 243–252.

9.11 Tong, P.: Exact solutions of certain problems by finite element method. AIAA J. 7 (1969) 178–180.

9.12 Oden, J.T.; Brauchli, H.J.: On the calculation of consistent stress distribution in finite element approximations. Int. J. Num. Meth. Eng. 3 (1971) 317–322.

9.13 Hrennikoff, A.: Precision of finite element method in plane stress. Publ. Ing. Ass. Bridge Struct. Eng. 29–II (1969) 125–137.

9.14 Timoshenko, S.; Goodier, J.N.: Theory of elasticity, 2nd ed., New York, N.Y.: Mc-Graw-Hill 1951, S. 167–171.

9.15 Hooley, R.F.; Hibbert, P.D.: Bounding plane stress solution by finite elements. Proc. ASCE; J. Struct. Div. 92 (1966) 39–48.

9.16 Cowper, G.R.: Variational procedures and convergence of finite element methods. In: Fenves, S.J. et al. (Hrsg.) Numerical and Computer Methods in Structural Mechanics, New York, N.Y.: Academic Press 1973, S. 1–12.

9.17 Gallagher, R.H.; Dhalla, A.K.: Direct flexibility-finite element elastoplastic analysis. Proc. of lst. Int. Conf. on Struct. Mech. in React. Tech. Berlin 1971, 6 part M.

9.18 Fraeijs de Veubeke, B.: Upper and lower bounds in matrix structural analysis. In: B. Fraeijs de Veubeke (Hrsg.) Matrix Methods of Structural Analysis. New York, N.Y.: MacMillan 1964, S. 166–201.

9.19 Belytschko, T.; Hodge, P.G.: Plane stress limit analysis by finite elements. Proc. ASCE; J. Eng. Mech. Div. 96 (1970) 931–944.

9.20 Turner, M.J.; Clough, R.W.; Martin, H.C.; Topp, L.J.: Stiffness and deflection analysis of complex structures. J. Aer. Sci. 23 (1956) 805–824.

9.21 Wilson, E.L. et al.: Incompatible displacement models. In: Fenves S.J. et al. (Hrsg.), Numerical and Computer Methods in Structural Mechanics. New York, N.Y.: Academic Press 1973. S. 43–57.

9.22 Pian, T. H. H.: Derivation of element stiffness matrices by assumed stress distributions. AIAA J. 2 (1964) 1333–1335.
9.23 Pian, T. H. H.; Tong, P.: Basis of finite element methods for solid continua. Int. J. Num. Meth. Eng. 1 (1969) 3–28.
9.24 Tong, P.; Pian, T. H. H.; Lasry, S. J.: A hybrid-element approach to crack problems in plane elasticity. Int. J. Num. Meth. Eng. 7 (1973) 297–308.

Aufgaben

9.1 Leite für das Dreieck konstanter Spannung (Bild 5.4) unter Verwendung des Hybrid-Verfahrens mit Ansatzfunktionen für die Spannungen die Steifigkeitsmatrix her.

9.2 Leite für den ebenen Spannungszustand unter Benützung des Reissnerschen Variationsprinzips eine gemischte Kraftverschiebungsmatrix für das Dreieck mit konstanten Verzerrungen her. Transformiere das Resultat auf eine Steifigkeitsmatrix des Elementes in der Art und Weise, wie es in Abschnitt 6.8 getan wurde.

9.3 Bestätige den in Bild 9.15 für die Steifigkeitsmatrix des Rechteckelementes gegebenen Wert k_{11} (F_{x_1} als Funktion von u_1).

9.4 Konstruiere die Steifigkeitsmatrix für ein Ringelement der Form von **Bild A.9.4.** Alle Bedingungen seien axialsymmetrisch, so daß $\epsilon_r = du/dr$, $\epsilon_\theta = u/r$. Wähle als Radialverschiebung die Funktion: $u = [1 - (r/r_{2-1})]u_1 + (r/r_{2-1})u_2$, wo $r_{2-1} = r_2 - r_1$.

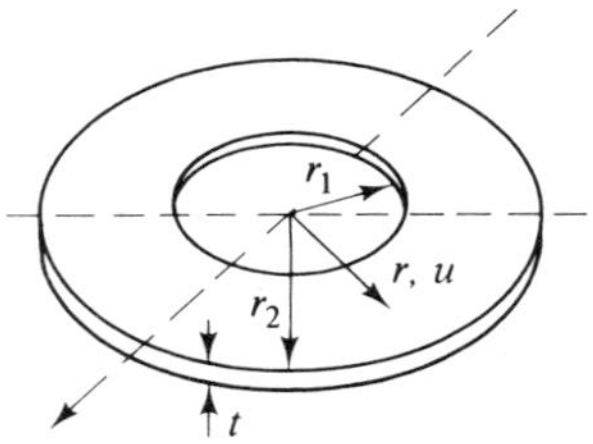

Bild A.9.4

9.5 Diskutiere die die potentielle Energie verwendende Hybridformulierung des Rechteckelementes (Flexibilitätsmatrix) und verwende zur Beschreibung der Randspannungen die Spannungsfunktionen.

9.6 Berechne die arbeitsäquivalenten Lasten für das in Bild 9.10 dargestellte Netzwerk und für parabolische Spannungsverteilung. Nimm dabei an, daß CST- und nicht LST-Elemente vorliegen.

9.7 Konstruiere für ein LST-Dreieck und für eine lineare Temperaturverteilung über den spannungslosen Zustand den Vorspannungsvektor infolge Temperatur. Benütze dabei den Ansatz $\Upsilon = N_1\Upsilon_1 + N_2\Upsilon_2 + N_3\Upsilon_3$, wobei N_1 usw. die Formfunktionen des linearen Feldes und Υ_1, Υ_2 und Υ_3 die Ecktemperaturen bedeuten.

9.8 Konstruiere ein Verschiebungsfeld, das zur Formulierung des in **Bild A.9.8** abgebildeten Sektorenelementes geeignet ist und konstruiere die Knotenverschiebungs-Verzerrungsmatrix **[D]**.

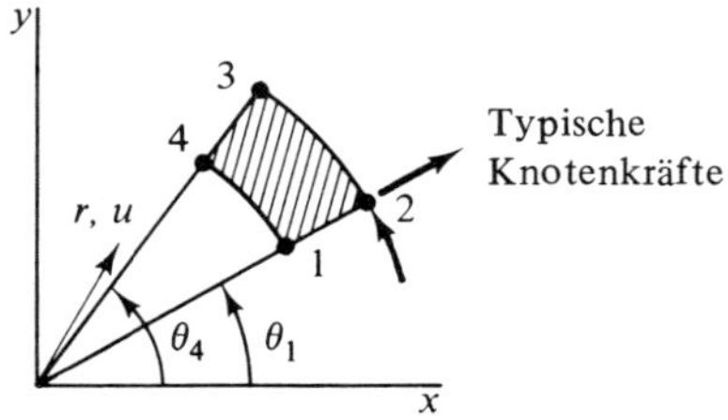

Bild A.9.8

9.9 (Aufgabe mit Computer-Benützung) Führe eine FE-Berechnung für das in **Bild A.9.9** dargestellte Scheibenelement durch (gleiches Problem wie in Bild 9.10), und zwar für eigens ausgewählte Elementtypen und Netzeinteilung. (Für einen Vergleich der Lösung für Spannungen und Verschiebungen vgl. „A Shallow Shell Finite Element of Triangular Shape" von G. R. Cowper, G. M. Lindberg und M. D. Olson, Int. J. Solids Struct. 6 (1970) 1133–1156). Man definiere das Netzwerk nur innerhalb des schraffierten Quadranten. Beachte auch, daß die u- und v-Verschiebungen im Punkte D, die v-Verschiebungen entlang der x-Achse und die u-Verschiebungen entlang der y-Achse verschwinden. Ferner sei

$$E = 10^7, \qquad \mu = 0{,}3, \qquad t = 1.$$

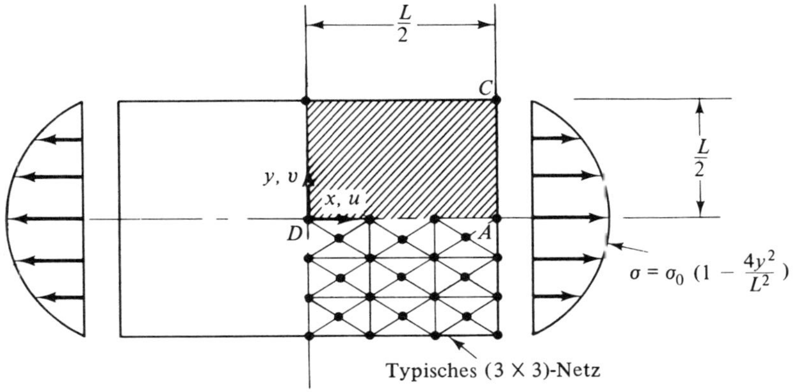

Bild A.9.9

9.10 (Problem für Computer-Benützung) Führe für den rechteckigen Kragarm der Einheitsdicke (**Bild A.9.10**) eine FE-Analysis durch mit eigens eingeführten Elementtypen und Netzwerk. Die Last P sei parabolisch über den Endquerschnitt verteilt, nämlich so, daß parabolische Schubspannungen entstehen. Ferner sei

$$\tau_{xy} = \frac{2P}{9L}\left(1 - 36\frac{y^2}{L^2}\right), \qquad E = 10^7, \qquad \mu = 0{,}2, \qquad t = 1{,}0.$$

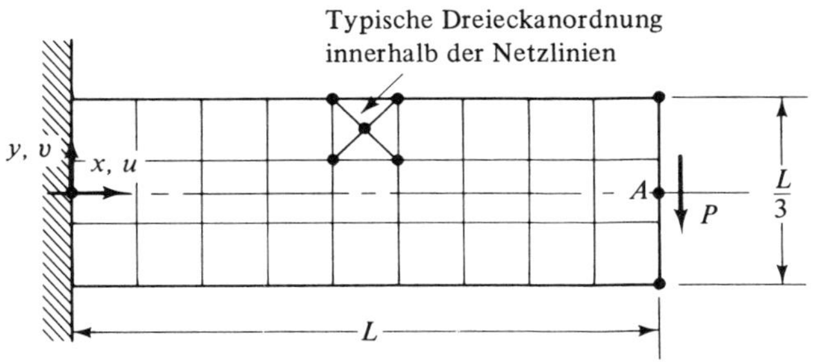

Bild A.9.10

10 Räumliche Elemente, allgemeiner Fall

Festkörper oder räumliche Elemente werden bei Problemen der dreidimensionalen Elastizitätstheorie eingesetzt. Solchen Problemen wurde früher in der Ingenieurpraxis relativ wenig Beachtung geschenkt, da ihnen mit den herkömmlichen Lösungsansätzen schwer beizukommen war. So kommt es, daß auf diesem Gebiet die FEM bei der Lösung fast aller Probleme eine unangefochtene Vorrangstellung einnimmt. Zur Vielfalt dreidimensionaler Probleme gehören Staudämme, felsmechanische Aufgaben für unterirdische Bohrungen, bodenmechanische Spannungsberechnungen und schließlich Probleme der räumlichen Spannungsberechnung in Flanschen und Verzweigungen dickwandiger Rohre.

Das räumliche Grundelement (**Bild 10.1**) ist im allgemeinen eine Verallgemeinerung ebener Elemente. Das Tetraeder (Bild 10.1 a) entsteht durch Verallgemeinerung der Dreieckelemente in die dritte Dimension, während das Hexaeder das Gegenstück zum Rechteckelement bildet. Obwohl andere Elementarten beschrieben worden sind (z.B.

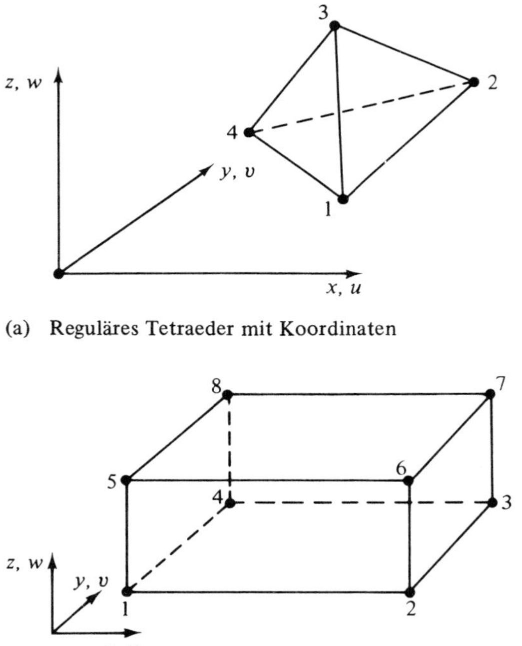

(a) Reguläres Tetraeder mit Koordinaten

(b) Geometrie und Koordinaten beim Kubus (Hexaeder)

Bild 10.1

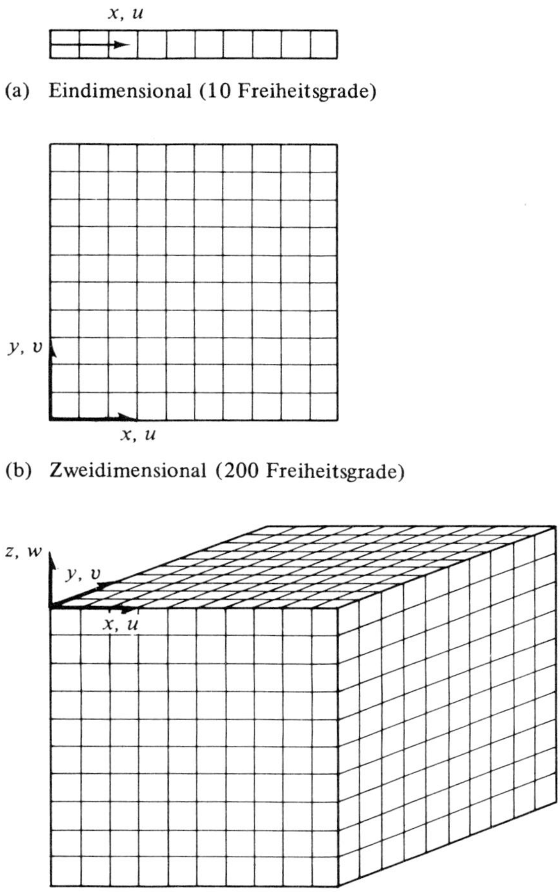

(a) Eindimensional (10 Freiheitsgrade)

(b) Zweidimensional (200 Freiheitsgrade)

(c) Dreidimensional (3000 Freiheitsgrade)

Bild 10.2

pentagonale oder keilförmige Elemente), hat die Praxis Tetraeder und Hexaeder bevorzugt. Das vorliegende Kapitel beschränkt sich auf diese Grundformen.

Mit jeder neuen Dimension steigt die Zahl der Freiheitsgrade steil an, wie in **Bild 10.2** erläutert ist. Wenn ein eindimensionales rechnerisches Modell zehn Freiheitsgrade besitzt, so ergeben sich bei gleicher Lösungsgenauigkeit im dreidimensionalen Fall dreitausend Freiheitsgrade. Wirtschaftliche Überlegungen spielen bei praktischen Anwendungen deshalb eine kritische Rolle. Äußerste Wirtschaftlichkeit muß in folgenden Bereichen erzielt werden:

a) Input und Output der Daten,
b) Lösung von Gleichungssystemen hoher Ordnung,
c) Darstellung des tatsächlichen Systems durch finite Elemente.

Die ersten beiden Punkte überschreiten den Rahmen der vorliegenden Arbeit; der Leser sollte die Literatur zu Rate ziehen, auf die am Ende dieses Kapitels hingewiesen wird. Punkt c führt zu ausgeklügelten Verfahren für die Darstellung des geometrischen Modells. Daher erlangt die isoparametrische Darstellung der Elementgeometrie, d.h. die Wiedergabe der Elementrandflächen in einer den Verschiebungsfunktionen analogen Form für räumliche Elemente besondere Bedeutung. Dieses Konzept wurde in Abschnitt 8.8 entwickelt und soll hier weiter diskutiert werden.

Die verfügbaren Formulierungen basieren bei räumlichen Elementen fast ausschließlich auf Ansatzfunktionen für die Verschiebungsfelder, wie dies nach dem Prinzip vom Minimum der potentiellen Energie gefordert wird. Komplementäre und gemischte Formulierungen ergaben für diese Klasse von Problemen bis jetzt noch keine Vorteile. Beim in Abhängigkeit der Spannungsfunktionen formulierten Funktional der Komplementärenergie tritt zum Beispiel die Schwierigkeit auf, daß mit Funktionen gearbeitet werden muß, welche über Elementränder hinweg nicht nur stetig sind, sondern auch stetige erste Ableitungen aufweisen sollten. In diesem Kapitel werden deshalb nur Elementbeschreibungen behandelt, die von Verschiebungsansätzen abgeleitet sind.

10.1 Grundbeziehungen

10.1.1 Gleichungen der Elastizitätslehre

Die Grundgleichungen für räumliche Elemente sind der linearen Elastizitätstheorie entnommen. Aus der Betrachtung des Gleichgewichts eines Volumenelements ergibt sich (der Einfachheit halber werden Volumenkräfte vernachlässigt)

$$\begin{aligned}
&\frac{\partial \sigma_x}{\partial x} + \frac{\partial \tau_{xy}}{\partial y} + \frac{\partial \tau_{xz}}{\partial z} = 0\,,\\
&\frac{\partial \sigma_y}{\partial y} + \frac{\partial \tau_{yx}}{\partial x} + \frac{\partial \tau_{yz}}{\partial z} = 0\,,\\
&\frac{\partial \sigma_z}{\partial z} + \frac{\partial \tau_{zx}}{\partial x} + \frac{\partial \tau_{zy}}{\partial y} = 0
\end{aligned} \tag{10.1}$$

und für die linearen Verzerrungs-Verschiebungsgleichungen

$$\begin{aligned}
\epsilon_x &= \frac{\partial u}{\partial x}, & \gamma_{xy} &= \frac{\partial u}{\partial y} + \frac{\partial v}{\partial x}\,,\\
\epsilon_y &= \frac{\partial v}{\partial y}, & \gamma_{yz} &= \frac{\partial v}{\partial z} + \frac{\partial w}{\partial y}\,,\\
\epsilon_z &= \frac{\partial w}{\partial z}, & \gamma_{zx} &= \frac{\partial w}{\partial x} + \frac{\partial u}{\partial z}\,.
\end{aligned} \tag{10.2}$$

In gewissen praktischen Anwendungen kann die allgemeine Form der konstitutiven Gleichungen mit 21 Elastizitätskonstanten notwendig werden. Da jedoch im vorliegenden Kapitel vor allem die Herleitung der Steifigkeitsgleichungen der räumlichen Elemente aufgezeigt werden soll, werden wir uns im folgenden auf ein isotropes Material beschränken, für welches

$$\begin{Bmatrix} \sigma_x \\ \sigma_y \\ \sigma_z \\ \tau_{xy} \\ \tau_{yz} \\ \tau_{zx} \end{Bmatrix} = \frac{E}{(1+\mu)(1-2\mu)} \tag{10.3$_1$}$$

$$\times \begin{bmatrix} (1-\mu) & \mu & \mu & 0 & 0 & 0 \\ \mu & (1-\mu) & \mu & 0 & 0 & 0 \\ \mu & \mu & (1-\mu) & 0 & 0 & 0 \\ 0 & 0 & 0 & \frac{(1-2\mu)}{2} & 0 & 0 \\ 0 & 0 & 0 & 0 & \frac{(1-2\mu)}{2} & 0 \\ 0 & 0 & 0 & 0 & 0 & \frac{(1-2\mu)}{2} \end{bmatrix} \begin{Bmatrix} \epsilon_x \\ \epsilon_y \\ \epsilon_z \\ \gamma_{xy} \\ \gamma_{yz} \\ \gamma_{zx} \end{Bmatrix}$$

gilt oder

$$\boldsymbol{\sigma} = [\mathbf{E}]\boldsymbol{\epsilon}. \tag{10.3$_2$}$$

10.1.2 Potentielle Energie

Der Anteil der inneren Kräfte am Gesamtpotential ist in der Form

$$U = \frac{1}{2}\int_{\text{vol}} \boldsymbol{\epsilon}[\mathbf{E}]\boldsymbol{\epsilon}\, d(\text{vol}) - \int_{\text{vol}} \boldsymbol{\epsilon}[\mathbf{E}]\boldsymbol{\epsilon}^{\text{init.}}\, d(\text{vol}) + \mathbf{C}(\boldsymbol{\epsilon}^{\text{init.}}) \tag{10.4}$$

ausdrückbar, wobei $\boldsymbol{\epsilon}$ durch (10.3) oder im Fall von Wärmedehnungen durch

$$\boldsymbol{\epsilon}^{\text{init.}} = \lfloor \alpha\Upsilon\ \alpha\Upsilon\ \alpha\Upsilon\ 0\ 0\ 0 \rfloor^{\mathrm{T}} \tag{10.5}$$

gegeben ist. α bezeichnet den Wärmeausdehnungskoeffizienten und Υ die Temperaturdifferenz, bezogen auf den spannungsfreien Zustand.

Wie in Kapitel 9 angedeutet, ist es oft vorteilhaft, einige der Verschiebungsfelder des Elements durch Knotenverschiebungen auszudrücken. Wird dies getan, so lautet die Transformation der Knotenverschiebungen in die Dehnungen

$$\boldsymbol{\epsilon} = [\mathbf{D}]\{\boldsymbol{\Delta}\} \tag{10.6}$$

(vgl. 5.6c). Das Potential der inneren Kräfte nimmt daher folgende Form an (vgl. Abschnitt 6.4):

$$U = \frac{\lfloor \mathbf{\Delta} \rfloor}{2}[\mathbf{k}][\mathbf{\Delta}] - \lfloor \mathbf{\Delta} \rfloor\{\mathbf{F}^{\text{init.}}\}, \tag{10.7}$$

wobei

$$[\mathbf{k}] = \left[\int_{\text{vol}} [\mathbf{D}]^{\text{T}}[\mathbf{E}][\mathbf{D}]\, d(\text{vol})\right], \tag{10.8}$$

$$\{\mathbf{F}^{\text{init.}}\} = \left\{\int_{\text{vol}} [\mathbf{D}]^{\text{T}}[\mathbf{E}]\{\boldsymbol{\epsilon}^{\text{init.}}\}\, d(\text{vol})\right\}. \tag{10.9}$$

In anderen Fällen dieses Kapitels ist es jedoch vorteilhafter, die Verschiebungsfelder in Abhängigkeit von Knotenverschiebungen auszudrücken, welche ihrerseits auf verallgemeinerte Verschiebungsparameter $\{\mathbf{a}\}$ bezogen sind. In diesem Fall ist die Transformation der verallgemeinerten Verschiebungen in Verzerrungen gemäß (5.6a) durch $\boldsymbol{\epsilon} = [\mathbf{C}]\{\mathbf{a}\}$ gegeben. Weiter ergibt sich aus (5.4a) die Transformation von Knotenverschiebungen in verallgemeinerte Verschiebungen: $\{\mathbf{a}\} = [\mathbf{B}]^{-1}\{\mathbf{\Delta}\}$. Die Steifigkeitsmatrix wird daher

$$[\mathbf{k}] = ([\mathbf{B}]^{-1})^{\text{T}}\left[\int_{\text{vol}} [\mathbf{C}]^{\text{T}}[\mathbf{E}][\mathbf{C}]\, d(\text{vol})\right][\mathbf{B}]^{-1}. \tag{10.8a}$$

10.2 Beschreibung des Tetraederelementes

10.2.1 Allgemeine Überlegungen

Im Abschnitt 8.6 wurde gezeigt, daß die Begriffe der Tetraederkoordinaten (L_1, L_2, L_3, L_4) und des „Pascal-Tetraeders“ auf natürliche Weise zur Definition einer Familie von Tetraederelementen erster und höherer Ordnung führen. Solche Elemente werden durch die Translationsverschiebungen (u, v, w) jedes Knotens beschrieben. Wie jedoch die Behandlung des ebenen Dreieckelementes gezeigt hat, ist es möglich, neben den Translationskomponenten auch die Ableitungen der Verschiebungen (z.B. $\partial u/\partial x$, $\partial u/\partial y$ etc.) als Verschiebungsparameter zu gebrauchen. Diese Alternative besteht nicht für Elemente der ersten und zweiten Ordnung, da für diese die Gesamtzahl der Freiheitsgrade nicht ausreicht; sie besteht jedoch für das in **Bild 10.3** dargestellte Tetraeder mit kubischer Ansatzfunktion.

Ein vollständiges kubisches Polynom umfaßt 20 Terme, so daß ein Element, das als Verschiebungsparameter nur translatorische Verschiebungen enthält, 20 Knotenpunkte besitzt (vgl. Bild 10.3a). Insgesamt stehen in diesen Punkten 60 Freiheitsgrade für die u-, v- und w-Verschiebungen zur Verfügung. Wenn die Vollständigkeit des Polynomansatzes auch für ein Element erhalten bleiben soll, bei dem die ersten Ableitungen der Knotenverschiebungen als Parameter mit herangezogen werden, darf das Element wiederum nicht mehr als 60 Freiheitsgrade besitzen. Wie das erreicht wird, ist in Bild 10.3b erläutert. In jedem der vier Eckpunkte sind die drei translatorischen Verschiebungskomponenten und alle drei Ableitungen jeder dieser Komponenten definiert – insgesamt 12 Größen pro Knoten. Für die u-Komponenten zum Beispiel ergibt sich folgende Zusammenstellung:

$$u_1, \ldots, u_4; \left.\frac{\partial u}{\partial x}\right|_1, \ldots, \left.\frac{\partial u}{\partial x}\right|_4; \left.\frac{\partial u}{\partial y}\right|_1, \ldots, \left.\frac{\partial u}{\partial y}\right|_4; \left.\frac{\partial u}{\partial z}\right|_1, \ldots, \left.\frac{\partial u}{\partial z}\right|_4. \tag{10.10}$$

Ähnliches gilt auch für v und w. Damit ergeben sich 48 Freiheitsgrade. Für die zusätzlichen 12 Freiheitsgrade können die translatorischen Verschiebungen in den Mittelpunkten jeder der 4 Seitenflächen gewählt werden (Bild 10.3b). Die Wahl von Knotenpunkten in den Seitenmitten erscheint jedoch ungeschickt. Deshalb hat man sich bemüht, ein Element zu formulieren, das nur Freiheitsgrade in den Eckpunkten, d.h. also 48 Freiheitsgrade aufweist. Die folgende Untersuchung der vergleichsweisen Vorteile verschiedener Tetraederelemente soll erklären, warum dem Element mit 48 Freiheitsgraden soviel Aufmerksamkeit entgegengebracht wurde.

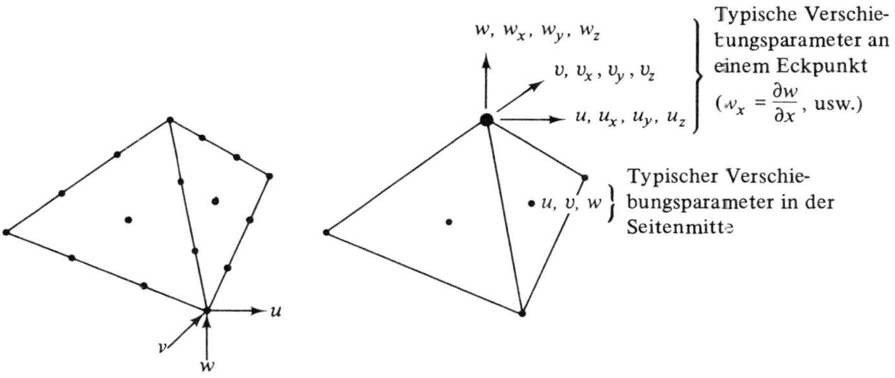

(a) Nur translatorische Verschiebungsparameter in 20 Punkten

(b)

Bild 10.3

Zur Überprüfung der rechnerischen Wirtschaftlichkeit der verschiedenen Tetraederelemente wurden ausführliche Untersuchungen durchgeführt [10.1–10.3]. **Tabelle 10.1**, die der Literatur [10.3] entnommen wurde, stellt die durchschnittliche Zahl von Freiheitsgraden pro Knotenpunkt für ein System mit unendlich vielen Elementen zusammen; diese Zahl entspricht auch der durchschnittlichen halben Bandbreite der zugehörigen globalen Steifigkeitsgleichungen. Wenn wirtschaftliche Lösungsmethoden für das algebraische Gleichungssystem angewandt werden, sind die Kosten der Berechnung ungefähr proportional zum Quadrat der halben Bandbreite. Andere Faktoren in der Definition der relativen Wirtschaftlichkeit müssen natürlich auch berücksichtigt werden. So setzt die obige Kostenabschätzung zum Beispiel voraus, daß die Anzahl der Elemente für eine gegebene geometrische Konfiguration unverändert bleibt; natürlich müßte die erhöhte Genauigkeit von Elementen höherer Ordnung berücksichtigt werden. Das T48-Element ist in jeder Hinsicht das vorteilhafteste aller in Tabelle 10.1 gezeigten Tetraederelemente. Die durchschnittliche halbe Bandbreite ist bei diesem Element wegen des Einbeziehens der Verschiebungsableitungen in die Freiheitsgrade gering. Dieser Punkt wurde im Abschnitt 9.2 für ebene Elemente bereits besprochen.

Tabelle 10.1 Tetraederelemente

Fall	Darstellung	Zahl der Knoten	Freiheitsgrade		Bemerkungen	Durchschnittl. Zahl v. Freiheitsgraden pro Knoten bei der globalen Analysis
			pro Knoten	pro Element		
a	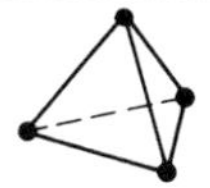	4	3	12	Vollständig lineares Verschiebungsfeld konstante Verzerrungen); für Details vgl. [10.3–10.5] und [10.19]	0,6
b		10	3	30	Vollständig quadratisches Verschiebungsfeld; für Details vgl. [10.4]	4,2
c		20	3	60	Vollständig kubisches Verschiebungsfeld; für Details vgl. [10.6]	13,8
d	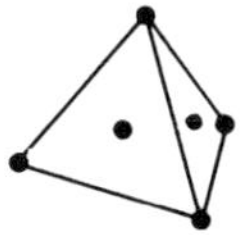	8		60	Vollständig kubisches Verschiebungsfeld; für Details siehe [10.6]; 12 Verschiebungsparameter an den Eckpunkten und entlang der Kanten (u, v, w, u_x, $\cdots$, w_z) und 3 Parameter in den Mitten der Seitenflächen (u, v, w).	8,4
e		16	3	48	Translatorische Verschiebungen als Parameter; unvollständige kubische Entwicklung für das Verschiebungsfeld; für Details vgl. [10.2] und [10.6]	—
f	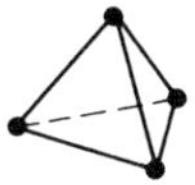	4	12	48	Verschiebungen und Verschiebungsableitungen als Parameter; unvollständig kubische Entwicklung für das Verschiebungsfeld; für Details vgl. [10.2] und [10.6]	2,4

Gleichzeitig sollte man beachten, daß bei inhomogenen Werkstoffen Probleme auftreten, wenn Verschiebungsableitungen als Knotengrößen eingeführt werden, da dann die zugehörigen Dehnungsgrößen benachbarter Elemente in den Knotenpunkten nicht die gleichen Werte haben. Wenn dies bei geringer Veränderlichkeit der Stoffeigenschaften eintritt (z.B. infolge von temperaturabhängigen Stoffgesetzen bei Vorhandensein eines Temperaturgradienten), dann ist die aufgezwungene Stetigkeit der Verzerrungen (Verschiebungsableitungen) nicht unbedingt von Bedeutung. Wenn jedoch wesentliche Unterschiede in den Stoffeigenschaften auftreten, ist es nicht zulässig, die eine Verschiebungsableitung repräsentierenden Knotenparameter einander gleichzusetzen. Man darf dann nur translatorische Verschiebungsparameter untereinander gleichsetzen.

Man muß auch und besonders im Hinblick auf gekrümmte Randflächen die Faktoren beachten, die sich auf die Elementgeometrie beziehen. Es ist natürlich möglich, verschiedene mathematische Formulierungen für das Verschiebungsfeld und für die Beschreibung der gekrümmten Randflächen des Elements zu verwenden. Auch die Ordnungen der verwendeten Funktionen können verschieden sein. Trotzdem scheint es am bequemsten zu sein, den gleichen Näherungsansatz sowohl für die Geometrie als auch für das Verschiebungsfeld zu verwenden.

Aufgrund dieser Erläuterungen werden die nachstehenden expliziten Herleitungen für Tetraederelemente auf lineare Verschiebungsfunktionen und das T48-Element beschränkt. Lineare Verschiebungsfunktionen sind für die ganze Familie der Tetraederelemente von grundsätzlicher Bedeutung. Die Elemente höherer Ordnung dieser Klasse (quadratische und kubische Verschiebungsfelder) können ohne Schwierigkeit nach den gleichen Regeln formuliert werden. Die Tetraederkoordinaten, die in Abschnitt 8.4 eingeführt wurden, ermöglichen schließlich die Konstruktion von Verformungsfunktionen beliebiger Ordnung und liefern algebraische Formeln für Integrale dieser Funktionen über das Volumen des Elements. (Explizite Formulierungen für das quadratische Element sind in [10.4] und [10.5] zu finden, für das Element mit kubischem Verschiebungsfeld in [10.6]). Dem T48-Element wird nicht nur wegen seiner Wirtschaftlichkeit besondere Aufmerksamkeit geschenkt, sondern auch, weil damit die Technik der Anwendung verallgemeinerter Koordinaten bei Verschiebungsfunktionen erläutert werden kann.

10.2.2 Das Element mit linearem Verschiebungsfeld [10.19]

Lineare Verschiebungsfelder (u, v, w) können durch Tetraederkoordinaten $[\mathbf{L}] = [L_1, L_2, L_3, L_4]$ (vgl. Abschnitt 8.6) wie folgt ausgedrückt werden:

$$u = \lfloor \mathbf{L} \rfloor \{\mathbf{u}\}, \qquad v = \lfloor \mathbf{L} \rfloor \{\mathbf{v}\}, \qquad w = \lfloor \mathbf{L} \rfloor \{\mathbf{w}\}, \tag{10.11}$$

wobei

$$\{\mathbf{u}\} = \lfloor u_1 \;\; u_2 \;\; u_3 \;\; u_4 \rfloor . \tag{10.12}$$

Entsprechendes gilt auch für $\{\mathbf{v}\}$ und $\{\mathbf{w}\}$. Dabei gilt gemäß (8.29)

$$L_i = \frac{1}{6(\mathrm{vol})}[(\mathrm{vol}) + c_{1_i}x + c_{2_i}y + c_{3_i}z] ,$$

wobei (vol), c_1, c_2 und c_3 im Abschnitt 8.6 in Abhängigkeit von den Koordinaten x_1, . . . , z_4 der Elementknoten ausgedrückt sind. Wendet man die Verzerrungs-Verschiebungsgleichungen (10.2)–10.11) an, so erhält man nach Einsetzen für (10.6)

$$\begin{Bmatrix} \epsilon_x \\ \epsilon_y \\ \epsilon_z \\ \gamma_{xy} \\ \gamma_{yz} \\ \gamma_{zx} \end{Bmatrix} = \frac{1}{6(\mathrm{vol})} \begin{bmatrix} \lfloor \mathbf{c}_1 \rfloor & \lfloor \mathbf{0} \rfloor & \lfloor \mathbf{0} \rfloor \\ \lfloor \mathbf{0} \rfloor & \lfloor \mathbf{c}_2 \rfloor & \lfloor \mathbf{0} \rfloor \\ \lfloor \mathbf{0} \rfloor & \lfloor \mathbf{0} \rfloor & \lfloor \mathbf{c}_3 \rfloor \\ \lfloor \mathbf{c}_2 \rfloor & \lfloor \mathbf{c}_1 \rfloor & \lfloor \mathbf{0} \rfloor \\ \lfloor \mathbf{0} \rfloor & \lfloor \mathbf{c}_3 \rfloor & \lfloor \mathbf{c}_2 \rfloor \\ \lfloor \mathbf{c}_3 \rfloor & \lfloor \mathbf{0} \rfloor & \lfloor \mathbf{c}_1 \rfloor \end{bmatrix} \begin{Bmatrix} \{\mathbf{u}\} \\ \{\mathbf{v}\} \\ \{\mathbf{w}\} \end{Bmatrix} = [\mathbf{D}]\{\boldsymbol{\Delta}\}\,, \tag{10.13}$$

wobei $\lfloor \mathbf{c}_1 \rfloor = \lfloor \mathbf{c}_{1_1}\ \mathbf{c}_{1_2}\ \mathbf{c}_{1_3}\ \mathbf{c}_{1_4} \rfloor$ und für $\lfloor \mathbf{c}_2 \rfloor$ sowie $\lfloor \mathbf{c}_3 \rfloor$ analoge Definitionen gelten; $\lfloor \mathbf{0} \rfloor$ ist ein Nullvektor (1×4). Das lineare Verschiebungsfeld erzeugt im Element einen Zustand konstanter Verzerrungen. Man gibt dem Element deshalb oft die Bezeichnung Tetraeder mit konstantem Verzerrungsfeld (constant strain tetrahedonal (CST-element).) Mit [**E**] wie in (10.3) und mit einer [**D**]-Matrix, welche nur konstante Größen enthält, ergibt sich die Steifigkeitsmatrix für das Tetraederelement direkt aus (10.8) zu $[\mathbf{k}] = [\mathbf{D}]^T[\mathbf{E}][\mathbf{D}] \cdot (\mathrm{vol})$, wobei das Elementvolumen wie in Abschnitt 1.6 bestimmt wird.

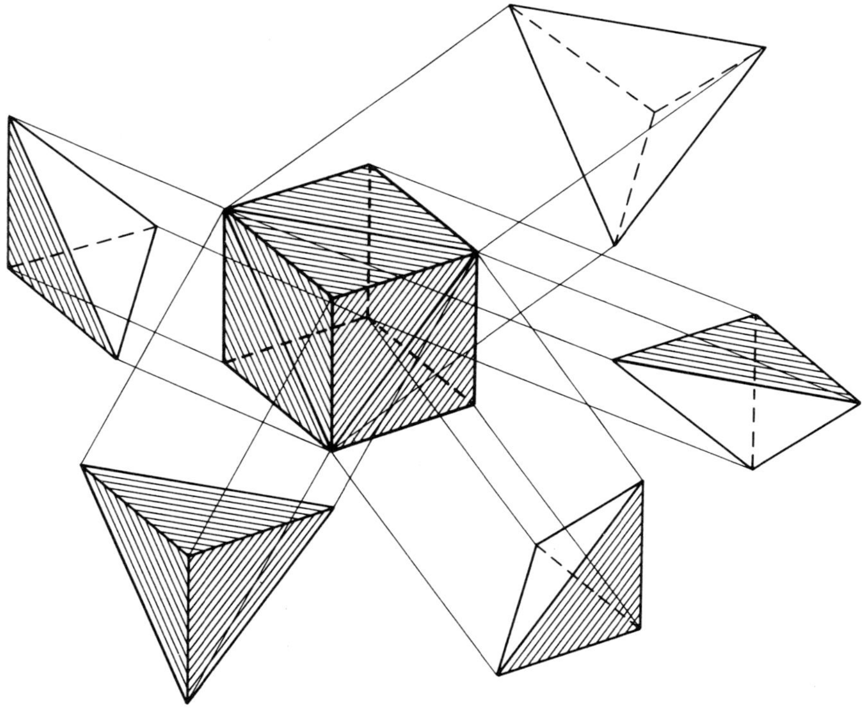

Bild 10.4

Bei praktischen Anwendungen ist es ausgesprochen schwierig, die Geometrie des rechnerischen Modelles ausschließlich mit diesem Element zu beschreiben. Das Problem besteht unter anderem darin, die Tetraeder richtig zusammenzubauen, ohne Löcher zu lassen. Deshalb erlauben es die Rechenprogramme oft, Hexaederelemente einzusetzen, die aus einer vorgegebenen Anzahl von Tetraedern automatisch gebildet werden.
Bild 10.4 zeigt ein solches „Superelement", das aus fünf Tetraedern zusammengesetzt ist.

10.2.3 Elemente höherer Ordnung [10.6]

Ein einfacher Ansatz zur Formulierung von T48-Elementen besteht in einem Reihenansatz, der sich wie folgt in Tetraederkoordinaten ausdrücken läßt:

$$\begin{aligned} u = {} & L_1 a_1 + L_2 a_2 + L_3 a_3 + L_4 a_4 + L_1 L_2 a_5 + L_3 L_4 a_6 + L_4 L_1 a_7 \\ & + L_3 L_2 a_8 + L_2 L_4 a_9 + L_3 L_1 a_{10} + (L_1^2 L_2 - L_1 L_2^2) a_{11} \\ & + (L_3^2 L_4 - L_3 L_4^2) a_{12} + (L_4^2 L_1 - L_4 L_1^2) a_{13} \\ & + (L_3^2 L_2 - L_3 L_2^2) a_{14} + (L_2^2 L_4 - L_2 L_4^2) a_{15} + (L_3^2 L_1 - L_3 L_1^2) a_{16} . \end{aligned} \tag{10.14}$$

Die v- und w-Verschiebungsfelder werden auf die gleiche Weise dargestellt, so daß sich der ganze Satz verallgemeinerter Verschiebungsparameter zu $\{\mathbf{a}\} = \lfloor a_1, \ldots, a_{48} \rfloor^T$ ergibt.

Die Herleitung der Steifigkeitsmatrix folgt mit diesem Ansatz dem in früheren Kapiteln dargestellten Schema. Die obigen Verschiebungsfelder werden in Übereinstimmung mit den Verzerrungs-Verschiebungsgleichungen (10.2) differenziert, woraus sich Gleichungen der Form $\boldsymbol{\epsilon} = [\mathbf{C}]\{\mathbf{a}\}$ ergeben. Weiter werden die Verschiebungsfunktionen und ihre ersten Ableitungen für jeden der vier Eckpunkte ausgewertet, was 48 Gleichungen ergibt, die durch $\{\boldsymbol{\Delta}\} = [\mathbf{B}]\{\mathbf{a}\}$ darstellbar sind. $\{\boldsymbol{\Delta}\}$ setzt sich dann hinsichtlich des u-Feldes aus den Verschiebungsgrößen von (10.10) zusammen; ähnliche Ausdrücke ergeben sich hinsichtlich der v- und w-Felder. Damit läßt sich die Element-Steifigkeitsmatrix mit (10.8a) als

$$[\mathbf{k}] = ([\mathbf{B}]^{-1})^T \left[\int_{\text{vol}} [\mathbf{C}]^T [\mathbf{E}] [\mathbf{C}] \, d(\text{vol}) \right] [\mathbf{B}]^{-1}$$

wiedergeben. Die sich daraus ergebenden Ausdrücke sind für eine explizite Wiedergabe zu kompliziert.

In [10.6] sind detaillierte Verfahren zur Herleitung der Elementsteifigkeit angegeben, die sich von den eben beschriebenen Verfahren beträchtlich unterscheiden. In dieser Literatur sind die expliziten Ausdrücke der Steifigkeitsmatrix sowie die Transformationen von den verallgemeinerten Koordinaten in die Knotenpunktskoordinaten in Tafeln zusammengestellt. Die in verallgemeinerten Verschiebungen $\{\mathbf{a}\}$ dargestellten Ausdrücke der „Kern"-Steifigkeitsmatrix erleichtern, wie in Abschnitt 8.2 beschrieben, die Konstruktion einer Vielfalt von Steifigkeitsmatrizen für Tetraederelemente, wenn diese vollständigen kubischen Verschiebungsfeldern zugrundeliegen.

Andere Ansätze zur Konstruktion der Steifigkeitsmatrix des T48-Elementes wurden auch benützt. In [10.1] wird zunächst ein vollständiges kubisches Polynom (20 Terme) in Volumenkoordinaten gebildet, das dann mit Hilfe einer Bedingung, die auf den

Elementrandflächen quadratische Verschiebungszustände fordert, auf 16 Terme reduziert wird. Auch gekrümmte Koordinaten werden zur Elementbeschreibung herangezogen. [10.2] benützt ein vollständiges quadratisches Polynom in Volumenkoordinaten (10 Terme) mit 6 zusätzlichen kubischen Termen.

10.3 Rechteckige Hexaederelemente

10.3.1 Allgemeine Betrachtung

Die wichtigste Familie der rechteckigen Hexaederelemente, die nur translatorische Verschiebungsgrößen als Parameter aufweisen, ist in **Bild 10.5** dargestellt. Diese Elemente tragen die Bezeichnung Lagrange-Familie, weil die Verschiebungsfelder mit Hilfe der in Abschnitt 8.3.1 beschriebenen Lagrange-Interpolation konstruiert werden. Dem einfachsten Element dieser Familie (Bild 10.5 a) liegt ein lineares Verschiebungsfeld zugrunde, das durch die acht Freiheitsgrade an den Eckpunkten definiert ist. Zur Erweiterung auf quadratische und kubische Verschiebungsfelder werden innere Knotenpunkte wie in den Bildern 10.5 b und c eingeführt. Solche inneren Knoten können durch die üblichen Raffungsverfahren (Abschnitt 2.8) ausgeschaltet werden. Eine weitere Möglichkeit besteht darin, mit Hilfe von Lagrangeschen Interpolationsfunktionen, wie sie in Abschnitt 8.7 beschrieben sind, Formfunktionen allein mit den Verformungsgrößen der Eckknoten zu konstruieren.

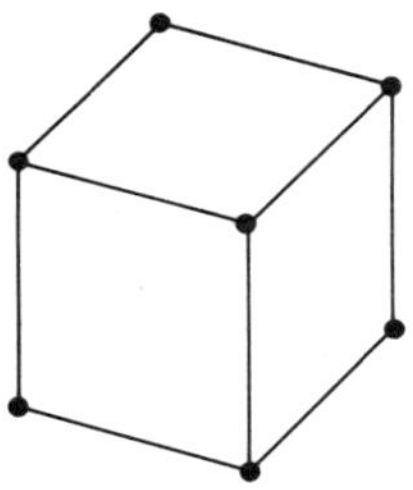

(a) Linear:
8 Knoten,
24 Verschiebungsparameter

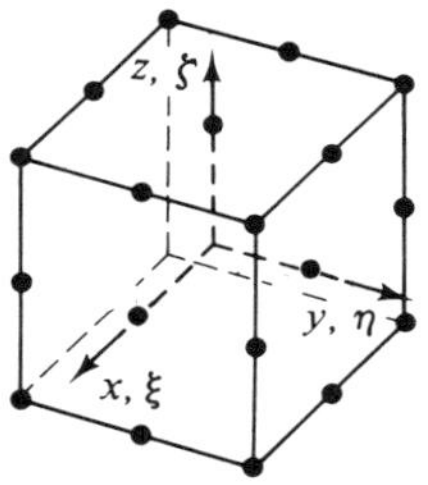

(b) Quadratisch:
27 Knoten,
81 Verschiebungsparameter

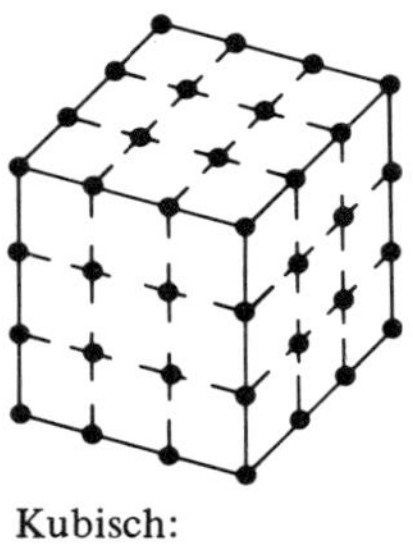

(c) Kubisch:
64 Knoten,
192 Verschiebungsparameter

Bild 10.5

Das rechteckige Hexaeder kann aber auch unter Miteinbeziehung der Verschiebungsableitungen in den Eckpunkten formuliert werden, wobei das Hermitesche Interpolationskonzept (Abschnitt 8.3.2) benützt werden kann. Das Grundelement dieser Familie erfordert vollständige kubische Verschiebungsfelder und erbringt eine Gesamtzahl von 192 Freiheitsgraden.

Obgleich es theoretisch möglich ist, rechteckige Hexaederelemente beliebig hoher Ordnung und aufgrund der verschiedensten Verschiebungsparameter zu formulieren, haben sich praktische Anwendungen auf die wenigen Grundformen beschränkt, die in **Tabelle 10.2** zusammengefaßt sind [10.3]. Von diesen werden nur die Verschiebungsfelder der drei ersten Elemente besprochen, da diese für anschließende Vergleichsstudien herangezogen werden und in der Praxis sehr häufig benützt werden. Beschreibung der Elemente in den Reihen *d* und *e* können in [10.7] und [10.8] gefunden werden.

10.3.2 Rechteckiges Hexaeder mit linearem Verschiebungsfeld

In der folgenden Herleitung ist es angebracht, den Koordinatenursprung in den Mittelpunkt des Elementes zu legen und alle Koordinaten in dimensionsloser Form auszudrücken; die dimensionslosen Koordinaten ξ, η und ζ werden wie in Abschnitt 8.7 gebildet (Bild 10.5b). Für die Verschiebungsfelder erhält man mit der in Abschnitt 8.4 für den Fall des ebenen Elements beschriebenen trivariablen Lagrange-Interpolation

$$u = \lfloor \mathbf{N} \rfloor \{\mathbf{u}\}, \qquad v = \lfloor \mathbf{N} \rfloor \{\mathbf{v}\}, \qquad w = \lfloor \mathbf{N} \rfloor \{\mathbf{w}\} \tag{10.15}$$

mit

$$\lfloor \mathbf{N} \rfloor = \lfloor N_1 \ldots N_8 \rfloor,$$

$$\{\mathbf{u}\} = \lfloor u_1 \ldots u_8 \rfloor^{\mathrm{T}}, \qquad \{\mathbf{v}\} = \lfloor v_1 \ldots v_8 \rfloor, \qquad \{\mathbf{w}\} = \lfloor w_1 \ldots w_8 \rfloor^{\mathrm{T}},$$

wobei

$$N_i = \tfrac{1}{8}(1 + \xi\xi_i)(1 + \eta\eta_i)(1 + \zeta\zeta_i)\ . \tag{10.16}$$

Die Herleitung der Steifigkeitsmatrix für dieses Element erfolgt nach dem üblichen Schema. Die Verschiebungsfelder (10.15) werden im Einklang mit den Dehnungs-Verschiebungsgleichungen (10.2) differenziert, wonach sich die Transformation der Verschiebungen auf die Verzerrungen in der Form

$$\{\boldsymbol{\epsilon}\} = [\mathbf{D}] \begin{Bmatrix} \{\mathbf{u}\} \\ \{\mathbf{v}\} \\ \{\mathbf{w}\} \end{Bmatrix} \tag{10.6a}$$

ergibt.

Mit [**E**] wie in (10.3) läßt sich die Steifigkeitsmatrix für dieses Element durch (10.8) wiedergeben, d.h.

$$[\mathbf{k}] = \left[\int_{\mathrm{vol}} [\mathbf{D}]^{\mathrm{T}} [\mathbf{E}] [\mathbf{D}]\, d(\mathrm{vol}) \right].$$

Die explizite Form dieser Matrix ist in [10.9] enthalten.

Tabelle 10.2 Hexaederelemente

Fall	Darstellung	Zahl der Knoten	Freiheitsgrade pro Knoten	Freiheitsgrade pro Element	Bemerkungen
a	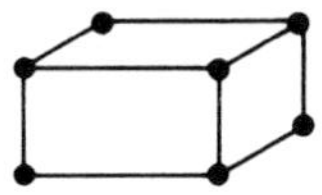	8	3	24	Lineare Verschiebungsfelder *u*, *v*, *w* an den Knoten, Details vgl. [10.4] und [10.9]
b	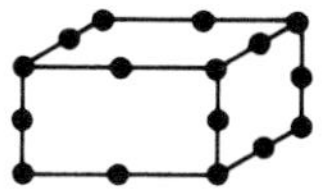	20	3	60	Quadratische Verschiebungsfelder für *u*, *v*, *w* an jedem Knoten; nur äußere Knoten; vgl. [10.4], [10.10] und [10.17]
c	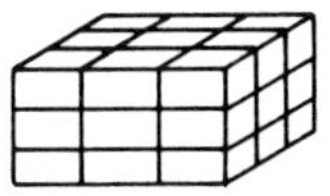	32	3	96	Unvollständig kubisches Verschiebungsfeld für *u*, *v* und *w* an jedem Knoten. Vgl. [10.4] und [10.14]
d	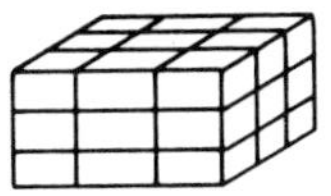	64	3	192	Vollständig kubisches Verschiebungsfeld mit inneren Knoten; *u*, *v*, *w* als Verschiebungsparameter an jedem Knoten. Wenn isoparametrisch, heißt das Element LUMINA. (Vgl. [10.7]
e	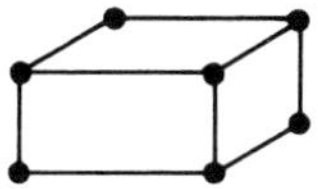	8	12	96	Unvollständiges Verschiebungsfeld 5-ter Ordnung [10.13], oder Verschiebungsfeld, das mit Hermite-Interpolation konstruiert wurde [10.8]. Verschiebungen und Verschiebungsableitungen als Parameter, isoparametrische Darstellung wird in erwähnter Literatur besprochen.

10.3.3 Rechteckige Hexaeder höherer Ordnung

Wie schon angedeutet, läßt sich das Hexaederelement im Hinblick auf Beschreibungen höherer Ordnung leicht verallgemeinern, wenn man Lagrange-Interpolationen der gewünschten Ordnung benützt. Die Schwierigkeit bei diesem Ansatz liegt im Vorhandensein von Knotenpunkten innerhalb des Elementes und innerhalb der Außenflächen. Vorteilhaft sind jedoch Beschreibungen, welche Knotenpunkte nur entlang der Kanten enthalten, wie das Element mit 20 Knoten in Zeile *b*, Tafel 10.2. In diesem Fall haben die Matrizen in (10.15) die Form

$$\lfloor \mathbf{N} \rfloor = \lfloor N_1 \ldots N_{20} \rfloor, \qquad \{\mathbf{u}\} = \lfloor u_1 \ldots u_{20} \rfloor^T.$$

Analoge Darstellungen gelten auch für $\{\mathbf{v}\}$ und $\{\mathbf{w}\}$. Wie in Abschnitt 8.7 betont, sind diese Formfunktionen, bei denen die inneren Knoten weggelassen sind, nicht eindeutig. Eine häufig verwendete Alternative ist die folgende: Die Formfunktion N_i in einem Eckpunkt lautet (Koordinatenursprung im Mittelpunkt des Elements)

$$N_i = \tfrac{1}{8}(1 + \xi\xi_i)(1 + \eta\eta_i)(1 + \zeta\zeta_i)(\xi\xi_i + \eta\eta_i + \zeta\zeta_i - 2) \tag{10.17}$$

oder für einen typischen Knoten in Kantenmitte

$$\begin{aligned} &\xi_i = 0, \qquad \eta_i = \pm 1, \qquad \zeta_i = \pm 1\,, \\ &N_i = \tfrac{1}{4}(1 - \xi^2)(1 + \eta\eta_i)(1 + \zeta\zeta_i)\,. \end{aligned} \tag{10.18}$$

Wie diese Funktionen zu den Koeffizienten eines Polynomansatzes und zu anderen möglichen Formfunktionen des 20-Knoten-Elementes in Beziehung stehen, ist in [10.10] im einzelnen beschrieben.

Eine komplizierte Beschreibung mit 32 Knoten ist in Zeile *c*, Tafel 10.2, wiedergegeben. Hier haben die Formfunktionen der Eckknoten die Gestalt

$$N_i = \tfrac{1}{64}(1 + \xi\xi_i)(1 + \eta\eta_i)(1 + \zeta\zeta_i)[9(\xi^2 + \eta^2 + \zeta^2 - 19)] \tag{10.19}$$

(Koordinatenursprung im Elementmittelpunkt) und jene eines typischen Kantenknotens mit den Koordinaten $\xi_i = \pm\frac{1}{3}$, $\eta_i = \pm 1$, $\zeta_i = \pm 1$

$$N_i = \tfrac{9}{64}(1 - \xi^2)(1 + 9\xi\xi_i)(1 + \eta\eta_i)(1 + \zeta\zeta_i)\,. \tag{10.20}$$

Das weitere Vorgehen hinsichtlich der Transformation der Verschiebungsfelder in Elementsteifigkeitsmatrizen ist gleich wie beim Hexaeder mit linearem Verschiebungsfeld.

10.4 Numerischer Vergleich

Es sind Studien betreffend die relative Genauigkeit und Wirtschaftlichkeit gewisser in den Abschnitten 10.3.1 und 10.3.2 besprochener Tetraeder-Elemente und Hexaeder-

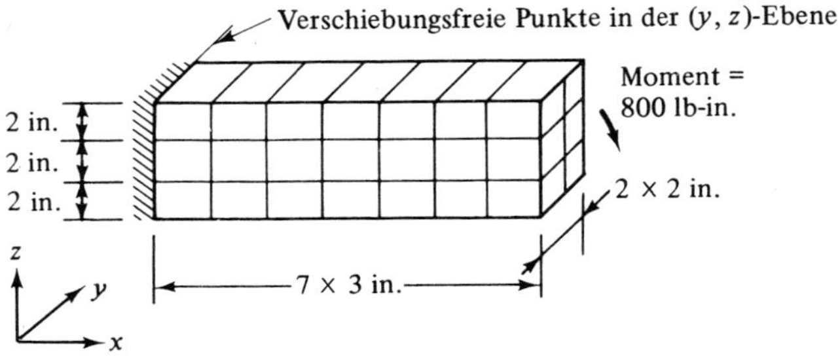

Bild 10.6

Elemente durchgeführt worden (vgl. [10.1, 10.3, 10.4, 10.9]. **Bild 10.6** zeigt ein [10.4] entnommenes Problem, das für diesen Vergleich dienen soll. Das Bauelement ist ein Kragarm, der einem Endmoment unterworfen ist und in ein Netz von 42 kubischen Elementen unterteilt ist. Einige Lösungen sind mit kubischen Elementen gewonnen, welche selbst Kombinationen von Tetraedern sind (vgl. z.B. die Kombination von Bild 10.4). Untersucht wurden nicht nur die den linearen wie auch quadratischen Verschiebungsfeldern unterworfenen Tetraeder (Kolonnen *a* und *b* in Tabelle 10.1), sondern auch das dem linearen Verschiebungsfeld von (10.16) und (10.17)–(10.18) zugrundeliegende Hexaeder (Kolonne *b* der Tabelle 10.2). Das Tetraeder mit quadratischem Verschiebungsfeld und das 20-knotige Hexaeder erzeugen für die Endverschiebung den gleichen Wert wie er auch durch die Balkentheorie geliefert wird. Das Tetraeder mit quadratischem Verschiebungsfeld (wie in Bild 10.4 werden fünf Tetraeder zu einem Hexaeder geformt) und das Hexaeder mit linearem Verschiebungsfeld geben Werte, die relativ gesehen 39 bzw. 10% kleiner als jene der Balkentheorie sind.

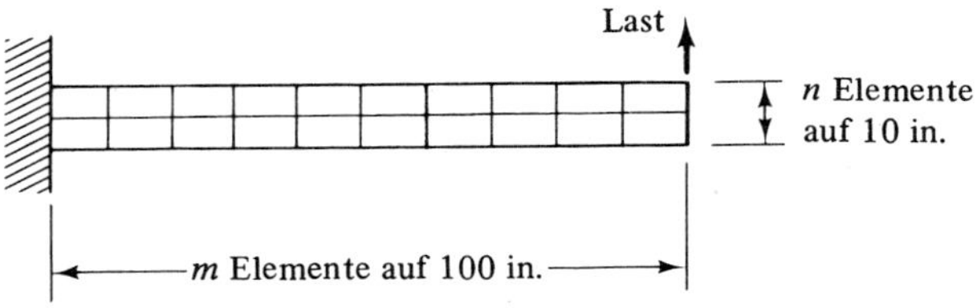

(a) Schlanker Kragarm, Dicke 1

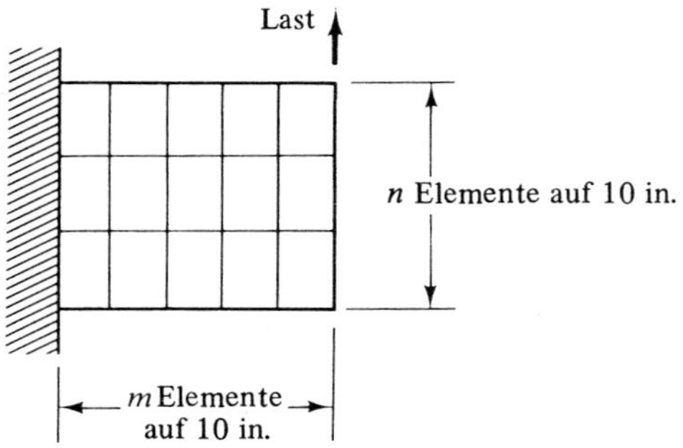

(b) Hoher Kragarm, Dicke 1

Bild 10.7

Für die beiden Testaufgaben des **Bildes 10.7** gibt **Bild 10.8** einen Vergleich der Wirtschaftlichkeit der Lösung des 20-knotigen Hexaeder (Kolonne *b* der Tabelle 10.2) und des Hexaeders mit linearem Verschiebungsfeld. Als Maß der Effizienz dient hierbei die Computerzeit. Die Resultate zeigen, daß für den schlanken Stab (Bilder 10.7a und 10.8a), bei dem die Plattenbiegung wirksam wird, das 20-Knoten-Element klar überlegen ist. Dieses Element vermag die lineare Verzerrungsverteilung über die Dicke, welche für Biegung charakteristisch ist, nachzubilden. Die Überlegenheit ist jedoch beim hohen Kragarm (Bilder 10.7b und 10.8b) gerade umgekehrt, da dort ja ein allgemeinerer Spannungszustand herrscht. Viele andere Resultate, welche über den Rahmen dieses Buches hinausgehen, sind in [10.4] ebenfalls enthalten.

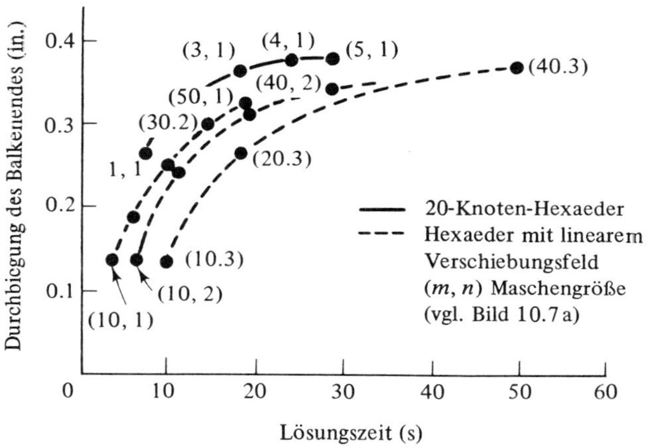

(a) Schlanker Kragarm

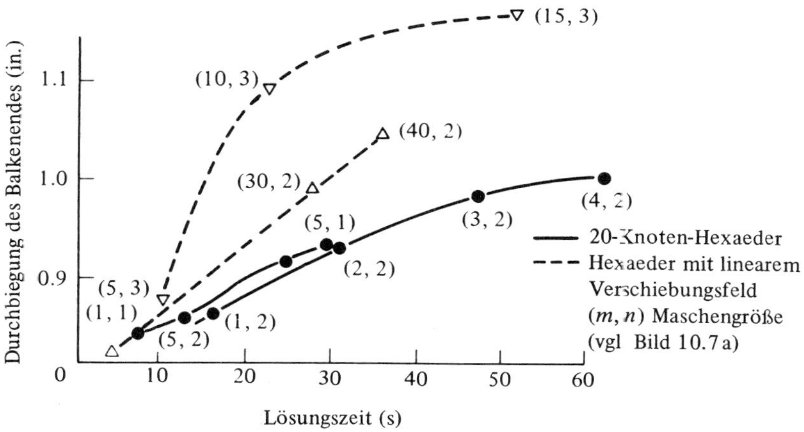

(b) Hoher Kragarm

Bild 10.8

Numerische Vergleiche in [10.4] weisen auf einen Vorzug der direkt aufgestellten Hexaeder gegenüber jenen hin, welche durch Kombination von Tetraedern in der Art von Bild 10.4 erhalten wurden. Viele weitere numerische Tests sind nötig, um diese Schlußfolgerungen zu untermauern. Unterschiede in den Details der Herleitung, der Kodierung und der Computerhardware beeinflussen die Folgerungen, welche die einzelnen Forscher ziehen, und viele Praktiker ziehen das Tetraeder-Element bei der Analysis räumlicher Konstruktionen allen anderen noch vor. Eine interessante Zusammenfassung praktischer Fragen kann in [10.11] gefunden werden.

10.5 Isoparametrische Darstellung und die Berechnung von Schalen bei Benutzung von räumlichen Elementen

Der Erfolg beim Gebrauch von räumlichen Elementen hängt entscheidend vom Wirtschaftlichkeitsgrad der gesamten Analysis ab. Es ist unbedingt erforderlich, daß zur Lösung der algebraischen Gleichungen die absolut wirtschaftlichsten Algorithmen verwendet werden [10.12].

Ein anderer Faktor zur Erreichung eines Maximums an Effizienz besteht darin, zur Abbildung der Geometrie räumlicher Elemente isoparametrische Darstellung zu benutzen. Wenn die Elemente nur flache Oberflächen aufweisen, also nicht gekrümmt sind, dann ist ein Teil der Parameter in der Gesamtanalyse nur der Geometrie wegen eingeführt. Dieser Anteil kann erheblich reduziert werden, wenn bei gekrümmten Elementrändern die isoparametrische Darstellung verwendet wird. In einem solchen Fall wird zur Beschreibung der Konstruktionsverformung eine minimale Anzahl von Verschiebungsparametern eingeführt.

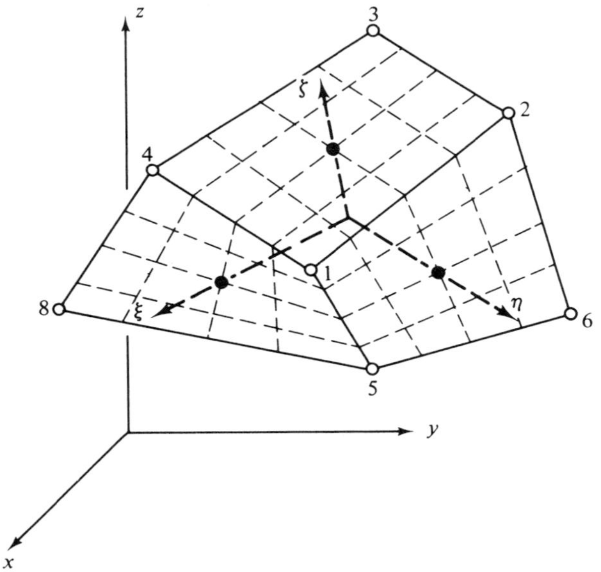

Bild 10.9

Bild 10.9 illustriert, wie die Koordinatenachsen bei der isoparametrischen Darstellung eines Hexaeders mit linearem Verschiebungsverlauf eingeführt werden. Das Verschiebungsfeld für den Kubus (in (10.16) gegeben) wird in Bild 10.9 direkt in dimensionslosen Koordinaten (ξ, η, ζ) geschrieben. Daher kann für dieses Element die isoparametrische Darstellung mit dem in Abschnitt 8.8 angegebenen Verfahren ohne Schwierigkeiten konstruiert werden. Die algebraische Komplexität dieser Formulierung ist jedoch derart groß, daß eine explizite Wiedergabe der resultierenden Steifigkeitskoeffizienten selbst für dieses Element – das einfachste Hexaeder – ausgeschlossen ist. Im allgemeinen ist numerische Integration der relevanten Energieintegrale unumgänglich. Dem Leser wird dringend empfohlen, [10.13–10.15] zu konsultieren, worin viele detaillierte Aspekte der Formulierung der isoparametrischen Darstellung räumlicher Elemente enthalten sind.

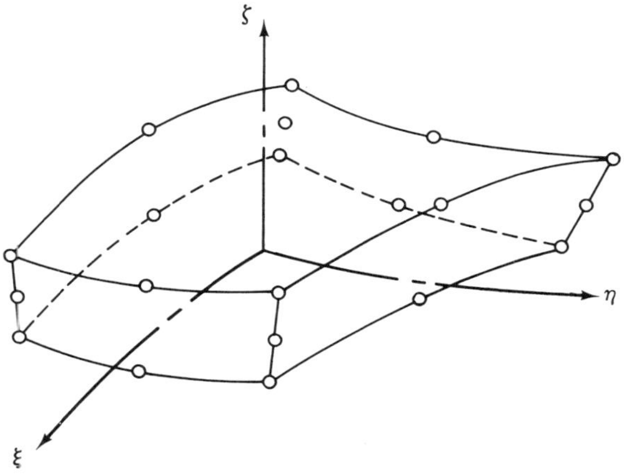

Bild 10.10

Die isoparametrische Form räumlicher Elemente ist auch zur Darstellung von Schalenkonstruktionen nützlich. **Bild 10.10** zeigt ein 20-knotiges isoparametrisches Element, das für solche Berechnungen besonders geeignet ist. Anwendung dieser Elemente auf Probleme dicker Schalen liefert ausgezeichnete Resultate; bei Verkleinerung der Schalendicke konvergieren die entsprechenden Lösungen jedoch nicht zu jenen der Theorie dünner Schalen. Es wurde in Abschnitt 9.3.2 erklärt, daß der Grund hierfür in einer zusätzlichen, der Verzerrungsenergie aus Schubverformung zuzuweisenden Steifigkeit liegt. [10.16] und [10.17] zeigen auf, daß für Anwendungen dünner Schalen gute Resultate erzielt werden, wenn zur Formulierung der Elementsteifigkeitsgleichungen die auf den Schub zurückzuführende Verzerrungsenergie approximativ berücksichtigt wird, während man den Teil, der auf die Normaldehnungen zurückgeht, exakt berücksichtigt. Da dieses Element zur Berechnung der Verzerrungsenergie numerische Integration verlangt, ist es einfach, diese Approximation einzubauen; indem man die Genauigkeit der numerischen Integration im Schubteil der Verzerrungsenergie im Vergleich zu jener der übrigen Anteile der Verzerrungsenergie reduziert. Wir werden numerische Resultate in Kapitel 12 diskutieren.

Ein anderes Vorgehen bei der Berechnung von Schalenkonstruktionen mit räumlichen Elementen besteht in der Addition von inkompatiblen Feldern, was auch in Abschnitt 9.3.2 beschrieben wurde, vgl. [10.18]. Diese Methode ermöglicht es, das einfache Hexaeder mit linearem Verschiebungsfeld zu verwenden, das nur an den 8 Knoten Verschiebungsparameter aufweist.

Literatur

10.1 Hughes, J. H.; Allik, H.: Finite elements for compressible and incompressible continua. Proc. of Symp. on application of finite element meth. in Civil Eng. Vanderbilt Union, Nashville, Tenn. 1969, S. 27–62.

10.2 Rashid, Y. R.; Smith, P. D.; Prince, N.: On further application of the finite element method to three-dimensional elastic analysis. Proc. of Symp. on High Speed Computing of elastic structures. Univ. of Liège, Belgium 1970. 2, S. 433–454.

10.3 Fjeld, S. A.: Three-dimensional theory of elasticity. In: Finite element methods in stress analysis. Trondheim: Tapir Press 1969. S. 333–364.

10.4 Clough, R. W.: Comparison of three-dimensional finite elements. Proc. of Symp. on Application of Finite Element Meth. in Civil Eng., Vanderbilt Univ. Nashville, Tenn. 1969. S. 1–26. New York: American Society of Civil Engineers.

10.5 Argyris, J. H.: Matrix analysis of three-dimensional media – Small and large displacements. AIAA J. 3 (1965) 45–51.

10.6 Argyris, J. H.; Fried, I.; Scharpf, D. W.: The TET 20 and the TEA 8 elements for the matrix displacement method. Aer. J. 72, (1968) 618–623.

10.7 Argyris, J. H.: The LUMINA element for the matrix displacement method. Aer. J. 72 (1968) 514–517.

10.8 Argyris, J. H.; Fried, I.; Scharpf, D. W.: The Hermes 8 element for the matrix displacement method. Aer. J. 72 (1968) 613–617.

10.9 Melosh, R. J.: Structural analysis of solids. Proc. ASCE; J. Struct. Div., 89 (1963) 205–223.

10.10 Rigby, G. L.; McNeige, G. M.: A strain energy basis for studies of element stiffness matrices. AIAA J. 10 (1972) 1490–1493.

10.11 Anonymus: Three-dimensional continuum computer programs for structural analysis. ASME Special Publ., New York, N. Y. 1972.

10.12 Rashid, Y.: Three-dimensional analysis of elastic solids. Int. J. Solids Struct., Part I, 5 (1969) 1311–1332. Part II, 6 (1970) 195–207.

10.13 Zienkiewicz, O.; Irons, B.; Scott, F. C.; Campbell J. S.: Three-dimensional stress analysis. Proc. of Symp. on High Speed Computing of Elastic Struct. Univ. of Liège, Belgium, 1970. 1 S. 413–432.

10.14 Ergatoudis, J.; Irons, B. M.; Zienkewicz, O. C.: Three-dimensional analysis of arch dams and their foundations. Symp. on Arch Dams at the Inst. of Civil Eng., London, 1968.

10.15 Irons, B. M.: Quadrature rules for brick based finite elements. Int. J. Num. Meth. Eng. 3 (1971) 293–294.

10.16 Pawsey, S. F.; Clough, R. W.: Improved numerical integration of thick shell finite elements. Int. J. Num. Meth. Eng. 3 (1971) 575–586.

10.17 Zienkewicz, O. C.; Taylor, R. L.; Too, J. M.: Reduced integration technique in general analysis of plates and shells. Int. J. Num. Meth. Eng. 3 (1971), 275–290.

10.18 Wilson, E. et al.: Incompatible displacement models. In: S. J. Fenves et al. (Hrsg.) Numerical and computer methods in structural mechanics. New York, N. Y.: Academic Press 1973. S. 43–57.

10.19 Gallagher, R. H.; Padlog, J.; Bijlaard, P. P.: Stress analysis of heated complex shapes. ARS J. 32 (1962) 700–707.

11 Räumliche Elemente, Spezialfälle

Zwei häufige Situationen der praktischen Festigkeitsmechanik, bei denen der dreidimensionale Spannungszustand mit zweidimensionalen Darstellungen studiert werden kann, sind der ebene Verzerrungszustand und alle Zustände der Axialsymmetrie. Diese Verformungsarten und ein Spezialfall, der bei allen räumlichen Konstruktionen auftreten kann, werden in diesem Kapitel näher untersucht. Es handelt sich beim letzteren um inkompressibles Material.

Der ebene Verzerrungszustand stellt eine Verformung dar, bei der einerseits eine Dimension der Konstruktion, etwa die z-Richtung, sehr groß ist im Vergleich zu den Dimensionen der Konstruktion in den anderen beiden Richtungen (x- und y-Achsen), andererseits die Kräfte in der (x, y)-Ebene angreifen und in z-Richtung nicht variieren. Die vielleicht wichtigsten praktischen Anwendungen treten bei der Berechnung von Dämmen, Tunneln und bei anderen Problemen der Bodenmechanik auf, obwohl auch so kleine Werkstücke wie Stäbe und Rollen, welche durch Kräfte in Ebenen normal zu ihrer Achse belastet sind, die Bedingungen des ebenen Verzerrungszustandes erfüllen. Die Hauptaspekte der FEM für den ebenen Verzerrungszustand werden in Abschnitt 11.1 behandelt.

Axialsymmetrische Konstruktionen bilden eine andere spezielle Klasse von Problemen der dreidimensionalen Analysis. Zahlreiche Aufgaben des Bau-, Maschinen-, Nuklear- und Flugingenieurwesens fallen in das Gebiet axialsymmetrischer Festkörper. Zu ihnen gehören Stahlbeton- und Stahltanks, Kernspeicherbehälter, Rotoren, Kolben, Schalen und Raketennasen. Der Unterschied zu den allgemeinen dreidimensionalen Problemen besteht darin, daß ein zylindrisches und nicht ein kartesisches Koordinatensystem zur Niederschrift der Grundgleichungen benutzt wird. Die daraus resultierenden Vereinfachungen werden in einzelnen Fällen jedoch durch die Schwierigkeiten, die bei der Integration der Verzerrungsenergie zur Bildung der Steifigkeitsgleichungen auftreten, wieder aufgewogen.

Axialsymmetrische Konstruktionen sind oft auch axialsymmetrisch belastet, was zu weiteren Vereinfachungen in der Elementformulierung führt. Dieser Fall wird in Abschnitt 11.2 behandelt. Gewisse Situationen der Analysis sind jedoch durch allgemeine, nicht axialsymmetrische Lasten gekennzeichnet. In solchen Fällen muß der Konstrukteur entscheiden zwischen einer azimutalen Fourier-Entwicklung, welche ohne weiteres auf die hier gegebene Formulierung anwendbar ist, oder aber einer vollständigen dreidimensionalen Spannungsberechnung. Aus wirtschaftlichen Überlegungen erscheint die erstere in der Regel vorteilhaft. Ihre charakteristischen Details werden in Abschnitt 11.3 behandelt.

Inkompressibles Material, wie z.B. Gummi, hat eine Poissonzahl vom Wert 0,5, was beim konventionellen Prinzip der potentiellen Energie, bei dem die Spannungs-Verzerrungsmatrix durch $(1-2\mu)$ dividiert wird, zu Schwierigkeiten führt. Einfache Modifikationen gestatten jedoch, diese Schwierigkeit zu umgehen. Verfahren, welche die Komplementärenergie oder das Reissner-Funktional benutzen, sind in diesem Fall ebenfalls sehr günstig. Diese beiden Klassen analytischer Verfahren werden für kompressible Materialien in den Abschnitten 11.4 studiert.

11.1 Ebener Verzerrungszustand

Ein repräsentatives Problem des ebenen Verzerrungszustandes ist in **Bild 11.1** dargestellt. Ein rechteckiger Stab, dessen Länge in der z-Richtung größer ist als seine Maße in der x- und y-Richtung, sei gegenüber Verschiebungen in der z-Richtung starr gelagert. Die Belastung $\bar{\mathbf{T}}$ sei eine Funktion von x und y allein. Unter solchen Bedingungen verschwindet die Längsdehnung ϵ_x; dasselbe gilt für die Schubspannungen τ_{xz} und τ_{yz}. Wenn man die Bedingung $\epsilon_z = 0$ in die entsprechende Spannungs-Verzerrungsgleichung einsetzt (vgl. (4.14)), findet man für ein isotropes Material

$$\begin{aligned} \epsilon_z &= \frac{\sigma_z}{E} - \frac{\mu\sigma_x}{E} - \frac{\mu\sigma_y}{E} = 0, \\ \epsilon_x &= \frac{\sigma_x}{E} - \frac{\mu\sigma_y}{E} - \frac{\mu\sigma_z}{E}, \\ \epsilon_y &= \frac{\sigma_y}{E} - \frac{\mu\sigma_x}{E} - \frac{\mu\sigma_z}{E}. \end{aligned} \tag{11.1}$$

Auflösen der ersten Gleichung nach σ_z und Einsetzen des Resultates in die anderen zwei Gleichungen liefert (wenn die Gleichung zwischen γ_{xy} und τ_{xy} noch hinzugefügt wird)

$$\begin{Bmatrix} \epsilon_x \\ \epsilon_y \\ \gamma_{xy} \end{Bmatrix} = \frac{(1-\mu^2)}{E} \begin{bmatrix} 1 & \dfrac{-\mu}{(1-\mu)} & 0 \\ \dfrac{-\mu}{(1-\mu)} & 1 & 0 \\ 0 & 0 & \dfrac{2}{(1-\mu)} \end{bmatrix} \begin{Bmatrix} \sigma_x \\ \sigma_y \\ \tau_{xy} \end{Bmatrix} \tag{11.2}$$

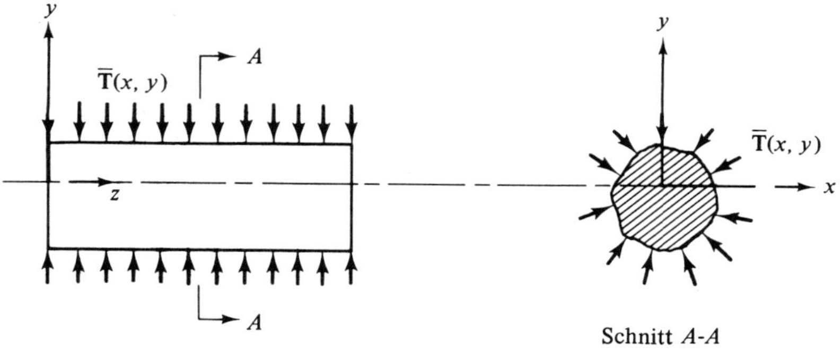

Bild 11.1

oder durch Inversion

$$\begin{Bmatrix} \sigma_x \\ \sigma_y \\ \tau_{xy} \end{Bmatrix} = \frac{E}{(1+\mu)(1-2\mu)} \begin{bmatrix} (1-\mu) & \mu & 0 \\ \mu & (1-\mu) & 0 \\ 0 & 0 & \frac{(1-2\mu)}{2} \end{bmatrix} \begin{Bmatrix} \epsilon_x \\ \epsilon_y \\ \gamma_{xy} \end{Bmatrix}. \tag{11.3}$$

Die (linearen) Verzerrungs-Verschiebungsgleichungen sind reine kinematische Aussagen und sowohl auf den ebenen Spannungszustand wie den ebenen Verschiebungszustand anwendbar. Die entsprechenden Gleichungen sind in (4.7) zusammengestellt; die Unterschiede zwischen einer FE-Formulierung beim ebenen Spannungszustand und dem ebenen Verschiebungszustand liegen also allein im Spannungs-Verzerrungsgesetz (11.3) gegenüber (9.3). Die Herleitungen von Kapitel 9, einschließlich der Konzepte höherer Elemente, Alternativen für zusätzliche Elementknoten und Verschiebungsableitungen als Parameter sowie isoparametrische Darstellung der Elementgeometrie sind also auch hier anwendbar.

Ein weiterer Unterschied zum ebenen Spannungszustand ist die Tatsache, daß die Spannungskomponente σ_z nicht verschwindet. Nach Berechnung der Knotenverschiebungen kann σ_z bestimmt werden, und zwar unter Benutzung von (11.3), (4.7) und (11.1 a).

Oft sind Konstruktionen des in Bild 11.1 dargestellten Typs in z-Richtung endlich und wegen fehlender Einspannungen an einer Verschiebung in dieser Richtung nicht gehindert. In solchen Fällen ist es Brauch, ϵ_z als konstant anzunehmen. Man nennt dies den verallgemeinerten ebenen Verzerrungszustand. Um eine FE-Formulierung für diesen Fall zu konstruieren, kann das Spannungs-Verzerrungsgesetz der dreidimensionalen Elastizität (10.3) mit $\gamma_{xz} = \gamma_{yz} = 0$ und $\epsilon_z =$ konstant verwendet werden. Die Verzerrungen ϵ_x, ϵ_y und γ_{xy} sind mit den Ansatzfunktionen u und v in der üblichen Weise verknüpft. Die resultierenden Steifigkeitsgleichungen werden dann in Abhängigkeit der Knotenpunktswerte von u und v und der einzigen Konstanten ϵ_z dargestellt.

11.2 Axialsymmetrische räumliche Elemente

11.2.1 Grundgleichungen

Ein axialsymmetrisches finites Element besteht aus einem Ring konstanten Querschnitts. Das Element wird in einem zylindrischen Koordinatensystem beschrieben mit Symmetrieachse z und Radialdistanz r. Ein Flächenelement eines solchen Querschnitts samt einem Teil des äußeren Randes ds liegt in der (z, r)-Ebene, wie in **Bild 11.2** dargestellt. Die azimutale Koordinate, welche in dieser Skizze nicht erscheint, wird durch den Winkel θ beschrieben. Die Knotenpunkte des Elementes sind in Wirklichkeit Knotenkreise. Daher ist die axialsymmetrische Berechnung für axialsymmetrische Lasten auch ein zweidimensionales Problem, da das Verschiebungsfeld durch nur zwei Komponenten in der Querschnittsfläche beschrieben werden kann, nämlich die radialen und azimutalen Verschiebungen u und w.

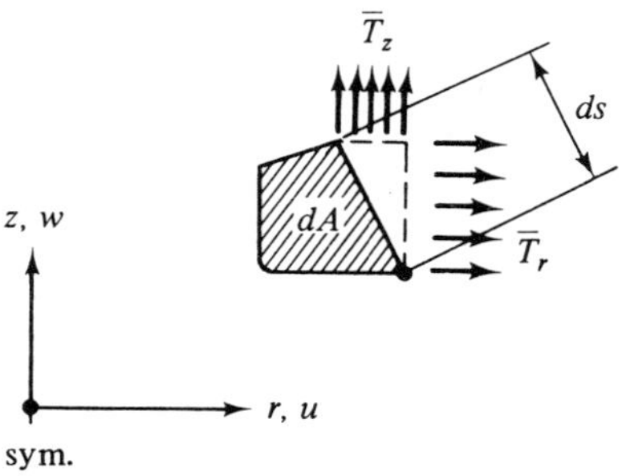

Bild 11.2

Die Verzerrungskomponenten in Zylinderkoordinaten sind die radialen, azimutalen und die axialen Dehnungen ϵ_r, ϵ_θ und ϵ_z und die Schiebungen γ_{rz}. Die entsprechenden Spannungskomponenten sind σ_r, σ_θ, σ_z und τ_{rz}. Azimutale Spannungen und Dehnungen sind, da gleichförmige radiale Verschiebungen die Länge des Umfangs verändern, nichttrivial. Die linearen Verzerrungs-Verschiebungsgleichungen sind (vgl. [11.1])

$$\epsilon_r = \frac{\partial u}{\partial r}, \qquad \epsilon_\theta = \frac{u}{r}, \qquad \epsilon_z = \frac{\partial w}{\partial z}, \qquad \gamma_{rz} = \frac{\partial u}{\partial z} + \frac{\partial w}{\partial r} \tag{11.4}$$

und die konstitutiven Gleichungen

$$\boldsymbol{\sigma} = [\mathbf{E}]\boldsymbol{\epsilon} - [\mathbf{E}]\boldsymbol{\epsilon}^{\text{init.}}, \tag{4.15}$$

wobei jetzt

$$\boldsymbol{\sigma} = \lfloor \sigma_r \; \sigma_\theta \; \sigma_z \; \tau_{rz} \rfloor^{\mathrm{T}}, \tag{11.5}$$

$$\boldsymbol{\epsilon} = \lfloor \epsilon_r \; \epsilon_\theta \; \epsilon_z \; \gamma_{rz} \rfloor^{\mathrm{T}}, \tag{11.6}$$

$$\boldsymbol{\epsilon}^{\text{init}} = \lfloor \epsilon_r^{\text{init.}} \; \epsilon_\theta^{\text{init.}} \; \epsilon_z^{\text{init.}} \; \gamma_{rz}^{\text{init.}} \rfloor^{\mathrm{T}}. \tag{11.7}$$

Im speziellen gilt für den wichtigen Fall einer Temperaturänderung Υ über den spannungsfreien Zustand hinaus und für isotropes Material

$$\epsilon_r^{\text{init.}} = \epsilon_\theta^{\text{init.}} = \epsilon_z^{\text{init.}} = \alpha\Upsilon, \qquad \gamma_{rz}^{\text{init.}} = 0.$$

Die Matrix der Elastizitäts-Konstanten ist dieselbe wie im Falle des ebenen Spannungszustandes mit der Ausnahme, daß jetzt, um einer dritten Normalspannung Rechnung zu tragen, eine Zeile und eine Kolonne addiert werden müssen. Für ein isotropes Material gilt

$$[\mathbf{E}] = \frac{E}{(1+\mu)(1-2\mu)} \begin{bmatrix} (1-\mu) & & & \text{symmetrisch} \\ \mu & (1-\mu) & & \\ \mu & \mu & (1-\mu) & \\ 0 & 0 & 0 & \frac{(1-2\mu)}{2} \end{bmatrix}, \tag{11.8}$$

wobei die Zeilen und Kolonnen den Spannungs- und Verzerrungsvektoren von (11.5) und (11.6) entsprechend angeordnet sind.

Wegen der axialen Symmetrie kann man das Volumenintegral der potentiellen Energie sofort in ein Flächenintegral umwandeln. Das Volumeninkrement, durch das differentielle Flächenelement des Bildes 11.2 dargestellt, lautet $d(\text{vol}) = 2\pi r\, dA$, und die gesamte Oberfläche, die durch das Längeninkrement ds dargestellt ist, beträgt $S = 2\pi r\, ds$. Daher ist der Ausdruck für die potentielle Energie von der Gestalt

$$\Pi_p = \pi \int_A \boldsymbol{\epsilon}[\mathbf{E}]\boldsymbol{\epsilon}\, r\, dA - 2\pi \int_A \boldsymbol{\epsilon}[\mathbf{E}]\boldsymbol{\epsilon}^{\text{init.}} r\, dA - 2\pi \int_s (u \cdot \bar{T}_r + w \cdot \bar{T}_z) r\, ds, \qquad (11.9)$$

wobei $\boldsymbol{\epsilon}$, $\boldsymbol{\epsilon}^{\text{init.}}$ und $[\mathbf{E}]$ in (11.6) und (11.8) definiert sind und $\bar{T}_r$ und $\bar{T}_z$ die aufgebrachten Oberflächenlasten bezeichnen.

11.2.2 Axialsymmetrische dreieckige Ringelemente

Axialsymmetrische räumliche Elemente sind Elementverallgemeinerungen des ebenen Spannungszustandes, und wie beim ebenen Verzerrungszustand können viele Überlegungen aus Kapitel 9 übernommen werden. Wir geben hier detaillierte Herleitungen nur für das einfachste Dreieckelement des **Bildes 11.3**. Das Element liegt beliebig in der

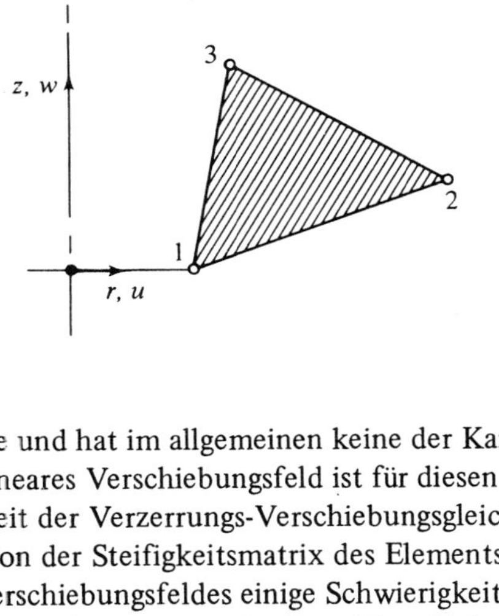

Bild 11.3

(z, r)-Ebene und hat im allgemeinen keine der Kanten irgendeiner der drei Achsen parallel. Ein lineares Verschiebungsfeld ist für diesen Elementtyp angemessen. Wegen der Abhängigkeit der Verzerrungs-Verschiebungsgleichung für ϵ_θ von r^{-1} treten bei der Konstruktion der Steifigkeitsmatrix des Elements selbst für den einfachsten Fall des linearen Verschiebungsfeldes einige Schwierigkeiten auf. Um diese Schwierigkeiten zu verstehen, ist es bequemer, mit einem Verschiebungsfeld zu arbeiten, das in Abhängigkeit von verallgemeinerten Verschiebungen formuliert ist, als direkt mit Formfunktionen. Daher wählen wir

$$u = a_1 + a_2 r + a_3 z, \qquad w = a_4 + a_5 r + a_6 z. \qquad (11.10)$$

Durch Differentiation dieser Verschiebungsfunktionen gemäß den Verzerrungs-Verschiebungsgleichungen (11.4) erhält man

$$\boldsymbol{\epsilon} = \begin{Bmatrix} \epsilon_r \\ \epsilon_\theta \\ \epsilon_z \\ \gamma_{rz} \end{Bmatrix} = \begin{bmatrix} 0 & 1 & 0 & 0 & 0 & 0 \\ \frac{1}{r} & 1 & \frac{z}{r} & 0 & 0 & 0 \\ 0 & 0 & 0 & 0 & 0 & 1 \\ 0 & 0 & 1 & 0 & 1 & 0 \end{bmatrix} \begin{Bmatrix} a_1 \\ \cdot \\ \cdot \\ a_6 \end{Bmatrix} = [\mathbf{C}]\{\mathbf{a}\}. \tag{11.11}$$

Einsetzen dieser Gleichungen in (11.9) führt (unter Ausschluß der Vorspannung) auf

$$\Pi_p = \tfrac{1}{2}\lfloor \mathbf{a} \rfloor [\mathbf{k}^a]\{\mathbf{a}\} + V^a, \tag{11.12}$$

wobei V^a das Potential der aufgebrachten Lasten, ausgedrückt in den Parametern $\{\mathbf{a}\}$, bedeutet; die Kernsteifigkeit ist

$$[\mathbf{k}^a] = \frac{2\pi E}{(1+\mu)(1-2\mu)} \left[\int_A [\mathbf{C}]^T [\mathbf{E}]' [\mathbf{C}] r \, dA \right] \tag{11.13}$$

und deren ausintegrierte Form ergibt $\left[\int_A [\mathbf{C}]^T [\mathbf{E}]' [\mathbf{C}] r \, dA \right]$ oder

$$\begin{array}{cccccc} a_1 & a_2 & a_3 & a_4 & a_5 & a_6 \end{array}$$

$$\begin{bmatrix} (1-\mu)I_4 & & & & & \\ I_2 & 2I_1 & & & \text{symmetrisch} & \\ (1-\mu)I_5 & I_3 & (1-\mu)I_6 + (\frac{1}{2}-\mu)I_1 & & & \\ 0 & 0 & 0 & 0 & & \\ 0 & 0 & (\frac{1}{2}-\mu)I_1 & 0 & (\frac{1}{2}-\mu)I_1 & \\ \mu I_2 & 2\mu I_1 & \mu I_3 & 0 & 0 & (1-\mu)I_1 \end{bmatrix}$$

mit

$$I_1 = \int\int r \, dr \, dz, \tag{11.15}$$

$$I_2 = \int\int dr \, dz, \tag{11.16}$$

$$I_3 = \int\int z \, dr \, dz, \tag{11.17}$$

$$I_4 = \int\int \frac{dr \, dz}{r}, \tag{11.18}$$

$$I_5 = \int\int \frac{z}{r} \, dr \, dz, \tag{11.19}$$

$$I_6 = \int\int \frac{z^2}{r} \, dr \, dz. \tag{11.20}$$

Die Integrale I_1, I_2 und I_3 können leicht berechnet werden; sie ergeben sich zu

$$I_1 = \frac{(r_1 + r_2 + r_3)[r_1(z_2 - z_3) + r_2(z_3 - z_1) + r_3(z_1 - z_2)]}{6}, \tag{11.15a}$$

$$I_2 = \frac{[r_1(z_2 - z_3) + r_2(z_3 - z_1) + r_3(z_1 - z_2)]}{2}, \tag{11.16a}$$

$$I_3 = \frac{(z_1 + z_2 + z_3)[r_1(z_2 - z_3) + r_2(z_3 - z_1) + r_3(z_1 - z_2)]}{6}. \tag{11.17a}$$

Die Ausdrücke für I_4, I_5 und I_6 enthalten die Variable r im Nenner des Integranden und ergeben weit kompliziertere Ausdrücke; diese sind

$$I_4 = \sum_{i=1}^{3} \frac{(r_i z_{i+1} - r_{i+1} z_i)}{(r_i - r_{i+1})} \ln \frac{r_i}{r_{i+1}}, \tag{11.18a}$$

$$I_5 = H_{12} + H_{23} + H_{31}, \tag{11.19a}$$

wobei für $i, j = 1, 2, 3$

$$H_{ij} = \frac{-(z_i - z_j)}{4(r_i - r_j)}[z_i(3r_j - r_i) - z_j(3r_i - r_j)] + \frac{1}{2}\left(\frac{r_i z_j - r_j z_i}{r_i - r_j}\right)^2 \ln \frac{r_i}{r_j}. \tag{11.21}$$

Ebenso gilt

$$I_6 = G_{12} + G_{23} + G_{31}, \tag{11.20a}$$

wobei für $i, j = 1, 2, 3$

$$\begin{aligned} G_{ij} = {} & \frac{(z_i - z_j)}{18(r_i - r_j)^2}[z_j^2(11r_i^2 - 7r_i r_j + 2r_j^2) + 2z_i z_j(2.5r_i^2 - 11r_i r_j + 2.5r_j^2) \\ & + z_i^2(11r_j^2 - 7r_i r_j + 2r_i^2)] - \frac{1}{3}\left(\frac{r_i z_j - r_j z_i}{r_i - r_j}\right)^3 \ln \frac{r_i}{r_j}. \end{aligned} \tag{11.22}$$

Die hier zusammengestellten Ausdrücke sind auf verallgemeinerte Parameter $\{\mathbf{a}\}$ bezogen. Die auf physikalische Koordinaten bezogene Steifigkeitsmatrix kann leicht erhalten werden, indem die verallgemeinerten Koordinaten auf physikalische transformiert werden. Dazu wird (11.10) in den Knoten berechnet und die entsprechende Transformation nachträglich auf $[\mathbf{k}^a]$ angewendet.

Spezialfälle treten auf, wenn gewisse Knoten auf der Symmetrieachse liegen, da dafür das Glied, das $\ln (r_i/r_j)$ und $(r_i - r_j)$ im Nenner enthält, unendlich wird. Für den Spezialfall, bei dem $r_i = 0$, r_j, $r_k \neq 0$ $(i, j, k = 1, 2, 3)$, erhält man mit der Regel von Bernoulli-Hopital

$$I_4 = \frac{[r_j(z_k - z_i) + r_k(z_i - z_j)]}{(r_j - r_k)} \ln \frac{r_j}{r_k}, \tag{11.18b}$$

$$I_5 = H_{jk} - \frac{1}{4}[(z_j - z_i)(3z_i + z_j) + (z_i - z_k)(3z_i + z_k)] - \frac{1}{2} z_i^2 \ln \frac{r_j}{r_k}, \tag{11.19b}$$

$$I_6 = G_{jk} - \frac{(z_j - z_i)}{18}(11z_i^2 + 5z_i z_j + 2z_j^2) - \frac{(z_i - z_k)}{18r_k^2}(11z_i^2 + 5z_i z_k + 2z_k^2) - \frac{1}{3} z_i^3 \ln \frac{r_j}{r_k} \tag{11.20b}$$

Beachte auch, daß $u_i = 0$, was zu einer Kontraktion der Elementsteifigkeitsmatrix führt.

Wenn $r_i = r_j = 0$ und $r_k \neq 0$, kann gezeigt werden [11.3], daß Glieder, welche I_4, I_5 und I_6 enthalten, in der Steifigkeitsmatrix nicht vertreten sind, wenn diese mit Hilfe von $u_i = u_j = 0$ kontrahiert wird.

In gewissen Anwendungen ist es nützlich, wenn man für den die Achse enthaltenden Zylinder ein eigenes „Kern"-Element zur Verfügung hat (**Bild 11.4**). Um dieses Element zu bilden, kann man die Verschiebungsfelder $u = a_1 r + a_2 z$ und $w = a_3 r + a_4 z$ wählen. Die Details der Herleitung der Steifigkeitsgleichungen für dieses Element folgen dem eben dargelegten Rechnungsgang und sollen hier nicht wiederholt werden.

Es ist offensichtlich, daß explizite Ausdrücke für die Steifigkeitskoeffizienten beim Dreieck mit linearem Verschiebungsfeld kompliziert sind. Trotzdem sind Gleichungen der oben angegebenen Gestalt in verschiedenen Formen erschienen, wie z.B. in [11.2–11.4]. Formeln und tabellierte Koeffizienten für die wichtigsten Glieder von Elementen höherer Ordnung werden in [11.5–11.6] gegeben. Eine einfache angenäherte Formulierung für das axialsymmetrische Dreieck benützt einen mittleren Radius (z.B. den Radius des Schwerpunkts), welcher bei der Integration als konstant betrachtet wird. Die Genauigkeit dieser Approximation hängt vom Abstand des Elementes von der Rotationsachse ab.

Das dreieckige Ringelement hat sich im Vergleich mit klassischen Lösungen als äußerst genau erwiesen, und dies ist wahrscheinlich auch bei komplizierteren Aufgaben der Praxis der Fall. **Bild 11.5** zeigt, wie die oben behandelte Elementformulierung bei einem dickwandigen Kreiszylinder unter Innendruck Anwendung findet. **Bild 11.6** zeigt die Resultate für eine eingespannte Kugelschale, welche einer konzentrierten Last in der Mitte unterworfen ist [11.3]. Die Lösung dieses Problems auf der Basis einer FE-Analysis dünner Schalen ist vergleichshalber ebenfalls gezeigt. Es ist klar, daß die numerischen Resultate mit axialsymmetrischen räumlichen finiten Elementen zu einer Lösung konvergieren, welche mit den Lösungen dünner Schalen nicht übereinstimmen.

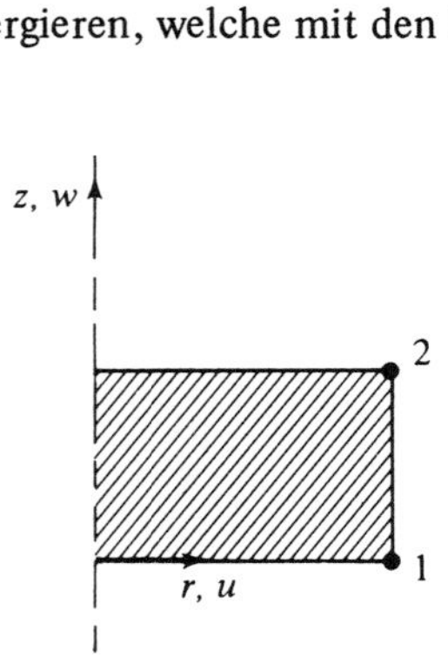

Bild 11.4

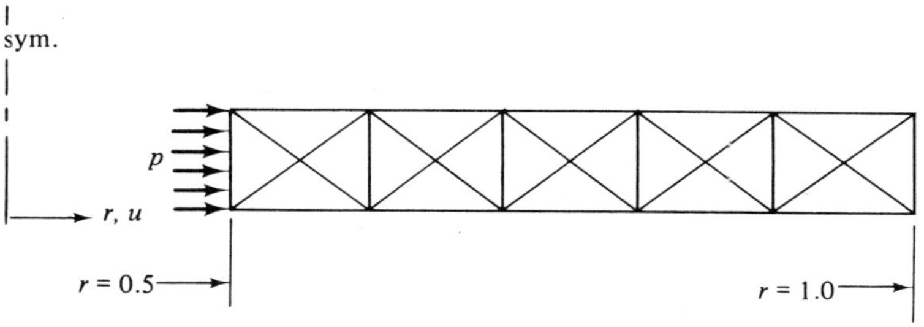

(a) Idealisierung mit finiten Elementen

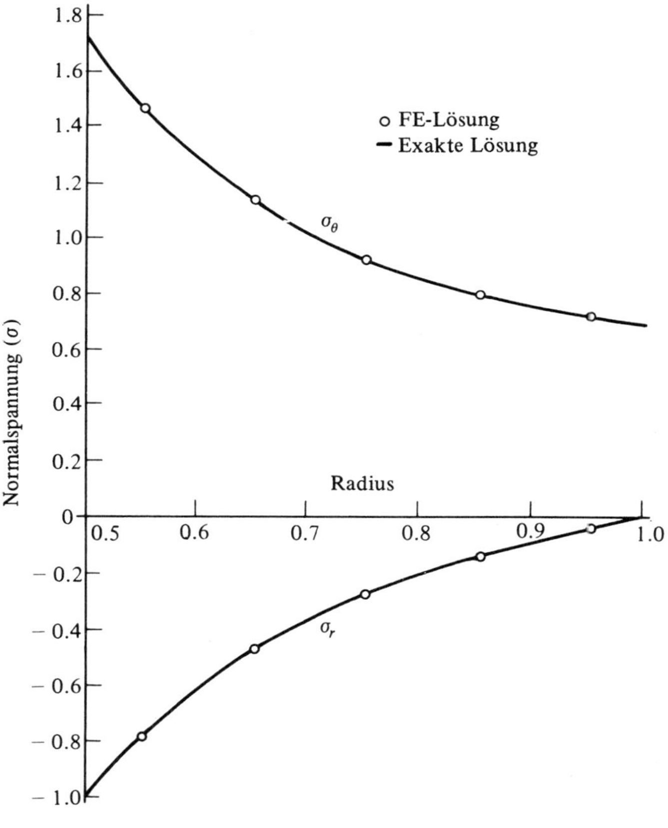

(b) Berechnete Spannungen

Bild 11.5

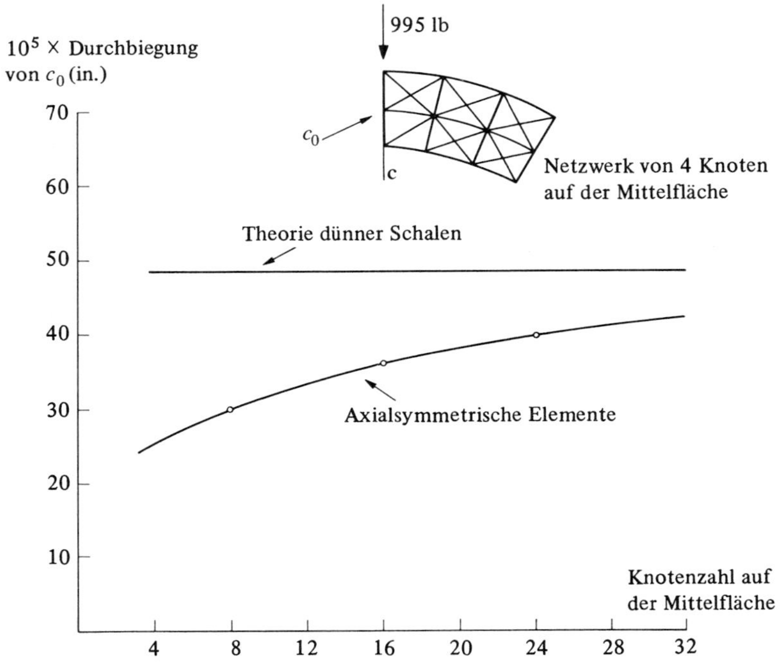

Bild 11.6

Die Differenz liegt im Unterschied zwischen dem Verhalten von dicken Schalen und der Vereinfachung der Theorie dünner Schalen.

11.3 Allgemeine Belastung

Die Belastung einer axialsymmetrischen Konstruktion muß selbst nicht auch axialsymmetrisch sein. Der Winddruck auf Kamine oder andere kreiszylindrische Konstruktionen ist ein solches Beispiel aus der Praxis. Bei Erdbeben sind die Trägheitskräfte, welche von der Beschleunigung des Bodens herrühren, nichtaxialsymmetrische Belastungen. In Fällen, bei denen die verteilte Last $\bar{\mathbf{T}}$ nur in azimutaler Richtung variiert (Koordinate θ) und mit einer relativ kleinen Anzahl von Entwicklungsgliedern dargestellt werden kann, ist es möglich, viele Details der axialsymmetrischen Formulierung des letzten Abschnittes beizubehalten. Hier wird die Erweiterung eben dieser Formulierung auf allgemeine Belastungen behandelt (**Bild 11.7**).

Hierzu wird angenommen, daß die Randkräfte $\bar{\mathbf{T}}$ in radiale, azimutale und axiale Komponenten T_r, T_θ und T_z zerlegt werden können. Dann werden mit Hilfe der bekannten Fourierzerlegung die Darstellungen (vgl. [11.7])

$$\begin{aligned} \bar{T}_r &= \Sigma\, \bar{T}^s_{r_n} \cos n\theta + \Sigma\, \bar{T}^a_{r_n} \sin n\theta, \\ \bar{T}_\theta &= -\Sigma\, \bar{T}^s_{\theta_n} \sin n\theta + \Sigma\, \bar{T}^a_{\theta_n} \cos n\theta, \\ \bar{T}_z &= \Sigma\, \bar{T}^s_{z_n} \cos n\theta + \Sigma\, \bar{T}^a_{z_n} \sin n\theta \end{aligned} \tag{11.23}$$

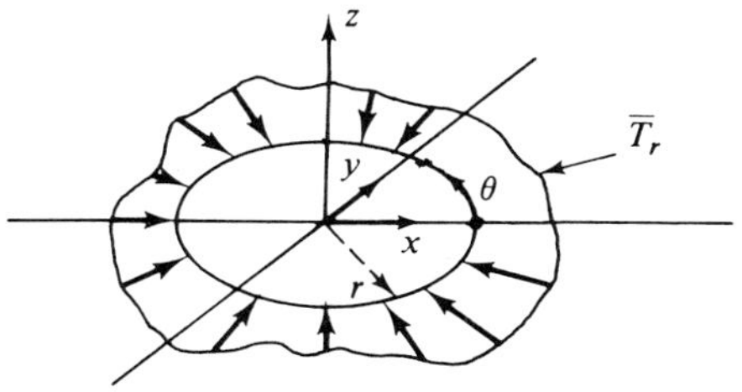

(a) Verteilung nichtaxialsymmetrischer radialer Lasten

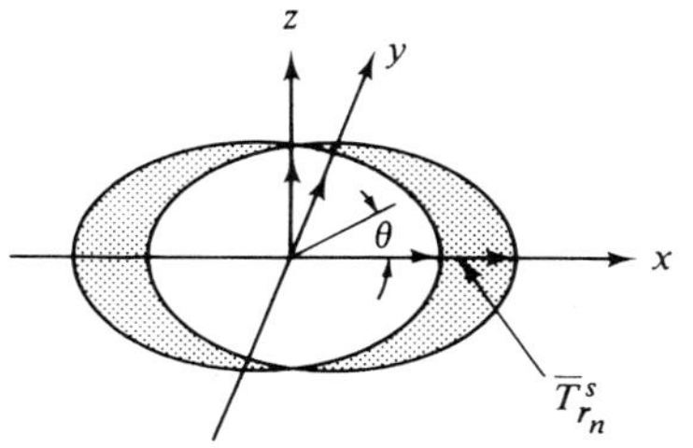

(b) Erstes axialsymmetrisches Fourierglied

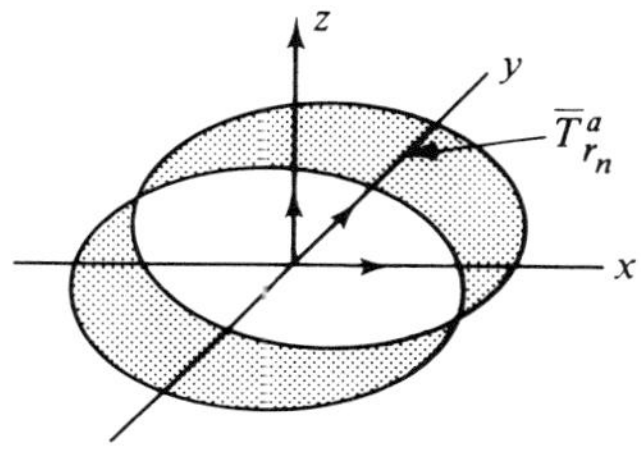

(c) Erstes antisymmetrisches Fourierglied

Bild 11.7

bestimmt; jeder Term in diesen Reihen heißt Fourierkoeffizient, und n bezeichnet dessen Ordnung. Die Summation ist über den Index n zu erstrecken; sie enthält soviele Glieder wie nötig sind, um die azimutale Variation der Last genügend genau zu erfassen. Die Indices s und a bezeichnen symmetrische bzw. antisymmetrische Lastkoeffizienten. Repräsentative Komponenten der Radiallast sind in Bild 11.7 skizziert.

Die Verschiebungen sind ähnlich darstellbar; dementsprechend gilt

$$\begin{aligned} u &= \Sigma\, u_n^s \cos n\theta + \Sigma\, u_n^a \sin n\theta\,, \\ v &= -\Sigma\, v_n^s \sin n\theta + \Sigma\, v_n^a \cos n\theta, \\ w &= \Sigma\, w_n^s \cos n\theta + \Sigma\, w_n^a \sin n\theta\,, \end{aligned} \tag{11.24}$$

wobei u^s, v^s und w^s die symmetrischen Anteile und u^a, v^a und w^a die antisymmetrischen Anteile der Verschiebungen sind. Diese Anteile sind mit den bekannten Formfunktionen als

$$\begin{aligned} u_n^s &= \lfloor \mathbf{N}_u \rfloor \{\mathbf{u}_n^s\}, & u_n^a &= \lfloor \mathbf{N}_u \rfloor \{\mathbf{u}_n^a\}\,, \\ v_n^s &= \lfloor \mathbf{N}_v \rfloor \{\mathbf{v}_n^s\}, & v_n^a &= \lfloor \mathbf{N}_v \rfloor \{\mathbf{v}_n^a\}, \\ w_n^s &= \lfloor \mathbf{N}_w \rfloor \{\mathbf{w}_n^s\}, & w_n^a &= \lfloor \mathbf{N}_w \rfloor \{\mathbf{w}_n^a\} \end{aligned} \tag{11.25}$$

darstellbar. Hier sind $\{\mathbf{u}_n^s\}, \ldots, \{\mathbf{w}_n^a\}$ Vektoren, welche die Verschiebungsparameter des Elementes für die symmetrischen bzw. antisymmetrischen Anteile des n-ten Fourier-koeffizienten darstellen. $\lfloor \mathbf{N}_u \rfloor$, $\lfloor \mathbf{N}_v \rfloor$ und $\lfloor \mathbf{N}_w \rfloor$ bezeichnen Vektoren, deren Komponenten die Formfunktionen für die u-, v- und w-Verschiebungen darstellen. Letztere sind nur Funktionen von r und z.

Die Verzerrungs-Verschiebungsgleichungen nehmen nun wegen des veränderten azimutalen Verhaltens die Gestalt

$$\begin{aligned} \epsilon_r &= \frac{\partial u}{\partial r}, \quad \epsilon_z = \frac{\partial w}{\partial z}, \quad \epsilon_\theta = \frac{u}{r} + \frac{1}{r}\frac{\partial v}{\partial \theta}, \\ \gamma_{rz} &= \frac{\partial u}{\partial z} + \frac{\partial w}{\partial r}, \quad \gamma_{z\theta} = \frac{\partial v}{\partial z} + \frac{1}{r}\frac{\partial w}{\partial \theta}, \quad \gamma_{r\theta} = \frac{1}{r}\frac{\partial u}{\partial \theta} + \frac{\partial v}{\partial r} - \frac{v}{r} \end{aligned} \tag{11.26}$$

an. Es ist üblich, die Verzerrungskomponenten des n-ten Fourierkoeffizienten als Kolonnenvektor

$$\boldsymbol{\epsilon}_n = \lfloor \epsilon_r^n \quad \epsilon_\theta^n \quad \epsilon_z^n \quad \gamma_{r\theta}^n \quad \gamma_{z\theta}^n \quad \gamma_{zr}^n \rfloor^{\mathrm{T}}$$

aufzufassen. Die materielle Steifigkeitsmatrix $[\mathbf{E}]$, welche mit diesem Verzerrungsvektor verträglich ist, ist die in (10.3) gegebene (6×6)-Matrix.

Wenn die Verzerrungs-Verschiebungsgleichungen (11.26) auf den n-ten Fourier-Koeffizienten der Verschiebungen (11.24) angewendet werden, so erhält man einen Satz von Gleichungen, der die Verzerrungen mit den Knotenverschiebungen verknüpft. Mit der für diese Transformation gebräuchlichen Schreibweise kann man also

$$\boldsymbol{\epsilon}_n = [\mathbf{D}_n^s]\begin{Bmatrix} \{\bar{\mathbf{u}}_n^s\} \\ \{\bar{\mathbf{v}}_n^s\} \\ \{\bar{\mathbf{w}}_n^s\} \end{Bmatrix} + [\mathbf{D}_n^a]\begin{Bmatrix} \{\bar{\mathbf{u}}_n^a\} \\ \{\bar{\mathbf{v}}_n^a\} \\ \{\bar{\mathbf{w}}_n^a\} \end{Bmatrix} = [\mathbf{D}_n^s]\{\boldsymbol{\Delta}_n^s\} + [\mathbf{D}_n^a]\{\boldsymbol{\Delta}_n^a\} \tag{11.27}$$

schreiben. Hier sind $[\mathbf{D}_n^s]$ und $[\mathbf{D}_n^a]$ die Matrizen der symmetrischen bzw. antisymmetrischen Verzerrungs-Verschiebungsgleichungen und

$$\lfloor \boldsymbol{\Delta}_n^s \rfloor = \lfloor \lfloor \mathbf{u}_n^s \rfloor \lfloor \mathbf{v}_n^s \rfloor \lfloor \mathbf{w}_n^s \rfloor \rfloor, \qquad \lfloor \boldsymbol{\Delta}_n^a \rfloor = \lfloor \lfloor \mathbf{u}_n^a \rfloor \lfloor \mathbf{v}_n^a \rfloor \lfloor \mathbf{w}_n^a \rfloor \rfloor.$$

Mit diesen Vorbereitungen ist es jetzt möglich, den Ausdruck für die potentielle Energie des Elementes zu konstruieren. Wegen $d(\mathrm{vol}) = r\, d\theta\, dr\, dz$ und mit (10.3) und (11.27) lautet der Ausdruck für die potentielle Energie Π_{p_n} des n-ten Fourier-Koeffizienten (der Einfachheit halber schließen wir Vorspannungen aus)

$$\begin{aligned} (\Pi_{p_n}) = {} & \frac{\lfloor \boldsymbol{\Delta}_n^s \rfloor}{2}[\mathbf{K}_n^s]\{\boldsymbol{\Delta}_n^s\} + \frac{\lfloor \boldsymbol{\Delta}_n^a \rfloor}{2}[\mathbf{K}_n^a]\{\boldsymbol{\Delta}_n^a\} - \lfloor \boldsymbol{\Delta}_n^s \rfloor\{\mathbf{F}_n^{d^s}\} \\ & - \lfloor \boldsymbol{\Delta}_n^a \rfloor\{\mathbf{F}_n^{d^a}\} - \lfloor \boldsymbol{\Delta}_n^s \rfloor\{\mathbf{F}_n^s\} - \lfloor \boldsymbol{\Delta}_n^a \rfloor\{\mathbf{F}_n^a\}, \end{aligned} \tag{11.28}$$

wobei für die symmetrischen Glieder die Steifigkeitsmatrix durch

$$[\mathbf{K}_n^s] = \left[\int\int\int [\mathbf{D}_n^s]^{\mathrm{T}}[\mathbf{E}][\mathbf{D}_n^s] r\, d\theta\, dr\, dz\right] \tag{11.29}$$

gegeben ist. $\{\mathbf{F}_n^{d'}\}$ und $\{\mathbf{F}_n^{s}\}$ sind die Vektoren aus verteilten Lasten und Knotenkräften, wenn das Element symmetrischen Bedingungen unterworfen ist. Die Glieder mit Superskript a definieren in ähnlicher Weise Matrizen und Vektoren für antisymmetrisches Verhalten. Es sollte beachtet werden, daß bei der Entwicklung dieser Matrizen Glieder der Form

$$\int_0^{2\pi} \cos^2 n\theta \, d\theta = \int_0^{2\pi} \sin^2 n\theta \, d\theta = \pi$$

auftreten, wodurch die Abhängigkeit von der azimutalen Koordinate eliminiert wird.

Die Berechnung für die symmetrischen und antisymmetrischen Fourierterme wird also getrennt in zwei Gruppen durchgeführt. Dabei muß beachtet werden, daß in der Lösung für die einzelnen Fourierkomponenten gewisse Starrkörperfreiheitsgrade unterdrückt werden. Für $n = 1$ werden drei Auflagerbedingungen verlangt. Für $n \neq 1$ muß, um Singularität der globalen Steifigkeitsmatrix auszuschließen, jedoch nur die axiale Translation verhindert werden. Für $n = 0$ müssen die starre Rotation um die Achse und die Verschiebung entlang dieser Achse unterdrückt werden. Letztlich wird die Gesamtlösung durch Addition der Teillösungen erhalten.

Anwendungen des eben dargelegten Verfahrens sind in [11.8–11.10] zu finden.

11.4 Vorgeschriebene Volumenänderung – Inkompressibilität

Ein häufig auftretendes Problem der Bodenmechanik betrifft die Konsolidation von Böden, d.h. die Festlegung der Volumendilatation in Böden. In Fällen, bei denen diese verschwindet, spricht man von Inkompressibilität. Beide Situationen verlangen eine Modifizierung der soeben beschriebenen Rechenverfahren.

Bei der Berechnung eines nichtdrainierten, vollständig gesättigten Bodens nimmt man im Rahmen einer linearen Theorie das Material als porös und zweiphasig an. Die eine Phase besteht aus einer porösen Matrix mit linear elastischen Eigenschaften, die zweite Phase stellt eine inkompressible Flüssigkeit dar. Wir nehmen an, daß die Spannungen $\boldsymbol{\sigma}^0$ der porösen Phase mit den Dehnungen $\boldsymbol{\epsilon}^0$ in der gewohnten linearen Art und Weise verknüpft sind:

$$\boldsymbol{\sigma}^0 = [\mathbf{E}^0]\boldsymbol{\epsilon}^0. \tag{11.30}$$

Die Elastizitätskonstanten $[\mathbf{E}^0]$ sind bekannt, und die Poissonzahl ist kleiner als 0,5. Gleichung (11.30) stellt die konstitutive Beziehung eines drainierten Bodens dar. Mit ihr gelingt es, ein System von Steifigkeitsgleichungen zu konstruieren, und zwar für irgendwelche Elementgleichungen, die die Verzerrungen mit den Verschiebungsparametern verknüpften. Der Porendruck im gesättigten Zustand bewirkt jedoch, daß die Volumendehnung verschwindet, so daß

$$\epsilon_v = \epsilon_x + \epsilon_y + \epsilon_z = 0. \tag{11.31}$$

Mit den Verzerrungs-Verschiebungsgleichungen und den üblichen Darstellungen der Formfunktionen für die Verschiebungen ($u = \lfloor \mathbf{N}_u \rfloor \{\mathbf{u}\}$, $v = \lfloor \mathbf{N}_v \rfloor \{\mathbf{v}\}$ und $w = \lfloor \mathbf{N}_w \rfloor \{\mathbf{w}\}$) erhält man also

$$\epsilon_v = \left\lfloor \left\lfloor \frac{\partial \mathbf{N}_u}{\partial x} \right\rfloor \left\lfloor \frac{\partial \mathbf{N}_v}{\partial y} \right\rfloor \left\lfloor \frac{\partial \mathbf{N}_w}{\partial z} \right\rfloor \right\rfloor \begin{Bmatrix} \{\mathbf{u}\} \\ \{\mathbf{v}\} \\ \{\mathbf{w}\} \end{Bmatrix} = 0 . \tag{11.32}$$

Da man verlangt, daß die Volumenänderung für jedes Element verschwindet, hat man für ein einzelnes Element

$$\int_{\text{vol}} \epsilon_v \, d(\text{vol}) = \lfloor \mathbf{G}_s^e \rfloor \begin{Bmatrix} \{\mathbf{u}\} \\ \{\mathbf{v}\} \\ \{\mathbf{w}\} \end{Bmatrix} = 0, \tag{11.33}$$

wobei

$$\lfloor \mathbf{G}_s^e \rfloor = \int_{\text{vol}} \left\lfloor \left\lfloor \frac{\partial \mathbf{N}_u}{\partial x} \right\rfloor \left\lfloor \frac{\partial \mathbf{N}_v}{\partial y} \right\rfloor \left\lfloor \frac{\partial \mathbf{N}_w}{\partial z} \right\rfloor \right\rfloor d(\text{vol}) . \tag{11.34}$$

Gleichung (11.33) ist eine Zwangsbedingung, die dem globalen Gleichungssystem mit der Technik der Lagrange-Multiplikatoren beigefügt werden kann (vgl. Kapitel 7). Daher ist der volle Satz der globalen Gleichungen von der Form

$$\begin{Bmatrix} \mathbf{P} \\ \mathbf{0} \end{Bmatrix} = \begin{bmatrix} \mathbf{K}^0 & \mathbf{G}_s^T \\ \mathbf{G}_s & \mathbf{0} \end{bmatrix} \begin{Bmatrix} \mathbf{\Delta}^0 \\ \boldsymbol{\lambda} \end{Bmatrix}, \tag{11.35}$$

wobei $\lfloor \mathbf{\Delta}^0 \rfloor = \lfloor \lfloor \mathbf{u} \rfloor \lfloor \mathbf{v} \rfloor \lfloor \mathbf{w} \rfloor \rfloor$.

Ferner ist

$\{\boldsymbol{\lambda}\}$ = der Vektor der Lagrange-Multiplikatoren (je einen pro Element),

$[\mathbf{K}^0]$ = die globale Steifigkeitsmatrix, aus Elementen gebildet, deren Steifigkeitsmatrizen mit (11.30) konstruiert wurden,

$[\mathbf{G}_s]$ = die Matrix der Koeffizienten der Nebenbedingung, welche aus den Zeilen von $\lfloor \mathbf{G}_s^e \rfloor$ von (11.34) gebildet wird,

$\{\mathbf{P}\}$ = der Vektor der äußeren Lasten.

Wie man aus den Diskussionen der Lagrange-Multiplikatoren in Kapitel 6 und 7 schließt, müssen die λ's innerhalb eines Elementes dem Porendruck proportional sein. Dieser Druck ist so groß, daß gerade eine Volumenänderung verhindert wird.

Bei einem Konsolidierungsprozeß in Böden ist die Volumenänderung nicht Null, sondern ändert sich vielmehr mit der Zeit. Wenn ein schrittweiser Lösungsvorgang verwendet wird, werden innerhalb jeden Zeitintervalls nichtverschwindende Volumenänderungen angenommen. Die rechte Seite von (11.34) verschwindet daher nicht, und dasselbe gilt für den linken unteren Teil von (11.35). Dieser Aspekt und auch andere Fragen der Konsolidationstheorie werden in [11.11–11.14] behandelt.

In einphasigen Materialien werden im Falle inkompressiblen Verhaltens, bei dem die Poissonzahl μ ja den Wert 0,5 annimmt, die Spannungs-Verzerrungsgleichungen (konstitutive Gleichungen) singulär, weil sie im Nenner den Faktor $(1-2\mu)$ enthalten (vgl. (10.3), (11.3) und (11.8)). Wenn μ nur leicht von 0,5 abweicht, ist die Genauigkeit der Lösungen für die Verschiebungen schlecht, und dies hat einen entsprechend schlechten Einfluß auf die Berechnung der Spannungen, da letztere ja durch Differentiation der Verschiebungen erhalten werden.

Um das Prinzip des Minimums der potentiellen Energie entsprechend abzuändern, sei festgehalten, daß im Spannungs-Dehnungsgesetz bei inkompressiblem Verhalten nur der deviatorische Teil der Verzerrungen eine Rolle spielt. Daher werden die deviatorischen Komponenten der Verzerrungen vom Dilatationsteil getrennt und nur diese für die Elementformulierung verwendet.

Andererseits ist es recht bequem, wenn man bei der Analysis eines Einphasenkontinuums von dem von Herrmann abgeänderten Reissnerschen Prinzip [11.15] ausgeht. Reissners Funktional wurde in Abschnitt 6.8 diskutiert. Der Einfachheit halber betrachten wir hier nur den ebenen Verzerrungszustand eines inkompressiblen Materials. Wegen der hier vorliegenden physikalischen Umstände kann das die Spannungen enthaltende Glied des Funktionals durch ein einziges Glied, den Druck $\bar{p}$, ersetzt werden; dieser ist durch

$$\bar{p} = \frac{(\sigma_x + \sigma_y + \sigma_z)}{E} \tag{11.36}$$

gegeben. Das Spannungs-Dehnungsgesetz ist ebenfalls von dilatorischer Gestalt, nämlich

$$(\sigma_x + \sigma_y + \sigma_z) = \frac{E}{(1 - 2\mu)}(\epsilon_x + \epsilon_y + \epsilon_z). \tag{11.37}$$

Mit diesen Beziehungen kann gezeigt werden, daß für den ebenen Verzerrungszustand das Funktional

$$\begin{aligned} \Pi_I = \int_A \Big\{ & \frac{Et}{2(1+\mu)}[(\epsilon_x^2 + \epsilon_y^2) + \frac{1}{2}\gamma_{xy}^2 + 2\mu\bar{p}(\epsilon_x + \epsilon_y)] \\ & - \mu(1 - 2\mu)\bar{p}^2\Big\}\, dA - \int_{s_\sigma} \bar{\mathbf{T}}\cdot\mathbf{u}\, dS \end{aligned} \tag{11.38}$$

einen stationären Wert erreicht, falls die Verschiebungen u und v und der Druck $\bar{p}$ die Bewegungsgleichungen erfüllen.

Um dieses Funktional für eine FE-Berechnung zu diskretisieren, ist es nötig, $\bar{p}$ durch Formfunktionen und Knotenparameter $\{\bar{\mathbf{p}}\}$ auszudrücken, was die Verknüpfung von $\bar{p}$ mit den entsprechenden Werten benachbarter Elemente garantiert. Wenn andererseits $\bar{p}$ innerhalb eines Elementes, für welches $\mu = 0{,}5$ gilt, „frei" gelassen wird, können dieselben Schwierigkeiten wie bei einem konventionellen Verfahren der potentiellen Energie auftreten. Insbesondere kann bei der Wahl eines Verschiebungsfeldes und eines konstanten Wertes für $\bar{p}$ gezeigt werden [11.16], daß die potentielle Energie und die Reissner-Formulierung identische Resultate liefern. Numerische Berechnungen [11.16] scheinen anzuzeigen, daß die besten Lösungen erhalten werden, wenn der Interpolationsgrad bei den Darstellungen für die Verschiebungen und für den Druck $\bar{p}$ der gleiche ist. Die FE-Diskretisationen dieses Funktionals und die Konstruktion ähnlicher gemischter Funktionale, welche die Eigenschaften der Anisotropie in Rechnung stellen, werden in [11.15–11.19] beschrieben. Viele inkompressible Materialien, z.B. Gummi, erfahren unter äußeren Lasten sehr große Verzerrungen. Diese Materialien verlangen konstitutive Gleichungen, welche endlichen Verzerrungen Rechnung tragen, was zu entsprechenden Modifikationen in den Elementformulierungen führt. Solchen Fragen wird in [11.20] nachgegangen.

Literatur

11.1 Den Hartog, J.P.: Advanced strength of materials. New York, N.Y.: McGraw-Hill 1952.

11.2 Dunham, R.S.; Nickell, R.E.: Finite element analysis of axisymmetric solids with arbitrary loadings. Report 67–6, Dept. of Civil-Engg. Struct. Eng. Lab. Univ. of California, Berkeley, Calif., 1967.

11.3 Utku, S.: Explicit expressions for triangular torus element stiffness matrix. AIAA J. 6 (1968) 1174–1175.

11.4 Belytschko, T.: Finite elements for axisymmetric solids under arbitrary loadings with nodes at origin. AIAA J. 10 (1972) 1582–1584.

11.5 Chacour, S.: A high precision axisymmetric triangular element used in the analysis of hydraulic turbine components. Trans. ASME; J. Basic Eng. 92 (1970) 819–826.

11.6 Silvester, P.; Konrad, A.: Axisymmetric triangular elements for the scalar Helmholtz equation. J. Num. Meth. Engg. 5 (1973) 481–498.

11.7 Sokolnikoff, I.S.; Redheffer, R.M.: Mathematics of Physics and modern engineering. New York, N.Y.: McGraw-Hill 1966, S. 56–83.

11.8 Wilson, E.: Structural analysis of axisymmetric solids. AIAA J. 3 (1965) 2267–2274.

11.9 Argyris, J.H.; Buck, K.E.; Grieger, J.; Maraczek, G.: Application of the matrix displacement method to the analysis of pressure vessels. Trans. ASME; 92, Ser. B. (1970) 317–329.

11.10 Zienkewicz, O.C.: The finite element method in engineering science. Chapter 13. London: McGraw-Hill 1971.

11.11 Christian, J.T.: Undrained stress distribution by numerical methods. Proc. ASCE; J. Soil Mech. Fdn. Div. 94 (1968) 1333–1345.

11.12 Christian, J.T.; Boehmer, J.W.: Plane strain consolidation by finite elements. Proc. ASCE; J. Soil Mech. Fdn. Div. 96 (1970) 1435–1457.

11.13 Hwang, C.; Morgenstern, N.; Murray, D.: On solutions of plane strain consolidation problems by finite element methods. Geotech. J. 8 (1971) 109–118.

11.14 Sandhu, R.S.: Finite element analysis of consolidation and creep. Proc. of Conf. on Applications of the Finite Element Method in Geotechnical Eng. C. Desai (Hrsg.) U.S. Army Eng. Vicksburg Experiment Stat., Vicksburg, Miss. (1972) 697–698.

11.15 Herrmann, L.R.: Elasticity equations for incompressible and nearly incompressible materials by a variational theorem. AIAA J. 3 (1965) 1896–1900.

11.16 Hughes, T.; Allik, H.: Finite elements for compressible and incompressible continua. Proc. of Symp. on Application of Finite Element Meth. in Civil Eng. W. Rowan and R. Hackett (Hrsg.), Vanderbilt Univ., Nashville, Tenn. 1969 S. 27–62.

11.17 Hwang, C.; Ho, M.; Wilson, N.: Finite element analysis of soil deformations. Proc. of Symp. on Application of Finite Element Meth. in Civil Eng. W. Rowan and R. Hackett (Hrsg.), Vanderbilt Univ., Nashville, Tenn. 1969, S. 729–746.

11.18 Key, S.W.: A variational principle for incompressible and nearly-incompressible anisotropic elasticity. Int. J. Solids Struct. 5 (1969) 951–964.

11.19 Taylor, R.L.; Pister, K.; Herrmann, L.R.: On a variational theorem for incompressible and nearly incompressible orthotropic elasticity. Int. J. Solids Struct. 4 (1968) 875–883.

11.20 Oden, J.T.; Key, J.E.: Numerical analysis of finite axisymmetric deformations of incompressible elastic solids of revolution. Int. J. Solids Struct. 6 (1970) 497–518.

Aufgaben

11.1 Konstruiere für das Ringelement mit der in **Bild A.11.1** gezeigten Querschnittsfläche die Steifigkeitsmatrix, indem ein lineares radiales Verschiebungsfeld angenommen wird.

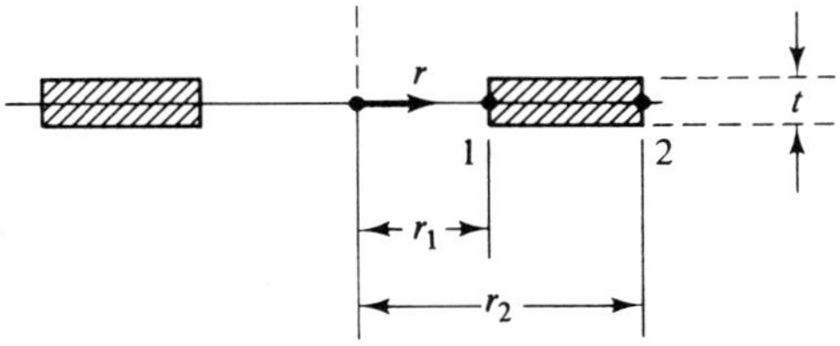

Bild A.11.1

11.2 Stelle die Steifigkeitsmatrix für das Kernelement des Bildes 11.4 auf, wobei bilineare Verschiebungsfunktionen gewählt werden sollen.

11.3 Verifiziere die Formel I_4 in (11.18b).

11.4 Unter Benützung einer zweigliedrigen Fourier-Entwicklung für den symmetrischen Term der u-Verschiebung von (11.24) (d.h. u_1^s und u_2^s) formuliere man die Steifigkeitsmatrix für das in Aufgabe 11.1 definierte Ringelement.

11.5 Ausgehend vom Reissner-Funktional für den ebenen Verzerrungszustand (6.81) stelle man das Funktional auf, welches in (11.38) für inkompressibles Material gegeben ist.

11.6 Leite die diskretisierte Form des Funktionals Π_I in (11.38) her und transformiere die resultierende gemischte Matrix auf die Steifigkeitsmatrix, indem angenommen wird, daß die Parameter für den Druck nicht mit jener benachbarter Elemente verknüpft sind.

11.7 Leite unter Benützung des in Abschnitt 11.1 behandelten Verfahrens die Matrizengleichungen für den verallgemeinerten ebenen Verzerrungszustand her.

11.8 Leite die explizite Form der Matrix $[\mathbf{D}_n^s]$ von (11.27) her.

11.9 Formuliere für ein inkompressibles elastisches isotropes Material eine Steifigkeitsmatrix, welche nur den deviatorischen Verzerrungskomponenten zugrundeliegt. Wende dazu das einfache Dreieck des ebenen Verzerrungszustands an (lineare Verschiebungen).

11.10 Erweitere die materielle Steifigkeitsgleichung (11.3) für eine Situation, welche Initialverzerrungen Rechnung trägt.

12 Plattenbiegung

Zur FE-Formulierung der Plattenbiegung sind besonders große Anstrengungen unternommen worden [12.1]. Es war und ist hierbei oft äußerst schwierig, alle Forderungen einer adäquaten Formulierung zu erfüllen; aus diesem Grund ist eine außerordentlich große Zahl von verschiedenen FE-Darstellungen vorgeschlagen worden. Fortschritte wurden aus dem gleichen Grund erst erzielt, als eine größere Anzahl von Variationsprinzipien verwendet wurde als für andere Elementtypen. Das Prinzip vom Minimum der potentiellen Energie steht allerdings immer noch im Vordergrund.

Die Bedeutung, die dem Studium der Plattenbiegung zukommt, geht weit über die Anwendungen hinaus, die in diesem Kapitel direkt mit linearen statischen Methoden behandelt werden. Eine recht effiziente, für die Analysis gekrümmter, dünner Schalen geeignete FE-Methode benützt z.B. die Darstellung flacher Plattenelemente. Solche Elemente gehen aus einer Überlagerung des ebenen Spannungszustandes mit dem reinen Biegezustand hervor. Der ebene Spannungszustand wurde in Kapitel 9 behandelt; im vorliegenden Kapitel wird die Entwicklung der wichtigsten Approximationsmethoden dieses Spannungszustandes für die Schalenberechnung abgeschlossen.

Die Plattentheorie ist auch deshalb von besonderer Bedeutung, weil bei Platten- und Schalenkonstruktionen dynamische Erscheinungen und nicht zuletzt auch Stabilitätseffekte praktisch äußerst wichtig sind. Mit dem letztgenannten Problem beschäftigen wir uns in Kapitel 13. Zur Herleitung der entsprechenden FE-Gleichungen werden wir Darstellungen des in diesem Kapitel hergeleiteten Elementverhaltens verwenden.

An dieser Stelle sei darauf aufmerksam gemacht, daß die oben erwähnten Schwierigkeiten bei der Auswahl der Verschiebungsfelder davon herrühren, daß dünne Platten durch eine Differentialgleichung vierter Ordnung beschrieben werden. Im Gegensatz dazu werden der ebene Spannungszustand, der ebene Verzerrungszustand oder die dreidimensionalen Elastizitätsgleichungen durch Differentialgleichungen zweiter Ordnung beschrieben. Wieder andere Elastizitätsprobleme und auch ein Großteil von physikalischen Problemen anderer Art basieren auf Differentialgleichungen vierter Ordnung, und es ist wichtig, die Schwierigkeiten auf einer gemeinsamen Grundlage zu verstehen.

Wir stellen das eben erwähnte Problem zur Diskussion, weil Schwierigkeiten im Aufstellen zulässiger Verschiebungsfelder vermieden werden, wenn man zum Prinzip der Komplementärenergie oder zu gemischten Variationsprinzipien greift, bei denen bei der Auswahl des Spannungsfeldes nur geringe Schwierigkeiten auftreten. Wir greifen im folgenden auch zu isoparametrischen räumlichen Elementen; diese können dadurch in dünne Plattenelemente übergeführt werden, daß gewisse Zwangsbedingungen oder andere noch zu erklärende Operationen auf sie ausgeübt werden. Die isoparametrischen räumlichen Elemente sind in den Kapiteln 10 und 11 besprochen worden, die Variationsprinzipien werden hier angegangen.

Dieses Kapitel behandelt zuerst die einfachste Form der Plattenbiegung, d.h. jene, welche transversale Schubverformung und Vorspannung vernachlässigt. Formulierung und Anwendung auf Probleme beschränken sich hauptsächlich auf isotropes Material. Nach einem kurzen Überblick über die Fundamentalgleichungen der Plattenbiegung werden viele verschiedene Formulierungen für viereckige und dreieckige Elemente besprochen. Im Gegensatz zu Kapitel 9, worin der ebene Spannungszustand besprochen wurde, stellt das Dreieckelement hier ein in seiner Darstellung weit komplexeres Problem als das Viereck dar. Das letztere wird daher zuerst behandelt.

In vielen Beziehungen unterscheidet sich der Aufbau und Stil dieses Kapitels von jenem anderer Kapitel. Würden die Details der Herleitung von nur wenigen Formulierungen dargelegt, so würden diese bei der Plattenbiegung allein die Länge eines Kapitels umfassen. Unser Hauptziel ist es, eine umfassende Darstellung der FE-Technologie bei Platten zu geben; um dies zu erreichen, wird die Form dieses Kapitels diejenige eines Übersichtsartikels sein. Einige wichtige Aspekte der Plattentheorie werden aber trotzdem im Detail behandelt.

Die Grundgleichungen und die Energiefunktionale der Plattenbiegung werden detailliert besprochen. Dadurch wird es möglich, die wichtige Rolle der Komplementärenergie und der gemischten Funktionale zu erkennen. Rechteckelemente werden bis zu einem gewissen Grade recht eingehend behandelt. Eingehender wird auch auf zwei weit verbreitete Dreieckelemente eingegangen. Schließlich wird auch das Problem der Transversalverformung einer Platte unter Berücksichtigung der Schubverformung besprochen. Diese Plattentheorie hat ihre eigene Bedeutung; sie suggeriert jedoch zusätzlich Berechnungsmethoden für die klassische Plattentheorie, welche einfacher sind als die ursprünglichen Methoden mit Ansatzfunktionen für die Verschiebungen.

12.1 Theorie der Plattenbiegung

12.1.1 Grundgleichungen

Die Biegetheorie dünner Platten wird in vielen Lehrbüchern, z.B. in [12.2–12.4] eingehend behandelt; hier werden die notwendigen Gleichungen zur Darstellung der späteren Elementformulierungen nur zusammengestellt.

Ein infinitesimales Element einer dünnen Platte mit der Dicke t ist in **Bild 12.1** dargestellt. In ihm herrscht ein ebener Spannungszustand ($\sigma_z = \gamma_{xz} = \gamma_{yz} = 0$). Falls man von den üblichen Annahmen der Plattentheorie ausgeht, variieren diese Spannungen linear über die Plattendicke. Ihre Summation über die Dicke liefert die Spannungsresultierenden in Form von Biege- ($\mathcal{M}_x$, $\mathcal{M}_y$) und Drill-Momenten ($\mathcal{M}_{xy}$) pro Einheitslänge. Diese Momente werden, wie in Bild 12.1 eingezeichnet, als positiv angenommen. Der Einfachheit halber zeigen wir die Änderung dieser Momente sowie der zugeordneten Querkräfte nicht; diese Größen würden ja bei der Formulierung des Gleichgewichts gebraucht. Es gilt also

$$\mathcal{M}_x = \int_{-t/2}^{t/2} \sigma_x z \, dz \,, \qquad \mathcal{M}_y = \int_{-t/2}^{t/2} \sigma_y z \, dz$$

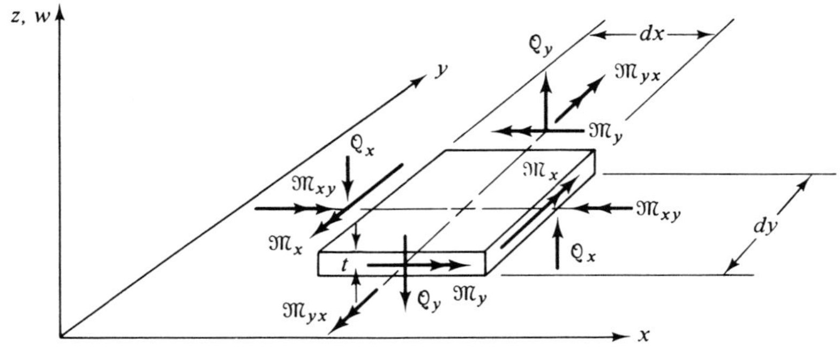

Bild 12.1

und

$$\mathfrak{M}_{xy} = \mathfrak{M}_{yx} = \int_{-t/2}^{t/2} \tau_{xy} z \, dz \,.$$

Es ist bequem, diese Linienlasten wie den Spannungsvektor beim ebenen Spannungszustand $\boldsymbol{\sigma} = \lfloor \sigma_x, \sigma_y, \tau_{xy} \rfloor^{\mathrm{T}}$ als Vektorfeld aufzufassen und als $\boldsymbol{\mathfrak{M}} = \lfloor \mathfrak{M}_x \, \mathfrak{M}_y \, \mathfrak{M}_{xy} \rfloor^{\mathrm{T}}$ zu schreiben.

Die hauptsächliche Vereinfachung bei der Biegetheorie dünner Platten besteht in der Annahme, daß materielle Linien, welche anfänglich zur Mittelebene senkrecht stehen, während der Deformation der Platte auf der verformten Mittelebene senkrecht stehen bleiben. Die Winkeländerungen dieser Normalen sind die Krümmungen κ_x, κ_y und κ_{xy} ; es wird angenommen, daß diese genügend genau durch die folgenden zweiten Ableitungen der Transversalverschiebungen w gegeben sind:

$$\kappa_x = -\frac{\partial^2 w}{\partial x^2}, \qquad \kappa_y = -\frac{\partial^2 w}{\partial y^2}, \qquad \kappa_{xy} = -2\frac{\partial^2 w}{\partial x \, \partial y} \,. \tag{12.1}$$

w ist ein Maß für die Abweichung der Mittelebene aus ihrer unverformten Lage. Die Krümmungen sind zur Charakterisierung dünner Platten die wichtigsten Größen. Daher wird hier der Krümmungsvektor $\boldsymbol{\kappa} = \lfloor \kappa_x, \kappa_y, \kappa_{xy} \rfloor^{\mathrm{T}}$ eingeführt; er ersetzt das Verzerrungsfeld $\boldsymbol{\epsilon} = \lfloor \epsilon_x, \epsilon_y, \gamma_{xy} \rfloor^{\mathrm{T}}$ des ebenen Spannungszustandes.

Mit diesen Definitionen gelingt es, eine weitere Analogie mit dem ebenen Spannungszustand der Elastizitätstheorie herzuleiten, indem man die konstitutiven Gleichungen dünner Platten in der Gestalt

$$\boldsymbol{\mathfrak{M}} = [\mathbf{E}_f]\boldsymbol{\kappa} \tag{12.2}$$

einführt. Für orthotrope Platten gilt

$$[\mathbf{E}_f] = \begin{bmatrix} D_x & D_1 & 0 \\ D_1 & D_y & 0 \\ 0 & 0 & D_{xy} \end{bmatrix}, \tag{12.3}$$

worin D_x, D_y und D_{xy} die zugehörigen Biegesteifigkeiten sind. Im etwas bekannteren Fall isotropen Verhaltens gilt

$$[\mathbf{E}_f] = D \begin{bmatrix} 1 & \mu & 0 \\ \mu & 1 & 0 \\ 0 & 0 & \frac{(1-\mu)}{2} \end{bmatrix} \tag{12.3a}$$

mit

$$D = \frac{Et^3}{12(1-\mu^2)}. \tag{12.4}$$

Die Gleichungen der Plattenbiegung spielen zum Verständnis der Wahl des Verschiebungsfeldes eines Elementes eine wichtige Rolle. Die Grundlage für diese Beziehungen sind die Differentialgleichungen des Gleichgewichts, welche aus Gleichgewichtsbetrachtungen der Kräfte in vertikaler Richtung sowie der Momente in x- und y-Richtung am infinitesimalen Element zu

$$\frac{\partial \mathcal{Q}_x}{\partial x} + \frac{\partial \mathcal{Q}_y}{\partial y} + q = 0, \tag{12.5a}$$

$$\frac{\partial \mathcal{M}_x}{\partial x} + \frac{\partial \mathcal{M}_{xy}}{\partial y} - \mathcal{Q}_x = 0, \tag{12.5b}$$

$$\frac{\partial \mathcal{M}_y}{\partial y} + \frac{\partial \mathcal{M}_{xy}}{\partial x} - \mathcal{Q}_y = 0 \tag{12.5c}$$

erhalten werden. $\mathcal{Q}_x$ und $\mathcal{Q}_y$ sind die Querkräfte pro Längeneinheit, und q ist die verteilte Querbelastung.

Durch Einsetzen der Momenten-Krümmungsgleichung (12.2) in die Gleichgewichtsgleichungen (12.5b) und (12.5c) und durch Einsetzen der resultierenden Ausdrücke in (12.5a) erhält man

$$D_x \frac{\partial^4 w}{\partial x^4} + 2(D_1 + D_{xy}) \frac{\partial^4 w}{\partial x^2 \partial y^2} + D_y \frac{\partial^4 w}{\partial y^4} = q. \tag{12.6}$$

Für isotrope Platten vereinfacht sich dies zu

$$D\left(\frac{\partial^4 w}{\partial x^4} + \frac{2\,\partial^4 w}{\partial x^2 \partial y^2} + \frac{\partial^4 w}{\partial y^4}\right) = q. \tag{12.6a}$$

Wir stellen fest, daß zur Lösung eines Biegeproblems dünner Platten vom Standpunkt der Verschiebungen her allein die Wahl einer einzigen Funktion w maßgeblich ist, nämlich diejenige der Transversalverschiebung.

12.1.2 Potentielle Energie

Die meisten bestehenden FE-Formulierungen für Plattenbiegung werden durch Anwendung des Prinzips des Minimums der potentiellen Energie erhalten. Man erhält durch weitere Analogie mit dem ebenen Spannungszustand

$$\Pi_p = \frac{1}{2} \int_A \boldsymbol{\kappa}^T [\mathbf{E}_f] \boldsymbol{\kappa} \, dA + V, \tag{12.7}$$

wobei $\boldsymbol{\kappa}$ und $[\mathbf{E}_f]$ wie oben definiert sind und V das Potential der aufgebrachten Lasten bedeutet. Im Falle von vorgegebenen verteilten Lasten q, die senkrecht auf der Plattenoberfläche stehen, lautet das Potential der äußeren Kräfte

$$-\int_A \bar{q} \cdot w \, dA, \tag{12.8a}$$

wohingegen für gegebene Linienlasten $\bar{\mathcal{Q}}$ und Randmomente $\bar{\mathfrak{M}}_n$ und $\bar{\mathfrak{M}}_s$ (**Bild 12.2**) dieses Potential die Gestalt

$$-\int_{S_\sigma} (\bar{\mathcal{Q}} \cdot w + \bar{\mathfrak{M}}_n \cdot \theta_n + \bar{\mathfrak{M}}_s \cdot \theta_s) \, dS \tag{12.8b}$$

annimmt; S ist jener Teil der Berandung, auf welchem die erwähnten Linienlasten vorgeschrieben sind. Schließlich erhält man für gegebene Knotenkräfte $\bar{F}_{z_i}$ und Knotenmomente $\bar{M}_{x_i}$, $\bar{M}_{y_i}$ für V den Ausdruck

$$-\sum_{i=1}^{r} F_{x_i} w_i - \sum_{i=1}^{r} \bar{M}_{x_i} \theta_{x_i} - \sum_{i=1}^{r} \bar{M}_{y_i} \theta_{y_i}. \tag{12.8c}$$

Die Summation erstreckt sich in dieser Formel über alle Indices i der Elementknoten.

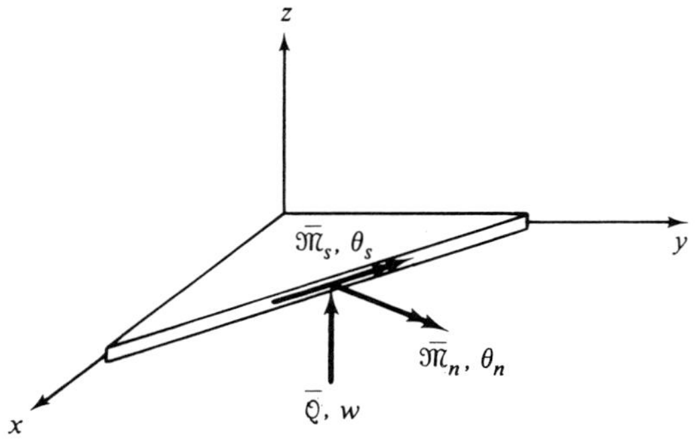

Bild 12.2

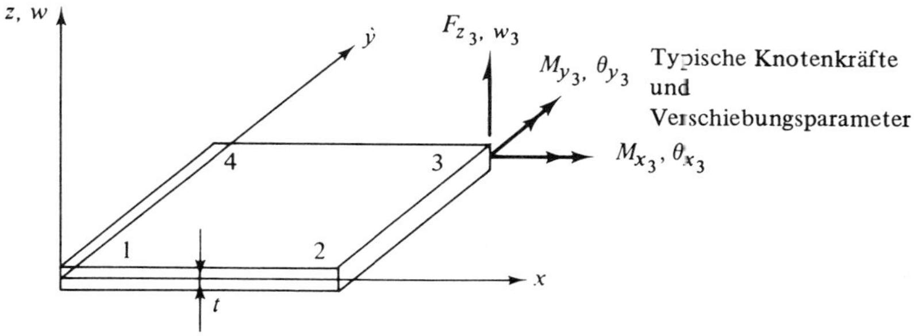

Bild 12.3

Bild 12.3, welches ein rechteckiges Biegeelement darstellt, zeigt die konzentrierten Kräfte und Momente samt den zugeordneten Verschiebungen. Die Hauptannahmen der Biegetheorie dünner Platten (Normalen der Mittelfläche bleiben normal, Vernachlässigung der Schubverformungen) verlangen, daß die Neigung der Mittelfläche dem Verdrehungswinkel gleichgesetzt wird:

$$\theta_x = \left|\frac{\partial w}{\partial y}\right|, \qquad \theta_y = -\left|\frac{\partial w}{\partial x}\right|.$$

Im Ausdruck für θ_y stammt das negative Vorzeichen von der Tatsache, daß eine positive Rotation um die y-Achse einen negativen Wert der Verschiebung w erzeugt. Zu beachten ist im weiteren der Unterschied zwischen den Knotenmomenten M_x, M_y und M_{xy}, die alle konzentrierte Größen sind mit der Einheit [J], und den Linienmomenten $\mathfrak{M}_x$, $\mathfrak{M}_y$ und $\mathfrak{M}_{xy}$, also Größen mit der Einheit [J/m]. Die Knotenparameter der gesuchten FE-Darstellung sind die konzentrierten Momente (M_{x_i}, M_{y_i}) und die Kräfte F_{z_i} sowie die zugehörigen Verschiebungen.

Es ist physikalisch einleuchtend und muß von einer FE-Formulierung, welche vom Prinzip des Minimums der potentiellen Energie Gebrauch macht, auch verlangt werden, daß das Verschiebungsfeld eines finiten Elementes bei Biegebeanspruchung über die Elementränder hinaus nicht nur stetig sein soll, sondern auch stetige Verschiebungsableitungen (erster Ordnung) haben muß. Die gleiche Forderung wird mathematisch an das Funktional der potentiellen Energie Π_p gestellt, das ja Ableitungen zweiter Ordnung in w enthält und daher Kontinuität der Ableitungen erster Ordnung verlangt. Man kann diese Forderung bei einer Elementdarstellung auf einfache Weise nicht erfüllen. Aus diesem Grunde haben sich andere Variationsprinzipien, welche nur die Kontinuität von w verlangen, zur Formulierung von Elementen unter Biegebeanspruchung als sehr erfolgreich erwiesen.

Die Form des Funktionals der potentiellen Energie legt auch nahe, daß das gewählte Feld mindestens ein quadratisches Polynom sein muß; die darin auftretenden Differentiationen eliminieren nämlich alle Anteile im Verschiebungsfeld, welche auf konstante und lineare Glieder zurückgehen. Wie bereits beim Balken festgestellt, ist es zur Beschreibung des Biegeverhaltens üblich, kubische Funktionen zu verwenden. Inwieweit ein solches Vorgehen auch für Platten sinnvoll ist, wird in den folgenden Abschnitten noch gezeigt werden.

Letztlich sei erwähnt, daß (12.6) für ein isotropes Material die Euler-Gleichung des Funktionals der potentiellen Energie darstellt. Dies ist deshalb besonders bedeutungsvoll, da dieselbe Gleichung (mit der Airyschen Spannungsfunktion $\mathbf{\Phi}$ als der unabhängigen Variablen) bei einer Formulierung mit der Komplementärenergie die Verformung von Scheiben beschreibt. Dementsprechend sind unsere Herleitungen akzeptabler Verschiebungsfelder auch direkt auf diese duale Formulierung des ebenen Spannungszustandes anwendbar.

Es ist zur Herleitung der Kraft-Verschiebungsgleichung eines finiten Elementes nötig, den Prozeß der Diskretisierung der potentiellen Energie näher zu untersuchen. Das Vorgehen ist dabei jenem früherer Kapitel ähnlich. Der Ausdruck für die Ansatzfunktion des Verschiebungsfeldes wird zuerst gemäß (12.1) differenziert. Daraus erhält man das $\boldsymbol{\kappa}$-Feld in der Gestalt

$$\boldsymbol{\kappa} = [\mathbf{D}]\{\boldsymbol{\Delta}\}. \tag{12.9}$$

Im Viereck von Bild 12.3 z.B. ist

$$\{\boldsymbol{\Delta}\} = \lfloor w_1\, w_2\, w_3\, w_4\, \theta_{x_1}\, \theta_{x_2}\, \theta_{x_3}\, \theta_{x_4}\, \theta_{y_1}\, \theta_{y_2}\, \theta_{y_3}\, \theta_{y_4} \rfloor^{\mathrm{T}}. \tag{12.10}$$

Einsetzen von (12.9) in die Verzerrungsenergie führt auf

$$\Pi_p = \frac{\lfloor \boldsymbol{\Delta} \rfloor}{2}[\mathbf{k}]\{\boldsymbol{\Delta}\} + V, \tag{12.7a}$$

wobei, wie bereits in früheren Kapiteln,

$$[\mathbf{k}] = \left[\int_A [\mathbf{D}]^{\mathrm{T}}[\mathbf{E}_f][\mathbf{D}]\, dA \right]. \tag{12.11}$$

Beachte, daß das angenommene Verschiebungsfeld zur Bestimmung von V beiträgt, wenn die Lasten $\bar{q}$, $\bar{\mathcal{Q}}$, $\bar{\mathcal{M}}_n$ oder $\bar{\mathcal{M}}_{ns}$ vorgegeben sind.

Es ist wichtig, die Definitionen von θ_x und θ_y in Fällen, bei denen das angenommene Feld mittels einer Polynomreihe dargestellt ist, zu beachten. In einem solchen Fall gilt (vgl. Abschnitt 8.2)

$$w = \lfloor \mathbf{p}(m) \rfloor \{\mathbf{a}\}, \tag{12.12a}$$

so daß

$$\theta_x = \left\lfloor \frac{\partial \mathbf{p}(m)}{\partial y} \right\rfloor \{\mathbf{a}\}, \tag{12.12b}$$

$$\theta_y = -\left\lfloor \frac{\partial \mathbf{p}(m)}{\partial x} \right\rfloor \{\mathbf{a}\}. \tag{12.12c}$$

Wenn die Ausdrücke (12.12) in den Knoten ausgewertet werden, ist daher der volle Satz der Verschiebungen wie gewöhnlich durch

$$\{\boldsymbol{\Delta}\} = [\mathbf{B}]\{\mathbf{a}\} \tag{12.13}$$

gegeben. Nach Auflösen dieser Gleichung nach $\{\mathbf{a}\}$ kann das Resultat in (12.12) eingesetzt werden. Der resultierende Ausdruck wird dann gemäß (12.1) differenziert; zuletzt wird (12.9) gebildet. Umgekehrt kann man in Übereinstimmung mit der Krümmungs-Verschiebungsgleichung (12.1) die Gleichung (12.12) auch direkt differenzieren und das Resultat dann in den Ausdruck für die Verzerrungsenergie einsetzen. Dies gibt eine „Kern"-Steifigkeit, welche aber auf die Parameter $\{\mathbf{a}\}$ bezogen ist. Eine auf die Knotenverschiebung bezogene Steifigkeitsmatrix wird erzeugt, indem die Beziehung (12.13) invertiert und auf die Gleichung der Kernsteifigkeitsmatrix angewendet wird. Wir werden Gelegenheit haben, diese Verfahren später in diesem Kapitel zu illustrieren.

12.1.3 Komplementärenergie

Die Komplementärenergie einer elastischen Konstruktion ist in Kapitel 6 definiert worden und zwar in Abhängigkeit der Spannungen $\boldsymbol{\sigma} = \lfloor \sigma_x \; \sigma_y \; \tau_{xy} \rfloor^{\mathrm{T}}$. Hier benutzen wir die in Abschnitt 12.1.1 hergeleitete Analogie und konstruieren mit deren Hilfe den Ausdruck für die Komplementärenergie dünner Platten. Es gilt

$$\Pi_c = U^* + V^*,$$

wobei in diesem Fall

$$U^* = \frac{1}{2} \int_A \mathfrak{M}^{\mathrm{T}} [\mathbf{E}_f]^{-1} \mathfrak{M} \, dA \tag{12.14}$$

sowie für verteilte Querlasten und für Randlasten

$$V^* = -\int_A q \cdot \bar{w} \, dA - \int_{S_u} (\mathfrak{Q} \cdot \bar{w} + \mathfrak{M}_n \cdot \bar{\theta}_n + \mathfrak{M}_s \cdot \bar{\theta}_s) \, dS. \tag{12.15}$$

Die Verschiebungen $\bar{w}$ und die Verdrehungen $\bar{\theta}_n$ und $\bar{\theta}_s$ sind auf dem Teil S_u der Berandung bekannt; die Randkräfte sind auf dem restlichen Teil S_σ der Berandung vorgeschrieben.

Ein Funktional für die Komplementärenergie, welches aber als Funktion der Spannungsfunktionen ausgedrückt ist, eignet sich für die Biegeanalysis dünner Platten besonders gut. In diesem Fall sind die relevanten Spannungsfunktionen die sogenannten Southwellschen Spannungsfunktionen Φ^u und Φ^v [12.5], welche wie folgt definiert sind:

$$\mathfrak{M}_x = -\left(\frac{\partial \Phi^v}{\partial y} + \Omega\right), \qquad \mathfrak{M}_y = -\left(\frac{\partial \Phi^u}{\partial x} + \Omega\right), \qquad \mathfrak{M}_{xy} = \frac{1}{2}\left(\frac{\partial \Phi^v}{\partial x} + \frac{\partial \Phi^u}{\partial y}\right),$$

$$\begin{aligned} \mathfrak{Q}_x &= \frac{1}{2} \frac{\partial}{\partial y}\left(\frac{\partial \Phi^u}{\partial y} - \frac{\partial \Phi^v}{\partial x}\right) - \frac{\partial \Omega}{\partial x}, \\ \mathfrak{Q}_y &= \frac{1}{2} \frac{\partial}{\partial x}\left(\frac{\partial \Phi^v}{\partial x} - \frac{\partial \Phi^u}{\partial y}\right) - \frac{\partial \Omega}{\partial y}. \end{aligned} \tag{12.16}$$

Hier ist $\boldsymbol{\Omega}$ eine Größe, welche mit der verteilten Belastung gemäß

$$q = \left(\frac{\partial}{\partial x^2} + \frac{\partial}{\partial y^2}\right)\boldsymbol{\Omega} \tag{12.17}$$

verknüpft ist.

Wenn wir die obigen Ausdrücke für $\mathcal{M}_x$, $\mathcal{M}_y$, $\mathcal{M}_{xy}$, $\mathcal{Q}_x$ und $\mathcal{Q}_y$ in (12.5) einsetzen, stellen wir fest, daß die Gleichgewichtsbedingungen identisch erfüllt sind, wie das ja für Spannungsfunktionen der Fall sein muß.

In vielen Fällen sind die vorgegebenen Verschiebungen Null, so daß $V^* = 0$. Zur Herleitung einer Diskretisation von $\boldsymbol{\Pi}_c$ können wir uns also auf U^* beschränken. Einsetzen von (12.16) in (12.14) liefert

$$U^* = \frac{1}{2}\left[\int_A \boldsymbol{\Phi}'^{\mathrm{T}}[\mathbf{E}_f]^{-1}\boldsymbol{\Phi}'\,dA - 2\int_A \boldsymbol{\Phi}'^{\mathrm{T}}[\mathbf{E}_f]^{-1}\begin{Bmatrix}1\\1\\0\end{Bmatrix}\boldsymbol{\Omega}\,dA\right. \\ \left. + \int_A \lfloor 1\;1\;0\rfloor[\mathbf{E}_f]^{-1}\begin{Bmatrix}1\\1\\0\end{Bmatrix}\boldsymbol{\Omega}^2\,dA\right], \tag{12.18}$$

wobei

$$\boldsymbol{\Phi}' = \left\lfloor -\frac{\partial\Phi^v}{\partial y} \quad -\frac{\partial\Phi^u}{\partial x} \quad \frac{1}{2}\left(\frac{\partial\Phi^v}{\partial x} + \frac{\partial\Phi^u}{\partial y}\right)\right\rfloor^{\mathrm{T}}. \tag{12.19}$$

Das 3. Integral in (12.18) verschwindet nach Differentiation von U^* und das 2. Integral erzeugt einen konstanten Vektor. Um die grundlegenden Eigenschaften eines finiten Elementes zu erläutern, genügt es also, das 1. Integral zu untersuchen. Mit Ausnahme von Unterschieden in Konstanten und der Tatsache, daß $[\mathbf{E}_f]^{-1}$ die Matrix $[\mathbf{E}_f]$ ersetzt, ist dieses Glied in seiner Gestalt mit der Verzerrungsenergie des ebenen Spannungszustandes identisch. Wir nehmen daher denselben Typ der Transformation wie im Fall des ebenen Spannungszustandes an und schreiben

$$\Phi^u = \lfloor\mathbf{N}\rfloor\{\boldsymbol{\Phi}^u\}, \qquad \Phi^v = \lfloor\mathbf{N}\rfloor\{\boldsymbol{\Phi}^v\}. \tag{12.20}$$

Hier sind $\{\boldsymbol{\Phi}^u\}$ und $\{\boldsymbol{\Phi}^v\}$ Variablenlisten für Φ^u und Φ^v (und möglicherweise auch von deren Ableitungen nach x und y) an den Elementknoten; nach Differentiation gemäß (12.18) erhält man folglich

$$\boldsymbol{\Phi}' = [\mathbf{D}]\begin{Bmatrix}\boldsymbol{\Phi}^u\\ \boldsymbol{\Phi}^v\end{Bmatrix} = [\mathbf{D}]\{\boldsymbol{\Phi}\}. \tag{12.21}$$

Mit Ausnahme gewisser Konstanten ist die Matrix $[\mathbf{D}]$ dieselbe wie bei der Verzerrungs-Verschiebungstransformation des ebenen Spannungszustandes (vgl. (5.6b)). Durch Einsetzen von (12.21) ins erste Integral von (12.18) erhält man dann

$$\frac{1}{2}\int_A \boldsymbol{\Phi}'^{\mathrm{T}}[\mathbf{E}_f]^{-1}\boldsymbol{\Phi}'\,dA = \frac{\lfloor\boldsymbol{\Phi}\rfloor}{2}[\mathbf{f}]\{\boldsymbol{\Phi}\}, \tag{12.22}$$

wobei

$$[\mathbf{f}] = \left[\int_A [\mathbf{D}]^T[\mathbf{E}_f]^{-1}[\mathbf{D}]\, dA\right]. \tag{12.23}$$

Ein Vergleich mit (9.7) ergibt, daß die Flexibilitätsmatrix für Biegung [**f**], wenn sie auf Spannungsfunktionen bezogen ist, von derselben Gestalt ist wie die Steifigkeitsmatrix beim ebenen Spannungszustand (die Dicke t ist in $[\mathbf{E}_f]^{-1}$ eingeschlossen).

12.1.4 Reissner-Energie

Das Reissner-Funktional ist für die allgemeine dreidimensionale Elastizitätstheorie schon in Abschnitt 6.8 behandelt worden. Wie im Fall der Funktionale für die potentielle Energie und die Komplementärenergie kann man die Form dieses Potentials für Platten aus der früheren Herleitung übernehmen, falls man von den bekannten Analogien zwischen Spannungen und Biegemomenten resp. Verzerrungen und Krümmungen Gebrauch macht. Die der Plattenbiegung und der Beziehung (6.81) entsprechende Form ist dann

$$\Pi_R = \int_A \mathfrak{M} \cdot \boldsymbol{\kappa}\, dA - U^* + V + V^*, \tag{12.24}$$

wobei U^* und V in (12.14) und (12.18) definiert sind. Da wir erwarten, daß die Ansatzfunktionen für das Verschiebungsfeld w den vorgeschriebenen Verschiebungen $\bar{w}$ nicht gleich sind, müssen die Glieder für die Verschiebungsdifferenz in V^*, (12.15), $(w - \bar{w})$, $(\partial w/\partial n - \partial \bar{w}/\partial n)$ und $(\partial w/\partial s - \partial \bar{w}/\partial s)$ berücksichtigt werden.

Gleichung (12.24) stellt keine Forderungen an die Kontinuität von $\mathfrak{M}$. Wegen der auftretenden 2. Ableitungen in $\boldsymbol{\kappa}$ wird es allerdings nötig sein, daß die transversalen Verschiebungen und deren Ableitungen die Bedingungen der Interelementkontinuität erfüllen. Dies stellt im Vergleich zum Funktional der potentiellen Energie einen Nachteil dar. Um diesen Nachteil zu beseitigen, integrieren wir den obigen Ausdruck partiell und erhalten ein Funktional Π_H, welches die Gestalt

$$\Pi_H = \int_A \mathfrak{M}' \cdot \mathbf{w}'\, dA - U^* - \int_{S_n} \mathfrak{M}_s \frac{\partial w}{\partial s}\, dS + V + V^* \tag{12.24a}$$

hat und nach Herrmann benannt wird [12.6, 12.7]. Hier bedeutet S_n die gesamte Berandung des Elementes, und es ist

$$\mathfrak{M}' \cdot \mathbf{w}' = \frac{\partial \mathfrak{M}_x}{\partial x} \cdot \frac{\partial w}{\partial x} + \frac{\partial \mathfrak{M}_y}{\partial y} \cdot \frac{\partial w}{\partial y} + \frac{\partial \mathfrak{M}_{xy}}{\partial x} \cdot \frac{\partial w}{\partial y} + \frac{\partial \mathfrak{M}_{xy}}{\partial y} \cdot \frac{\partial w}{\partial x}.$$

Wenn die Diskretisation von w in derselben Weise wie in früheren Kapiteln erfolgt, d.h. wenn man

$$\mathbf{w} = [\mathbf{N}_w]\{\boldsymbol{\Delta}\} \tag{12.25}$$

setzt, dann sind die Neigungen innerhalb des Elementes durch $\mathbf{w}' = \lfloor \partial w/\partial x \quad \partial w/\partial y \rfloor$ oder

$$\mathbf{w}' = [\mathbf{N}'_w]\{\boldsymbol{\Delta}\}$$

gegeben; entlang des Elementrandes S_n gilt andererseits

$$\frac{\partial w}{\partial s} = [\mathbf{Y}]\{\boldsymbol{\Delta}\}\,.$$

Für $\mathfrak{M}$ können wir auch

$$\mathfrak{M} = [\mathbf{N}_M]\{\mathbf{M}\} \tag{12.26}$$

schreiben und innerhalb des Elementes

$$\mathfrak{M}' = [\mathbf{N}'_M]\{\mathbf{M}\}$$

bzw. auf dem Rand

$$\mathfrak{M}_s = [\mathbf{L}]\{\mathbf{M}\}.$$

Nach Einsetzen in (12.24) erhält man also

$$\boldsymbol{\Pi}_H = \lfloor \mathbf{M} \rfloor [\boldsymbol{\Omega}_{12}]\{\boldsymbol{\Delta}\} - \frac{\lfloor \mathbf{M} \rfloor}{2}[\boldsymbol{\Omega}_{11}]\{\mathbf{M}\} - \lfloor \boldsymbol{\Delta} \rfloor\{\bar{\mathbf{M}}\} + \lfloor \mathbf{M} \rfloor\{\bar{\boldsymbol{\Delta}}\}$$

mit

$$[\boldsymbol{\Omega}_{11}] = \left[\int_A [\mathbf{N}_M]^{\mathrm{T}}[\mathbf{E}_f]^{-1}[\mathbf{N}_M]\, dA\right],$$

$$[\boldsymbol{\Omega}_{12}] = [\boldsymbol{\Omega}_{21}]^{\mathrm{T}} = \left[\int_A [\mathbf{N}'_m]^{\mathrm{T}}[\mathbf{N}'_w]\, dA - \int_{S_n} [\mathbf{L}]^{\mathrm{T}}[\mathbf{Y}]\, dS\right].$$

$\{\bar{\mathbf{M}}\}$ und $\{\bar{\boldsymbol{\Delta}}\}$ können aus den Lasten und Verschiebungen, die auf der Elementoberfläche und auf den Elementrändern vorgegeben sind, ermittelt werden.

Variation von $\boldsymbol{\Pi}_H$ bezüglich $\lfloor \mathbf{M} \rfloor$ und $\lfloor \boldsymbol{\Delta} \rfloor$ liefert

$$\begin{bmatrix} -\boldsymbol{\Omega}_{11} & \boldsymbol{\Omega}_{12} \\ \boldsymbol{\Omega}_{12}^{\mathrm{T}} & 0 \end{bmatrix} \begin{Bmatrix} \mathbf{M} \\ \boldsymbol{\Delta} \end{Bmatrix} = \begin{Bmatrix} \bar{\boldsymbol{\Delta}} \\ \bar{\mathbf{M}} \end{Bmatrix}. \tag{12.27}$$

Interelementkontinuität verlangt hier, daß w und $\mathfrak{M}_n$ stetig sind, wobei $\mathfrak{M}_n$ das zum Elementrand normale Biegemoment bedeutet.

12.2 Rechteckelemente

12.2.1 Ansatzfunktionen für die Verschiebungen – Einfeldverfahren

Es gibt zur Formulierung der Biegesteifigkeitsmatrix von Platten im wesentlichen zwei allgemeine Verfahren, welchen Ansatzfunktionen für Verschiebungen zugrundeliegen. Beim ersten Verfahren, das hier das Einfeld-Verfahren genannt sein soll, überdecken die Funktionsdarstellungen für die Verschiebungen die gesamte Elementfläche. Demgegenüber wird beim Mehrfeld-Verfahren das Element in mehrere Untergebiete aufgeteilt. Unter gewissen Bedingungen führen die beiden Methoden auf dieselbe Steifigkeitsmatrix. Wir gehen in diesem Abschnitt nur auf die Formulierungsmöglichkeiten des Einfeld-Verfahrens bei Vierecken ein. Dreiecke werden für denselben Fragenkomplex in den Abschnitten 12.3.1 und 12.3.2 behandelt.

Bei der Untersuchung des Viereckelementes erscheint es, als ob eine einfache Verallgemeinerung der Verschiebungsfunktion (5.14 a) für Balkenbiegung zur Definition der Verschiebungsfunktion w von Platten geeignet wäre. Diesbezüglich erinnern wir daran, daß diese Funktion über die Elementränder hinaus samt ihrer Ableitung stetig ist. Diese Bedingung der Stetigkeit der Verschiebung kann über die Viereckränder hinweg erhalten bleiben, wenn man das transversale Verschiebungsfeld mit den Ansatzfunktionen des Balkens bildet; man erhält in recht einleuchtender Weise

$$w = \lfloor \lfloor \mathbf{N}_w \rfloor \lfloor \mathbf{N}_{\theta_x} \rfloor \lfloor \mathbf{N}_{\theta_y} \rfloor \rfloor \begin{Bmatrix} \{\mathbf{w}\} \\ \{\boldsymbol{\theta}_x\} \\ \{\boldsymbol{\theta}_y\} \end{Bmatrix} = \lfloor \mathbf{N} \rfloor \{\boldsymbol{\Delta}\}, \qquad (12.28)$$

wobei der Vektor $\{\boldsymbol{\Delta}\}$ in (12.10) definiert ist und die Formfunktionen durch

$$\lfloor \mathbf{N}_w \rfloor = \lfloor [N_1(x) \cdot N_1(y)] \, [N_2(x) \cdot N_1(y)] \, [N_2(x) \cdot N_2(y)] \, [N_1(x) \cdot N_2(y)] \rfloor, \qquad (12.29\,\mathrm{a})$$

$$\lfloor \mathbf{N}_{\theta_y} \rfloor = \lfloor [N_3(x) \cdot N_1(y)] \, [N_4(x) \cdot N_1(y)] \, [N_4(x) \cdot N_2(y)] \, [N_3(x) \cdot N_2(y)] \rfloor, \qquad (12.29\,\mathrm{b})$$

$$\lfloor \mathbf{N}_{\theta_x} \rfloor = \lfloor [N_1(x) \cdot N_3(y)] \, [N_2(x) \cdot N_3(y)] \, [N_2(x) \cdot N_4(y)] \, [N_1(x) \cdot N_4(y)] \rfloor \qquad (12.29\,\mathrm{c})$$

gegeben sind mit

$$\begin{aligned} N_1(x) &= (1 + 2\xi^3 - 3\xi^2), & N_1(y) &= (1 + 2\eta^3 - 3\eta^2), \\ N_2(x) &= (3\xi^2 - 2\xi^3), & N_2(y) &= (3\eta^2 - 2\eta^3), \\ N_3(x) &= -x(\xi - 1)^2, & N_3(y) &= y(\eta - 1)^2, \\ N_4(x) &= -x(\xi^2 - \xi), & N_4(y) &= y(\eta^2 - \eta); \end{aligned} \qquad (12.30)$$

ferner ist $\xi = x/x_2$, $\eta = y/y_3$. Wir werden dieses Feld als Verschiebungsfunktion des verschränkten Balkens bezeichnen (kurz: verschränkte Balkenfunktion).

Wenn man diese Funktion auf dem Elementrand berechnet, stellt man fest, daß die Kontinuität der Verschiebungen w und Verdrehungen θ_x, θ_y gewahrt ist, wenn das fragliche Element mit einem anderen mit derselben Verschiebungsfunktion verknüpft wird. Interelementkompatibilität ist also gewahrt. Wenn die Multiplikationen (12.29) explizite ausgeführt werden, dann stellt man fest, daß das Produkt xy, das einer konstanten Schubspannung entspricht, nicht auftritt. Wie bereits in Abschnitt 8.1 bemerkt, ist es nötig, allen konstanten Verzerrungszuständen Rechnung zu tragen, wenn Konvergenz zum richtigen Grenzwert garantiert werden soll; für Plattenbiegung stellt die Funktion xy konstante Verwindung dar. Weil diese fehlt, muß die obige Formulierung verworfen werden.

Die Auswahl einer interelementkompatiblen Verschiebungsfunktion, welche auch alle konstanten Verzerrungszustände einschließt, kann mittels der Interpolationsmethode von Kapitel 8 erfolgen. Hier, wo neben der Funktion auch ihre Ableitung über Elementränder hinaus stetig sein muß, wird Hermitesche Interpolation gewählt (Abschnitt 8.4). Aufgrund dieses Interpolationskonzepts kann ein Ausdruck für ein vollständiges Polynom 3. Grades angeschrieben werden [12.8]. Es lautet

$$\begin{aligned} w = [\text{Eq. } (12.28) &+ N_3(x)N_3(y)\boldsymbol{\Gamma}_1 + N_4(x)N_3(y)\boldsymbol{\Gamma}_2 \\ &+ N_4(x)N_4(y)\boldsymbol{\Gamma}_3 + N_3(x)N_4(y)\boldsymbol{\Gamma}_4].\,. \end{aligned} \tag{12.31}$$

In dieser Darstellung stellen die Parameter $\boldsymbol{\Gamma}_i$ die Absolutbeträge der gemischten Ableitungen des Verschiebungsfeldes in den Knoten dar. Z.B. ist

$$\boldsymbol{\Gamma}_1 = \left| \frac{\partial^2 w}{\partial x\, \partial y} \right|_1 \qquad \text{usw.}$$

Wir stellen fest, daß die verschränkte Balkenfunktion (12.28) im wesentlichen eine unvollständige Hermitesche Polynomentwicklung darstellt und das Rechteck also 16 Freiheitsgrade erfordert, wenn eine konsistente Darstellung mit dem Einfeld-Verfahren erreicht werden soll. Dasselbe wurde bereits in Abschnitt 8.4 erkannt, wo gezeigt wurde, daß das vollständige kubische Polynom 16 Glieder enthält. Die Steifigkeitsmatrix des Elementes, welche aus (12.31) hergeleitet werden kann, ist in [12.8] explizite dargestellt.

Eine Alternative zur obigen 16-gliedrigen Funktion stellt das 12-gliedrige Polynom dar, welches so viele Glieder enthält, wie „natürliche" Freiheitsgrade an den Elementknoten vorhanden sind. Dieses Polynom ist im Pascal-Dreieck von **Bild 12.4** dargestellt, und es kann in die Gestalt von Formfunktionen transformiert werden. Die Darstellung mit Formfunktionen ist von ähnlicher Gestalt wie die verschränkte Balkenfunktion von (12.28). Die Zeilenmatrix $\lfloor \mathbf{N}_w \rfloor$ ist wiederum in (12.29a) gegeben. Für die restlichen Glieder gilt jedoch

$$\begin{aligned} \lfloor \mathbf{N}_{\theta_x} \rfloor &= \lfloor (1-\xi)N_3(y) \quad \xi N_2(y) \quad -\xi N_4(y) \quad -(1-\xi)N_4(y) \rfloor, \\ \lfloor \mathbf{N}_{\theta_y} \rfloor &= \lfloor -(1-\eta)N_3(x) \quad (1-\eta)N_4(x) \quad \eta N_4(x) \quad -\eta N_3(x) \rfloor. \end{aligned} \tag{12.32}$$

Wir stellen mit Bezug auf Bild 12.4 fest, daß die soeben besprochene 12-gliedrige Darstellung kein vollständiges Polynom im Sinne von Abschnitt 8.1 sein kann. Eine 12-gliedrige Funktion ist bis zum 3. Grade vollständig (10 Glieder), und aus den 5 Gliedern vierter Ordnung muß eine Auswahl von 2 Gliedern getroffen werden. Das Glied (x^2y^2) muß ausfallen, da es mit keinem anderen logisch verknüpft werden kann. Die Glieder (x^4) und (y^4) ergeben entlang den Elementrändern eine Variation vierter Ordnung, was zu schwerwiegenderen Diskontinuitäten der Verschiebungen führen würde als mit den Gliedern (x^3y) und (xy^3). Daher wählen wir die letzteren. Es ist interessant, daß diese Wahl gerade auch die Differentialgleichung (12.6a) über den unbelasteten Teil der Platte zu erfüllen erlaubt; es muß jedoch nochmals betont werden, daß beim Prinzip des Minimums der potentiellen Energie diese Bedingung nicht erfüllt sein muß.

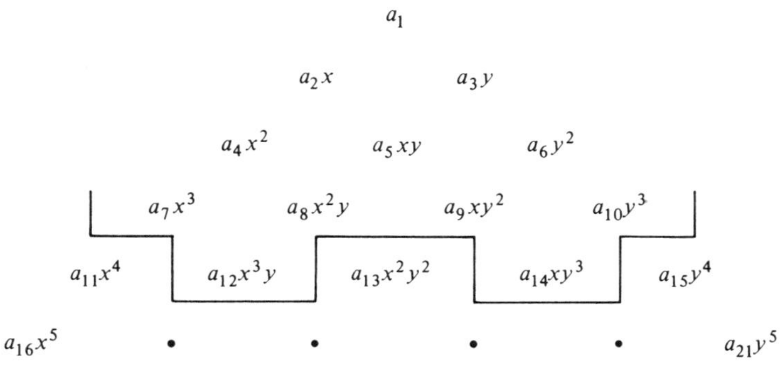

Bild 12.4

Andere Eigenschaften der obigen 12-gliedrigen Funktion sind ebenfalls von Interesse. Die Starrkörperbewegung und die Glieder konstanter Verzerrung sind eingeschlossen. Berechnen der Verschiebungsfunktion entlang der Elementränder ergibt, daß die Transversalverschiebung die Interelementkompatibilität erfüllt. Die Verdrehungen erfüllen diese Bedingung allerdings nicht.

Um diese Behauptung zu bestätigen, ist es lediglich notwendig, die Polynomdarstellung (Bild 12.4) entlang einer typischen Kante zu berechnen. Wählen wir hierzu die Kante 1–2 (die x-Achse), so erhält man

$$w = a_1 + a_2x + a_4x^2 + a_7x^3,$$

$$\frac{\partial w}{\partial x} = a_2 + 2a_4x + 3a_7x^2, \qquad \frac{\partial w}{\partial y} = a_3 + a_5x + a_8x^2 + a_{12}x^3.$$

w und $\partial w/\partial x$ stellen die Durchbiegung und deren Ableitung in der x-Richtung dar. Wir stellen auch fest, daß die Entwicklung von w ein kubisches Polynom darstellt. Aus unserer Erfahrung mit der Balkentheorie ist klar, daß 4 der Verschiebungsparameter an den Endknoten (w_1, w_2, θ_{y_1}, θ_{y_2}) die Variation von w und $\partial w/\partial x$ entlang dieser Kante vollständig beschreiben. Die Neigung normal dazu ($\partial w/\partial y$) wird jedoch durch eine quadratische Funktion beschrieben, und da nur 2 Freiheitsgrade (θ_{x_1} und θ_{x_2}) zur Definition dieser Variation übrig bleiben, ist diese nicht eindeutig bestimmt. Eine Lösung, welche auch durch Verfeinerung des Netzwerks dieses Typs erhalten wird, stellt also nicht das Minimum der potentiellen Energie dar. Andererseits sind aber theoretische Konvergenzbeweise für dieses Element aufgestellt worden (z.B. [12.13]). Die Steifigkeitsmatrix des Elementes für diese Funktion ist in **Tabelle 12.1** gegeben.

Eine Überprüfung des Pascal-Dreiecks (Bild 12.4) ergibt, daß viele andere Polynomdarstellungen möglich sind. Es gibt auch entsprechende Alternativen, wenn die Verschiebungen in der Gestalt von Formfunktionen konstruiert werden. Dawe [12.9] gibt eine Anzahl von Verschiebungsfunktionen für 12 Freiheitsgrade. Gopalacharyulu [12.10] und Irons [12.11] diskutieren andere 16-gliedrige Verschiebungsfelder, Bogner et. al. [12.8] und Wegmüller und Kostem [12.12] formulieren unter anderem Rechtecke mit mehr als 16 Freiheitsgraden.

12.2.2 Ansatzfunktionen für die Verschiebungen – Mehrfeldverfahren

Andere Herleitungen, welche auf Ansatzfunktionen für die Verschiebungsfelder beruhen, basieren auf der Aufteilung eines Vierecks in vier Dreiecke. Man nimmt dabei an, daß die Verschiebungsfelder innerhalb der Dreiecke unabhängig sind. Die Dreiecke werden dann zu Vierecken kombiniert, indem die Bedingungen der Stetigkeit der Verschiebungen entlang der inneren Ränder, welche durch die Gebietsaufteilung entstehen, erfüllt werden.

Fraeijs de Veubeke [12.14] hat dieses Verfahren zur Konstruktion eines 16-gliedrigen interelementkompatiblen Elements gewählt. Er nimmt innerhalb eines jeden Dreiecks ein vollständiges kubisches Dreieck an (10 Glieder). Die üblichen 3 Parameter an den Ecken (Verschiebung und 2 Verdrehungen) werden durch einen Parameter entlang jeder Seite (Verdrehung) ergänzt.

Ein ähnliches Vorgehen ist von Clouth und Felippa [12.15] eingeschlagen worden. Diese Autoren schlagen eine Formulierung mit dem Prinzip des Minimums der potentiellen Energie vor, aus welcher das viereckige Element aufgrund einer geeigneten Kombination von Dreiecken hervorgeht. Die Dreiecke gehen dabei selber aus einer Einteilung des Elementes in drei Dreieck-Untergebiete hervor (die Herleitung wird in Abschnitt 12.3.2 diskutiert). Es sollte beachtet werden, daß vor der Kombination der Dreiecke zum Viereck Zwangsbedingungen für jene Seiten Anwendung finden, welche äußere Seiten des Vierecks sind; dies, um einen Freiheitsgrad in der Mitte solcher Seiten zu entfernen. Das Viereck stellt schließlich ein Element mit 12 Freiheitsgraden (3 pro Knoten) dar. Die Bedingungen der inneren Stetigkeit und der Interelementkompatibilität werden bei diesem Element erfüllt.

12.2.3 Die verallgemeinerten Variationsprinzipien

Die Verfahren der verallgemeinerten Variationsprinzipien, welche wir in den Kapiteln 6 und 7 besprochen haben, sind für Probleme der Plattenbiegung besonders geeignet. Da es schwierig ist, mit transversalen, vollständig interelementskompatiblen Verschiebungsfeldern zu arbeiten, ist es wünschenswert, ein Feld zu wählen, das diese Bedingungen nicht erfüllt, wobei nachträglich Stetigkeit mit Nebenbedingungen erzwungen wird. Im Falle der 12-gliedrigen Funktion (12.27) z.B. wird nur Stetigkeit der Verdrehungen entlang der Elementkanten verlangt. Ziemlich ausgedehnte Untersuchungen dieser Ideen für viereckige Biegeelemente sind in Arbeiten von Greene et. al. [12.16] sowie Kikuchi und Ando [12.17] enthalten. Wir werden dieses Verfahren für Dreiecke in Abschnitt 12.3 nochmals besprechen.

12.2.4 Gemischte Spannungs-Verschiebungsdarstellungen

Pian [12.18] sowie Severn und Taylor [12.19] haben eine Anzahl von Hybrid-Formulierungen für Rechtecke vorgeschlagen. Andere auf allgemeine Vierecke anwendbare Darstellungen stammen von Allwood und Cornes [12.20]. Dies sind alles Einfeld-Verfahren. Cook [12.21] gibt zwei verschiedene Mehrfeld-Formulierungen mit dem Hybrid-Verfahren.

Die Reissner-Energiemethode, von Herrmann [12.7] im Sinne von Abschnitt 12.2 modifiziert, ist von Brown und Dhatt [12.22] für eine Vielzahl von Vierecken auf Einfeld- wie auch für Mehrfeld-Darstellungen angewendet worden.

12.2.5 Ansatzfunktionen für Spannungen

Es ist erwähnt worden, daß das Funktional für die Komplementärenergie, wenn diese als Funktion der Southwellschen Spannungsfunktion ausgedrückt ist, dieselben Darstellungen für die Felder benötigt wie das Verschiebungsfeld beim ebenen Spannungszustand, wenn der letztere mit dem Prinzip des Minimums der potentiellen Energie behandelt wird. Daher sind die Methoden des letzten Teils des Abschnitts 9.3 auch hier anwendbar. Numerische Resultate für diese Alternative werden in [12.23] gegeben.

12.2.6 Numerischer Vergleich

Man betrachte eine Quadratplatte der Dimension $2a \times 2a$ mit eingespannten Rändern, welche in ihrer Mitte einer konzentrierten Last P_1 unterworfen sei (**Bild 12.5**). Wegen

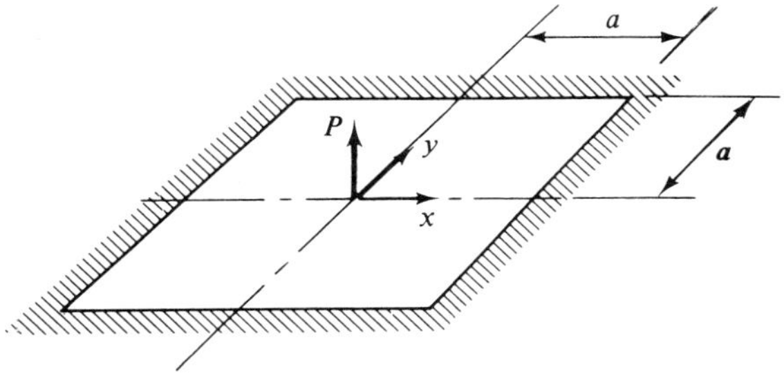

Bild 12.5

der Symmetrie bezüglich zweier Achsen kann die Platte mit einem einzigen Element analysiert werden, so daß nur ein Freiheitsgrad übrig bleibt, nämlich die Verschiebung w_1 unterhalb der Last. In diesem Fall ist $P_1 = k_{11}w_1$, $P = P_1/4$, $x_2 = y_3 = a$. Für die 12-gliedrige Formulierung erhalten wir aus Tabelle 12.1.

$$\frac{P_1}{4} = \frac{Et^3}{360(1-\mu^2)a^2}[120(1+1) - 24\mu + 84]w_1$$

oder mit $D = Et^3/12(1-\mu^2)$, $\mu = 0.3$

$$w_1 = 0.0237\frac{a^2}{D}P_1.$$

Für die 16-gliedrige Darstellung folgt mit den Steifigkeitskoeffizienten von [12.8] demgegenüber jedoch

$$w_1 = 0.0212\frac{a^2P_1}{D}.$$

Die exakte Lösung, [12.2], ist $w_1 = 0.0224\ (a^2 P_1/D)$, so daß beide Lösungen einen Fehler von ca. 8% aufweisen. Bei der ersten Approximation ist der Wert der Durchbiegung größer als der exakte Wert, bei der zweiten jedoch kleiner. Wie erwartet stellt die 16-gliedrige verträgliche Lösung eine untere Schranke dar.

In **Bild 12.6** ist ein Plattenproblem dargestellt, das wir zum Vergleich verschiedener Elementformulierungen verwenden werden. Im speziellen interessiert uns für eine einfach gelagerte Platte der Wert der Verschiebung unterhalb der konzentrierten Einzellast in der Plattenmitte. Wir werden graphische Darstellungen für den prozentualen Fehler dieser Verschiebung als Funktion der Maschenweite im fraglichen Quadranten der Platte geben.

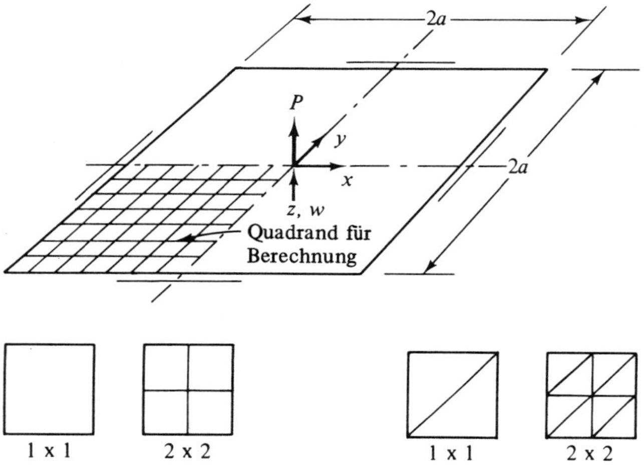

(a) Netzwerk für Rechteckelemente

(b) Netzwerk für Dreieckelemente*

* Die Netzwerke sind schematisch. Orientierungen mit 90° Verdrehung gegenüber den gezeigten Elementen sind in den Arbeiten, deren Resultate hier gegeben werden, ebenfalls behandelt.

Bild 12.6

Es sollte betont werden, daß die dargestellten Resultate für den Vergleich von Genauigkeit und Wirtschaftlichkeit nicht notwendigerweise auf den geeignetsten Parameter bezogen sind; so ist z.B. die Abszisse (Maschenweite) in **Bild 12.7** nicht notwendigerweise das geeignetste Maß zur Darstellung der Effizienz. Größen wie Spannungen oder Verzerrungsenergie könnten als Parameter zur Beschreibung des Tragwerkverhaltens sehr wohl signifikanter sein. Das beste Effizienzmaß würde Programmieraufwand, Einfluß der Gleichungsform auf die Kosten und Interpretierbarkeit der Resultate miteinschließen. So sind z.B. dieselben Resultate durch Abel und Desai [12.24] als Funktion eines anderen Effizienzmaßes dargestellt worden. Das Hauptziel der graphischen Darstellungen dieses Kapitels ist jedoch, die Charakteristiken der unteren und oberen

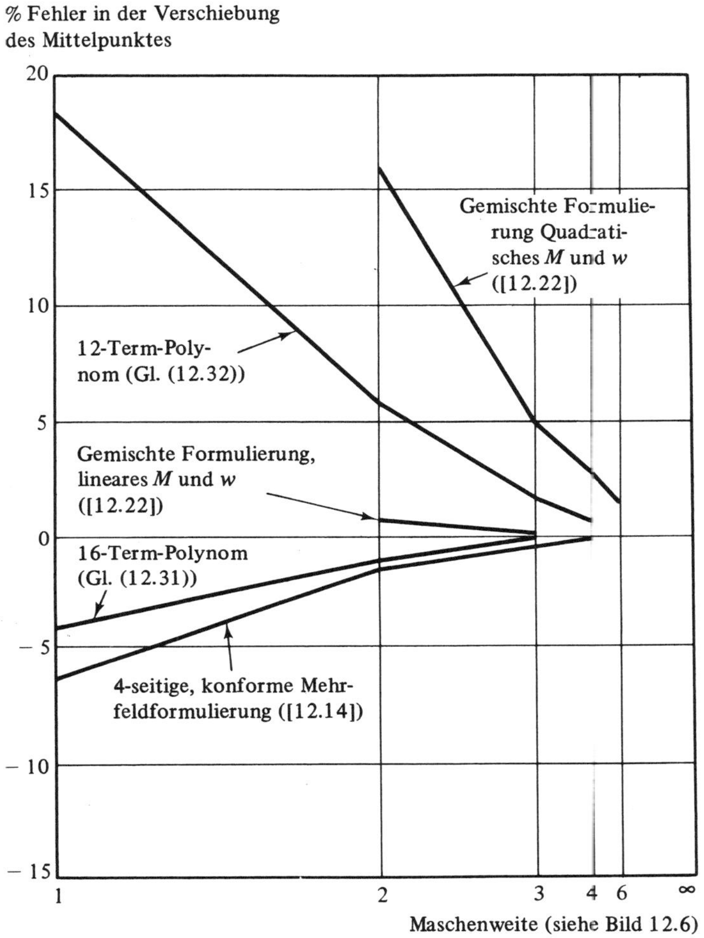

Bild 12.7

Schranken aufzuzeigen. Konvergenz zu demonstrieren und Alternativen innerhalb einer beschränkten Klasse von Elementformen und Elementdarstellungen zu erkennen.

Bild 12.7 stellt die Resultate für verschiedene Formulierungen beim Rechteckelement zusammen. Wir stellen fest, daß bei den Verfahren mit dem 12-gliedrigen Polynom die korrekte Lösung von oben her angenähert wird; da die Bedingung der Interelementkontinuität für die Verschiebungen verletzt ist, wird keine Lösung der unteren Schranke erhalten. Im Gegensatz dazu geben die 16-gliedrige Formulierung und die Mehrfeld-Formulierung von Fraeijs de Veubeke [12.14] als Resultate in der Tat untere Schranken. Zwei Formulierungen, welche einem modifizierten Reissner-Funktional zugrundeliegen, sind ebenfalls gezeigt [12.22]. Eine von diesen wendet lineare Biegemomentenverteilung und lineare Transversalverschiebungen entlang den Elementrändern an. Die andere verwendet quadratische Verschiebungen. Es ist klar, daß eine bedeutende Verbesserung der Genauigkeit resultiert, wenn die Ordnung dieser Funktionen wächst.

12.3 Dreieckelemente

12.3.1 Ansatzfunktionen für Verschiebungen – Einfelddarstellungen

In **Bild 12.8** ist eine Reihe verschiedener Anordnungen von Verschiebungsparametern für Plattendreiecke dargestellt, wobei bei jedem für die Transversalverschiebung w eine andere Polynomwahl getroffen wurde.

Die gewünschte Form des Dreieckelementes für Plattenbiegung ist in Bild 12.8a skizziert. An jedem Knoten greifen eine Kraft in z-Richtung und 2 Biegemomente an, das Element besitzt aber keine inneren Punkte und keine Knoten auf den Elementrändern, die zwischen zwei Eckpunkten liegen. Es enthält 9 Freiheitsgrade und führt daher zu einer 9-gliedrigen Entwicklung für w. Wir erkennen jedoch aus dem Pascal-Dreieck, daß ein vollständiges Polynom entweder 6 (quadratisch) oder aber 10 (kubisch) Glieder aufweisen muß. Ein Polynom-Koeffizientenpaar könnte kombiniert werden, um eine 9-gliedrige Darstellung zu erhalten (z.B. $a_9(x + y)xy$). Wird dies getan, so findet man, daß die Transformation von verallgemeinerten Parametern auf Knotenparameter für gewisse Elementformen singulär wird. Die Wahl von 9 Gliedern kann daher nicht mit einer vollständigen Polynomreihe vorgenommen werden.

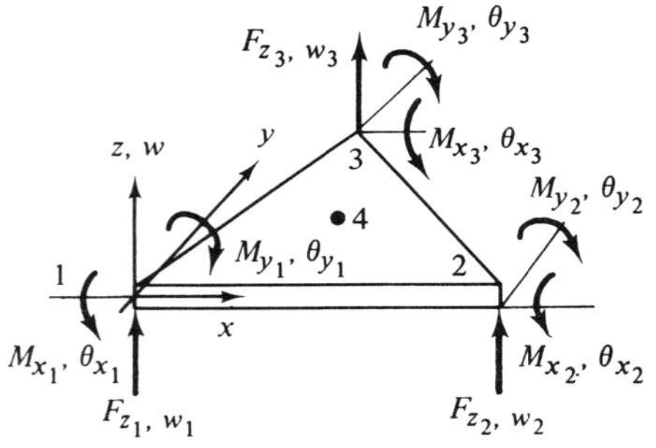

(a) Dreieck mit 9 Parametern (10 wenn w_4 verwendet wird)
$w = a_1 + a_2x + ...a_{10}y^3$)

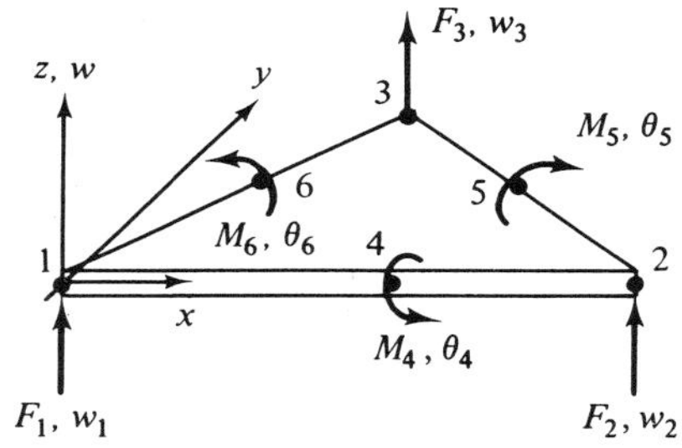

(b) Dreieck mit 6 Parametern
($w = a_1 + a_2x + ... a_6y^2$)

Typische Variablen eines Eckpunktes
($+ \theta_{xx_2}, \theta_{yy_2}, \theta_{xy_2}$)

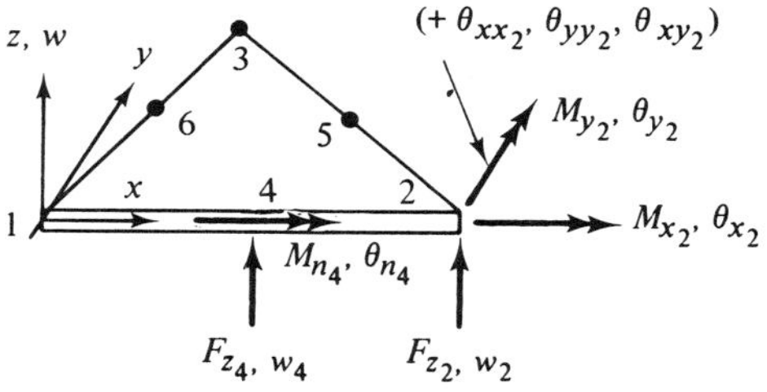

(c) Dreieck mit 21 Parametern
($w = a_1 + a_2x + ... a_{21}y^5$)

Bild 12.8

Wenn 9-gliedrige Polynome ohne Rücksicht auf deren Vollständigkeit gewählt werden, dann sind die Bedingungen der geometrischen Isotropie verletzt. Z.B. könnte das Glied (xy^2) vernachlässigt werden. Umgekehrt könnte man das Glied (x^2y) vernachlässigen. Elemente auf dieser Grundlage sind während einiger Zeit verwendet worden und treten in einigen weit verbreiteten Programmen immer noch auf, aber ihre Genauigkeit für die Lösung ist nicht groß. Etwas bessere alternative Einfeldformulierungen sind die folgenden:

a) Ein Element könnte mit nur 6 Verschiebungsparametern formuliert werden (Bild 12.8b), so daß eine vollständige quadratische Funktion für w gewählt werden müßte. Diese Formulierung verletzt die Interelementkompatibilität der Verschiebungen.
b) Eine vollständige kubische Funktion mit 10 Freiheitsgraden könnte gewählt werden, wobei der 10-te Parameter in der Mitte des Elementes liegt (Bild 12.8a). Diese Formulierung verletzt die Forderungen an die Interelementkontinuität der Verschiebungen ebenfalls.
c) Die Zahl der Verschiebungsparameter kann erweitert werden, bis eine Übereinstimmung mit einem vollständigen Polynom, das auch die Bedingungen an die Interelementkompatibilität erfüllt, gefunden ist. Man findet, daß dazu ein vollständiges Polynom 5. Grades notwendig ist (Bild 12.8a).
d) Die Konstruktion eines interelementkompatiblen Verschiebungsfeldes, welches zu einer Darstellung mit 9 Freiheitsgraden führt (Bild 12.6a), kann in Abhängigkeit von Dreieckskoordinaten erfolgen, indem geeignete Systeme von Formfunktionen einander überlagert werden [12.25]. Eine bedeutende Verbesserung dieses Typs der Formulierung wird in [12.26] präsentiert.

Im folgenden werden die Fälle a, b und c näher untersucht. Für Details des Falles d möge der Leser die Literatur [12.25] und [12.26] konsultieren. Einige Aspekte dieses Verfahrens werden beim Vergleich der numerischen Resultate, der diesem Abschnitt folgt, jedoch eingeschlossen.

Die Elementdarstellung für das Verschiebungsfeld mit 6 Freiheitsgraden (vollständiges Quadrat) ist in Bild 12.8b dargestellt. Das transversale Verschiebungsfeld ist durch

$$w = a_1 + a_2x + a_3y + a_4x^2 + a_5xy + a_6y^2 \tag{12.33}$$

gegeben. Die Verschiebungsparameter der Knoten umfassen die Transversalverschiebungen der Eckpunkte 1, 2 und 3 und die Normalverdrehungen auf den Mittelpunkten der Dreiecksseiten (Punkte 4, 5 und 7). Wir wählen also

$$\lfloor \mathbf{\Delta} \rfloor = \lfloor w_1 \ w_2 \ w_3 \ \theta_4 \ \theta_5 \ \theta_6 \rfloor .$$

Indem jede Komponente von $\lfloor \mathbf{\Delta} \rfloor$ in der Form (12.33) angesetzt wird, erhält man die Gleichung $\{\mathbf{\Delta}\} = [\mathbf{B}]\{\mathbf{a}\}$, worin $\{\mathbf{a}\} = \lfloor a_1, \ldots, a_6 \rfloor^T$. Die Kernsteifigkeit wird auf der Basis von (12.33) (vgl. (6.18)) gebildet und wird mittels der Matrix $[\mathbf{B}]^{-1}$ auf die physikalischen Parameter transformiert.

Obwohl diese Elementformulierung die Bedingungen der Interelementkompatibilität der Verschiebungen verletzt, erfüllt sie alle Gleichgewichtsbedingungen. Das Momentenfeld erfüllt die Bedingungen des inneren Gleichgewichts, und dasselbe wird ja auch über die Elementränder hinweg erfüllt [12.27].

Wenn zur Herleitung der Steifigkeitsmatrix vom vollständigen kubischen Polynom ausgegangen wird, so benutzt man besser das Prinzip der verallgemeinerten potentiellen Energie [12.28]. Das Element ist in Bild 12.8a dargestellt. In diesem Fall ist der Wert von w und jener der Verdrehungen θ_x und θ_y an jedem der drei Eckpunkte definiert, und die Transversalverschiebung des Schwerpunktes dient als 10-ter Parameter. Für den Vektor $\lfloor \mathbf{\Delta} \rfloor$ erhält man also

$$\lfloor \mathbf{\Delta} \rfloor = \lfloor w_1\, \theta_{x_1}\, \theta_{y_1}\, w_2\, \theta_{x_2}\, \theta_{y_2}\, w_3\, \theta_{x_3}\, \theta_{y_3}\, w_4 \rfloor. \tag{12.34}$$

Die Transversalverschiebung w ist durch

$$w = \lfloor \mathbf{N} \rfloor \{\mathbf{\Delta}\}$$

darstellbar, wobei die Koeffizienten von $\lfloor \mathbf{N} \rfloor$ als Funktionen der Dreieckskoordinaten durch

$$\begin{aligned}
N_1 &= L_1^2(L_1 + 3L_2 + 3L_3) - 7L_1L_2L_3\,,\\
N_6 &= L_2^2(x_{23}L_3 - x_{12}L_1) + (x_{12} - x_{23})L_1L_2L_3\,,\\
N_2 &= L_1^2(y_{31}L_3 - y_{12}L_2) + (y_{12} - y_{31})L_1L_2L_3\,,\\
N_7 &= L_3^2(L_3 + 3L_1 + 3L_2) - 7L_1L_2L_3\,,\\
N_3 &= L_1^2(x_{12}L_2 - x_{31}L_3) + (x_{31} - x_{12})L_1L_2L_3\,,\\
N_8 &= L_3^2(y_{23}L_2 - y_{31}L_1) + (y_{31} - y_{23})L_1L_2L_3\,,\\
N_4 &= L_2^2(L_2 + 3L_3 + 3L_1) - 7L_1L_2L_3\,,\\
N_9 &= L_3^2(x_{31}L_1 - x_{23}L_2) + (x_{23} - x_{31})L_1L_2L_3\,,\\
N_5 &= L_2^2(y_{12}L_1 - y_{23}L_3) + (y_{23} - y_{12})L_1L_2L_3\,,\\
N_{10} &= 27L_1L_2L_3\,,\\
x_{ij} &= x_i - x_j, \qquad y_{ij} = y_i - y_j
\end{aligned} \tag{12.35}$$

gegeben sind. Die Steifigkeitsmatrix des Elementes kann durch Differentiation von (12.35) direkt bestimmt werden. In Übereinstimmung mit (12.1) folgt hieraus dann $\boldsymbol{\kappa} = [\mathbf{D}]\{\mathbf{\Delta}\}$. Danach wird die Steifigkeit des Elementes aus (12.11) erhalten.

Die Bedingungen an die Interelementkompatibilität sind im oben angedeuteten Verschiebungsfeld verletzt. Die w-Komponente ist über die Elementränder hinaus stetig, aber die Verdrehung θ_n ist es nicht. Dieses Verschiebungsfeld variiert entlang dieser Kante quadratisch; zu seiner eindeutigen Definition sind drei Verschiebungsparameter notwendig; es sind jedoch nur zwei (θ_n an jedem Endpunkte) verfügbar. Die verbleibenden vier Parameter an diesem Knoten wurden bereits zur eindeutigen Definition von w gebraucht.

Um das soeben dargelegte Problem zu lösen, kann man Stetigkeit der Normalverdrehung in den Mittelpunkten der Seiten fordern, was zu weiteren Gleichungen führt. Dazu bezeichne man zwei benachbarte Elemente mit A und B und führe mit θ_n^A und θ_n^B die Neigung der in den Seitenmittelpunkten errichteten senkrecht zum Rand verlaufenden Tangentenrichtungen ein. Die Kontinuität der Verdrehungen kann dann durch

$$\theta_n^A - \theta_n^B = 0 \tag{12.36}$$

ausgedrückt werden. Aus dieser Beziehung folgt die Zwangsbedingung, indem die Verschiebungsfelder (12.35) benachbarter Elemente in n-Richtung differenziert werden. Man erhält so:

$$\theta_n^A = \frac{\partial w^A}{\partial n}, \qquad \theta_n^B = \frac{\partial w^B}{\partial n}.$$

Durch Einsetzen in (12.36) folgt dann die Zwangsbedingung. Dieser Nebenbedingung kann in der globalen Analysis, wie es in den Abschnitten 3.5 und 7.4 beschrieben ist, entweder durch direkte Substitution oder aber durch Lagrange-Multiplikatoren Rechnung getragen werden.

Ein anderer Weg, die Interelementkontinuität zu erzwingen, besteht darin, den Ausdruck (12.36), d.h. die Differenz der Normalverdrehungen über die einzelnen Elementkanten zu integrieren und die resultierenden Integralausdrücke Null zu setzen (vgl. Abschnitt 7.4 und [12.29]). In einem weiteren verallgemeinerten Variationsverfahren [12.17] wird eine Korrektur-Steifigkeitsmatrix formuliert, welche zur grundlegenden (interelementkompatiblen) Steifigkeitsmatrix des Elementes hinzuaddiert wird. Die letzte wird aus einem Randintegral eines Elementes hergeleitet, in welches eine einfache interelementkompatible Funktion eingebaut wird.

Die nächste, wesentlich verbesserte Darstellung ist ein 15-gliedriges, vollständiges Polynom vierter Ordnung. Chu und Schnobrich [12.30] haben ein Dreieckelement auf der Basis dieser Funktion formuliert. Die Vektoren der Verschiebungsparameter gehen über die üblichen 3 Komponenten in jedem Eckpunkt hinaus und enthalten eine zusätzliche Verschiebung und eine Normalverdrehung der Mittelpunkte jeder Kante. Interelementkompatibilität wird verletzt, weil nicht genügend Parameter zur eindeutigen Definition der Verdrehung jeder Kante verfügbar sind. Irons [12.31] hat die Formulierung auch auf ein Polynom vierten Grades, aber mit nur 18 Gliedern erweitert.

Zum vollständigen Polynom fünften Grades weiterschreitend, sei festgestellt, daß das Pascal-Dreieck 21 Freiheitsgrade verlangt. Vollständiges Erfüllen der Kontinuitätsforderungen des Verschiebungsfeldes kann mit den in Bild 12.8c dargestellten Parametern erreicht werden. Dieses Element enthält in jedem Knoten sechs Parameter, die Verschiebung, Verdrehungen und 3 Krümmungen; zu diesen treten die Normalverdrehungen in den Seitenmittelpunkten. Die Formulierung kann auf 18 Freiheitsgrade reduziert werden, indem die Verdrehungen der Seitenmittelpunkte durch die Forderung kubischer Variation der Kantenneigung eliminiert werden [12.33–12.35].

Einfeld-Elemente von noch höherer Ordnung, welche die Interelementkompatibilitätsbedingungen erfüllen, sind ebenfalls aufgestellt worden (vgl. z.B. [12.32, 12.36, 12.37]). Diese gehen bis zu vollständigen Polynomen sechsten (28 Glieder) und siebten (36 Glieder) Grades und enthalten in einigen Fällen spezielle Verschiebungsparameter (höhere Ableitungen) an den Knotenpunkten des Elements.

12.3.2 Numerischer Vergleich – Ansatzfunktionen für Verschiebungen – Einfeld-Darstellungen

Numerische Resultate für die oben diskutierten Einfeld-Darstellungen sind für das Problem der zentrisch belasteten einfach gelagerten Quadratplatte in **Bild 12.9** festgehalten.

Wir stellen fest, daß bei Verwendung des Elementes mit sechs Freiheitsgraden [12.27] die Lösung zum richtigen Wert hin konvergiert. Konvergenz erfolgt hierbei von oben. Mit anderen Worten, die FE-Lösung ist eine obere Schranke. Dem ist so, weil bei diesem Element die Gleichgewichtsbedingungen erfüllt werden. Die Resultate sind für eine gegebene Anzahl von Elementen ziemlich schlecht; andererseits ist die Steifigkeitsmatrix aber recht einfach zu konstruieren. In der Tat ist es möglich, diese Steifigkeitsmatrix ohne große Anstrengungen explizite anzugeben.

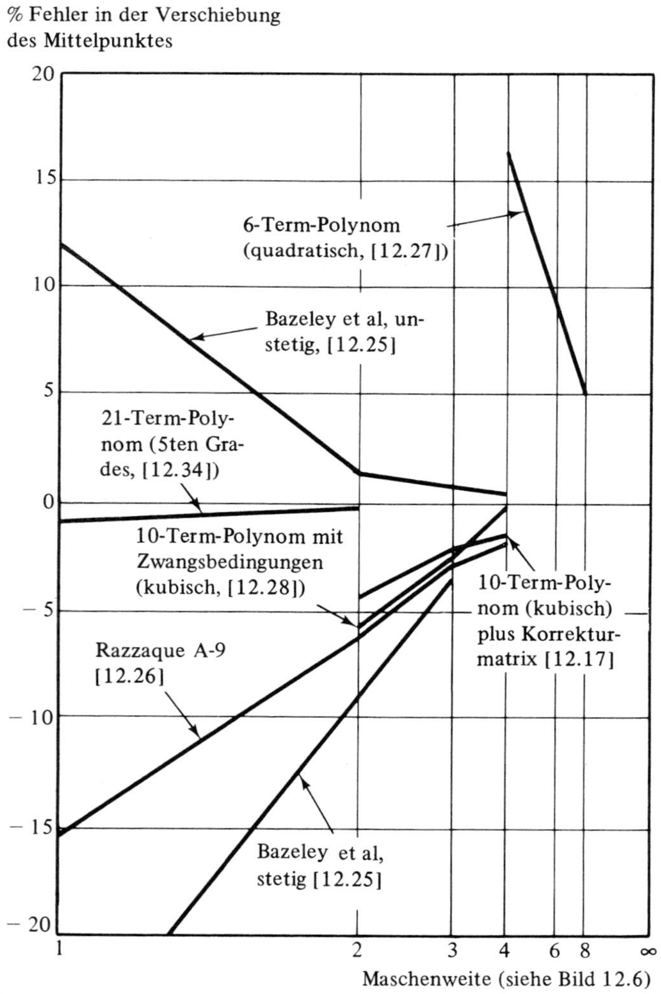

Bild 12.9

Für das Element, das einem vollständigen Polynom dritter Ordnung zugrundeliegt, sind die gezeigten Resultate nur auf Fälle angewendet, bei denen zur Aufrechterhaltung der Kontinuität der Verdrehungen über die Elementränder hinweg Nebenbedingungen angewendet wurden. Resultate ohne diese Zwangsbedingung sind so schlecht, daß sie außerhalb der Skala der gewählten graphischen Darstellung liegen. Wie erwartet, erhält man die Lösungen entweder, indem an jedem Rand zwischen den Elementen eine spezifische Nebenbedingung gefordert wird [12.28], oder aber, indem man eine Korrektur der Steifigkeitsmatrix mit Hilfe eines verallgemeinerten Variationsprinzips [12.17] einführt. Die numerischen Resultate liegen sehr nahe beieinander.

Wir zeigen dies bei dem mit kubischen Formfunktionen gebildeten Element, für welches die Dreieckskoordinaten [12.35] verwendet, sowie das Glied $L_1 L_2 L_3$ entfernt wurden (z.B. die Formulierung von Bazeley et. al. [12.25]). In Anbetracht der Einfachheit dieses Elementes kann man die erhaltenen Resultate ohne weiteres als ausgezeichnet bezeichnen. Klarstellend muß jedoch erwähnt werden, daß die Güte der Resultate von der Geometrie der Netzeinteilung abhängt [12.25].

Die Lösungen für die Formulierung mittels eines Polynoms fünften Grades (21 Glieder) sind außerordentlich genau. Resultate für den Fall, bei dem die Knoten der Seitenmitten vor der Analysis eliminiert sind, werden hier nicht gezeigt, da sie sich nicht wesentlich von den anderen unterscheiden. Der Formulierungsaufwand ist für dieses Element beträchtlich, und man muß wieder einmal vor einer zu komplexen Darstellung warnen. Aufwände, die mit der Mascheneinteilung verbunden und in Bild 12.9 nicht eingetragen sind, müssen bei praktischen Problemen auch in Rechnung gestellt werden.

12.3.3 Ansatzfunktionen für Verschiebungen – Mehrfeld-Verfahren

Clough und Tocher [12.38] haben die Formulierung der Steifigkeitsmatrix eines Plattenelementes unter Biegebeanspruchung mit einem Mehrfeld-Verfahren vorgeschlagen, das von der Einteilung eines Elementes in dreieckige Subelemente ausgeht. Sie wendeten in jedem der drei Subelemente ein unvollständiges (9-gliedriges) kubisches Polynom an, jedoch mit einem in jedem Subelement so angeordneten Koordinatensystem, daß Schwierigkeiten, welche der geometrischen Anisotropie zugewiesen werden können, nicht auftraten. Ihre Berechnungen führten zu quadratischer Variation der Verschiebungen entlang jeder äußeren Kante des zusammengesetzten Elementes.

Eine Verbesserung der obigen Formulierung besteht darin, daß innerhalb jeden Subelementes ein vollständiges kubisches Polynom (10 Glieder) angewendet wird. Es gibt also 30 Verschiebungsparameter, und diese werden sukzessive reduziert auf 12 – die 9 Verschiebungsparameter an den Eckpunkten und die Verdrehungen in den Mittelpunkten jeder Seite –, indem man die Kontinuität der Verschiebungen über die inneren Ränder der Subelemente fordert. Diese Darstellung sei im folgenden näher erläutert.

Das Element ist in **Bild 12.10**a wiedergegeben. Die Subgebiete seien mit *a, b* und *c* bezeichnet. Wie wir bereits erwähnt haben, wird das Verschiebungsfeld in jedem Subelement durch ein vollständiges kubisches Polynom dargestellt, also

$$\begin{aligned} w^a &= a_1 + a_2 x + a_3 y + \cdots + a_{10} y^3 = \lfloor \mathbf{p}(3) \rfloor \{\mathbf{a}\}, \\ w^b &= b_1 + b_2 x + b_3 y + \cdots + b_{10} y^3 = \lfloor \mathbf{p}(3) \rfloor \{\mathbf{b}\}, \\ w^c &= c_1 + c_2 x + c_3 y + \cdots + c_{10} y^3 = \lfloor \mathbf{p}(3) \rfloor \{\mathbf{c}\}. \end{aligned} \tag{12.37}$$

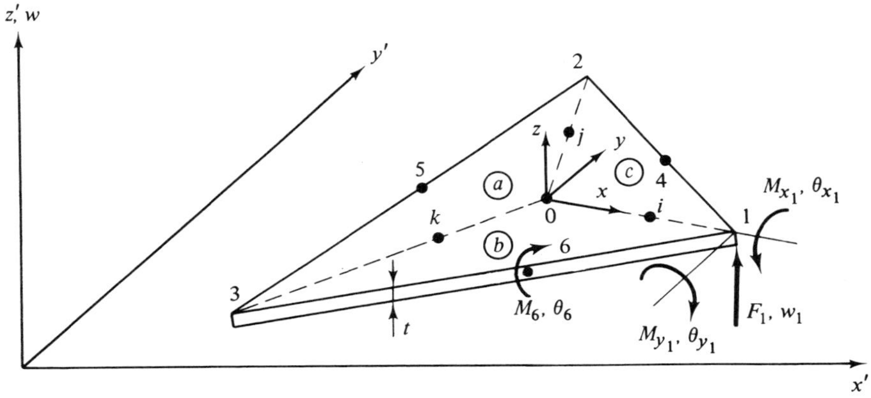

(a) Numerischer Vergleich, Einfeld-Formulierungen für das Dreieck (Dreifelddreieck)

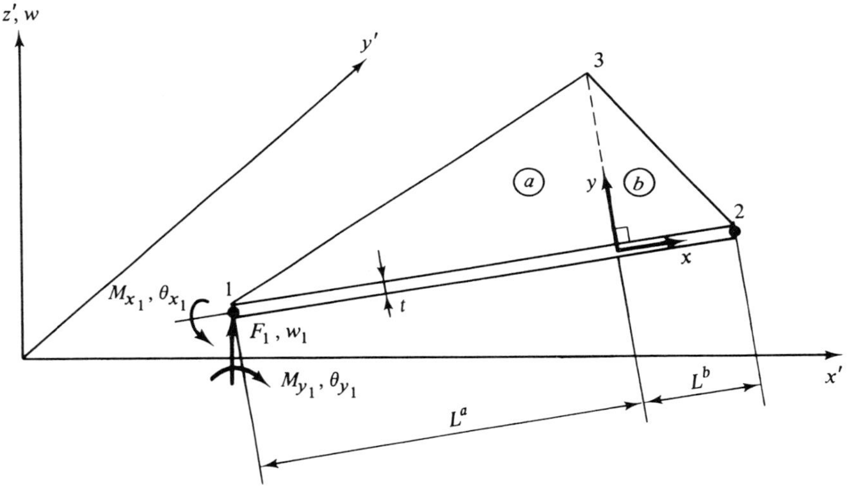

(b) Numerischer Vergleich, Einfeld-Formulierungen für das Dreieck (Zweifelddreieck)

Bild 12.10

Die 30 unbestimmten Parameter $\{\mathbf{a}\}, \{\mathbf{b}\}$ und $\{\mathbf{c}\}$ werden unmittelbar auf 24 reduziert, wenn man beachtet, daß im inneren Punkt 0 3 × 3 Verschiebungsparameter wegen der Kompatibilität gleich sein müssen; es gilt also $a_1 = b_1 = c_1, a_2 = b_2 = c_2, a_3 = b_3 = c_3$. Die weitere Reduktion von 24 auf 12 Parameter wird dadurch erreicht, daß Kontinuität der Verschiebungen Gleichheit der „inneren" und „äußeren" Verschiebungsparameter an den Eckpunkten (1, 2, 3), an den Mittelpunkten der Seiten (4, 5, 6) und an den Mittelpunkten der inneren Seiten (i, j, k) verlangt.

Um dieses Verfahren wenigstens in einem beschränkten Maß im Detail herzuleiten, sei folgende Bezeichnungsweise für die Verschiebungsvektoren in den Knoten eingeführt: In den Eckpunkten werden die Verschiebungen $\lfloor w, \theta_x, \theta_y \rfloor$ als $\lfloor \mathbf{\Delta}_f^g \rfloor$ geschrieben; der Index f bezeichnet den Knoten ($f = 1, 2, 3$), der Superskript g das Subgebiet ($g = a, b, c$), in welchem der Knoten liegt. Z.B. gilt für Knoten 1 und Subelement a

$$\begin{Bmatrix} w_1^a \\ \theta_{x_1}^a \\ \theta_{y_1}^a \end{Bmatrix} = \{\mathbf{\Delta}_1^a\} .$$

Wenn dieser Vektor sich auf die Verschiebungen eines Knotens des zusammengefügten Modells (Kombination von 3 Subelementen) oder eines Punktes der Seitenmitten (i, j, k, 4, 5, 6) bezieht, dann wird kein Index verwendet. Die 24 relevanten Kompatibilitätsbedingungen können wie folgt geschrieben werden:

$$\begin{Bmatrix} \mathbf{\Delta}_1^c \\ \mathbf{\Delta}_2^a \\ \mathbf{\Delta}_3^b \\ --- \\ \mathbf{\Delta}_4^c \\ \mathbf{\Delta}_5^a \\ \mathbf{\Delta}_6^b \\ --- \\ \mathbf{\Delta}_1^c \\ \mathbf{\Delta}_2^a \\ \mathbf{\Delta}_3^b \\ --- \\ \mathbf{\Delta}_i^c \\ \mathbf{\Delta}_j^a \\ \mathbf{\Delta}_k^b \end{Bmatrix} = \begin{Bmatrix} \mathbf{\Delta}_1 \\ \mathbf{\Delta}_2 \\ \mathbf{\Delta}_3 \\ --- \\ \mathbf{\Delta}_4 \\ \mathbf{\Delta}_5 \\ \mathbf{\Delta}_6 \\ --- \\ \mathbf{\Delta}_1^b \\ \mathbf{\Delta}_2^c \\ \mathbf{\Delta}_3^a \\ --- \\ \mathbf{\Delta}_i^b \\ \mathbf{\Delta}_j^c \\ \mathbf{\Delta}_k^a \end{Bmatrix}$$

- (Zeilen 1–3): 9 Gleichungen, welche die Gleichheit der Verschiebungen der Subelemente mit den Verschiebungen des gesamten Elementes an den Eckpunkten ausdrücken.
- (Zeilen 4–6): 3 Gleichungen, die die Identität der Verdrehungen der Subelemente mit den Verdrehungen des gesamten Elementes in den Knoten 4, 5, 6 ausdrücken.
- (Zeilen 7–9): 9 Gleichungen, welche die Gleichheit der Verschiebungen benachbarter Subelemente in den Eckpunkten ausdrücken.
- (Zeilen 10–12): 3 Gleichungen, welche die Gleichheit der Verdrehungen in den inneren Punkten i, j, k ausdrücken.

Durch Berechnung dieser Verschiebungen in den Knotenpunkten erhält man bei Verwendung von (12.37)

$$\begin{bmatrix} [\mathbf{B}_{aa}] & [\mathbf{B}_{a0}] \\ [\mathbf{B}_{0a}] & [\mathbf{B}_{00}] \end{bmatrix} \begin{Bmatrix} \{\mathbf{a}_a\} \\ \{\mathbf{a}_0\} \end{Bmatrix} = \begin{Bmatrix} \{\mathbf{\Delta}\} \\ \mathbf{0} \end{Bmatrix}, \tag{12.38}$$

wobei die Gleichungen so eingeteilt wurden, daß

$$\{\mathbf{a}_a\} = \lfloor a_1, a_2, a_3, a_4, a_5, a_6, a_7, a_8, a_9, a_{10}, b_7, b_8 \rfloor^{\mathrm{T}},$$

$$\{\mathbf{a}_0\} = \lfloor b_4, b_5, b_6, b_9, b_{10}, c_4, c_5, c_6, c_7, c_8, c_9, c_{10} \rfloor^{\mathrm{T}}$$

und

$$\{\mathbf{\Delta}\} = \lfloor w_1 \;\; \theta_{x_1} \;\; \theta_{y_1} \;\; w_2 \cdots \theta_{y_3} \;\; \theta_{n_4} \;\; \theta_{n_5} \;\; \theta_{n_6} \rfloor^{\mathrm{T}} \tag{12.39}$$

gilt, wobei θ_{n_4}, θ_{n_5} und θ_{n_6} die Verdrehungen der Punkte 4, 5 und 6 senkrecht zum Elementrand bedeuten. Mit dem bekannten Raffungsverfahren (vgl. Abschnitt 2.8) erhält man

$$[\hat{\mathbf{B}}_{aa}]\{\mathbf{a}_a\} = \{\boldsymbol{\Delta}\}, \tag{12.40}$$

worin

$$[\hat{\mathbf{B}}_{aa}] = [\boldsymbol{\Gamma}]^{\mathrm{T}} \begin{bmatrix} [\mathbf{B}_{aa}] & [\mathbf{B}_{a0}] \\ [\mathbf{B}_{0a}] & [\mathbf{B}_{00}] \end{bmatrix} [\boldsymbol{\Gamma}]$$

mit

$$[\boldsymbol{\Gamma}] = \begin{bmatrix} & \mathbf{I} & \\ \hline -\mathbf{B}_{00}^{-1} & & \mathbf{B}_{0a} \end{bmatrix}.$$

Letztlich erhält man durch Auflösen von (12.40)

$$\{\mathbf{a}_a\} = [\hat{\mathbf{B}}_{aa}]^{-1}\{\boldsymbol{\Delta}\}, \qquad \{\mathbf{a}_0\} = -[[\mathbf{B}_{00}^{-1}][\mathbf{B}_{0a}]][\hat{\mathbf{B}}_{aa}]^{-1}\{\boldsymbol{\Delta}\}. \tag{12.41}$$

Um die Steifigkeitsmatrix des Elementes zu bilden, wird zuerst die Kernsteifigkeit als Funktion des vollständigen Parametersatzes $\lfloor \lfloor \mathbf{a}_a \rfloor \; \lfloor \mathbf{a}_0 \rfloor \rfloor$ (vgl. 8.1) bestimmt und dann durch Anwendung von (12.41) das Resultat auf physikalische Parameter transformiert.

Die vielleicht einfachste Formulierung der Mehrfeldverfahren für Dreiecke ist das CPT-Element des Strudl-II-Programms [12.39]. Dieses wendet zwei Subdreiecke an (Bild 12.10b). Es wird dabei angenommen, daß die Transversalverschiebung in den Gebieten a und b durch eine kubische Entwicklung gegeben ist. Um Kontinuität der Verdrehungen entlang der Seite 1–2 zu erhalten, muß wegen $\partial w/\partial n = \partial w/\partial y$ das Glied $(x^2 y)$ vernachlässigt werden (wenn dieses Glied beibehalten würde, wäre die Funktion für die Verdrehungen entlang dieser Seite quadratisch). Um auch Stetigkeit von w und jene der Verdrehungen $\partial w/\partial n = \partial w/\partial x$ an den die Gebiete a und b verbindenden Kanten zu garantieren, kann man in den entsprechenden Entwicklungen die Koeffizienten der Konstanten und linearen Glieder all jener Glieder gleichsetzen, welche y in irgendeiner Potenz enthalten. Daher gelten für die entsprechenden Subgebiete die Entwicklungen

$$\begin{aligned} w^a &= a_1 + a_2 x + a_3 y + a_4 x^2 + a_5 xy + a_6 y^2 + a_7 x^3 + a_8 xy^2 + a_9 y^3, \\ w^b &= a_1 + a_2 x + a_3 y + b_4 x^2 + a_5 xy + a_6 y^2 + b_7 x^3 + a_8 xy^2 + a_9 y^3, \end{aligned} \tag{12.42}$$

wobei die neun Größen a_i die Koeffizienten der Reihenentwicklung im Gebiet a sind, die übrigens auch auf die gemeinsamen Glieder im Gebiet b Anwendung finden. Die Größen b_i (b_4 und b_7) haben jetzt noch keinen Zusammenhang mit der Entwicklung im Gebiet a. Um diesen Zusammenhang herzuleiten, formen wir die zwei Bedingungen

$$\begin{aligned} a_7 &= \frac{1}{3}\left[2 - \left(\frac{y_3}{L^a}\right)^2\right] a_8 - \frac{y_3}{L^a} a_9, \\ b_7 &= \frac{1}{3}\left[2 - \left(\frac{y_3}{L^b}\right)^2\right] a_8 + \frac{y_3}{L^b} a_9, \end{aligned} \tag{12.43}$$

um, die eine lineare Variation der Normalableitung der Seiten 1–3 und 2–3 erzwingen. Einsetzen dieser Ausdrücke in (12.42) ergibt ein Feld, das in Abhängigkeit von neun Parametern formuliert ist. Wieder wird eine Kernsteifigkeit gebildet, und zwar als Funktion dieser Parameter; die notwendige Transformation zwischen diesen und den Knotenverschiebungen kann leicht konstruiert werden. Es ist von Interesse zu beachten, daß das Element entlang der Seite 1–2 nicht interelementkompatibel ist, obwohl die Bedingung der Kontinuität der Normalableitung entlang des gesamten Randes gefordert und ausgeführt wurde.

12.3.4 Numerischer Vergleich – Mehrfeld-Formulierung des Dreiecks mit angenommenen Verschiebungsfunktionen

Resultate mit verschiedenen Mehrfeld-Formulierungen sind in **Bild 12.11** graphisch dargestellt. Beim Element mit zehn Freiheitsgraden pro Subgebiet besteht eine bedeutende Verbesserung gegenüber jenem mit neun Freiheitsgraden pro Subgebiet, und zwar besonders für grobe Netzeinteilung. Es ist auch interessant festzustellen, daß die zuletzt genannte Formulierung eine Steifigkeitsmatrix erzeugt (und natürlich auch Resultate), welche mit jener von Bazeley et. al. [12.25] bei einer Einfeld-Formulierung von Dreieckelementen (vergleiche mit der Lösung, welche in Bild 12.9 gezeigt ist) übereinstimmt. Das CPT-Element ist in dieser speziellen Anwendung von recht akzeptabler Genauigkeit.

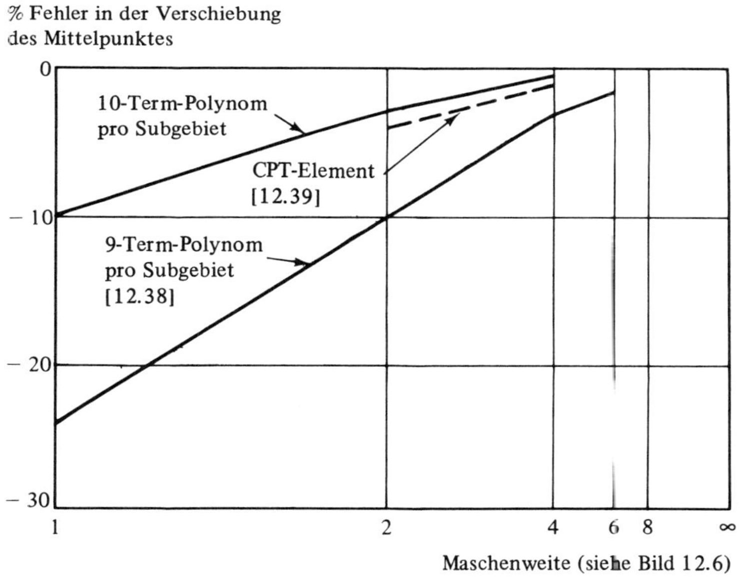

Bild 12.11

12.3.5 Ansatzfunktionen für Spannungsfelder

Wenn die Komplementärenergie in Abhängigkeit der Southwellschen Spannungsfunktionen Φ^u und Φ^v geschrieben wird, wie das in Abschnitt 12.1.3 gemacht wurde, dann ist das Problem für die Auswahl der Darstellungen solcher Spannungsfunktionen dasselbe wie jenes für die u- und v-Verschiebungen beim ebenen Spannungszustand. Für Dreieckelemente mit Verschiebungsparametern an den Eckpunkten kann man das Feld der Spannungsfunktionen also durch [12.40]

$$\begin{aligned} \mathbf{\Phi}^u &= N_1\Phi_1^u + N_2\Phi_2^u + N_3\Phi_3^u, \\ \mathbf{\Phi}^v &= N_1\Phi_1^v + N_2\Phi_2^v + N_3\Phi_3^v \end{aligned} \tag{12.44}$$

approximieren. Hier sind die Formfunktionen durch $N_1 = L_1$, $N_2 = L_2$ und $N_3 = L_3$ gegeben und L_1, L_2 und L_3 sind die Dreieckskoordinaten, welche in Kapitel 8 definiert wurden. Umgekehrt können $\mathbf{\Phi}^u$ und $\mathbf{\Phi}^v$ in der Gestalt [12.41]

$$\mathbf{\Phi}^u = \lfloor \mathbf{N} \rfloor \{\mathbf{\Phi}^u\}, \qquad \mathbf{\Phi}^v = \lfloor \mathbf{N} \rfloor \{\mathbf{\Phi}^v\} \tag{12.45}$$

angeschrieben werden, wenn das Dreieckelement nur durch Verschiebungsparameter in den Eckpunkten 1, 2 und 3 und durch Punkte in den Seitenmitten dargestellt ist. In (12.45) ist $\lfloor \mathbf{N} \rfloor = \lfloor N_1, N_2, \ldots, N_6 \rfloor$, mit Komponenten wie in Abschnitt 8.5 und mit

$$\{\mathbf{\Phi}^u\} = \lfloor \Phi_1^u \; \Phi_2^u \ldots \Phi_6^u \rfloor^{\mathrm{T}}, \qquad \{\mathbf{\Phi}^v\} = \lfloor \Phi_1^v \; \Phi_2^v \ldots \Phi_6^v \rfloor^{\mathrm{T}}.$$

Die Formulierung der Steifigkeitsmatrix des Elementes folgt jetzt dem in (8.19) und (12.23) angedeuteten Vorgehen.

Der offensichtliche Vorteil dieses Vorgehens bei Plattenberechnungen wird zu einem Großteil durch die Schwierigkeiten in der Definition des Belastungszustandes zerstört.

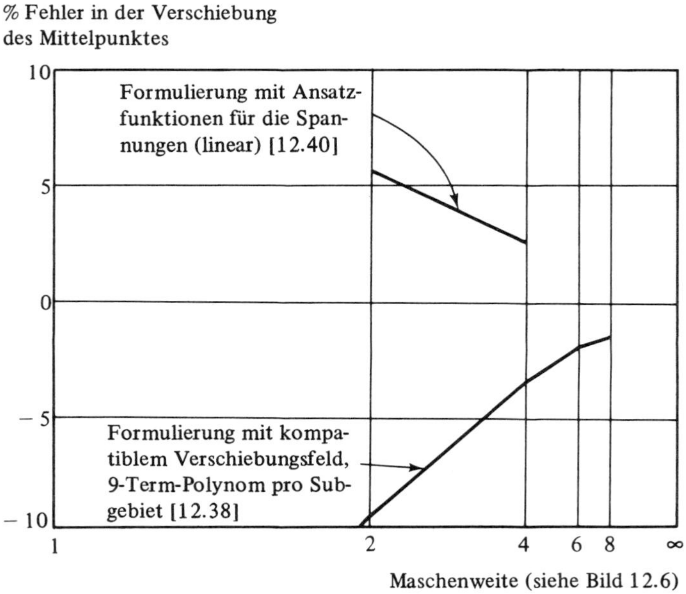

Bild 12.12

Es muß daran erinnert werden, daß sich das Randintegral beim Verfahren der Komplementärenergie über den Rand der vorgegebenen Verschiebungen erstreckt, welche normalerweise den Wert Null haben (eingespannte Ränder). Die Randbedingungen auf der belasteten Fläche müssen auf spezielle Weise in Rechnung gestellt werden, gewöhnlich durch Einführung von Zwangsbedingungen. Zusätzlich ist die Berechnung der Verschiebungen mit gewissen Schwierigkeiten verbunden. Diese und andere Aspekte der praktischen Analysis sind für diese Methode [12.23] und [12.40–12.42] zu entnehmen.

Numerische Resultate für den Fall der im Mittelpunkt belasteten, einfach gelagerten Quadratplatte sind für die linearen Felder von (12.44) in **Bild 12.12** dargestellt. Zu Vergleichszwecken zeigen wir auch numerische Resultate für interelementkompatible Verschiebungsformulierungen, welche dem Mehrfeld-Element mit neun Verschiebungsparametern pro Subgebiet zugrundeliegen [12.38]. Die Resultate illustrieren den erwarteten Charakter der oberen und unteren Schranke der verschiedenen Formulierungen und zeigen, daß auch das Prinzip vom Minimum der Komplementärenergie auf akzeptable Genauigkeit in den Verschiebungen führt.

12.3.6 Gemischte Spannungs-Verschiebungsfelder

Die modifizierte Form des Reissnerschen Variationsprinzips, welches in (12.24) und (12.27) gegeben ist, stellt bei Problemen der Plattenbiegung, die vom gemischten Spannungs-Verschiebungsverfahren ausgehen, die eigentliche Variationsmethode dar und wird im folgenden für den Fall des einfachen Dreieckelementes (**Bild 12.13**) erläutert. Hierzu nehme man an, die Transversalverschiebung sei durch ein lineares Feld beschrieben und die inneren Biegemomente seien durch Konstante dargestellt. Für diesen Fall gilt daher

$$w = \lfloor N_1 \; N_2 \; N_3 \rfloor \begin{Bmatrix} w_1 \\ w_2 \\ w_3 \end{Bmatrix} = \lfloor \mathbf{N}_w \rfloor \{\mathbf{w}\},$$

wobei N_1, N_2 und N_3 die gleichen Formfunktionen wie in (12.44) sind. Weiter gilt $\mathfrak{M}_x = a_1$, $\mathfrak{M}_y = a_2$, $\mathfrak{M}_{xy} = a_3$, wobei a_1, a_2 und a_3 Konstanten sind. Um diese Konstanten in Abhängigkeit von physikalischen Parametern zu definieren, seien mit (M_4, M_5, M_6) die zu den äußeren Dreieckskanten normalen Biegemomente in den Mittel-

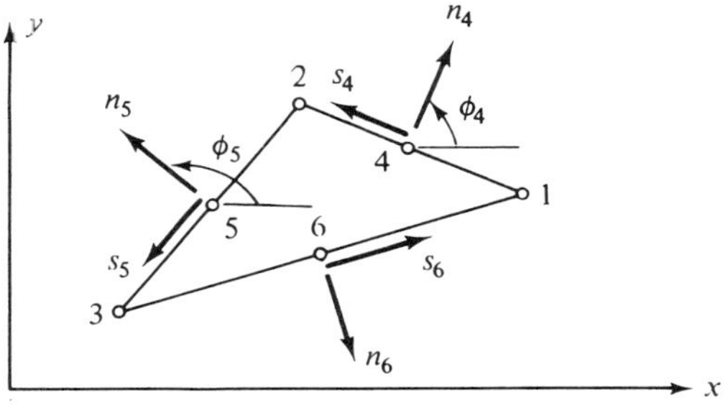

Bild 12.13

punkten der Seiten eingeführt. Nach Berechnung der Biegemomente M_x, M_y und M_{xy} in diesen Punkten und nach Auflösen nach a_1, a_2 und a_3 erhält man (12.26) (d.h. $\mathfrak{M} = [\mathbf{N}_M]\{\mathbf{M}\}$), worin

$$\mathfrak{M} = \lfloor \mathfrak{M}_x\ \mathfrak{M}_y\ \mathfrak{M}_{xy} \rfloor^{\mathrm{T}}, \qquad \{\mathbf{M}\} = \lfloor M_4\ M_5\ M_6 \rfloor^{\mathrm{T}}$$

$$[\mathbf{N}_M] = \begin{bmatrix} \cos^2\phi_4 & \sin^2\phi_4 & 2\sin\phi_4\cos\phi_4 \\ \cos^2\phi_5 & \sin^2\phi_5 & 2\sin\phi_5\cos\phi_5 \\ \cos^2\phi_6 & \sin^2\phi_6 & 2\sin\phi_6\cos\phi_6 \end{bmatrix}.$$

Die Winkel ϕ_4, ϕ_5 und ϕ_6 sind in Bild 12.13 definiert. Man benötigt auch einen Ausdruck für das Tangentialmoment $\mathfrak{M}_s = \lfloor \mathfrak{M}_{s_1}\ \mathfrak{M}_{s_2}\ \mathfrak{M}_{s_3} \rfloor^{\mathrm{T}}$ als Funktion von $\{\mathbf{M}\}$. Man kann $\mathfrak{M}_s$ zuerst als Funktion von $\mathfrak{M}$ schreiben, nämlich in der Form $\mathfrak{M}_s = [\boldsymbol{\Gamma}_s]\mathfrak{M}$, wobei

$$[\boldsymbol{\Gamma}_s] = \begin{bmatrix} -\sin\phi_4\cos\phi_4 & \sin\phi_4\cos\phi_4 & \cos 2\phi_4 \\ -\sin\phi_5\cos\phi_5 & \sin\phi_5\cos\phi_5 & \cos 2\phi_5 \\ -\sin\phi_6\cos\phi_6 & \sin\phi_6\cos\phi_6 & \cos 2\phi_6 \end{bmatrix}.$$

Es folgt dann

$$\mathfrak{M}_s = [\boldsymbol{\Gamma}_s][\mathbf{N}_M]\{\mathbf{M}\} = [\mathbf{L}]\{\mathbf{M}\}.$$

Wie man aus (12.24b) schließt, wird die diskretisierte Form des Funktionals (Π_H) mit den Matrizen $[\boldsymbol{\Omega}_{12}] = [\boldsymbol{\Omega}_{21}]$ und $[\boldsymbol{\Omega}_{11}]$ gebildet, welche sich ihrerseits aus den Matrizen $[\mathbf{N}_M]$, $[\mathbf{N}'_M]$, $[\mathbf{N}_w]$, $[\mathbf{N}'_w]$, $[\mathbf{L}]$ und $[\mathbf{Y}]$ zusammensetzen, wobei die Striche Differentiation der Matrizen $[\mathbf{N}_M]$ und $[\mathbf{N}_w]$ gemäß den Definitionen von Abschnitt 12.1.4 bedeuten. Die Matrix $[\mathbf{Y}]$ resultiert aus ähnlich definierten Differentiationen des Verschiebungsfeldes. Da $[\mathbf{N}_M]$ eine konstante Matrix ist, gilt $[\mathbf{N}'_M] = [\mathbf{O}]$, und man erhält aus (12.24b)

$$[\boldsymbol{\Omega}_{11}] = \left[\int_A [\mathbf{N}_M]^{\mathrm{T}}[\mathbf{E}_f]^{-1}[\mathbf{N}_M]\,dA\right],$$

$$[\boldsymbol{\Omega}_{12}] = [\boldsymbol{\Omega}_{21}]^{\mathrm{T}} = \left[-\int_{S_n} [\mathbf{L}]^{\mathrm{T}}[\mathbf{Y}]\,dS\right].$$

Es ist interessant festzustellen, daß die numerischen Resultate, welche man mit dieser Formulierung erhält, mit jenen übereinstimmen, welche mit Hilfe der Steifigkeitsmatrix gewonnen werden, wenn letztere einem vollständigen quadratischen Verschiebungsfeld zugrundeliegt [12.27] (vgl. Abschnitt 12.3.1, Bild 12.8b und (12.33)). Dies hätte man bei Betrachtung der in Bild 12.13 angeordneten Parameter vermuten können, da diese ja mit der Darstellung von Bild 12.8b übereinstimmen; denn die Biegemomente M_4, M_5 und M_6 in der ersterwähnten Formulierung entsprechen den Verdrehungen θ_4, θ_5, θ_6 der letzteren. Die Übereinstimmung kann auch algebraisch nachgewiesen werden. Für ein inneres Element (eines, das von Elementen desselben Typs umgeben ist) gilt $\{\bar{\boldsymbol{\Delta}}\} = \mathbf{0}$. Daher kann, wie in Abschnitt 6.7, der obere Teil der Matrizengleichung (12.27) für $\{\mathbf{M}\}$ als Funktion von $\{\boldsymbol{\Delta}\}$ gelöst werden; durch Einsetzen in den unteren Teil folgt dann

$$[\mathbf{k}]\{\boldsymbol{\Delta}\} = \{\bar{\mathbf{M}}\},$$

wobei

$$[\mathbf{k}] = [\boldsymbol{\Omega}_{12}]^T[\boldsymbol{\Omega}_{11}]^{-1}[\boldsymbol{\Omega}_{12}].$$

Detaillierte Studien, die Übereinstimmung der beiden Formulierungen betreffend, können in [12.43] und [12.44] gefunden werden.

Es ist natürlich auch möglich, für Biegemomente und Verschiebungsfelder Darstellungen höherer Ordnung anzuwenden. Die logische Erweiterung (vgl. [12.45]) besteht in der Wahl einer linearen Variation der Momente und einer quadratischen Variation der Verschiebungen. Ein breites Spektrum verschiedener Ansätze für Biegemomente und Verschiebungsfelder wird in [12.22] behandelt.

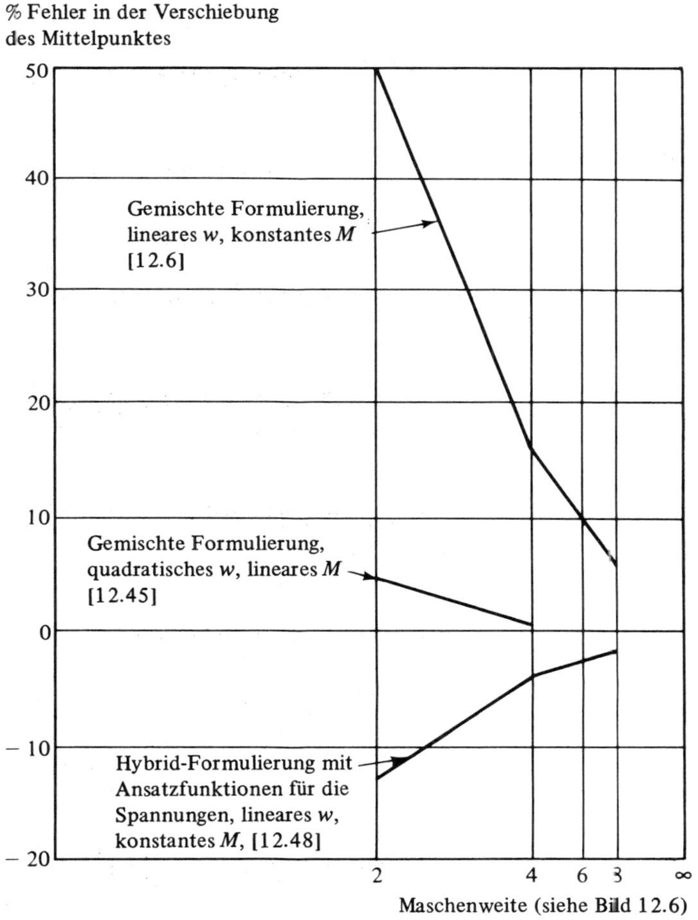

Bild 12.14

Die hybriden Schematas stellen eine völlig andere Klasse von Dreieckelementen dar. Auf ihnen basieren die gemischten Spannungs-Verschiebungsformulierungen. Wie bei den Problemen der Scheibenbeanspruchung dominiert das in Abschnitt 6.6 beschriebene hybride Verfahren mit Ansatzfunktionen für die Spannungen; ausgedehnte Studien verschiedener Kombinationen von inneren Biegemomenten und Randverschiebungsfeldern werden in [12.43] und [12.46–12.48] gegeben.

Bild 12.14 zeigt numerische Resultate für die eben skizzierten Darstellungen. Die Π_H-Formulierung, welche konstanten Momenten und linearen Verschiebungen zugrundeliegt, führt, wie bereits erwähnt, auf Resultate, die mit den in Bild 12.9 gegebenen 6-gliedrigen Formulierungen (quadratische Polynome) identisch sind. Eine gemischte Formulierung, welche auf Darstellungen höherer Ordnung basiert [12.45] (lineare Momente, quadratische Verschiebungen), liefert wesentlich bessere Genauigkeiten. Beachte jedoch, daß zweimal soviele Knotenpunkte für jedes Element nötig sind (sechs gegenüber drei), was sich in der Abszisse von Bild 12.14 nicht äußert. Schließlich erkennt man, daß eine Hybrid-Formulierung mit Ansatzfunktionen für die Spannungen [12.48] gegenüber den einfachsten Π_H-Formulierungen Resultate liefert, die auf der anderen Seite der exakten Lösung liegen. Die zugehörigen numerischen Resultate sind für eine gegebene Maschenweite wesentlich besser als beim Π_H-Verfahren. Wir müssen allerdings wiederum davor warnen, diese Aussage zu wörtlich zu nehmen, da auch andere Faktoren in Rechnung gestellt werden müssen, wenn ein numerisches Verfahren objektiv beurteilt werden soll.

12.4 Der Einfluß der Schubverformung

Die Herleitung der Steifigkeitsmatrix eines Balkens oder einer Platte bei Berücksichtigung der transversalen Schubverformungen kann nicht dadurch erfolgen, daß man den Ausdruck für die Transversalverschiebung (5.14 a) in die Verzerrungsenergie für Biegung und Schubverformung einsetzt. Es ist bekannt (vgl. [12.49]), daß die Forderung des Ebenbleibens der Querschnitte bei Vernachlässigung der Schubverformung in der gewöhnlichen Balkentheorie einer inneren Zwangsbedingung entspricht. Wenn diese innere Zwangsbedingung entfernt wird, entsteht im Ausdruck für die innere Energie ein Zusatzterm. Um Gleichheit zwischen innerer und äußerer Arbeit zu garantieren, muß auch die letztere um einen entsprechenden Term zunehmen. Die Knotenkräfte sind dementsprechend erhöhten Verschiebungen zugeordnet, und da ein Steifigkeitskoeffizient definiert ist als der einer Einheitsverschiebung zugeordnete Widerstand, ist die Kraft, welche einer solchen Einheitsverschiebung entspricht, bei der Berücksichtigung der Schubverformung kleiner.

Zur Klarstellung betrachte man ein Element (**Bild 12.15**), bei dem die Schubspannungen über einen gewissen Teil der Querschnittsfläche, welcher mit A_s bezeichnet sei, im wesentlichen als konstant angenommen und im Rest der Fläche vernachlässigt werden können (z.B. ein I-Träger; die Schubfläche kann für andere Querschnitte entsprechend berechnet werden). Wir schließen Berücksichtigung der Querschnittswölbung aus. Unter solchen Annahmen erhält man aus dem Hookeschen Gesetz

$$\gamma_{xz} = \frac{F_1}{A_s G} \; .$$

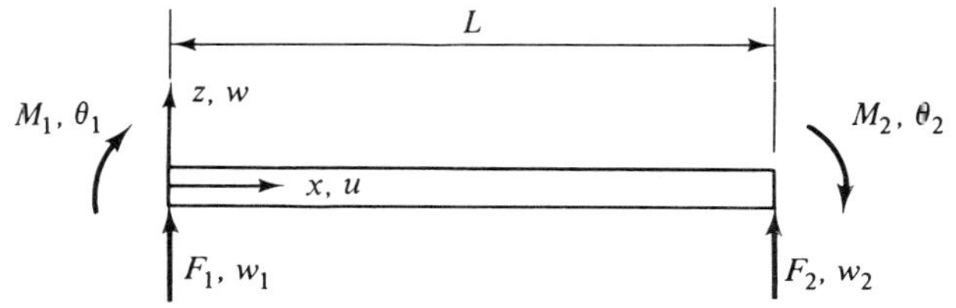

(a) Knotenkräfte und -verschiebungen

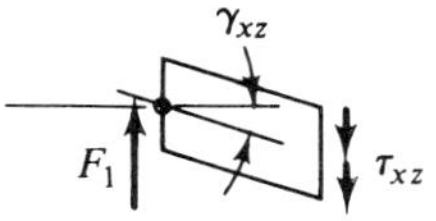

$$\gamma_{xz} = \frac{\tau_{xz}}{G} = \frac{F_1}{A_S G}$$

(b) Reine Schubverformung

Bild 12.15

Ebenfalls folgt aus der Balkentheorie $F_1 = EI(d^3w/dx^3)$, so daß

$$\gamma_{xz} = \frac{EI}{A_s G}\left(\frac{d^3w}{dx^3}\right).$$

Der Anteil der Schubverformung in der Verzerrungsenergie ist also

$$\frac{1}{2}\int_0^L (\gamma_{xz})^2 A_s G \, dx \, ,$$

so daß nach Einsetzen des Ausdrucks für γ_{xy} die gesamte Verzerrungsenergie als

$$U = \frac{1}{2}\int_0^L \left(\frac{d^2w}{dx^2}\right)^2 EI \, dx + \frac{1}{2}\int_0^L \left(\frac{d^3w}{dx^3}\right)^2 \frac{(EI)^2}{A_s G} \, dx$$

geschrieben werden kann. Die Verzerrungsenergie wird diskretisiert, indem man die Transversalverschiebung w wie üblich als kubisches Polynom ansetzt (vgl. (5.14a)). Durch deren Minimierung erhält man die Steifigkeitsmatrix des finiten Elementes. Ein typisches Element dieser Matrix ist

$$k_{11} = \frac{12EI}{L^3} + \frac{144(EI)^2}{A_s G L^5},$$

welches F_{z_1} mit w_1 verknüpft. Dieser Ausdruck für k_{11} ist falsch, und zwar wegen der in der Einleitung erwähnten Gründe.

Ein einfaches Verfahren zur korrekten Formulierung der Steifigkeitsmatrix eines Elementes besteht in der direkten Herleitung der den Schubverformungen zugewiesenen Steifigkeitsmatrix [12.50]. Wenn das Element also wie ein Kragarm gelagert ist mit Einspannung im Punkte 2, dann ist die Durchbiegung im Punkte 1 infolge Schub allein durch

$$\gamma_{xz} L = \frac{2(1 + \mu) F_1 L}{A_s E}$$

gegeben, wobei $G = E/2(1 + \mu)$; die Flexibilitätsgleichungen lauten daher

$$\begin{Bmatrix} w_1 \\ \theta_1 \end{Bmatrix} = \left[\begin{array}{c|c} \dfrac{L^3}{3EI} + \dfrac{2(1 + \mu)L}{A_s E} & \dfrac{L^2}{2EI} \\ \hline \dfrac{L^2}{2EI} & \dfrac{L}{EI} \end{array} \right] \begin{Bmatrix} F_1 \\ M_1 \end{Bmatrix}.$$

Mit dem in Abschnitt 2.6 erwähnten Verfahren wird dann die Steifigkeitsmatrix bestimmt. Man findet

$$k_{11} = \frac{12EI}{L^3} \frac{1}{[(1 + 24(1 + \mu)I/A_s L^2]} .$$

Dieser Ausdruck gibt die richtige Form des Koeffizienten der Steifigkeitsmatrix.

Aus den obigen Betrachtungen kann eine allgemeine Folgerung gezogen werden. Danach kann die Berücksichtigung der Schubverformung für Balken, Platten und Schalen direkt erfolgen, wenn Flexibilitätsgleichungen (Prinzip des Minimums der Komplementärenergie) formuliert werden oder aber gemischte Verfahren verwendet werden, welche sich aus Funktionalen ableiten, die die Komplementärenergien enthalten (z.B. Reissner-Funktional (12.24)).

Wir haben betont, daß Verfahren, welche die potentielle Energie verwenden (Ansatzfunktionen für die Verschiebungen), in der Praxis vorherrschen. Es ist möglich, diese Verfahren bei den Steifigkeitsgleichungen von Balken, Platten und Schalen, welche die Schubverformung in Rechnung stellen, wenigstens approximativ zu berücksichtigen, indem man die Resultate aus Biegeverformung und aus Schubverformung allein summiert. Um dieses Verfahren zu beschreiben, untersuchen wir das Element 1–2 von **Bild 12.16**, welches aus einem Balken herausgeschnitten sei. Wir erkennen, daß die Schubverformung durch

$$\gamma_{xz} = \frac{w_2^s - w_1^s}{L}$$

gegeben ist. Der Index s deutet an, daß diese Verschiebungen allein der Schubverformung zuzuschreiben sind. Da $\gamma_{xz} = 2(1 + \mu)F_1/A_s E$ gilt, erhält man

$$F_1 = \frac{A_s E}{2(1 + \mu)L}(w_2^s - w_1^s) .$$

Das ist eine Steifigkeitsgleichung des Elementes, und eine zweite für die andere Querkraft F_2 kann ähnlich konstruiert werden. Indem man diese Gleichungen in der üblichen Weise zusammenfügt, erhält man die globalen Steifigkeitsgleichungen infolge Schubverformung. Diese seien mit

$$\{\mathbf{P}\} = [\mathbf{k}^s]\{\mathbf{\Delta}^s\} \tag{12.46}$$

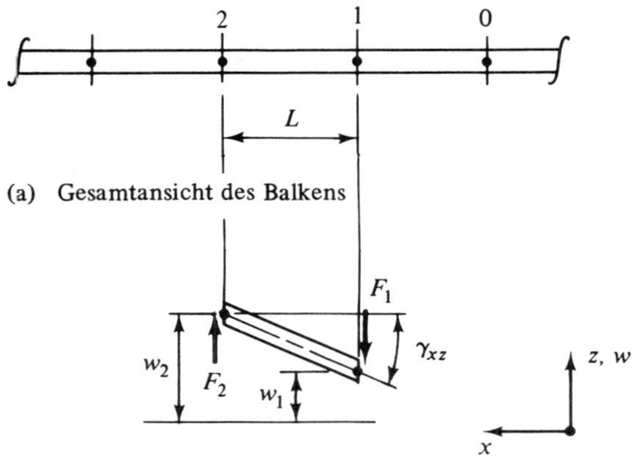

(a) Gesamtansicht des Balkens

(b) Schubverformung des Elementes 1–2

Bild 12.16

bezeichnet. Inversion ergibt

$$\{\mathbf{\Delta}^s\} = [\mathbf{k}^s]^{-1}\{\mathbf{P}\}. \tag{12.47}$$

Wenn man die Steifigkeitsmatrix infolge Biegeverhalten allein mit $[\mathbf{k}^f]$ und die zugehörigen Verschiebungen mit $\{\mathbf{\Delta}^f\}$ bezeichnet, so erhält man

$$\{\mathbf{\Delta}^f\} = [\mathbf{k}^f]^{-1}\{\mathbf{P}\}. \tag{12.48}$$

Die angenäherten Gesamtverschiebungen können jetzt durch Addition der Verschiebungen aus Biegung und Schub allein zu

$$\{\mathbf{\Delta}\} = \{\mathbf{\Delta}^s\} + \{\mathbf{\Delta}^f\} \tag{12.49}$$

berechnet werden.

Um dieses Verfahren auf Platten und Schalen anwenden zu können, ist es nötig, die Konstruktion analytisch als ein System von fiktiven Schubbalken aufzufassen. Wenn das keine genügend genaue Approximation darstellt, ist es möglich, eine Plattentheorie anzuwenden, welche Schubverformungen berücksichtigt. Es gibt eine ganze Anzahl solcher Theorien [12.51–12.53], und für die meisten sind die FEM bekannt [12.54–12.57]. Es ist jedoch wahrscheinlich, daß, falls diese approximativen Formulierungen nicht genügen, auch eine Plattentheorie, welche Schubverformungen berücksichtigt, nicht genau genug ist. Dann wäre eine dreidimensionale Analysis mit räumlichen Elementen angebracht. Wir werden auf diesen Punkt in Abschnitt 12.6 wieder zurückkommen.

12.5 Beseitigung der Bedingung der transversalen Schubverformungen („diskretisiertes Kirchhoff-Verfahren") [12.58]

Die Vernachlässigung der Schubverformung bei der Biegeanalysis von Balken und Platten wird, wie wir erwähnt haben, durch die Annahme berücksichtigt, daß die Verdrehungen der auf der Mittelebene stehenden Normalen der Neigung der Mittelfläche gleich seien (eine von Kirchhoffs Annahmen für den Fall der Platte). Man kann die Verzerrungsenergie ohne diese Annahme konstruieren; in diesem Fall ist es dann erlaubt, die Verzerrungsenergie infolge Schub in den Ausdruck für den Biegeanteil einzubauen und auf diese Gesamtenergie die bekannten Methoden der Steifigkeitsanalysis anzuwenden.

Als Illustration betrachten wir wieder das Biegeelement. Obwohl die Annahme, daß die Verdrehungen den (negativen) Neigungen der Mittelebene gleich seien, nicht zutrifft, halten wir an der Bedingung, daß ebene Querschnitte unter Deformation eben bleiben, fest. Die die Biegeverformung beschreibende Größe ist also θ, und die Krümmung ist $\kappa = d\theta/dx$.

Die Gesamtneigung der Neutralachse dw/dx ist auf zwei Einflüsse zurückzuführen, erstens auf die eigentliche Verdrehung und zweitens auf die Neigung infolge Schubverformung. Indem wir die Bedeutung der Schubfläche A_s und die Forderung konstanter Schubverformung γ_{xz} entsprechend beibehalten, erhalten wir

$$-\frac{dw}{dx} = \theta + \gamma_{xz}$$

oder

$$\gamma_{xz} = \theta + \frac{dw}{dx} . \tag{12.50}$$

Mit diesen Spezifizierungen kann die Verzerrungsenergie jetzt als

$$U = \frac{1}{2}\int_0^L \left(\frac{d\theta}{dx}\right)^2 EI\,dx + \frac{1}{2}\int_0^L \left(\theta + \frac{dw}{dx}\right)^2 A_s G\,dx \tag{12.51}$$

geschrieben werden.

Die Verzerrungsenergie wird also durch zwei unabhängige Variable θ und w gebildet. Wir diskretisieren diese, indem wir

$$w = \lfloor \mathbf{N}_w \rfloor \{\mathbf{w}\}, \qquad \theta = \lfloor \mathbf{N}_\theta \rfloor \{\boldsymbol{\theta}\} \tag{12.52}$$

annehmen, wobei $\lfloor \mathbf{N}_w \rfloor$ und $\lfloor \mathbf{N}_\theta \rfloor$ die Formfunktionen und $\{\mathbf{w}\}$ sowie $\{\boldsymbol{\theta}\}$ die Verschiebungsparameter sind. Durch Einsetzen in (12.51) erhält man

$$U = \frac{\lfloor \boldsymbol{\theta} \rfloor}{2}[\mathbf{k}^f]\{\boldsymbol{\theta}\} + \frac{\lfloor \boldsymbol{\theta} \rfloor}{2}[\mathbf{k}^{S_1}]\{\boldsymbol{\theta}\} + \lfloor \boldsymbol{\theta} \rfloor[\mathbf{k}^{S_2}]\{\mathbf{w}\} + \frac{\lfloor \mathbf{w} \rfloor}{2}[\mathbf{k}^{S_3}]\{\mathbf{w}\}, \tag{12.53}$$

worin

$$[\mathbf{k}^{S_1}] = \int_0^L \{\mathbf{N}_\theta\}\lfloor \mathbf{N}_\theta \rfloor A_s G\,dx ,$$

$$[\mathbf{k}^{S_2}] = \int_0^L \{\mathbf{N}_\theta\}\lfloor \mathbf{N}'_w \rfloor A_s G\,dx , \qquad [\mathbf{k}^f] = \int_0^L \{\mathbf{N}'_\theta\}\lfloor \mathbf{N}'_\theta \rfloor EI\,dx$$

$$[\mathbf{k}^{S_3}] = \int_0^L \{\mathbf{N}'_w\}\lfloor \mathbf{N}'_w \rfloor A_s G\,dx ,$$

oder

$$U = \frac{\lfloor \mathbf{\Delta} \rfloor}{2} [\mathbf{k}] \{\mathbf{\Delta}\} \tag{12.53a}$$

mit

$$\lfloor \mathbf{\Delta} \rfloor = \lfloor \lfloor \mathbf{\theta} \rfloor \lfloor \mathbf{w} \rfloor \rfloor, \qquad [\mathbf{k}] = \left[\begin{array}{c|c} \mathbf{k}^f + \mathbf{k}^{s_1} & \mathbf{k}^{s_2} \\ \hline \mathbf{k}^{s_2 \mathrm{T}} & \mathbf{k}^{s_3} \end{array} \right].$$

Es ist wichtig zu beachten, daß die Energie nur erste Ableitungen der unabhängigen Variablen enthält, was bedeutet, daß die Ansatzfunktionen die Bedingung der Stetigkeit der Neigung an Elementrändern nicht erfüllen müssen. Dies legt eine Behandlung dünner Platten nahe, bei der die Verdrehungen als eine der Grundvariablen verwendet werden. Mit ihnen wird ein kleiner Wert der Verzerrungsenergie infolge Schub, welcher nur sehr kleine Durchbiegungen liefert, berücksichtigt. Leider ist ein solches Vorgehen nicht günstig, da die zu lösenden Gleichungen mit dem Verschwinden der Schubverformungen singulär werden. Diese Singularität tritt auf, weil das analytische Modell für unabhängige Verschiebungsparameter $\lfloor \mathbf{\theta} \rfloor$ und $\lfloor \mathbf{w} \rfloor$ instabil ist; Stabilität kann erzwungen werden, indem man in ausgewählten Punkten nach Kirchhoff

$$\theta = -\frac{dw}{dx}$$

fordert. Auf der Basis dieser Bedingung kann eine Zwangsbedingung zwischen den Knotenparametern $(\lfloor \lfloor \mathbf{\theta} \rfloor \lfloor \mathbf{w} \rfloor \rfloor)$ angeschrieben werden, da ja sowohl θ als auch w in diskreten Punkten zur Verfügung stehen.

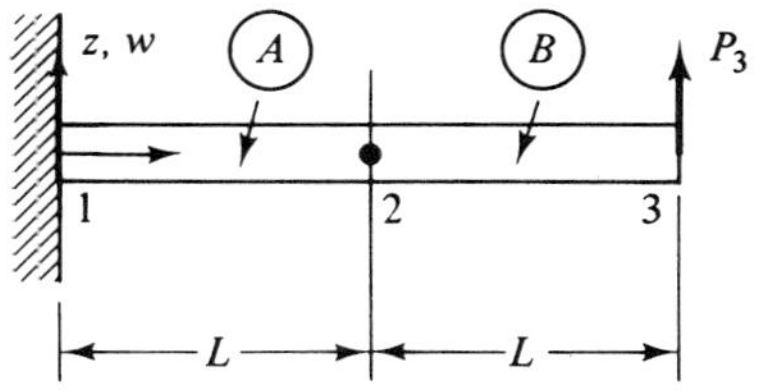

Bild 12.17

Das Konzept einer diskretisierten Kirchhoff-Formulierung kann am Beispiel von **Bild 12.17** erklärt werden [12.54]. Ein Kragarm, bestehend aus zwei Elementen, sei an einem Ende der Last P_3 unterworfen. Zur Darstellung des Elementes wählen wir die folgenden Verschiebungsfelder:

$$\theta = (1 - \xi)\theta_1 + \xi\theta_2, \qquad w = (1 - \xi)w_1 + \xi w_2.$$

ξ ist die dimensionslose axiale Koordinate innerhalb des Elementes ($\xi = x/L$). Lineare Felder dieser Form werden auch für Element B gewählt. Beachte, daß diese Darstellungen für w und θ approximativ sind. Wenn wir Schub vernachlässigen, erhalten wir aus (12.51) die folgende Verzerrungsenergie:

$$U = \frac{EI}{2L} \lfloor \theta_2 \; \theta_3 \; w_2 \; w_3 \rfloor \begin{bmatrix} 2 & -1 & 0 & 0 \\ -1 & 1 & 0 & 0 \\ 0 & 0 & 0 & 0 \\ 0 & 0 & 0 & 0 \end{bmatrix} \begin{Bmatrix} \theta_2 \\ \theta_3 \\ w_2 \\ w_3 \end{Bmatrix}.$$

Um nun die Zwangsbedingung zu bilden, welche die Werte θ mit den Werten w verknüpft, verlangen wir, daß die Verzerrungen γ_{xy} in der Mitte des Elementes Null seien, d.h. wir wählen in jedem Mittelpunkt des Elementes $dw/dx + \theta = 0$. Da θ lienear zwischen den Punkten i und j variiert, ist der Wert von θ im Zentrum des Elementes $\frac{1}{2}(\theta_i + \theta_j)$, so daß

$$\frac{w_2}{L} + \frac{\theta_2}{2} = 0, \qquad \frac{w_3 - w_2}{L} + \frac{\theta_3 + \theta_2}{2} = 0$$

gilt. Auflösen nach θ_2 und θ_3 ergibt

$$\theta_2 = -\frac{2}{L} w_2, \qquad \theta_3 = -\frac{2w_3}{L} + \frac{4w_2}{L}.$$

Nach Einsetzen in U können die Steifigkeitsgleichungen zu

$$\begin{Bmatrix} P_2 \\ P_3 \end{Bmatrix} = \frac{4EI}{L^3} \begin{bmatrix} 10 & -3 \\ -3 & 1 \end{bmatrix} \begin{Bmatrix} w_2 \\ w_3 \end{Bmatrix}$$

angeschrieben werden. Indem wir diese für $P_2 = 0$ und $P_3 = P$ lösen, erhalten wir

$$w_3 = \frac{10PL^3}{4EI}.$$

Dies stimmt mit der exakten Lösung $8PL^3/(3EI)$ recht genau überein. Der Fehler ist der linearen Annäherung von w und θ zuzuschreiben.

Bei allgemeinen FE-Formulierungen würde die Nebenbedingung natürlich eleganter behandelt, entweder mit der Matrixtransformation des Abschnittes 3.5 oder aber mit Lagrange-Multiplikatoren (Abschnitt 7.3).

Das diskretisierte Kirchhoff-Verfahren ist auch erfolgreich auf Plattenprobleme [12.60–12.61], axialsymmetrische Schalen [12.59] und allgemeine dünne Schalen [12.58] angewendet worden.

12.6 Zweckmäßigkeit räumlicher Elemente bei der Plattenberechnung

Um effiziente Darstellungen für die Balkenbiegung zu erhalten, ist in Abschnitt 9.3 gezeigt worden, daß zweidimensionale Elemente mit Ansatzfunktionen für die Spannungen so verwendet werden können, daß quadratische Verschiebungsfelder den ursprünglich linearen Verschiebungsfeldern überlagert werden. Platten und Schalen können ganz analog behandelt werden, indem man dem mit einem linearen Verschiebungsfeld überdeckten Hexaeder ein quadratisches Verschiebungsfeld überlagert; dieser Punkt wurde schon in Kapitel 10 behandelt. Wenn man umgekehrt zur Konstruktion der Steifigkeitsmatrix numerische Integration verwendet, kann man für den Schubanteil der Verzerrungsenergie die reduzierte Integration verwenden, wie sie ebenfalls bereits in den Kapiteln 9 und 10 diskutiert wurde.

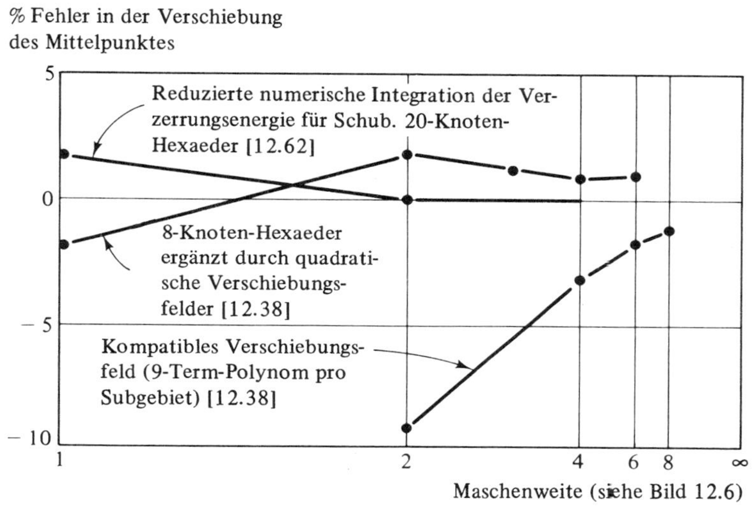

Bild 12.18

Bild 12.18 gibt einen Eindruck der Wirtschaftlichkeit dieses Vorgehens, und zwar anhand der Berechnungen des in diesem Kapitel schon früher verwendeten Problems. Um zu illustrieren, welchen Einfluß ein mit linearem Verschiebungsfeld formulierter Würfel (8 Knoten) durch die Ergänzung mit quadratischem Zusatzfeld erfährt, greifen wir auf Resultate von Cook [12.48] zurück. Die Resultate, welche durch reduzierte Integration der Schubenergie des 20-Knoten-Würfels von Bild 10.10 erhalten wurden, gehen auf Pawsey und Clough [12.62] zurück. Vergleichshalber zeigen wir die numerischen Resultate für ein dreieckiges Plattenelement, dessen Steifigkeitsgleichung mit dem Mehrfeld-Verfahren des Abschnittes 12.3.3 bestimmt wurde. (Es sollte beachtet werden, daß die graphische Darstellung der Resultate geändert wurde, um der Differenz in der Anordnung der Elemente Rechnung zu tragen. Betreffend numerische Resultate und Netzeinteilung sollte der Leser die erwähnte Literatur konsultieren.) Bild 12.18 zeigt, daß die modifizierten räumlichen Elemente für diese Anwendung recht gut sind. Die Formulierung des 8-Knoten-Würfels mit ergänztem quadratischem Verschiebungsfeld gibt Resultate, welche offenbar zu einer Lösung konvergieren, die um ca. $1\frac{1}{2}\%$ von der exakten Lösung abweichen. Dieser Einfluß scheint der endlichen Plattendicke dieser Elementformulierung zugewiesen werden zu können.

12.7 Abschließende Bemerkungen

Beim heutigen Stand der Entwicklung der FEM für Platten sind verläßliche und genaue Formulierungen für Modelle, die Ansatzfunktionen für die Verschiebungen verwenden (potentielle Energie), verfügbar. Es ist jedoch schwierig, die Forderungen zu erfüllen, die an diese Lösungen gestellt werden. Gewöhnlich sind zur Herleitung der Steifigkeitsmatrix eines solchen Elementes viele algebraische Operationen nötig. Daher besteht ein reges Interesse an Formulierungen für Plattenelemente, welche von anderen Variationsprinzipien ausgehen und weniger strenge Anforderungen an die Form der Ansatzfunktionen stellen. Verläßliche und genaue Formulierungen sind auch für diese Methode gefunden worden, aber sie sind noch lange nicht ausgeschöpft.

Die Abweichungen im Aufwand der Elementformulierung, welche im allgemeinen mit dem Grad der Komplexität von Geometrie und Verformung wachsen, und der Aufwand in der globalen Analysis, welcher mit dem Anwachsen der Elementkomplexität abnimmt, sind für Plattenelemente noch nicht geklärt. Gültige Vergleiche dieser Alternativen müssen nicht nur die operativen Kosten für einen bestimmten Genauigkeitsgrad enthalten, sondern ebenso auch Amortisation der zugehörigen Software-Entwicklungskosten.

Da nun sowohl Platten als auch Scheiben behandelt sind, scheint die Berechnung von Schalenkonstruktionen, welche ja Biege- und Membranspannungen unterworfen sind, durch Superposition beider Elementtypen zugänglich zu sein. Dem ist in der Tat so, obwohl man bei der Formulierung der globalen Darstellung und deren Interpretation vorsichtig sein muß (vgl. Abschnitt 3.5.3). Viele Numeriker ziehen gekrümmte Schalenelemente zum Zwecke dieser Berechnungen vor, vor allem um dem Nachteil flacher Elemente zu begegnen, aber diese Methoden geben zu vielen neuen Fragen Anlaß; Schwierigkeiten treten nicht nur bei der Wahl der Schalentheorie, sondern auch bei der geometrischen Abbildung, der Wahl der Verschiebungsfunktionen und vielen anderen Faktoren auf. Die Behandlung der entsprechenden Überlegungen in der Analysis gekrümmter dünner Schalen geht über den Rahmen dieses Buches hinaus. Der interessierte Leser kann eine Übersicht dieses Themenkreises in [12.1] finden.

Literatur

12.1 Gallagher, R. H.: Analysis of plate and shell structures. Proc. of Conf. on Application of Finite Element Meth. in Civil Eng., Vanderbilt Univ., Nashville, Tenn. 1969 S. 155–206.

12.2 Timoshenko, S.; Woinowsky-Krieger, S.: Theory of plates and shells. 2nd ed. New York, N. Y.: McGraw-Hill 1969.

12.3 Mansfield, E. H.: The bending and stretching of plates. Oxford, England: Pergamon Press 1964.

12.4 Marguerre, K.; Woernle, H. T.: Elastic plates. Waltham, Mass.: Blaisdell 1969.

12.5 Southwell, R. V.: On the analogues relating flexure and extension of flat plates. Quart. J. Mech. Appl. Math. 3 (1950) 257–270.

12.6 Herrmann, L. R.: Finite element bending analysis of plates. Proc. ASCE; J. Eng. Mech. Div. 94 (1968) 13–25.

12.7 Herrmann, L. R.: A bending analysis for plates. Proc. (lst) Conf. on Matrix Meth. in Struct. Mech. AFFDL TR 66–80 (1965) 577–604.

12.8 Bogner, F. K.; Fox, R. L.; Schmit, L. A.: The generation of interelement, compatible stiffness and mass matrices by the use of interpolation formulas. Proc. (lst.) Conf. on Matrix Meth. in Struct. Mech. AFFDL TR 66–80 (1965).
12.9 Dawe, D. J.: A finite element approach to plate vibration problems. J. Mech. Eng. Sci. 7 (1965) 28–32.
12.10 Gopalacharyulu, S.: A higher order conforming rectangular element. Int. J. Num. Meth. Eng. 6 (1973) 305–308.
12.11 Irons, B.: (Comment on Ref. 12.10), Int. J. Num. Meth. Eng. 6 (1973) 308–309.
12.12 Wegmüller, A.; Kostem, C.: Finite element analysis of plates and eccentrically stiffened plates. Fritz Eng. Lab. Report No. 378A.3. Lehigh Univ. Betlehem, Pa. 1973.
12.13 Walz, J.E.; Fulton, R.E.; Cyrus, N.J.: Accuracy and convergence of finite element approximations. Proc. of 2nd Conf. on Matrix Meth. in Struct. Mech. AFFDL TR 68–150 (1968) 995–1027.
12.14 Fraeijs de Veubeke, B.: A conforming finite element for plate bending. Int. J. Solids Struct. 4 (1968) 95–108.
12.15 Clough, R.; Felippa, C.: A refined quadrilateral element for the analysis of plate bending. Proc. of 2nd Conf. on Matrix Meth. in Struct. Mech. AFFDL TR 68–150 (1968) 399–440.
12.16 Greene, B.E.; Jones, R.E.; McLay, R.W.; Strome, D.: Generalized variational principles in the finite element method. AIAA J. 7 (1969) 1254–1260.
12.17 Kikuchi, F.; Ando, Y.: Some finite element solutions for plate bending problems by simplified hybrid displacement method. Nuc. Eng. Design 23 (1972) 155–178.
12.18 Pian, T. H. H.: Element stiffness matrices for boundary compatibility and for prescribed boundary stresses. Proc. (lst) Conf. on Matrix Meth. in Struct. Mech. Wright-Patterson AFB, Ohio, AFFDL TR 65–80 (1965) 457–478.
12.19 Severn, R.; Taylor, P.: The finite element method for flexure of slabs when stress distributions are assumed. Proc. Inst. Civil Eng. 34 (1966) 153–163.
12.20 Allwood, R.; Cornes, G.: A polygonal finite element for plate bending problems using the assumed stress approach. Int. J. Num. Meth. Eng. 1 (1969) 135–149.
12.21 Cook, R. D.: Two hybrid elements for the analysis of thick, thin and sandwich plates. Int. J. Num. Meth. Eng. 5 (1972) 277–288.
12.22 Bron, J.; Dhatt, G.: Mixed quadrilateral elements for bending. AIAA J. 10 (1972) 1359–1361.
12.23 Fraeijs de Veubeke, B.; Sander, G.; Beckers, P.: Dual analysis by finite elements; linear and non linear applications. AFFDL TR 72–93 (1972).
12.24 Abel, J.; Desai, C.: Comparison of finite elements for plate bending. Proc. ASCE; J. Struct. Div. 98 (1972) 2143–2148.
12.25 Bazeley, G.; Cheung, Y.; Irons, B.; Zienkiewicz, O.: Triangular elements in plate bending-conforming and non-conforming solutions. Proc. of lst. Conf. on Matrix Meth. in Struct. Mech. AFFDL TR 66–80 (1965) 547–576.
12.26 Razzaque, A. Q.: Program for triangular elements with derivative smoothing. Int. J. Num. Meth. Eng. 6 (1973) 333–344.
12.27 Morley, L. S. D.: The constant-moment plate bending element. J. Strain Analysis 6 (1971) 20–24.
12.28 Harvey, J. W.; Kelsey, S.: Triangular plate bending elements with enforced compatibility. AIAA J. 9 (1971) 1023–1026.
12.29 Anderheggen, E.: A conforming finite element plate bending solution. Int. J. Num. Meth. Eng. 2 (1970) 259–264.
12.30 Chu, T. C.; Schnobrich, W. C.: Finite element analysis of translational shells. Comp. Struct. 2 (1972) 197–222.
12.31 Irons, B.: A conforming quartic triangular element for plate bending. Int. J. Num. Meth. Eng. 1 (1969), 29–46.
12.32 Argyris, J. H.; Fried, I.; Scharpf, D.: The TUBA family of plate elements for the matrix displacement method. Aer. J. 72 (1968) 701–709.
12.33 Bell, K.: A refined triangular plate bending finite element. Int. J. Num. Meth. Eng. 1 (1969) 101–122.

12.34 Cowper, G.R.; Kosko, E.; Lindberg, G.; Olson, M.: Static and dynamic applications of a high precision triangular plate bending element. AIAA J. 7 (1969) 1957–1965.
12.35 Butlin, G.; Ford, R.: A compatible triangular plate bending finite element. Int. J. Solids Struct. 6 (1970) 323–332.
12.36 Zenisek, A.: Interpolation polynomials on the triangle. Num. Math. 15 (1970) 283–296.
12.37 Svec, O.J.; Gladwell, G.: A triangular plate bending element for contact problems. Int. J. Solids Struct. (1973) 435–446.
12.38 Clough, R.W.; Tocher, J.: Finite element stiffness matrices for the analysis of plate bending. Proc. 1st Conf. on Matrix Methods in Struct. Mech. AFFDL TR 66–80 (1965) 515–546.
12.39 Connor, J.; Will, G.: A triangular flat plate bending element. TR 68–3. Dept. of Civil-Engineering, M.I.T., Cambridge, Mass. 1968.
12.40 Elias, Z.M.: Duality in finite element methods. Proc. ASCE; J. Eng. Mech. Div. 94 (1968), 931–946.
12.41 Morley, L.S.D.: A triangular equilibrium element with linearly varying bending moments for plate bending problems. J. Royal Aer. Soc. 71 (1967) 715–721.
12.42 Morley, L.S.D.: The triangular equilibrium element in the solution of plate bending problems. Aer. Quart. 19 (1968) 149–169.
12.43 Allman, D.: Triangular plate element for plate bending with constant and linearly varying bending moments. High speed computing of elastic structures, 1, Univ. of Liège, Belgium 1971 S. 105–136.
12.44 Hellan, K.: On the unity of constant strain-constant moment finite elements. Int. J. Num. Meth. Eng. 6 (1973) 191–209.
12.45 Visser, W.: A refined mixed-type plate bending element. AIAA J. 7 (1969) 1801–1802.
12.46 Dunger, R.; Severn, R.T.; Taylor, P.: Vibration of plate and shell structures using triangular finite elements. J. Strain Analysis 2 (1967) 73–83.
12.47 Dunger, R.; Severn, R.T.: Triangular finite elements of variable thickness and their application to plate and shell problems. J. Strain Analysis 4 (1969) 10–21.
12.48 Cook, R.D.: Some elements for analysis of plate bending. Proc. ASCE; J. Eng. Mech. Div. 98 (1972) 1452–1470.
12.49 Severn, R.T.: Inclusion of shear deflection in the stiffnes matrix for a beam element. J. Strain Analysis 5 (1970) 239–241.
12.50 Williams, D.: An introduction to the theory of aircraft structures. London: E. Arnold 1960.
12.51 Love, A.E.H.: A treatise on the mathematical theory of elasticity, 4th ed. New York, N.Y.: Dover 1927.
12.52 Mindlin, R.D.: Influence of rotatory inertia and shear on flexural motions of isotropic elastic plates. J. Appl. Mech. 18 (1951) 31–38.
12.53 Reissner, E.: The effect of transverse shear deformation on the bending of elastic plates. J. Appl. Mech. 12 (1945) A 69–A 77.
12.54 Smith, I.: A finite element analysis for moderately thick rectangular plates in bending. Int. J. Mech. Sci. 10 (1968) 563–570.
12.55 Greimann, L.F.; Lynn, P.P.: Finite elemente analysis of plate bending with transverse deformation. Nuc. Eng. Design 14 (1970) 223–230.
12.56 Pryor, C.W.; Barker, R.M.: A finite element analysis including transverse shear effects for laminated plates. AIAA J. 9 (1971) 912–917.
12.57 Pryor, C.W.; Barker, R.M.; Frederick, D.: Finite element bending analysis of Reissner plates. Proc. ASCE; J. Eng. Mech. Div. 96 (1970) 967–983.
12.58 Wempner, G.; Oden, J.T.; Kross, D.: Finite element analysis of thin shells. Proc. ASCE; J. Eng. Mech. Div. 94 (1968) 1273–1294.
12.59 Weeks, G.A.: A finite element model for shells based on the discrete Kirchhoff hypothesis. Int. J. Num. Meth. Eng. 5 (1972) 3–16.
12.60 Stricklin, J.A.; Haisler, W.E.; Tisdale, P.R.; Gunderson, R.: A rapidly converging triangular plate element. AIAA J. 7 (1969) 180–181.
12.61 Fried, I.: Shear in C^0 and C^1 plate bending elements. Int. J. Solids Struct. 9 (1973) 449–460.
12.62 Pawsey, S.F.; Clough, R.W.: Improved numerical integration of thick shell finite elements. Int. Num. Meth. Eng. 3 (1971) 575–586.

Aufgaben

12.1 Beweise unter Verwendung partieller Integration, daß das Funktional Π_H(12.24a) vom Reissner-Funktional (12.24) abgeleitet werden kann.

12.2 Unter Benützung der Steifigkeitskoeffizienten von **Tabelle 12.1** (das 12-gliedrige Rechteck) berechne man die Durchbiegung in der Mitte einer einfach gelagerten Quadratplatte, welche in ihrer Mitte durch eine konzentrierte Last belastet sei. Man verwende pro Quadrand ein Element, benütze Symmetrie und verifiziere das Resultat, indem mit der Lösung in Bild 12.7 verglichen wird.

12.3 Bestimme die arbeitsäquivalente Eckkraft F_{z_1} für eine gleichförmig verteilte Last q beim 16-gliedrigen Rechteckelement. Berechne die Durchbiegung in der Mitte für eine Quadratplatte mit eingespannten Rändern, indem nur ein Element benützt und die Symmetrieeigenschaften verwendet werden. Vergleiche das Resultat mit der exakten Lösung.

12.4 Berechne für das Dreieck in Bild 12.8b mit der Darstellung

$$w = \lfloor \mathbf{N} \rfloor \{\mathbf{\Delta}\}, \qquad \{\mathbf{\Delta}\} = \lfloor w_1\ w_2\ w_3\ \theta_1\ \theta_2\ \theta_3 \rfloor^{\mathrm{T}},$$

die Formfunktionen.

12.5 Diskutiere die Formulierung der Flexibilitätsmatrix eines rechteckigen Plattenelementes unter Benützung der Hybrid-Methode mit Ansatzfunktionen für die Spannungen. Wähle entsprechende Ansatzfunktionen für die Spannungen im Innern des Elementes und für die Verschiebungen auf den Elementrändern.

12.6 Es ist die Steifigkeitsmatrix für ein dreieckiges Plattenelement unter Biegebeanspruchung zu bestimmen, und zwar indem vom Mehrfeld-Verfahren Gebrauch gemacht wird. Benütze drei Dreiecke der Form, wie sie in Bild 12.10a dargestellt sind, aber mit quadratischer Entwicklung in den einzelnen Subgebieten. Reduziere die 18 unabhängigen Parameter der drei Entwicklungen (6 in jedem Dreieck) auf 12 Parameter, indem Konsistenz der Verschiebungen an den einzelnen Punkten gefordert wird. Reduziere dann die Formulierung auf neun Parameter, indem auch die Konsistenz der Verdrehungen an den Eckpunkten gefordert wird. Diskutiere, ob die resultierenden Funktionen die Kompatibilitätsbedingungen der Verschiebungen an den Elementrändern und an den Rändern der Subelemente erfüllen.

12.7 Stelle die Steifigkeitsmatrix für ein Ringelement unter Biegebeanspruchung auf, welches die Querschnittsfläche in **Bild A.12.7** aufweist. Benütze die Formfunktionen des Biegeelementes, aber schreibe diese in Funktion der radialen Koordinate r.

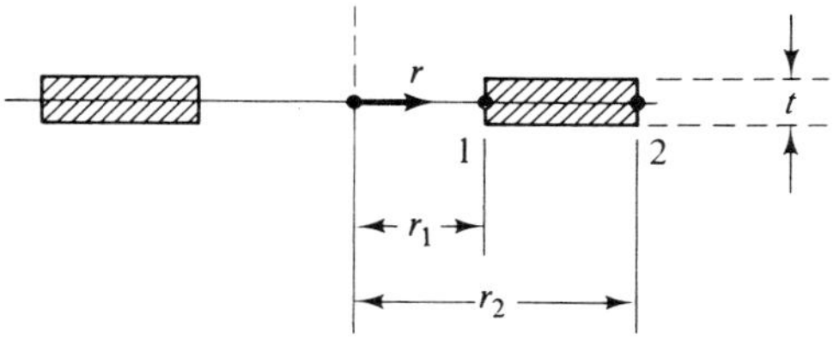

Bild A.12.7

12.8 Eine recht verbreitete Form der Funktion der Transversalverschiebung für Platten wird aus (12.35) erhalten, indem man für die Verschiebung des Mittelpunktes die folgende Zwangsbedingung fordert:

$$\begin{aligned} w_4 = {} & \tfrac{1}{3}(w_1 + w_2 + w_3) + \tfrac{1}{18}[(x_2 + x_3 - 2x_1)\theta_{y_1} + (x_1 + x_3 - 2x_2)\theta_{y_2} \\ & + (x_1 + x_2 - 2x_3)\theta_{y_3} + (y_2 + y_3 - 2y_1)\theta_{x_1} + (y_1 + y_3 - 2y_2)\theta_{x_2} \\ & + (y_1 + y_2 - 2y_3)\theta_{x_3}] \end{aligned}$$

Bestimme die resultierende Verschiebungsfunktion und untersuche deren Eigenschaften bezüglich Interelementkompatibilität.

Tabelle 12.1 Steifigkeitsmatrix für rechteckiges Plattenelement, 12-gliedriges Polynom zur Beschreibung des Elementes (vgl. Bild 12.3)

$$[\mathbf{k}_f] = \frac{Et^3}{360(1-\mu^2)x_2y_3}$$

w_1	θ_{x_1}	θ_{y_1}	w_2
$120(\beta^2+\gamma^2)-24\mu+84$		symmetrisch	
$[10\beta^2+(1+4\mu)]6y_3$	$40x_2^2+8(1-\mu)y_3^2$		
$-[10\gamma^2+(1+4\mu)]6x_2$	$-30\mu x_2y_3$	$40y_3^2+8(1-\mu)x_2^2$	
$60(\gamma^2-2\beta^2)+24\mu-84$	$-[10\beta^2+(1-\mu)]6y_3$	$[-5\gamma^2+(1+4\mu)]6x_2$	$120(\beta^2+\gamma^2)-24\mu+84$
$[10\beta^2+(1-\mu)]6y_3$	$20x_2^2-2(1-\mu)y_3^2$	0	$-[10\beta^2+(1+4\mu)]6y_3$
$[-5\gamma^2+(1+4\mu)]6x_2$	0	$20y_3^2-8(1-\mu)x_2^2$	$-[10\gamma^2+(1+4\mu)]6x_2$
$-60(\gamma^2+\beta^2)-24\mu+84$	$[-5\beta^2+(1-\mu)]6y_3$	$[5\gamma^2-(1-\mu)]6x_2$	$-60(2\gamma^2-\beta^2)+24\mu-84$
$[5\beta^2-(1-\mu)]6y_3$	$10x_2^2+2(1-\mu)y_3^2$	0	$[-5\beta^2+(1+4\mu)]6y_3$
$[-5\gamma^2+(1-\mu)]6x_2$	0	$10y_3^2+2(1-\mu)x_2^2$	$-[10\gamma^2+(1-\mu)]6x_2$
$-60(2\gamma^2-\beta^2)+24\mu-84$	$[-5\beta^2+(1+4\mu)]6y_3$	$[10\gamma^2+(1-\mu)]6x_2$	$-60(\beta^2+\gamma^2)-24\mu+84$
$[5\beta^2-(1+4\mu)]6y_3$	$20x_2^2-8(1-\mu)y_3^2$	0	$[-5\beta^2+(1-\mu)]6y_3$
$-[10\gamma^2+(1-\mu)]6x_2$	0	$20y_3^2-2(1-\mu)x_2^2$	$[-5\gamma^2+(1-\mu)]6x_2$

Tabelle 12.1 (Fortsetzung)

$\beta = \frac{x_2}{y_3}$

$\gamma = \frac{y_3}{x_2}$

θ_{x_2}	θ_{y_2}	w_3	θ_{x_3}
$40x_2^2 + 8(1-\mu)y_3^2$		symmetrisch	
$30\mu x_2 y_3$	$40y_3^2 + 8(1-\mu)x_2^2$		
$[-5\beta^2 + (1+4\mu)]6y_3$	$[10\gamma^2 + (1-\mu)]6x_2$	$120(\beta^2+\gamma^2) - 24\mu + 84$	
$20x_2^2 - 8(1-\mu)y_3^2$	0	$-[10\beta^2 + (1+4\mu)]6y_3$	$40x_2^2 + 8(1-\mu)y_3^2$
0	$20y_3^2 - 2(1-\mu)x_2^2$	$[10\gamma^2 + (1+4\mu)]6x_2$	$-30\mu x_2 y_3$
$[5\beta^2 - (1-\mu)]6y_3$	$[5\gamma^2 - (1-\mu)]6x_2$	$60(\gamma^2 - 2\beta^2) + 24\mu - 84$	$[10\beta^2 + (1-\mu)]6y_3$
$10x_2^2 + 2(1-\mu)y_3^2$	0	$-[10\beta^2 + (1-\mu)]6y_3$	$20x_2^2 - 2(1-\mu)y_3^2$
0	$10y_3^2 + 2(1-\mu)x_2^2$	$[5\gamma^2 - (1+4\mu)]6x_2$	0

Tabelle 12.1 (Fortsetzung)

θ_{y_3}	w_4	θ_{x_4}	θ_{y_4}
		symmetrisch	
$40y_3^2 + 8(1-\mu)x_2^2$			
$[5\gamma^2 - (1+4\mu)]6x_2$	$120(\beta^2+\gamma^2) - 24\mu + 84$		
0	$[10\beta^2 + (1+4\mu)]6y_3$	$40x_2^2 + 8(1-\mu)y_3^2$	
$20y_3^2 - 8(1-\mu)x_2^2$	$[10\gamma^2 + (1+4\mu)]6x_2$	$30\mu x_2 y_3$	$40y_3^2 + 8(1-\mu)x_2^2$

12.9 Ein Balkenelement sei einer Temperaturänderung über den spannungsfreien Zustand hinaus unterworfen, welche über die Dicke und entlang seiner Länge linear variiert. Die Temperaturverteilung sei bezüglich der vertikalen Querschnittsachse symmetrisch. Die Temperaturverteilung ist einem thermischen Biegemoment M^{α} äquivalent, dessen Variation in der Länge wie folgt beschrieben werden kann:

$$M^{\alpha} = \left(1 - \frac{x}{L}\right) M_1^{\alpha} + \frac{x}{L} M_2^{\alpha}.$$

In dieser Formel stellen M_1^{α} und M_2^{α} thermische Momente an den entsprechenden Endpunkten dar. Man bestimme unter den gegebenen Bedingungen für das Balkenelement die thermischen Kräfte.

12.10 Mit Hilfe von zwei Elementen berechne man für den Kragarm mit rechteckiger Querschnittsfläche die Durchbiegung des unter einer konzentrierten Last belasteten Kragarmendes und zwar auf der Basis der Superpositionsmethode, welche in Abschnitt 12.4 beschrieben wurde. Man vergleiche das Resultat mit der exakten Lösung.

13 Elastische Stabilität

In diesem Kapitel wollen wir uns mit FEM-Problemen der linearen elastischen Stabilität beschäftigen. Unter linearer Stabilitätsanalysis versteht man hierbei ein Verfahren zur Berechnung der Intensität aufgebrachter Lasten, die das Knicken oder Beulen einer elastischen Konstruktion verursachen. Die Verteilung der inneren Kräfte, welche infolge der aufgebrachten Lasten entsteht, wird dabei in einer unabhängigen linearen Analysis bestimmt. Obwohl unter den physikalischen Bedingungen, welche den Kollaps eines Bauwerkes verursachen, nichtlineare Aspekte der Instabilität sowie nichtelastisches Verformungsverhalten auftreten, beschreibt eine lineare Stabilitätsanalysis den Zusammenbruch eines Bauwerks in der Regel genügend genau. Dies trifft vor allem für Balken und Platten zu. Die linearen Stabilitätsprobleme, welche bei der Bemessung vieler Konstruktionsformen von Wichtigkeit sind, bilden also die Grundlage für eine große Zahl praktischer Anwendungen. Selbst dort, wo nichtlineare Phänomene in Rechnung gestellt werden müssen, um die Größe der Knicklast genügend genau zu erfassen, kann die Stabilitätslast häufig in befriedigender Weise mit einer linearen Berechnung gefunden werden.

Die FEM spielt bei der Lösung linearer Stabilitätsprobleme eine wichtige Rolle, weil sie die Fähigkeit besitzt, sich Irregularitäten der Lasten und der Geometrie leicht anzupassen, eine Eigenschaft, die man bei klassischen Methoden vermißt. Zudem sind die Berechnungsmethoden und Elementdarstellungen der linearen Stabilitätstheorie auch die Grundlage für die nichtlineare Stabilitätstheorie.

Wie bei anderen Fragestellungen der FEM besteht die Behandlung elastischer Stabilitätsprobleme aus zwei Komponenten: 1. der Formulierung der Elementgleichungen und 2. der Lösung des Gesamtsystems. Die Kapitel 5 und 6 haben gezeigt, daß es mehrere Wege gibt, die Elementgleichungen herzuleiten. Folglich gibt es auch entsprechend viele Formen, in denen diese Gleichungen gegeben werden können. Wir behandeln hier nur das Prinzip der stationären potentiellen Energie, nehmen Ansatzfunktionen für die Verschiebungen an und beschränken uns daher auch auf die Elementbeziehungen in der Form von Steifigkeitsgleichungen. In gleicher Weise wird die Gesamtkonstruktion nur mit Hilfe der Steifigkeitsgleichungen behandelt. Grund für diese Einschränkung ist, daß für die Steifigkeitsanalysis stark automatisierte und äußerst flexible Programme bereits zur Verfügung stehen, welche bei Anwendung auf eine lineare elastische Stabilitätsanalysis nur geringer Modifikationen bedürfen.

In Abschnitt 13.1 wird die allgemeine Theorie der Stabilitätsanalysis finiter Elemente gegeben. Danach folgen Abschnitte, welche sich speziell mit prismatischen Elementen und Plattenelementen beschäftigen.

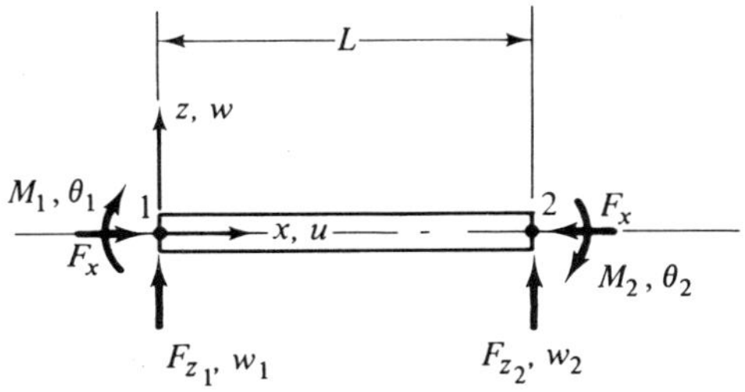

Bild 13.1

13.1 Allgemeine Theorie, lineare Stabilitätsanalysis

Man betrachte ein prismatisches Stabelement konstanten Querschnitts (**Bild 13.1**). Dieses Element tritt bei räumlichen Rahmentragwerken und ausgesteiften Platten und Schalen recht häufig auf. Es stellt in der linearen Analysis das einfachste Modell zur Herleitung der Steifigkeitseigenschaften eines finiten Elementes dar, enthält jedoch die wesentlichsten, allen Formen gemeinsamen Besonderheiten der linearen Stabilitätstheorie.

Wir nehmen an, daß das Element nur Biege- und Axialverformungen erfahre; die Schubverformung wird vernachlässigt. Es sind also nur Längsdehnungen vorhanden, und diese werden durch die folgende Verzerrungs-Verschiebungsgleichung beschrieben:

$$\epsilon_x = \frac{du}{dx} - z\left(\frac{d^2w}{dx^2}\right) + \frac{1}{2}\left(\frac{dw}{dx}\right)^2 . \tag{13.1}$$

Das erste und das zweite Glied rechterhand sind die bekannten Komponenten der Normal- und Biegedehnung; das dritte, in der Transversalverschiebung w nichtlineare Glied stellt eine Verzerrungskomponente dar, die einer Koppelung von Zug und Biegung entspricht. Sein Ursprung kann aus dem **Bild 13.2** entnommen werden, in dem ein Längeninkrement einer Faser im verformten Zustand dargestellt ist. Das verformte Längeninkrement dx kann als

$$\overline{dx} = \left[1 + \left(\frac{dw}{dx}\right)^2\right]^{1/2} dx$$

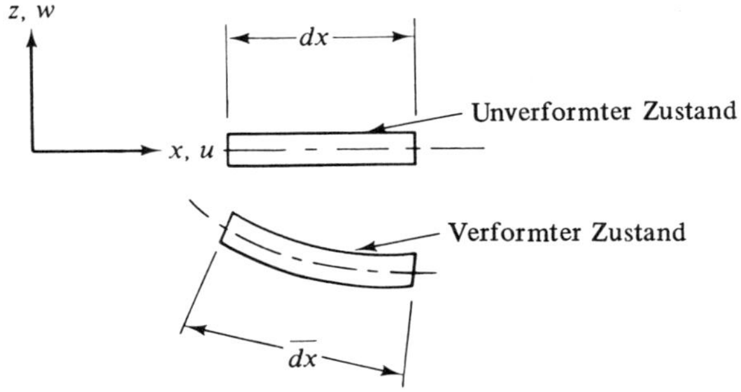

Bild 13.2

angeschrieben werden. Durch Reihenentwicklung dieses Ausdrucks erhält man mit Hilfe des Binominaltheorems

$$\overline{dx} = \left[1 + \frac{1}{2}\left(\frac{dw}{dx}\right)^2 + \cdots\right] dx .$$

Die Reihe wird nach dem zweiten Glied, welches den Anteil dieses Effektes an der Gesamtdehnung darstellt (das dritte Glied in (13.1)) abgebrochen.

Die Verzerrungsenergie des Elementes ist durch

$$U^e = \frac{1}{2} \int_{\text{vol}} E\epsilon_x^2 \, d(\text{vol}) \tag{13.2}$$

gegeben; sie erhält mit $d(\text{vol}) = dA \, dx$ nach Einsetzen von (13.1) in (13.2) die Gestalt

$$\begin{aligned} U^e = \frac{1}{2} \int_L \int_A \Bigg[& \left(\frac{du}{dx}\right)^2 + z^2 \left(\frac{d^2w}{dx^2}\right)^2 + \frac{1}{4}\left(\frac{dw}{dx}\right)^4 - 2z\left(\frac{du}{dx}\right)\left(\frac{d^2w}{dx^2}\right) \\ & - z\left(\frac{d^2w}{dx^2}\right)\left(\frac{dw}{dx}\right)^2 + \left(\frac{du}{dx}\right)\left(\frac{dw}{dx}\right)^2\Bigg] E \, dA \, dx . \end{aligned} \tag{13.3}$$

Dann integrieren wir über die Stabhöhe, bemerken hierbei, daß

$$\int_A dA = A, \qquad \int_A z \, dA = 0, \qquad \int_A z^2 \, dA = I \tag{13.4}$$

gilt, falls z vom Schwerpunkt aus gemessen wird, und erhalten so

$$U^e = \frac{1}{2} \int_L \left[A\left(\frac{du}{dx}\right)^2 + I\left(\frac{d^2w}{dx^2}\right)^2 + A\left(\frac{du}{dx}\right)\left(\frac{dw}{dx}\right)^2 + \frac{A}{4}\left(\frac{dw}{dx}\right)^4\right] E \, dx . \tag{13.5}$$

Um diesen Ausdruck in eine für die lineare Stabilitätsanalysis geeignete Form umzuwandeln, vernachlässigen wir das Glied höchster Ordnung $A/4 \, (dw/dx)^4$. Gleichzeitig beachten wir, daß unter der Voraussetzung, daß Längskräfte unabhängig und im ungeknickten Zustand berechnet werden können, die Axialkraft F_x im Zug-Druckstab durch die lineare Beziehung

$$F_x = EA \frac{du}{dx} \tag{13.6}$$

gegeben ist. Hier ist Zug als positiv definiert. Gleichung (13.5) wird also

$$U^e = \frac{1}{2} \int_L \left[EA\left(\frac{du}{dx}\right)^2 + EI\left(\frac{d^2w}{dx^2}\right)^2 + F_x\left(\frac{dw}{dx}\right)^2\right] dx . \tag{13.7}$$

Die Verzerrungsenergie ist jetzt auf eine Form reduziert, in welcher die Biege- und Axialanteile getrennt erscheinen, nämlich

$$U^e = U_a^e + U_f^e , \tag{13.8}$$

mit

$$U_a^e = \frac{1}{2}\int_L EA\left(\frac{du}{dx}\right)^2 dx \tag{13.9}$$

und

$$U_f^e = \frac{1}{2}\int_L \left[EI\left(\frac{d^2w}{dx^2}\right)^2 + F_x\left(\frac{dw}{dx}\right)^2\right] dx. \tag{13.10}$$

U_a bezeichnet die Energie des Zug-Druckstabes im ungeknickten Zustand.

Wir können unsere Betrachtungen jetzt allein auf das Biegeverhalten beschränken. Dabei nehmen wir an, daß die Lösung für Axiallasten durch eine unabhängige Behandlung des Prinzips des Minimums der potentiellen Energie bereits bestimmt ist. Die Euler-Gleichung für (13.10) kann mit den Methoden von Kapitel 6 bestimmt werden. Sie lautet in diesem Fall

$$EI\frac{d^4w}{dx^4} + F_x\frac{d^2w}{dx^2} = 0\,, \tag{13.11}$$

ist also die bekannte Gleichung des Stabknickens.

Wir nehmen nun einen funktionellen Zusammenhang zwischen den Transversalverschiebungen und den 4 Knotenverschiebungen an und schreiben

$$w = \lfloor N_1\; N_2\; N_3\; N_4 \rfloor \begin{Bmatrix} w_1 \\ w_2 \\ \theta_1 \\ \theta_2 \end{Bmatrix} = \lfloor \mathbf{N} \rfloor \{\boldsymbol{\Delta}_f\}\,, \tag{13.12}$$

wollen aber keine spezielle Gestalt für die Formfunktionen $\lfloor \mathbf{N} \rfloor$ angeben. Es sei jedoch festgestellt, daß die Formfunktionen, die für die Balkenbiegung exakt sind, die Differentialgleichung (13.11) des Biegeknickens nicht exakt erfüllen.

Einsetzen von (13.12) in (13.10) ergibt

$$U_f^e = \frac{\lfloor \boldsymbol{\Delta}_f \rfloor}{2}[\mathbf{k}_f]\{\boldsymbol{\Delta}_f\} + \frac{\lfloor \boldsymbol{\Delta}_f \rfloor}{2}[\mathbf{k}_g]\{\boldsymbol{\Delta}_f\}\,, \tag{13.13}$$

mit

$$[\mathbf{k}_f] = \left[\int_L EI\{\mathbf{N}''\}\lfloor \mathbf{N}'' \rfloor\, dx\right], \tag{13.14}$$

$$[\mathbf{k}_g] = \left[F_x \int_L \{\mathbf{N}'\}\lfloor \mathbf{N}' \rfloor\, dx\right]. \tag{13.15}$$

Die Matrix $[\mathbf{k}_f]$ stellt die konventionelle Steifigkeitsmatrix des Elementes dar. Die Matrix $[\mathbf{k}_g]$ ist neu und führt die mit der elastischen Stabilität verknüpften Effekte ein; sie mag als ein Inkrement betrachtet werden, das zur bekannten Steifigkeitsmatrix hinzutritt. Deshalb wird sie oft auch als Inkrementsteifigkeitsmatrix (incremental stiffness matrix) bezeichnet. Aus (13.15) kann geschlossen werden, und dies wird sich in der folgenden expliziten Herleitung von $[\mathbf{k}_g]$ auch bestätigen, daß diese Matrix allein von geometrischen Parametern (Längen usw.) abhängt. Man bezeichnet sie daher auch als geometrische Steifigkeitsmatrix.

Für Biegung ist das Potential der aufgebrachten Lasten (in diesem Fall der Knotenkräfte, vgl. Bild 13.1) durch

$$V^e = -\lfloor w_1\ w_2\ \theta_1\ \theta_2 \rfloor \begin{Bmatrix} F_{z_1} \\ F_{z_2} \\ M_1 \\ M_2 \end{Bmatrix} = -\lfloor \mathbf{\Delta}_f \rfloor \{\mathbf{F}\} \tag{13.16}$$

gegeben, so daß der Biegeanteil der potentiellen Energie des Elementes in der Form

$$\Pi_p^e = U^e + V^e = \frac{\lfloor \mathbf{\Delta}_f \rfloor}{2}[\mathbf{k}_f]\{\mathbf{\Delta}_f\} + \frac{\lfloor \mathbf{\Delta}_f \rfloor}{2}[\mathbf{k}_g]\{\mathbf{\Delta}_f\} - \lfloor \mathbf{\Delta}_f \rfloor\{\mathbf{F}\} \tag{13.17}$$

dargestellt werden kann.

Bei dünnen Platten sind die Verzerrungs-Verschiebungsgleichungen, welche (13.1) entsprechen **(Bild 13.3)**, durch

$$\begin{aligned} \epsilon_x &= \frac{\partial u}{\partial x} - z\frac{\partial^2 w}{\partial x^2} + \frac{1}{2}\left(\frac{\partial w}{\partial x}\right)^2, \qquad \epsilon_y = \frac{\partial v}{\partial y} - z\frac{\partial^2 w}{\partial y^2} + \frac{1}{2}\left(\frac{\partial w}{\partial y}\right)^2, \\ \gamma_{xy} &= \frac{\partial u}{\partial y} + \frac{\partial v}{\partial x} - 2z\frac{\partial^2 w}{\partial x\,\partial y} + \frac{\partial w}{\partial x}\frac{\partial w}{\partial y} \end{aligned} \tag{13.18}$$

gegeben. Mit demselben Verfahren wie oben erhält man für eine isotrope Platte den Biegeanteil der Verzerrungsenergie also zu

$$\begin{aligned} U^e = \frac{D}{2}\int_A &\left[\left(\frac{\partial^2 w}{\partial x^2} + \frac{\partial^2 w}{\partial y^2}\right)^2 + 2\mu\frac{\partial^2 w}{\partial x^2}\frac{\partial^2 w}{\partial y^2} + 2(1-\mu)\left(\frac{\partial^2 w}{\partial x\,\partial y}\right)^2\right] dA \\ &+ \frac{1}{2}\int_A \sigma_x t\left(\frac{\partial w}{\partial x}\right)^2 dA + \frac{1}{2}\int_A \sigma_y t\left(\frac{\partial w}{\partial y}\right)^2 dA \\ &+ \int_A \tau_{xy} t\left(\frac{\partial w}{\partial x}\right)\left(\frac{\partial w}{\partial y}\right) dA, \end{aligned} \tag{13.19}$$

wobei t die Dicke der Platte und $\sigma_x t$, $\sigma_y t$ sowie $\tau_{xy} t$ die in der Mittelebene angreifenden Membrankräfte bedeuten, welche als Linienlasten ausgedrückt sind; ihre Dimension ist also [Kraft/Länge].

Der funktionelle Zusammenhang zwischen den Transversalverschiebungen und den Knotenverschiebungen kann wiederum durch $w = \lfloor \mathbf{N} \rfloor \{\mathbf{\Delta}_f\}$ dargestellt werden. Nach Einsetzen der Ansatzfunktionen für die Verschiebungen in (13.19) erhält man

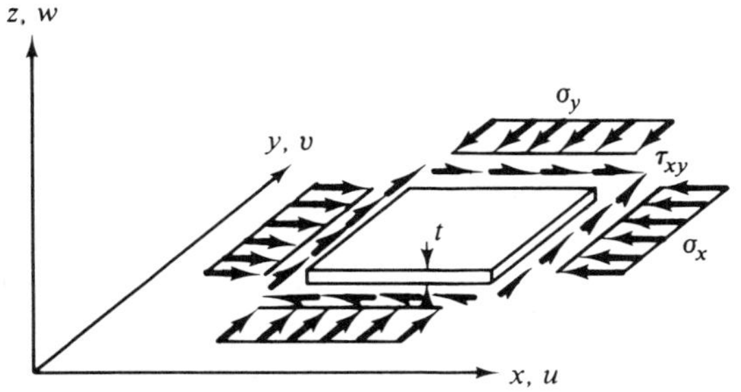

Bild 13.3

$$U^e = \frac{\lfloor \Delta_f \rfloor}{2}[\mathbf{k}_f]\{\Delta_f\} + \frac{\lfloor \Delta_f \rfloor}{2}[\mathbf{k}_{g_x}]\{\Delta_f\} + \frac{\lfloor \Delta_f \rfloor}{2}[\mathbf{k}_{g_y}]\{\Delta_f\} + \frac{\lfloor \Delta_f \rfloor}{2}[\mathbf{k}_{g_{xy}}]\{\Delta_f\} \;, \quad (13.20)$$

wobei $[\mathbf{k}_f^e]$ die konventionelle Plattensteifigkeit bedeutet und $[\mathbf{k}_{g_x}]$ durch

$$[\mathbf{k}_{g_x}] = \left[\int_A (\sigma_x t)\{\mathbf{N}'_x\}\lfloor \mathbf{N}'_x \rfloor \, dA\right] \quad (13.21)$$

gegeben ist mit

$$\frac{\partial w}{\partial x} = \left\lfloor \frac{\partial \mathbf{N}}{\partial x} \right\rfloor \{\Delta_f\} = \lfloor \mathbf{N}'_x \rfloor \{\Delta_f\}. \quad (13.22)$$

Für $[\mathbf{k}_{g_y}]$ und $[\mathbf{k}_{g_{xy}}]$ erhält man ähnliche Ausdrücke wie in (13.21). Wenn man $[\mathbf{k}_g]$ additiv gemäß

$$[\mathbf{k}_g] = [[\mathbf{k}_{g_x}] + [\mathbf{k}_{g_y}] + [\mathbf{k}_{g_{xy}}]] \quad (13.23)$$

aufteilt, dann nimmt (13.20) dieselbe Gestalt an wie (13.13).

Es ist interessant, daß der Einfluß von Stabilitätseffekten in den Steifigkeitsmatrizen für isotrope wie orthotrope Platten derselbe ist. Dies ist so, weil die die Stabilität beschreibenden Glieder rein geometrischer Natur sind. Mit anderen Worten, $[\mathbf{k}_g]$ ist vom Grad der Anisotropie der Platte unabhängig.

13.2 Globale Darstellung

Die potentielle Energie eines zusammengesetzten Systems ist durch die Summe der potentiellen Energien der einzelnen Elemente gegeben. Sie hat daher dieselbe Gestalt wie jene der Elemente und lautet

$$\Pi_{p_{\text{system}}} = \Sigma\, \Pi_p^e = \frac{\lfloor \Delta_f \rfloor}{2}[\mathbf{K}_f]\{\Delta_f\} + \frac{\lfloor \Delta_f \rfloor}{2}[\mathbf{K}_g]\{\Delta_f\} + V$$

mit (13.24)

$$[\mathbf{K}_f] = [\Sigma\, \mathbf{k}_f], \qquad [\mathbf{K}_g] = [\Sigma\, \mathbf{k}_g].$$

In diesen Formeln ist die Summation über alle Elemente des Systems zu erstrecken. Wie üblich bezeichnet $\{\boldsymbol{\Delta}_f\}$ die Verschiebungen und V das Potential der aufgebrachten Lasten $\{\mathbf{P}\}$. Man beachte, daß $\{\mathbf{P}\}$ nur Lasten enthält, die mit der Biegung assoziiert sind. Zur Charakterisierung dieser Lasten verwenden wir keinen Index f, weil dieser schon zur Bezeichnung der Kräfte verwendet wurde, welche an frei verschieblichen Punkten angreifen. Es sei aber betont, daß es auch andere Lasten $\{\mathbf{P}_a\}$ gibt, welche mit dem Axialverhalten verknüpft sind; diese Kräfte sind in $\{\mathbf{P}\}$ nicht enthalten. Weiter sei angenommen, daß die Lasten konservativ seien, also durch die Bedingung gegeben seien, daß ihre Arbeit $-V$ bei jedem kinematisch zulässigen Verschiebungszustand allein von der Anfangs- und Endkonfiguration des Systems abhänge. Wir schließen also z.B. alle jene Fälle aus, in welchen die Lasten der Durchbiegungsrichtung des Gliedes, an dem sie angreifen, folgen.

Für stabiles Gleichgewicht, d.h. für Bedingungen, bei denen die Axialkraft unterhalb eines kritischen Wertes liegt, liefert das Prinzip des Minimums der potentiellen Energie durch Bilden der ersten Variation von Π_p (d.h. $\delta\Pi_p = 0$) in (13.24) eine Steifigkeitsgleichung der Form

$$\{\mathbf{P}\} = [\mathbf{K}_f]\{\boldsymbol{\Delta}_f\} + [\mathbf{K}_g]\{\boldsymbol{\Delta}_f\}. \tag{13.25}$$

Auflösen von (13.25) nach den Verschiebungen $\{\boldsymbol{\Delta}_f\}$ führt in der üblichen Weise zu Resultaten, welche den Membranspannungen Rechnung tragen. Die Axialkräfte haben in diesem Fall also eine Einwirkung auf die Steifigkeitseigenschaften des Stabes. Zugkräfte erhöhen die Biegesteifigkeit und können natürlich auch in die Rechnung einbezogen werden.

Um elastische Stabilitätsprobleme zu behandeln, bei denen die Intensität der Axialkräfte, welche Knicken verursachen, ja noch unbekannt ist, muß die geometrische Steifigkeitsmatrix zuerst berechnet werden, indem man eine Lastintensität vorerst frei wählt (wobei die Verteilung der Axialkräfte als fix angenommen wird). Für Knicken wird die Intensität der Axialkräfte als das ω-fache der beliebig gewählten, zur Konstruktion von $[\mathbf{k}_g]$ verwendeten Laststärke $\{\mathbf{P}_a\}$ angenommen; die Gleichgewichtsbedingung führt dann zu

$$\delta\Pi_p = [\mathbf{K}_f]\{\boldsymbol{\Delta}_f\} + \omega[\mathbf{k}_g]\{\boldsymbol{\Delta}_f\} - \{\mathbf{P}\} = 0. \tag{13.26}$$

An dieser Stelle ist es notwendig, die Bedingungen der neutralen Stabilität zu betrachten. Sie bestimmen nämlich den Eigenwert ω und die zugehörige Eigenfunktion $\{\boldsymbol{\Delta}_{CR}\}$. Die diesbezügliche Information kann nicht aus der ersten Variation der potentiellen Energie erhalten werden; wir müssen statt dessen zur Berechnung der zweiten Variation $\delta^2\Pi_p = \delta\,(\delta\Pi_p)$ schreiten.

Aus Bild 6.2, welches die potentielle Energie als Funktion einiger repräsentativer Verschiebungsparameter $\boldsymbol{\Delta}$ zeigt, geht hervor, daß für stabiles Gleichgewicht $\delta^2\Pi_p > 0$ gilt, für neutrales Gleichgewicht aber $\delta^2\Pi_p = 0$ sein muß. Die letzte Bedingung definiert die gesuchte Verzweigung des Gleichgewichts. Anwenden dieser Bedingung auf (13.24) führt zur Gleichung

$$\delta^2\Pi_p = \lfloor\delta\boldsymbol{\Delta}_f\rfloor[\mathbf{K}]\{\delta\boldsymbol{\Delta}_f\} = 0$$

oder, wenn im vorliegenden Fall $[\mathbf{K}] = [\mathbf{K}_f] + [\mathbf{K}_g]$ gesetzt wird,

$$|[\mathbf{K}_f] + [\mathbf{K}_g]| = 0, \tag{13.27}$$

wobei $|\cdot|$ die Determinante bezeichnet.

Neutrales Gleichgewicht verlangt also, daß die Determinante der Matrix in (13.27) verschwindet. Ein anderes dieser Bedingung völlig gleichwertiges Argument lautet wie folgt: Die Eindeutigkeit der Lösungen von (13.26) geht verloren (Existenz eines Verzweigungspunktes), falls ein Vektor $\{\mathbf{\Delta}\}$ und ein Skalar ω derart existieren, daß $[\mathbf{K}_f + \omega\, \mathbf{K}_g]\{\mathbf{\Delta}_f\} = 0$ gilt.

Die Berechnung der Determinante zur Bestimmung des Eigenwertes ist für große Systeme nicht wirtschaftlich. Man geht je nach der Form von (13.27) verschieden vor; einige Verfahren bestehen in einer sukzessiven Multiplikation beider Seiten von (13.27) mit $\{\mathbf{\Delta}_f\}$. Umformen ergibt

$$\frac{1}{\omega}\{\mathbf{\Delta}_f\} = [\mathbf{K}_f]^{-1}[\mathbf{K}_g]\{\mathbf{\Delta}_f\}. \tag{13.27a}$$

Durch Iteration oder mittels anderer Verfahren kann der kleinste Eigenwert ω und der zugehörige Eigenvektor $\{\mathbf{\Delta}_{f_{cr}}\}$ bestimmt werden.

Der Vektor $\{\mathbf{\Delta}_f\}$ enthält bei den bisher besprochenen Balken- und Plattenproblemen als Komponenten sowohl eigentliche Verschiebungen (w_i) als auch Verdrehungen (θ_i). Intuitiv wird man daher erwarten, daß Ansätze für die Verschiebungen zur Bestimmung der ausgeknickten Form genügen würden und daß diese Knickform eine genügend genaue Berechnung der kritischen Laststärke erlaubte. Eine exakte Raffung des durch (13.27) dargestellten Eigenwertproblems ist nicht bequem, da das Resultat zu Matrizen führen würde, in welchen der Eigenwert nicht als gemeinsamer Faktor erschiene. Eine iterative Berechnung wäre daher nötig. Andererseits kann die in Abschnitt 2.8 beschriebene, nur bei der konventionellen Steifigkeitsmatrix auf eine exakte Matrix führende Raffungsart auch auf die geometrische Steifigkeitsmatrix angewendet werden. Man gelangt so aber nur zu einer angenäherten Matrix.

Das Verfahren des Abschnitts 2.8 wird wie folgt auf das vorliegende Problem angewendet: Zuerst wird angenommen, daß der Vektor der Verschiebungsparameter aufgeteilt werde in eine translatorische Verschiebung und eine Verdrehung, d.h. $\lfloor \mathbf{\Delta} \rfloor = \lfloor \mathbf{w} \mid \mathbf{\theta} \rfloor$. Für die Matrix $[\mathbf{k}_f]$ erhält man z.B.

$$[\mathbf{k}_f] = \left[\begin{array}{c|c} \mathbf{K}_{f_{ww}} & \mathbf{K}_{f_{w\theta}} \\ \hline \mathbf{K}_{f_{\theta w}} & \mathbf{K}_{f_{\theta\theta}} \end{array}\right].$$

(In Wirklichkeit ist jede Aufteilung eines Satzes von Verschiebungsparametern möglich, aber der Einfachheit des Konzeptes und der Schreibweise wegen halten wir an der Einteilung in $\{\mathbf{w}\}$ und $\{\mathbf{\theta}\}$ fest.) Gemäß Abschnitt 2.8 ist die Transformation des $\lfloor \mathbf{w} \rfloor$-Vektors auf den $\lfloor \mathbf{w} \mid \mathbf{\theta} \rfloor$-Vektor, welche der konventionellen Steifigkeitsmatrix zugrundeliegt, gegeben durch

$$\left\{\begin{array}{c} \mathbf{w} \\ \hline \mathbf{\theta} \end{array}\right\} = \left[\begin{array}{c} \mathbf{I} \\ \hline -\mathbf{k}_{f_{\theta\theta}}^{-1}\mathbf{k}_{f_{\theta w}} \end{array}\right]\{\mathbf{w}\} = [\mathbf{\Gamma}_0]\{\mathbf{w}\}. \tag{13.28}$$

Die Transformationsmatrix $[\mathbf{\Gamma}_0]$ wird jetzt auf die konventionelle Steifigkeitsmatrix $[\mathbf{k}_f]$ und auf die geometrische Steifigkeitsmatrix $[\mathbf{k}_g]$ angewendet; dies gibt

$$\left[[\hat{\mathbf{k}}_f] + \omega[\hat{\mathbf{k}}_g]\right]\{\mathbf{w}\} = 0 \tag{13.29}$$

mit

$$[\hat{\mathbf{k}}_f] = [\mathbf{\Gamma}_0]^{\mathrm{T}}[\mathbf{k}_f][\mathbf{\Gamma}_0], \qquad [\hat{\mathbf{k}}_g] = [\mathbf{\Gamma}_0]^{\mathrm{T}}[\mathbf{k}_g][\mathbf{\Gamma}_0].$$

Der Eigenwert ω und die zugehörige Knickform werden jetzt aus dem reduzierten Gleichungssystem (13.29) berechnet. Die Wirtschaftlichkeit dieses Vorgehens wird weiter unten noch beschrieben werden.

13.3 Prismatische Stäbe

13.3.1 Knicken

Unser Ziel ist es, die Verzerrungsenergie (13.13) auf eine für die Bestimmung der Steifigkeitsmatrix eines Elementes besonders geeignete Form zu bringen, indem eine funktionelle Darstellung für w gewählt wird.

Für diesen Fall ist es möglich, eine exakte Darstellung zu geben, wenn Verschiebungsfunktionen gewählt werden, welche die entsprechenden Differentialgleichungen erfüllen [13.1]. Den üblichen Motivationen der FEM folgend wählen wir hingegen ein einfaches, angenähertes Verschiebungsfeld, nämlich dasjenige des Biegestabes ohne Axialkraft, welches mit $\xi = x/L$ (vgl. (5.1 a))

$$w = \lfloor (1 - 3\xi^2 + 2\xi^3) \quad (3\xi^2 - 2\xi^3) \quad (1 - 2\xi + \xi^2)x \quad (\xi - \xi^2)x \rfloor \begin{Bmatrix} w_1 \\ w_2 \\ \theta_1 \\ \theta_2 \end{Bmatrix}$$

lautet. Einsetzen dieses Ansatzes in (13.13) führt zu der bekannten Form der Steifigkeitsmatrix $[\mathbf{k}_f]$ für Biegung (5.17) sowie der folgenden expliziten Form der Matrix $[\mathbf{k}_g]$:

$$[\mathbf{k}_g] = \frac{F_x}{30L} \begin{bmatrix} 36 & & & \\ -36 & 36 & & \text{symmetrisch} \\ -3L & 3L & 4L^2 & \\ -3L & 3L & -L^2 & 4L^2 \end{bmatrix} \tag{13.30}$$

(Spalten: w_1, w_2, θ_1, θ_2)

Als Beispiel zum Gebrauch der konsistenten geometrischen Steifigkeitsmatrix zum Stabilitätsnachweis dünner Balken bestimmen wir die Knicklast eines einfachen Balkens, wobei wir ein einziges Element benützen (**Bild 13.4**). Mit

$$w_1 = \theta_2 = 0, \quad F_x = -P_{x_{cr}}, \quad L = \frac{l}{2}$$

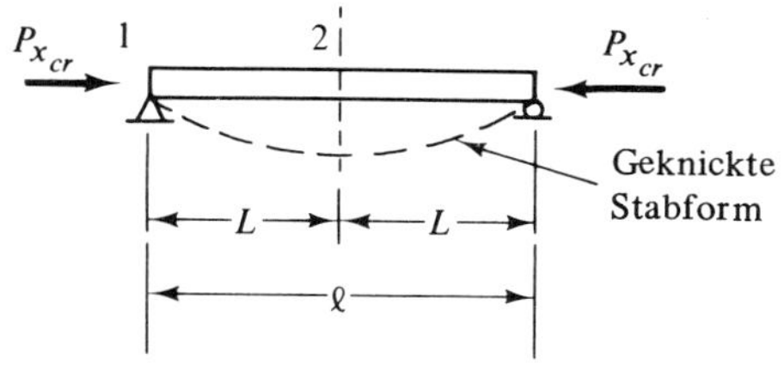

Bild 13.4

lautet daher die charakteristische Gleichung

$$\left(\frac{8EI}{l} - \frac{P_{x_{cr}} l}{15}\right)\left(\frac{96EI}{l^3} - \frac{12P_{x_{cr}}}{5l}\right) - \left(\frac{24EI}{l^2} - \frac{P_{x_{cr}}}{10}\right)^2 = 0,$$

deren Lösung

$$P_{x_{cr}} = 9.94\left(\frac{EI}{l^2}\right)$$

beträgt. Dieser Wert weicht nur um 0,752% vom exakten Wert $\pi^2(EI/l^2)$ ab.

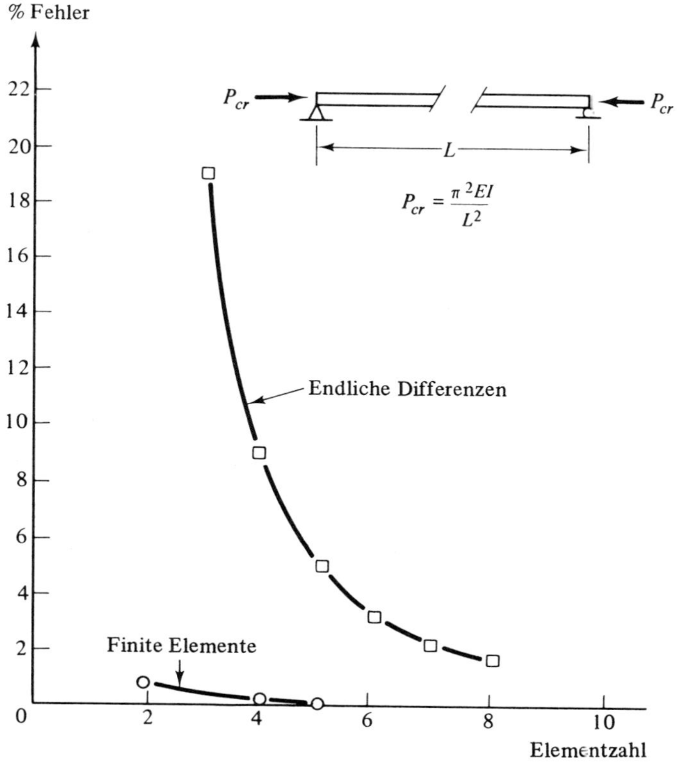

Bild 13.5

Bild 13.5 zeigt den prozentualen Fehler dieser Lösung als Funktion der Anzahl Elemente. Die entsprechenden Resultate für eine mit endlichen Differenzen [13.2] bestimmte Lösung sind vergleichsweise ebenfalls dargestellt. Die wesentlich schlechtere Genauigkeit der Methode der endlichen Differenzen geht auf die Annahme linearer Variation der Verschiebungen w zwischen den Knoten zurück; dies im Gegensatz zur kubischen Variation bei finiten Elementen. Beachte jedoch, daß die Gleichungen der endlichen Differenzen je Knoten nur einen einzigen Verschiebungsparameter, die Transversalverschiebung w, enthalten.

Bild 13.6 zeigt den prozentualen Fehler der Knickkraft eines voutierten Trägers als Funktion der Elementzahl. Die durch die ausgezogene Linie dargestellten Resultate [13.3] gelten für eine stufenweise Annäherung der Geometrie, wobei die geometrischen Eigenschaften der jeweiligen Mittelquerschnitte zur Beschreibung des Elementes verwendet wurden. Zwei Aspekte der Resultate sind bemerkenswert: Einmal ist für einen Stab mit konstantem Querschnitt die Genauigkeit bei Elementverfeinerung für jede Ele-

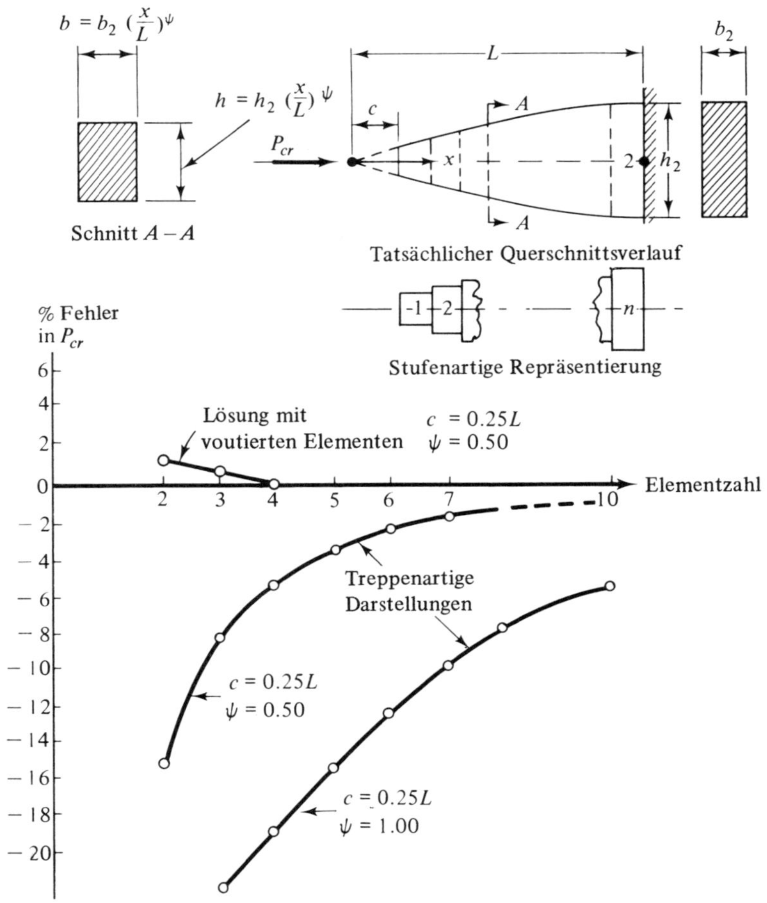

Bild 13.6

mentzahl bedeutend schlechter als für voutierte Elemente. Dann konvergieren die Resultate zum Grenzwert von unten her und nicht von oben. Wir stellen also fest, daß die auf die geometrische Annäherung zurückgehende erhöhte Flexibilität die Annäherung in der Darstellung der Elementverschiebungsfunktion ausgleicht. Weiter stellt man fest, daß es für ein Element keinen „repräsentativen" Querschnitt gibt.

Es ist schwierig und oft sogar unmöglich, die genaue Steifigkeitsmatrix für ein nichtuniformes Element zu bestimmen. Andererseits kann man das Prinzip des Minimums der potentiellen Energie zur Herleitung der Annäherung einer Formulierung für den voutierten Träger verwenden, indem man eine geometrische Darstellung wählt, welche entweder exakt ist (wie in den Abschnitten 6.4 und 7.2), oder sich aber an die tatsächliche Voutierung annähert und Ansatzfunktionen für die Verschiebungen wählt, welche für das Element konstanten Querschnitts verwendet wurden.

Mit dem Rechenverfahren, welches die Kontinuität der Geometrie über die Knotenpunkte hinweg aufrecht erhält, erzielt man die sehr genauen Lösungen in Bild 13.6. Aus diesen Resultaten ergibt sich die vielleicht bedeutendste Forderung äußerste Vorsicht nicht nur bei der Wahl der geometrischen Darstellung, sondern auch der Auswahl der Verschiebungsfunktionen walten zu lassen.

13.3.2 Biegedrillknicken

Wenn ein prismatischer Stab Teil eines räumlichen Rahmens ist, wird er im allgemeinen nicht nur durch Biegung in zwei Achsen beansprucht, sondern auch durch Torsion in der Stabachse und durch Axiallasten. Die Interaktion dieser Einflüsse führt zu elastischen Stabilitätsphänomenen, welche komplexer sind als die das einfache Knicken beschreibenden Phänomene des letzten Abschnittes. Die Erweiterung auf diesen allgemeineren Fall folgt denselben Prinzipien wie die voranstehenden Entwicklungen; Details können in [13.4] gefunden werden. Um die dabei auftretenden Überlegungen zu illustrieren, untersuchen wir hier einen speziellen Aspekt des allgemeinen Falles, nämlich das Biegedrillknicken.

Der prismatische Stab, der die Grundprinzipien erklären soll, ist in **Bild 13.7** abgebildet.

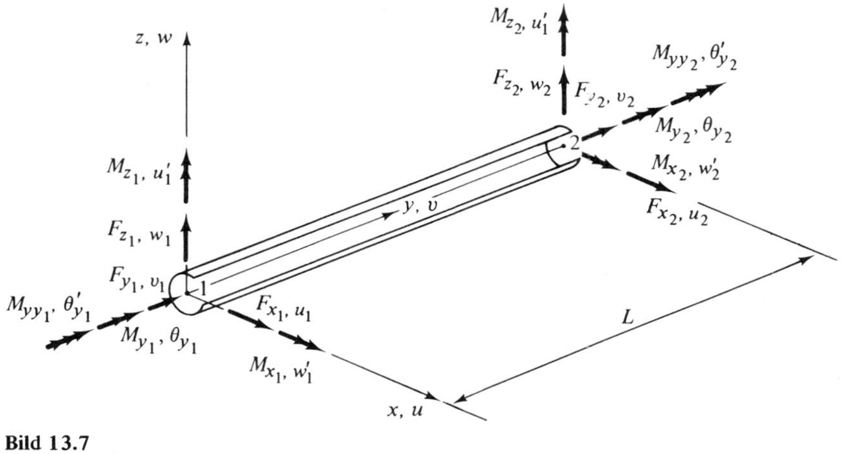

Bild 13.7

Wir nehmen an, daß eine Berechnung für den noch nicht ausgeknickten Stab durchgeführt wurde, um das Biege-Zug-Verhalten in der (y, z)-Ebene zu bestimmen. Die Endmomente M_{x_1}, M_{x_2} und die Querkräfte F_{z_1} und F_{z_2} sowie die Axialkraft sind also bekannt Das in Frage stehende Knickproblem schließt Torsionsverformung (um die Achse y) und Biegung in der (x, y)-Ebene ein. Um den Wölbeffekten Rechnung zu tragen ist es nötig, die Ableitung des Verdrehungswinkels (θ_y) nach der y-Koordinate, welche mit θ'_y bezeichnet sei, als Verformungsmaß einzuschließen. An jedem Ende des Stabes sind die Verschiebungsparameter also θ_y, θ'_y, u und u' $(= du/dy)$ mit entsprechenden Kraftparametern, welche mit M_y, M_{yy}, F_x und M_z bezeichnet seien.

Unter diesen Bedingungen ist in [13.4] gezeigt worden, daß der Ausdruck für die potentielle Energie unter Einschluß der Biegedrillknickeffekte

$$\begin{aligned}\Pi_p = \frac{1}{2}\int_L & [EI_z(u'')^2 + GJ(\theta'_y)^2 + E\Gamma(\theta''_y)^2 - \frac{F_y I_p}{A}(\theta'_y)^2 - F_y(u')^2 \\ & + (F_{z_1}y - F_{z_2}(L - y) + M_{x_1} - M_{x_2})\theta_x u''] \, dy \\ & - \sum_{i=1}^{2} (M_{y_i}\theta_y + M_{yy_i}\theta'_y + F_{x_i}u_i + M_{z_i}u'_i)\end{aligned} \tag{13.31}$$

lautet, wobei der Apostroph Differentiation bezüglich der Längskoordinate y bezeichnet. G ist der Schubmodul, J die St. Venantsche Konstante, I_p das polare Trägheitsmoment und E die Wölbkonstante. A und I_z sind bereits früher definiert worden. Weiter gilt

$$M_{x_{1\text{-}2}} = M_{x_1} - M_{x_2}.$$

Jede der Verschiebungsvariablen u und θ_y muß an jedem Knoten zwei Randbedingungen erfüllen, eine für die Variablen (u_i, θ_{y_i}), die andere für deren erste Ableitungen (u'_i, θ'_{y_i}). Solche Bedingungen haben wir schon beim einfachen Stab angetroffen. Die Form der verwendeten Funktionen zur Darstellung einfacher Biegung kann also auch auf diesen Fall angewendet werden:

$$u = \lfloor \mathbf{N} \rfloor \{\mathbf{\Delta}_u\}, \tag{13.32}$$

$$\theta_y = \lfloor \mathbf{N} \rfloor \{\mathbf{\Delta}_{\theta_y}\}. \tag{13.33}$$

Hier ist $\lfloor \mathbf{N} \rfloor$ der Vektor der Formfunktionen, welcher in (5.14a) gegeben ist; weiter ist

$$\{\mathbf{\Delta}_u\} = \lfloor u_1 \; u_2 \; u'_1 \; u'_2 \rfloor^{\mathrm{T}}, \tag{13.34}$$

$$\{\mathbf{\Delta}_{\theta_x}\} = \lfloor \theta_{y_1} \; \theta_{y_2} \; \theta'_{y_1} \; \theta'_{y_2} \rfloor^{\mathrm{T}}. \tag{13.35}$$

Einsetzen dieser Ausdrücke in (13.31), Ausführen der angedeuteten Integrationen und Anwenden des Prinzips des Minimums der potentiellen Energie, d.h. Differentiation des Potentials nach jedem Knotenparameter und Nullsetzen der entsprechenden Ausdrücke, ergibt dieselbe Form der Steifigkeitsgleichungen wie schon in früheren Abschnitten dieses Kapitels, nämlich

$$\{\mathbf{F}\} = [[\mathbf{k}_f] + [\mathbf{k}_g]]\{\mathbf{\Delta}\},$$

wobei in diesem Fall

$$\{\mathbf{F}\} = \lfloor F_{x_1}\ M_{z_1}\ M_{y_1}\ M_{yy_1}\ F_{x_2}\ M_{z_2}\ M_{y_2}\ M_{yy_2}\rfloor^{\mathrm{T}},$$
$$\{\mathbf{\Delta}\} = \lfloor u_1\ u_1'\ \theta_{y_1}\ \theta_{y_1}'\ u_2\ u_2'\ \theta_{y_2}\ \theta_{y_2}'\rfloor^{\mathrm{T}}.$$

Die Steifigkeitsmatrix $[\mathbf{k}_f]$ und die geometrische Steifigkeitsmatrix $[\mathbf{k}_g]$ sind für diesen Fall in **Bild 13.8** dargestellt.

Um einen Einblick in die Genauigkeit dieser Formulierung zu gewinnen, untersuchen wir das Kippen eines einfach gelagerten Stabes, dessen Enden gegenüber Verdrehung starr gelagert und gleichen Endmomenten $M_{x_1} = -M_{x_2} = M_{cr}$ unterworfen seien (vgl. Skizze in Bild 13.9). Wir streben eine Lösung mit einem Element an, für welches wegen der Symmetrie $u_2' = -u_1'$ und $\theta_{y_1}' = -\theta_{y_2}'$ gilt. Alle anderen Verschiebungsparameter der Knoten $(u_1, u_2, \theta_{y_1}, \theta_{y_2})$ verschwinden. Wendet man diese Bedingungen auf die Steifigkeitsgleichungen von Bild 13.8 an, so erhält man

$$\begin{vmatrix} \dfrac{2EI_z}{L} & \dfrac{L}{6}M_{cr} \\ \dfrac{L}{6}M_{cr} & \left(\dfrac{5}{30}GJL + \dfrac{2E\Gamma}{L}\right) \end{vmatrix} = 0,$$

woraus

$$M_{cr} = \frac{3}{L}\sqrt{(EI_z)(GJ)\left(\frac{4}{3} + \frac{E\Gamma}{GJ}\frac{16}{L^2}\right)}$$

folgt; die exakte Lösung lautet in diesem Fall

$$M_{cr} = \frac{\pi}{L}\sqrt{(EI_z)(GJ)\left(1 + \frac{E\Gamma}{GJ}\frac{\pi^2}{L^2}\right)}.$$

Wenn die Torsionssteifigkeit im Vergleich zur Wölbsteifigkeit klein ist (d.h. $GJ \ll E\Gamma$), dann beträgt der Fehler der Näherungsformel ca. 20%, im anderen Fall und für den Rechteckquerschnitt jedoch nur ca. 10%.

Bild 13.9 zeigt für die eben hergeleitete Formulierung die Konvergenzcharakteristiken bei Biegedrillknicken und Kippen. Die früheren Resultate für reines Biegeknicken sind vergleichshalber auch gezeigt. Alle drei Fälle weisen bei einer Idealisierung mit 2 Elementen einen Fehler von weniger als 1% auf.

13.3.3 Rahmen-Instabilität

Die Rahmen-Instabilität stellt, da die Verteilung der Axialkräfte im allgemeinen von der Koppelung des Biege- und Axialverhaltens abhängt, ein komplexeres Problem dar als die eindimensionalen Stabilitätsaufgaben (von z.B. durchlaufenden Trägern). Für das zugehörige Knickproblem ist eine unabhängige Behandlung des Biege- und Axialverhaltens nicht mehr statthaft; das Problem wird also nichtlinear. Ein einfaches Bei-

$\{\mathbf{F}\} = [[\mathbf{k}_f] + [\mathbf{k}_g]]\{\Delta\}$, $\{\mathbf{F}\} = \lfloor F_{x_1}\ M_{z_1}\ M_{y_1}\ M_{yy_1}\ F_{x_2}\ M_{z_2}\ M_{y_2}\ M_{yy_2} \rfloor^T$, $\{\Delta\} = \lfloor u_1\ u_1'\ \theta_{y_1}\ \theta_{y_1}'\ u_2\ u_2'\ \theta_{y_2}\ \theta_{y_2}' \rfloor^T$

$[\mathbf{k}_f] = \frac{1}{L^3}$ (symmetrisch)

u_1	u_1'	θ_{y_1}	θ_{y_1}'	u_2	u_2'	θ_{y_2}	θ_{y_2}'
$12EI_z$							
$-6EI_zL$	$4EI_zL^2$						
0	0	$\frac{12GJL^2}{10} + 12E\Gamma$					
0	0	$-\frac{GJL^3}{10} - 6E\Gamma L$	$\frac{4GJL^4}{30} + 4E\Gamma L^2$				
$-12EI_z$	$6EI_zL$	0	0	$12EI_z$			
$-6EI_zL$	$2EI_zL^2$	0	0	$6EI_zL$	$4EI_zL^2$		
0	0	$-\frac{12GJL^2}{10} - 12E\Gamma$	$\frac{GJL^3}{10} + 6E\Gamma L$	0	0	$\frac{12GJL^2}{10} + 12E\Gamma$	
0	0	$-\frac{GJL^3}{10} - 6E\Gamma L$	$-\frac{GJL^4}{30} + 2E\Gamma L^2$	0	0	$\frac{GJL^3}{10} + 6E\Gamma L$	$\frac{4GJL^4}{30} + 4E\Gamma L^2$

, $[\mathbf{k}_g] = \frac{1}{60}$ (symmetrisch)

u_1	u_1'	θ_{y_1}	θ_{y_1}'	u_2	u_2'	θ_{y_2}	θ_{y_2}'
$\frac{72F_y}{L}$							
$-6F_y$	$8F_yL$						
$\frac{36M_{x_{1-2}}}{L} + 3F_{z_1} + 33F_{z_2}$	$-33M_{x_{1-2}} - 6F_{z_1}L - 27F_{z_2}L$	$\frac{72F_yI_p}{LA}$					
$-3M_{x_{1-2}} - 3F_{z_2}L$	$4M_{x_{1-2}}L + F_{z_1}L^2 + 3F_{z_2}L^2$	$-\frac{6F_yI_p}{A}$	$\frac{8F_yI_pL}{A}$				
$-\frac{72F_y}{L}$	$6F_y$	$-\frac{36M_{x_{1-2}}}{L} - 3F_{z_1} - 33F_{z_2}$	$3M_{x_{1-2}} + 3F_{z_2}L$	$\frac{72F_y}{L}$			
$-6F_y$	$-2F_yL$	$-3M_{x_{1-2}} + 3F_{z_1}L - 6F_{z_2}L$	$-M_{x_{1-2}}L - F_{z_1}L^2$	$6F_y$	$8F_yL$		
$-\frac{36M_{x_{1-2}}}{L} - 33F_{z_1} - 3F_{z_2}$	$3M_{x_{1-2}} + 6F_{z_1}L - 3F_{z_2}L$	$-\frac{72F_yI_p}{AL}$	$\frac{6F_yI_p}{A}$	$\frac{36M_{x_{1-2}}}{L} + 33F_{z_1} + 3F_{z_2}$	$33M_{x_{1-2}} + 27F_{z_1}L + 6F_{z_2}L$	$\frac{72F_yI_p}{LA}$	
$-3M_{x_{1-2}} - 3F_{z_1}L$	$-M_{x_{1-2}}L - F_{z_2}L^2$	$-\frac{6F_yI_p}{A}$	$-\frac{2F_yI_pL}{A}$	$2M_{x_{1-2}} + 3F_{z_1}L$	$4M_{x_{1-2}}L + 3F_{z_1}L^2 + F_{z_2}L^2$	$+\frac{6F_yI_p}{A}$	$\frac{8F_yI_pL}{A}$

Bild 13.8

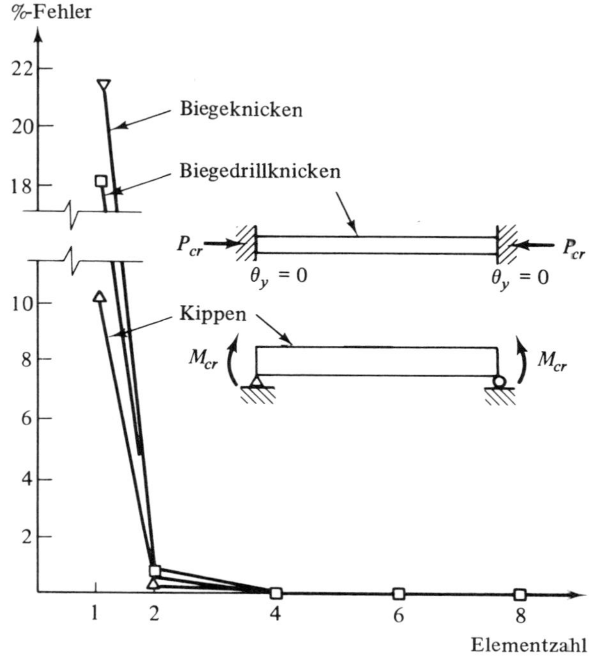

Bild 13.9

spiel möge diese Überlegungen belegen. **Bild 13.10** zeigt einen Knoten (j) eines Stabes mit auf lokale Koordinaten bezogenen Kräften (und Verschiebungen). Diese Größen sind daher mit einem Apostroph versehen. Für jedes Element lauten die Stabilitätsgleichungen

$$\left\{\begin{matrix}\mathbf{F}'_x \\ \hline \mathbf{F}'_z \\ \mathbf{M}\end{matrix}\right\} = \left[\begin{array}{c|c}\mathbf{k}'_a & \mathbf{0} \\ \hline \mathbf{0} & \mathbf{k}'_f\end{array}\right]\left\{\begin{matrix}\mathbf{u}' \\ \hline \mathbf{w}' \\ \boldsymbol{\theta}'\end{matrix}\right\} + \left[\begin{array}{c|c}\mathbf{0} & \mathbf{0} \\ \hline \mathbf{0} & \mathbf{k}'_g\end{array}\right]\left\{\begin{matrix}\mathbf{u}' \\ \hline \mathbf{w}' \\ \boldsymbol{\theta}'\end{matrix}\right\}. \tag{13.36}$$

Hier ist mit $[\mathbf{k}'_a]$ und $[\mathbf{k}'_f]$ zwischen dem axialen und dem Biegeverhalten unterschieden worden, und das Apostroph deutet an, daß die entsprechenden Größen auf lokale Ach-

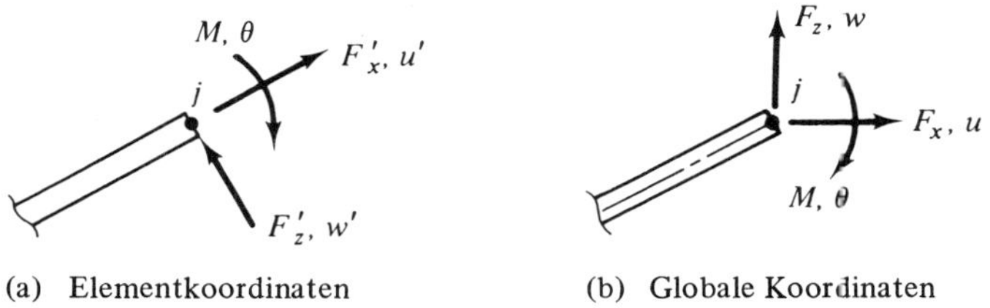

(a) Elementkoordinaten (b) Globale Koordinaten

Bild 13.10

sen bezogen sind. Nach der Transformation auf globale Koordinaten u und w (kein Apostroph) nimmt (13.10) die Gestalt

$$\begin{Bmatrix} \mathbf{F}_x \\ \mathbf{F}_z \\ \mathbf{M} \end{Bmatrix} = \begin{bmatrix} \mathbf{k}_{11} & \mathbf{k}_{12} \\ \mathbf{k}_{21} & \mathbf{k}_{22} \end{bmatrix} \begin{Bmatrix} \mathbf{u} \\ \mathbf{w} \\ \boldsymbol{\theta} \end{Bmatrix} + \begin{bmatrix} \mathbf{k}_{g11} & \mathbf{k}_{g12} \\ \mathbf{k}_{g21} & \mathbf{k}_{g22} \end{bmatrix} \begin{Bmatrix} \mathbf{u} \\ \mathbf{w} \\ \boldsymbol{\theta} \end{Bmatrix} \tag{13.37}$$

an, wobei auf eine Indexierung der ersten Matrix verzichtet wurde.

Man erkennt aus dieser Gleichung (13.37), daß das Biege- und das Axialverhalten des Elementes gekoppelt sind. Diese Verhältnisse bleiben auch erhalten, wenn die Elemente zur Gesamtkonstruktion zusammengefügt werden. Die Koeffizienten der geometrischen Steifigkeitsmatrix sind also Funktionen des Biegeverhaltens geworden und können nicht unabhängig davon bestimmt werden.

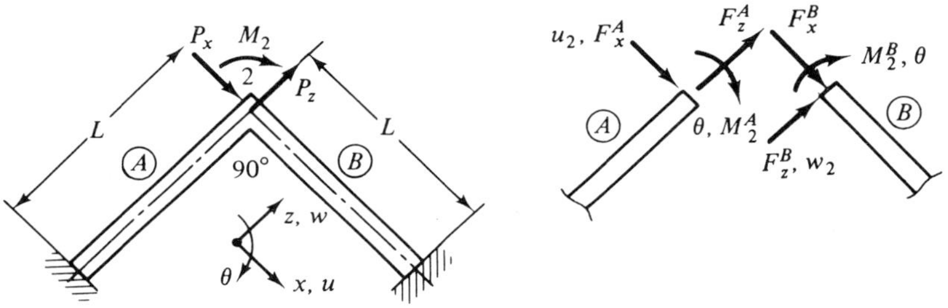

(a) Rahmen (b) Idealisierung

Bild 13.11

Diese Besonderheit soll **Bild 13.11** illustrieren. Bild 13.11 a zeigt den Rahmen, Bild 13.11 b die beiden getrennten Stäbe. Nur Punkt 2 kann sich frei bewegen. Die Steifigkeitsgleichungen müssen also nur für diesen Punkt angeschrieben werden. Die gewünschten, das Biege- und Axialverhalten beschreibenden Steifigkeitsgleichungen lauten:

$$F_x^A = 12\frac{EI}{L^3}u_2 - 6\frac{EI}{L^2}\theta + \frac{5}{6}\frac{F_z^A}{L}u_2 - \frac{F_z^A}{10}\theta,$$

$$F_z^B = 12\frac{EI}{L^3}w_2 - 6\frac{EI}{L^2}\theta + \frac{5}{6}\frac{F_x^B}{L}w_2 - \frac{F_x^B}{10}\theta,$$

$$F_z^A = \frac{AE}{L}w_2, \qquad F_x^B = \frac{AE}{L}u_2,$$

$$M_z^A = -6\frac{EI}{L^2}u_2 + 4\frac{EI}{L}\theta - \frac{F_z^A}{10}u_2 + \frac{2}{15}LF_z^A\theta,$$

$$M_z^B = -6\frac{EI}{L^2}w_2 + 4\frac{EI}{L}\theta - \frac{F_x^B}{10}w_2 + \frac{2}{15}LF_x^B\theta.$$

Beachte, daß die Elementachsen den globalen Achsen entsprechen, so daß zur Unterscheidung beider Koordinatensysteme keine Apostrophe nötig sind. Durch Zusammenfügen beider Elemente entsteht die Kraft-Verschiebungsgleichung

$$\begin{Bmatrix} P_x \\ P_z \\ M_z \end{Bmatrix} = \begin{bmatrix} \frac{AE}{L} + 12\frac{EI}{L^3} & & \text{symmetrisch} \\ 0 & \frac{AE}{L} + 12\frac{EI}{L^3} & \\ -6\frac{EI}{L^2} & -6\frac{EI}{L^2} & 8\frac{EI}{L} \end{bmatrix} \begin{Bmatrix} u_2 \\ w_2 \\ \theta \end{Bmatrix} + \begin{bmatrix} \frac{5}{6}\frac{F_z^A}{L} & & \text{symmetrisch} \\ 0 & \frac{5}{6}\frac{F_x^B}{L} & \\ -\frac{F_z^A}{10} & -\frac{F_x^B}{10} & \frac{2L}{15}(F_z^A + F_x^B) \end{bmatrix} \begin{Bmatrix} u_2 \\ w_2 \\ \theta \end{Bmatrix}$$

oder, summarisch geschrieben,

$$\begin{Bmatrix} P_x \\ P_z \\ M_z \end{Bmatrix} = [\mathbf{K}_f] \begin{Bmatrix} u_2 \\ w_2 \\ \theta \end{Bmatrix} + [\mathbf{K}_g] \begin{Bmatrix} u_2 \\ w_2 \\ \theta \end{Bmatrix}.$$

Wenn man diese Gleichungen genauer untersucht, so stellt man fest, daß die Kräfte F_z^A und F_x^B, welche in der Matrix $[\mathbf{K}_g]$ auftreten, selbst Funktionen der Verschiebungen u_2, w_2 und θ sind. Eine direkte Lösung ist daher nicht möglich, und es muß eine iterative Lösung, welche unten beschrieben wird, zur Anwendung kommen.

Zur Konstruktion dieser iterativen Lösung vernachlässigt man in der obigen Gleichung vorerst das mit $[\mathbf{K}_g]$ behaftete Glied und löst die verbleibende Gleichung nach den Verschiebungen auf. Dies führt zu

$$\begin{Bmatrix} u_2 \\ w_2 \\ \theta \end{Bmatrix} = \frac{1}{\text{Det.}} \begin{bmatrix} (\Psi)\frac{8EI}{L} - \left(\frac{6EI}{L^2}\right)^2 & & \text{symmetrisch} \\ \frac{6EI}{L^2} & (\Psi)\frac{8EI}{L} - \left(\frac{6EI}{L^2}\right)^2 & \\ (\Psi)\frac{6EI}{L^2} & (\Psi)\frac{6EI}{L^2} & (\Psi)^2 \end{bmatrix} \begin{Bmatrix} P_x \\ P_z \\ M_z \end{Bmatrix}$$

mit $\Psi = (AE/L + 12EI/L^3)$ und

$$\text{Det.} = \left(\frac{AE}{L} + \frac{12EI}{L^3}\right)\left[\left(\frac{AE}{L} + \frac{12EI}{L^3}\right)\frac{8EI}{L} - 2\left(\frac{6EI}{L^2}\right)^2\right].$$

Diese Lösung für u_1, w_1 und θ kann dann in die Elementgleichungen eingesetzt werden, um eine erste Annäherung der Kräfte F_z^A und F_x^B zu erhalten. Deren Werte können in der Matrix $[\mathbf{K}_g]$ verwendet werden, um die Lösungen für u_2, w_2 und θ zu verbessern. Der angedeutete Prozeß wird wiederholt, bis genügend genaue Lösungen gefunden sind.

Es ist lehrreich, das eben aufgezeigte Rechenverfahren, wenn auch nur in seiner ersten Näherung, mit Lösungen zu vergleichen, die mit Hilfe von Axiallasten erhalten wurden, welche aus einer unabhängigen Membranlösung folgen. Beim letzten Verfahren erhält man mit $P_x = 1000$ N, $P_z = M_z = 0$,

$$F_z^A = 0, \qquad F_x^B = 1000 \text{ N}.$$

Andererseits erhält man unter Benutzung der obigen Gleichungen nach einer ersten Annäherung für den Fall $L = 12$ cm und für eine Querschnittsfläche von 1×1 cm^2 das Resultat

$$F_x^B = 995{,}7 \text{ N}.$$

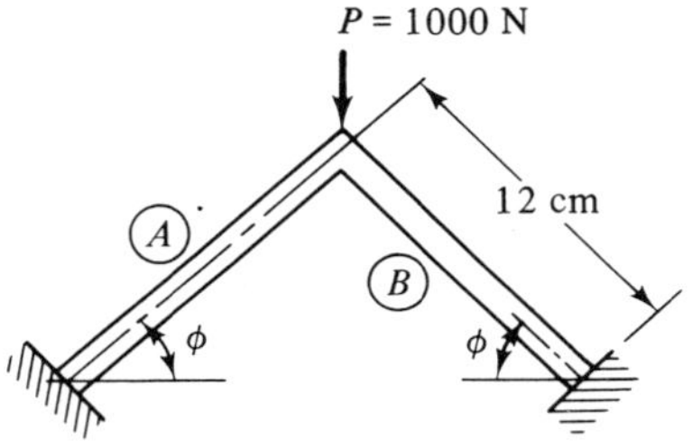

Bild 13.12

Der Unterschied zwischen dieser Lösung und derjenigen, welche die Interaktion des Biege- und Axialverhaltens total vernachlässigt, ist für das vorliegende Beispiel also unbedeutend (0,5%). Um die Kopplung des Biege- und Axialverhaltens jedoch besser analysieren zu können, ist für den in **Bild 13.12** dargestellten Rahmen mit denselben Querschnittsabmessungen wie oben und für verschiedene Werte des Neigungswinkels ϕ eine Serie von Berechnungen durchgeführt worden. **Tabelle 13.1** gibt die prozentuale Abweichung der Axialkräfte $F_x^B = F_z^A$, wenn diese mit bzw. ohne Berücksichtigung der Kopplung von Biege- und Membranverformung bestimmt wurden.

Tabelle 13.1 Prozentuale Abweichung der Axialkräfte

ϕ (Grad)	ungekoppeltes Membran-Biegungsverhalten $F_x^B = P/2 \sin\phi$	F_x^B gekoppeltes Membran-Biegungsverhalten	Differenz (%)
45	707,0	702,2	0,8
30	1000,0	980,0	2,0
15	1932,0	1761,0	8,9
5	5737,0	3008,0	47,5

Man erkennt, daß das Biege-Zug-Verhalten im allgemeinen auf die elastische Stabilität von entscheidendem Einfluß ist.

Der Einfluß des Biegeverhaltens auf die Verteilung der Axiallast wird bei den sog. klassischen Berechnungsmethoden der Stabanalysis vernachlässigt. Dort werden zuerst die Axialkräfte berechnet, wobei das Biegeverhalten vernachlässigt wird. Die geometrische Steifigkeitsmatrix wird dann direkt bestimmt. Es ist dabei schwierig, wenn nicht sogar unmöglich, die stark automatisierten Berechnungsverfahren von verfügbaren FE-Computerprogrammen in einer speziellen Weise zu verwenden.

Beispiele der Matrizenmethoden der Rahmenstabilitätsprobleme können der Literatur [13.5–13.6] entnommen werden.

13.4 Plattenelemente

Die Mannigfaltigkeit der Elemente für Plattenbiegung ist recht groß und umfaßt viele geometrische Formen und Verschiebungsfelder. Im großen und ganzen sind die Steifigkeitsgleichungen für die elastische Stabilitätsanalysis zu komplex, um hier wiedergegeben zu werden. Die Konstruktion solcher Beziehungen in expliziter Form ist für Dreieckelemente besonders schwierig. Wir beschränken uns daher auf zwei Rechteckelemente. Für Details der Formulierung von anderen Plattenelementen und für den Vergleich der verschiedenen Formulierungen möge der Leser [13.7–13.12] konsultieren.

Die beiden Hauptfunktionen, die das Verschiebungsverhalten eines Rechteckelementes beschreiben, sind das 12-gliedrige und das 16-gliedrige Polynom (12.32) und (12.31). Das 16-gliedrige Polynom folgt übrigens aus einer Hermite-Interpolation. Die grundlegenden theoretischen Beziehungen für die geometrische Steifigkeitsmatrix des Elementes werden in (13.21) sowie in den darauffolgenden Bemerkungen dargelegt. Durch Einsetzen des 12-gliedrigen Polynoms in diese Gleichungen und durch Ausführen der angedeuteten Integration erhält man die Matrizen $[\mathbf{k}_{g_x}]$, $[\mathbf{k}_{g_y}]$ und $[\mathbf{k}_{g_{xy}}]$, welche in **Tabelle 13.2** dargestellt sind. Für Details der Formulierung konsultiere man [13.13]. Entsprechende Matrizen für das 16-gliedrige Element können in [13.14] gefunden werden.

Es ist interessant, Resultate, welche mit diesen beiden Formulierungen erhalten wurden, zu vergleichen; wir wählen das Beulen einer eingespannten Quadratplatte unter einachsigem Druck und benützen hierzu ein einziges Element innerhalb eines Quadranten, wie in Bild 12.5. Alle Knotenverschiebungen verschwinden, außer w_1. Das Verhalten wird daher durch eine einzige Gleichung beschrieben. Für die 12-gliedrige Formulierung erhält man mit Hilfe der Biegesteifigkeiten der Tabelle 12.1 und der geometrischen Steifigkeiten der Tabelle 13.2

$$\frac{D}{30a^2}[120(1+1) - 24(0.3) + 84] = \frac{552}{1260} t\sigma_{x_{cr}}, \qquad \sigma_{x_{cr}} = \frac{24.0D}{a^2t}.$$

Mit den für die 16-gliedrige Formulierung gültigen Steifigkeiten von [13.14] erhält man statt dessen $\sigma_{x_{cr}} = 26.50\ D/a^2t$. Die analytische Lösung [13.15] ist jedoch $24.8\,D/a^2t$. Beide Lösungen sind also für dieses extrem weitmaschige Netz recht genau.

Tabelle 13.2 Geometrische Steifigkeitsmatrizen für das mit einem 12-gliedrigen Polynom formulierte Rechteck. Konstante Membranspannungen $\sigma_x, \sigma_y, \tau_{xy}$ (vgl. Tabelle 12.1 für Details des Elementes und der Steifigkeitsmatrix $[\mathbf{k}_f]$)

$$\{\mathbf{F}\} = [[\mathbf{k}_f] + [\mathbf{k}_{gz}] + [\mathbf{k}_{gv}] + [\mathbf{k}_{gzv}]]\{\boldsymbol{\Delta}\}, \qquad \{\mathbf{F}\} = \lfloor F_{z_1}\, M_{x_1}\, M_{y_1}\, F_{z_2}\, M_{x_2}\, M_{y_2}\, F_{z_3}\, M_{x_3}\, M_{y_3}\, F_{z_4}\, M_{x_4}\, M_{y_4} \rfloor,$$

$$\{\boldsymbol{\Delta}\} = \lfloor w_1\, \theta_{x_1}\, \theta_{y_1}\, w_2\, \theta_{x_2}\, \theta_{y_2}\, w_3\, \theta_{x_3}\, \theta_{y_3}\, w_4\, \theta_{x_4}\, \theta_{y_4} \rfloor$$

$$[\mathbf{k}_{gz}] = \frac{\sigma_x t y_3}{1{,}260 x_2}$$

w_1	θ_{x_1}	θ_{y_1}	w_2	θ_{x_2}	θ_{y_2}	w_3	θ_{x_3}	θ_{y_3}	w_4	θ_{x_4}	θ_{y_4}
552											
$66y_3$	$12y_3^2$										
$-42x_2$	0	$56x_2^2$				Symmetrisch					
204	$39y_3$	$-21x_2$	552								
$-39y_3$	$-9y_3^2$	0	$-66y_3$	$12y_3^2$							
$-21x_2$	0	$28x_2^2$	$-42x_2$	0	$56x_2^2$						
-204	$-39y_3$	$21x_2$	-552	$66y_3$	$42x_2$	552					
$39y_3$	$9y_2^2$	0	$66y_3$	$-12y_3^2$	0	$-66y_3$	$12y_3^2$				
$-21x_2$	0	$-7x_2^2$	$-42x_2$	0	$-14x_2^2$	$42x_2$	0	$56x_2^2$			
-552	$-66y_3$	$42x_2$	-204	$39y_3$	$21x_2$	204	$-39y_3$	$21x_2$	552		
$-66y_3$	$-12y_3^2$	0	$-39y_3$	$9y_3^2$	0	$39y_3$	$-9y_3^2$	0	$66y_3$	$12y_3^2$	
$-42x_2$	0	$-14x_2^2$	$-21x_2$	0	$-7x_2^2$	$21x_2$	0	$28x_2^2$	$42x_2$	0	$56x_2^2$

Tabelle 13.2 (Fortsetzung)

$$[\mathbf{k}_{gv}] = \frac{\sigma_y t y_3}{1{,}260 x_2}$$

w_1	θ_{x_1}	θ_{y_1}	w_2	θ_{x_2}	θ_{y_2}	w_3	θ_{x_3}	θ_{y_3}	w_4	θ_{x_4}	θ_{y_4}
552						Symmetrisch					
$42y_3$	$56y_3^2$										
$-66x_2$	0	$12x_2^2$									
-552	$-42y_3$	$66x_2$	552								
$42y_3$	$-14y_3^2$	0	$-42y_3$	$56y_3^2$							
$66x_2$	0	$-12x_2^2$	$-66x_2$	0	$12x_2^2$						
-204	$-21y_3$	$39x_2$	204	$-21y_3$	$-39x_2$	552					
$21y_3$	$-7y_3^2$	0	$-21y_3$	$28y_3^2$	0	$-42y_3$	$56y_3^2$				
$-39x_2$	0	$9x_2^2$	$39x_2$	0	$-9x_2^2$	$66x_2$	0	$12x_2^2$			
204	$21y_3$	$-39x_2$	-204	$21y_3$	$39x_2$	-552	$42y_3$	$-66x_2$	552		
$21y_3$	$28y_3^2$	0	$-21y_3$	$-7y_3^2$	0	$-42y_3$	$-14y_3^2$	0	$42y_3$	$56y_3^2$	
$39x_2$	0	$-9x_2^2$	$-39x_2$	0	$9x_2^2$	$-66x_2$	0	$-12x_2^2$	$66x_2$	0	$12x_2^2$

Tabelle 13.2 (Fortsetzung)

$$[\mathbf{k}_{gxy}] = \frac{\tau_{xy} t y_3}{1{,}260 x_2}$$

w_1	θ_{x_1}	θ_{y_1}	w_2	θ_{x_2}	θ_{y_2}	w_3	θ_{x_3}	θ_{y_3}	w_4	θ_{x_4}	θ_{y_4}
180											
0	0						Symmetrisch				
0	$-5x_2y_3$	0									
0	0	$-36x_2$	-180								
0	0	$5x_2y_3$	0	0							
$36x_2$	$5x_2y_3$	0	0	$-5x_2y_3$	0						
-180	$-36y_3$	$36x_2$	0	$36y_3$	0	180					
$36y_3$	$6y_3^2$	$-5x_2y_3$	$-36y_3$	0	$5x_2y_3$	0	0				
$-36x_2$	$-5x_2y_3$	$6x_2^2$	0	$5x_2y_3$	0	0	$-5x_2y_3$	0			
0	$36y_3$	0	180	$-36y_3$	$-36x_2$	0	0	$36x_2$	-180		
$-36y_3$	0	$5x_2y_3$	$36y_3$	$-6y_3^2$	$-5x_2y_3$	0	0	$5x_2y_3$	0	0	
0	$5x_2y_3$	0	$36x_2$	$-5x_2y_3$	$-6x_2^2$	$-36x_2$	$5x_2y_3$	0	0	$-5x_2y_3$	0

Bild 13.13 stellt den prozentualen Fehler der Beullast einer einaxig belasteten, einfach gelagerten Quadratplatte als Funktion der Netzwerkverfeinerung dar. Beide Darstellungen, die 12-gliedrige wie die 16-gliedrige, geben recht genaue Lösungen, welche zur exakten Lösung hin konvergieren; der Trend der Konvergenz von oben beim Prinzip des Minimums der potentiellen Energie ist bei der 16-gliedrigen Formulierung deutlich sichtbar. Der Vorteil der größeren Genauigkeit der 16-gliedrigen interelementkompatiblen Formulierung wird teilweise durch die größere Anzahl von Verschiebungsparametern wieder zerstört.

Dies wird übrigens auch durch jene Resultate des Bildes 13.13 bestätigt, welche mit der in Abschnitt 13.2 beschriebenen Methode der statischen Raffung erhalten wurden. Das Raffungsverfahren entfernt alle transversalen Verschiebungen der Knoten mit Aus-

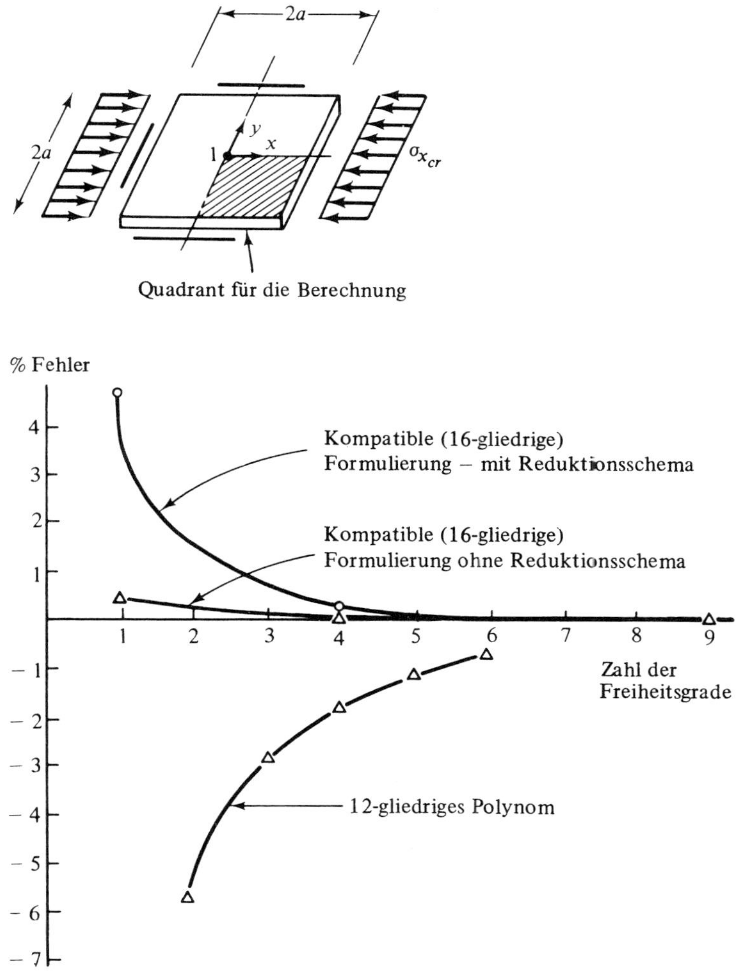

Bild 13.13

nahme von w_i; die Genauigkeit ist von derselben Größenordnung wie beim 12-gliedrigen Polynom mit 3 Verschiebungsparametern pro Knoten.

Das obige Beispiel geht auf einen der bedeutenden Vorteile der FEM-Beulanalysis von Platten gar nicht ein. Da die äußeren Membrankräfte konstant sind, war zur Bestimmung ihrer Verteilung im Platteninnern keine Berechnung notwendig. Wenn die Kräfte in der Plattenebene nicht uniform verteilt sind, wenn konzentrierte Lasten vorhanden sind oder wenn die Plattengeometrie irregulär ist (d.h. wenn versteifte Aussparungen oder spezielle Plattenformen vorhanden sind), dann ist es praktisch unmöglich, das Problem mit klassischen Methoden anzugehen. Die FEM erleidet bei solchen Aufgabenstellungen jedoch keine Einbuße und die Verteilung der Membranspannungen ist leicht aus einer FE-Berechnung des ebenen Spannungszustandes zu bestimmen (vgl. Kapitel 9).

Literatur

13.1 Livesley, R. K.: Matrix methods of structural analysis. Chapter 10. Oxford, England: Pergamon Press 1965.

13.2 Wang, C. T.: Applied Elasticity. New York, N. Y.: McGraw-Hill 1954.

13.3 Gallagher, R.; Lee, B.: Matrix dynamic and instability analysis with nonuniform elements. Int. J. Num. Meth. Eng. 2 (1970) 265–276.

13.4 Barsoum, R.; Gallagher, R.: Finite element analysis of torsional and lateral stability problems. Int. J. Num. Meth. Eng. 2 (1970) 335–352.

13.5 Halldorsson, O.; Wang, C. K.: Stability analysis of frameworks by matrix methods. Proc. ASCE; J. Struct. Div. 94 (1968) 1745–1760.

13.6 Hartz, B. J.: Matrix formulation of structural stability problems. Proc. ASCE; J. Struct. Div. 91 (1965) 141–158.

13.7 Gallagher, R.; Gellatly, R.; Mallett, R.; Padlog, J.: A discrete element procedure for thin shell instability analysis. AIAA J. 5 (1967) 138–144.

13.8 Anderson, R. G.; Irons, B. M.; Zienkiewicz, O. C.: Vibrations and stability of plates using finite elements. Int. J. Solids Struct. 4 (1968) 1031–1035.

13.9 Argyris, J. H. et al.: Some new elements for the matrix displacement method. Proc. of the 2nd Air Force Conference on Matrix Meth. in Struct. Mech. Dayton, Ohio 1968.

13.10 Kabaila, A. P.; Fraeijs de Veubeke, B.: Stability analysis by finite elements. AFFDL TR 70–35 (1970).

13.11 Vos, R. G.; Vann, W. P.: A finite element tensor approach to plate buckling and postbuckling. Int. J. Num. Meth. Eng. 5 (1973) 351–366.

13.12 Clough, R. W.; Felippa, C. A.: A refined quadrilateral element for analysis of plate bending. Proc. of 2nd. Conf. on Matrix Meth. in Struct. Mech. AFFDL TR 68–160 (1968).

13.13 Przemieniecki, J. S.: Discrete element methods for stability analysis of complex structures. Aer. J. 72 (1968) 1077–1086.

13.14 Pifko, A.; Isakson, G.: A finite element method for the plastic buckling analysis of plates. AIAA J. 7 (1969) 1950–1957.

13.15 Timoshenko, S.; Gere, J.: Theory of elastic stability. 2nd ed. New York, N. Y.: McGraw-Hill 1961.

Aufgaben

13.1 Bestätige unter Zuhilfenahme der in Kapitel 6 behandelten Variationsmethoden, daß (13.11) die Euler-Lagrange-Gleichung des Funktionals von (13.10) ist ($V = 0$).

13.2 Leite die Euler-Lagrange-Gleichung für das das Biegedrillknicken beschreibende Funktional (13.31) her.

13.3 Die Lösung der Differentialgleichung für das Biegeverhalten (13.11) hat die Gestalt (Bild 13.1)

$$w = \left\{\frac{\cos\omega(L-x) + (\cos\omega L - \cos\omega x) + \omega L \sin\omega L[1-(x/L)] - 1}{\omega L \sin\omega L - 2(1-\cos\omega L)^2}\right\} w_1$$
$$+ [\quad] w_2 + [\quad] \theta_1 + [\quad] \theta_2,$$

wobei $\omega = F_x L/EI$ ist. Benütze diese Verschiebungsfunktion zur Bestimmung des Steifigkeitskoeffizienten, der w_1 mit F_{z_1} verknüpft.

13.4 Wenn die Steifigkeitsmatrix eines Biege-Zugstabes mit Hilfe der „exakten" Verschiebungsfunktion konstruiert wird, dann ist der Steifigkeitskoeffizient, welcher F_{z_1} mit θ_1 verknüpft (Bild 13.1), durch

$$k_{12} = -\frac{EI}{L^2}\,\frac{\omega^2 L^2(1-\cos\omega L)}{2(1-\cos\omega L) - \omega L \sin\omega L}$$

gegeben, wobei ω in Aufgabe 13.3 definiert wurde. Leite durch Entwicklung in trigonometrische Funktionen eine polynomale Form dieser Koeffizienten her und vergleiche das Resultat mit der in diesem Kapitel gegebenen Formulierung.

13.5 Berechne für den einfachen Balken, der in seiner Mitte durch eine konzentrierte Last P belastet sei und Axiallasten der Größe $F_x/F_{x_{cr}} = 0{,}5$, 0,75 und 0,9 ($F_{x_{cr}} = (\pi^2 EI/L^2)$) trägt (**Bild A.13.5**), Durchbiegung und Beanspruchung und vergleiche die Resultate mit der exakten Lösung.

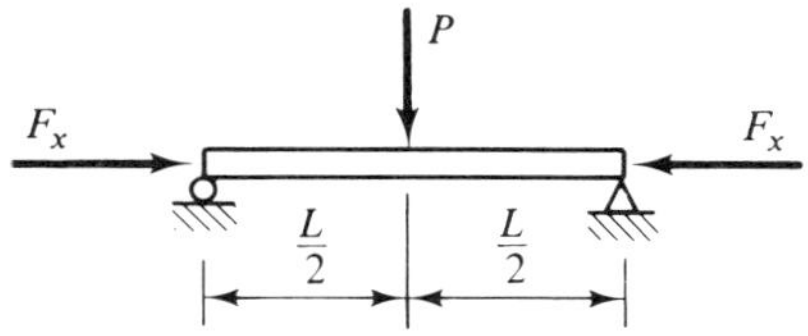

Bild A.13.5

13.6 Berechne die Knicklast des konischen Balkens von **Bild A.13.6** unter Benützung eines einzigen Elementes.

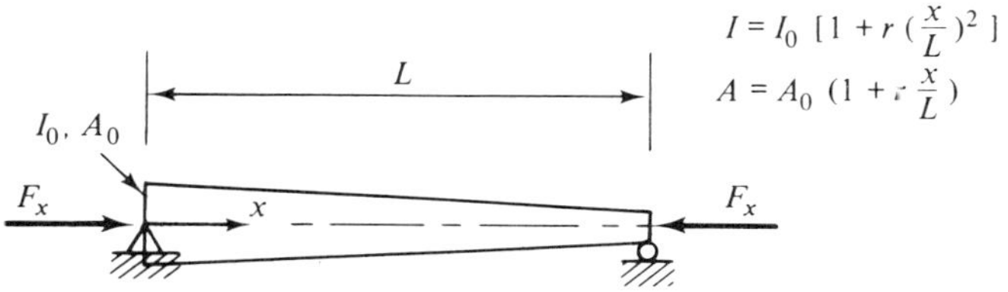

Bild A.13.6

13.7 Teile die Gleichungen der Stabanalyse in die beiden Sätze $\{\mathbf{w}\}$ und $\{\boldsymbol{\theta}\}$ auf (wie in (13.28)). Führe eine „exakte" Reduktion dieser Gleichungen durch, indem für die Verdrehungen $\{\boldsymbol{\theta}\}$ gelöst wird. Durch eine Reihenentwicklung des Ausdrucks $[\mathbf{k}_{foo} + \omega\mathbf{k}_{goo}]^{-1}$, welcher im Resultat erscheint, und durch Vernachlässigung von Gliedern höherer Ordnung in w zeige man, daß das Resultat dasselbe ist wie (13.29).

13.8 Berechne P_{cr} für das in **Bild A.13.8** gezeigte Rahmentragwerk (Längenmaße in m). Vernachlässige bei der Konstruktion der Kraft-Verschiebungsgleichungen die axiale Steifigkeit. $P_{cr} = 0{,}135 \cdot I_0 E$ (aus [13.15]).

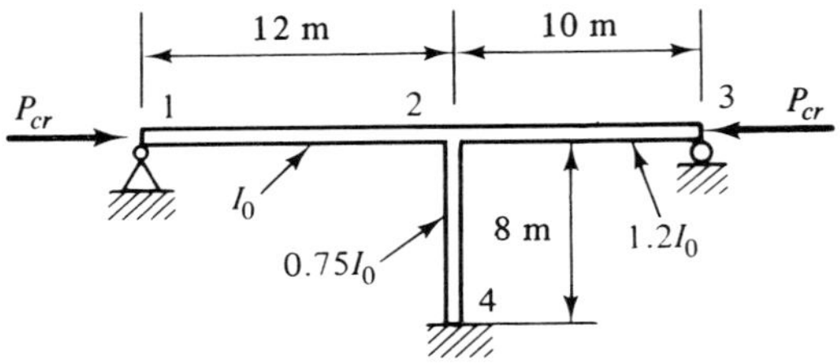

Bild A.13.8

13.9 Berechne P_{cr} für den stückweise konstanten Stab von **Bild A.13.9**.

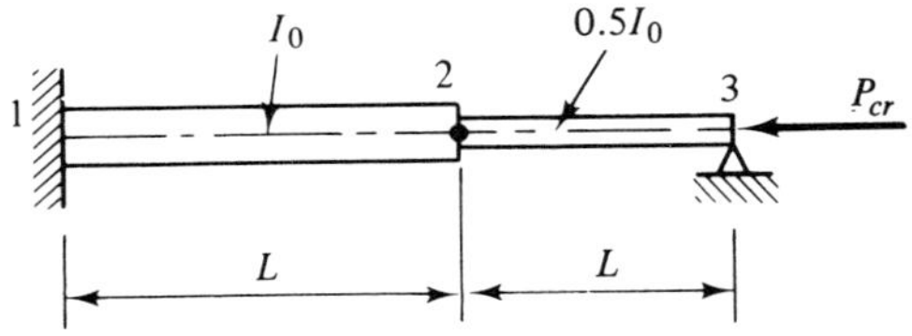

Bild A.13.9

13.10 Berechne P_{cr} für den Stab in **Bild A.13.10**

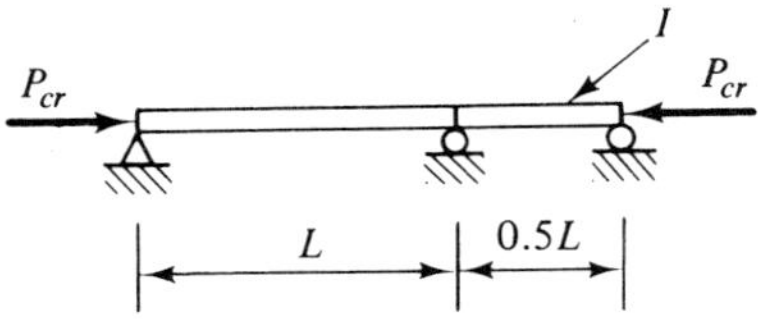

Bild A.13.10

13.11 (Aufgabe für Computer-Benützung). Berechne P_{cr} für den Durchlaufträger in **Bild A.13.11** ($E = 30 \times 10^6$ N/cm^2, $I_0 = 10{,}0$ cm^4, $A_0 = 2{,}0$ cm^2).

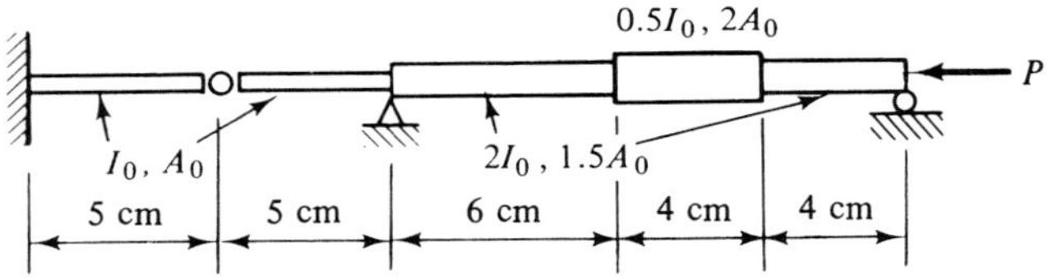

Bild A.13.11

13.12 Berechne die Knicklast einer beidseitig gelenkig gelagerten Säule, und zwar unter Benützung einer Elementsteifigkeit, welche auf Grund eines Hermiteschen Polynoms 5. Grades (für die Transversalverschiebung) formuliert ist. Diese Darstellung benutzt neben w, $dw/dx = +w_x$ auch $d^2w/dx^2 = w_{xx}$, und zwar ist

$$
\begin{aligned}
L^5 w = {} & (L^5 - 10L^2x^3 + 15Lx^4 - 6x^5)w_1 \\
& - L(L^4x - 6L^2x^3 + 8Lx^4 - 3x^5)w_{x_1} \\
& + \tfrac{1}{2}L^2(L^3x^2 - 3L^2x^3 + 3Lx^4 - x^5)w_{xx_1} \\
& + (10L^2x^3 - 15Lx^4 + 6x^5)w_2 \\
& - L(7Lx^4 - 4L^2x^3 + 3x^5)w_{x_2} \\
& + \tfrac{1}{2}L^2(L^2x^3 - 2Lx^4 + x^5)w_{xx_2}.
\end{aligned}
$$

13.13 Für das in **Bild A.13.13** dargestellte dreieckige Plattenelement formuliere man die Matrix $[\mathbf{k}_g]$, wobei eine konstante Membranspannung σ_x berücksichtigt werde. Die Elementmatrix sei einer quadratischen (6-gliedrigen) Funktion für w zugrundegelegt (vgl. Kapitel 12, Bild 12.8b).

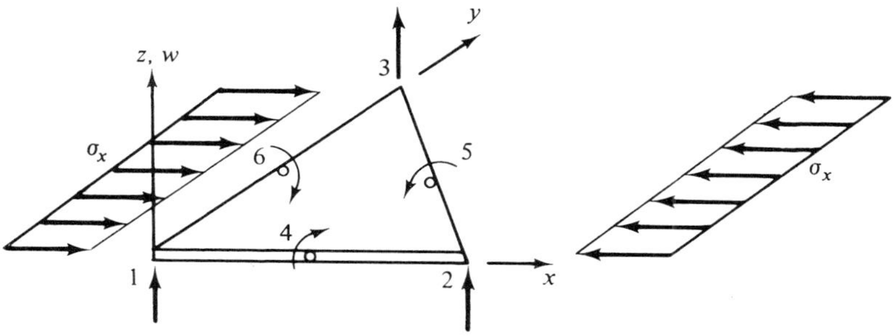

Bild A.13.13

13.14 Das Ringelement in **Bild A.13.14**, dessen Steifigkeitsmatrix als Aufgabe in Kapitel 12 berechnet wurde, erleide eine Temperaturänderung Υ aus dem Zustand neutraler Spannungen heraus. Unter Benützung eines einzigen Elementes berechne man die kritische Temperatur Υ_{cr}, welche Beulen hervorruft (verwende eine lineare radiale Verschiebungsfunktion und linearisiere alle Integrationen).

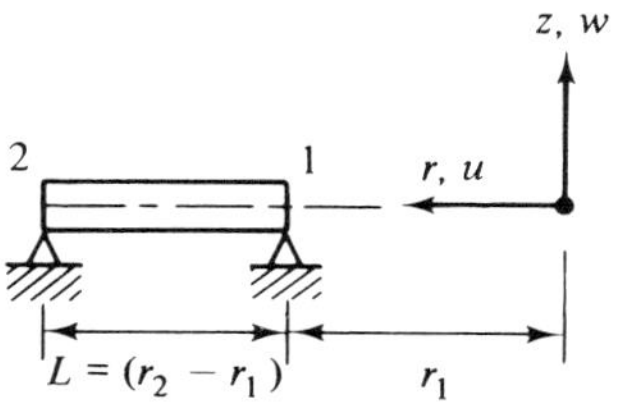

Bild A.13.14

13.15 Für den in **Bild A.13.15** dargestellten Balken bestimme man die Knicklast P_x, wobei 2 Elemente zu verwenden sind. Vergleiche das Resultat mit der exakten Lösung.

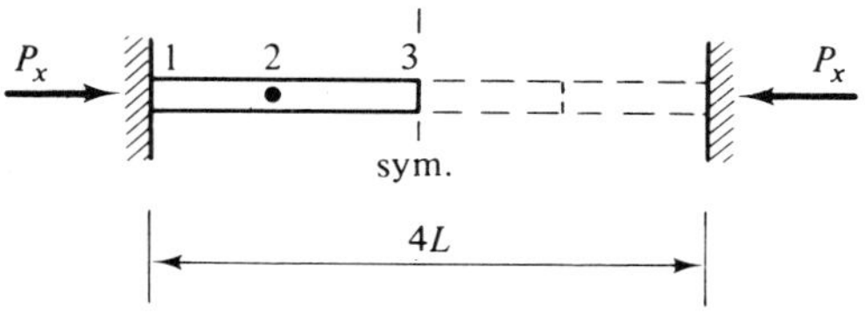

Bild A.13.15

13.16 Für den Balken von Aufgabe 13.15 bestimme man den Einfluß der Axiallast auf die Grundfrequenz und zwar für die folgenden Verhältnisse der Axiallast P_x zur effektiven „kritischen Last" $P_{cr} = EI/L^2$; $P_x/P_{cr} = 10, 20$.

Sachverzeichnis

Namenverzeichnis

Die kursiv gedruckten Zahlen verweisen auf die Literaturangaben am Ende der Kapitel